装配式钢结构建筑技术研究及应用

中国建筑金属结构协会钢结构专家委员会

中国建筑工业出版社

图书在版编目（CIP）数据

装配式钢结构建筑技术研究及应用/中国建筑金属结
构协会钢结构专家委员会. —北京：中国建筑工业出
版社，2017.4
 ISBN 978-7-112-20656-8

Ⅰ.①装… Ⅱ.①中… Ⅲ.①钢结构-建筑工程-工
程施工 Ⅳ.①TU758.11

中国版本图书馆 CIP 数据核字（2017）第 066816 号

　　本书共分五大部分，从钢结构建筑工业化、钢结构工程施工、钢结构住宅、金属屋面系统新技术应用、桥梁钢结构技术应用方面，介绍了国内近几年在装配式钢结构建筑设计理论、规程规范、BIM 技术研究、组合结构桥梁技术应用及新材料、新技术、新产品的最新研究成果；对近两年建设竣工的机场航站楼、大剧院、会展中心、超高层建筑、组合桥梁结构、工业建筑等工程，介绍了其中钢结构施工技术研究与应用的最新实践经验。

　　本书对于从事装配式钢结构的研究、设计、施工和管理工作的从业人员会有所帮助和启发，对钢结构专业的师生具有参考价值。

＊　＊　＊

责任编辑：郦锁林　万　李　张　磊
责任校对：焦　乐　刘梦然

装配式钢结构建筑技术研究及应用
中国建筑金属结构协会钢结构专家委员会
＊
中国建筑工业出版社出版、发行（北京海淀三里河路 9 号）
各地新华书店、建筑书店经销
北京红光制版公司制版
北京中科印刷有限公司印刷
＊
开本：880×1230 毫米　1/16　印张：32¼　插页：4　字数：1004 千字
2017 年 5 月第一版　　2017 年 5 月第一次印刷
定价：**98.00** 元
ISBN 978-7-112-20656-8
（30314）

《装配式钢结构建筑技术研究及应用》
编 写 委 员 会

主　编：党保卫

副主编：弓晓芸　王明贵

编　委：胡育科　罗永峰　陈志华　石永久　周观根　彭耀光

　　　　陈友泉　陈振明　任自放　黄　刚　贺明玄　刘　民

　　　　董　春　查晓雄　顾　军　胡新赞　孙晓彦　刘春波

　　　　喻德明　苗泽献

秘书处：顾文婕　周　瑜

前　言

发展装配式建筑是建造方式的重大变革，2016年从《中共中央国务院关于进一步加强城市规划建设管理工作的若干意见》到全国两会政府工作报告，再到全国各地纷纷出台相关的行业政策，各项标准规范的编写和颁布也提上日程。装配式建筑从"积极稳妥"到"大力推广"，这一变化包含着中央到地方的共识、决心。而在2017年3月份政府工作报告中直接提出："推进建筑业改革发展"这是对建筑业改革发出的最强音，这也将意味着装配式建筑的发展将步入快车道，2017年，装配式建筑又将会是各地建设工作的重点。这对我国钢结构建筑的推广和应用将产生巨大的影响，也给我们钢结构行业的发展提出机遇和挑战。目前全国各地都在加快装配式钢结构建筑的研究试点和推广工作。

为了及时总结协会会员单位和专家在装配式钢结构建筑方面的研究开发、科技创新成果；推广应用建筑钢结构新产品、新工艺、新工法、新技术；交流钢结构工程在深化设计、加工制作及施工安装技术等方面的经验，提高我国装配式钢结构建筑的整体技术水平。我协会钢结构专家委员会编著《装配式钢结构建筑技术研究及应用》论文集。

本书介绍了近两年来大学、设计研究单位企业单位的钢结构专家在装配式钢结构建筑设计理论、规程规范、BIM技术研究、组合结构桥梁技术应用及新材料、新技术、新产品的最新研究成果。

对于近两年建设竣工的机场航站楼、大剧院、会展中心、高层超高层建筑、组合桥梁结构、工业建筑等工程，书中这部分论文介绍了钢结构施工技术研究与应用的实践经验，对钢结构以及相关行业的发展将起到积极的推动作用。

装配式钢结构住宅体系的研究及应用也在不断创新，在许多地区推广应用。这是产学研合作的成果。

金属板建筑围护结构系统专业厂家的论文，介绍了在金属板屋面墙面系统的设计、施工实践中的宝贵经验，对提高屋面的工程质量具有一定的参考价值。

在此，对积极投稿的作者，审稿的钢结构专家，以及为本书出版给予支持的企业，一并表示感谢。

对于论文编审中出现的错误，敬请读者批评指正。

目　录

一、装配式钢结构建筑

积极稳健发展装配式钢结构建筑

文林峰

（住房和城乡建设部科技与产业化发展中心，北京　100835）

摘　要　本文介绍了发展装配式钢结构建筑的重大意义和政策导向。

关键词　装配式；钢结构建筑；发展

当前，全国建设领域都在全面贯彻落实党中央国务院关于大力发展装配式建筑的指示精神。发展装配式建筑是牢固树立和贯彻落实创新、协调、绿色、开放、共享五大发展理念，按照适用、经济、安全、绿色、美观要求推动建造方式创新的重要体现，特别是发展钢结构建筑，是稳增长、促改革、调结构和去产能的重要手段，是实现循环经济发展，推进生态文明建设、加快推进新型城镇化的重要抓手，意义重大。

1　发展装配式钢结构建筑是落实党中央国务院决策部署的重要举措

多年来，各级领导都高度重视装配式建筑的发展，特别是 2016 年颁布的《党中央国务院关于进一步加强城市规划建设管理工作的若干意见》，对装配式建筑发展提出了明确要求。2016 年 9 月 14 日的国务院常务会议上，强调要按照推进供给侧结构性改革和新型城镇化发展的要求，大力发展钢结构、混凝土等装配式建筑，具有发展节能环保新产业、提高建筑安全水平、推动化解过剩产能等一举多得之效。国务院 2016 年 9 月出台的《大力发展装配式建筑的指导意见》，更是全面系统指明了推进装配式建筑的目标、任务和措施。

2　发展装配式钢结构建筑是促进建设领域节能减排降耗的有力抓手

近几十年来，建筑业一直采用现场浇（砌）的方式建造房屋，资源能源利用效率低，建筑垃圾排放量大，扬尘和噪声环境污染严重。如果不从根本上改变建造方式，建设领域的经济增长与资源能源的矛盾将无法扭转，并将极大地影响着建设美丽中国目标的实现。

发展装配式建筑在节能、节材和减排方面的成效已在实际项目中得到证明。在资源能源消耗和污染排放方面，根据住房和城乡建设部科技与产业化发展中心对 13 个装配式混凝土建筑项目的跟踪调研和统计分析，装配式建筑相比现浇建筑，建造阶段可以大幅减少木材模板、保温材料（寿命长，更新周期长）、抹灰水泥砂浆、施工用水、施工用电的消耗，并减少 80％ 以上的建筑垃圾排放，减少对环境带来的扬尘和噪声污染，有利于改善城市环境、提高建筑综合质量和性能、推进生态文明建设。

3　发展装配式钢结构建筑有利于形成新的经济增长点

发展装配式钢结构建筑，一是有利于促进钢铁企业转型升级，为建筑领域提供新的材料和配套产品，扩大新市场需求，在消化过剩产能的同时，促进国民经济增长。二是可带动并催生众多新兴产业。装配式钢结构建筑不仅扩大了建筑用钢量，而且拉长了产业链条，产业分支众多，如有配合钢结构建筑应用的部品部件生产企业、专用设备制造企业、物流运输交通产业以及信息产业、金融产业在建设领域的应用与扩展等。三是提升消费需求。钢结构建筑优势众多，有利于吸引社会消费升级换代。而在装配式建筑中推广的全装修模式，也有利促进新兴产业链的发展，特别是集成厨房和卫生间等装配式装修方式，智能化以及新能源的应用等各项技术与产品的应用，都将促进建筑产品的更新换代，带动居民和社会消费增长。四是有利于形成产业集聚，增强企业国际竞争力。装配式建筑是一项系统工程，集团型企业可以凭借集开发、设计、施工、生产、装修一体化优势，充分发挥出装配式建筑的综合优点，形成一大批行业品牌企业，汇聚设计和施工以及管理等各方面能力，与国际先进的建筑企业接轨，在国际市场上获得新的市场份额。

4 发展装配式钢结构建筑是带动技术进步、提高生产效率的有效途径

近些年，我国工业化、城镇化快速推进，劳动力减少、高素质建筑工人短缺的问题越来越突出，建筑业发展的"硬约束"加剧。一方面，劳动力价格不断提高。另一方面，建造方式传统粗放，工业化水平不高，劳动效率低下，工人劳动强度大，安全隐患大。装配式建造方式则可以减少约30％的现场用工数量。通过生产方式转型升级，减轻劳动强度，提升生产效率，摊薄建造成本。另外，装配式建筑的大部分工作都在工厂完成，工厂的生产效率远高于现场作业；工厂生产也不受恶劣天气等自然环境的影响，工期更为可控；施工装配机械化程度高，减少了传统现浇施工现场大量和泥、抹灰、砌墙等湿作业；因是干法作业，有利于推广交叉作业，提高劳动生产效率，据有些项目统计，可以缩短1/4左右的施工时间。这些优势，都是突破建筑业发展瓶颈的重要抓手和有效途径。

采用装配式建造方式，会"倒逼"建设领域走向依靠科技进步、提高劳动者素质、创新管理模式、增强综合竞争力等新型发展道路。

5 发展装配式钢结构建筑是实现一带一路战略目标的重要途径

几十年来，发达国家已普遍采用装配式建造方式。而我国仍处于起步发展初期，与国际先进水平相比，不论是技术标准体系还是政策措施保障等方面都差距巨大。在经济全球化大背景下，要想走出去在参与全球竞争中，特别是在一带一路战略中，获得市场机会，必须采用与国际接轨的建造方式，这是提升国内企业核心竞争力，拓展全球建筑市场的重要路径。

装配式建筑能够彻底转变以往建造技术水平不高、科技含量较低、单纯拼劳动力成本的国际市场竞争模式，强调科技进步和管理模式创新，注重提升劳动者技能，提高综合效率，以此形成企业的核心竞争力和综合优势。特别是推广采用的工程总承包方式，通过统筹建设全过程，介入一体化设计先进理念，注重产业集聚和集成，才能在国际市场竞争中获得发展新机遇，并通过工程总承包业务带动国产设备、材料的出口，在参与经济全球化竞争过程中取得先机。

6 发展装配式钢结构建筑是全面提升住房质量和品质的必由之路

多年来，建筑质量通病一直无法彻底得到解决，如屋顶渗漏、门窗密封效果差、保温墙体开裂等。建筑业落后的生产方式直接导致施工过程随意性大，工程质量无法得到保证。

发展装配式建筑，主要采取以工厂生产为主的部品制造取代现场建造方式，工业化生产的部品部件质量稳定有保障；以装配化作业取代手工砌筑作业，能大幅减少施工失误和人为错误，保证施工质量；装配式建造方式可有效提高产品精度，确保工程质量，并减少建筑后期维修维护费用，延长建筑使用寿命。采用装配式建造方式，能够全面提升建筑品质和性能，让人民群众共享科技进步和供给侧改革带来的发展成果，并以此带动居民住房消费，在不断的更新换代中，走向中国住宅梦的发展道路。

钢结构建筑是装配式建筑的重要组成部分。总体来看，在既有建筑中，钢结构建筑占比严重偏低，与发达国家相比差距较大，主要还是应用于经济条件较好地区的大型公共建筑，钢结构住宅的研发推广应用时间不长，目前仍然处于需要加快研发步伐，克服发展瓶颈，尽快完善技术体系，推广成熟可靠、

综合性能有比较优势的建筑体系阶段。

　　发展钢结构住宅，关键是要明确其适应范围，即能充分发挥出钢结构建筑优势的建筑类型；同时，要在发挥抗震性能优势的同时，解决好各种建筑材料间的融合性、可靠连接手段、有机整合性等重点问题，避免带来新的质量安全隐患。最关键的一点，要有系统性思维，整体考虑钢结构住宅发展中的诸多瓶颈问题，取长补短，在建筑结构安全的前提下，全面提升钢结构住宅的功能、性能和舒适度，以宜居生活为发展目标和定位。

　　发展装配式建筑的号角已经吹响，各级建设主管部门、相关的科研院所、开发、设计、生产、施工、装备制造以及部品部件等单位都要积极行动起来，紧紧抓住新一轮发展机遇，加快转型升级，为消费者建设更安全、更环保、更节能、更舒适的房子，为全社会的节能减排做出行业应有的贡献。

　　时不我待，扬帆远航，乘风破浪，方能迎来全新发展。

参与"十三五"装配式建筑行动、
提升钢结构建筑质量和品质

胡育科

（中国建筑金属结构协会钢结构分会，北京　100835）

摘　要　在国家大力发展装配式建筑的今天，作为装配式建筑的三种体系之一的钢结构建筑，如何按照国家建设主管部门要求，积极参与到"十三五"装配式建筑行动方案活动中去，通过产业基地培育、申报，提升钢结构企业的施工管理水平，从而提高装配式钢结构建筑的质量、完善建筑功能，发挥钢结构建筑工厂化生产、现场装配施工的优势，在国家开展的装配式建筑行动中发挥示范、引领作用。

关键词　装配式建筑；钢结构建筑；品质功能

《关于大力发展装配式建筑的意见》（国办发［2016］71 号）印发后，在建筑业开展了一场革命性的生产方式的转变，这是建筑业改革发展具有里程碑意义的文件。2017 年 3 月 23 日住房城乡建设部以（建科 2017）77 号文印发了《"十三五"装配式建筑行动方案》，并同时印发了《装配式建筑示范城市管理办法》、《装配式建筑产业基地管理办法》，进一步落实阶段性目标，促进装配式建筑全面发展。为突出活动的水平和效果，住房城乡建设部印发了国家标准《装配式建筑评价标准》（征求意见稿）。

在《"十三五"装配式建筑行动方案》中，提出了到 2020 年，全国培育 50 个以上装配式建筑示范城市，200 个以上装配式建筑产业基地，500 个以上装配式建筑示范工程，建设 30 个以上装配式建筑科技创新基地。将原来开展的"国家住宅产业化"推进工作，更名为"装配式建筑产业化"，统一提法、统一标准、归口管理。钢结构建筑作为成熟的技术体系，其竖向构件、承重结构工业化程度高，连接工艺先进、可靠，按照《装配式建筑评价标准》，在协会组织试评价中占有一定优势。

1　"十三五"装配式建筑行动方案开展基础条件

（1）大力发展装配式建筑政策背景

2016 年 2 月 6 日中共中央、国务院《关于进一步加强城市规划建设管理工作的若干意见》印发后，大力发展装配式建筑成为国家和省市政府强力推动的一项重要工作。9 月 27 日国办《关于大力发展装配式建筑的意见》，解读这一文件的核心，就是"六个三、一个八、十五条"，具体说，三部分内容、三项基本原则、三类结构体系、30％的 10 年目标、三类地区和三个因地制宜，八项重点任务和 15 条要求。11 月 19 日在上海召开的"全国装配式建筑工作现场会"上，陈政高部长讲了推广装配式建筑的五个需要，贯彻绿色发展理念、实现建筑产业现代化、保证工程质量、降低造价和催生经济新动能的需要。

（2）"十三五"装配式建筑行动方案内容

2017 年 2 月，国务院办公厅又印发了《关于促进建筑业可持续健康发展的意见》，深化建筑业改革、推进建筑产业现代化，大力发展装配式建筑将是突破口，开展装配式建筑产业基地培育将是产业依托力量。2017 年 3 月 28 日，住房城乡建设部在长沙召开了"全国装配式建筑工作座谈会"，发布实施了《"十三五"装配式建筑行动方案》新版的《装配式建筑产业基地管理办法》，住房城乡建设部原《国家住宅产业化基地试行办法》（建住房［2006］150号）同时废止，原批准的31个国家住宅产业化试点城市、59家基地企业，住房城乡建设部将定期对产业基地进行全面评估，评估合格的继续认定为产业基地，评估不合格由住房城乡建设部撤销其产业基地的认定。

（3）协会所做的一系列基础性工作

按照住房城乡建设部的要求，协会积极参与了装配式建筑技术和经济政策的研究、制定和讨论；根据部相关部门要求，协会为装配式建筑政策先后上报11个批次、3.5万字的钢结构建筑的资料、材料，参与和组织工信部、住房城乡建设部召开的发展钢结构建筑座谈会7次，其中，1.5万字收录《装配式建筑必读》一书。协会工作成果得到相关部门认可，经过审查考核，中国建筑金属结构协会专家委员会有8位专家被住房城乡建设部吸纳为国家装配式建筑产业基地评审专家，在组织钢结构企业开展国家装配式建筑产业基地建设争得了一定话语权。

（4）采用新标准对钢结构建筑进行试评价

2016年，与部科技促进中心一起，开展装配式建筑—钢结构住宅项目试评价工作，组织钢结构住宅的研发、生产、施工企业进行申报工作。共有11家钢结构企业上报了13项钢结构住宅项目参加试评价，总建筑面积293.3万 m²；其中，高层住宅（18～30层）项目6项、小高层（8～16层）2项、多层（6层以下）5项。已竣工投入使用的8项、在建或未交验的5项，推荐了5个企业5项钢结构住宅参与试评价，具有一定的代表性，为企业申报装配式建筑产业基地创造了条件。

（5）协助配合钢结构企业的基地申报工作

到2016年底为止，根据企业申请，协会的积极推荐，地方政府的审查上报，住房城乡建设部先后2次组织开展了国家装配式建筑产业基地的审批工作，第一批5家、第二批4家，其中钢结构企业在第一批授予基地称号中有3家：浙江东南网架股份有限公司、浙江精工钢构股份有限公司和安徽鸿路钢构有限公司，第二批4家中钢结构企业有1家：湖南金海钢构股份有限公司，按照新的考评条件和标准经过严格程序产生，钢结构企业占新申报产业基地的近1/2，为钢结构建筑的推广产生了较好社会反响。现已向住房城乡建设部提出申请的有7家钢结构企业，条件比较成熟的有2家。

2 钢结构企业争创装配式建筑产业基地的作用

（1）充分发挥钢结构建筑的装配化优势

《"十三五"装配式建筑行动方案》提出十项重点工作，组织钢结构企业积极完善条件、根据国家产业基地条件，适时开展国家装配式建筑产业基地推进工作，是协会今后一个时期重要工作，企业有需要就是协会的工作目标。据了解，钢结构行业内一批有基础条件的企业，企业自身也在加大研发投入，夯实申报基础，争取尽早成为国家装配式建筑产业基地。但也要看到，少数企业由于对装配式建筑研究不够，还处于一种辛辛苦苦、不知咋整，在产品和技术体系尚不完善情况下，急于拿地建厂、盲目扩张。从国家建设主管部门了解的信息看，说那种钢结构建筑体系很成熟很完善还为时过早，任重道远。原本2016年政府工作报告中提法是：大力发展钢结构和装配式建筑；主管部门也曾想在国办（2016）71号文前出台一个《关于大力发展钢结构建筑的通知》也迟迟未果，其中原因应该引起钢结构建筑设计部门和生产企业的思考。

（2）引导企业突破钢结构建筑应用技术瓶颈

行动方案中有一句话：突破钢结构建筑在围护体系、材料性能、连接工艺等方面的技术瓶颈。具体说，一是要坚持市场为导向，有条件的钢结构企业可以和钢铁企业形成原材料生产合作关系，生产建筑钢结构的型材、管材，降低工程成本。目前市场中厚板材到钢结构价格，加工制作费达2000～3000元/t，摊销到每平方米增加300元，造价偏高是不争的事实；二是推广工程总承包模式，特别是精装交房，钢结构企业应充实专业管理人才，提升总承包能力，因为装配式钢结构建筑大量的二次设计，构件拆分，专业集成协调，现场管理水平是关键；三是用采用钢结构匹配的方式去解决装配式钢结构建筑推广中遇到的问题，不能一遇到结构与材料匹配问题，又回到钢筋混凝土、现场浇筑、砌筑的方式去解决；四是"三板"体系（楼板、外墙板、内墙及屋面板）一定要适应建筑品质要求，而不是牺牲建筑功能、品质、改变消费者意愿去推广钢结构建筑；五是对信息化技术与装配化建筑的有效融合运用。装配式建筑构件都具有单一性、精细化、标准化的特点，必须从一开始就通过设计软件、程序和 BIM 技术进行优化、集成，按照建筑整体全过程模拟装配，将拆分件生产、运输和装配经济性、合理性综合考虑后将数据导入构件车间和数控设备进行生产等，这些问题不解决，钢结构建筑的市场认可度难以提高。

（3）政策将向产业基地等实体制造企业倾斜

从当前情况看，国家政对获得国家装配式建筑产业基地企业寄予厚望。事实上，在国务院和住房城乡建设部强力推动下，近期各地都将修订和出台一系列支持、引领发展的规划和措施，包括建设用地、财政补贴、税费减免等，成为国家装配式建筑产业基地，意味着要发挥行业的示范、引领的作用，成为地方开展装配式建筑研发推广的主力军。与之相适应，地方出台的一些鼓励扶持政策，也将向这些骨干企业倾斜、向材料、产品、技术研发领域倾斜，对企业开展装配式钢结构建筑研发推广、扩大产品市场占有率和发展空间，都有着积极长远的影响。在近期中办、国办印发《关于建立健全国家"十三五"规划纲要实施机制的意见》中明确：坚持整体推进和重点突破的总要求，着力优化结构、补齐短板，国家装配式建筑产业基地企业将承担重点突破的历史责任。能不能担负这一重大责任，关键在于企业。

3　以产品为纽带推进产业链企业配套协作

（1）以市场为导向提升钢结构建筑品质

住房城乡建设部在"十三五"行动方案中明确：到 2020 年，全国装配式建筑占新建建筑面积的比例达 15％以上。其中重点推广地区（京津冀、长三角、珠三角）装配式建筑占 20％、积极推广地区（300 万人口城市）达到 15％、鼓励推广地区（其他城市）达到 10％，鼓励各地提出更高的目标。这说明，20％并不是最终目标，只是阶段性的确保目标。目前全国已有 32 个省、直辖市出台了《装配式建筑的工作意见》，其中政府投资的 1 万 m² 的公共建筑、抗震地区的学校医院等将优先采用钢结构体系，为钢结构建筑应用提供了新空间。但也要看到，社会对钢结构住宅的认识没到位、疑虑没有消除、装配化优势还没有得到充分体现。

（2）重在建立企业自有的成熟技术及产品体系

成为国家装配式建筑产业基地企业，按照新考核内容、新标准，严格程序，满足申报条件要求；新的《产业基地企业评分表》设定了一级考核指标 4 大项，二级指标 25 项，设三类企业（总承包企业、专业部品和设备制造）和装配式建筑产业园区，分别考核，总分 100 分，对新申报企业采用新办法考评。对技术研发和产品推广效果不明显的产业基地、发生质量事故或诚信有问题的，实行退出机制，取消称号。对钢结构企业来说，按照装配式建筑要求，能否推出真正意义上的、成熟技术的、功能完善、市场接受的技术产品体系是关键，将侧重考核应用案例和示范效果，是 2017 年装配式建筑行动的一项重要工作。

（3）发挥行业的骨干企业的作用

按照新的考评条件和管理规定，鼓励具有房屋建筑工程总承包一级资质和参与工程总承包一级资质试点的钢结构企业积极参与国家装配式建筑产业基地的培育。钢结构行业的骨干、龙头企业的自主创新能力和技术集成能力较强，对新体系、新材料的研发投入到位，设计、生产、施工管理人才较齐备等，是通过开展装配式建筑行动，提高钢结构建筑应用水平的依靠力量，对申报的基地企业和示范项目，协会应在住建部的支持下，依托具有房建施工总承包一级资质的 44 家钢结构企业，鼓励企业按照行动方案要求，增强产业配套能力和工程总承包能力。可以预见的市场格局，并非所有钢结构企业都具备自有产品体系，开放的市场竞争，将让龙头企业脱颖而出，担负起资源配置和产品集成的重任。

（4）培育市场认可的钢结构建筑知名品牌

没有好的产品、没有市场和消费者满意的产品，产业化基地培育也只是一句空话。装配式钢结构建筑在我国的应用，还需要从体制、机制、环境和与之配套产业链等多方跟进改革，是一项系统工程。开展国家装配式建筑产业基地建设，需要钢结构企业家、专家和生产、设计科研单位的共同努力、全产业链企业共同参与。2017年上半年，对在建筑结构、部品构件、围护板材、工法工艺和配套材料的钢结构企业，在组织评价评估的基础上，通过住建部向社会发布一批产品技术名录，建立统一的部品部件标准、认证与标识信息平台，向社会和市场推荐，这项工作应引起钢结构企业的重视。

4 做好装配式钢结构建筑的评估工作

（1）钢结构不等于全装配式建筑

业内曾有专家对"装配式钢结构"提法也有不同意见，在方案讨论会上专家们也有些争议，但国家要大力推广的是钢结构建筑，是部品、构件的配套和专业集成产品，不能光在结构体系上打转转。"建筑钢结构"与钢结构建筑也是两个不同的概念，建筑钢结构狭义指建筑的结构体系，广义上可指代建筑业中钢结构行业，包括钢结构建筑的设计、生产、加工和安装企业等；而钢结构建筑一般意义上是指建筑产品，以钢结构为主体的各类房屋建筑，包括钢结构住宅。所以，这些没有价值的争议可以休矣，而应该集中精力大力发展市场认可的钢结构建筑，提高建筑的装配化率。

（2）依靠钢结构建筑品质取得政府部门支持

新的管理办法明确，申报国家装配式建筑产业基地，每年对省市下达一些指标，各省市向住房城乡建设部推荐，经住房城乡建设部相关部门初审后，组织专家组进行考评；行动方案中提出的到2020年不同地区的10%～20%的目标，对钢结构来说，主要体现在钢结构住宅领域。要看到，对钢结构住宅建设，政府和消费者仍有顾虑，特别是钢结构用于城市住宅开发，这个占每年新建建筑面积70%左右的领域，钢结构住宅的优势还远远没有得到体现。按照陈部长讲的：我们不能光挑毛病、不实践、不研发、不应用。抓住每一次钢结构住宅项目建设的机会，精心研发，追求极致，千万不能满足当前的成绩，没有最好、只有更好，改变钢结构住宅应用滞后的局面。

（3）引导企业依据自身优势分级分类申报

装配式建筑产业基地建设，层级上有国家、省直辖市的产业化基地；专业上分有总承包企业、专业施工企业、部品配套企业等，企业应根据自身技术优势和未来产品市场布局，选择申报类型基地企业；钢结构企业在提高装配式建筑部品精细化制造水平的同时，提高钢结构建筑专业集成能力和总承包一体化管理协调能力，重视建筑板材和部品、部件的配套施工和接点工艺的研发，对条件成熟的钢结构企业，帮助做好装配式建筑推广可行性研究报告和中长期推广规划，到2020年，力争有30家左右的钢结构企业成为国家装配式建筑产业基地，100项左右的装配式钢结构建筑示范工程、5～10家装配式建筑科技创新基地，肩负起装配式钢结构建筑发展的辐射带动作用。

（4）成立装配式钢结构建筑产业创新联盟

根据《国家装配式建筑技术创新联盟章程》，成立以国内钢结构骨干企业和科研、设计单位为主体的联盟理事会，首批由已经获得或将要获得国家基地称号的企业、设计科研机构及相关大专院校专家、学者组成；制定装配式钢结构建筑产业创新联盟相应工作条例，严格按照国家装配式建筑产业基地条件，协助企业做好申报工作，坚持标准、宁缺毋滥，在调研考核的基础上，推出那些有技术、有实力、有生产基地和专业人员的实体钢结构企业，成为推广装配式建筑的中坚力量和龙头企业，带动行业整体水平的提升。

钢结构斜撑节点均匀力法及其应用

周明阳　吴良军　孔维拯　张鹏飞

（中建钢构有限公司，天津　300300）

摘　要　本文结合内蒙古锡林郭勒盟五间房电厂一期 2 台 600 万机组主厂房钢结构制作安装的经验以及科威特大学城附属楼群的结构制作安装经验，针对钢结构节点设计进行优化研究。通过对大量的节点计算的优化及设计经验，总结一套在国内可以标准化使用的均匀立法设计体系。从而减少钢结构节点用钢量，提升结构整体稳定性，增加整体设计合理性。

关键词　均匀力法；钢结构；节点

1　前言

21 世纪起，随着钢结构技术的成熟，钢结构施工周期短，污染小，综合经济效益高使重型厂房的优势越加的突出。由于这些优势的存在使得钢结构成为重型厂房的重要结构形式。

重型钢结构的节点设计是钢结构设计的重要环节。尤其是斜撑节点，其力的传递方式往往比较复杂，受力不明确。传统的力法对于解决这种复杂节点已经显得力不从心。由于传统设计的诸多弊端，美国钢结构协会 AISC 从 1981 年到 1990 年进行了大量试验。为了得到斜撑节点的最优设计方法 AISC 和 ASCE 还组成了一个联合试验组。经过大量试验数据的证实，于 1992 年首次将均匀力法发表在《Manual of Steel Construction》中。通过大量试验以及计算，最终证明均匀力法的破坏荷载和破坏模型最接近预期的破坏荷载和破坏模型。同时也通过比较不同力的分配方法以及设计方法，得出均匀力法为最经济的设计方法。

下面主要以内蒙古锡林郭勒盟电厂和科威特大学城节点设计的具体要求和具体方法为例，证明此种节点设计方法可以节约连接材料 5%～10%。

2　均匀力法的设计原理

2.1　均匀力法定义

均匀力法的本质就是找到连接处的几何形心去避免节点板与梁、节点板与柱以及梁柱间相互产生的弯矩。那么在这个节点的设计中可以有效地避免弯矩的产生而只计算剪力与拉力。这种设计方法被称为均匀力法。

2.2　均匀力法计算方式

2.2.1　常规计算形式

节点板的几何形心和工作点如图 1 所示，梁柱斜撑的中心线交叉点如图 1 中 A 所示。

节点板的受力分布，柱的受力分布以及梁的受力分布将会在图 1 中 B、C、D 展示。

当 α 与 β 确定后 V_c，H_c，V_b，H_b 的数值应按照下列公式计算。

$$V_c = \frac{\beta}{r}p \qquad H_c = \frac{e_c}{r}p$$

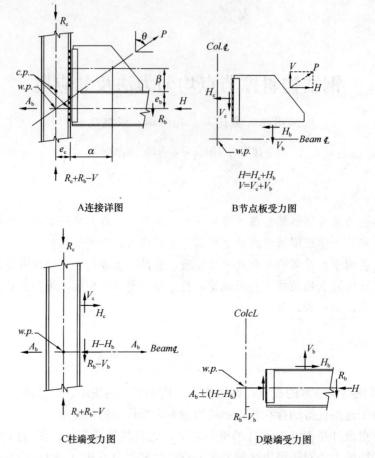

A连接详图   B节点板受力图

C柱端受力图   D梁端受力图

图 1

e_b—梁高度的一半；e_c—柱高度的一半，如果节点板与柱腹板相连 $e_c = 0$；α=柱翼缘或者柱腹板到与梁连接处节点板中心的距离；β=梁翼缘到柱连接处节点板中心的距离；$R = R_u$ 或 R_a—梁的反作用力；$A_b = A_{ub}$ 或 A_{ab}—传递过来的力；H=轴力；$H_b = H_{ub}$ 或 H_{ab}—节点板与梁相交处的水平力；$H_c = H_{uc}$ 或 H_{ac}—节点板与柱相交处的水平力；$V_b = V_{ub}$ 或 V_{ab}—节点板与梁相交处的竖向力；$V_c = V_{uc}$ 或 V_{ac}—节点板与柱相交处的竖向力；$P = P_u$ 或 P_a 作用在斜撑上的轴向力；V=竖向作用力；w_p=工作点；c_p=中心点

$$V_b = \frac{e_b}{r} p \qquad H_b = \frac{\alpha}{r} p$$

$$r = \sqrt{(\alpha + e_c)^2 + (\beta + e_b)^2}$$

2.2.2 工作点改良情况

在部分斜撑节点设计中，会由于梁柱比率不协调、斜撑连接角度问题，均匀力法节点板形状无法满足要求的情况发生。在这种情况下，可以采用将力的工作点进行改良。如图 2 中 A 所示，将工作点定位到节点板角落的位置，用以避免节点板比率不协调的问题出现。在这种情况下，e_b 和 e_c 数值均为 0，均匀力法受力计算公式也要做相应变更。梁柱节点板中梁端承受的剪力需要按照 H_b 设计，节点板中柱端承受的剪力需要按照 V_c 设计。由于节点板工作点的变更会导致梁端与柱端有附加弯矩的产生。这种设计方法主要是将轴向力 P 分解成 H_b 和 V_c 两个方向的剪力。通过对比设计可知这种设计并不是最为经济的设计方法。

梁端受剪力如下：

$$H_b = P\sin\theta = H \qquad V_b = 0$$

柱端受剪力如下：

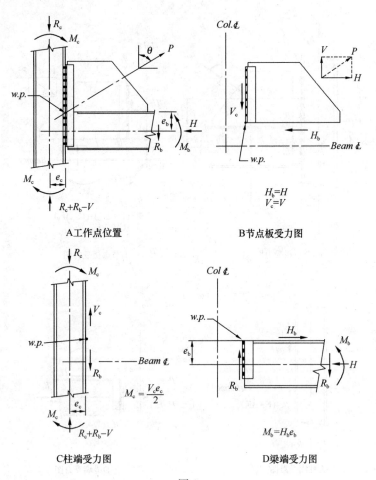

图 2

$R=R_{\mathrm{u}}$ 或 R_{a}—梁的反作用力；$A_{\mathrm{b}}=A_{\mathrm{ub}}$ 或 A_{ab}—传递过来的力；H=轴力；$H_{\mathrm{b}}=H_{\mathrm{ub}}$ 或 H_{ab}—节点板与梁相交处的水平力；$H_{\mathrm{c}}=H_{\mathrm{uc}}$ 或 H_{ac}—节点板与柱相交处的水平力；$V_{\mathrm{b}}=V_{\mathrm{ub}}$ 或 V_{ab}—节点板与梁相交处的竖向力；$V_{\mathrm{c}}=V_{\mathrm{uc}}$ 或 V_{ac}—节点板与柱相交处的竖向力；$P=P_{\mathrm{u}}$ 或 P_{a}—作用在斜撑上的轴向力；V=竖向作用力。

$$V_{\mathrm{c}} = P\cos\theta = V \qquad H_{\mathrm{c}} = 0$$

梁端附加弯矩如下：

$$M_{\mathrm{b}} = H_{\mathrm{b}} \cdot e_{\mathrm{b}}$$

柱端附加弯矩如下：

$$M_{\mathrm{c}} = V_{\mathrm{c}} \cdot e_{\mathrm{c}}$$

编者注：$M_{\mathrm{c}}=V_{\mathrm{c}} \cdot e_{\mathrm{c}}$ 为欧标规范中柱端节点附加弯矩，美标规范中柱端节点附加弯矩值为 $M_{\mathrm{c}}=V_{\mathrm{c}} \cdot e_{\mathrm{c}}/2$，也就是美标附加弯矩设计值为欧标设计值的 50%。按照项目经验编者建议采用欧标公式计算更为合理一些。

2.2.3 梁柱节点受力过大情况

如果在设计梁柱节点的时候，产生梁柱交点处剪力过大的情况，可以考虑把部分剪力转移到柱与节点板的连接处。如果梁柱交点减小的数值为 ΔV_{b}，那么在节点板与柱的端板处增加的剪力为 ΔV_{b}，与此同时由于力的工作点的转移同时会增加一个偏心弯矩，这个偏心弯矩会作用在节点板与梁的连接面上。弯矩增大的数值为 $M_{\mathrm{b}}=(\Delta V_{\mathrm{b}}) \cdot \alpha$。由于这个弯矩的存在会导致节点板的厚度增加，从而降低节点板设计的经济性（图3）。

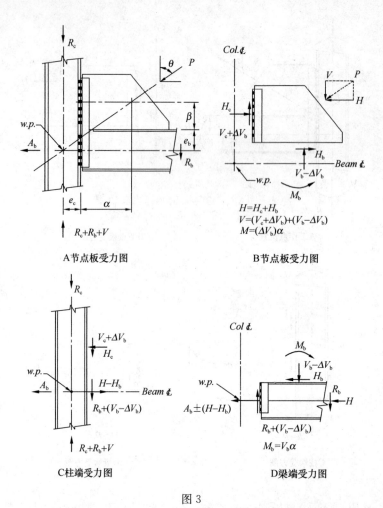

A节点板受力图   B节点板受力图

$H = H_c + H_b$
$V = (V_c + \Delta V_b) + (V_b - \Delta V_b)$
$M = (\Delta V_b)\alpha$

C柱端受力图   D梁端受力图

$M_b = V_b \alpha$

图 3

$R = R_u$ 或 R_a—梁的反作用力；$A_b = A_{ub}$ 或 A_{ab}—传递过来的力；$H =$ 轴力；$H_b = H_{ub}$ 或 H_{ab}—节点板与梁相交处的水平力；$H_c = H_{uc}$ 或 H_{ac}—节点板与柱相交处的水平力；$V_b = V_{ub}$ 或 V_{ab}—节点板与梁相交处的竖向力；$V_c = V_{uc}$ 或 V_{ac}—节点板与柱相交处的竖向力；$P = P_u$ 或 P_a—作用在斜撑上的轴向力；$V =$ 竖向作用力。

2.2.4 节点板不与柱连接情况

当斜撑与柱端角度过大的时候，通常角度大于 $65°$。在这种情况下为了避免采用均匀力法设计的节点板尺寸过大，出现不协调的情况。可以采取节点板只与梁端相连而不与柱端相连的做法。在这时可以设置 $\beta = 0$，$e_c = 0$，在这时节点板不与柱相连，可得到 $V_c = 0$ 和 $H_c = 0$，$V_b = V$ 和 $H_b = H$。

同时在这种情况下，如果 $e_b \tan\theta = \alpha = \bar{\alpha}$ 如图 4 中 A 所示，那么在节点板梁端无偏心弯矩产生。在设计节点板的时候按照 V_b 与 H_b 设计。

如果 $e_b \tan\theta = \alpha \neq \bar{\alpha}$，那么在节点板梁端将会产生偏心弯矩 M_b，$M_b = V_b (\alpha - \bar{\alpha})$。在这种情况下梁柱连节点受力将会增大 V_b。这时设计节点板的时候必须按照增加的弯矩 M_b 进行设计。而在设计梁柱节点受力的时候，剪力值必须按照 $V_b + R$ 进行设计。

3 均匀力法应用总结

本文通过对科威特大学城以及内蒙古华润五间房电厂的斜撑计算为例，简要阐述了均匀力法在国内应用的实例，通过对比设计和计算有以下结论。

1）在目前斜撑计算中均匀力法设计出的节点与真实受力情况最为近似，可以节约 $5\%\sim10\%$ 的材料。

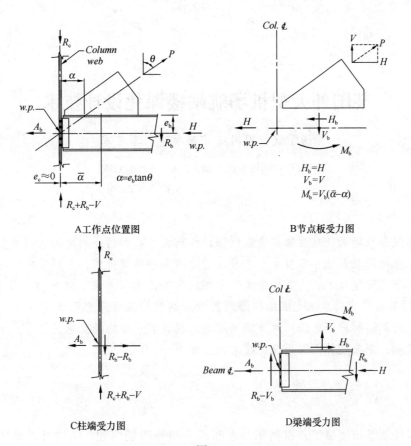

A 工作点位置图　　　　　B 节点板受力图

$e_c \approx 0$　　　$\bar{\alpha}$　　　$\alpha = e_b \tan\theta$

$H_b = H$
$V_b = V$
$M_b = V_b(\bar{\alpha} - \alpha)$

C 柱端受力图　　　　　D 梁端受力图

图 4

$R = R_u$ 或 R_a—梁的反作用力；$A_b = A_{ub}$ 或 A_{ab}—传递过来的力；H=轴力；$H_b = H_{ub}$ 或 H_{ab}—节点板与梁相交处的水平力；$H_c = H_{uc}$ 或 H_{ac}—节点板与柱相交处的水平力；$V_b = V_{ub}$ 或 V_{ab}—节点板与梁相交处的竖向力；$V_c = V_{uc}$ 或 V_{ac}—节点板与柱相交处的竖向力；$P = P_u$ 或 P_a 作用在斜撑上的轴向力；V=竖向作用力。

2）使用均匀力法之前应先判定梁柱斜撑三者之间整体的受力情况，从整体考虑计算。

3）均匀力法节点板的设计应注意形状是否合理，如果不合理可采用均匀力法三种特别案例进行设计。

参考文献

[1] 程超，陈一军，胡小龙. 大型钢结构带支撑节点设计——均力法[J]. 建筑结构，2003，33：第三期.
[2] 许春阳. 锅炉钢结构高强螺栓连接节点使用中美规范验算的比较[J]. 余热锅炉，2009.
[3] 胡淑军，李俞谕，徐其功，周金. 中、美规范钢结构连接节点优化设计[J]. 科学技术与工程 Vol.10 No.5 Feb 2010.
[4] 陈建斌，顾敬业. 均匀力法及其应用[J]. 钢结构，2002.

某国外大型机场航站楼深化设计技术

杨学斌　周国庆　顾永清　李可军

（中建钢构有限公司，深圳　518040）

摘　要　阿尔及尔机场新航站楼项目造型新颖、结构复杂，如何高效地完成钢结构深化设计工作对本工程的顺利实施非常重要。本文通过介绍主拱建模技术、屋面弯扭构件建模技术、屋面次梁节点建模技术、主拱桁架深化出图技术等方面，展现了如何利用 Tekla Structures 和 CAD 软件各自特点来完成结构形式复杂的钢结构工程深化设计，以及复杂构件的深化设计出图思路和出图方法，对类似钢结构工程具有一定的借鉴意义。

关键词　钢结构；复杂构件；深化设计技术；坐标图

1　工程概况

阿尔及利亚机场新航站楼位于首都阿尔及尔布迈丁国际机场西侧，结构外形整体呈 T 形流线型，建筑面积约 19 万 m^2，总用钢量约 1.3 万 t，建成后年吞吐量可达 1 千万人次。图 1 为该项目效果图。

本工程主结构分为候机大厅和指廊两部分。候机大厅钢结构由 8 榀主拱桁架、外围一圈箱形边拱、主拱之间的亚字形次拱、悬挑雨棚结构、主桁架下方树杈柱及边拱下方立面支撑柱构成。主拱桁架长度 128～198m；指廊钢结构由一组平行主拱排列而成，跨度 36m，主拱长度 257m。图 2 为结构分解图。

图 1　效果图

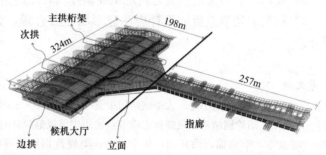

图 2　结构分解图

2　主要深化设计技术介绍

本项目主拱桁架及边拱随屋面走势呈波浪形，次拱及次梁随主拱走势排布，这种造型决定了主拱桁架、边拱及屋面次拱的深化设计为本次深化设计的重点及难点，本文主要介绍此三种类型构件的深化设计技术。

2.1　主拱桁架杆件建模技术

主拱桁架为倒三角形管桁架，长度方向上沿轴线波浪形弯曲（图 3），且截面高度随长度的延伸渐变，设计图中仅提供了每根轴线处桁架的顶面标高及截面高度信息。由于每根轴线相距达 9m，tekla 软件曲线放样功能较差，仅采用设计图纸提供的信息无法绘制出流畅的线型走势，同时也为了让截面过渡更加平滑，需要借助 cad 软件放样功能，对设计图纸信息进行处理，具体方法如下：

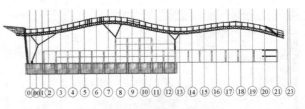

图 3　主拱桁架走势图

　　将设计图纸中的标高信息通过 cad 软件转化为三维控制点，再采用样条曲线依次连接各控制点，使上下弦分别形成一条平滑的曲线。然后取样条曲线在两相邻轴线等分线上的点，形成新的控制点。依次取完所有轴线之间等分线上的点，此时控制点数量比原设计增加了一倍，最后将新取的控制点及原设计控制点导入到 tekla 软件中进行放样，完善主桁架模型（图 4 为典型主桁架构件）。

2.2　屋面弯扭构件建模技术

　　由于本工程次拱上表面始终平行于大地，而箱形边拱走势为波浪形，因此次拱翼缘与箱形边拱翼缘连接时存在角度差，且由于箱形边拱走势起伏不定，次拱翼缘与箱形边拱翼缘角度差也不是定值，经过分析通过节点无法调节角度差值，最终决定通过一段弯扭板过渡来消除角度差（图 5 为典型次拱与边拱节点）。

图 4　典型主桁架构件

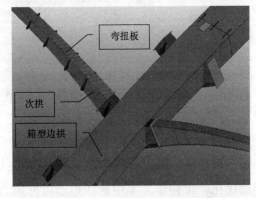

图 5　次拱弯扭过渡节点

　　弯扭构件的深化常常采用 cad 软件，采用 cad 软件进行深化时虽然精度高，但零件编号、材料表绘制均需要人工编制，效率较低且出错率高，本工程中仅需要将次拱其中一段翼缘弯扭，因此我们利用 cad 软件进行三维放样，再采用 tekla 软件进行拟合的方法，利用两种软件各自的优点，将深化效率最大化，具体方法如下：

　　（1）按照次拱翼缘不做弯扭处理在 tekla 软件中进行放样，做出初始定位模型，从而确定次拱与边拱的连接板空间定位、腹板空间定位，及上下翼缘中心线空间定位（弯扭板中心线参照此模型翼缘中心线进行定位）。

　　（2）将第一步的模型导入 cad 软件中，将连接板、腹板及上下翼缘中心线作为定位参照，利用 cad 软件三维建模功能进行弯扭板放样，绘制出弯扭板模型。

　　（3）在 cad 软件中分别将绘制的弯扭板两条边线根据加工精度要求进行等分（本工程按照 230mm 等分），形成的等分点即为弯扭板的轮廓点。

　　（4）将轮廓点导入 tekla 模型中，使用 tekla 软件的三角形生成器节点（图 6 为三角形生成器节点操作界面），依次点击各轮廓点，生成拟合弯扭板，修改材质、板厚等信息，完成构件模型（图 7 为典型弯扭次拱构件）。

　　（5）利用 cad 软件完成零件图绘制及零件展开，零件编号及材料表可以利用 tekla 软件自动生成。

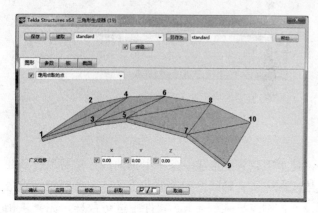

图 6　三角形生成器节点

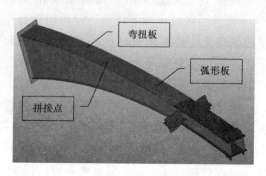

图 7　典型弯扭次拱构件

2.3　屋面次梁节点建模技术

由于次拱根据屋面走势高低起伏布置，每根次拱之间高差也不断变化，次梁布置在次拱跨度三分之

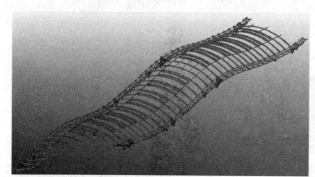

图 8　单跨屋面走势

一处，沿屋面走势方向布置（图 8 显示典型屋面构件布置及走势），为了满足金属屋面铺板要求，次梁上表面不能高出次拱上表面形成的曲面，因此次梁上表面必须与次拱上表面保持同一斜度，经过放样发现两个相邻次梁的节点板，在次拱处存在错边现象（图 9a 为典型节点板错边），为了满足节点受力要求，必须让两块连接板完全对接，形成一个整体。在不改变次梁定位的情况下，我们采取了如下的解决方案。

初步思路是在两块节点板之间增加一块四边形板进行过渡，四边形板两个边分别与两块节点板对接，形成一个整体。为了减少对接量，对上述方案继续优化，将初步方案中的四边形板分解为两块三角形板对接，而将两块三角形板与两块节点板之间的对接改为折弯，与初步方案相比减少了一个对接焊缝。具体操作如下：

（1）将一块节点板上边回缩一定距离，此距离即为折弯过渡的距离，根据外观要求及加工弯折要求确定（本工程中为了将折弯点放在次拱内部，取 150mm），将另一块节点板下边回缩相同距离；

（2）以一块板的一条边及另一块板的一个角点为控制点，可以分别描绘出两块三角形板；

（3）使用 tekla 软件"附加到零件上"功能将节点板与对应三角形板合并，形成两块折弯板（图 9b 为优化后节点板）。

2.4　主拱桁架深化出图技术

主拱桁架为本工程中最重要、最复杂的构件类型，边拱、次拱、树权柱等构件均与主拱桁架

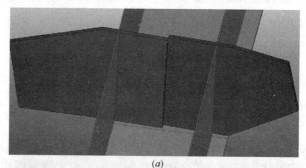

(a)

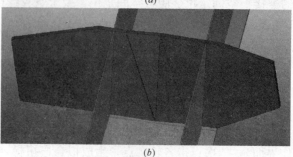

(b)

图 9　次梁节点板透视图
(a) 节点板错边；(b) 折弯板转换

连接，控制主拱桁架的深化图纸质量对本工程十分关键，本工程主拱桁架的深化出图主要有以下难点：

（1）单个构件零件数量多，大部分构件的零件数量都超过 200 个，最复杂的构件零件数量达到 750 个，要在图纸中表达清楚所有零件的零件编号、定位关系、焊缝等信息难度极大；

（2）现场连接节点大多为螺栓连接，螺栓数量极多，单个弦杆节点有 72 个高强螺栓，对应 216 个高强螺栓孔，单个构件总螺栓孔数量达 1300 多个。因此螺栓孔的制作精度对本项目非常重要，个别螺栓孔的偏差将造成大批量螺栓无法安装，如何能精确表达零件及螺栓孔的定位信息，是主拱桁架深化出图的重点。

（3）焊缝信息量大，本工程节点类型多、板厚种类多，原设计的焊缝要求均标注在每一张节点图纸中，而本工程节点图纸共有 160 多张，焊缝种类极多，如何通过图纸准确的表达焊缝信息对本工程深化设计非常关键。

针对上述难点，根据制作及安装过程中的需求，主拱桁架构件需要出 4 套图纸，分别为加工图、加工坐标图、预拼装坐标图及安装坐标图。其中加工图用于表达构件的主要信息，包括材料表、零件编号、焊缝、定位尺寸及相关文字说明等，加工图伴随构件的加工及安装过程，是构件加工及安装的基本依据；加工坐标图用于表达构件组立坐标，为以构件加工胎架原点坐标为基准的构件上关键控制点的空间坐标，在构件组立过程中使用；预拼装坐标图用于表达预拼装姿态下各构件关键控制点的空间坐标，在构件预拼装过程中使用；安装坐标图用于表达构件安装后实际空间坐标，用于指导构件安装及验收。

2.4.1 主拱桁架加工图出图

由于主拱桁架关键控制点的定位由加工坐标图来表达，因此加工图中仅表达基本及次要的定位信息，而将表达重点放在零件基本信息及焊缝表达上，加工图出图主要有以下几个要点：

（1）对不同类型零件区分编号。由于零件数量及种类极多，因此零件分类编号十分重要，对于不同类型的零件（如圆管、方管、板材、临时连接板、现场焊板件等）采用不同的编号加以区分，以便于工人能够通过零件编号快速识别出零件类型，找出零件位置，提高加工效率。

（2）对整个构件分模块表达。一个主拱桁架可以分为桁架本体模块（包括弦杆、腹杆、及弦杆腹杆节点板）、与边拱连接节点模块、与树杈柱连接节点模块、与次拱连接节点模块、与幕墙立柱连接节点模块、天沟模块等。主拱桁架复杂，一个构件一张图纸远远无法满足图纸表达需求，常常需要多张图纸表达同一构件。在深化图纸中划分区域，每个区域单独表达各模块的相关信息（图 10 为图纸分模块示例），同时各模块的视图编号严格区分，如 A 模块的主视图编号为 A，则在此主视图上的剖面视图为 A1、A2、A3……以此类推，若在 A1 视图上再进行切剖，则视图编号为 A1a、A1b、A1c……以此类推，视图根据层级关系用字母及数字交替编号，从而能根据视图编号快速追溯到相关视图。工人加工时按照模块逐个加工，最后各模块一起组立，这种表达方式避免了个模块之间信息混乱交错，能够方便工人读图。

（3）采用焊缝总说明及焊缝大样。编制焊缝总说明，将焊缝的计算原则及表达方式进行说明，如本工程中角接与对接组合焊缝需要根据板厚及搭接方式计算焊高及熔深，通过总说明将本工程中所出现的所有此种焊缝以列表的形式列出，供工艺及车间参照执行；将主要的通用焊缝以大样的形式放置到每张构件加工图中，如本工程中圆管相贯焊缝、角焊缝等焊缝信息可以通过大样直接计算得出；重要焊缝及特殊焊缝在加工图中手动标注。焊缝总说明、焊缝大样及重点焊缝手动标注，这三种表达方法能够涵盖本工程所

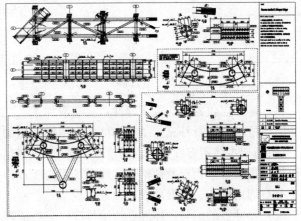

图 10　主拱桁架加工图

有的焊缝形式，三种表达形式互相补充及互相校核，能够满足本工程焊缝的表达要求。

2.4.2 主拱桁架加工坐标图及预拼装坐标图出图

坐标图可以采用 tekla 软件或 cad 软件绘制，由于主拱桁架加工坐标图所需要的控制点极多，且主拱桁架无法使用插件批量增加控制点，在 cad 软件中手动添加控制点的效率较低，因此本工程加工坐标图完全采用 tekla 软件绘制，具体步骤如下：

（1）在模型中构件所需的控制点位置增加样冲点（本工程中采用小圆柱体作为样冲点，圆柱体起始点位置即为控制点位置），并对样冲点进行编号前缀设置；

（2）根据构件的加工坐标系要求建立主零件，以主零件端部设置的工作平面坐标系，即为构件加工的坐标系，设置主零件编号前缀；

（3）利用 tekla 软件报表编辑功能，编辑报表以显示样冲点起始位置的空间坐标，并设置图纸布局，将所编辑的报表应运到图纸中；

（4）在主零件顶部设置工作平面，此时图纸中报表将显示以主零件顶部工作平面为坐标系，各样冲点的坐标数据，导出图纸（图 11 为典型主拱桁架加工坐标图）。

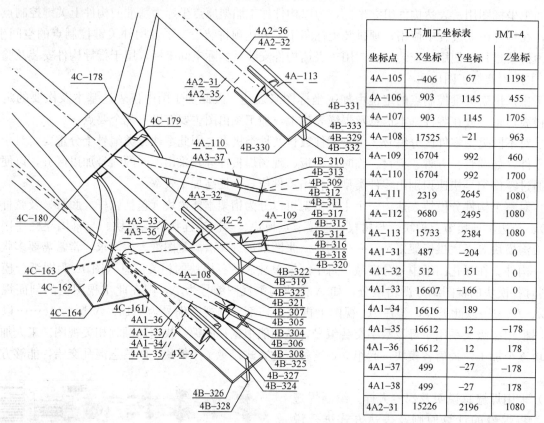

工厂加工坐标表			JMT-4
坐标点	X坐标	Y坐标	Z坐标
4A-105	-406	67	1198
4A-106	903	1145	455
4A-107	903	1145	1705
4A-108	17525	-21	963
4A-109	16704	992	460
4A-110	16704	992	1700
4A-111	2319	2645	1080
4A-112	9680	2495	1080
4A-113	15733	2384	1080
4A1-31	487	-204	0
4A1-32	512	151	0
4A1-33	16607	-166	0
4A1-34	16616	189	0
4A1-35	16612	12	-178
4A1-36	16612	12	178
4A1-37	499	-27	-178
4A1-38	499	-27	178
4A2-31	15226	2196	1080

图 11　主拱桁架加工坐标图

加工坐标图绘制的要点如下：

（1）样冲点位置的选取：样冲点宜选取加工及安装需要关键控制的点位，同时对构件加工图中难以表达的定位信息进行补充。结合构件加工图模块化的出图方式，本工程主拱桁架样冲点选择如下位置：1）主拱桁架本体所有续接节点的连接板角点（包括弦杆、腹板节点板）；2）与边拱连接节点角点；3）与树杈柱连接节点角点及销轴孔、圆形耳板边线；4）与次拱连接法兰板角点；5）与圆管支撑、拉杆等连接节点的销轴孔、圆形耳板边线等位置。

（2）样冲点的编号：样冲点的编号应以分类清晰，简洁明了为原则。本工程中对各类样冲点分类编号，如坐标系基准点、主拱本体样冲点、边拱节点角点等采用不同字母作为前缀，然后在前缀前加构件流水编号，例如5A-10表示流水编号为5的构件A类样冲点（本工程中A类样冲点为主拱本体样冲点）中流水编号为10的样冲点。

预拼装需要控制的关键坐标点与加工坐标图相同，预拼装样冲点使用加工坐标图中样冲点即可，不需再添加额外的样冲点，仅需要根据预拼装姿态及预拼装，重新建立主零件，将加工坐标系改为预拼装坐标系，重新导出坐标图纸即可。

2.4.3 主拱桁架安装坐标图出图

本工程安装测量坐标系直接采用大地坐标系，而大地坐标原点距离本工程4000多公里，坐标原点距离太远，经测试采用tekla软件将会产生较大误差，无法满足安装精度要求，因此最终决定采用cad软件，使用中建钢构研发的CSDI工具进行坐标出图，具体步骤如下：

（1）将tekla模型导入到cad软件中，由于模型较大，没有必要全部导入，可以仅导入与安装坐标样冲点相关的零件即可。

（2）将cad坐标系设为大地坐标系，加载CSDI工具，使用CSDI工具进行初始化，设置全局坐标系为世界坐标系（图12为CSDI工具操作界面）。

（3）插入控制点，插入控制点时需要进行编号设置，本工程中根据控制点所属构件及控制点类型、控制点相对位置等信息进行编号。

（4）提取控制点生成坐标表格（图13为CSDI工具自动提取的安装坐标）。

应用CSDI插件既解决了tekla软件精度较差的问题，也极大地提高了提取坐标的效率。

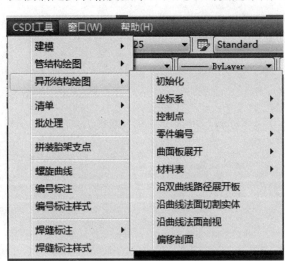

图12 CSDI工具界面

S3安装坐标			
编号	安装坐标 X	安装坐标 Y	安装坐标 Z
S3-3-S-4	518136622	4061532525	26842
S3-3-S-3	518136907	4061532527	26557
S3-3-S-2	518137192	4061532510	26842
S3-3-S-1	518136907	4061532508	27127
S3-2-S-4	518137798	4061534706	29889
S3-2-S-3	518138048	4061534703	29639
S3-2-S-2	518138297	4061534692	29889
S3-2-S-1	518138047	4061534695	30139

图13 安装坐标

3 结论

本工程工期紧、难度大，经过精心的深化设计，采用cad软件与tekla软件相结合的方式，解决了深化设计过程中的诸多关键问题，本文中主拱桁架的建模技术提高了模型精度，次梁节点的建模方法解决了屋面次梁节点板错边的难题，主拱桁架出图技术详细阐述了复杂构件的出图思路以及利用cad软件及tekla两种软件生成加工坐标图及安装坐标图的方法。利用以上技术，本工程深化设计取得了良好的效果，对该工程的制作及安装奠定了良好的基础，也得到了加工厂及安装单位的认可。本文中相关技术对同类钢结构工程的设计、施工具有一定的参考价值。

参考文献

[1] BS EN1993-1-1：2005 欧洲规范 3：钢结构设计 布鲁塞尔：欧洲规范化委员会，2005.

[2] 赵雅；朱冲等. 深圳两馆复杂钢结构深化设计技术[J]. 施工技术，2016，45(2)：21-25.

[3] 徐重良、唐齐超等. 深圳湾体育中西空间变曲面弯扭斜交网格结构高效深化设计[J]. 施工技术，2011，40(345)：12-14.

[4] 周烽；何挺等. 河南艺术中心钢结构深化设计技术[J]. 施工技术增刊，2006，35：364-366.

铰接框架支撑体系在全装配式钢结构停车楼中的应用研究

孙晓彦　舒　涛

（北京清华同衡规划设计研究院有限公司，北京　100085）

摘　要： 自走式多层钢结构停车楼一般采用纯框架结构体系，结构有一定的延性和耗能能力。钢框架一般是梁柱刚性连接，设计多采用栓焊混合连接方式，即梁翼缘与柱焊接（亦有螺栓连接），梁腹板与连接板采用高强螺栓铰接连接方式。钢框架结构在地震区有强柱弱梁，强节点要求，节点构造要求高，施工不便，难以适应全装配化建筑的需求。铰接框架支撑体系梁柱连接、支撑连接节点均为铰接连接方式，节点采用全高强螺栓连接，节点构造简单，方便施工安装，更适应全装配化的需求。但铰接框架支撑体系应用较少，规范也没有做出明确规定。本文以一个6层钢结构停车楼为例进行了结构体系的分析和研究，只要合理设计，地震区采用铰接框架支撑体系的多层钢结构停车楼是可行的，完全满足抗震性能要求，并给出了一些设计原则。

关键词： 铰接框架支撑体系；钢结构停车楼；装配化；静力弹塑性；自走式

1　前言

目前我国大中城市由于机动车数量日益增加，停车难成为亟需解决的问题，空间利用率高的立体停车楼备受瞩目。自走式立体停车楼可采用全装配式钢框架结构，可标准化设计、工厂化生产、工地全装配化施工，一体化装修、信息化管理，相比其他结构形式有抗震性能好、施工速度快、节能、节水、节地、节材、低碳环保、绿色可循环利用等优点。装配化建筑也正是国家大力推广的建筑生产方式，是一种建筑生产方式的变革。装配式建筑的主要特点是主体结构工业化，建筑部品集成化，而采用全装配方式设计制作的多层钢结构停车楼因其自身的优势也越来越多地应用于工程实践。

为更好地推广装配化多层钢结构停车楼的设计与应用，本文以一个6层铰接框架体系的直坡道钢结构停车楼工程为例进行了钢结构停车楼的分析研究，并给出了相应设计流程和构造做法。自走式多层钢结构停车楼一般不多于6层，有直坡道式，错层式，斜楼板式，螺旋坡道式，其中以错层式和斜楼板式利用率最高，单车位占用建筑面积最小，具体选用哪种形式应根据场地条件和业主要求确定。停车楼结构形式可采用梁柱刚接的框架体系和铰接框架支撑体系，前者是梁柱节点，柱脚均为刚接的体系，后者是梁柱节点，支撑节点，柱脚均采用铰接的结构体系，本文重点探讨铰接框架支撑体系。

2　工程基本概况

停车楼长度54.6m，宽度41.4m，共6层，层高3m，平面上下两侧为坡道，结构四周为全开敞式，楼屋面采用预制混凝土板，坡道部分采用全现浇混凝土板，相应部位设防护栏杆。标准层平面如图1所示。

（1）基本设计条件

结构设防烈度：8度，地震加速度：0.20g，设计分组：第一组；Ⅲ类场地，场地特征周期0.45s；

结构抗震设防类别：丙类，结构安全性等级：2级；钢框架抗震等级：3级。

（2）设计荷载

楼面采用预制楼板，楼面恒荷载：4.0kN/m²；楼面活荷载：4.0kN/m²，只考虑停放小型车；屋面恒荷载：6.0kN/m²；屋面活荷载：4.0kN/m²，考虑楼面停车；风荷载0.45kN/m²，地面粗糙度类别：A类；栏杆荷载：竖向1.2kN/m²，水平2.0kN/m²。

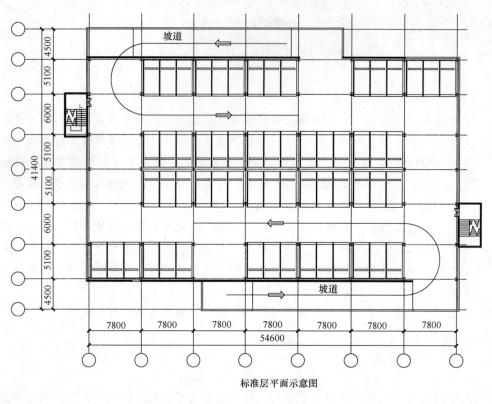

标准层平面示意图

图1

3 结构体系选择

初步设计结构方案讨论时，对刚接框架结构体系和铰接支撑框架结构体系进行了可行性比较：

（1）采用刚接抗弯框架体系

为满足水平刚度、承载能力和规范要求，梁柱节点，柱脚均应采用刚接。抗震规范 GB 50011—2011 规定刚接框架梁、柱需满足比较严格的局部稳定要求，需满足强柱弱梁要求，计算结果表明柱截面相对较大。同时抗震规范还规定梁柱连接节点需按两阶段设计，弹性阶段节点需满足各种荷载组合（抗震组合）的包络设计，第二阶段节点需进行极限承载能力验算，通常情况节点需加强处理方可满足要求，如加宽翼缘、增加盖板等。为满足全装配化的要求，梁柱节点一般采用全工地栓接的做法，节点连接螺栓较多，加工制作和施工都不方便，造价也较高。

（2）采用铰接框架支撑体系

梁柱连接节点、支撑连接节点均采用铰接，梁柱节点均只承担竖向荷载，梁柱不是抗侧力构件，没有强柱弱梁要求，没有强节点要求。梁柱铰接节点构造简单，连接螺栓少，更适合工地装配化需求。由于支撑体系水平刚度较大，柱脚采用外露式螺栓连接的铰接节点即可，柱脚只传递竖向和水平力，较大的水平力可设置抗剪键承担。支撑框架是唯一的抗侧力构件，相关梁柱、支撑构件和节点需加强处理。

综上比较，装配式多层钢结构停车楼选择铰接框架支撑体系有较多的优势，最终设计方案采用了铰接框架支撑体系。

4 结构整体分析

对刚接框架体系进行了小震弹性分析，并给出了相关构件截面和布置图。对铰接支撑框架体系进行两阶段分析，第一阶段为小震弹性分析，并给出了相关构件截面和布置图。第二阶段为大震下的静力弹塑性分析，并给出相关分析结果，验证结构满足大震不倒的性能目标。

（1）梁柱刚接框架弹性分析

采用三维结构有限元分析软件 YJK1.81 进行结构整体分析，梁柱采用框架单元，梁柱节点刚接，柱脚刚接；楼板采用薄壳单元，因为实际设计楼板采用预制板，预制板和钢梁之间无法设计为钢—混凝土组合梁结构，因此模型中考虑楼板的水平刚度，不考虑楼板和钢梁的组合作用。

柱均采用轧制宽翼缘 H 型钢，梁采用轧制中或窄翼缘 H 型钢，材质均为 Q345B。GZ1 截面为 HW300X300（1～3层），HW250X250（4～6层），GZ2 截面为 HW400X400（1～3层），HW300X300（4～6层）；GL1，CL1 截面为 HN400X150，GL2，CL2 截面为 HN400X150。

计算简图（图2，图3）和结果如下：

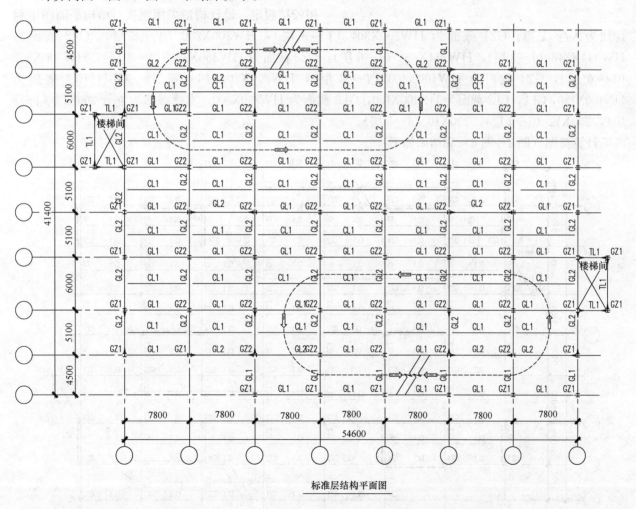

标准层结构平面图

图2

结构第一、二、三周期分别为：1.36s，0.91s，0.87s，X 方向基底剪力：6260kN，Y 方向基底剪力：4650kN。框架柱的最大应力比 0.75，框架梁最大应力比 0.80，次梁的最大应力比 0.9，结构 X 方向最大层间位移角为 1/572，Y 方向层间位移角为 1/317，结构层间位移角，由于 H 型钢柱两个方向刚度差别较大，结构整体两个方向位移角也差别较大，但均满足规范规定不大于 1/250 的要求。

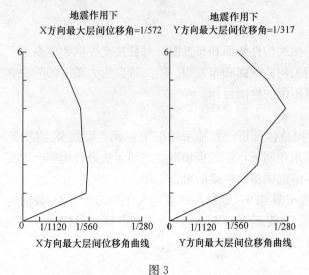

地震作用下
X方向最大层间位移角=1/572

地震作用下
Y方向最大层间位移角=1/317

X方向最大层间位移角曲线

Y方向最大层间位移角曲线

图 3

梁柱刚接框架体系为抗震规范推荐的结构体系，构件验算结果和结构各项整体计算指标均满足规范要求。结构平面、立面比较规则，属于多层规则结构，不需要进行中、大震验算弹塑性验算。只要按规范要求进行小震弹性阶段的正确设计、合理构造，可满足小震不坏、中震可修、大震不倒的设防目标。

（2）铰接支撑框架弹性分析

采用三维结构有限元分析软件 YJK1.81 进行结构整体分析，梁柱采用框架单元，梁柱节点铰接，支撑节点铰接，柱脚铰接。其他计算假定、构件截面和材质要求同刚接框架体系。

支撑采用 Q345B 矩形方钢管，两端计算模型采用铰接假定，设计构造采用刚接。结构平面图中粗虚线为人字支撑。GZ1 截面为 HW300X300（1～3 层），HW200X200（4～6 层），GZ2 截面为 HW344X348（1～3 层），HW244X252（4～6 层），GZ3 截面为 HW350X350（1～3 层），HW300X300（4～6 层），GZ4 截面为 HW400X400（1～3 层），HW300X300（4～6 层）；GL1，CL1 截面为 HN400X150，GL2，CL2 截面为 HN400X150，GL3 截面为 HW390X300；支撑截面为方管 200X14（1～2 层），200X12（3～4 层），200X10（4～5 层）。

计算简图（图 4～图 6）和结果如下：

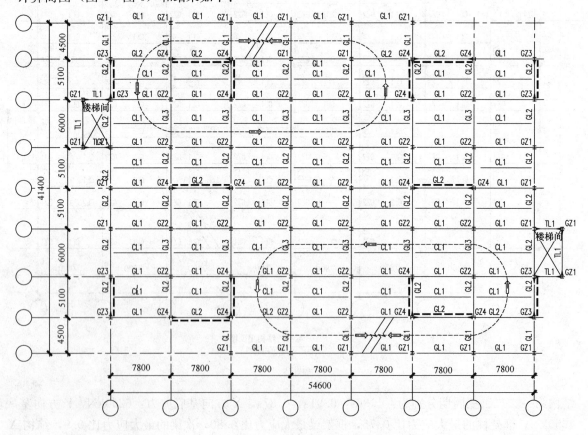

标准层结构平面图

图 4

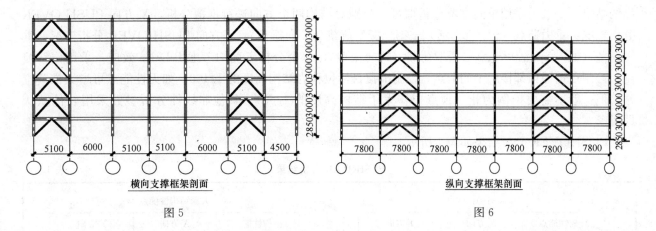

横向支撑框架剖面　　　　　　纵向支撑框架剖面

图5　　　　　　　　　　　　　图6

结构第一、二、三周期分别为：0.88s，0.63s，0.60s，X方向基底剪力：9690kN，Y方向基底剪力：7550kN。框架柱的最大应力比0.80，支撑框架梁最大应力比0.6，其他框架梁和次梁的最大应力比0.9，支撑最大应力比0.3（强度计算），0.55（稳定计算）。结构X方向最大层间位移角为1/894，Y方向层间位移角为1/503，结构的层间位移角，满足规范规定不大于1/250的要求，构件验算和其他整体指标均满足规范要求。

（3）两种结构体系弹性计算结果的比较

从两种体系的计算结果可以看出，构件的应力比除铰接梁外都不大。铰接框架支撑体系的柱构件截面小于刚接框架体系的柱构件截面。刚接框架体系强柱弱梁要求控制了柱截面，铰接框架支撑体系屈曲承载能力控制了支撑截面。铰接支撑框架由于采用了支撑，结构刚度更大，从两种结构的层间位移和基底剪力便可看出，铰接框架支撑体系的层间位移角远小于规范规定的1/250要求。两种体系梁基本都是竖向力控制，相差不大，框架铰接支撑体系由于梁是简支梁，部分梁截面较大。

铰接框架支撑采用的是普通方钢管支撑，支撑和支撑框架梁柱是结构唯一的抗侧力构件，在地震的往复荷载下，普通支撑容易屈曲失稳，且基本没有耗能能力，支撑构件屈曲承载能力控制了支撑截面大小的选择，支撑的强度利用率很低，尤其支撑较长时。为满足结构抗侧力的要求，需要的支撑截面比较大，结构刚度也大，地震力也相对较大。铰接框架支撑体系在推荐采用防屈曲支撑。屈曲约束支撑核芯一般采用低碳钢制作，由于外核的约束作用，支撑本身没有屈曲问题，在满足承载力和结构刚度的情况下，支撑截面较小，地震力亦可减小，更重要的是防屈曲支撑可设计为中震、大震下内核作为受力构件可以先进入屈服状态耗能，不会先发生屈曲失稳而使结构很快失去承载能力。关于防屈曲支撑的设计可查看相关文献和新版高钢规的附录。

（4）铰接框架支撑体系的静力弹塑性分析

为考察铰接框架支撑体系的抗震性能，用SAP2000软件对结构分别进行X方向和Y方向的PUSH-OVER分析即推覆分析，PUSH-OVER分析是一种静力弹塑性分析方法，可以考虑结构大震下的性能和关键构件的屈服机制。PUSH-OVER分析模型中的框架单元采用软件默认的铰属性，即支撑框架部分的柱单元采用P-M-M耦合铰，梁单元采用P-M耦合铰，支撑单元采用P铰，SAP2000默认的支撑P铰可以考虑构件受压屈服，这比较符合实际。其他梁、柱框架单元为竖向承重构件，不承担地震力，不会进入塑性状态，不需指定铰属性，楼板采用弹性薄壳单元，不考虑楼板的塑性属性。将定义的铰属性指定给相应的框架单元生成软件分析的框架铰属性，分析时考虑结构的P-Delta效应。

PUSH-OVER分析的初始荷载工况采用1.0恒荷载＋0.5活荷载，采用静力非线性分析，侧向加载方式采用振型荷载分布。振型荷载分布的侧向力是用给定的振型和该振型下的圆频率的平方（ω^2）及相应节点质量的乘积获得。

本结构体型规则，竖向刚度和质量分布均匀，满足PUSH-OVER分析的基本条件，可得到比较可靠的结果，一般只采用单向推覆分析即可。分别对结构两个方向进行推覆分析，X方向 PUSH-OVER 分析工况：重力荷载（恒+0.5活）+第二振型荷载（X向振型），Y方向 PUSH-OVER 分析工况：重力荷载（恒+0.5活）+第二振型荷载（Y向振型），每个分析工况均考虑 P-Delta 效应，采用位移控制，控制点选择顶部楼层中间节点，控制推覆目标位移为结构高度的 1/100，如无性能点可增大推覆位移，但一般不需要推倒为止（顶点位移大于结构高度的 1/50）。其他非线性分析参数采用软件默认即可。

PUSHOVER 分析结果如表 1 所示。

PUSHOVER 分析结果　　　　　　　　　　　　　　　　表 1

小震结构性能点			大震结构性能点		
结构性能点	X方向	Y方向	结构性能点	X方向	Y方向
谱加速度 S_a	0.15	0.11	谱加速度 S_a	0.59	0.55
谱位移 S_d	0.011	0.014	谱位移 S_d	0.053	0.075
基底剪力	11200kN	7888kN	基底剪力	47253kN	39394kN
顶点位移	12	20	顶点位移	70	102

从分析结果可看出，小震性能点的基底剪力大于反应谱法结果，顶点位移小于反应谱结果。大震性能点，X方向顶点位移角 70/18000=1/257，Y方向顶点位移角 102/18000=1/176。性能点处楼层 X方向最大层间位移角 1/130（1层），Y方向最大层间位移角 1/154（4层），层间变形均远小于规范规定的 1/50 的弹塑性位移角要求。小震性能点下，结构构件均处于弹性状态。大震下，首先底部支撑出铰，然后支撑框架柱出铰，这基本符合结构屈服机制。

5 相关标准节点构造

图 7 为全装配式铰接框架支撑体系的多层钢结构停车楼相关标准连接节点，具体节点尺寸、板件规格、螺栓配置和焊接做法均应以实际设计图纸为准。

6 设计相关原则

（1）铰接框架支撑体系中的支撑、支撑框架梁柱为关键构件，为延缓支撑和支撑框架梁柱出铰，提高结构整体的抗震性能，应提高这些关键构件的抗震性能，设计中控制支撑框架部分的柱、梁、支撑中震弹性。

（2）支撑框架柱柱脚在地震下会承担较大的水平力和上拔力，应提高安全度，设计中采用中震下的内力控制支撑框架柱脚和基础设计。

（3）采用预制楼板时，为保证水平刚度、水平力的可靠传递同时也为钢梁稳定提供可靠支撑，楼板底部必须设计可靠的预埋件，与钢梁上翼缘焊接，预埋件的数量和钢梁连接设计必须经过分析确定。

7 结论

（1）对刚接框架体系和铰接框架支撑体系进行了分析比较，地震区的全装配化多层钢结构停车楼采用铰接框架支撑体系是可行的，且有明显优势，柱脚做法，节点构造相对简单，更方便施工和装配化的需求。

（2）为提高铰接框架支撑体系的整体抗震性能，作为抗侧力构件的支撑框架梁、柱、支撑应满足中震弹性。

（3）对铰接框架支撑体系进行了罕遇地震的静力弹塑性分析，结果表明，该体系满足抗震性能要

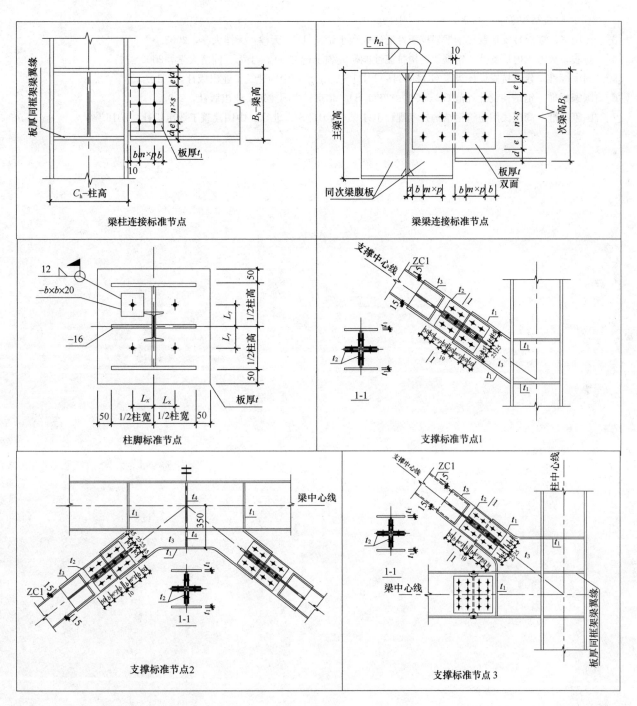

图 7

求，即小震不坏，中震可修，大震不倒。

（4）铰接框架支撑体系为单重抗侧力体系，为提高抗震性能，支撑构件应优先采用防屈曲约束支撑，防屈曲支撑设计可参考《高钢规》附录进行设计。

参考文献

[1] 汪大绥，贺军利，张凤新. 静力弹塑性分析（Pushover-Analysis）的基本原理和计算实例[J]. 世界地震工程，2004，20(1)：45-53.

[2] 张文元，于海丰，张耀春，等. 大型火电厂钢结构主厂房铰接中心支撑框架体系的振动台试验及有限元模拟研究

[J]. 建筑结构学报，2009，30（3）：11-19.

[3] 杨国华. 多层柱支撑铰接钢框架抗震性能研究硕士论文[D]. 天津：天津大学，2003.

[4] 童骏，大型火电厂支撑—钢框架结构抗震性能研究硕士论文[D]. 上海：同济大学，2003.

[5] 国家标准. 建筑抗震设计规范 GB 50011—2010[S]. 北京：中国建筑工业出版社，2010.

[6] 国家标准. 钢结构设计规范 GB 50017—2003[S]. 北京：中国建筑工业出版社，2003.

[7] 国家标准. 高层民用建筑钢结构技术规程 JGJ 99—2015[S]. 北京：中国建筑工业出版社，2016.

多跨金属面夹芯板抗弯试验方法研究

查晓雄　朱勇伟

（哈尔滨工业大学深圳研究生院，广东深圳　518055）

摘　要　多跨金属面夹芯板作为建筑物的屋面板或者墙面板使用时，往往会受到风荷载的作用。为了提高多跨金属面夹芯板的安全性能，本文主要通过真空试验和多点加载试验对多跨金属面夹芯板抗弯试验方法进行研究。通过与美国 FM 风揭试验方法对比，得到了成本较低、操作简单、试验精度较高且适用于国内实际工程的多跨金属面夹芯板风揭试验方法。

关键词　多跨夹芯板；FM 风揭试验；真空试验；多点加载试验

1　引言

伴随着中国城市化快速发展，具有代表性的一些大跨度公共建筑如机场航站楼、体育馆、音乐厅和高铁站等开始大力投资兴建。由于多跨金属面夹芯板具有防水性能好、施工快捷方便、轻质美观高强等优点，越来越多地被应用于这些大跨结构中。然而，目前国内尚缺乏相关规范的指导，导致设计人员设计不合理，同时由于多跨金属面夹芯板质量较轻、面板较薄以及自攻螺栓与檩条连接不牢固等原因，导致近年来全国各地不断出现金属面夹芯板屋面风揭事故。为了提高多跨金属面夹芯板的安全使用性能，目前国内生产厂商花巨资引进国外风揭试验，采用美国 FM 标准来作为国内试验的验收标准。由于中美两国荷载规范关于风荷载的定义和取值不同，直接应用美国风揭试验等级标准不仅大大增加了国内的试验成本，而且由于荷载取值较大不符合中国的实际工程设计。

2　美国 FM 标准风揭试验研究

根据美国 FM 4471—2010《1 级平板屋面认证标准》和 FM 4881—2010《1 级外墙系统认证标准》可知，为获得维护系统的抗风揭等级往往通过采用空气连续加载压力来模拟真实风荷载状况。

2.1　屋面系统风揭试验

（1）试验装置简介

如图 1、图 2 所示，试验框架台采用美国 FM 标准规定的钢结构箱型框架，底部支撑结构由热轧普通工字型钢和普通角钢组成，平面尺寸为 3.7m×7.3m。当进行试验时，为保证整体箱形框架的密封性，需在钢板上方铺设 0.2mm 厚的聚乙烯隔气膜并与试验框架台进行密封固定。分别从钢板底部一侧引出两个直径为 50mm 的无缝钢管作为进排气管和气压管。根据实际试验的要求，在待测多跨金属面夹芯板上面板上布置不同的测点，根据加载历程进行相应的数据采集。

（2）试验加载程序

试验加载程序采用静态阶梯式加压方法进行加载，加载程序如图 3 所示。

2.2　外墙系统风揭试验

（1）试验装置简介

试验装置如图 4 所示，设计原理同屋面风揭试验装置相同，均需保证整个试验装置的密封性，平面

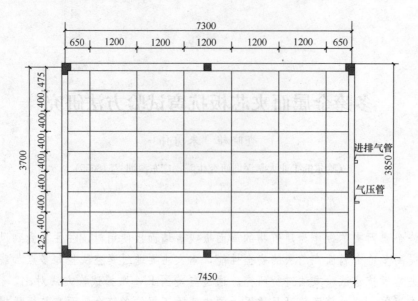

图 1 框架平面布置图

图 2 屋面风揭试验台
(a) 安装前；(b) 安装后

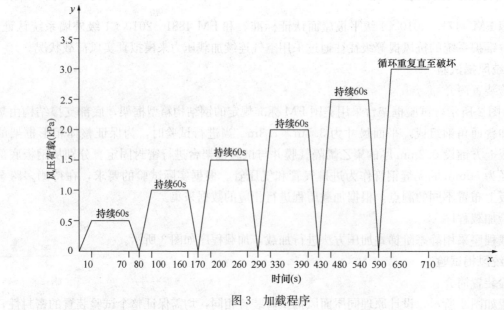

图 3 加载程序

图4 外墙风揭试验装置

净尺寸为4.8m×5.4m。

（2）试验加载程序

加载程序采用静态加压方法进行加载，分程序A和程序B，如图5、图6所示。

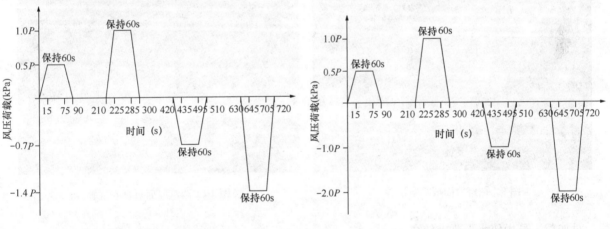

图5 加载程序A   图6 加载程序B

上述就是基于美国FM标准的屋面板和墙面板风揭试验方法，试验所需P值由试验委托方给出，试验等级标准是按美国荷载规范进行计算给出。

3 中国现有试验方法研究

作为围护结构的多跨金属面夹芯板在实际工程中主要承受表面均布的风压，由于多跨金属面力学性能的复杂性以及国内缺乏相应的理论研究，试验研究一直作为研究多跨金属面夹芯板力学性能的主要手段，在这之前试验方法在多跨金属面夹芯板的研究中显得尤为重要，现有的试验方法为研究多跨金属面夹芯板的抗弯性能，真实模拟均布风压，通常将风荷载等效为均布荷载进行加载分析，目前国内比较常用的两种加载方式为真空加载和荷载块加载，如图7~图10所示，加载程序采用静力逐级加载。

（1）荷载块加载

通过荷载块加载所测得的多跨金属面夹芯板试验数据与本文所推导的理论对比分析得到荷载块加载所测得的试验值和理论值基本吻合良好，可以作为国内研究多跨夹芯板的试验进行推广，该试验方法简单实用能够在国内大多结构试验室进行加载试验。但是由于多跨金属面夹芯板通常跨度较多，板长较长，在逐级加载的过程中需要保证每级加载均为对称加载，在加载过程中需要加载人员做到各跨同时加

图 7 三跨薄面板堆块加载试验　　　　　　　图 8 三跨厚面板堆块加载试验

图 9 两跨薄面板真空试验　　　　　　　图 10 两跨厚面板真空试验

载，对加载人员操作水平要求较高。

（2）真空加载

通过真空加载所测得的多跨金属面夹芯板试验数据与本文所推导的理论对比分析得到真空加载所测得的试验值和理论值吻合较好，可以作为多跨金属面夹芯板试验来推广。真空加载是通过在多跨金属面夹芯板上下表面产生空气压差的方法来实现对风压或均布荷载的真实模拟，该试验是由哈尔滨工业大学深圳研究生院于 2008 年在美国木结构试验设备的基础上成功研制的，长度为 6 m。目前多用于单跨夹芯板和少量多跨夹芯板中，能够较为真实地模拟夹芯板所受风压，从完成的大量试验结果来看，非常的理想，但由于其多在高校中作为研究性试验使用，在其他生产企业或施工单位尚未常见。

4 中美多跨金属面夹芯板试验对比分析

美国 FM 风揭试验为整体动力试验，能够较为真实地反映节点及弯曲破坏特征，国内所采用的试验方法为静力试验，在试验过程中不能够真实反映节点破坏，但由于美国多跨金属面夹芯板试验验收标准是由 FM 保险公司制订实施的，能否适用于中国仍待论证，本节将结合中国现有试验方法与美国 FM 试验方法进行对比探讨研究。

4.1 中美试验成本及操作对比分析

现在美国在中国的工程如上海迪士尼等，一般采用的是 FM 标准进行验证和验收的。通过前面论述可以看到美国FM标准风揭试验有以下特征：FM标准采用的是动力加载下的整体试验，与中国试验方法对比发现其在中国应用存在以下问题：

在不考虑节点破坏仅考虑变形破坏时，由于FM风揭试验是由FM保险公司下属科研机构进行验证开发的，试验设备昂贵，一台试验装置高达近三百万元，在不包括整体材料和加工运输等费用下，一次试验需花费数万元，极大的增加建筑成本，目前国内唯一得到FM公司认证的试验室是苏州防水设计研究院风揭试验室，但由于试验场地和条件要求高，导致试验周期过长。而采用中国试验方法由于试验场地较多，试验设备易加工制造，试验成本将大大降低，试验等待时间也将大大缩短。

同时，美国FM风揭试验采用的是动力加载系统，试验操作人员需经过美国FM公司专业培训合格后才能进行试验操作，开始试验前操作人员需要获取压力加载顺序，基础压力，每个循环次数以及每个顺序的上限和下限压力，由于操作过程过于复杂，不利于现场试验，更不利于国内大力推广。

4.2 中美规范风荷载的对比分析

由于FM标准是保险公司参与制订的，风荷载取值是按照美国荷载规范进行取值，所取风荷载值过于保守。通过比较现行中国GB 50009—2012《建筑结构荷载规范》和现行美国ASCE7/SEI-10《荷载规范》中关于基本风速的定义发现，中国和美国关于基本风速的定义均涉及地面粗糙程度、重现期、离地高度以及平均时距等概念，为了更好地得到中美荷载规范间基本风速的换算关系，有必要对上述几个概念进行分析比较：

（1）平均时距

平均时距指的是统计和观测风速数据时所取的时间间隔，一般取该时间段内的平均最大风速。在同一气象台，平均时距取值越小，记录得到的平均风速就越大，平均时距取值越大，记录得到的平均风速就越小，正是因为平均时距取值不同才导致中美两国荷载规范基本风速差值较大。

（2）地面粗糙程度

中国荷载规范和美国荷载规范关于地面粗糙程度类别的分类和对应关系如表1、表2所示。

中美规范地面粗糙类别分类　　　　　　　　　　　　　　　　　　　　　　表1

类别	中国规范	美国规范
A	近海海面和海岛、海岸、湖岸及沙漠地区	已取消
B	田野、乡村、丛林、丘陵以及房屋比较稀疏的乡镇和城市郊区	城市及郊区、树木茂盛区、有较多障碍物或者密集建筑物
C	有密集建筑群的城市市区	开放地形、有低矮的稀疏障碍物（不超过9.1m），包括平坦开阔的乡村和草原
D	有密集建筑群且房屋较高的城市市区	平原、直接暴露于从开阔水面上吹来的风的无障碍海岸地区，包括平坦沼泽地、盐碱地和未破裂的冰面

中美规范地面粗糙类别对应关系　　　　　　　　　　　　　　　　　　　　表2

国家	粗糙度类别			
中国	A	B	C	D
美国	D	C	B	B

（3）基本风速

中国荷载规范关于基本风速的定义为："根据当地气象台站历年来的最大风速记录，按基本风速的标准要求，将不同风速仪高度和时次时局的年最大风速，统一换算为离地10m高、空旷平坦地形（即地面粗糙度为B）、自记10min平均年最大风速数据，经统计分析确定重现期为50年的最大风速，作为当地的基本风速v_0"。

美国荷载规范关于基本风速的定义为："距地10 m高、地面粗糙度为C（相当于中国的B类），无飓风倾向地区重现期为 50 年，有飓风倾向地区重现期为 500 年的 3s 阵风风速。"

（4）基本风压

中国现行风荷载标准值计算公式为：

$$\omega_{\mathrm{k}} = \beta_z \mu_s \mu_z \omega_0 \tag{1}$$

式中　ω_{k}——风荷载标准值；

　　　β_z——高度 z 处的风振系数；

　　　μ_s——风荷载体型系数；

　　　μ_z——风压高度变化系数；

　　　ω_0——基本风压。

其中，中国基本风压计算公式为：

$$\omega_0 = \upsilon_0^2/1600 = 0.000625\upsilon_0^2 \tag{2}$$

式中　υ_0——基本风速。

美国现行设计风压 p 计算公式为：

$$p = q_z G C_{\mathrm{p}} - q_i(GG_{\mathrm{pi}}) \tag{3}$$

式中　p——设计风压；

　　　q_z——离地 z 高度处的速度压力；

　　　G——离地 z 高度处的阵风影响系数；

　　　C_{p}——风载体形系数；

　　　q_i——内部速度压力；

　　　GG_{pi}——内压系数。

其中，美国离地 z 高度处的速度压力计算公式为：

$$q_z = 0.000613K_z K_{zl} K_{\mathrm{d}} I V^2 \tag{4}$$

式中　q_z——离地 z 高度处的速度压力；

　　　K_{d}——风向系数；

　　　K_{zl}——地形系数；

　　　K_z——风压高度变化系数；

　　　V——基本风速；

　　　I——重要性系数。

通过比较中美风荷载计算公式可以得到，如果不考虑重要性系数，地形系数等，则有如下关系：

$$\omega_0 \approx q_z \tag{5}$$

根据上式分析可知，中国和美国荷载规范关于风荷载计算的不同主要在于风速的定义和取值上，而不是风速与风压间关系上，而根据前面分析风速定义最大的不同在于平均时距的选取上，中国和美国分别采用的平均时距是 10min 和 3s。因此对于同一地区，美国规范计算得到的风速值通常要比中国规范计算得到的风速值大得多。为了实现不同平均时距间的风速换算，可根据 Durst 风速记录分析结果进行查表转换，如图 11 所示。

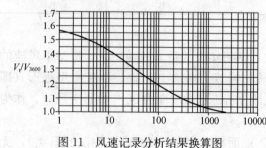

图 11　风速记录分析结果换算图

设时距为 10min 的风速为 $\upsilon_{中}$，时距为 3s 的风速为 $\upsilon_{美}$，将 $\upsilon_{美}$ 换算成 $\upsilon_{中}$。查表可得：$\upsilon_{美}/\upsilon_{3600} = 1.525$，则 $\upsilon_{3600} = \upsilon_{美}/1.525$，$\upsilon_{中}/\upsilon_{3600} = 1.07$，则 $\upsilon_{3600} = \upsilon_{中}/1.07$。即：$\upsilon_{中} = 0.7\upsilon_{美}$，再通过基本风压公式 $\omega = 0.5\rho\upsilon_0^2$，可得出：

$$\omega_{0中}/\omega_{0美} = \upsilon_{0中}^2/\upsilon_{0美}^2 \approx 0.49 \tag{6}$$

通过以上分析可知，由于中国和美国采用不同的基本风速定义和测量取值方法，进而导致了中美两国在风荷载计算上的不同，根据公式（6）可以判断：在同一地区美国荷载规范所计算得到的基本风压大约是中国荷载规范所计算得到的基本风压的两倍。

4.3 中美设计指标对比分析

中国规范和美国规范在设计指标上同样存在一定的差异：

（1）美国规范材料强度采用的是屈服强度，而中国规范采用的是屈服强度除以抗力系数（一般取值为1.2）；

（2）由于美国多跨金属面夹芯板建筑大多数为非居住建筑，根据美国设计准则应乘以荷载折减系数0.8，而中国设计准则并无此规定；

（3）当遇到风荷载组合时，美国规范规定材料强度应提高30％，即乘以1.33系数；

（4）为了将风速的重现期由50年调整到100年，美国FM认证标准在美国荷载规范规定值的基础上再乘以1.15的系数。

根据美国FM公司的经验，基于美国规范的设计风荷载小于等于FM标准下的抗风揭试验等级的一半。通过对比发现在不考虑节点破坏的前提下，美国试验所取荷载值比中国大得多，如果直接采用美国FM标准对中国的风揭试验进行验收将产生极大的浪费。与此同时，虽然美国FM做的是整体动力试验能够较为真实地反映多跨金属面夹芯板的节点破坏形式和弯曲破坏形式，但由于其试验成本较高操作复杂，将大大增加建筑成本。综合对比来看，为节约建筑成本并结合本文所推导的理论基础可以将美国FM试验分成两个部分的试验，即节点试验和多跨金属面夹芯板的抗弯试验，进而对多跨金属面夹芯板从理论和试验两个方面进行验证。

5 符合中国国情的试验方法研究

美国FM试验基于整体和较大动力风荷载的主要原因是关于多跨金属面夹芯板理论研究不充足，保险公司处于安全起见，设计过于保守。针对以上问题是时候提出适合中国国情的多跨金属面夹芯板抗弯试验方法，将风揭原理简化成如图12所示。

图12实际等效于构件抗弯试验和节点的破坏试验。因此以前成本高、操作复杂的风揭试验完全可以有下面的节点试验和板的抗弯静载试验代替，荷载按照中国荷载规范进行取值。

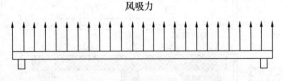

风吸力

图12 风揭试验简化模型

5.1 节点连接验算

节点连接验算等同于中国国家标准 GB 50896—2013《压型金属板工程应用技术规范》所规定的节点计算和试验，由于节点连接问题在我国已有相关规范进行指导试验和理论验算，本文为安全起见忽略了夹芯层对节点连接的影响，节点连接强度可直接采用我国《压型金属板工程应用技术规范》所规定的节点计算进行相关验算。

5.2 多跨夹芯板真空试验方法研究

为研究风荷载对多跨金属面夹芯板受力性能的影响，本文将风荷载等效为均布荷载进行加载，由于课题组较早设计的真空试验长度较短，跨度固定，非常不利于实际工程的推广，故本节将结合美国FM试验钢结构框架试验台设计，对多跨金属面夹芯板的试验加载方式及试验台的设计进行改良和重新设计。对于多跨金属面夹芯板宜采用真空加载，由于目前国内真空加载设备尚不多见，故而本节还将基于荷载块加载试验方法基础上对多跨金属面夹芯板的加载方式进行改良，具体如下：

5.2.1 多跨金属面夹芯板真空加载试验

目前国内对多跨金属面夹芯板维护系统抗风吸力问题的试验研究极少，往往采用逐级反向加载沙袋或者砝码的方法来模拟风吸力作用，然而这种加载方式由于加载过程不连续，不能实现维护系统尤其是深压型金属面板的均匀加载，导致试验结果与实际破坏情况误差较大，精准度不高。为了提高多跨金属面夹芯板作为维护系统使用时的试验精度，本文将在课题组真空试验的基础上对多跨金属面夹芯板真空试验进行改良设计。

（1）试验框架台的设计及安装

如图13～图16所示，为了真实模拟风荷载作用到多跨金属面夹芯板上所产生的均布荷载，可将真空试验装置进行如下改良设计：

该试验台采用钢结构箱形框架，平面尺寸为8.4m×1.5m×0.45m，在底部支撑结构和四周槽钢焊接5mm厚的铁板，并保证焊缝的气密性，在装置四周并设有固定孔距，可以根据实际情况方便调节檩条间距。当进行试验时，为保证整体箱型框架的密封性，需在多跨金属面夹芯板上方铺设0.2mm厚的聚乙烯隔气膜并与试验框架台进行密封固定，为了能够将上部空气压力均匀传递到多跨金属面夹芯板上，该隔气膜应该足够大，应保证当抽取空气时能够使隔气膜自由贴在多跨金属面夹芯板上。

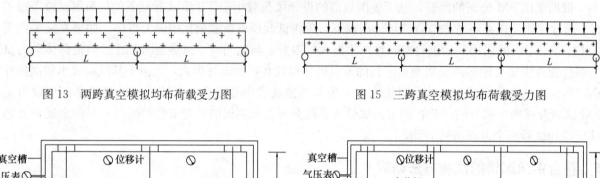

图13　两跨真空模拟均布荷载受力图　　　　　图15　三跨真空模拟均布荷载受力图

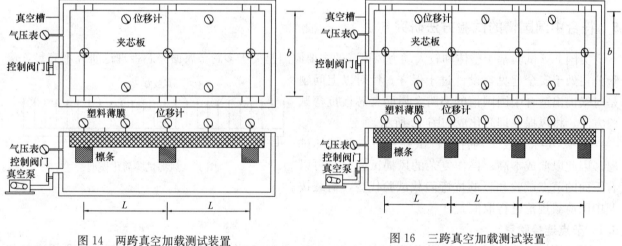

图14　两跨真空加载测试装置　　　　　　　图16　三跨真空加载测试装置

（2）抽、排气系统及气压测量系统

在箱形钢框架侧面板的中心位置开凿一洞口，用直径为50mm的无缝钢管引出并连接两个气密球阀，分别作为进气阀和排气阀来控制空气的鼓入和排出，无缝钢管与其他部位的焊接均要满足焊缝的气密性要求。再在钢框架同一侧引出一个直径为50 mm的无缝钢管外接气压表作为整个试验装置的气压管使用，注意测压孔应与抽气孔保持适当距离，测压孔位置应不受测试装置的空气进气和排气速度的影响。

（3）数据采集系统

数据采集系统包括位移计和数据采集仪器，根据实际试验的要求，在待测多跨金属面夹芯板上面板上布置不同的测点，根据加载历程进行相应的数据采集。

5.2.2　试验试件要求

（1）待测多跨金属面夹芯板应为完整的维护系统，所需各组成构件应根据实际工程所对应的金属面夹芯板，支撑结构，檩条以及紧固件进行安装。

（2）试件应保存完好，平整没有折痕。

（3）试验前，应将安装好的试件放置在箱形压力容器上，并检查是否按要求安装。

5.2.3　试验装置组装

（1）将完整的多跨金属面夹芯板维护系统按照实际工况水平安装在檩条上，尤其要注意檩条间距和自攻螺钉的间距和数量与实际工程保持一致，确保安装位置的准确，尽可能消除试验和实际工程误差，保证安装牢固可靠。

（2）将聚乙烯薄膜水平平铺在待测多跨金属面夹芯板上，注意要保证聚乙烯薄膜足够大，能够自由展开，当真空泵抽出空气时能够完全贴在多跨金属面夹芯板上使面板产生均匀空气压力，并用双面胶沿着真空槽上部边缘的四周对钢槽和薄膜进行密封。

（3）安装抽、排气系统和气压测量系统并按照实际测量需求安装布置位移测量系统。

（4）连接数据采集系统并调试。

5.2.4　试验加载程序

真空加载试验采用的是静态逐级递增加压法进行加载，其加载程序如图 17 所示。

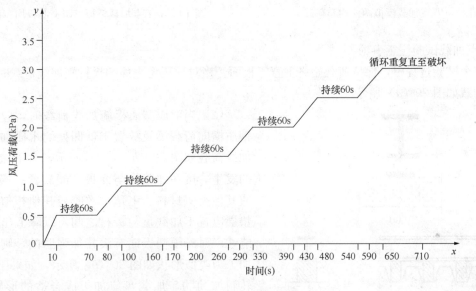

图 17　加压过程图

（1）在整个试验开始加载前，首先通过真空泵抽出空气，并在气压为 0.25kPa 条件下保持 30s，则认为整个试验装置达到试验密封性要求。

（2）采用真空泵继续抽取空气，通过用阀门来控制气流速度，注意抽气速率不应过快，使真空槽压力差达到 0.5kPa，并在此压力下保持 60s，以保证位移计和真空压力表读数稳定后再进行下一级加载，并记录该压力等级下的位移和气压值。

（3）压力等级再次增加由 0.5kPa 至 1.0kPa，当到达 1.0kPa 时，在此压力下保持 60s，以保证位移计和真空压力表读数稳定后再进行下一级加载，并记录该压力等级下的位移和气压值。

（4）按照图 17 加载程序进行持续加载直至试件本身发生破坏，或者试件不能够达到或维持更高级别的压力，根据现场工作人员的判断，则可认为试验完成，并将试件破坏前一等级或者根据工作人员判定不能保持更高压力前一等级压力作为多跨金属面夹芯板的极限压力。

为了更精确判定多跨金属面夹芯板极限抗压等级，可先根据上述操作过程得到极限压力等级大体范围，在即将达到极限荷载前两个加载等级时，可将压力等级降低至 0.25kPa，然后继续加载直至试验样品破坏。

5.2.5 试验结果分析

（1）对位移系统所测量的有效数据进行简单的加权平均，得到每级压力下的位移平均值。

（2）根据每级位移荷载值，画出荷载-位移变形曲线图。

根据中国工程建设协会标准《金属面绝热夹芯板技术规程》规定当金属面夹芯板变形达到 $l/200$ 时，达到正常使用极限状态，其中 l 为檩条间的净间距。

5.3 多跨夹芯板多点加载试验方法研究

由于真空试验设备在国内较不常见，本文还结合国内试验条件对堆块加载试验进行改进，设计出了适用于多跨金属面夹芯板的多点加载试验，如图18、图19所示，分别为两跨和三跨金属面夹芯板加载方案。

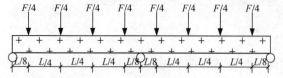

图18 八点加载模拟两跨均布荷载

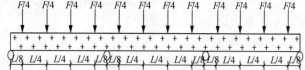

图19 十二点加载模拟三跨夹芯板均布荷载

5.3.1 多点加载试验注意事项

（1）整个试验过程中，保持荷载始终垂直于板面。当对浅压型表面的板材施加线荷载时，应通过滚筒来进行加载如图20（a）所示。

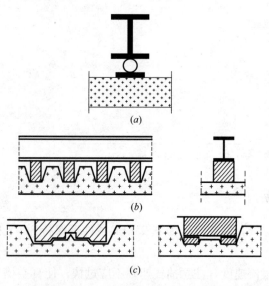

图20 多跨金属面面板施加线荷载示意图

（a）对平面或者浅压型面板加载；（b）对压型面板较低翼缘加载；（c）对内含滚扎加劲肋的翼缘加载

（2）当对压型面板施加线荷载时，应通过木质或钢质横向荷载梁及放置于低凹处的木质加载块对其施加线荷载如图20（b）、（c）所示，为了减小局部破坏的发生，可在加载块与面板之间放置一层毛毡、橡胶或其他类似材料。毛毡，橡胶或其他相似材料制成的垫层置于加载盘与板材之间，以降低出现破坏的可能性。对深压型板面有滚扎加强肋的，则可将加载块加工为类似形状如图20（b）所示，如果压型表面含有轧制加劲肋，加载盘应加工成合适的形状，如图20（c）所示。

（3）分布加载钢板应低于加载点，高于支座，分布加载板的厚度应在8～12mm之间，宽度最小应为60mm，如有需要这一数值可增大至100mm，从而避免芯材的压碎。

（4）支座宽度应在50～100mm的范围内，支座可采用木块以侧肋发生变形，支座对板绕支座线的转动不应有约束，如图21所示。

（5）试验中变形速度每分钟不超过板跨的1/50，控制加载速率使得试件在试验开始后的5～10min内发生破坏，记录破坏荷载。

（6）如果板材属于同一族群，只需对厚度最大、最小及取一中间值的板材进行试验。对中间厚度的所有板材产品都应采用最坏的结果。

（7）如果同一类型的板材具有不同的表面厚度，只需对具有最薄表面厚度的板进行试验。

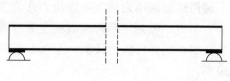

图21 支座

5.3.2　多点加载试验加载程序

（1）试验应在常规的试验室温度和湿度条件下进行；

（2）在试验前，应利用较小荷载施加不超过 5min 的预压然后移开，该荷载不应超过失效荷载的 10%；

（3）应施加至少 10 个荷载增量步，平稳增加多跨金属面夹芯板的压力，直至出现破坏。在试验中任何时刻，每分钟的变形都不应超过跨度的 1/50。荷载和板材变形都应记录下来，位移计精度应满足 0.1mm。

5.3.3　试验结果分析

（1）对位移系统所测量的有效数据进行简单的加权平均，得到每级压力下的位移平均值；

（2）根据每级位移荷载值，画出荷载—位移变形曲线图。

6　结论

（1）通过对比现有中美两国关于多跨金属面夹芯板的试验方法，可知美国 FM 风揭试验存在成本高、荷载大、试验复杂等特点，基于美国规范的 FM 标准风揭试验不能直接应用于中国。

（2）结合国内实际状况，提出了符合中国实际工程的多跨金属面夹芯板风揭试验方法，包括多跨金属面夹芯板连接件验算方法，以及多跨金属面夹芯板的抗弯试验方法。

参考文献

[1] Martikainen L. Hassinen P. Load-bearing Capacity of Continuous Lightweight Sandwich Panels[R]. Report135, Helsinki University of Technology, Department of Structural Engineering, 1996：1-53.

[2] FM4471. Approval Standard for Class 1 Panel Roofs[S]. FM：FM Global Technologies LLC, 2010：1-13.

[3] FM4481. Approval Standard for Class 1 Exterior Wall Systems[S]. FM：FM Global Technologies LLC, 2010：1-27.

[4] 查晓雄. 建筑用绝热夹芯板—金属面和非金属面[M]. 科学出版社, 2011：1-177.

[5] 秦培成. 金属面夹芯板抗弯性能的理论及试验研究[D]. 哈尔滨：哈尔滨工业大学博士论文, 2011：1-142.

[6] 中华人民共和国标准. 建筑结构荷载规范 GB 50009—2012[S]. 北京：中国建筑工业出版社, 2012.

[7] ASCE7-10. Minimum Design Loads for Buildings and Other Structures[S]. ASCE, 2010：241-358.

[8] 魏利金. 建筑结构设计常遇问题及对策[M]. 北京：中国电力出版社, 2009.

[9] 王新敏, 李义强. ANSYS 结构分析单元与应用[M]. 北京：人民交通出版社, 2011.

[10] 张维秀, 王为, 张元迎. 中美规范风荷载的对比分析[J]. 石油化工设计, 2014(4)：61-64.

[11] 弓晓云, 张跃峰, 赵艳.《金属夹芯板应用技术规程》立项背景[C]// 钢结构与金属屋面新技术应用. 2015：593-597.

[12] 中华人民共和国标准. 压型金属板工程应用技术规范 GB 50896—2013[S]. 北京：中国计划出版社, 2013.

[13] 中国工程建设协会标准. 金属面绝热夹芯板技术规程 CECS 411：2015[S]. 北京：中国建筑工业出版社, 2015.

某体育馆张弦结构设计与研究

郭宇飞[1] 杨 勇[2] 陈彬磊[2]

(1 上海中巍结构设计事务所有限公司，上海 200335；2 北京市建筑设计研究院，北京 100045)

摘 要 某体育馆平面尺寸为76m×39m，屋面结构采用张弦梁结构，水平抗侧力结构由V字形布置的梭形钢管柱构成，水平荷载通过屋面的交叉钢索传递至两侧立面结构。本文采用SAP2000软件对体育馆整体结构进行了受力分析，给出了结构的基本静力和动力特性。在对张弦梁结构稳定理论分析的基础上，采用ANSYS软件，深入研究了张弦梁的线弹性和弹塑性稳定性能，揭示了结构的失稳破坏机理。

关键词 张弦梁结构；V字形钢管柱；撑杆；稳定性能

1 工程概况

某体育馆平面形状为矩形，尺寸为76m×39m，其结构形式更多地尊重了建筑造型及对室内空间方面的要求。结构的四个立面均采用V字梭形钢管柱，屋面横向主结构采用平面张弦梁结构，并使用交叉钢索和刚性系杆将整个屋面形成一个整体，利用这个整体屋面，将侧向风荷载传递至两侧山墙的V字梭形柱，继而传至下部的混凝土结构。屋面结构的整体性保证了整体结构可以抵抗来自两个垂直方向的风荷载及地震荷载。工程抗震设防烈度为7度，II类场地。基本风压按100年一遇取值，取为0.9kN/m²，地面粗糙度为A类。结构主要材料：钢管、焊接H型钢梁采Q345B钢材，钢索破断强度为1770MPa。

2 整体结构分析

2.1 结构体系

整体结构体系如图1所示。图2为张弦梁立面，上弦为实腹焊接钢梁，截面为H800×350×16×35；下弦为张拉钢索，截面为85Φ5；中间设置三撑杆，热轧无缝钢管，截面为D203×6。

图3为东西山墙结构布置图，由V字梭形圆管组成一个面内水平抗侧刚度很大的立面桁架，它是南北向风荷载、南北向地震力的主要受力体系。图4为南北山墙结构布置图，同样由V字梭形圆管组成一个面内水平抗侧刚度很大的立面桁架，它是东西向风荷载、东西向地震力的主要受力体系。从图1至图4可以看出，张弦梁体系为南北向平面布置，为了将南北向风荷载、地震力有效传至东西山墙，同时为了将东西向风荷载、地震力有效传至南北山墙，东西向采用刚性系杆连接，刚性系杆为箱形截面，兼作为屋顶板的竖向承重结构。同时利用斜向编织钢索将整个屋面连接为一个整体，这样就可将南北向风荷载、地震力有效传至东西山墙，将东西向风荷载、地震力有效传至南北山墙。

2.2 计算条件与分析结果

本工程采用结构分析与设计软件SAP2000对体育馆钢结构进行了分析，并经过简化假设后和下部的混凝土结构进入SATWE程序整体分析。主要考虑了如下荷载及其组合：恒荷载、活荷载、风荷载、地震荷载、温度荷载。取值分别如下：1) 恒荷载：1.6kN/m²；2) 活荷载：0.5kN/m²；3) 风荷载：

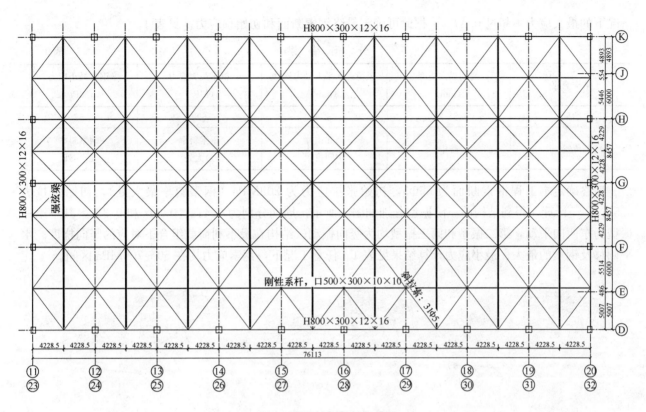

图1 屋盖结构平面布置图

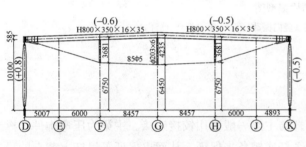

图2 张弦梁结构立面图

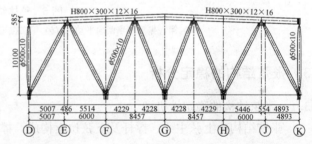

图3 东西山墙结构立面布置图

基本风压 $w_0=0.9\text{kN/m}^2$，风振系数 $\beta_z=2.0$，体型系数取值如图2括号内所示；4）水平地震作用按照振型分解反应谱法近似计算。5）温度荷载考虑合拢时正常温度 20℃，温度荷载取为 ±30℃；6）考虑活荷载半跨分布情况。其中，由于本工程风吸力较大，在屋面增加 50mm 混凝土面层作为配重，一方面可以防止屋面上掀而导致张弦梁侧向失稳；另一方面可有效滤除噪声，如过滤雨点敲击金属屋面的声音。

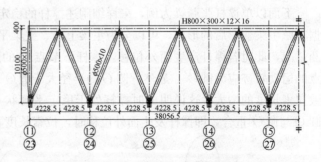

图4 南北山墙结构立面布置图

采用 SAP2000 软件进行分析时，索采用索单元，其他杆件均采用框架单元。为了充分考虑钢索的非线性特点，按照施工方案分步顺序加载。

钢索的断面和预应力的确定经过了多次试算，其主要原则：1）保证张弦梁的挠度满足规范要求；2）保证钢索在最不利情况下的最小预应力不小于 50MPa，以防止张弦梁失稳；3）保证钢索在最不利

41

情况下的最大应力不超过 $0.4f_{ptk}$。据此可确定最终钢索断面和初始预应力。见表1。

分析结果 表1

结构响应	竖向最大挠度 (mm)	风荷载水平下最大侧移 (mm)	钢索最大应力 (MPa)	钢索最小应力 (MPa)
结果	81.8	52.1	690	52
位置	跨中	南北山墙 中间位置	钢索斜率 最大处	钢索斜率 最小处

最终确定本工程钢索断面为85Φ5，初始张拉应力为209MPa（钢索斜率最大处），初始张拉力355kN。经计算，得到结构前三阶振型分别如图5所示，周期分别为0.41s、0.39s和0.38s，其中第一振型为东西向平动，第二振型和第三振型均为竖向振动。结构在最不利荷载组合下对应的竖向挠度、水平侧移及钢索的最大、最小应力计算结果见表1。任意工况下，钢索应力均在50～700MPa区间。

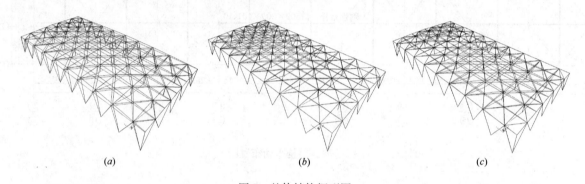

图5　整体结构振型图

(a) 第一振型（东西向平动）；(b) 第二振型（竖向振动）；(c) 第三振型（竖向振动）

3　张弦结构的稳定分析

3.1　张弦结构的稳定性机理

张弦结构由上弦主梁、撑杆及下弦拉索构成，撑杆与主梁一般采用铰接连接。主梁为压弯构件，撑杆为轴心受压构件。主梁的面外稳定主要靠屋面刚性系杆或檩条来保证，从而也保证了撑杆上节点的稳定。对于单向张弦结构，撑杆的下节点一般没有面外连系构件，因此存在面外失稳的可能性。

下面以单撑杆张弦梁为例，来详细阐述撑杆的稳定性机理。张弦梁在拉索拉力及外荷载作用下，根据上弦主梁变形后的形状，可以分为主梁上凸、主梁平直和主梁下凹三种情况。图6 (a) 表示主梁上凸情况，此时若撑杆产生面外位移，撑杆下节点 P 的运动轨迹为圆 O；而若要保证拉索长度不变，P 点的运动轨迹应为圆 O'。显然，圆 O 的半径大于圆 O' 的半径，因此，一旦撑杆出现面外位移，就会导致拉索长度的增大，这说明此时撑杆处于稳定平衡状态。图6 (b) 表示主梁平直情况，这种情况下，圆 O 与圆 O' 重合，即撑杆发生面外位移时，拉索长度不变，此时撑杆的平衡状态为随遇平衡。对于图

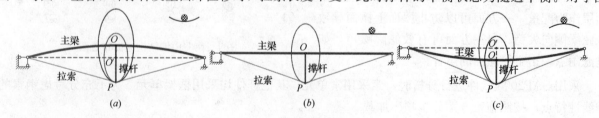

图6　张弦梁撑杆的稳定机理

(a) 稳定平衡；(b) 随遇平衡；(c) 不稳定平衡

6（c）表示的主梁下凹情况，圆 O 的半径小于圆 O' 的半径，即撑杆发生面外位移时，拉索长度会减小，所以此时撑杆处于不稳定平衡状态。

综上，若能保证张弦梁在拉索拉力及外荷载作用下，上弦主梁始终为拱起状态，则撑杆就不会发生平面外失稳，且主梁拱起程度越大，则撑杆的稳定性就越高。

本工程钢梁拱高受建筑方案的制约，拱高为 585mm，在考虑分项系数的最不利荷载组合作用下，拱高最小极限值约为 465mm。因此，理论上撑杆不会发生平面外失稳。

这里需要特别指出的是，张弦梁撑杆的稳定问题与一般所说的结构稳定问题有着很大的不同。从失稳本身的定义来讲，二者是相同的，即结构的失稳都是平衡位形的改变：结构在荷载作用下，根据最小势能原理，处于稳定的平衡位形总是势能最小，随着荷载的增加，出现了新的势能更小的平衡位形，则原来的平衡位形就失去了稳定，即所谓的失稳。但是从导致失稳的原因来讲，二者是完全不同的，一般所说的结构失稳是由于结构构件中压应力的存在降低了构件的抗弯刚度，当荷载达到一定水平时，压应力对抗弯刚度的降低导致构件或结构丧失了抵抗变形的能力，从而出现构件或结构的失稳。而张弦梁撑杆的面外失稳是由于荷载作用下，张弦梁的几何位形发生改变，主梁从上凸转变为平直或下凹，从而导致撑杆发生面外失稳。

3.2 弹性屈曲分析

结构失稳时，其整体刚度矩阵出现奇异，结构的弹性屈曲分析就是求解奇异矩阵广义特征值和特征向量的问题，这就是有限元法求解结构平衡分叉屈曲的基本原理。

本文采用 ANSYS 通用有限元软件对体育馆的单榀张弦梁进行弹性屈曲分析，结构的有限元模型如图 7 所示。其中主梁和撑杆采用 Beam188 单元来模拟，拉索采用 Link10 单元模拟。主梁和撑杆之间的连接关系考虑两种情况：（1）双向铰接——面内和面外均为铰接；（2）单向铰接——面内铰接，面外刚接。铰接和刚接通过自由度耦合的方式来实现，拉索的预拉力通过初应变的方式施加，

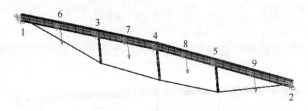

图 7 单榀张弦梁有限元分析模型

在刚性系杆与上弦主梁的相交位置（图中 3～9 所示位置）施加屋面传来的集中荷载，同时约束这些位置的面外平动自由度和绕主梁轴线的扭转自由度；张弦梁两端（图中 1、2 所示位置）采用简支约束，并约束绕主梁轴线的扭转自由度。

进行弹性屈曲分析所采用的静力工况为：1.0 恒载＋1.0 活载＋1.0 预应力，即依据此工况下的计算结果形成结构的初应力刚度矩阵。通过屈曲分析发现，不论撑杆与主梁是双向铰接还是单向铰接，张弦梁的前若干阶屈曲模态均为上弦主梁的面外弯扭失稳，继而发生的是撑杆本身的受压失稳，分别如图 8（a）和（b）所示。

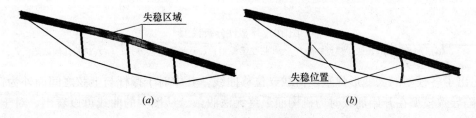

图 8 张弦梁的屈曲模态
（a）主梁弯扭失稳；（b）撑杆受压失稳

对于双向铰接和单向铰接模型，结构的第 1 阶屈曲系数均为 5.8955，撑杆的最低阶屈曲系数均为 12.043（对双向铰接模型，屈曲模态为撑杆的面内或面外弯曲失稳，对单向铰接模型，则为撑杆的面内弯曲失稳）。正如 3.1 节中所述的，对于撑杆绕其上节点的面外转动失稳模式，是由于上弦主梁的位形

改变引起的，而并不是由于构件内部存在的压应力引起的，所以采用有限元弹性屈曲分析方法，无法获得撑杆的这种失稳模式。

3.3 弹塑性稳定性能分析

利用 ANSYS 软件，考虑材料和几何双非线性，全过程跟踪张弦梁的荷载—位移曲线，从而更透彻地来研究其失稳破坏机理。分析时，钢材采用理想弹塑性模型假设，屈服强度取为 325MPa，弹性模量取为 2.06×10^5 MPa。钢索也采用理想弹塑性模型，屈服强度为 1770MPa，弹性模量为 1.95×10^5 MPa。

计算模型考虑以下四种情况：1）上弦主梁矢高按照实际确定，即 $f=585$mm（图 10a），撑杆与上弦之间面内铰接，面外刚接；2）$f=585$mm，撑杆与上弦之间面内和面外均为铰接；3）$f=585$mm，撑杆与上弦之间面内铰接，面外则根据节点的实际构造（图 9），通过一个节点板（图 10c）模拟面外的实际刚度，即为弹性连接；4）上弦主梁为直梁，即 $f=0$（如图 10b），撑杆与上弦之间面内铰接，面外弹性连接。

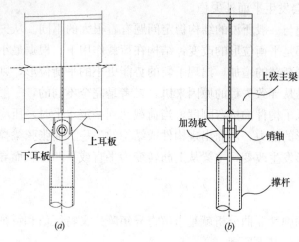

图 9 撑杆上节点实际构造
(a) 正立面图；(b) 侧视图

以上四种模型均考虑撑杆的面外初始几何缺陷，如图 10（d）所示，且各撑杆的面外初始变位方向一致。拉索预应力基于考虑初始几何缺陷的模型施加。张弦梁的边界约束条件和荷载模式同弹性屈曲分析模型。

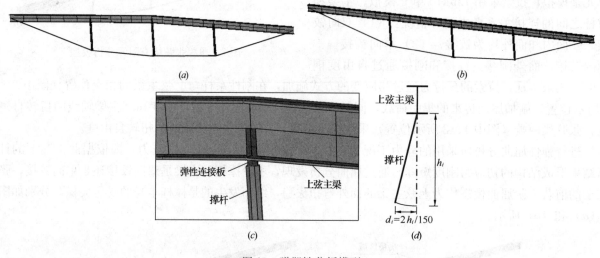

图 10 弹塑性分析模型
(a) $f=585$mm 张弦梁模型；(b) $f=0$ 张弦梁模型；(c) 弹性连接方式；(d) 初始几何缺陷

图 11 给出了各模型的大变形弹塑性荷载—位移曲线，其中对于撑杆与上弦之间面外为铰接的模型，由于初始缺陷导致模型在开始加载时为机构而最终无法收敛。从图中的曲线可以看出，对于其他三种模型，开始加载时撑杆的面外位移均为负值（撑杆向与初始缺陷相反的方向变形），尤其是对于上弦主梁矢高不为 0 的情况，这就是前面分析的当撑杆发生面外变形时，拉索有将其拉回面内的趋势。当荷载达到一定水平后，撑杆最终向着初始缺陷的方向变形，表明结构正在不断进入塑性。对于 $f=585$mm 的模型，当上弦主梁的挠度接近 f，即上弦变得越来越直时，撑杆的面外变形迅速增加，进而达到极限状态；而对于 $f=0$ 的模型，撑杆的面外变形从加载的开始就增大很快。因此，从大变形弹塑性的范畴来

说，上弦拱度也是保证撑杆面外稳定的关键。各模型的极限承载力系数见表2，可以看出，在几何模型相同的情况下，撑杆与上弦面外弹性连接的模型承载力约是刚接模型的75％；而对于面外均为弹性连接的模型，$f=0$的模型承载力约是$f=585mm$的60％，这也进一步说明张弦梁上弦矢高对于撑杆面外稳定的重要性。

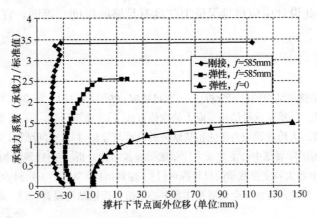

图11　三种模型的荷载-位移曲线

张弦梁承载力系数（极限承载力/荷载标准值）　　　　　　　　　　　　表2

上弦矢高	$f=585mm$			$f=0$
连接方式	刚接	铰接	弹性	弹性
承载力系数	3.43	不收敛	2.55	1.50

图12～图14分别给出了几种模型极限状态的应力分布，可以看出，对于刚接模型，塑性变形主要集中在上弦主梁，从而很好地发挥了其对承载力的贡献，对于弹性连接模型，当$f=585mm$时，塑性主要集中在节点板上，但上弦应力水平也较高，而当$f=0$时，破坏也主要集中在节点板上，但上弦应力水平很低，几乎没有发挥出其对承载力的作用。

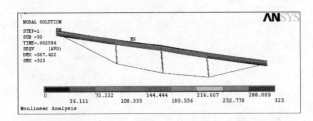

图12　刚接模型（$f=585mm$）极限状态应力（Pa）

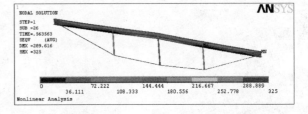

图13　弹性连接模型（$f=585mm$）极限状态应力（Pa）

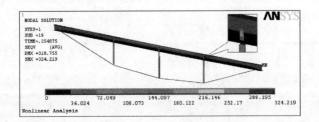

图14　弹性连接模型（$f=0mm$）极限状态应力（Pa）

4　结语

（1）由于屋面风吸力很大，在屋面增加配重一方面可有效避免张弦梁上弦面外失稳，同时也可提高抗噪效果。

（2）理论上来讲，若张弦梁在变形后上弦仍存在拱度，即使撑杆与上弦面外为铰接，也不存在面外失稳的可能性。

（3）从弹塑性极限承载能力来讲，上弦拱度过小，尤其是当加载后变形接近初始拱度时，张弦梁的承载能力会大幅下降，因此设计中应尽量保证上弦具有足够的拱度。否则，宜设置平面外支撑保证撑杆的平面外稳定性。

参考文献

[1] 姜正荣，王仕统. 一维张弦梁结构的稳定分析[J]. 空间结构，2007，13(3)：26-28.

[2] 姜正荣，王仕统，魏德敏. 一维张弦梁结构预应力的取值方法[J]. 建筑科学，2007，23(7)：39-42.

[3] 陈荣毅，董石麟，孙文波. 大跨度预应力张弦桁架结构的设计与分析[J]. 空间结构，2003，9(1)：45-47.

[4] 黄国辉，王志刚. 新中国国际展览中心主登录大厅张弦梁屋盖结构分析[J]. 建筑结构，2006，36(6)：80-83.

[5] 孙文波. 广州国际会展中心大跨度张弦梁的设计探讨[J]. 建筑结构，2002(2)：54-56.

[6] 范峰，支旭东，沈世钊. 黑龙江省国际会议展览体育中心主馆大跨钢结构设计[A]. 第十届空间结构学术会议论文集，2002：806-811.

中国南极泰山站钢结构设计

沈佳星

（宝钢建筑系统集成有限公司，上海 201900）

摘　要　中国南极泰山站是我国在南极内陆地区建造的装配式钢结构建筑。在泰山站的设计中采用了全装配化的设计理念，包括主体结构（含基础）、外围护、内装、设备与管线，是钢结构建筑在南极的成功运用。本文主要介绍其中主体结构的设计。

关键词　装配式；钢结构；设计；节点

1　工程概况

中国南极泰山站是中国在南极大陆建设的第四个科学考察站，位于南极内陆地区的伊丽莎白公主地，常年气温在−30℃以下，并伴随有大风，极端最低温度可达到−60℃，气候条件恶劣。建站的位置常年覆盖着厚厚的冰盖，没有坚实的天然地基供建筑物附着。在这样恶劣的条件下建站，对建筑设计和现场施工提出了很严苛的要求。因此，泰山站的设计采用了装配式、模块化的技术理念。

主体结构（包括基础）均采用了钢结构；外围护墙板、内墙板均采用装配式复合板；内装和设备管线等均为装配式部品部件，按照运输工具的尺寸制作成装配化模块，现场进行快速安装，实现结构、外围护、设备管线和内装一体化的全装配式钢结构建筑（图1）。本文主要介绍泰山站的钢结构设计内容。

图1　泰山站全貌

2　结构整体布置

泰山站的建筑外形呈飞碟状，结构总高度为11.4m，共三层，层高为2.5~2.7m，一层为设备层，二层为宿舍及生活设施，三层为观察瞭望层，设备层楼面下还有2.5m高的架空层，大风可直接从架空层穿过并吹走积雪，避免主站房被积雪掩埋。

泰山站的主体结构采用钢框架-支撑结构体系，框架柱呈正八边形布置，该八边形的直径为10m，柱截面采用圆钢管。柱间支撑沿正八边形的边长每隔一条边设置，形式采用十字交叉支撑，支撑截面采用单角钢。二层平面为圆形（图2），直径20m，该楼层的外圈为悬挑结构，悬挑的跨度有5.7m（图3），由框架柱上伸出的悬挑梁和斜向支撑来支承悬挑的楼面与二层的天花板。框架梁和楼面次梁采

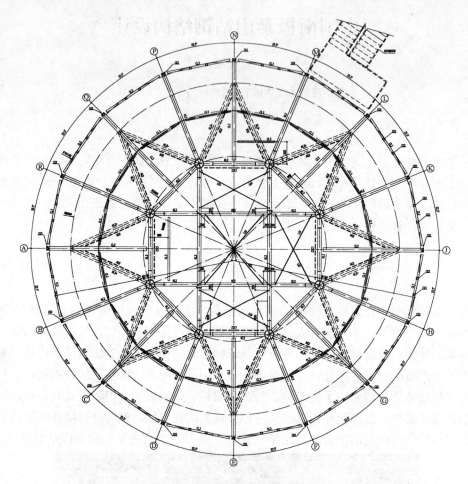

图2 二层结构平面布置图

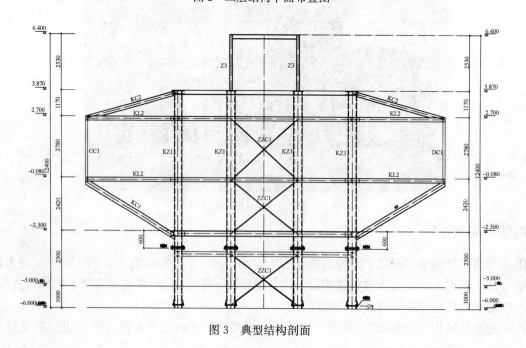

图3 典型结构剖面

用焊接 H 型钢, 楼面板采用 OSB 板, 板下设置由密排卷边 C 型钢组成楼面模块用于固定楼面板。外墙面骨架采用全木檩条, 外墙板采用聚氨酯复合板。基础采用的是由钢板焊接而成的柱下条形基础, 基础按照运输车辆的尺寸进行分段, 在现场组装成整体。主体结构的钢材采用低温压力容器用钢 09MnNiDr, 楼面檩条、系杆、撑杆等次要构件采用 Q345E 钢材。

3 基础设计

泰山站的建站位置覆盖着厚度达 1900m 的冰盖, 无法采用传统的现浇钢筋混凝土基础, 即便是采用预制混凝土基础, 也存在自重太大难以运输的问题, 因为深入南极内陆建立科考站需要经过数百公里的长距离跋涉, 沉重的混凝土预制构件对运输车辆、起重设备和现场施工人员来说无疑是个巨大的负担, 而且混凝土材料在极低温度下也存在脆裂的问题。因此泰山站的基础要采用重量轻、易于运输、现场能快速安装的形式, 因此设计人员在此采用了钢结构基础, 基础的形式采用柱下条形基础 (图 4), 基础横断面采用的是类似于扩展基础的形式 (图 5)。条形基础平面为十字形布局, 十字的四个端部再用条形基础拉结成整体, 这样可以形成较大的基础刚度, 确保泰山站的根基 "稳如泰山"。条形基础由底板、箱型截面基础梁、基础横向肋组成, 条形基础与上部结构框架柱的连接位置采用加密基础横向肋、基础梁增设横向加腋的加强措施。条形基础的宽度为 1.8m, 高度为 0.6m, 并考虑条件在工厂制作成长度约 8m 左右的分段, 整个基础为 9 个分段, 每个分段之间的连接也采用密排高强螺栓的方式, 以保证足够的连接强度, 连接处的高强螺栓孔开设成腰形孔, 以便于在现场进行适当的调整。

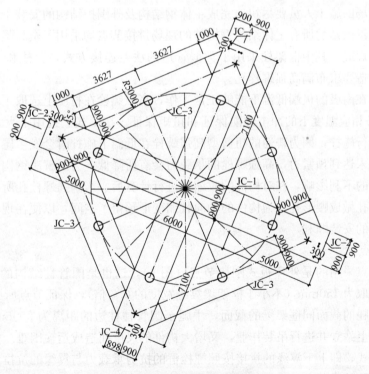

图 4　泰山站基础平面布置图

在泰山站的构件装船运往南极之前, 施工方在上海某处拼装场地进行了所有基础构件、上部钢结构构件、楼面系统、外围护系统的预拼装, 对构件的工厂制作精度和现场的安装施工进行了检验, 及时对出现的问题进行校正, 确保在南极现场施工质量和工期。

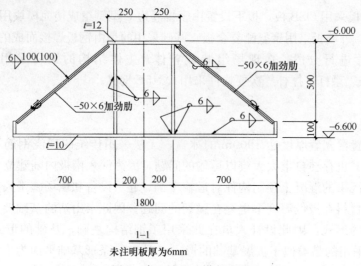

1—1

未注明板厚为6mm

图5　泰山站基础横断面图

4　节点设计

（1）设计思路

根据南极内陆极为恶劣的天气条件，设计人员选择了装配化程度高的钢结构，传统钢结构现场安装工作经常要用到焊接，而泰山站的建站位置常年处于低温、大风的气候条件，很难在现场进行焊接工作，而且南极的极端低温会使钢构件发生轴向的收缩，构件之间的连接节点会存在对接困难的情况。南极的恶劣气候迫使现场的施工人员要尽快地完成主体钢结构及外围护结构的安装工作，以便转入主站房内部进行施工，因此泰山站的所有主体结构钢构件的现场拼接节点均采用了全高强螺栓的连接方式，不设置任何的现场连接焊缝，其中框架柱采用了类似管道的法兰连接方式，上柱和下柱分别设置了法兰盘，法兰盘上按照构造要求布满高强螺栓孔。

为保证高强螺栓在南极的极端低温下能够正常工作，高强螺栓在材质上选取了可以耐−60℃低温的42CrMo，并且要具备相应温度下的冲击性能保证和扭矩保证。在形式上选用了大六角形高强螺栓，要用专用的扭矩扳手进行施拧，因为普通的扭剪型高强螺栓在低温下施拧时会发生尾部梅花头提前断裂的情况，而此时螺栓并未达到预紧力，高强螺栓的承载力会有所降低。为了解决钢构件在南极的低温下的轴向收缩对构件连接的不利影响，在对构件的收缩量进行计算后，当高强螺栓孔所在平面与构件轴线相平行时，将高强螺栓孔做成腰形孔，为构件的轴向收缩变形预留了空间，以便在现场拼接构件时可进行调整，确保高强螺栓的安装顺利。

（2）梁柱拼接节点

泰山站的梁柱节点采用的是外环板式刚接节点（图6），这也是圆管柱结构的常用梁柱连接形式，环板伸出柱壁的宽度取为150mm（不小于框架梁翼缘宽度的0.7倍），保证节点所必须的刚度。环板的外侧设置短牛腿，牛腿的截面同框架梁的截面，牛腿至圆管柱柱边的距离为500mm，这样的尺度可以便于施工人员在牛腿上站立并进行吊装作业，又增大构件的尺度而造成运输困难。框架梁的现场拼接节点采用全部栓接的方式，即上下翼缘的拼接按照螺栓群的抗剪承载力与翼缘的抗拉承载力等强度，腹板的拼接按照螺栓群的抗剪承载力与腹板的抗剪承载力等强度的原则配置高强螺栓的数量，高强螺栓均采用双剪切面的连接方式，最大限度地利用螺栓的摩擦力。

（3）墙面檩条节点

泰山站的墙面骨架采用的是全木檩条，这是一种在极寒地区较为独特的做法，普通钢结构建筑的外墙面系统通常采用金属骨架，但是金属骨架在极寒地区存在"冷桥"问题，泰山站的木檩条选用的是TB20强度等级，檩条的截面尺寸为90mm×90mm，选材来自国外优秀品质的木材，以保证泰山站的外

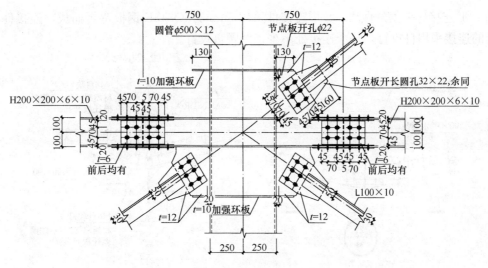

图 6 梁柱连接节点

围护系统具备足够的耐久性。泰山站的木檩条系统是一套较为复杂的围护系统（图 7），分顶面围护檩条、侧墙面围护檩条、底面围护檩条和瞭望层外围护檩条。为了确保外围护体系的牢固，檩条的檩距被限制在 1m 左右。

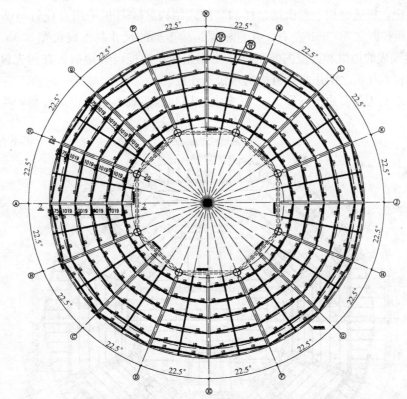

图 7 泰山站上斜面檩条布置图

泰山站上下斜面的檩条布置采用了主次檩条的形式，即用卷边 C 型钢作为主檩条，主檩条布置在上下斜面平行于相邻两道放射状主结构钢梁中间的位置，木檩条作为次檩条，并且木檩条采取两跨连续的布置形式，将主檩条作为次檩条的中间支座，主结构钢梁作为次檩条的铰支座，次檩条的排列呈有规律的正十二边形。木檩条与主结构钢梁的连接采用檩托板的形式，檩托板采用双侧布置（图 8），将木檩条夹在两块檩托板的中间，每根檩条与檩条板之间至少用两颗自攻钉连接。木檩条与主檩条的连接方式采用双侧 L 形连接件夹紧的做法，L 形连接件采用 3mm 厚 Q345E 钢板弯折而成，连接件与木檩条、主檩条之间的连接采用自攻钉，每个连接处不少于两颗自攻钉。

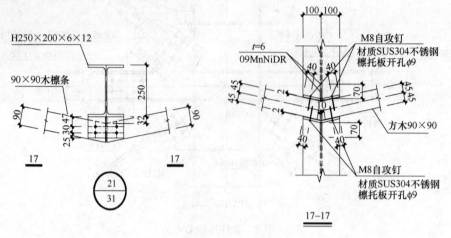

图 8　木檩条节点图

（4）楼面节点

泰山站的楼面板采用的是 OSB 板（定向结构刨花板），这种板材具有较高的抗弯能力，可以用作结构板，并且重量很轻，很适合用于泰山站这样的装配式结构。OSB 板采用自攻钉与楼板的密排 C 型钢连接，C 型钢的间距控制在 600mm 左右，并且根据运输车辆的尺寸制作成长宽 3.5m 左右的模块，每个模块都由 C 型钢围成的边框和边框内的密排 C 型钢组成，边框可直接搁置在预先设置在主体结构钢梁上的托板上，边框和托板之间用自攻钉可实现快速连接。

泰山站的楼面形状为正多边形（图 9），其中设备层和瞭望观察层为正八边形，生活层为正十六边

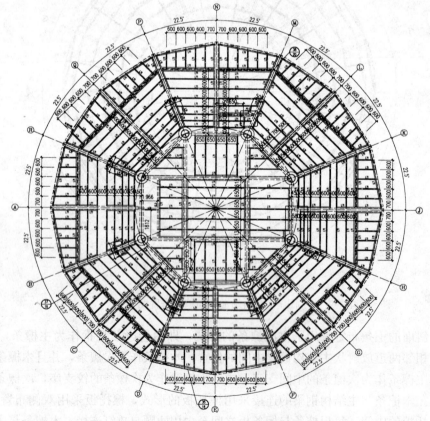

图 9　泰山站生活层楼面檩条布置图

形，楼面板采用 OSB 定向刨花板，板下设置密排 C 型钢作为固定 OSB 板的楼面檩条，檩条的檩距为 0.6m 左右，由于 C 型檩条的数量众多，为了提高楼面檩条的装配化程度，按照运输工具的尺寸大小，将由主结构钢梁围成的各个区格内的楼板檩条预先制作成模块，每个模块都由 C 型钢边框和其内部的檩条组成。主体结构钢梁的侧面设有与模块连接的角钢托板（图 10），角钢上预先开孔，施工时檩条可直接搁置在角钢上，用自攻钉在下方先后钻透角钢和檩条下翼缘并咬合紧固，檩条模块便完成了安装固定。

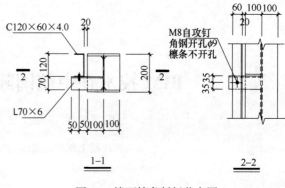

图 10　楼面檩条托板节点图

5　小结

泰山站是钢结构建筑在极寒地区的一个较为成功的应用，它的建成对于我国的极地科学考察事业具有较为重要的意义，进一步积累了在极寒地区应用钢结构建筑的设计和施工经验。在钢结构装配化上做了一些成功的尝试，在结构连接上通过采用全螺栓和自攻钉连接，避免了现场焊接作业，成为中国极地建设历史上的一个较为成功的案例，为进一步在南极大陆拓展科学考察事业奠定了更为扎实的基础。

参考文献

[1] 中华人民共和国国家标准，钢结构设计规范 GB 50007—2003[S].

[2] 《钢结构设计手册》编辑委员会. 钢结构设计手册(第三版)[M]. 北京：中国建筑工业出版社，2004.

[3] 李星荣，魏才昂，丁峙崐等. 钢结构连接节点设计手册(第二版)[M]. 北京：中国建筑工业出版社，2005.

[4] 中华人民共和国国家标准，低温压力容器用低合金钢钢板 GB 3531—2014[S].

[5] 青木博文. 结构设计专家入门[钢结构篇][M]. 北京：中国建筑工业出版社，2012.

BIM 技术在中航国际会展中心的应用研究

余国华　卢　继　王强强　邓良波　何敏杰

（浙江精工钢结构集团有限公司，浙江绍兴　312030）

摘　要　中航国际会展中心外形形似飞机机翼，幕墙由下至上呈发散的不规则空间曲面，铝板数量约 8000 块，大小不一、规格众多，这将给幕墙设计、加工及安装带来巨大困难；同时，传统粗放式的工程管理存在项目相关方信息交流不畅，施工资源浪费严重等问题。本文重点介绍 BIM 参数化建模及基于 BIM 技术的发货及配套预警系统的应用研究，用信息化的手段优化工厂和现场的管理，从而提升建筑业技术、生产、管理的综合服务水平。

关键词　BIM 技术；参数化建模；信息技术；项目管理；发货及配套预警系统

1　概况

项目施工管理作为工程建设过程中最重要的环节之一，是影响工程质量和进度的关键因素。尽管现在的施工管理模式日趋成熟，但仍然存在着诸多问题，例如幕墙外形复杂，设计困难且加工效率低、施工现场杂乱无序、各专业间施工碰撞、工程进度难以把控、现场与工厂协调困难、要货发货不配套不及时等一系列问题层出不穷且难以解决。因此将 BIM 技术应用在项目施工管理中，改变目前粗放式的施工管理模式已是迫在眉睫。

图 1　中航国际会展中心建筑效果图

BIM（建筑信息模型）技术作为新兴的项目全生命周期管理手段，已经受到众多建筑施工企业以及各重大项目的关注和青睐。现阶段，BIM 技术在项目上的应用点众多，主要包括建筑信息模型协同设计、管线综合、碰撞检查、施工进度模拟等。但实际上针对项目施工阶段的 BIM 技术应用却鲜有研究。而参数化建模及发货及配套预警系统等一系列 BIM 技术在中航国际会展中心项目施工过程中的应用，将突破这一瓶颈，实现了 BIM 技术应用阶段性的进步。

中航国际会展中心工程建设项目，总建筑面积 11471m²，其中北楼 5626.3m²，南楼 5634.6m²。门厅 509.9m²。北楼 2 层，结构高度 25.8m，南楼 3 层，结构高度 25.6m，门厅 1 层，结构高度 9.3m。建筑结构类型为北楼为钢结构＋桁架，跨度约 40.24m，南楼及门厅为钢结构＋网架，跨度约 41.9m，该项目投资额约 1.03 亿元，建成后将成为西安市、阎良区航空产业对外展示的重要窗口。建筑效果图如图 1 所示。

2 BIM 技术的应用

2.1 参数化建模

中航国际会展中心的建筑外形形似飞机机翼，外表皮结构采用玻璃幕墙及铝板。幕墙由下至上呈发散型的不规则曲面（竖向曲面部分曲率都不相同）。为满足外形要求，幕墙设计采用三维造型软件 Rhinoceros 与可视化节点编程软件 Grasshopper 相结合。该方法是在严谨的数学逻辑下，通过改变 Grasshopper 中某些函数变量或算法，可以快速实现不同的幕墙效果。本项目根据设计方提供的幕墙分格方案对幕墙进行切割，切割后的铝板面数量约 8000 块，且铝板大小不一、规格数量众多，给设计带来较大难度。

为了进行建筑美观性的比对，我司通过修改 Grasshopper 中的某些函数变量和算法，在三维造型软件 Rhinoceros 中快速地创造出多种不同表皮造型的方案。多种表皮造型方案如图 2 所示。

图 2 多种表皮造型方案

通过多种方案比对及与业主、建筑师多次沟通，最终决定为了增加建筑美观度，在图 2 的第四个方案的基础上，对铝板表面进行造型设计，要求为铝板面按平面、圆形点、十字凹槽三种表皮造型进行参数化设计（图 3）。平面铝板占铝板总数的 80%，圆形凹点与十字凹槽铝板占铝板总数的 20%，圆形凹点与十字凹槽铝板按 1∶2 或 2∶1 的比例进行设计，并使 3 种铝板造型随机分布，以达到其独特的造型要求。

在 Rhinoceros 软件中完成幕墙分格的基础上，将采用 Grasshopper 参数化设计软件对铝板造型进行设计。其设计过程如下：

图 3 三种分格铝板表皮造型

第一步（分格缝生成及曲面重生成）：将分割后的铝板分格板块抓取至 Grasshopper 中，提取其轮廓线，按照设计所要求的铝板之间缝宽 10mm 及 20mm 的标准对轮廓线进行偏移，然后利用 Boundary surfaces 重新生成曲面；

第二步（3 种造型比例控制）：利用 Grasshopper 中的数学函数逻辑公式对 8000 块曲面进行比例控制，后期可直接通过改变参数即可对三种造型铝板数量及比例进行控制；

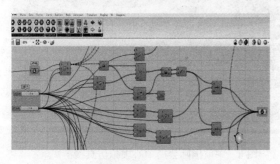

图 4 Grasshopper 电池组示意图

第三步（圆形凹点造型设计）：选取用于圆形凹点造型的铝板面，在曲面上生成圆形轮廓，找到圆心并向内偏移一定距离（凹点深度），偏移后圆心与初始圆心两点连线形成旋转轴，再以偏移后的圆心到圆边上一点生成一条弧线，再利用 Rail Revolution 命令以该弧线为旋转线，以初始圆为运动轨迹绕旋转轴旋转成面，最终形成圆形凹点造型；

第四步（十字凹槽造型设计）：选取用于十字凹槽造型的铝板面，提取曲面上两条中心相交十字线，对该十字线进行双向偏移（图 4），形成十字缝隙并对该缝隙组面，将面向内偏移一定距离（凹槽深度），提取偏移后十字形曲面的轮廓线利用 Loft 放样形成凹槽造成，最后与原铝板面成组完成最终十字凹槽造型铝板面；

图5　幕墙三维效果图

第五步（拷贝模型拉伸实体）：将在 Grasshopper 中建模完成的 3 种造型表皮 Bake 至犀牛中，在犀牛中对表皮进行厚度拉伸并赋予相应材质，最终完成该项目铝板幕墙的参数化造型设计（图 5）。

铝板幕墙不仅数量大，规格不一，而且形状复杂。因此，我司结合了基于 DXF 文件为标准的数字化生产加工。通过将幕墙三维模型输出为 DXF 文件，并在 AutoCAD 平台上进行板材排版，然后进行数字化数控下料。在提高了铝板的制造精度和生产效率的同时，降低了铝板不必要的损耗，节能环保。

参数化建模不仅颠覆了传统建模方式，极大地提高了建模效率和质量，而且可以及时地创造多种选择方案，快速响应项目的各种变化，更重要的是能将数字设计技术与数字加工技术相互衔接，降低复杂异型产品的生产、安装成本。

2.2　碰撞检测

碰撞检测是建筑施工过程的中的重要环节，通过 BIM 软件中的碰撞检查功能，可以找出设计阶段、施工阶段在同专业之间、不同专业之间的接触碰撞以及间隙碰撞，并在 BIM 软件中自动生成碰撞报告。BIM 工程师可以选择碰撞报告中的碰撞数据，自动链接到可视化的三维模型，进行逐条甄别分析。针对各专业间需要调整的碰撞点，经项目各方讨论分析，制订更加经济、更加合理的优化方案。施工过程前预先解决施工中发生的问题，节省不必要的工时和资源。

2.3　虚拟仿真漫游

虚拟仿真漫游是利用 BIM 软件模拟建筑物的三维空间，通过漫游、动画的形式提供身临其境的视觉、空间感受，能够及时地发现设计中不易察觉的缺陷或问题，减少由于事先规划不周全而造成的损失，有益于设计与管理人员对设计方案进行辅助设计和方案评审，促进工程项目的管理。虚拟仿真漫游如图 6 所示。

2.4　BIM4D 模拟

BIM4D 技术是现代施工过程中不可缺少的必要环节之一。它是在静态的 3D 施工模型基础上附加建造过程、施工顺序等信息，并实时和进度时间关联在一起的可视化动态的施工模拟技术。BIM4D 技术将整个中航国际会展中心项目的施工过程直观地展现出来，让现场的管理人员可以在三维可视化环境下更加直观了解本工程施工顺序和各专业间搭接工序的合理性，提前发现建造过程中潜在的安全、质量、进度各方面问题。不仅

图6　中航国际会展中心虚拟仿真漫游

解决了施工过程中存在的潜在问题，而且还可以制订出更加合理的可行性方案，将资金、机械、劳动力等相关资源进行更优的分配。从而能够大幅提高现场施工的效率，缩短了施工工期，避免了不必要的成本。BIM4D 模拟如图 7 所示。

图 7　中航国际会展中心 BIM4D 模拟

2.5　发货及配套预警系统

空间体系的钢结构工程往往根据项目管理者结合结构特点及施工资源配备情况，制订成合理的要货计划。然后，钢构件按现场吊装的批次，在工厂散件预制，加工完成后运输至施工现场。现场再在地面将散件拼装成不同的吊装单元，高空焊接安装。然而，传统的方法是项目管理者利用抽象复杂的二维平面图，制订出粗略的加工及发货的要货计划，且现场项目管理方和工厂制作加工方之间的信息沟通交流不畅。工厂经常出现构件没有按照预定计划配套加工或加工好的构件没有按照配套原则进行发货，造成大批量钢构件运抵现场却无法进行拼装或安装，从而造成现场施工资源的极大浪费，甚至人员、机械窝工待料等严重状况。

2.5.1　预警系统功能

发货及配套预警系统在中航国际会展中心的成功应用，有效地解决了项目相关方信息沟通交流不畅、计划不配套等一系列问题，从而改善了制造工厂和施工现场的管理水平，提高信息传输准确率，从而减少施工资源的浪费。

我司通过对建筑企业决策管理机制及构件生产及配套发货流程的研究，运用多种计算机语言及逻辑算法，将发货及配套预警系统模块化，程序化。其作用是当发货与要货计划不配套或发货不及时的情况下及时做出预警。基于同一 BIM 管理平台，项目经理在平台内通过可视化的 BIM 模型，根据钢结构现场施工、安装匹配性等原则，直接在 BIM 模型中选取需要发货的同批次构件，生成配套包后向工厂计划科发布要货计划。发布要货计划后，系统将自动触发该要货单内配套包的配套预警和发货预警，实时监控发货情况。同时，在发布要货计划后系统会立刻自动生成短信来提醒工厂计划科（发货方）及时生产构件及发货。当然，工厂计划科也可以根据工厂加工情况对不合理的要货计划给予退回和反馈意见，便于重新安排合理的要货计划。

2.5.2　配套、发货预警实现过程

发货及配套预警系统是通过可视化的钢结构入库、发货的监控管理，而实现钢结构配套、发货的自动预警。实现过程如下：

首先，将 LOD400 的钢结构 Tekla 模型，输入到 BIM 信息化管理平台，形成最初的 BIM 模型。将BIM 信息化平台模型中未入库构件的初始颜色均定义成灰色。然后，根据自主研发的物联网技术，在信息化管理平台中，将中航国际会展中心的钢构件都制定成唯一标识的二维码。其次，按照现场施工顺序及吊装匹配的安装方案，在可视化的 BIM 模型中，选取需要同一批次发货的构件，将其生成发货的预警包，并自动生成详细的 EXCEL 清单，供现场技术人员及工厂负责人查询。且在发货预警包的基础上，按照现场安装匹配的要求，例如同一榀桁架、同一区域的网架等，将其选择生成入库时的配套预警包。当钢构件入库环节扫描二维码后，BIM信息化平台中的BIM模型中，与之对应入库构件变为绿色。配套预警包少入、漏入的构件就会自动进行以下两方面的预警提醒：一方面，将漏入、少入构件编号通过短信及微信方式，发送给入库人员；另一方面，系统会在PC端BIM信息化平台上进行不同颜色的预警提醒，并自动生成统计报表，分类显示入库构件和未入库构件编号，重量等详细信息。最后，钢构件出库环节扫描钢件上的二维码后，系统进行数据分析，如果同一批次装车构件没有按照已定发货预警包匹配的原则发货，将会自动触发发货配套的预警系统（触发发货配套预警系统如图8），系统自动将相关信息发送给项目负责人和工厂出库负责人；同时，BIM4D模型中未匹配出库发货的构件变为红色，BIM模型中匹配性出库发货的构件变为蓝色。根据构件颜色变化，可以使项目负责人和工厂出库负责人快速在BIM4D模型查询到未发货的构件或通过自动生成详细的EXCEL清单，查询异常构件（发货配套预警系统异常构件查询如图9），及时将同一批次未发货的构件进行补漏，从而解除预警。

要货单号	要货日期	要货联系人	联系电话	应发重量(t)	已发重量(t)	应发数量	已发数量	剩余未发数量	说明	状态名称
PL201608...	2016/5/15	bim管理员	18868806...	271.15	271.15	108	108	0		系统解除
PL201608...	2016/5/31	bim管理员	18868806...	654.81	654.81	158	158	0		系统解除
PL201608...	2016/6/15	bim管理员	18868806...	145.56	145.56	286	286	0		系统解除
PL201608...	2016/6/30	bim管理员	18868806...	315.40	315.40	519	519	0		系统解除
PL201608...	2016/7/15	bim管理员	18868806...	532.19	532.19	110	110	0		系统解除
PL201608...	2016/5/18	bim管理员	18868806...	78.97	78.97	20	20	0		系统解除
PL201608...	2016/8/15	bim管理员		57.08	57.08	104	104	0		系统解除
PL201608...	2016/8/31	bim管理员	15057769...	0.52	0.00	1	0	1		异常
PL201608...	2016/8/22	bim管理员		56.83	5.36	72	10	62		手动解除
PL201608...	2016/8/19	bim管理员	18357560...	10.70	0.00	7	0	7		异常
PL201608...	2016/8/23	bim管理员	18868808...	7.70	7.70	12	12	0		系统解除
PL201609...	2016/10/1	周兴东	18868806...	7.61	2.66	74	13	61		异常

图8　触发发货配套预警系统

图9　发货配套预警系统异常构件查询

　　通过这一套BIM信息化管理平台的配套预警和发货预警系统，可以有效地避免构件入库的少入、漏入和构件发货时的少发、漏发现象，为现场配套施工保驾护航。发货及配套预警系统流程图如图10所示。

2.5.3　预警系统技术路线

　　配套预警系统采用风险预警机制，运用本地报警＋监控中心报警模式实时监控构件配套及发货行为。具体步骤如下：

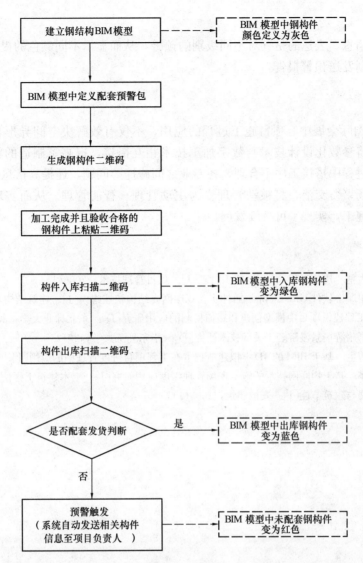

图 10　发货及配套预警系统流程图

（1）系统配置预警规则；

（2）系统预制监听服务；

（3）根据既定预警规则设置预警触发器；

（4）预警触发判断及结果反馈。

配套预警和发货预警根据系统既定的预警规则实时预警，其预警规则如下：

（1）配套预警

1）配套包内存在一根构件发货时间＞预定时间或＜预定时间，预警触发；

2）配套包内构件未匹配发货，预警触发。

（2）发货预警

要货单内存在一根构件发货时间＞预定时间×预警系数，预警触发。

（3）触发器

预警登记按照影响程度分为三级：

1）info：提示信息报警，对业务无任何影响，可以在方便的时间处理；

2）waring：警告信息报警，紧急度不是很高，但也要及时处理，避免恶化；

3）error：错误信息报警，需立即处理。

（4）结果反馈

不同颜色的预警信息，表达的是针对不同级别的预警，从而显示不同颜色的提示，并将信息通过短信机制或平台监控机制发送预警报告。

3 结语

BIM 技术在中航国际会展中心项目施工过程的应用，不仅有效解决空间异形幕墙规格众多、大小不一的建模难点，还将参数化设计技术与数字加工技术相互衔接，提高了制造的精度和生产效率；同时，有效解决了施工过程中搭接工序不合理，各专业之间碰撞等问题，还提高信息传输的及时性和准确性，解决了工厂、现场繁缛交流，将被动管理变为主动管理、智能管理。从而实现了建筑业的节能降耗、低碳环保的绿色施工，实现了可持续发展。

参考文献

[1] 张建平，张洋，吴大鹏. 建筑工程项目 4D 施工管理[J]. 项目管理技术，2006(1).

[2] 朱鸣，王春磊. 使用犀牛软件 Grasshopper 插件实现双层网壳结构快速建模[J]. 建筑结构，2012(S2).

[3] 李昂. BIM 技术在工程建设项目中模型创建和碰撞检测的应用研究[D]. 东北林业大学，2015.

[4] 傅乐. 三维虚拟仿真旅游场景漫游若干关键技术研究[D]. 华东理工大学，2012.

[5] 赵彬，王友群，牛博生. 基于 BIM 的 4D 虚拟建造技术在工程项目进度管理中的应用[J]. 建筑经济，2011(9).

[6] 任江，钟崇光，郭娜. 基于物联网技术的施工现场管理深度应用研究[J]. 土木建筑工程信息技术，2013(5).

[7] 鲍学芳. 可持续发展与建筑节能[J]. 安徽建筑，2003(1).

一种新型装配式钢结构体系的提案

喻德明　吕文杰　江锦正

（新世界中国地产有限公司，香港　999077）

摘　要　现存许多位于高地震烈度区的古代木建筑，在过去数百年甚至上千年间历经了若干次强震后依然屹立不倒，其中一个重要因素就是采用了榫卯结构作为连接节点，地震时榫头与卯口间产生的受力变形和摩擦滑移可以提高刚度、吸收化解地震动能，从而使其具备良好的抗震性能。受此启发，针对材料强度和延性均优于木结构的钢结构，本文提出了采用类似榫卯结构的钢结构连接节点，目标是不仅确保结构安全兼具备良好抗震性能，更重要的是可以实现建筑钢结构的标准化模块化生产，实现工地主体钢结构无栓无焊装配，大幅度减少工地安装时间和劳动力，节省建筑成本，推动建筑产业现代化的发展。

关键词　榫卯结构；抗震性能；钢结构；装配式；模块化；无栓无焊装配；粘钢胶

1　前言

中国钢材年产量自 1996 年超过 1 亿 t 之后，至今为止一直稳居全球钢产量第一名，现时中国年产钢达 10 亿 t 以上，约占世界钢产量的 50%，然而，我国钢结构建筑用钢量约仅占粗钢产量的 5%～6% 左右，和主要发达国家该比例达 20%～30% 相比，我国钢结构建筑比例明显偏低，还有很大的发展潜力。

钢材作为绿色环保、可节能减排的建材，不仅强度高重量轻，其良好的延性更具有优异的抗震性能，应用于大跨度和高层结构时经济效益尤为突出；由于材质均匀，钢结构的实际工作性能与理论计算结果一致性良好，通过精心设计和精准的加工安装，可确保钢结构的高可靠性；钢材可焊性良好，可加工成各种复杂形状的结构；钢结构的制作主要是在专业化钢构厂进行，因而加工精度高，制成的构件运到现场安装，装配化程度高，安装速度快，工期短，污染小；钢结构可循环利用，亦可拆卸后异地重建，拆除时产生的垃圾和污染少。钢结构的主要缺点为耐火性和耐腐蚀性差，可通过各种成熟的防火防锈处理技术来解决。

为了充分发挥钢结构建筑的优势，提升我国钢结构建筑用钢量占粗钢产量到发达国家水平，不仅有必要在加工安装施工等方面不断突破创新，更需要打破现有结构体系的束缚，提出全新的结构体系，彻底改变现有的钢结构设计、加工、安装的模式，实现真正的钢结构产业化。

为实现上述目标，本论文针对住宅、办公楼、学校、医院或酒店等用途的多层和小高层建筑，提出了一种全新概念的采用类似榫卯结构作为钢结构节点连接方式的装配式钢结构体系，该结构体系的主体构件在工地完全不需要采用高强螺栓或焊接进行连接，可大幅度减少工厂加工和工地现场安装时间，确保加工、安装的精度与质量，减低建筑成本，以便真正实现工厂标准化模块化生产，促进装配式建筑的产业化发展。

2 古代木建筑的榫卯结构和抗震性能

2.1 榫卯结构的起源

根据考古资料，位于宁波市郊余姚市的河姆渡遗址属于距今 7000 多年前的新石器时期，该遗址自 1973 年开始发掘后，陆续发现了很多榫卯结构（图1），说明当时的人们已熟练掌握并广泛应用榫卯技术来建造房屋。

2.2 现存的中国古代木结构的抗震性能

位于山西省朔州市的应县木塔（图2）于辽清宁二年（1056年）建成，塔高 67.31m，底层直径 30.27m，呈平面八角形，遭受了多次强地震袭击，仅烈度在五度以上的地震就有十几次，依然完好无损，整个塔没有用一颗铁钉连接，所有架构均采用榫卯结构连接。

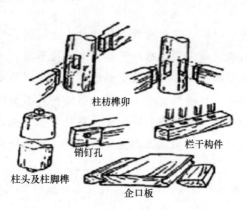

图1 河姆渡遗址榫卯结构　　　　　图2 应县木塔

位于山西省五台县西部的南禅寺（图3）是我国乃至世界最古老的木结构建筑。其中大佛殿为唐建中三年（公元782年）的建筑，通面阔 11.75m，进深 9.9m。建成后的 1200 余年中，有记载可考的五级以上地震有 8 次，但大殿从未从根本上损毁。

位于北京故宫内的太和殿（图4）为中国现存最大的木结构大殿。明永乐十八年（1420年）建成，之后屡遭焚毁重建。今殿为清康熙三十四年（1695年）重建，通面阔 64m，进深 37m，建筑面积 2377m²，高 26.92m，连同台基通高 35.05m。重建后距其 90km 范围内发生过 6 级以上强震 7 次。1679 年三河平谷 8 级地震的震中距其仅 45km，太和殿都不曾遭到破坏。

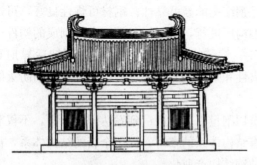

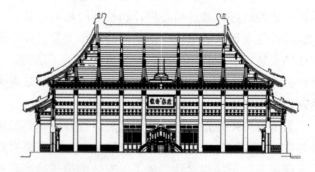

图3 五台县南禅寺　　　　　　　图4 北京太和殿

以上几个木结构建筑均位于强地震区，应县木塔所在地抗震设防烈度为 7 度，南禅寺、太和殿所在地抗震设防烈度为 8 度。这些木建筑在过去数百年甚至上千年间经历了若干次强震而依然屹立不倒，充分证明了木结构建筑的抗震性能优越；这些木结构建筑的连接都采用了榫卯结构（图5），加上木结构本身自重轻，具有较大延性，耗能能力强，地震时木结构能用自身的错向摇动以及榫头与卯口间产生

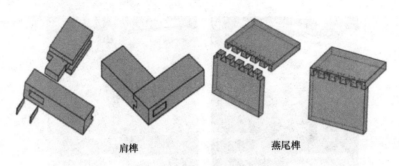

肩榫　　　　　　　燕尾榫

图 5　常见榫卯结构

的受力变形和摩擦滑移来平衡和吸收外来的破坏力量，化解地震动能，从而保证其结构的安全性和完整性。

当然从现代抗震设计的基本理念来看，榫卯结构尚有需改善的地方，比如如何确保实现强节点弱构件，因为榫卯结构的特点使得其节点截面和对应构件相比有所减弱。其他还有楼板振动、变形控制等问题。

3　装配式建筑的应用现状和问题

近十多年来，随着我国经济的迅速发展和人民生活水平不断提升，对住宅的性能、质量和环境的要求日益提高，再加上劳动力成本上升以及预制构件的加工精度与质量、装配式建筑的施工技术和管理水平的提高，在追求低碳、节能、绿色、生态和可持续发展的理念下，装配式建筑的应用正在快速发展。目前部分知名开发商的项目中均不同程度地采用了装配式建筑，取得了较好的实践价值和示范效果。

2016 年 9 月 14 日国务院常务会议，决定大力发展装配式建筑，推动产业结构调整升级。可以预见作为国策，发展装配式建筑必定成为中国建筑行业的大趋势。

钢筋混凝土及钢结构的装配式建筑结构体系都具有耗能少、经济效益高、建造工期短、绿色环保、安全高效、省人省力等优点。但目前的装配式建筑大多以钢筋混凝土结构为主，少数为钢结构，除了在单层工业厂房以及设计相对简单或规整的多层住宅中应用较多外，在其他类型的建筑中则很少见到。

目前的装配式建筑，不论是钢筋混凝土还是钢结构，为满足抗震要求，以及预制构件的尺寸和重量往往受制于运输和吊重之限值，通常节点部分都需要在现场进行安装连接，钢结构构件一般采用高强螺栓或焊接连接，而预制钢筋混凝土构件之间的连接则需在现场进行浇筑或注浆填充来完成（图 6～图 8）。作为装配式建筑中的施工重点，节点连接工序是工地现场安装中最费时间和劳力的，此外钢筋混凝土节点的防水处理也很重要而且费时。以上所述现场施工问题，都会延长施工工期、增加建造成本、增加高空作业时间和施工安全风险，影响施工质量。

图 6　钢结构螺栓连接　　　　　　图 7　钢结构焊接连接

图 8　钢筋混凝土预制构件

（需在现场进行浇筑或注浆填充来连接各预制构件）

要解决以上问题，必须对整个结构体系的设计概念、构件及其连接的加工和安装方式进行革命性的改变，进一步减少现场施工安装工序，最大限度地采用标准化及模块化连接节点来进行设计、加工及安装，从而真正实现建筑产业化及标准化的宏伟目标。

4　采用类似榫卯结构连接的新型装配式钢结构体系的提案

4.1　现行钢结构连接方法

钢结构主要是通过连接节点把柱、主梁、次梁、斜撑等主体结构构件连接成一个整体，目前最常用的节点连接方式包括采用高强螺栓连接和焊接。通常在钢结构加工厂预先加工制作好梁柱等钢构件和连接板，焊接连接板和加劲板，并在需要连接处预先开好螺栓孔，然后运到工地，吊装到位后用高强螺栓或者焊接进行连接。

上述节点连接方式的主要问题包括：

（1）采用高强螺栓连接时，每个节点通常需要在被连接构件和连接板上开几十甚至上百个螺栓孔，严重增加工厂的加工时间和费用；

（2）由于构件在工厂并非批量化加工制作通常会产生误差，各种构件和工序产生的加工误差叠加后，最终会导致现场连接出现安装困难的情况；

（3）钢构件运到工地并吊装到位后，还需人工固定螺栓，每个螺栓均需分别进行临时固定、初拧和终拧三道工序，大幅度增加了现场工作量以及成本；

（4）采用现场焊接作为连接时，一般需先进行预热工序然后再焊接，不仅会增加现场工作量以及成本，而且受焊工技术水准、焊接工艺和焊接环境如天气、位置等影响较大，质量难以得到很好的保证。

4.2　新型装配式钢结构体系的连接方法

针对上述问题，并综合考虑木结构榫卯连接的优点，本论文提出了一种主体构件在工地完全不需要采用高强螺栓或焊接连接的新型装配式钢结构体系。该体系最主要的特点有以下几项：

（1）采用类似榫卯形式的梁柱连接套筒来连接上层柱与下层柱，以及连接柱和主梁；

（2）采用类似燕尾榫形式的主次梁连接套筒来连接主梁与次梁；

（3）这些连接套筒全部都在工厂预先加工制作。套筒尺寸通常只有 1 米见方左右，重量轻，套筒各组件尺寸更小，方便在工厂进行精准加工，实现批量化和标准化生产以保证加工精度和质量；

（4）小尺寸和轻重量的连接套筒无论在运输还是吊装过程中所受限制都很少，便于运输和吊装，也避免了在上述过程中经常发生的受损变形；

（5）彻底简化了柱、主梁和次梁的加工程序，柱加工包括切断至设计长度，如有需要可在两端刨出固定槽；主梁加工只需切断至设计长度即可；次梁加工包括切断至设计长度，然后在两端加工好燕尾榫；可大幅度缩短加工时间，保证加工质量；

（6）现场安装时，利用上述连接套筒和加工好的钢构件即可全面实现主体结构无栓无焊装配式连接，大幅度减少安装工序、可数以倍计地缩短安装时间、确保施工质量；

（7）由于不需采用螺栓或焊接连接，可减少对人工高昂的熟练焊工的需求，节省可观成本；

（8）通过对钢构件和连接套筒的标准化模块化生产、整体实现模块化设计、工厂化生产、专业化安装，具有稳定可靠的连接安装性能，避免了在工地焊接和螺栓连接的弊端，使得现场装配简单高效，达到减少人工、缩短工期、节约成本的目的。

图9以一个3跨×6跨的多层钢结构框架为例，具体说明本结构体系的几项主要特点。

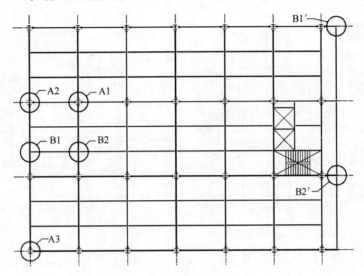

图9　多层钢框架结构平面示意图（标准层）

注：图中各节点大样详见以下各图

A1：图17；A2：图18；A3：图19；B1：图23；B1′：图24；

B2：图25；B2′：图26

4.3　梁柱节点连接套筒

图10所示类似榫卯形式的梁柱连接套筒可用来连接上层柱与下层柱，以及连接柱和主梁梁柱节点。图11显示该梁柱连接套筒和被连接的上下层柱以及四周主梁的位置关系示意图；该套筒的四个交叉位沿钢柱弱轴方向可按设计需要设置固定斜撑的连接板，连接板中部位置开有长圆孔以便固定斜撑。

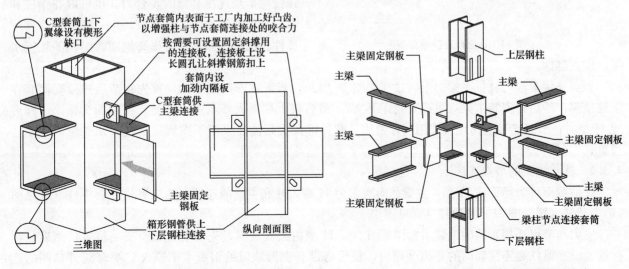

图10　梁柱节点连接套筒三维及纵向剖面图　　　图11　柱、主梁和节点连接套筒散件示意图

梁柱节点连接套筒由一个箱型钢管、固定在箱型钢管侧面的两个或多个C型套筒以及主梁固定钢板组成，箱型钢管内侧在和C型套筒上下翼缘对应处设置有加劲内隔板。箱型钢管和C型套筒的尺寸根据需连接的上下钢柱以及主梁尺寸而定。

4.3.1　柱与柱的节点连接

柱与柱的节点连接有两种类型：上下柱尺寸一样大和上柱小而下柱大。如图12所示，当上下柱尺寸一样大时，梁柱连接套筒的箱型钢管上下尺寸没有变化。

如图13所示，当上柱小下柱大时，箱型钢管尺寸也相应的上小下大，按设计需要可在上柱连接套筒外侧设置纵向加劲肋，以便提高其传力可靠性。

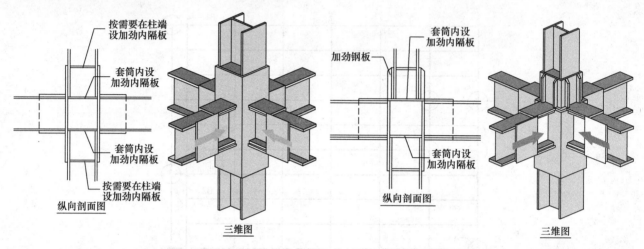

图12　柱与柱连接示意图（上下柱尺寸一样大）　　　图13　柱与柱连接示意图（上柱小而下柱大）

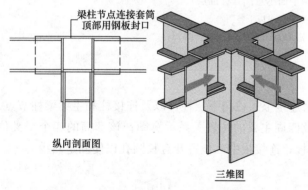

图14　顶层柱连接示意图

如图14所示，对于顶层柱，梁柱节点连接套筒不需要设置上部箱型钢管，箱型钢管的上部加劲内隔板和C型套筒上翼缘板位处同一平面。

参见图15，当工厂加工精度不足，或希望进一步提高节点连接套筒与上下钢柱连接的可靠性时，可在节点套筒内侧和钢柱翼缘外侧（插入钢套筒的这一段）分别预先加工好齿和槽，以便增强柱与节点连接套筒的咬合力。也可以在钢柱和节点套筒连接面涂上粘钢胶，进一步增加连接可靠性。这两种做法均可提高地震时结构的耗能水平，加强延性。

节点连接套筒与柱、主梁的组装过程如图16所示，当下柱安装完毕后，首先将节点连接套筒套在下柱顶部，然后再安装主梁（主梁安装详下文），最后将上柱插入节点连接套筒。柱截面为箱形、圆形或H型时，节点连接套筒均可采用同样做法。此外可按实际需要采用下图所示钢楔子来调整固定钢柱位置。

4.3.2　柱与主梁的节点连接

柱的截面可为箱形或H型，主梁截面通常为H型，柱和主梁的连接分为三种情况：中柱（详见图17）、角柱（详见图18）和边柱（详见图19）。

主梁与节点连接套筒的组装示意详见图20，H型主梁安装时，先吊装主梁至安装位置，然后从侧面推入设在梁柱端连接套筒的C型套筒内，最后将带有楔形缺口的钢板水平插入C型套筒开口侧的连接槽中（C型套筒和主梁固定钢板的立面示意详见图21），防止主梁产生滑移。

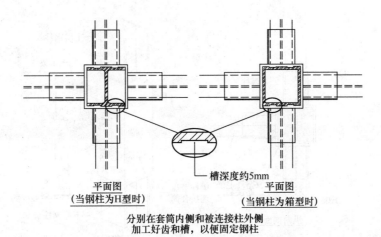

平面图
（当钢柱为H型时）

槽深度约5mm

平面图
（当钢柱为箱型时）

分别在套筒内侧和被连接柱外侧
加工好齿和槽，以便固定钢柱

图 15　柱与节点连接套筒加强咬合连接示意图

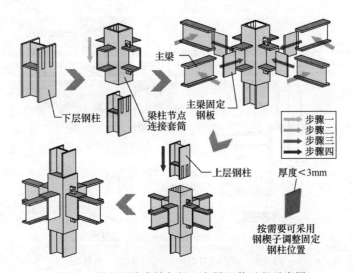

下层钢柱

梁柱节点
连接套筒

主梁

主梁固定
钢板

上层钢柱

厚度＜3mm

按需要可采用
钢楔子调整固定
钢柱位置

步骤一
步骤二
步骤三
步骤四

图 16　节点连接套筒与柱、主梁组装过程示意图

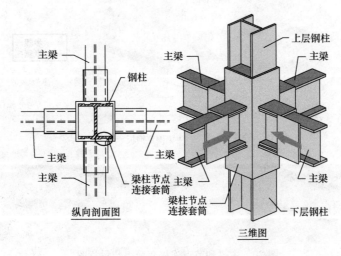

主梁

钢柱

主梁

主梁

梁柱节点
连接套筒

纵向剖面图

上层钢柱

主梁

主梁

主梁

主梁

梁柱节点
连接套筒

下层钢柱

三维图

图 17　主梁和节点套筒连接连接–中柱

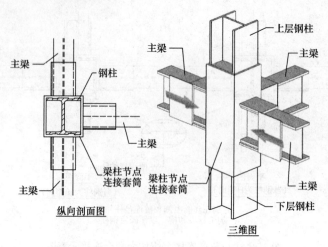

图 18　主梁和节点连接套筒连接 – 边柱

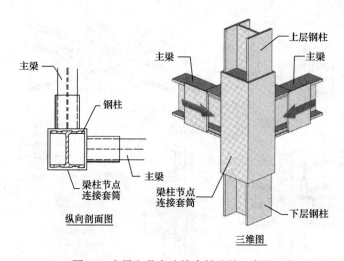

图 19　主梁和节点连接套筒连接 – 角柱

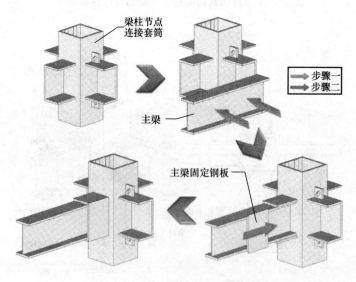

图 20　主梁和节点连接套筒组装示意图

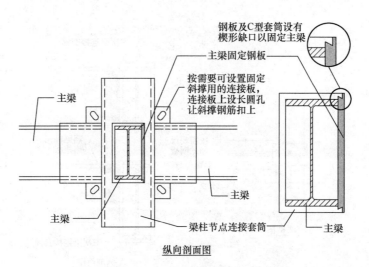

图 21　主梁和节点连接套筒立面示意图

　　主梁在地震或风等水平荷载作用时，除了要承受弯矩和剪力外、还要承受水平拉力或压力，因此可进一步在主梁与套筒连接面之间涂上粘钢胶，加强传递水平力的能力、提高地震时结构的耗能水平，增加延性，改善节点区的抗震性能。当加工精度不足时可采用图 16 所示钢楔子来调整固定主梁位置。

4.4　主次梁连接套筒

　　类似燕尾榫形式的主次梁连接套筒可用来连接主梁与次梁。如图 22 所示，主次梁连接套筒由一个短小的箱型钢管，以及固定在钢管单侧或双侧的带内倾燕尾凹槽的钢连接板组成。钢连接板的内倾燕尾凹槽可防止被连接的次梁外滑，而被连接次梁两端腹板要在工厂预先加工成和主次梁连接套筒钢连接板相互咬合的燕尾榫形。

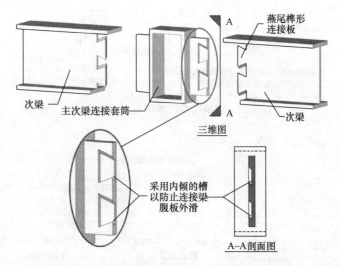

图 22　次梁及主次梁连接套筒散件示意图

　　主梁及次梁截面通常为 H 型，主梁及次梁的连接可分为四种情况：主梁单边有次梁连接（详见图 23）、悬挑梁端部单边有次梁连接（详见图 24）、主梁两边有次梁连接（详见图 25）及悬挑梁端部两边有次梁连接（详见图 26）。当次梁还需和下级次梁连接时，本文所述之主次梁连接套筒尺寸可按照次梁以及下级次梁的尺寸做出相应调整后同样适用。

　　主梁与次梁连接的组装示意详见图 27，H 型主梁安装前，先将主次梁连接套筒套入主梁并定位，待主梁安装在梁柱节点连接套筒后，再将吊装到位的 H 型次梁从侧面推入设在主次梁连接套筒上的燕尾榫形内倾凹槽钢连接板内。

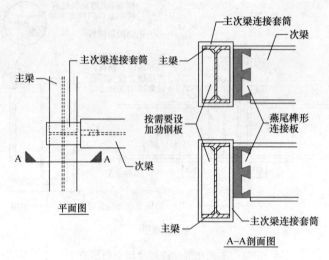

图 23　主梁单边有次梁连接

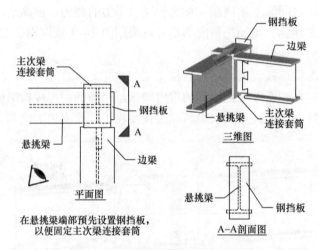

图 24　悬挑梁端部单边有次梁连接

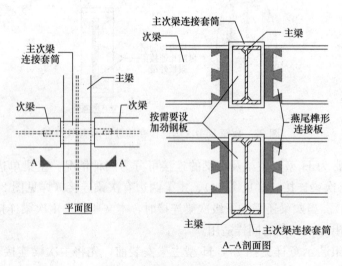

图 25　主梁两边有次梁连接

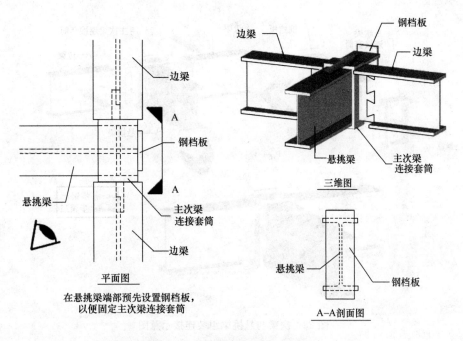

图 26　悬挑梁端部两边有次梁连接

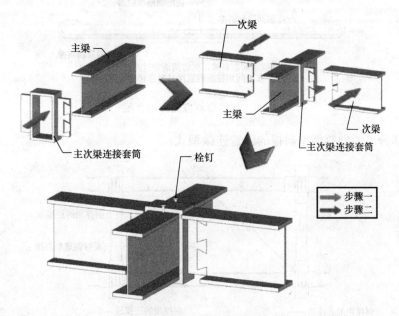

图 27　次梁与主梁组装连接示意图

当悬挑梁端部需与次梁连接时，悬挑梁端部需在工厂预先焊接钢挡板以固定主次梁连接套筒位置。悬挑梁与次梁连接的组装示意详见图 28。当加工精度不足，或希望进一步提高次梁传递剪力到主梁的可靠性以及地震时结构的耗能水平时，还可以在连接面涂上粘钢胶。为防止主次梁连接套筒在主梁上移位，安装完主梁后，可在主梁的上翼缘和主次梁连接套筒相交处中心位焊接栓钉来加以固定。

4.5　耗能型斜撑和梁柱结合部的连接

如图 29 所示，耗能型斜撑由两根高强钢筋（HRB500 或以上）和耗能钢筋接驳器组成，一端带弯钩另一端带螺纹的高强钢筋和耗能钢筋接驳器均预先按设计在工厂加工而成。耗能钢筋接驳器可采用杆式粘滞阻尼器或低屈服点高延性的软钢。

安装时先将高强钢筋斜撑带弯钩端穿过梁柱连接套筒的斜撑连接板长圆孔扣上，再将两根高强钢筋斜撑带螺纹端用耗能钢筋接驳器连接紧即可。

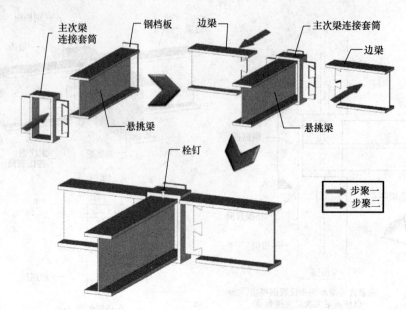

图 28　次梁与悬挑梁组装连接示意图

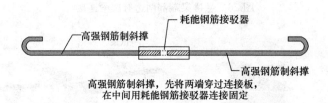

图 29　耗能型斜撑大样示意图

图 30 列举了部分可能的耗能型斜撑的设置连接型式。

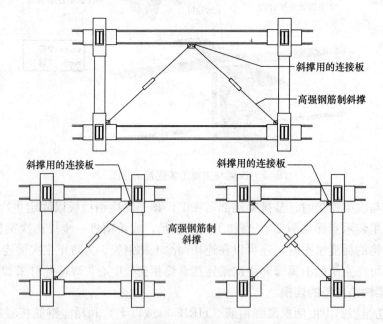

图 30　耗能型斜撑与梁柱节点连接套筒连接示意图

4.6　柱脚的连接

　　由于柱脚坐落在钢筋混凝土基础上，两者无法采用榫卯方式连接，因此柱脚可按传统方式，通过工厂预制的锚栓和底板来进行铰接或刚接，如图 31 所示，具体做法可参考国家标准图集，本文不详细说明。

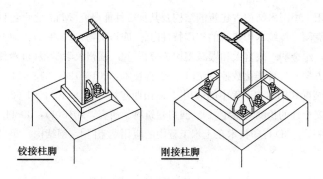

图 31　柱脚连接示意图

4.7　其他结构构件的安装

其他的结构构件，包括楼板、楼梯间、电梯井、构造柱、女儿墙及其他二次结构，建议做法可参考国家标准图集以预装构件形式施工及安装，施工及安装细节本文不详细说明。

5　结语

推广绿色环保的装配式钢结构建筑是国家根据发达国家的经验以及我国目前面临的钢产能过剩情况所提出的重要国策。针对传统钢结构采用螺栓连接或焊接，工厂加工以及现场安装工序都相当繁琐、质量难以保证等问题，本论文借鉴采用榫卯连接的木结构具有良好抗震性能的特点，提出了一种全新概念的装配式钢结构体系，并以一个多层钢结构框架结构为例介绍了主要的连接节点构造做法以及安装工序。该体系将节点和构件分离加工，在现场采用无栓无焊装配连接，通过模块化设计、工厂化生产和专业化安装，达到高质高效和快速推广的目的，可促进建筑产业化。

本论文详细说明了这种新型装配式钢结构体系的主要概念和连接节点大样的具体做法，尚有以下问题需进一步探讨和研究来加以完善：

（1）结构整体和连接节点计算分析：本文提出的装配式钢结构体系的柱柱、梁柱以及主次梁连接节点有别于传统钢结构体系，需进一步研究针对该体系所有连接节点和结构整体的计算分析方法，进一步完善和优化连接节点大样。

（2）静力/拟动力试验和振动台抗震性能测试：对照数值分析结果，进行连接节点的静力/拟动力试验，以及整体结构模型的振动台试验，验证构件和节点的破坏模式，全面了解本结构体系的变形特点、破坏形态和抗震性能，完善节点和结构整体设计。

（3）相关规范和标准的制定：本文所提出的装配式钢结构体系必须要有相对应的设计、加工、安装和验收等标准、规范来配合。通过规范和标准来促进标准化、模数化、集成化，最终实现产业化。

（4）全面运用数控加工技术：钢结构加工厂、铸钢厂等厂家需全面运用高速、高精度、智能化的数控加工技术，再配合设计加工安装一体化的 BIM 技术，可高效精准地制作钢构件和连接套筒等，确保产品误差小精度高、质量稳定、整体性强。

（4）耐高温粘钢胶的开发：粘钢胶可加强提高节点与构件间的连接可靠性，提高地震时结构的耗能水平。为避免火灾时普通粘钢胶出现高温热分解和氧化分解，需尽快开发低成本的耐高温粘钢胶。

（5）针对钢材的 3D 打印技术：为进一步提高连接套筒的加工精度确保质量，以及制作高精度的复杂节点、特殊形状构件的浇铸模具等，有必要开发出高效稳定的 3D 打印钢材技术。

参考文献

［1］岳清瑞. 化解钢铁产能过剩，推进建筑工业化走钢结构道路［J］. 中国经济周刊，2016(14).
［2］张爱林，张艳霞. 工业化装配式高层钢结构新体系关键问题研究和展望［J］. 北京建筑大学报，2016(3)：21-28.

［3］ 高大峰，赵鸿铁，薛建阳. 中国木结构古建筑的结构及其抗震性能研究［M］. 北京：科学出版社，2008.

［4］ 庄裕光，唐明媚. 以柔克刚—传统木构建筑的抗震特性［J］. 四川文物，2009(2)：88-90＋54.

［5］ 周乾，闫维明，关宏志，纪金豹. 故宫太和殿减震构造分析［J］. 福州大学学报（自然科学版），2013(4)：652-657.

［6］ 张骏. 谈数控技术发展方向——智能化数控系统［J］. 工程技术，2016(12)：313-314.

［7］ 姚程渊等. BIM技术在装配式钢结构工程中的应用［J］. 山西建筑，2016(10)：61-62.

［8］ 梁爽. 承重结构胶粘剂安全性的检测与鉴定［J］. 四川建筑科学研究，2016(1)：39-44.

［9］ 陶雨濛，张云峰，陈以一等. 3D打印技术在土木工程中的应用展望［J］. 钢结构，2014(8)：1-8.

机库大门初步设计计算分析

姜宏志

（沈阳奥文门窗有限公司，沈阳　110041）

摘　要　本文介绍作者根据多年设计和制造大型机库大门的经验，针对各个门型的不同情况和要求，制定出各具特色而又切合实际的方案。作者就机库大门的设计计算依据作了初步比较分析，从大门主结构龙骨的设计计算，下承重轨道、行走轮的强度计算和校核，电机功率计算，手摇机构的计算等，形成一套机库大门设计计算的系统，为机库大门补步设计提供理论基础。

关键词　机库大门；设计计算；强度校核

1　结构设计原则

机库大门适用于民航飞机机库、展览大厅以及造船厂房、物流仓储等建筑物的大型通道用门。结构一般采用下承重上导向电动推拉形式，该门尺寸范围高 6m 以上，门扇宽度根据建筑物的洞口宽度及两侧可存放空间确定，门扇厚度根据设计计算确定。

机库大门钢骨架采用型钢结构，采用 H 型钢、矩形钢管等焊接成钢制框架，材质选用 Q235B。大门结构所有框架可在工厂制作、预装配，在现场采用螺栓连接，或在现场焊接完成。大门框架应满足在最大风压下的挠度不大于 1/400（大门高度方向）。

大门在结构设计时先从玻璃抵抗垂直于大门平面的水平风荷载开始，根据我以往的经验，初定玻璃幕墙龙骨的分格，校核此分格玻璃强度满足要求后，再进行大门骨架、上导轮、下承重轮、上导向轨道、下承重轨道设计，设计时除了考虑了大门的重力荷载和大门所在地的风荷载、地震荷载，还考虑了以下几项：

（1）大门在急停、拖车牵引操作不当等极端工况。

（2）该大门外表面大面积设置的玻璃幕墙比较重，偏心受力对大门边、中梃产生的弯矩较大，其与正风压将会产生向室内方向的荷载叠加，而且由于围护结构，正压体型系数为 0.8，负压体型系数为 -1.0，从而说明此偏心弯矩对结构有利，承重轮在 y 方向（即大门厚度方向）设置位置充分考虑此因素，大门主结构以（正风压＋玻璃幕墙偏心弯矩）与（负风压－玻璃幕墙偏心弯矩）相近为原则。

（3）上轨道荷载按玻璃幕墙偏心弯矩与大门所承受的负风压叠加设计。

2　基本计算参数

（1）场地类别划分

根据地面粗糙度，场地可划分为以下类别：

A 类近海面，海岛，海岸，湖岸及沙漠地区；

B 类指田野，乡村，丛林，丘陵以及房屋比较稀疏的乡镇和城市郊区；

C 类指有密集建筑群的城市市区；

D 类指有密集建筑群且房屋较高的城市市区。

（2）风荷载计算

机库大门属于围护构件，根据《建筑结构荷载规范》GB 50009—2001 第 7.1.1 条采用风荷载计算公式：$W_K = \beta_{gz} \mu_{s1} \mu_Z W_0$

其中：W_K——作用在幕墙上的风荷载标准值（kN/m²）；

β_{gz}——瞬时风压的阵风系数，按《建筑结构荷载规范》GB 50009—2001 表 7.5.1 取定；

W_0——基本风压，按全国基本风压图，各地区取值（50 年一遇）（kN/m²）；

μ_Z——风压高度变化系数，按《建筑结构荷载规范》GB 50009—2001 表 7.2.1 取定；

μ_{s1}——局部风压体型系数。

按《建筑结构荷载规范》GB 50009—2001 第 7.3.3 条：验算围护构件及其连接的强度时，可按下列规定采用局部风压体型系数 μ_{s1}：

1）外表面

① 正压区　　　　　按表 7.3.1 采用；

② 负压区

-对墙面，　　　　　取－1.0

-对墙角边，　　　　取－1.8

2）内表面

对封闭式建筑物，按表面风压的正负情况取－0.2 或 0.2。

按 JGJ 102—2003 第 5.3.2 条文说明：风荷载在建筑物表面分布是不均匀的，在檐口附近、边角部位较大。根据风洞试验结果和国外的有关资料，在上述区域风吸力系数可取－1.8，其余墙面可考虑－1.0，由于维护结构有开启的可能，所以还应考虑室内压－0.2。对无开启的结构，《建筑结构荷载规范》GB 50009—2001 条文说明第 7.3.3 条指出"对封闭建筑物，考虑到建筑物内实际存在的个别洞口和缝隙，以及机械通风等因素，室内可能存在正负不同的气压，参照国外规范，大多取±（0.2－0.25）的压力系数，现取±0.2"。即不论有无开启扇，均要考虑内表面的局部体型系数。

另注：上述的局部体型系数 μ_{s1}（1）是适用于围护构件的从属面积 A 小于或等于 1m² 的情况，当围护构件的从属面积 A 大于或等于 10m² 时，局部风压体型系数 μ_{s1}（10）可乘以折减系数 0.8，当构件的从属面积小于 10m² 而大于 1m² 时，局部风压体型系数 μ_{s1}（A）可按面积的对数线性插值，即：

$$\mu_{s1}(A) = \mu_{s1}(1) + [\mu_{s1}(10) - \mu_{s1}(1)]\log A$$

在上式中：

当 A≥10m² 时，取 A＝10m²；

当 A≤1m² 时，取 A＝1m²；

μ_{s1}（10）＝$0.8\mu_{s1}$（1）

（3）地震作用计算：

1）垂直于大门表面的地震作用计算

$$q_{EAk} = \beta_E \times \alpha_{max} \times G_{AK}$$

其中：q_{EAk}——水平地震作用标准值；

β_E——动力放大系数：常遇地震（大约 50 年一遇）作用下，机库大门的地震作用采用简化的等效静力方法计算，地震影响系数最大值按照现行国家标准《建筑抗震设计规范》GB 50011—2001 的规定采用。按照《建筑抗震设计规范》GB 50011 的有关非结构构件的地震作用计算规定，机库大门结构的地震作用动力放大系数可表示为：

$$\beta_E = \gamma \eta \xi_1 \xi_2$$

式中　γ——非结构构件功能系数，可取 1.4；

η——非结构构件功能系数，可取 0.9；

ξ_1——体系或构件的状态系数，可取 2.0；

ξ_2——位置系数，可取 2.0；

经过计算，机库门结构地震作用动力放大系数 β_E 约为 5.0。

α_{max}——水平地震影响系数最大值，按相应设防烈度取定，见表1；

水平地震影响系数最大值 表1

地震影响	6 度	7 度	8 度	9 度
多遇地震	0.04	0.08（0.12）	0.16（0.24）	0.32
罕遇地震	0.28	0.50（0.72）	0.90（1.20）	1.4

注：括号中数值分别用于设计基本地震加速度为 0.15g 和 0.30g 的地区

G_{AK}——机库大门构件的每平方米自重（N/m^2）。

2）平行于大门方向的地震作用计算：

大门承受平行于大门方向的地震作用时，地震力大于大门主动轮与轨道间的最大静摩擦力时，中间扇的大门会水平移动，地震力会的影响会逐渐消除，但考虑到大门两侧边门扇受到机械限位的阻止，水平地震力作用时，大门骨架纵向会发生角位移。若角位移过大，则会影响玻璃的安全性。因此校核平行于大门方向的地震作用下的大门的角位移量。

$$P_{Ek} = \beta_E \times \alpha_{max} \times G_K$$

式中 G_K——玻璃构件的每平方米自重（N/m^2）。

一般因水平地震作用标准荷载小于风荷载，因此计算时只对风标准荷载进行校核。

（4）荷载组合

结构设计时，根据构件受力特点，荷载或作用的情况和产生的应力（内力）作用方向，选用最不利的组合，荷载和效应组合设计值按下式采用：

$$\gamma_G S_G + \gamma_w \psi_w S_w + \gamma_E \psi_E S_E + \gamma_T \psi_T S_T$$

各项分别为永久荷载：重力；可变荷载：风荷载、温度变化；偶然荷载：地震

水平荷载标准值：$q_k = W_k + 0.5 q_{EAk}$

水平荷载设计值：$q = 1.4 W_k + 0.5 \times 1.3 q_{EAk}$

荷载和作用效应组合的分项系数，按以下规定采用：

1）对永久荷载采用标准值作为代表值，其分项系数满足：

a. 当其效应对结构不利时：对由可变荷载效应控制的组合，取 1.2；对有永久荷载效应控制的组合，取 1.35。

b. 当其效应对结构有利时：一般情况取 1.0；对结构倾覆、滑移或是漂浮验算，取 0.9。

2）可变荷载根据设计要求选代表值，其分项系数一般情况取 1.4。

一般因水平地震作用标准荷载小于风荷载，因此计算时只对风标准荷载进行校核。

3 主龙骨结构设计计算

（1）大门主龙骨结构在最大风荷载作用下变形量校核

水平载荷标准值： $q_2 = qB$

式中 q——水平荷载设计值（kN/m^2）；

B——计算跨度主龙骨梁间距（m）。

大门在最大风荷载作用下变形量计算：

$$f = 5 q_2 h^4 / 384 E I_x$$

式中 I_x——主龙骨 X 轴方向惯性矩（cm^4）；

E——钢材弹性模量 2.06×10^5（MPa）；

h——大门高度（m）。

变形量 f 应小于在极限状态下容许挠度值：$h/400$。

（2）大门主龙骨结构强度校核

竖直载荷标准值： $$q_1 = BG/A$$

式中 G——大门重量（kN）；

B——计算跨度主龙骨梁间距（m）；

A——大门面积（m^2）。

设计内力： $$N = K_1 q_1 h$$

式中 q_1——竖直荷载标准值（kN/m^2）；

K_1——安全系数 取 1.2（m）；

h——大门高度（m）。

设计弯矩： $$M = \beta_{gz} q_2 h^2 / 24$$

式中 β_{gz}——瞬时风压的阵风系数；

q_2——水平荷载标准值（kN/m^2）；

h——大门高度（m）。

强度校核： $$N/A_n + M/\gamma/W_x \quad 应 < \sigma_s$$

式中 γ——截面塑性发展系数取值 1.05；

A_n——截面积（mm^2）；

W_x——抗弯截面系数（cm^3）；

σ_s——钢材屈服极限 $\sigma_s = 215$（MPa）。

4 大门下承重轨道和行走轮选型计算

下承重轨道采用重轨、行走轮采用踏面直径为 D（mm），行走轮和轨道，应符合大门在最不利工况的要求。

承重轨道单个轮压应小于机械设计手册查得轨道承重能力。

行走轮踏面疲劳强度计算及校核：（根据机械设计手册，用线接触公式，查表可得）：

$$P_C \leqslant K_1 D L C_1 C_2$$

式中 P_C——行走轮承受的等效轮压（kN）；

K_1——与材料有关的许用线或点接触应力常数；

D——行走轮踏面直径（mm）；

L——车轮与轨道有效接触长度（mm）；

C_1——转速系数；

C_2——工作级别。

5 大门驱动电机功率确定

大门减速电机，每个门扇采用二台，内置于大门底部，用链条带动大门行走轮旋转，从而实现大门的移动

（1）行走速度 V

行走轮转速 n（r/min）

行走轮直径 D（mm）

行走速度 $V = n\pi d$ （m/min）

（2）行走阻力

行走阻力由四部分组成：①行走轮和导向轮的摩擦阻力；②轨道坡度产生阻力；③风荷载产生阻力；④惯性产生阻力。

$$W_{行} = W_1 + W_2 + W_3 + W_4$$

1）摩擦产生阻力的阻力又有两种：a. 下承重轮由门重量的产生与下轨道的滚动摩擦力；b. 风荷载、大门重心偏移影响下上导向轮与上轨道的滚动摩擦力；由于滚动摩擦力的值比较小，所以计算时忽略了风荷载影响下上导向轮的滚动摩擦力。

$$W_1 = \beta G \left(\frac{\mu d + 2f}{D} \right)$$

式中　G——单扇门自重（kg）；

　　　f——行走轮沿钢轨的滚动摩擦力臂；

　　　μ——行走轮滚动轴承摩擦阻力系数 0.02（锥形滚子轴承）；

　　　d——行走轮轴颈直径（mm）；

　　　D——行走轮踏面直径（mm）；

　　　β——行走轮轮缘与轨顶摩擦、滑触线与集电器摩擦、上导向轮与上导轨摩擦和密封条摩擦阻力等的附加摩擦阻力系数 1.5。

2）轨道坡度产生阻力

$$W_2 = \alpha(Q + G)$$

式中　α——轨道坡度值。

3）风载荷产生阻力

$$W_3 = \omega A$$

式中　ω——当量工作风荷载，按当地 50 年一遇的风速要求校核风荷载，由风压 $= V^2 / 1600$（伯努利方程）可得；

　　　A——门体侧面迎风面积（m²）。

4）惯性产生阻力

$$W_4 = \frac{(Q + G)}{9.8} \times \frac{V}{t}$$

式中　V——行走速度（m/min）；

　　　t——启动时间 3（s）；

　　　行走阻力（最不利工况时）

$$W = (W_1 + W_2 + W_3 + W_4)(kN)$$

驱动轮和轨道应能提供摩擦力大于大门在最不利的工况状态下大门启动所需要的摩擦力，大门在此情况下能正常开启。

（3）电机功率

电机功率确定以最不利工况时行走阻力 W 为计算条件

$$P = W \times V / 1000 \times \eta$$

传动效率　　　　　　　　　　$\eta = \eta_1 \times \eta_2 \times \eta_3$

轴承效率：　　　　　　　　　$\eta_1 = 0.98$

减速机效率：　　　　　　　　$\eta_2 = 0.92$

链轮传动效率：　　　　　　　$\eta_3 = 0.96$

行走速度为 V 时需要电机功率为：

$$P = W \times V / 1000 \times \eta$$

由于大门电机为短时工作制，大门电机可短时输出的实际功率可为额定功率的 1.5 倍。

6 手摇大门开启速度开启力计算

手动开门时的行走阻力（由于手摇速度较慢，不考虑启动惯性）

$$W_{\text{手}} = (W_1 + W_2 + W_3)$$

按照人体工学原理，正常人体在手动旋转的工况下能提供的功率为 0.08kW，手摇线速度为 0.8m/s，手摇力为 100N。

手摇行走速度

$$V_1 = P \times 1000 \times \eta / W_{\text{手}}$$

传动效率 $\qquad \eta = \eta_1 \times \eta_2 \times \eta_3$

轴承效率： $\qquad \eta_1 = 0.98$

减速机效率： $\qquad \eta_2 = 0.92$

链轮传动效率： $\qquad \eta_3 = 0.96$

综上所述，机库大门设计计算的系统，为机库大门补步设计提供理论基础。可依此基础，采用专业软件进行进一步核算。

参考文献

[1] 建筑结构荷载规范 GB 50009—2001（2006 年版）[S].

[2] 建筑抗震设计规范 GB 50011—2001[S].

[3] 钢结构设计规范 GB 50017—2003[S].

[4] 玻璃幕墙工程技术规范 JGJ 102—2003[S].

[5] 飞机库门 JG/T 410—2013[S].

[6] 成大先. 机械设计手册(第五版)[M]. 北京：化学工业出版社，2008.

[7] 建筑结构静力计算手册(第二版)[M]. 北京：中国建筑工业出版社，2001.

[8] 钢结构设计手册(第三版)[M]. 北京：中国建筑工业出版社，2004.

二、钢结构工程施工

中国尊大厦典型转换桁架的安装及焊接技术

赵学鑫　李鹏宇　郭泰源　张俊杰

(中建钢构有限公司北方大区，北京　100000)

摘　要　中国尊大厦地上结构工程共 8 道转换桁架，布置在各区的设备层及避难层处。第一道转换桁架高约 24.5m，其余典型转换桁架高约 9.3m，钢板厚度最大为 60mm。转换桁架 TT2 位于 F017～F019 之间，高度方向共跨越两个楼层，桁架高约 9.3m。腹杆交叉呈"X"形布置，在角部设置了角桁架。钢板厚度最大为 60mm，桁架杆件为箱型截面呈菱形，材质主要为 Q390GJC。安装过程中采用胎架以及重力柱作为下支撑，可以防止桁架下挠过大，并保证安装精度，为焊接提高操作面，提高施工效率。

关键字　转换桁架；安装；焊接

1　前言

近年来，随着我国经济的迅速发展，许多大型钢结构工程向大跨度、超高层、复杂结构形式、多种使用功能、施工难度大的趋势发展。为了满足结构各层建筑功能变化的要求，需要改变柱网、轴线或者调整竖向结构形式，因此转换桁架经常被用来实现功能转换。巨型转换桁架可以在超高层建筑中营造出大跨度空间，以满足使用功能的需要。

目前对转换桁架安装技术的研究主要针对桁架的安装方法和施工过程中的变形控制，而较少关注桁架各构件的安装顺序和内力分析。仅有少量文献提到了转换桁架施工时的安装顺序，但都没有对安装过程中桁架构件的内力和变形进行详细的建模计算分析。但对于超高层建筑的转换桁架，其位置一般处于结构加强层，安装及焊接过程中的内力和变形都对结构的工作性能非常关键。另外市区建筑往往没有较大场地来进行构件的预拼装，在原位拼装技术难度大，对施工精度要求较高。

2　工程概况

Z15 地块项目位于北京市朝阳区 CBD 核心区，主塔楼是一栋集甲级写字楼、高端商业及观光等功能于一身的综合建筑物。建筑高度 528m，地下 7 层，地上 108 层，地上建筑面积 35 万 m^2。地下建筑面积 8.7 万 m^2，与 CBD 核心区其他地块连通。

转换桁架共 8 道，布置在各区的设备层及避难层处。第一道转换桁架高约 24.5m，其他转换桁架高约 9.3m，钢板厚度最大为 60mm，材质主要为 Q390、390GJ、Q345、Q345GJ（图 1）。

桁架 TT2～TT8 最大跨度 50m，高度 9.3m，由于跨度较大高空就位及安装精度要求高。我公司研发了可以确保大跨度桁架高空安装一次高精度就位的施工技术。

3　技术特点

1) 采用重力柱及胎架作为双保护支撑的形式，确保胎架自重轻、并且结构强度高、稳定性强。

2) 胎架用料采用北侧钢平台拆除废料，发挥钢材可循环利用的经济效益。

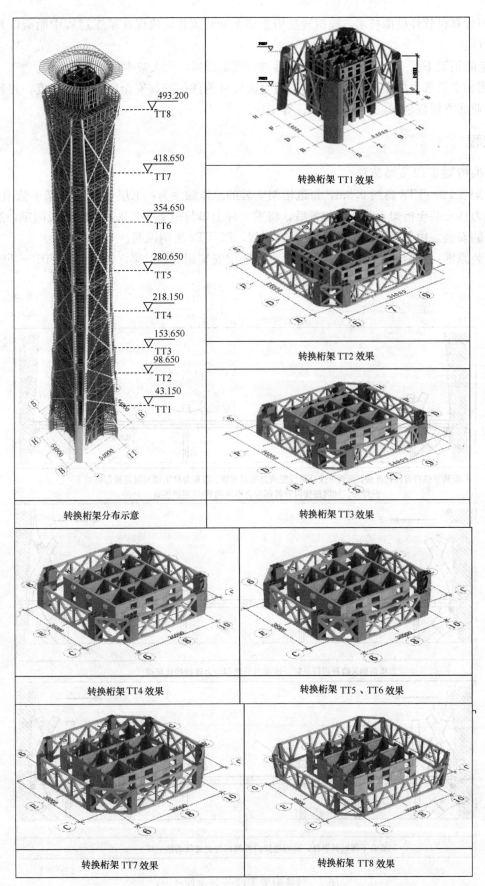

图 1

3）运用计算机软件模拟技术，模拟转换桁架整个安装流程，确保在施工过程中胎架以及转换桁架的结构稳定性。

4）胎架随桁架下弦一次性起吊落位，随后进行底部焊接，大大减少吊装次数。

5）利用胎架及重力柱作为支撑，增加了高空大尺寸构件的安装安全度和安装精度，并且提供了较大的施工作业面方便现场测量、焊接、校正等工序。

4 安装流程

（1）转换桁架 TT2 安装流程

转换桁架 TT2～TT8 高约 9.3m，每道桁架安装的总体顺序为：下层重力柱-桁架下弦-桁架腹杆-桁架上弦。重力柱安装至桁架下弦标高位置后，将重力柱上口与桁架下弦采用临时码板固定，然后开始桁架下弦杆件的安装。由于 TT2～TT8 桁架形式相似，以 TT2 为例说明。

整体安装原则：从两侧往中间，从下往上，并随层安装相应辐射梁（桁架层为 F017～F019），如图 2 所示。

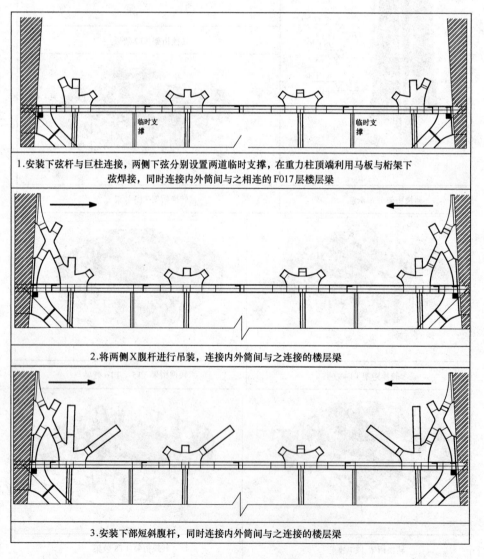

图 2 转换桁架 TT2 安装流程（一）

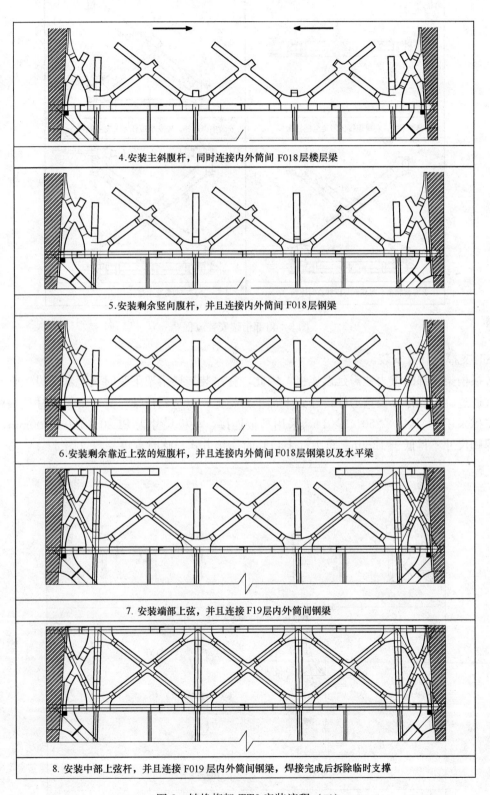

4.安装主斜腹杆，同时连接内外筒间 F018 层楼层梁

5.安装剩余竖向腹杆，并且连接内外筒间 F018 层钢梁

6.安装剩余靠近上弦的短腹杆，并且连接内外筒间 F018 层钢梁以及水平梁

7.安装端部上弦，并且连接 F19 层内外筒间钢梁

8.安装中部上弦杆，并且连接 F019 层内外筒间钢梁，焊接完成后拆除临时支撑

图 2　转换桁架 TT2 安装流程（二）

（2）角部桁架安装流程（图3）

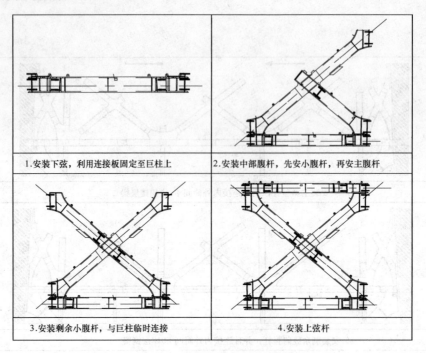

| 1.安装下弦，利用连接板固定至巨柱上 | 2.安装中部腹杆，先安小腹杆，再安主腹杆 |
| 3.安装剩余小腹杆，与巨柱临时连接 | 4.安装上弦杆 |

图3　角部桁架安装流程

（3）临时支撑设计及安装

由于转换桁架下部的重力柱需延迟连接，因此，在吊装转换桁架下弦时其下部需设置临时支撑，将桁架的荷载通过临时支撑以及重力柱传递到下部重力柱上，以达到桁架与其下部重力柱柱顶相对独立。

临时支撑采用 HM340×250×9×14，采用马板连接，马板尺寸为 PL20×150×300mm，采用双面角焊缝，焊脚尺寸不得低于 12mm。重力柱上口临时连接方式与临时支撑一致（图4）。

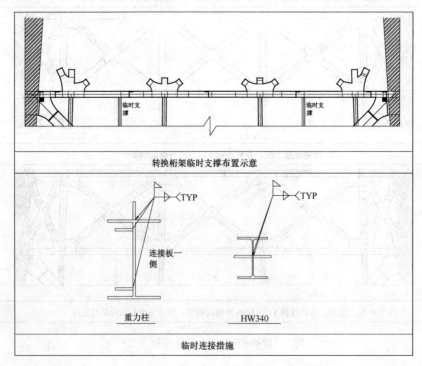

图4　临时支撑

5 模拟施工

（1）TT2 转换桁架安装荷载及组合系数说明

1）荷载分析

桁架安装时主要考虑自重荷载及安装临时荷载（包括安装人员与设备产生的荷载）。安装临时荷载根据相关工程经验，在桁架的下弦杆及上弦杆施加 3kN/m 的施工荷载。

2）荷载组合系数的选取

桁架安装临时固定措施采取承载能力极限状态设计方法，组合系数值如表 1。

荷载工况   表 1

转换桁架的荷载工况		
名　称	组合方式	备　注
GLCB2	1.2恒＋1.4活	
GLCB3	1.0恒＋1.4活	
ENV	包络	

（2）TT2 转换桁架安装过程模拟

TT2 转换桁架的安装过程已在前文阐述，本节采用有限元软件 Midas/Gen 的生死单元技术对施工安装过程进行数值模拟。

为保证安装精度和安全，TT2 转换桁架的下弦安装 HM340×250×9×14 临时固定措施，并且重力柱顶端和桁架下弦用马板进行临时固定连接，建立有限元模型，桁架分段分节间由于是临时连接，采用铰接方式，释放梁端约束。端部与巨柱相连位置边界条件也为铰接。

为保证临时竖杆对下层楼层梁不造成破坏，提取施工阶段中最不利荷载工况如图 5 所示，在 1.2DL+1.4LL 的工况下，最大反力为 6.8t。下端水平梁规格为 H800×350×18×30。

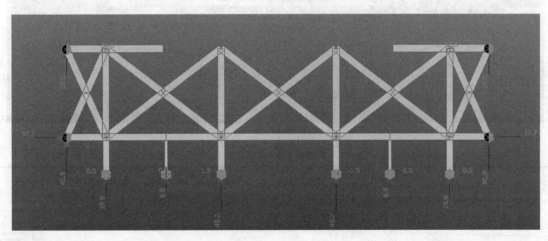

图 5　TT2 桁架临时支撑反力（MAX＝6.8t）

如图 6、图 7 所示建立水平梁模型，在 6.8t 节点反力作用下，经计算最大应力为 20MPa，远远小于 Q345B 钢材的设计应力值 295MPa，且产生挠度为 1.5mm＜1/400×12000＝30mm，因此该临时措施立杆对水平梁不会产生破坏。

TT2 转换桁架安装过程中，桁架的最大挠度出现在腹杆上端，其值为 1.25mm。

TT2 转换桁架安装过程中，最大应力为 8.1MPa，位于下弦杆靠近重力柱连接处。

TT2 桁架安装过程中模型计算结果：位移最大值 1.25mm，满足施工要求（图 8）；应力最大值 8.1MPa，满足规范要求（图 9）；由此得出，TT2 桁架安装过程中，结构安全、稳定，满足规范要求。

图 6　下部水平钢梁应力云图（max＝21MPa）

图 7　下部水平钢梁挠度值（max＝1.5mm）

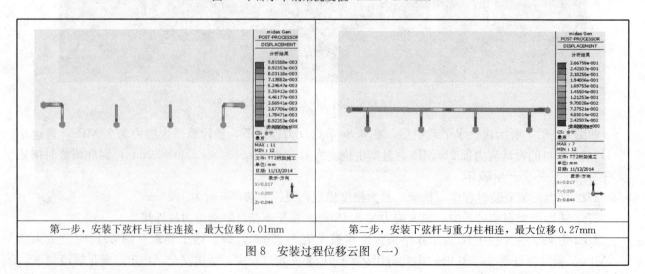

| 第一步，安装下弦杆与巨柱连接，最大位移 0.01mm | 第二步，安装下弦杆与重力柱相连，最大位移 0.27mm |

图 8　安装过程位移云图（一）

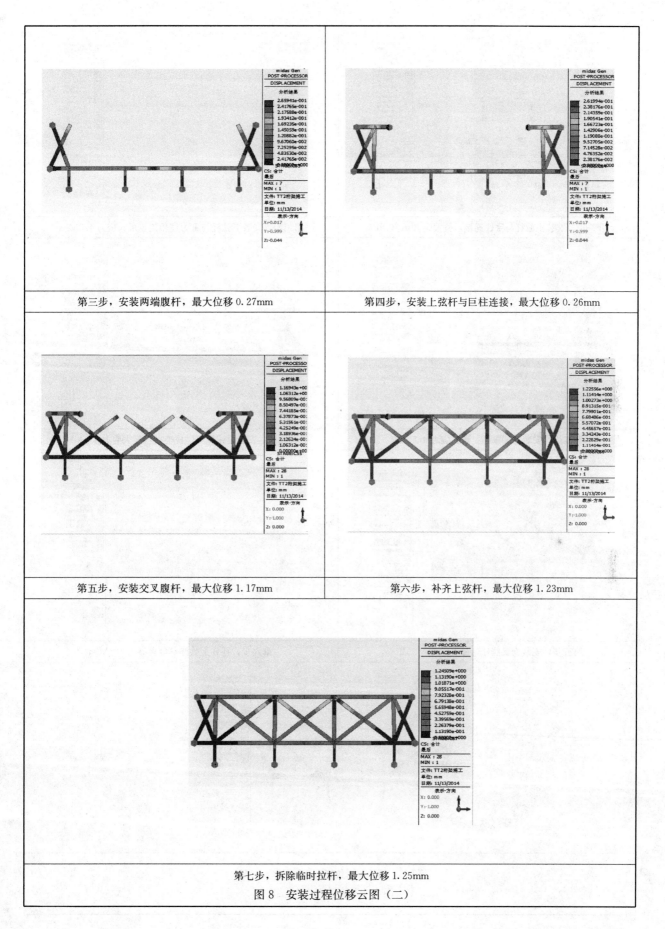

第三步，安装两端腹杆，最大位移 0.27mm

第四步，安装上弦杆与巨柱连接，最大位移 0.26mm

第五步，安装交叉腹杆，最大位移 1.17mm

第六步，补齐上弦杆，最大位移 1.23mm

第七步，拆除临时拉杆，最大位移 1.25mm

图 8　安装过程位移云图（二）

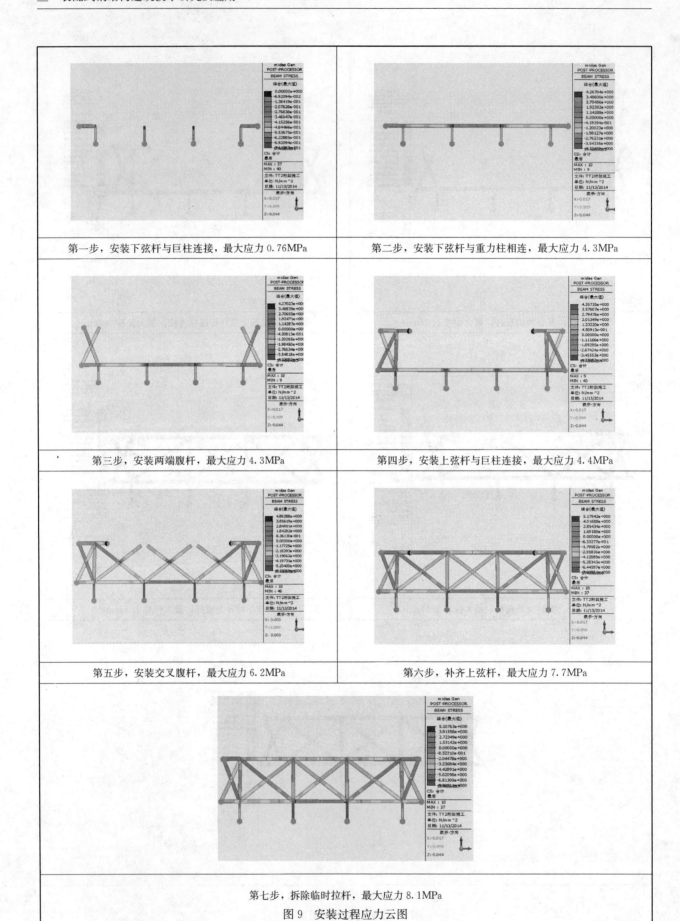

图 9　安装过程应力云图

6 焊接顺序

（1）焊接原则

根据本工程结构特点，焊接时采取整体对称焊接与单根构件对接焊相结合的方式进行，焊接过程中要始终进行结构标高、水平度、垂直度的监控。先焊接主要构件，在焊接次要构件，先焊接变形较大构件，再焊接变形较小构件。

1）结构对称、节点对称、全方位对称焊接。

2）由于节点焊缝超长、超厚，施工过程需在临时连接板上根据要求增加拘束板进行刚性固定，控制焊接变形。

3）焊接节点采取对称的焊接方法。

4）焊缝采取窄道、薄层、多道的焊接方法。

5）遵循先焊下弦杆再焊腹杆后焊上弦杆，对称焊接；整榀桁架先两边后中间对称焊接。

6）在 TT3 桁架安装焊接完成后，MB1 大斜撑上口活口位置才可焊接，其余大斜撑与 MB1 按照同样方法焊接。

（2）转换桁架 TT2～TT8 焊接顺序

塔楼 TT2～TT8 转换桁架下端与重力柱相连，焊接时考虑在桁架端部形成稳定体系后开始焊接。在桁架安装完成后开始焊接，单榀桁架焊接顺序需遵循"从两边至中间焊接，先焊主受力杆件，后焊次受力杆件"的原则，同时为避免应力集中，相邻焊缝不能同时焊接，即一个构件不能两端同时焊接，要采取间隔焊接的方法。下弦安装完成后先焊接 1，2，其余 3～18 焊口待所有桁架安装完成后进行焊接，桁架两端对称焊接。具体焊接顺序见下图：

焊接活口：1）MB1 大斜撑与 TT2 桁架下弦牛腿处连接设置为活口，待 TT3 桁架焊接完成后进行焊接。其余大斜撑活口设置规律与之相同。

2）TT2 桁架活口位置设置为图中 H 处，在桁架及辐射梁所有焊接工作完成后进行焊接。其余桁架均需在跨中设置焊接活口，以便应力释放（图 10）。

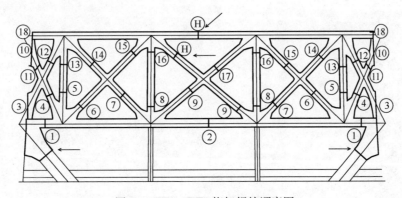

图 10　TT2～TT8 桁架焊接顺序图

7 结语

中国尊大厦标准转换桁架在安装过程中采用重力柱及临时胎架作为支撑结构，施工过程中保证了较高的安装效率、安装精度以及焊接质量，为同类超高层建筑中的大跨度、超高转换桁架的安装提供了技术参考。

参考文献

[1] 陈辉，邱顶宏，李建伍. 大跨度钢桁架受力状态侧向支撑高空原位拼装焊接技术［J］. 第五届全国钢结构工程技术交

流会论文集，2014.

［2］ 胡玉银，李琰．超高层建筑转换桁架施工控制技术［J］．建筑施工，2010，32(7)：649-650.

［3］ 朱易举，蒋官业，刘艺，等．复杂空间管桁架结构现场拼装及吊装施工技术［J］．建筑结构，2010，12：012.

［4］ 王显旺，陈韬，杨道俊．CCTV主楼重型转换桁架安装技术［J］．施工技术，2008，37(1)：68-70.

［5］ 何伟，何容，李晓克．洛阳天堂塔转换钢桁架临时支撑卸载有限元模拟与施工设计［J］．施工技术，2014（8）：65-69.

［6］ 王运政．大型转换桁架预拼装工艺［J］．中外建筑，2008（9）：138-139.

［7］ 张敬林．深圳世贸中心钢结构转换桁架空中拼装施工［J］．建筑技术，2000，11：775.

［8］ 蒋兴碧．68m跨大型屋面钢桁架现场安装施工技术［J］．四川建筑，2014，34(6)：200-204.

中国尊大厦结构工程
核心筒钢板剪力墙安装及焊接施工技术

赵学鑫 郭泰源 李鹏宇 张俊杰

(中建钢构有限公司北方大区，北京 100000)

摘 要 中国尊大厦地下结构工程共 7 层核心筒钢板墙，分布在地下 B007 层～B001M 层。地上钢板墙在 F047 以下及 F103 层以上。受限于智能顶升平台的顶升和主次桁架布局的影响，钢板墙安装需要遵循严格的安装顺序。钢板墙对接焊缝分为竖向焊缝和横向焊缝，依板厚采取不同的坡口形式。本文分别就钢板墙分段分节、安装顺序、焊接工序、焊接工艺进行阐述，以保证安装精度、减小钢板墙焊接变形、确保焊缝质量、提高施工效率。

关键词 超高层建筑；钢板剪力墙；安装；焊接

1 前言

钢板剪力墙（下简称钢板墙）结构是 20 世纪 70 年代发展起来的一种新型抗侧力结构体系。当钢板沿结构某跨自上而下连续布置时，即形成钢板剪力墙体系。目前国内外对于钢板墙安装及焊接研究虽已较为成熟。但是针对超高层建筑钢板墙的安装及焊接技术研究尚少。中国尊大厦是北京在建第一高楼，钢板墙设置层数在当前同类建筑中为国内第一。项目主塔楼为筒中筒结构，核心筒周边墙体厚度由 1200mm 从下至上逐步均匀收进至顶部 400mm；筒内主要墙体厚度则由 500mm 逐渐内收至 400mm。核心筒采用内含钢骨（钢板）的型钢混凝土剪力墙结构，在结构底部及顶部范围墙肢内采用内置单钢板，形成了组合钢板剪力墙。本文所阐述的钢板墙安装及焊接技术对同类其他超高层钢板墙施工具有一定的指导意义。

2 工程概况

北京市朝阳区 CBD 核心区 Z15 地块项目主塔楼是一栋集甲级写字楼、高端商业及观光等功能于一身的混合建筑。建筑高度 528m，地下 7 层，地上 108 层，地上建筑面积 35 万 m^2。地下建筑面积 8.7 万 m^2。

（1）钢板墙

地下室钢板剪力墙由钢暗梁、钢暗柱、钢板和钢连梁组成，平面尺寸为 45.7m×45.7m，平面上钢板墙分为西北、东北、西南和东南四个部分，高为 31.3m（从－31.2m 至 0.1m），钢板两侧设置栓钉（图 1）。

核心筒钢板墙在底部区域（F047 下）采用的是内置单钢板，其厚度最大为 60mm。在中间区域（F047～F103）采用的是内置钢暗撑、钢暗柱。在顶部区域（F103 以上）采用 8mm 厚的内置单钢板。在核心筒边缘构件中布置了型钢暗柱、暗梁（图 2）。

（2）分段分节

1）分段分节原则

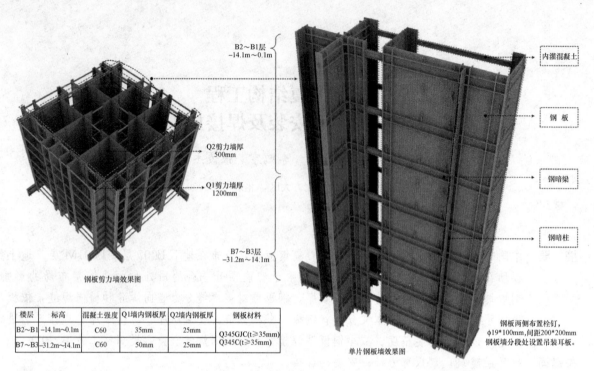

楼层	标高	混凝土强度	Q1墙内钢板厚	Q2墙内钢板厚	钢板材料
B2~B1	-14.1m~0.1m	C60	35mm	25mm	Q345GJC(t≥35mm)
B7~B3	-31.2m~14.1m	C60	50mm	25mm	Q345C(t≥35mm)

图1 地下钢板墙效果图

① 结构稳定

核心筒钢构件分段时要错开结构受力较大的部位，纵焊缝尽量考虑错开布置。分段分节后单元构件应具有整体稳定性，防止在运输、吊装中产生过大的变形，满足吊装要求。

② 吊装性能

B7~B6层钢板墙由1♯M1280D塔式起重机进行卸车，由塔式起重机和履带吊完成吊装，构件最大重量约为35t。

B5~B1M层钢板墙钢板墙由1♯塔式起重机和260t履带吊完成卸车，塔式起重机完成吊装，完全满足塔式起重性能要求（图3）。

地上钢板墙最重为F001~F018层的60mm厚度钢板墙，构件最大重量约30t。1♯、2♯M1280D塔式起重机在45m半径范围内可吊装48t，能够对其进行覆盖吊装，满足吊重需求（图4）。

③ 运输要求

钢板墙需满足运输要求，分段分节尺寸控制在：高3.5m、宽4.5m、长15m。

2）地下钢板墙分段分节

地下核心筒钢板剪力墙标高从底板-31.2m至剪力墙顶部0.1m，总高度为31.3m。剪力墙分为长肢剪力墙、短肢剪力墙和独立钢柱三个类型，剪力墙长度超过4m的分段为长肢剪力墙，小于4m的为短肢剪力墙。长肢剪力墙为一层一节，总共9节；短肢剪力墙为两层一节，总共5节；独立钢柱为三层一节，总共3节（图5）。

3）地上钢板墙分段分节

智能顶升钢平台结构对地上核心筒钢板墙的安装影响最大。智能顶升钢平台结构共布置12个顶升支点，主桁架和次桁架布置间距过密，对钢板墙的分段长度限制很大。考虑到智能顶升钢平台系统与钢板墙施工的步距为一个楼层，钢板墙分节高度不宜大于智能顶升钢平台顶升高度，分节拟按照一层一节，钢板墙标准分节高度与智能顶升钢平台顶升标准高度相同，均为4.5m（图6）。

核心筒钢板墙竖向共分为S1~S4四个区域（图7）。

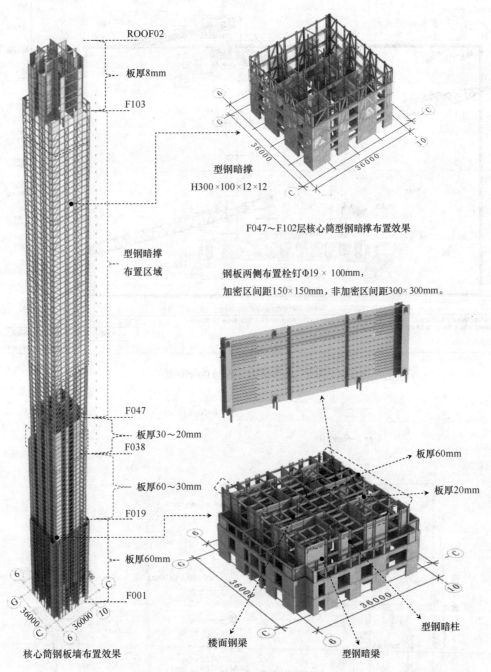

型钢暗撑
H300×100×12×12

F047~F102层核心筒型钢暗撑布置效果

钢板两侧布置栓钉Φ19×100mm，
加密区间距150×150mm，非加密区间距300×300mm。

ROOF02

板厚8mm

F103

型钢暗撑
布置区域

F047

板厚30~20mm

F038

板厚60~30mm

F019

板厚60mm

F001

核心筒钢板墙布置效果

板厚60mm

板厚20mm

型钢暗柱

楼面钢梁

型钢暗梁

图2 地上钢板墙效果图

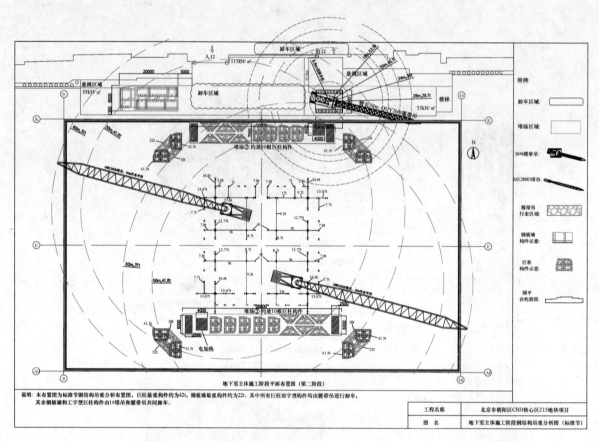

图3 地下结构工程吊重分析图

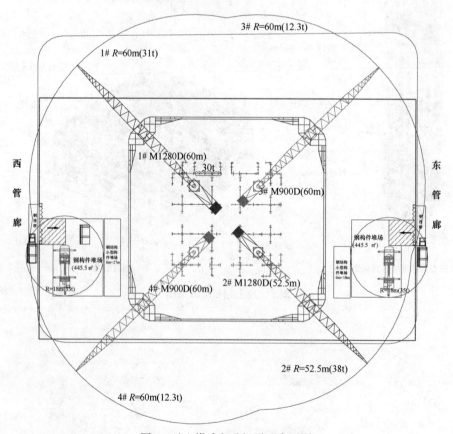

图4 地上塔式起重机平面布置图

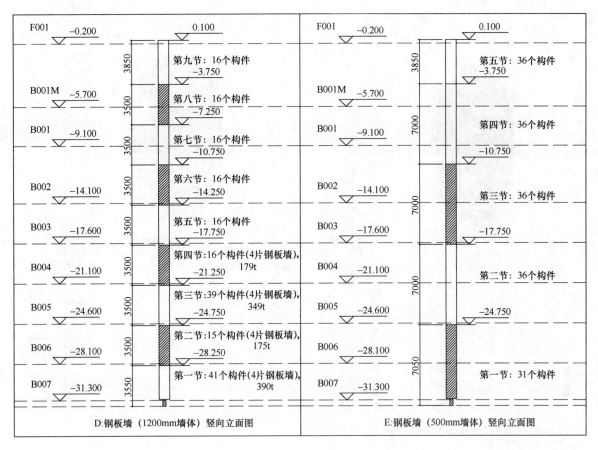

F001 −0.200			0.100
	3850	第九节: 16个构件 −3.750	
B001M −5.700	3500	第八节: 16个构件 −7.250	
B001 −9.100	3500	第七节: 16个构件 −10.750	
B002 −14.100	3500	第六节: 16个构件 −14.250	
B003 −17.600	3500	第五节: 16个构件 −17.750	
B004 −21.100	3500	第四节:16个构件(4片钢板墙), 179t −21.250	
B005 −24.600	3500	第三节:39个构件(4片钢板墙), 349t −24.750	
B006 −28.100	3500	第二节:15个构件(4片钢板墙), 175t −28.250	
B007 −31.300	3550	第一节:41个构件(4片钢板墙), 390t	

D:钢板墙（1200mm墙体）竖向立面图

F001 −0.200			0.100
	3850	第五节: 36个构件 −3.750	
B001M −5.700	7000	第四节: 36个构件	
B001 −9.100		−10.750	
B002 −14.100	7000	第三节: 36个构件 −17.750	
B003 −17.600			
B004 −21.100	7000	第二节: 36个构件 −24.750	
B005 −24.600			
B006 −28.100	7050	第一节: 31个构件	
B007 −31.300			

E:钢板墙（500mm墙体）竖向立面图

图 5　钢板墙布置

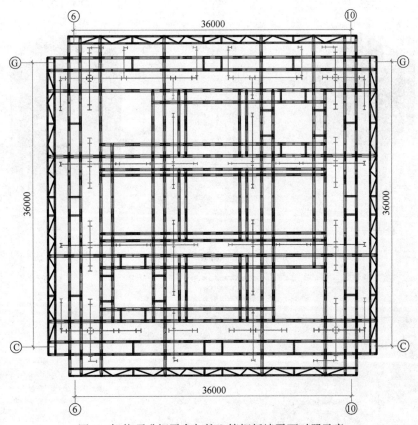

图 6　智能顶升钢平台与核心筒钢板墙平面对照示意

97

S1 区：

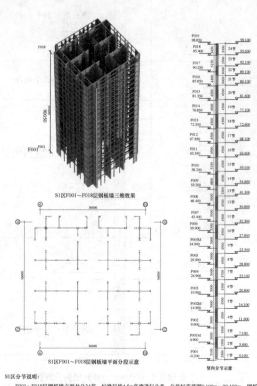

S1区F001~F018层钢板墙三维效果

S1区F001~F018层钢板墙平面分段示意

竖向分节示意

S1区分节说明：
F001~F018层钢板墙立面共分24节，标准层按4.5m高度进行分节，分节标高范围0.100m~99.100m。钢板墙构件最长达9.3m，最重为28.2t。

S2 区：

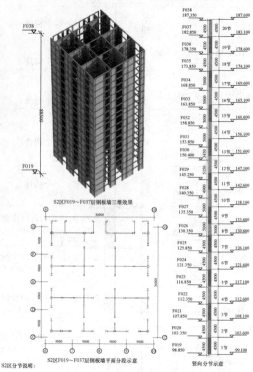

S2区F019~F037层钢板墙三维效果

S2区F019~F037层钢板墙平面分段示意

竖向分节示意

S2区分节说明：
F019~F037层钢板墙立面共分20节，标准层按4.5m高度进行分节，标高范围99.100m~187.600m。钢板墙构件最长达9.3m，最重为24.9t。

S3 区：   **S4 区：**

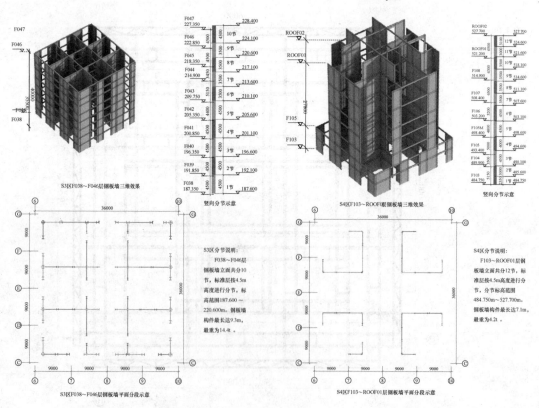

S3区F038~F046层钢板墙三维效果

竖向分节示意

S3区F038~F046层钢板墙平面分段示意

S3区分节说明：
F038~F046层钢板墙立面共分10节，标准层按4.5m高度进行分节，标高范围187.600m~220.600m。钢板墙构件最长达9.3m，最重为14.4t。

S4区F103~ROOF01层钢板墙三维效果

竖向分节示意

S4区F103~ROOF01层钢板墙平面分段示意

S4区分节说明：
F103~ROOF01层钢板墙立面共分12节，标准层按4.5m高度进行分节，分节标高范围484.750m~527.700m。钢板墙构件最长达7.1m，最重为4.2t。

图7 核心筒钢板墙竖向分区

3 安装技术

（1）地下钢板墙安装

地下长肢剪力墙为一层一节，总共 9 节；短肢剪力墙为两层一节，总共 5 节。根据工序及以往施工经验，优先安装中心段钢板墙，先安装两个长肢，之后依次安装与之相邻构件，第一节构件全部安装完成后开始安装相对应的第二节构件（图 8）。

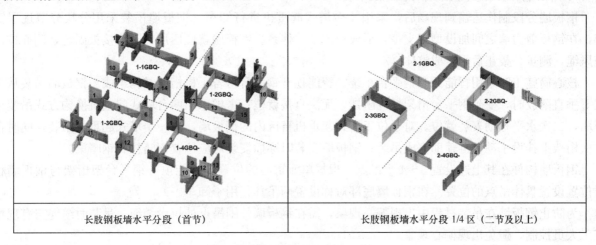

长肢钢板墙水平分段（首节）   长肢钢板墙水平分段 1/4 区（二节及以上）

图 8　长肢钢板剪力墙水平分段

以前两节钢板墙安装为例，阐述安装流程，如图 9 所示。

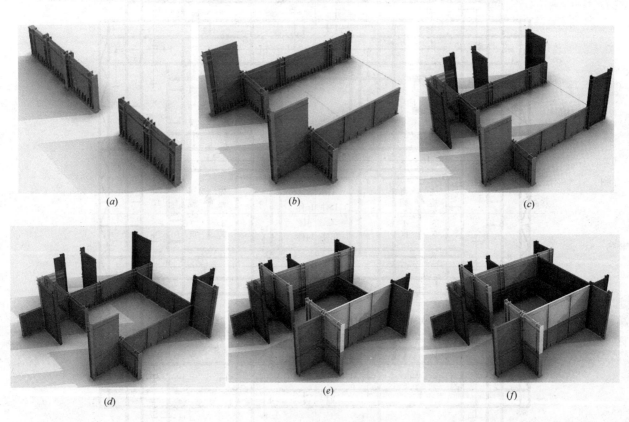

(a)　　　　　　　　　　(b)　　　　　　　　　　(c)

(d)　　　　　　　　　　(e)　　　　　　　　　　(f)

图 9　钢板墙整体安装顺序

（a）先安装长肢剪力墙；（b）依次安装相邻构件，形成稳定框架；（c）安装短肢剪力墙；
（d）安装完成第一节剪力墙；（e）安装第二节剪力墙；（f）第二节剪力墙安装完成

（2）地上钢板墙安装

1）安装流程

根据地上核心筒钢板墙平面及立面布置形式，钢板墙竖向共分为 S1～S4 四个区域，分别对应 F001～F046 层由单层钢板墙＋钢暗柱＋钢暗梁组成，F047--F102 层由钢暗柱＋钢暗撑＋钢暗梁，F103～ROOF1 层由钢板墙组成；根据钢构件分段，钢板墙安装受智能顶升钢平台主次桁架限制，按照层高安装，钢板墙安装时采用两台塔式起重机配合移位完成吊装，

钢板墙分段制作运输到现场后，采用 4 台塔式起重机进行卸车。钢板墙吊装采用分块分节逐层安装，在钢板剪力墙之间加设型钢支撑，形成稳定结构体系。钢板墙就位后用临时连接板固定，侧面拉设缆风绳，测量、校正后焊接成整体。

核心筒施工时采用智能顶升钢平台系统，智能顶升钢平台由若干榀桁架结构组成。钢板墙吊装从上往下垂直落放时，受到钢平台桁架杆件阻挡，无法直接就位；考虑采用两台塔式起重机换钩方式吊装钢板墙，二次水平移动安装就位。对于位于塔式起重机盲区内的钢板墙，由一个塔式起重机吊装，同时在主次桁架上挂设手动倒链辅助完成吊装；钢板墙安装时穿插安装对应位置钢暗柱和钢暗梁。

钢板墙构件在其上边设置 3～4 个吊点，根据单元重心的位置和智能顶升钢平台架桁架与钢板墙相对位置设置具体吊点的位置。在钢板墙底部对称设置两吊耳，用于卸车。

为防止钢板墙在吊装过程中出现偏心现象，需在钢板墙外围吊点处拉设缆绳，吊装时缆绳需有现场施工人员控制，避免出现偏心现象。

整体安装顺序为先安装 3 区、1 区，再依此安装 4 区、2 区（图 10）。

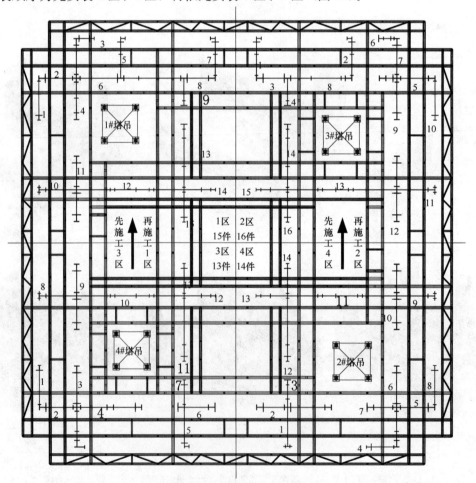

图 10 钢板墙整体安装顺序

以钢板墙1区为例，详细安装顺序示意如图11所示。

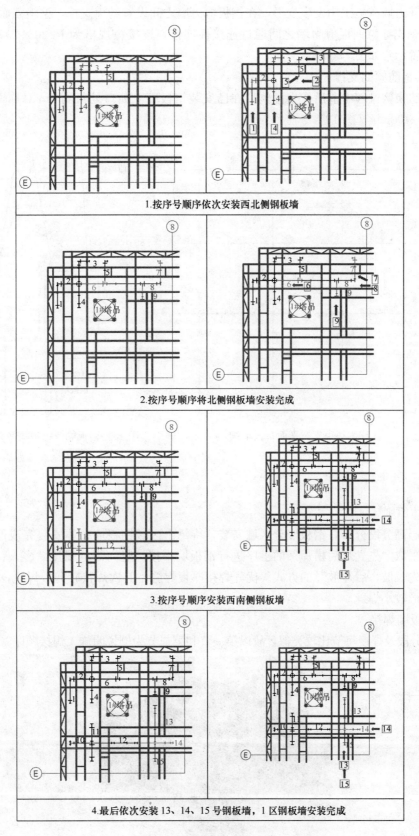

图 11　钢板墙 1 安装顺序

2）钢板墙约束支撑设置

为防止钢板剪力墙在施工中发生变形，在钢板剪力墙之间设置约束支撑，型钢截面为 HM350×250×9×14mm。型钢支撑与钢板剪力墙之间通过连接板连接，连接板规格为 PL20×200×250mm 钢板。约束支撑平面布置示意如图 12 所示。

3）钢板墙换钩防倾倒支撑

为防止钢板墙换钩过程中前后发生倾倒，在已安装钢板墙上断口处每隔 2m 对称焊接两列工字钢，超出断口处 300～400mm（图 13）。

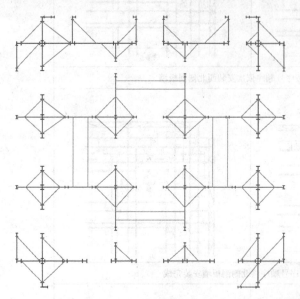

图 12　约束支撑平面布置示意

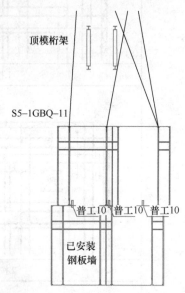

图 13　钢板墙换钩防倾倒支撑

4　焊接技术

（1）焊接整体原则

钢板墙按照层高分段分节，钢板墙分区域安装，待每个区域钢板墙整体安装完成形成稳定体系后，经测量校正后，采取"先立焊后横焊"的工序进行钢板墙焊接。竖向焊缝采用"多人、分段"的方式，横向焊缝采用"先长肢、后短肢"的方式。优先焊接厚板焊缝，其次焊接较薄板焊缝，先焊接变形较大焊缝，后焊接变形较小焊缝。

（2）地下钢板墙焊接

由于钢板墙分段及焊接每节比较类似，故以第一节和第二节为例说明施工焊接顺序（图 14～图 16）。

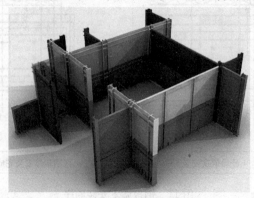

图 14　地下钢板墙分块效果图

图 15　钢板墙分块效果图（1/4）

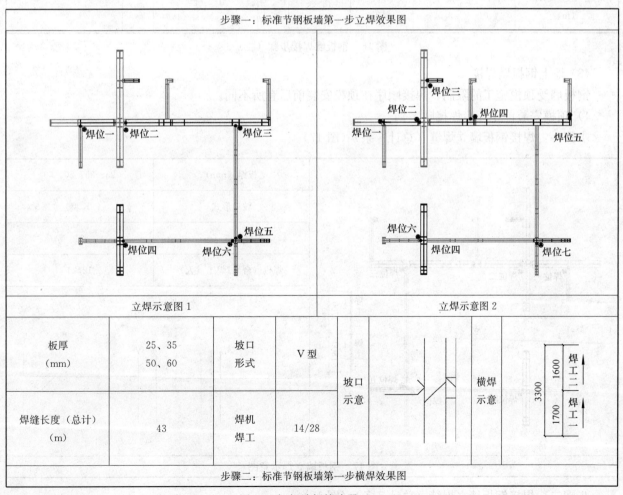

板厚 （mm）	25、35 50、60	坡口 形式	V 型
焊缝长度（总计） （m）	43	焊机 焊工	14/28

图 16　钢板墙焊接步骤（一）

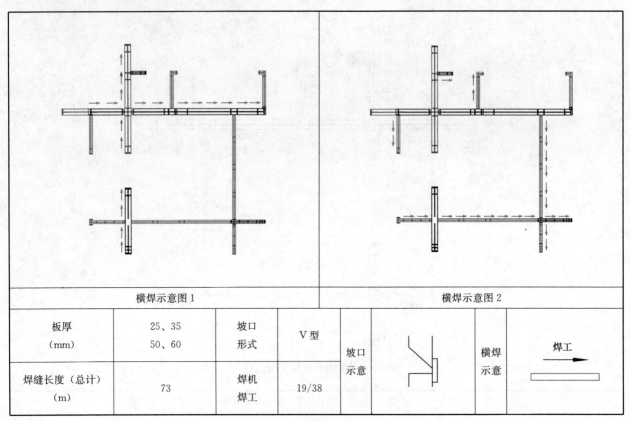

板厚 （mm）	25、35 50、60	坡口 形式	V 型	坡口 示意		横焊 示意	
焊缝长度（总计） （m）	73	焊机 焊工	19/38				

图 16　钢板墙焊接步骤（二）

（3）地上钢板墙焊接

钢板墙受顶模施工的限制，焊接顺序在顶模安装前后有所不同。

1）顶模安装前钢板墙焊接顺序

步骤一：焊接钢板墙立焊缝（总计 6 条）（图 17）。

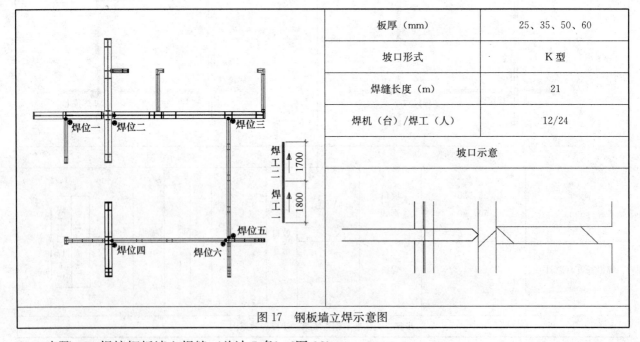

板厚（mm）	25、35、50、60
坡口形式	K 型
焊缝长度（m）	21
焊机（台）/焊工（人）	12/24
坡口示意	

图 17　钢板墙立焊示意图

步骤二：焊接钢板墙立焊缝（总计 7 条）（图 18）。

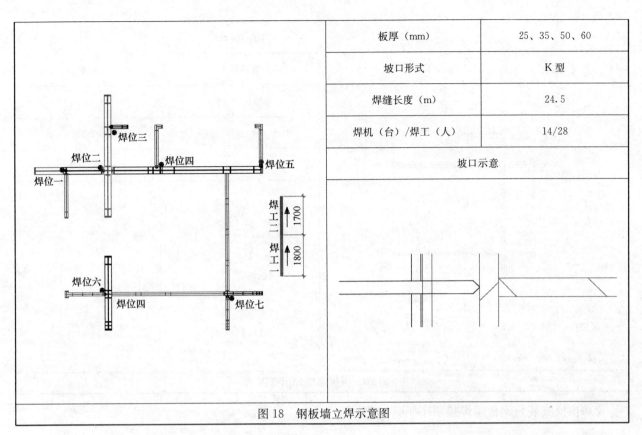

板厚（mm）	25、35、50、60
坡口形式	K 型
焊缝长度（m）	24.5
焊机（台）/焊工（人）	14/28
坡口示意	

图 18　钢板墙立焊示意图

步骤三：焊接钢板墙横焊缝（总计 7 条）（图 19）。

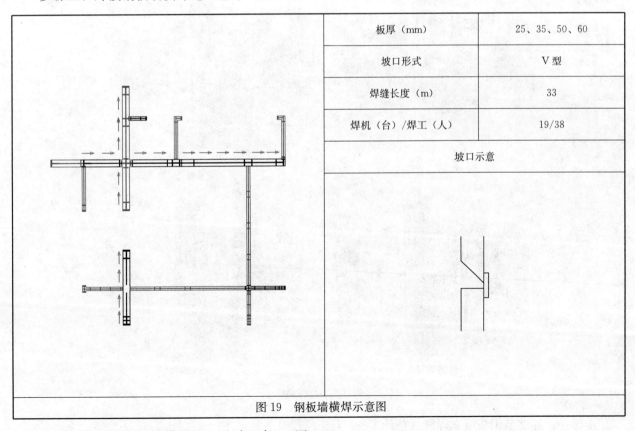

板厚（mm）	25、35、50、60
坡口形式	V 型
焊缝长度（m）	33
焊机（台）/焊工（人）	19/38
坡口示意	

图 19　钢板墙横焊示意图

步骤四：焊接钢板墙横焊缝（总计 7 条）（图 20）。

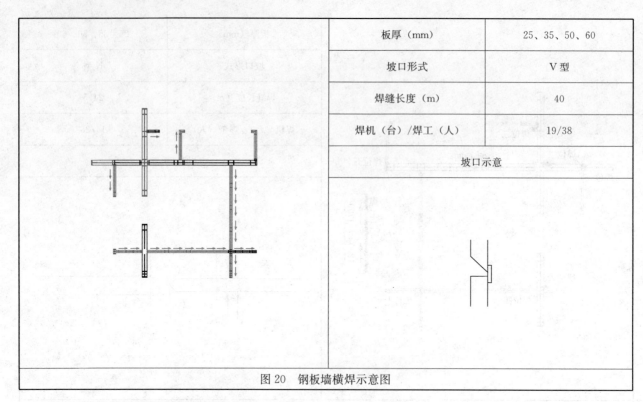

板厚（mm）	25、35、50、60
坡口形式	V 型
焊缝长度（m）	40
焊机（台）/焊工（人）	19/38
坡口示意	

图 20　钢板墙横焊示意图

2）顶模安装后钢板墙焊接顺序如图 21 所示。

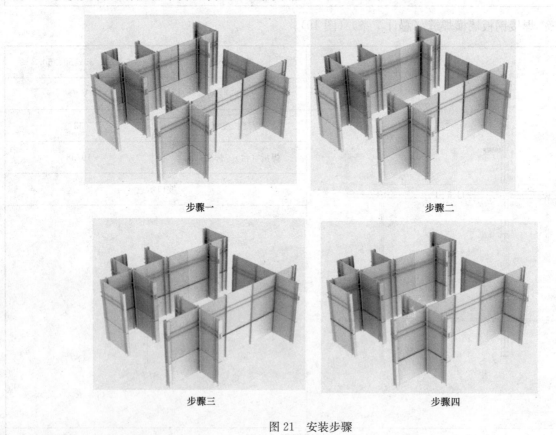

步骤一　　　　　　　　　　　　步骤二

步骤三　　　　　　　　　　　　步骤四

图 21　安装步骤

步骤一：标准节钢板墙立焊缝（总计 8 条）（图 22）。

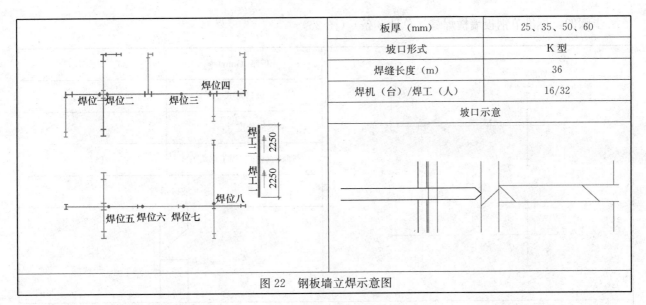

板厚（mm）	25、35、50、60
坡口形式	K 型
焊缝长度（m）	36
焊机（台）/焊工（人）	16/32
坡口示意	

图 22　钢板墙立焊示意图

步骤二：标准节钢板墙立焊缝（总计 8 条）（图 23）

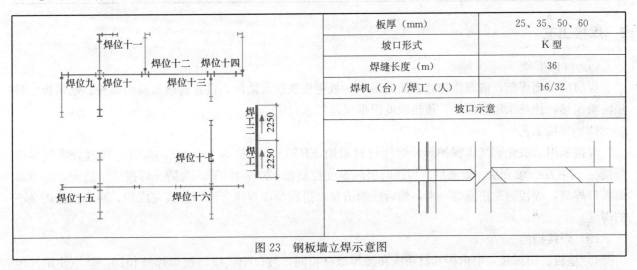

板厚（mm）	25、35、50、60
坡口形式	K 型
焊缝长度（m）	36
焊机（台）/焊工（人）	16/32
坡口示意	

图 23　钢板墙立焊示意图

步骤三：标准节钢板墙横焊缝（总计 8 条）（图 24）。

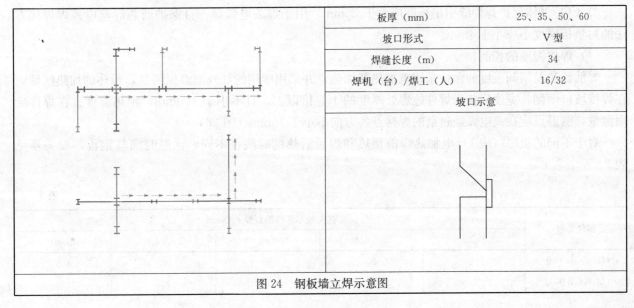

板厚（mm）	25、35、50、60
坡口形式	V 型
焊缝长度（m）	34
焊机（台）/焊工（人）	16/32
坡口示意	

图 24　钢板墙立焊示意图

步骤四：标准节钢板墙横焊缝（总计 8 条）（图 25）。

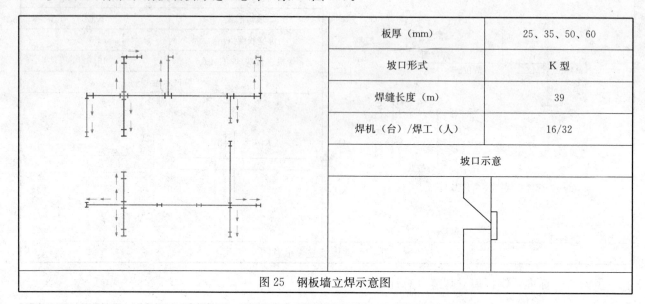

板厚（mm）	25、35、50、60
坡口形式	K 型
焊缝长度（m）	39
焊机（台）/焊工（人）	16/32
坡口示意	

图 25　钢板墙立焊示意图

5　焊接工艺

（1）焊前准备

焊前准备施焊前，清理待焊处表面的雨水，氧化皮铁锈及油污，设置衬垫板及引弧板、熄弧板。焊接前需预热，预热采用电加热，预热温度根据规范要求设定。

（2）焊接工艺

焊接采用二氧化碳气体保护焊，焊接材料采用 ER50-6，规格为 1.2mm 的焊丝。焊缝分多层多道焊接：打底层、填充层、盖面层。焊接时层间温度控制在 120～190℃。为防止焊接变形过大，对于双面坡口焊缝，焊接时先正面焊一半，然后反面清根，进行反面焊接，反面焊接完成后，再焊接正面余下的焊缝。

（3）焊接措施

1）垫板、引弧板，引出板其材质应和被焊母材相同，坡口型式应与被焊焊缝相同，禁止使用其他材质的材料充当引弧板、引出板和垫板。

2）CO_2 气体保护焊焊缝引出长度应大于 25mm。用于焊条电弧焊、自保护药芯焊丝电弧焊焊接方法的衬垫板厚度不应小于 4mm。

（4）焊接温度的控制

焊前预热及层间温度的保持采用电加热器加热，并采用专用的红外测温仪测量，预热的加热区域应在焊接坡口两侧，宽度应各为焊件施焊处厚度的 1.5 倍以上，且不小于 100mm，预热温度宜在焊件反面测量，测温点应在离电弧经过前的焊接点各方向不小于 75mm（图 26）。

对于不同的板厚（表 1）电加热焊前预热和焊后后热的时间也不同，保温时间与钢板厚度关系见表 2。

表 1

钢材类别	接头最厚部件的板厚 t（mm）				
	$t \leqslant 20$	$20 < t \leqslant 40$	$40 < t \leqslant 60$	$60 < t \leqslant 80$	$t > 80$
（Q345GJC）Ⅱ	—	20	60	80	100
（Q390GJC）Ⅲ	20	60	80	100	120

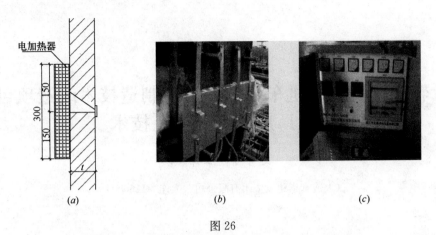

图 26
(a) 电加热器布置示意图；(b) 磁铁式电加热器；(c) 智能温控箱

表 2

板厚	焊前预热		焊后后热	
(mm)	温度（℃）	时间	温度（℃）	时间
35	50	1h	250	1h
50	60	2h	250	1.5h
60	80	2h	250	2h

1）焊前预热：板件焊接前使用电加热设备将焊接坡口两侧 150mm 范围内进行加热，加热温度根据不同的板厚不同。

2）层间温控：多层焊时应连续施焊，每一道焊道焊接完成后应及时清理焊渣及表面飞溅物。连续施焊过程中应控制焊接区母材温度，使层间温度控制在 120～150℃ 之间。

3）后热处理：焊接完成后将焊缝两侧 200mm 范围内加热至 250～350℃，保持温度70～120min。

6 结语

中国尊大厦结构工程钢板墙安装及焊接在质量、安全等方面均很好地满足了工程要求。本工程钢板墙安装及焊接过程中制订的合理安装顺序，采用的施焊顺序、焊接工艺、焊接措施在提高安装质量、焊接操作等方面取得了较好的效果。为同类超长、超厚钢板墙的安装及焊接提供较高价值的参考依据。

参考文献

[1] 郭彦林，董全利. 钢板剪力墙的发展与研究现状[J]. 钢结构，2005（1）：1-6.
[2] 曾强，陈放，等. 上海环球金融中心钢结构综合施工技术[J]. 施工技术，2009，（6）
[3] 国家标准. 钢结构焊接规程 GB 50661—2011. 北京：中国建筑工业出版社，2014.
[4] 王川，唐齐超. 深圳平安金融中心核心筒钢板剪力墙焊接技术[J]. 施工技术，2013.

大轴重交流传动机车关键件研发制造技术改造项目
铸造厂房钢结构施工技术

史青玲　王开臻

（大连宜华建设集团有限公司，大连　116600）

摘　要　本文介绍钢结构工程的组装、焊接工艺，对钢结构厂房复杂节点的组装精度控制及其焊接实现进行阐述，为类似的钢结构的施工提供借鉴。

关键词　厂房钢结构；施工技术；组装；焊接

1　工程概况

大轴重交流传动机车关键件研发制造技术改造项目铸造厂房，位于大连市旅顺口区，建筑面积42643.79m²，该项目为单层钢结构厂房。本工程分为 A、B、C 三个区总长度为 229m，宽度为 228m。本工程为单层钢结构厂房，结构形式为门式钢架和排架结构，建筑高度为 19.6m（最高跨），最大跨度为 33m。该厂房柱基础采用桩基础，跨度为 24m+33m+25m，外加露天跨 30m+25m，柱距 33m。其中，钢柱 290 根，抗风柱 30 根，吊车梁 421 根，柱间支撑 71 件。厂房火灾危险性为丁类，耐火等级为二级，厂房屋面防水等级为Ⅰ级。建筑的合理使用年限为 50 年，抗震设防烈度为 7 度。钢结构柱子采用格构柱，柱间支撑采用轧制 H 型，钢梁采用焊接 H 型钢梁及梯形屋架梁。厂房内配置吊车最大起重量为 100t，其吊车梁截面高度为 1500mm。屋面采用轻质水泥发泡复合板。本工程钢结构总用钢量约6500t。见图 1、图 2。

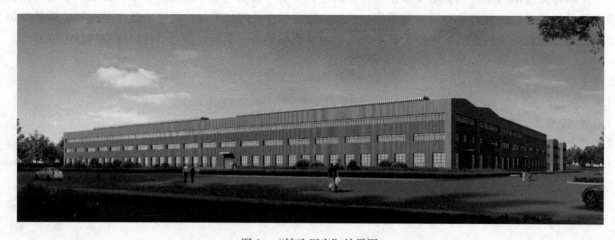

图1　"铸造厂房"效果图

2　工程难点

（1）焊接

110

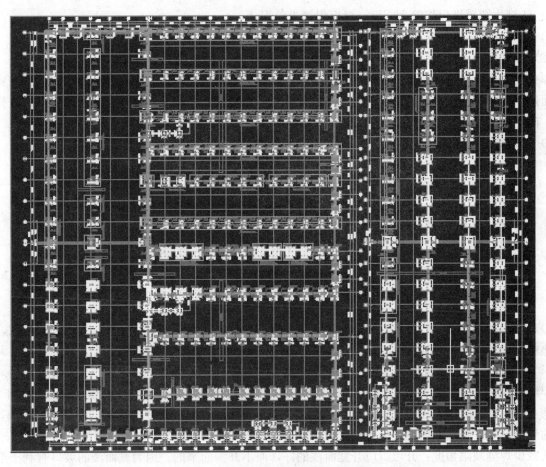

图2 "铸造厂房"基础结构平面图

1）板较厚且强度等级高，最厚40mm，钢材为高强度结构钢，材质种类多，为Q235、Q345B。为此高强度结构钢焊接裂纹的预防与控制、焊接变形和残余应力的消除为该工程制作成功的关键。

2）交汇节点焊缝密集，应力集中，节点刚度大，因此制定合理的装配顺序和焊接工艺是一大工艺难点。

3）焊缝质量要求高，有连接节点处钢柱上下600mm范围内焊缝质量等级均为一级。

（2）组装

1）钢柱牛腿角度多种，要保证连接节点的安装准确性，就要求制作加工工艺和精度控制要求提高。

2）格构柱在吊车梁平台处组合箱形结构复杂，制作难度较大，这就要求加工制作工艺的精度及防变形措施。

3 钢结构焊接工艺

（1）焊接质量要求

1）所有板材及型材的对接焊缝为等强连接全熔透焊缝，焊缝质量等级为一级；

2）格构柱截面及吊车平台箱形部分的主焊缝：

a）采用全熔透焊：所有门式刚架中构件；焊接箱型柱在框架梁节点的上、下各600mm范围内；分段柱在工地的接头上、下各100范围内；

b）焊接格构柱的主焊缝在接点区外为部分熔透的V型或U型焊缝，焊缝厚度不小于板厚的1/2，并不小于14mm。

3）牛腿与柱、梁连接焊缝。

a）H型牛腿翼缘板焊缝为一级，腹板焊缝为角焊缝；

b）箱型牛腿四边焊缝为一级。

（2）焊缝接头设计

焊缝的接头坡口设计要求满足焊接工艺要求，获得合格的焊缝质量，满足设计要求。而且还要使焊缝截面达到最小。对所有焊缝形式进行分类设计，对于难度较大没有成熟焊接工艺的焊缝形式进行焊接试验，确定接头尺寸及工艺参数。

1）拼接焊缝（图3、图4）

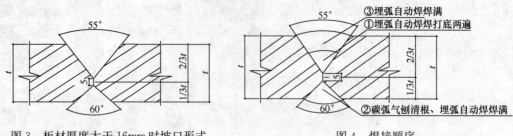

图3　板材厚度大于16mm时坡口形式　　　　　图4　焊接顺序

2）H型及箱型主焊缝：H型T缝开K坡口，两面焊接。箱型T缝开V坡口，留6mm间隙，带焊接衬垫单面焊接。由于腹板$\delta=40mm$，比较厚，按标准要求开坡口，坡口的开口过大，焊接量大，焊后变形大。所以，根据实际情况确定坡口的开口大小。

焊缝要求20%超声波探伤，这就要求焊缝焊透，焊透焊缝就得使焊丝伸到焊道的根部。由于箱型、H型腹板$\delta=40mm$、30mm，比较厚，又埋弧焊焊丝干伸长为10mm，要使焊丝伸到焊道的根部，那么焊机的焊嘴（本厂机加工的铜导电焊嘴直径16mm）就伸进了坡口里面，焊接时焊嘴不能与母材碰撞。

从减少焊缝缺陷角度：开坡口应开宽而浅的好，而不开深而窄的。因为宽而浅的坡口有利于杂质的浮出，使焊缝不产生或减少夹渣缺陷。所以开坡口时还要考虑这一点。

坡口开口宽度在满足焊机焊嘴不与母材碰撞、焊缝焊透、焊缝熔池杂质易浮出的情况下尽量减小开口宽度，以减少焊接量，即减小焊后变形。

综上考虑，确定箱形柱、H形柱翼缘板与腹板焊接的T缝坡口，见图5、图6。

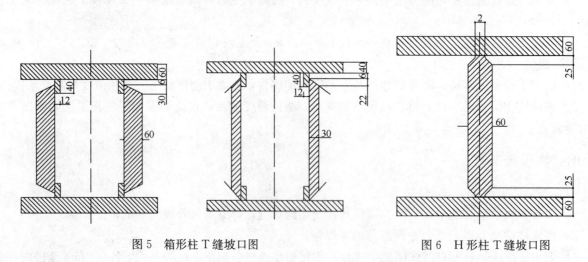

图5　箱形柱T缝坡口图　　　　　　　　　图6　H形柱T缝坡口图

3）格构柱主焊缝（图7）

焊接方法采用埋弧自动焊。

（3）焊接工艺

1）材料

柱子材质为 Q345B。埋弧自动焊焊丝采用：H08MnA，焊丝直径：$\phi5.0mm$，焊剂采用：HJ431。焊剂焊前经 250℃ 2 小时烘焙。随烘随用。

2）焊接方法

箱形柱、H 形柱的 T 缝采用小车埋弧自动焊焊接。

3）母材上待焊接的表面和两侧应均匀、光洁，且应无毛刺、裂纹和其他对焊缝质量有不利影响的缺陷。待焊接的表面及距焊缝坡口边缘位置 30mm 范围内不得有影响正常焊接和焊缝质量的氧化皮、锈蚀、油脂、水等杂质。

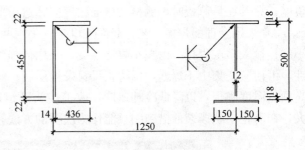

格构柱剖面

图 7　一级熔透焊缝、部分熔透焊缝

4）在焊接接头的端部应设置焊缝引弧板及引出板，应使焊缝在提供的延长段上引弧和终止。埋弧焊引弧板、引出板长度应大于 80mm。

5）箱型 T 缝焊接

采用四台小车埋弧焊机对同一侧两条 T 缝同时施焊。两台从一端往中间焊接，两台从中间往另一端焊接。在一侧 T 缝焊接达坡口深度 2/3，将柱子翻转，焊满坡口后，再将柱子翻转回来焊接。共将柱子翻转两次焊完。焊接规范参数见表 1。

埋弧自动焊焊接规范参数　　　　　　　　　　　　　　　　　表 1

焊接位置	焊接电流（A）	焊接电压（V）	焊接速度（mm/min）
打底焊	600～650	31～32	400
中间焊	600～750	32～34	300
盖面焊	800～850	34～36	400

箱形柱上段翼缘板、腹板变厚度处的焊接：先对腹板 $\delta=40mm$ 的 T 缝进行焊接，待剩余厚度与变薄厚度 $\delta=30mm$ 相同时，再把一条焊缝从头焊到尾。

6）H 型 T 缝焊接

在翼缘板外侧靠近中心线贴加热片进行预热，温度为 100～150℃。采用四台小车埋弧焊机对一侧 T 缝进行焊接，两台从一端往中间焊接，两台从中间往另一端焊接。先焊一侧 T 缝。焊接达到坡口深度的 2/3，将 H 型翻转。另一侧清根焊满，再将 H 型翻转回来焊接完毕。共翻转两次焊接。焊接规范参数见表 2。

埋弧自动焊焊接规范参数　　　　　　　　　　　　　　　　　表 2

焊接位置	焊接电流（A）	焊接电压（V）	焊接速度（mm/min）
打底焊	580～620	30～31	380
中间焊	600～700	31～33	300
盖面焊	750～800	34～36	380

（4）预防层状撕裂措施

本工程由于板材较厚，钢材为高强度结构钢，材质种类多，焊缝载荷巨大，因此必须严格控制层状撕裂的缺陷。采取以下措施。

1）在满足设计要求焊透深度的前提下，宜采用较小的坡口角度和间隙，以减小焊缝截面积和减小母材厚度方向承受的拉应力。

2）宜在角接接头中采用对称坡口或偏向于侧板的坡口，使焊缝收缩产生的拉应力与板厚方向成一角度，尤其在特厚板时，侧板坡口面角度应超过板厚中心，可减小层状撕裂倾向。

3) 采用合理的焊接工艺：双面坡口时宜采用两侧对称多道次施焊，避免收缩应变集中；采用适当小的热输入多层焊接，以减小收缩应变；采用低强度匹配的焊接材料，使焊缝金属具有低屈服点、高延性，可使应变集中于焊缝，以防止母材发生层裂；采用低氢、超低氢焊条或气体保护焊方法；采用或提高预热温度施焊，以降低冷却速度，改善接头区组织韧性，但采用的预热温度较高时易使收缩应变增大，在防止层状撕裂的措施中只能作为次要的方法，见图8。

图 8　工厂焊接

采用焊后消氢热处理加速氢的扩散。在以上所述三种防止层状撕裂的措施中，降低母材含硫量，减少母材夹杂物及分层缺陷以提高其厚度方向性能应是根本的措施。采用合理的节点和坡口设计以减小焊缝收缩应力也是积极的措施，而焊接工艺上的措施，因受生产施工实际情况的限制，其作用是有限的。

（5）焊后检验

T 缝焊接后，经过超声波探伤一次达到合格。翼缘板变形 $\Delta = 2 \sim 3$mm，在公差要求范围内。均符合《钢结构工程施工质量验收规范》GB 50205—2001 标准要求。

4　钢结构下料工艺

1）焊接型钢的条形板、腹板采用数控裁条机切割。宽度方向预留切割余量，长度方向预留＋50mm调整余量。

2）其余所有异形板材均采用数控切割。

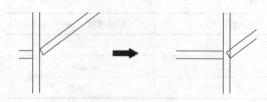

图 9　切割方式

对于与主构件非直角相交的板材均应根据坡口形式进行皮厚处理，考虑是否需要按最长接触点进行切割。见图 9。

5　钢结构的组装工艺

1）格构柱的组装：为保证格构柱的截面尺寸及防止变形，格构柱需在测平的胎架上进行拼装工作。

2）格构柱成型的矫正：在格构柱本体组对、焊接完成，用矫直机进行矫正。

3）牛腿等构件的组装：牛腿等的组装机焊接工作均应在组对平台上进行，按其部件在钢柱上的位置进行划线及组对工作。牛腿在长度方向上的定位应以牛腿中心线来确定，而不是以牛腿翼缘的上表面来控制。对牛腿长度的定位时应注意控制牛腿腹板中心螺栓孔到钢柱中心轴的距离，在牛腿装配前必须测量牛腿装配位置线所在的箱型截面尺寸。然后根据该尺寸确定牛腿腹板中心螺栓孔中心到箱型柱表面的距离尺寸。

6 钢结构表面处理涂装

1）钢结构表面处理采用喷砂除锈的方式进行。喷砂除锈等级为 Sa2.5 级。
2）涂装流程：钢结构表面处理→涂装底漆。
3）涂装完毕后，在构件上标注构件原编号、大型构件标明重量、重心位置和定位标记等。

7 结束语

铸造厂房是一个节能环保、设备先进、功能完善的厂房。通过详细的施工准备和施工过程控制，本工程的构件制作精度及焊接质量都达到了很高的水平，安装过程比较顺利。主体工程验收一次合格。工程完工验收合格后，获得业主、监理、设计单位的一致好评！设计和监理认为我公司对本工程的技术难点把握准确，解决措施有效，达到了设计意图。业主对我公司克服种种困难，能够保质保量、按时完成既定目标，表示非常满意。造成后的厂房见图 10。

图 10　建成后的厂房

参考文献
[1] 钢结构工程施工质量验收规范 GB 50205—2001[S].
[2] 工程测量规范 GB 50026—2007[S].
[3] 建筑钢结构焊接技术规程 JGJ 82—2002[S].
[4] 钢结构焊接规范 GB 50661—2011[S].
[5] 工程建设施工企业质量管理规范 GB/T 50430—2007[S].

吉利南充新能源商用车研发生产项目
网架安装滑移平台使用

曹永铨　曹容杰　陈丽丽

（浙江东南钢结构有限公司，杭州　311209）

摘　要　根据吉利南充新能源商用车研发生产项目总装车间网架结构的分析，介绍网架高空拼装用滑移施工平台。

关键词　网架安装滑移平台使用；网架单元；钢导轨；护栏

1　工程概况

吉利南充新能源商用车研发生产项目是吉利集团具有战略意义的项目，选址于南充市嘉陵区花园乡吉利大道；项目占地面积1500亩，总用钢量为1.2万t。其中总装车间网架面积为5.13万 m^2。见图1。

图1　项目效果图

本工程部分结构形式为下弦多柱支承的焊接球节点正放四角锥钢管网架。占地面积约51380m^2，平面投影几何尺寸为386m×133m，建筑高位为13.7m，数字轴方向柱距为24m和16m，字母轴方向柱距为21m和28m。网架主要支撑钢柱为方管柱，截面规格为□600×600×25×25、□600×600×20×20、□500×500×16×16，柱顶高度10.5m；外侧抗风柱为H型钢柱，截面规格为H400×300×8×14、H400×200×6×8，柱顶标高为10.4m；网架结构坐落在钢柱上，焊接球与钢柱之间通过支座进行连接，网架下弦有吊挂结构，与焊接球中心距离为400mm，网架结构截面高度为2.4m。

2　网架安装滑移平台使用

滑移平台搭设总体概述：

根据本工程结构特点，网架单元主要由两种跨度组成，分别为21m跨度和28m跨度，针对不同的跨度，搭设有针对性的滑移操作架，滑移架搭设原则如下：

（1）本工程施工用操作架采用扣件式钢管操作架，钢管规格为Φ48×3.5，操作架的搭设应符合《建筑施工用扣件式钢管脚手架安全技术规范》JGJ 130—2011的要求。

（2）操作架搭设尺寸：立杆横向间距1.2m，纵向间距1.2m，步高1.5m，搭设高度为10m。

（3）本工程网架结构纵向（A～W轴）由5跨结构组成，横向（1～51轴）由17跨组成，网架滑移沿横向从1轴向51轴进行推进。滑移架搭设以纵向跨度为基准进行搭设，每一个轴跨由4组滑移架组成一个整体进行施工，当一跨结构施工完成后，方可将滑移架滑移至下一个轴跨，经分析21m跨搭滑移架搭设尺寸为10.8m×9.6m×10.0m，28m跨搭滑移架搭设尺寸为10.8m×13.2m×10.0m。

（4）经分析，每4组滑移架组成一个整体，在使用过程中，单个滑移架之间应紧密连接，并设置活动连接结构，在进行移动时，应对有影响的活动杆件进行拆除，移动到位后再次恢复。

（5）滑移操作架作为网架高空散装的施工平台，滑移到位后，应做好固定措施，顶层四周设置防护栏杆，底部滑轮应锁死，对于悬空的立杆底部应加设木方，需要接长的，应采用对接扣件接长，对接位置不低于扫地杆，并使之延伸到方木落地，保证架体受力均匀，防止施工过程中发生移动。

同时应做好与固有结构的连接，架体靠近钢柱的部位，应设置连接杆件，与钢柱抱紧，增加滑移架单体的整体稳定性，在架体移动之前进行拆除。

（6）轨道布置：轨道采用20♯工字钢，跨滑移架轨道间距为3.6m和2.4m，轨道接头采用螺栓连接，平行轨道之间由系杆连接，确保轨道形成一个整体，保证滑移的精确度和安全性。具体详见操作架平面布置图、剖面图。操作架底部装有滑轮，滑轮下铺20♯工字钢导轨。每拼装好一跨网架后进行一次操作架滑移。

（7）顶层作业层做法：顶层水平杆采用Φ48×3.5钢管，间距≤300mm，水平杆上方满铺安全平网，安全平网上方满铺竹笆片脚手板。操作架周边搭设高度不小于1.2m的护栏。节点示意及施工图片见图2～图6。

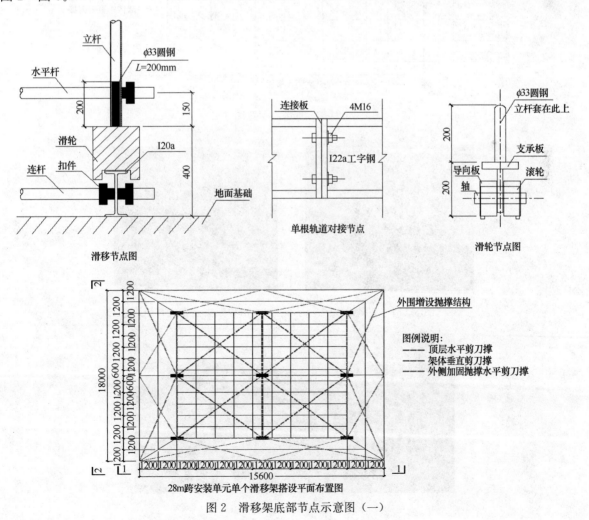

图2 滑移架底部节点示意图（一）

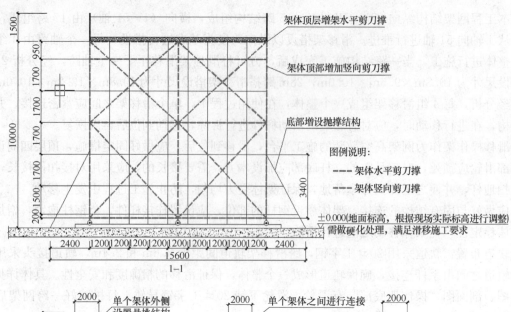

架体顶层增架水平剪刀撑

架体顶部增加竖向剪刀撑

底部增设抛撑结构

图例说明:
--- 架体水平剪刀撑
--- 架体竖向剪刀撑

±0.000(地面标高,根据现场实际标高进行调整)
需做硬化处理,满足滑移施工要求

1—1

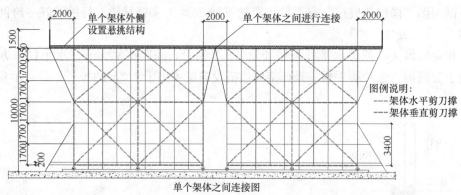

单个架体外侧
设置悬挑结构

单个架体之间进行连接

图例说明:
--- 架体水平剪刀撑
--- 架体垂直剪刀撑

单个架体之间连接图

图 2 滑移架底部节点示意图(二)

图 3 滑移架搭设 　　　图 4 滑移架搭设完成并开始施工

图 5 滑移架开始滑移施工

图 6　网架安装完成

3　结语

工程实践表面，由于本工程网架安装滑移平台方案的科学合理，有效保证了吉利南充新能源商用车研发生产项目总装车间网架的安装质量及施工进度，希望能为此类工程提供参考和借鉴。

参考文献

[1]　建筑施工扣件式钢管脚手架安全技术规范 JGJ 130—2001[S].

大跨度悬挑弧形钢结构 Q345B 厚钢板焊接产生弯扭效应的技术研究

王亚清

（中铁建设集团有限公司，北京 100040）

摘　要　本文以宁波站钢结构焊接为例，针对大跨度悬挑弧形钢结构 Q345B 厚钢板焊接产生弯扭效应问题，通过厚钢板焊接有限元分析研究，确定了焊接工艺；同时通过宁波站钢结构焊接实施，验证了对于产生弯扭效应厚钢板焊接工艺的可行性，总结出了厚钢板焊接产生弯扭效应的焊接工艺及厚钢板焊接缺陷处理的方法，为今后类似工程提供了借鉴意义。

关键词　厚钢板；焊接；弯扭效应；焊接工艺；缺陷处理

1　概述

通常厚度 25.0～100.0mm 的钢板称为"厚钢板"，厚度 4.5～25.0mm 的称为"中厚钢板"，厚度超过 100.0mm 的为"特厚钢板"。宁波铁路南站改建工程"水滴"钢结构（图1）主要截面为箱型截面，其中 1 号弧形梁规格为：□1500×900×30×50mm、2 号弧形梁规格为：□1200×500×30×60mm、3 号弧形梁规格为：□1600×900×30×60mm，拉杆 20 根（其中□600×300×12×12mm 的 16 根、□350×600×12×12mm 的 4 根），撑杆 20 根（其中□600×300×14×14mm 的 16 根、□600×350×14×14mm 的 4 根），绝大部分钢板属于厚钢板范畴。宁波站"水滴"弧形悬挑钢结构采用 8 个临时支撑进行分段吊装，大部分构件在悬吊施焊过程中因自重原因会产生一定的弯扭效应。

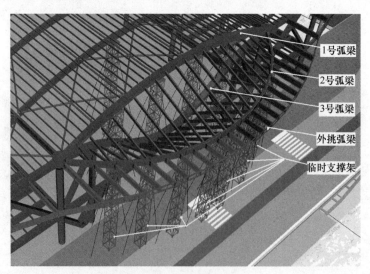

图 1　水滴立面图

2　Q345B 钢厚钢板焊接常见的技术问题

（1）焊接是一个复杂的传热传质过程，焊件的温度、材料的热物理性能随着热源的传递快速变化，在熔点、相变产生潜热的过程，是很难控制的 Q345B 钢板的焊接质量。

（2）Q345B 厚钢板焊接熔敷金属量大，焊接时间长，总的热输入高，构件焊接时焊缝约束程度高，变形大和焊接应力，熔敷金属中扩散氢含量的增加，导致增加焊缝金属裂纹。

（3）焊接裂纹敏感性，应力集中，应力和应变状态的性能指标随着板厚的增加，将迅速增加，因此，脆性断裂是一种常见的（Q345B 厚钢板）焊接结构存在的主要问题。

（4）层状撕裂是 Q345B 厚钢板结构的焊接缺陷。它关注的是在厚钢板焊接时，焊接接头形式的 T 型结构的角度，角点或十字交叉焊缝容易产生层状撕裂。

（5）过热区脆化和热应变脆化。热轧钢焊接时近缝区中被加热到 100℃以上粗晶区，易产生晶粒生长的现象，在焊接接头的塑性最差的部位，往往会承受不住应力的作用而破坏。此外，热应变脆化是由于焊接过程中热应力产生塑性变形使位错增殖，同时诱发氮碳原子快速扩散聚集在位错区，出现热应变脆化。

3　Q345 厚钢板焊接有限元分析

3.1　不考虑弯扭效应的厚钢板焊接有限元分析

采用焊接专用有限元软件 SYSWELD 建立厚钢板的有限元模型，从中板-厚钢板共考虑五种不同板厚，分别考虑焊接速度、电流、电压、热利用率和线能量等参数进行焊接有限元分析。为了分析方便，将模型建成倒"T"型。有限元模型的底板和竖板尺寸相同，如 20 模型的底板和竖板尺寸均为 1200×600×20×20，60 模型的底板和竖板尺寸均为 1200×600×60×60，以此类推。焊接厚钢板参数见表 1，焊接应力云图如图 2～图 6 所示。

编号	底板尺寸 (mm)	焊接速度 (mm/s)	电流 I (A)	电压 U (V)	热利用率	线能量 (J/mm)
1	1200×600×20	6	240	30	0.8	960
2	1200×600×30	6	240	30	0.8	960
3	1200×600×40	6	240	30	0.8	960
4	1200×600×50	6	240	30	0.8	960
5	1200×600×60	6	240	30	0.8	960

焊接厚钢板参数表　　表 1

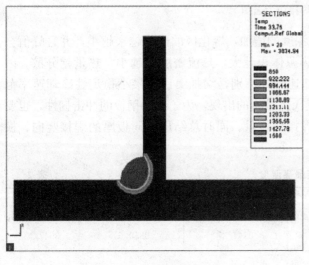

图 2　20 模型焊接应力云图

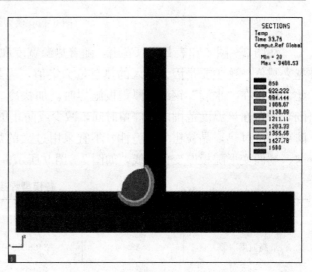

图 3　30 模型焊接应力云图

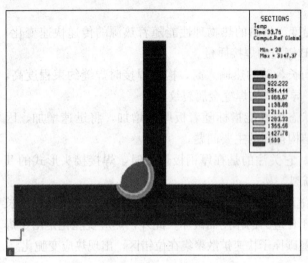 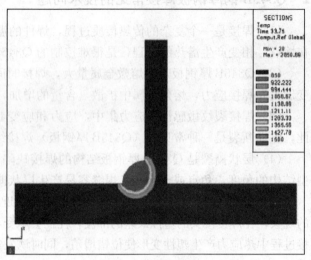

图 4　40 模型焊接应力云图　　　　　　　　　　图 5　50 模型焊接应力云图

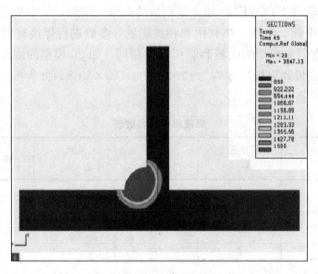

图 6　60 模型焊接应力云图

从图 2～图 6 和表 2 可以看出，随着热源宽度和深度的增加，熔化区的面积越来越小，并且峰值会越来越低。这主要是因为输入的热总量为定值，当热源体积越大，热流密度会越小，热量越分散。因此，建议在"水滴"钢结构厚钢板施焊时，加快冷却速率，特别是增加奥氏体最小稳定性冷却速率范围，缩短在该温度范围内的停留时间，减少或防止奥氏体结构的出现，为了改善钢板的冲击韧性，也要防止经济过热，晶粒粗大，脆性，不宜采用过大的焊接线能量。同时总结出不同板厚的焊接竖向、横向、翘曲变形随板厚变化曲线，如图 7～图 9 所示。

各模型焊接最高温度　　　　　　　　　　　　　　　　　表 2

	20 模型	30 模型	40 模型	50 模型	60 模型
最高温度（℃）	3838.94	3468.53	3147.37	2850.69	3647.13

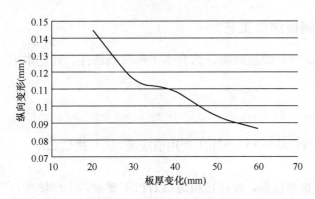

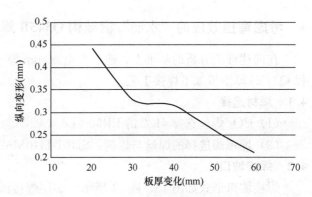

图 7　焊接变形时竖向变形随板厚的变化曲线　　　图 8　焊接变形时横向变形随板厚的变化曲线

从图 7～图 9 可以看出，随着板厚的逐渐增加，竖向和横向变形呈现总体下降的趋势，当板厚达到 50mm 时，竖向变形小于 0.1mm、横向变形小于 0.3mm；但翘曲变形呈现先增大后减少的趋势，当板厚达到 40mm 时，翘曲变形值小于 0.01mm。因此焊接过程中"水滴"钢结构构件的焊接变形影响很小。

3.2　考虑弯扭效应的"水滴"钢结构厚钢板焊接有限元分析

运用焊接有限元专用分析软 SYSWELD 建立"水滴"钢结构的厚钢板焊接有限元模型。该"水

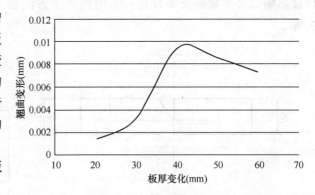

图 9　焊接变形时翘曲变形随板厚的变化曲线

滴"模型考虑了 8 个临时支架的支撑作用（竖向约束），结构设计中因自重产生的弯扭效果由软件自动生成，同时考虑吊装施工、冲击荷载等外部因素，在构件上施加 2.0×10^{-4} N·mm 扭矩。

从图 10～图 12 可以发现，2 号弧梁合拢端焊接时，在焊接位置出现明显的应力集中现象，但因焊接产生的扭转变形不是很明显。

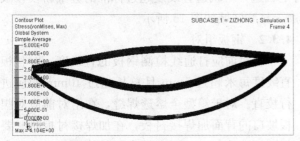

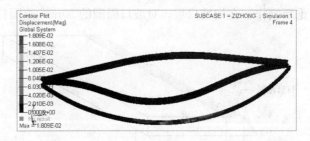

图 10　考虑弯扭效应的"水滴"厚钢板焊接应力云图　　　图 11　考虑弯扭效应的"水滴"厚钢板焊接位移云图

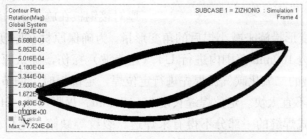

图 12　考虑弯扭效应的"水滴"厚钢板焊接扭转变形云图

4 考虑弯扭效应的"水滴"钢结构 Q345B 厚钢板焊接工艺

在前述理论分析的基础上，通过 5 组 60mm 厚 Q345B 焊板试验，结合本工程现场条件，确定本工程 Q345B 厚钢板如下焊接工艺。

4.1 焊材选择

（1）CO_2 焊丝选择 $\phi1.2$ 的 ER50-6；

（2）埋弧焊选择的焊丝与焊剂：SJ101-H10Mn2(H08MnA)，SJ101 使用前应经 300℃ 烘焙 2h。

4.2 焊接坡口

焊接坡口形式如图 13、图 14 所示，多层焊接试板焊接前，焊接试板坡口有以下要求：①焊接坡口表面光洁，无裂纹，夹渣，沟槽等缺陷。②清洗焊接坡口两侧 15mm 范围内铁锈，水，油和其他杂质，保证影响焊接质量杂质不存在。③用热加工方法加工的坡口，对焊接的表面层，应用冷加工的方法去除。

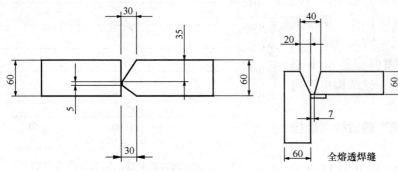

图 13 钢板对接焊接坡口形式

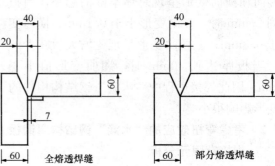

图 14 箱型端面对接焊接坡口形式

4.3 焊接工艺

4.3.1 切割坡口

厚钢板坡口在切割前应先划好轨道线、坡口宽度线、角度线。采用半自动切割机切坡口。切坡口前，应检查半自动切割的线性度小于或等于 2mm 机行走轨道，对轨道直线度超过标准的应重新校核或重新制作。在切坡口后，对坡口周围的 30mm 范围打磨，打磨区域如图 15 所示。

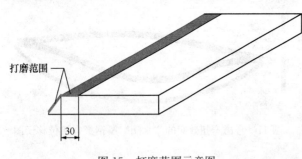

图 15 打磨范围示意图

4.3.2 钢板组对

组对前应打通线检测钢板的直线度，对整板直线度每米超过 1mm 且总长超过 10mm 的应进行校直。对于箱型全熔透焊缝，在组对前应对腹板坡口的背面加焊接衬板，在加焊接衬板时一要保证间隙均匀，二要满足腹板整体宽度尺寸符合设计图纸要求。钢板组对时应控制偏差小于或等于 2mm，为防止厚钢板焊后产生角变形，60mm 厚对接钢板在施焊面的背面垫上一块 8～2mm 厚的垫板或小槽钢，借用反变形措施来减小焊后的角变形量。为确保原材在厚度方向上的质量，60mm 厚钢板在焊接前要对坡口两边 100mm 范围内进行 UT（超声波）探伤，确认原材无裂纹、夹层等缺陷时再进行焊接。用 ER50-6 型的二氧化碳气保焊先进行定位焊，定位焊时、调节定位焊电流比正式焊接时大 20%～25%，焊接速度不宜太快。定位焊缝长度 50～70mm。焊脚尺寸：HF＝4～5mm，焊道间距为 300mm。定位焊缝作为正式焊缝的一部分不得有未焊透、裂纹等缺陷。定位焊缝上若出现气孔或裂纹时，必须及时清除后重焊；必须加焊与坡口形状一致的引弧板、引出板，引弧板和引出板宽度不小于坡口的坡度面宽度，如图 16 所示。

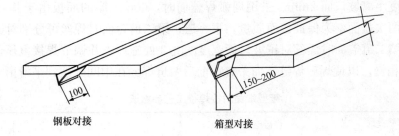

钢板对接　　　　　　　箱型对接

图 16　引弧板宽度示意图

焊接完毕后，必须用气割切除被焊工件上的引弧、引出板，并修磨平整，严禁用锤将其击落。组装时应控制组装间隙：对接焊缝组装间隙为 0～3mm；角焊缝组装间隙为 0～2mm。局部间隙过大时，应修整到规定尺寸，严禁在间隙内加填塞物。

4.3.3　焊前预热

为便于预热温度的掌控，实际操作中将预热温度统一规定在 100℃。加热面积应在焊接坡口两侧各 100mm 区域，如图 17 所示。

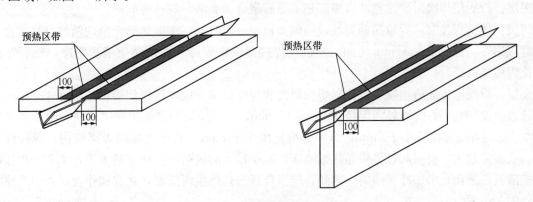

图 17　预热宽度示意图

预热烤枪喷嘴与构件应该保持距离 80mm，用中性焰加热，火焰沿预热带往复匀速缓慢移动，热穿透钢板的全厚度。停止预热后，用测温仪对正面加热区进行选点检测。在正式焊接开始前或正式焊接中，焊接部位发现坑裂纹定位焊后，应彻底清洗干净，然后在进行正式焊接。

4.3.4　焊接

用 $\Phi 1.2$ ER50-6 型 CO_2 焊丝焊接接头，填充时应将上层焊接残余氧化皮（可以用钢丝刷清除）及在焊缝上两侧的飞溅物用角向磨光机清除干净，并用温度计控制层间温度在 200～220℃。因层间焊接中断导致层间温度低于焊前预热温度的，续焊前应重新采取预热处理。应控制最后一层的填充高度距离坡口面 2～3mm，以利埋弧焊一次性盖面。埋弧焊采用 $\phi 4.0$ 的 H10MN2 配 SJ101 进行施焊。焊后将焊缝在 210～230℃ 的温度下用保温面保温 1～2h。

钢板对接焊接工艺参数表　　　　　　　　　　　　　　　表 3

焊接参数 焊接位置	焊接电流 （A）	焊接电压 （V）	焊接速度 （mm/s）
打底焊	210～220	30～32	6.0～6.5
填充焊	260～280	32～34	5.2～5.5
盖面焊	780～820	36～38	3.0～3.2

箱型端面对接焊：采用 $\phi 1.2$ ER50-6 型 CO_2 焊丝对接头焊缝进行打底焊时，第一道焊缝质量是关

键，要求具有高级焊工证以上的熟练焊工进行打底、填充，填充过程控制同钢板对接的填充控制。盖面前，控制填充面高度距离坡口面2mm。采用埋弧焊盖面时，60mm厚的面板由于其对接坡口面距离的比较宽，需要进行两次盖面，为保证盖面质量，第一道、第二道盖面时焊丝可分别对正坡口面宽度左右侧的1/3处施焊，第二道盖面时焊丝对正坡口面宽度的2/3处施焊，并调节焊接电压值偏大正常值2～3mm，施焊速度应稍慢，以便焊后焊缝宽而平整，前后两道焊缝在中间处达到平滑衔接，余高达标。

箱型端面对接焊接工艺参数表　　　　　　　　　　　　　　　　表4

焊接参数 焊接位置	焊接电流 （A）	焊接电压 （V）	焊接速度 （mm/s）
打底焊	210～220	30～32	6.0～6.5
填充焊	260～280	32～34	5.2～5.5
盖面焊	840～870	36～38	4.0～4.5

所有要求全熔透焊接的焊缝必须在焊后间隔24h后再进行探伤。特别注意：在厚钢板焊接试验过程中应加强对焊接过程的中间检查，如在清渣过程中，仔细检查是否有裂纹的发生，及时发现，及时处理。此外，还应该遵循以下焊接要点：

打底层：打底层焊接时要注意坡口根部是不是有融合、夹渣、气孔等缺陷。

中间层：摆动焊接时，焊枪摆动到坡口两侧要逗留一段时间，保证焊缝全槽的两侧母材融合。多道焊，焊缝应错开，每层至少15mm之间的焊缝，焊接前应在焊缝表面的杂质清理干净，然后在进行焊接，防止焊缝夹渣。

盖面层：焊接电流应适当减少，控制熔池温度和焊缝成形。应确保槽焊接熔池边缘1～2mm，控制焊缝边缘直线度和宽度。焊缝补强保持在0.5～1.5mm，通过反复的息弧法收尾，注意防止接头脱节与重叠。焊接每层焊缝厚度应小于5mm，每个焊缝宽度小于8mm。对于重要的焊接结构，焊接线能量控制严格。线能量过大，会引起过热粗晶热影响区，减少接头的抗裂性；而能量太小，不利于焊接冷裂倾向逃避扩散氢，故而也增加冷裂倾向。因此，应当合理选择焊接线能量，在焊接作业过程中严格执行工艺要求（图18、图19）。

图18　"水滴"厚钢板现场焊接照片1　　　　　　　图19　"水滴"厚钢板现场焊接照片2

5 厚钢板焊接缺陷处理

对外观或探伤后发现的超过标准缺陷，应立即修复。焊缝表面缺陷超过标准，即在毛孔，矿渣，重叠，于缺损太大，被磨，削，钻，铣等方法，必要时进行补焊，对低于焊缝母材、咬边、弧坑未填满等进行补焊。超过检验标准中发现的缺陷，根据缺陷的深度和具体位置，用碳弧气刨将缺陷彻底清除，必须仔细打磨的砂轮，当缺陷是裂纹时，应先在裂纹两端打止裂孔，再刨除缺陷，与焊缝的平面裂纹两端各50mm长的斜坡，同时将刨槽四周加工成大于10°的坡口，保证维修质量，刨磨后，辅以磁粉检验，确定裂纹是否完全清除干净。用手工电弧焊接，焊条采用φ4.0的J507，补焊时为降低焊接的焊接应力，应提前预热，预热温度控制在80～100℃。在坡口焊接电弧，尽可能采用小线能量，电弧必须填坑。多层焊接层间接头应错开 100mm 以上。当修复焊缝长度超过 500mm，采用分段退焊法，焊接焊缝应一次性完成焊接，必要的时候可以让焊工轮流工作。同一位置的焊缝不得超过两次的修复，超过 2 次的必须按程序上报处理。对现场焊接修复结果，质检部门应作好详细记录，作为项目审批和归档数据。返工由于焊接范围小，组件本身的约束度较高，导致焊接应力大，受力复杂，易产生裂纹，焊接，应采用保温棉等保温缓冷。

6 总结

针对 Q345B 钢厚钢板焊接常见的技术问题，通过不考虑扭矩效应和考虑弯扭效应的厚钢板焊接技术研究，确定 Q345B 厚钢板焊接工艺，同时成功地在宁波站钢结构焊接施工中进行了运用，证明了研究的可行性，为后期钢结构施工和使用过程中会产生弯扭效应的工程提供了借鉴经验。

参考文献

[1] 陶鹏. 多层焊在厚钢板焊接中的应用研究[D]. 哈尔滨工业大学，2013.
[2] 崔嵬等. 国家体育馆钢结构屋盖焊接工程施工技术(下)[J]. 焊接技术. 2012，12.

BBS 模块化管理在钢结构工程施工监理控制的应用

吕海燕

（上海建科工程咨询有限公司，上海　200032）

摘　要　本工程监理基于 BBS 模块化管理模式并结合采用了层级工序识别法及 BIM 模型等管理工具，在此基础上，对钢结构工程质量、进度及造价进行全面控制，使得整个钢结构工程得到透明清晰、安全有效的管控。

关键词　模块化；钢结构；层级工序识别；BIM

1　引言

模块化是指解决一个复杂问题时自顶向下逐层把系统划分成若干模块的过程。每个模块完成一个特定的子功能，所有的模块按某种方法组装起来，成为一个整体，完成整个系统所要求的功能。模块化管理在各行各业的运用都相当广泛，简单来说就是一个 BBS（Building Block System）的管理。因此利用模块化管理的特性，结合钢结构工程施工的特点，监理在工程中利用模块化工具对施工区域内工程内容进行管理，可达到清晰、有效、逻辑合理的管控。

基于模块化管理、钢结构工程施工分块拼装、工序流程标准化三者之间的共性特点以及 BIM 模型的应用，此次在苏州工业园区体育中心体育馆工程上，监理大胆尝试并使用了该管理模式。

本工程位于江苏省苏州工业园区内，建筑面积 57000m²，体育馆屋盖钢结构分为外场结构和内场结构两大部分，外场结构主要由 V 型柱、内外环梁和摇摆柱组成（图1），内场结构主要由南北向弓形平面桁架和东西向鱼腹式桁架，结合联系杆，共同形成空间钢管桁架结构（图2）最后达成完美的建筑效果（图3）。

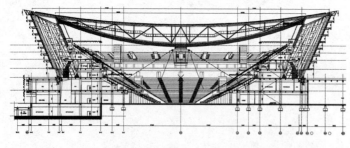

图1　V 型柱与内外环梁

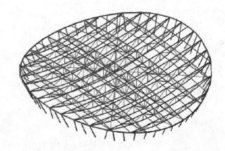

图2　摇摆柱及鱼腹式、弓形平面桁架

在本工程上具体实施模块管理时还对以下几个因素进行了考量：

（1）从结构形式上来看，虽然体育馆钢结构工程整体结构较为复杂，但在外围和屋架两大部分中仍然存在具体节点形式都较为统一的特点，拆分后的模块所含部件基本一致，施工工序流程亦较为标准化，符合模块所具有的通用性特点；

（2）根据施工单位上报的钢结构施工方案基础上进行层级工序识别（初级）后发现本工程钢结构安

装为区块式流水施工，而非工序式流水施工，这样的施工顺序正符合模块化管理的特点；也确定了本工程模块可以以包含同类型节点的施工区块作为划分的原则，既能跟随施工顺序稳步推进，也能将质量控制落实到具体工序上；

（3）利用模块化管理本身具有的可分解性，还可以进一步使用层级工序识别（中级），将模块部件安装工序细分，结合本工程重点难点，将对其的控制要求融入相关工序中，并制定对应措施来控制质量；

图 3　体育馆钢结构效果图

（4）当单个模块工序层级识别（高级）细分之后，就可以使得质量控制的责任更加明确，并落实到具体的专业岗位上，实现岗位职责清晰化；

（5）采用模块化管理可以更好地确保工程施工过程的资料质量，有利于将来竣工档案的最终完成质量。

（6）按照一吊一构件对应一族构建的工程 BIM 模型可以为模块划分提供非常直观有利的帮助，也可以利用 BIM 模型的统计功能来完成对进度、造价信息的控制。

所以在本钢结构工程上采用模块化施工区域管理就是充分利用其特性，将整个体育馆钢结构屋盖由整化零，将其视作是由一个一个模块（部件）搭设而成，整个钢结构屋盖的建造过程就是一个 BBS，将质量控制的最小单元从传统的检验批控制转化为更为细致清晰的模块控制，最终可达到通过细部工序控制保证全局目标控制的目的。因此使用施工模块化管理对钢结构安装质量进行全面控制是非常合适的。

2　模块化施工区域监理质量和进度控制的具体应用

2.1　施工区域 BBS 模块划分

根据工程结构特点，结合 BIM 模型首先将整个钢结构屋盖分为外围和屋架两大部分，然后再对这两部分进行施工控制模块的细分。

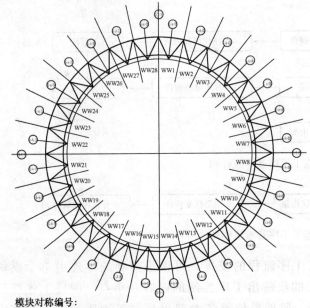

体育馆外围的主要节点形式是环梁与柱的结合，在本体育馆工程外围部分共有外圈 28 根 V 形柱和内圈 56 根摇摆柱，以及各方向之间的联系梁。所以此次的施工控制模块将以一个 V 形柱所对应的外围范围进行划分（图 4）。按此可得到外围结构部位被划分为 28 个施工模块（图 5）。

体育馆内场的主要节点形式是主次桁架的结合，在本体育馆工程内场部分共有 4 榀主桁架和 12 榀次桁架，以及各桁架之间的联系杆件。对应分区吊装顺序，所以此次内场的施工控制模块将以分区内主次桁架的范围进行划分（图 6）。按此可得到内场结构部位被划分为 15 个施工模块（图 7）。

2.2　层级工序识别后的模块质量控制

在完成了模块范围的具体划分之后，需要确定模块属性所含的各项内容了，这些内容的确定可以很有效地反映出模块内构件数量、焊

模块对称编号：
WW1~WW15；WW2~WW16；WW3~WW17；WW4~WW18；
WW5~WW19；WW6~WW20；WW7~WW21；WW8~WW22；
WW9~WW22；WW10~WW24；WW11~WW25；WW12~WW26；
WW13~WW27；WW14~WW28。

图 4　外围 28 个模块示意图

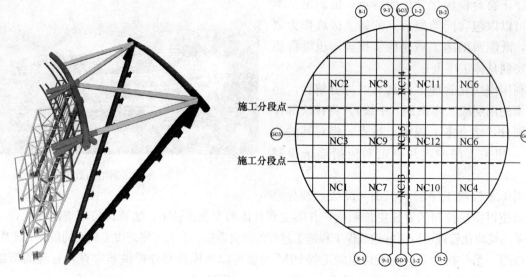

图 5　单个外围模块模型示意图　　　　　图 6　内场 15 个模块划分示意图

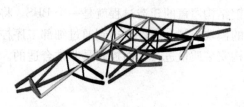

图 7　单个内场模块模型示意图

缝条数、焊接形式等内容，对接下来的施工工序标准化识别、对探伤比例掌握分配上均有很大的用处。

在确定了以上模块管理所需的基本信息之后，接下来就是进入模块施工工序的层级识别（高级）。通过这个层级的识别可以对整个模块内各道工序进行更为清晰明了的划分，对施工工序的确定可以更加清晰的显示出工序控制的重点，帮助施工单位明确具体控制要求，有效控制各道工序质量。以下就是按照外围和屋架的模块划分，确定出的外围模块工序的基本流程图（图 8）及屋架模块施工工序的基本流程图（图 9）。

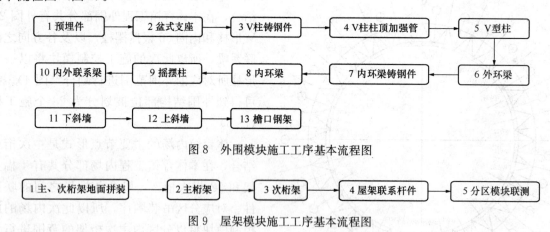

图 8　外围模块施工工序基本流程图

图 9　屋架模块施工工序基本流程图

利用层级工序识别（高级）法同时根据施工工序流程的安排，可以很清晰的整理出单个模块内完整的工序控制一览表，一览表可以清晰明了的反映出工序控制的内容及重点、明确工序控制停止点、责任人，有效帮助施工单位、总包单位、监理单位等各参建单位对工程质量进行同步实时监控。

《外围模块工序控制一览表》（表 1）和《屋架模块工序控制一览表》（表 2）部分内容示例，从这两张示例表中可以看出本工程如何确定重点工序（★标）以及控制要求。

外围模块工序控制一览表（示例） 　　表 1

序号	工序名称	工序内容	控制内容	记录	责任人
1	预埋件（包括 V 型柱和摇摆柱底、斜墙埋件）	预埋件定位	●对总包移交的基准点、线进行复测 另：如为总包移交的预埋件，则还应办理预埋件测量数据移交复核手续。	✓	测量员
			●建立自身控制网体系和测量基准点、线图	✓	
			●进行埋设位置的定位测量	✓	
		预埋件埋设	●核对埋件型号、位置是否与图纸一致	×	质量员
			●检查预埋件固定方式的可靠性，与图纸是否一致	✓	
		预埋件复测	●埋设后对标高、轴线位置进行复测	✓	测量员
2	盆式支座（包括 V 形柱和摇摆柱底）	支座安装	●对预埋件表面及周遭工况进行检查确认，然后进行安装	×	质量员
		支座焊接	●进行支座与预埋件的焊接连接，检查焊缝坡口及焊后焊缝外观质量、漆膜修复	✓	质量员
		支座复测	●对安装完成的支座坐标、水平度进行复测	✓	测量员
3	V 柱铸钢件	铸钢件安装	●对盆式支座表面及周遭工况进行检查确认，然后进行安装	×	质量员
		定位焊接	●对铸钢件安装角度尺寸进行检查后定位焊接，焊后吊车松钩	×	测量员 质量员
		★铸钢件焊接	●此处为铸钢件与盆式支座焊接，要求按照焊接工艺评定严格检查预热温度、道间温度，以及焊接过程和焊缝表面成型 ●漆膜修复	✓	质量员
		★铸钢件复测	●对安装完成的铸钢件进行标高、管口坐标等内容的复测	✓	测量员
4	加强管安装	支撑测量	●在加强管安装前，对安放位置搁置点进行测量，确保就位后的坐标及角度精准	×	测量员
		加强管安装	●对周遭工况进行检查确认，然后进行安装与胎架用角钢点焊固定	×	质量员
		★加强管复测	●对就位后的加强管各管口定位坐标进行复测	✓	测量员

屋架模块工序控制一览表（示例） 　　表 2

序号	工序名称	工序内容	控制内容	记录	责任人
1	主、次桁架地面拼装	地面拼装胎架放线	●地面点位的相对轴线、标高测量	✓	测量员
		拼装胎架搭设	●搭设过程中检查拼装桁架各支撑点的坐标	✓	测量员
		桁架组装、焊接	●桁架拼装定位完成后检查每根杆件的位置及尺寸精度 ●检查焊缝表现、探伤、漆膜修复	✓	测量员 质量员
		★桁架成型	●对焊接完成后的桁架在非约束状态下进行尺寸精度的检查	✓	质量员

续表

序号	工序名称	工序内容	控制内容	记录	责任人
2	主桁架吊装安装	支撑测量	●对支撑胎架顶部桁架搁置点的坐标进行测量	√	测量员
		主桁架吊装	●对周遭工况进行检查确认，然后与支撑安装定位固定	√	测量员 质量员
		★焊接	●此处为与铸钢件焊接，要求按照焊接工艺评定严格检查预热温度、道间温度，以及焊接过程和焊缝表面成型 ●检查焊缝外观质量、探伤、漆膜修复	√	质量员
		主桁架复测	●对主桁架安装完成后的空间位置进行复测	√	测量员
3	次桁架吊装安装	次桁架吊装	●检查与主桁架相接点的坐标 ●就位及临时固定	√	质量员
		主、次桁架焊接	●检查焊缝外观质量、探伤、漆膜修复	√	质量员
4	屋面连系梁吊装安装	屋面连系梁吊装、就位	●检查与次桁架相接点的坐标 ●就位及临时固定	√	质量员
		焊接	●检查焊缝外观质量、探伤、漆膜修复	√	质量员
5	分区模块	★联测	●复测分区模块内各檩托定位坐标及整体空间位置	√	测量员

在本工程中，钢结构安装中某些工序质量直接影响到最后完成的结构形态和受力状态是否满足设计要求，因此需认真分析各类模块的工序步骤，确定其中影响最终结构形态的构件定位测量和重要部位焊接的重点工序，通过对重点工序的重点控制来达到分块直至整体质量控制的目标。

通过对施工工序的梳理，工序一览表中用"★"对重点控制工序进行了标识。可以看出本工程重点控制主要集中在两类工序上，一类是测量定位工序，一类是焊接工序。

（1）对于构件地面拼装，施工单位应在拼装完成后解除与胎架的约束，构件自由放在胎架上的状态下对构件的外形尺寸、控制点坐标按照补充验收要求进行测量，并填写测量记录后向监理报验。监理收到施工单位的报验后安排监理工程师进行复测，合格后方可调离胎架。

（2）各模块安装中的定位构件以及对后道工序影响较大的转接件或构件节点定位坐标作为重点工序进行控制。构件就位固定后，施工单位对这些定位坐标按补充验收要求进行测量，并填写测量记录后向监理报验。监理收到施工单位的报验后安排监理工程师进行复测，合格后方可进行下道工序施工。

（3）对于构件安装中存在异种钢焊接（铸钢件与低合金钢焊接）的各工序，是模块工序控制中的重点工序，因为本工程铸钢节点比较厚大，与低合金钢焊接时对焊接工艺要求比其他接头的焊接控制要求更加严格。因此钢结构施工单位应制订详细的异种钢焊接工艺文件，施工过程中对预热、道间温度、后热、焊道布置、焊缝外观、无损检测等进行控制。监理工程师对该工艺进行高比例的巡视检查。

2.3 利用 BIM 模型软件的模块施工进度控制

钢结构 BIM 模型中，构件的数量和形态等信息都与深化设计图纸一一对应，以方便后续工作中对单根构件的操作编辑。对 BIM 模型的应用分为实际安装情况和安装进度计划两条路线（图10），实际安装情况路线包含三个节点：构件进场、构件安装和验收完成；安装进度计划路线中使用的"计划安装模型"（红色，图11）根据施工单位上报的周计划和月度计划为依据进行更新，与

图10　BIM 模型的应用路线

实际安装情况模型进行对比，得出本周和本月的进度情况。

　　实际安装情况路线中，当构件进场时，在初始BIM模型（灰色，图12）中将验收合格的构件标记为蓝色，不合格的构件待处理合格再次进场后标记为蓝色，该模型取名为"构件进场模型"（蓝色，图13）。现场安装过程中，通过现场巡视、旁站等方式跟踪构件安装情况，在"构件进场模型"将已安装的构件标记为黄色，取名为"现场安装模型"（黄色，图14）。在此模型的基础上，根据设计图纸和验收要求将验收合格的构件标记为"验收模型"（绿色，图14）。

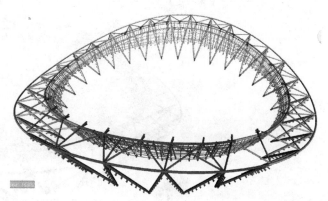

图11　计划安装模型（红色）

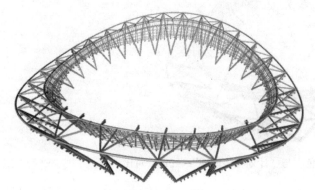

图12　初始模型（灰色）

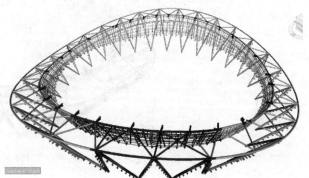

图13　构件进场模型（蓝色）

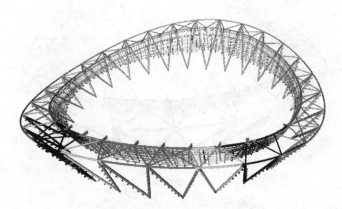

图14　现场安装及验收模型
（中间绿色、两侧黄色、两边侧蓝色）

　　"现场模型"根据现场施工情况每周进行更新，与每周"计划安装模型"进行对比。若黄色构件的数量多于红色构件，则现场进度超过计划进度；若黄色构件的数量少于红色构件，则现场进度滞后于计划进度（图15），需分析滞后原因并进行控制。通过对比"构件进场模型"与"计划安装模型"，若蓝色构件的数量多于红色构件，分析滞后原因是构件已进场，但是没有及时安装；若蓝色构件的数量少于红色构件（图16），则构件没有按照计划进场，应查明原因并通知施工单位。

2.4　利用BIM模型软件的模块造价进度控制

　　钢结构工程中主要使用重量为单位进行工程计量，而每个构件的重量都可以在模型的构件信息中查

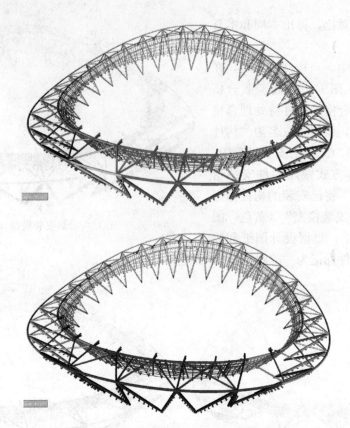

图 15 "现场安装及验收模型"（绿黄色）与"计划安装模型"（红色）对比

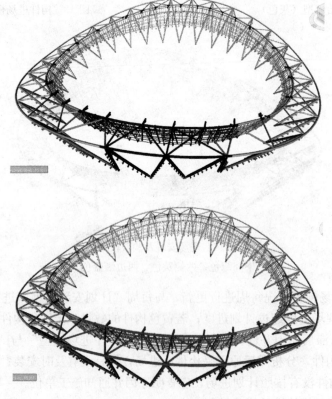

图 16 "构件进场模型"（蓝色）与"计划安装模型"（红色）对比

询，在 BIM 软件中利用统计功能，以颜色为筛选条件就能够统计出同一颜色构件的工程量，并导出工程量统计表，利用此方法可以及时配合业主统计出符合不同付款条件要求的工程量情况。

3　结论

通过以上过程可以看出本工程基于施工区域模块化管理模式的钢结构工程控制是非常完整到位的。同时在模块化管理基础上利用多层级工序识别对质量控制有非常好的作用，可以达到工序全面控制、重点清晰、职责明确、无死角无遗漏。另外加入 BIM 工具的应用，使得模块化管理无论是在质量、进度还是造价控制方面都有不俗的表现，不仅方便专业人员对现场进行实时控制还可以帮助管理决策层及时直观了解工程情况，为施工决策提供有力支持。

4　展望

模块化管理是我国当前建筑业施工发展的趋势，具有很高的研究价值。该方法不仅适用于本工程的钢结构控制，在其他专业方面也具有较强的可推广性和可操作性。在当前国家提倡装配式建筑的大背景下，通过模块化管理方法来开展装配式建筑工程施工建设管理工作，不仅加快了施工效率，可以实现建筑组件的标准化，同时也可以实现施工区域内工序标准化控制，在工程领域有相当好的应用前景。

参考文献
[1]　张文甫. 大跨度模块化钢结构施工技术[J]. 科技信息，2013，06：388-389.
[2]　郭弘翔. 钢结构模块化设计初探——国际前沿的石化结构设计新思维[J]. 建筑设计管理，2013，06：65-67＋80.
[3]　孙留寇，刘学峰，嵇雪飞. 钢结构模块化施工研究进展[A].《工业建筑》杂志社有限公司、《钢结构》杂志社.2014年全国钢结构设计与施工学术会议论文集[C].《工业建筑》杂志社有限公司、《钢结构》杂志社，2014：3.
[4]　曲可鑫. 钢结构模块化建筑结构体系研究[D]. 天津大学，2014.

超大型机库屋盖结构施工技术

蔡小平

（常州钢构建设工程有限公司，常州　213136）

摘　要　新誉宇航股份有限公司机库屋盖为超大跨度（160m＋84m）空间网格结构。结合工程重难点，通过分阶段提升工况分析，采取合理的吊点布置及二次转换技术、线性控制、嵌补及卸载等技术措施，实现计算机控制液压整体提升。施工总体部署合理，关键工序可控，节约工期，确保施工质量。

关键词　空间网格；分阶段工况；提升吊点；线性控制

1　工程概况

新誉宇航股份有限公司机库大厅工程为混凝土柱、网架屋盖结构，平面尺寸：244m（160m＋84m双跨）×99m，维修大厅跨度160m，喷漆大厅跨度84m，进深99m，柱距12m，屋盖结构三边支承、一边开口，开口边设置大门桁架反梁，下弦支承。屋盖结构采用三层斜放四角锥网架，焊接空心球节点，网格尺寸6m×6m，其中大屋盖高度7.5m，下弦中心标高26.5m；机库大门桁架反梁采用三层正交正放网架，高度12.5m，下弦中心标高22m，支座节点采用抗震球铰支座（图1、图2）。本次机库钢屋盖结构吊装重量约3100t，吊装高度26m，属于典型超大跨度多层空间网格结构施工。

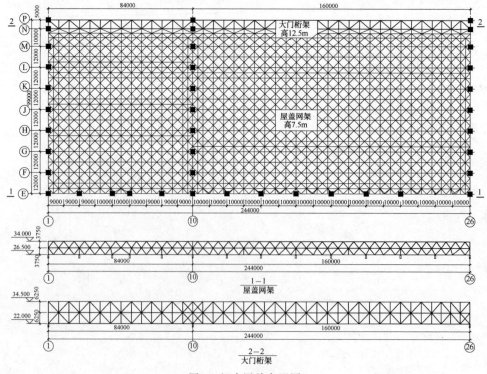

图1　机库屋盖布置图

2 重点难点分析

本工程不同于一般空间网格结构，具有超大跨度、结构分层高差大、焊接体量大等施工难点，需要采取相应的技术措施，确保空间网架结构的拼装精度、挠度和焊接质量。

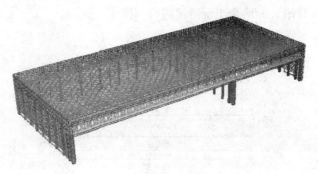

图 2 机库三维图

（1）结构高、跨度大：屋盖结构安装高度 34.5m，连续双跨 160m＋84m，大跨度高空作业施工技术，面临诸多难度。

（2）结构分层高差大：屋盖网架和大门桁架下弦球中心高差 4.5m，合理划分施工阶段，是本工程施工重点。

（3）线性控制复杂：网架施工过程前后线性必须保持一致，由于结构分层高差和跨度不同，采取的线性控制技术保证措施也不一样。网架屋盖设计最大挠度 347mm（静载条件下），网架下弦悬挂行车、施工平台和移动大门等，因此必需采取技术措施减少网架最终安装挠度。

（4）屋盖结构焊接量大 ：屋盖网架为全焊接空心球节点，焊接球规格 WS350×12～WSR800×30 共 7 种 3614 只，钢管 Φ102×4～Φ500×40 共 16 种 13761 根，焊接工作量大，焊缝质量等级要求高。

（5）围护结构体量大：围护结构采用 TPO 屋面防水和外墙面横排彩色压型钢板，体量大，高处作业，确保施工安全和防水质量。

3 施工总体部署

3.1 方案优化

结合工程特点和重点难点，通过计算机模拟分析，对施工方案进行反复论证和优化，选取合理的施工工艺和关键施工技术保障措施，最终采用分阶段线性控制整体提升施工方法，利用"超大型构件液压同步提升施工技术"将其一次性提升到位。

3.2 施工工艺原理

分阶段：根据网架的分层高差，通过提升吊点的二次转换，采取分阶段提升施工。不同工况阶段提升高度和技术要求不同，工艺流程紧密衔接，严格按照工艺流程操作，不同施工阶段均能形成独立的具备稳定刚度的空间结构单元，结合全过程模拟计算，有效确保施工安全。

线性控制：不同跨度的挠度曲线和焊接收缩量不同，为确保网架的线性符合设计要求，除采取预起拱外，还应在地面搭设专用线性胎架。工厂预先制作标准单元体、现场多联单元体扩展组拼，有效提高施工效率和质量。

整体提升：第一阶段网格结构提升到一定高度后锁定暂停，继续拼装后续阶段大门下弦分层网格单元，完成第二阶段网格结构的整体提升。

3.3 施工分区

根据柱网分布的特点，以 10 轴中柱为界（图3），分为 160m 跨维修大厅和 84m 跨喷漆大厅，由南向北同步施工，共划分为 6 个区域。先施工 A、B 区；然后施工 C、D 区；最后完成 E、F 区施工，各区域施工均满足业主对工期的要求。

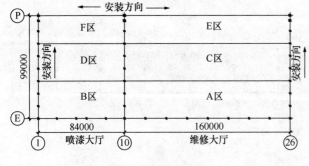

图 3 网架施工分区

4 分阶段提升工况分析

由于屋盖网架和大门桁架高差 4.5m，因此提升吊装分两个工况阶段进行（图4、图5）。

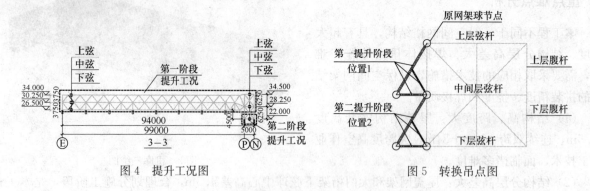

图4 提升工况图　　　　　　　　　图5 转换吊点图

第一阶段：三层网架屋盖区域（高度7.5m）＋大门上弦、中弦层（6.25m）拼装完成，大门区域提升点设在上弦临时杆件位置1→第一次提升5m后，提升器锁定静置网架。第一阶段提升包括：屋盖网架、面檩条、检修马道、通风管道、吊车轨道，提升重量2300t。

第二阶段：嵌补完成机库大门桁架下弦层（6.25m）网架→采用逐点卸载逐点置换提升吊点的方法，置换大门处下提升点到下弦临时杆件位置2→网架第二次整体提升21m至设计标高→嵌补杆件→所有焊接完成验收合格→分级同步卸载→拆除格构柱、临时提升支架，网架安装完成。第二阶段提升包括：第一阶段提升构件＋大门桁架（下弦层、大门轨道），提升重量3100t。

5 提升吊点布置

5.1 吊点布置

利用SAP2000软件对不同阶段提升工况反复进行模拟分析，综合比较安全性和经济性，对提升吊点进行优化布置，本工程共设置28个吊点（图6）。提升吊点分两种形式：其一，通过在混凝土柱顶设置门式提升支架，提升吊点1~26均采用此种方式；其二，由于大门跨度大（达到160m），原设计大门开口没有支承体系，故设置临时格构柱塔架布置提升吊点，提升吊点27、28采用此种方式。

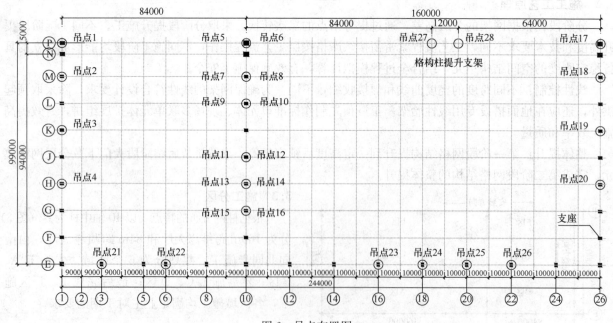

图6 吊点布置图

5.2 吊点计算

按照规范要求，吊点反力计算提升过程中所有施工静载和活载，依据反力值选取合适的液压提升器，吊点反力按提升第一阶段工况（提升 5m）和第二阶段提升工况（提升 21m）分别计算，取最大值确定提升器型号，其中吊点 1～26 配置 200t 提升器，吊点 27～28 配置 500t 提升器。

5.3 吊点设计

根据设计要求和不同施工阶段节点的构造，确定合理的吊点形式（表 1）。吊点的选择应以不改变提升结构的受力体系，提升吊装过程中，结构的应力比以及变形均控制在允许的范围内。一般设置提升上、下吊点，上吊点即提升支架，设置液压提升器，液压提升器通过提升专用钢绞线与提升结构对应下吊点相连接，下吊点的设置应确保构件稳定，吊点受力需要验算。

吊点大样图　　表 1

  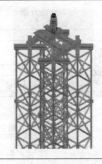 

| 上吊点 1～26 | 下吊点 1～26 | 塔柱上吊点 27～28 | 塔柱下吊点 27～28 |

（1）上吊点设计。提升平台钢支架，采用门式构架形式，柱底与平台埋件焊接，钢梁悬挑端开孔，上面放置提升器，穿钢绞线。

（2）格构柱塔架吊点。塔架上吊点设计采用整体建模分析，格构柱采用格构式四肢管柱，柱顶通过转换梁，在塔柱中心位置设置提升器。由于格构柱较高，必须进行稳定性分析，实际操作中增加缆风绳等防倾覆措施。

（3）下吊点设计。网架提升下吊点采用临时三角形 4 杆 1 球的锥体，与网架单元在地面预先拼装成整体，为减少提升高度，避免钢绞线与网架内杆件相碰，下吊点设置在网架下弦靠近支座空档内。上下吊点必须对其一条线上，钢绞线从上吊点提升器穿过上拔，与下吊点提升地锚可靠连接。吊点采用空心球与钢管焊接组合体，便于贯穿钢绞线和受力传递。

6 线性控制技术

6.1 预起拱线性控制技术

按照 160m＋84m 两个连续跨，确定网架提升的拼装预起拱线性图（图 7），确保网架挠度控制和施工质量。

6.2 分阶段线性控制技术

两个提升阶段施工工况不同，因此采取相应的线性控制技术保证措施。

第一阶段：网架 160m 跨拼装时，格构柱吊点未受力，因此网架从 160m 跨中向两边扩展施工，按照正常线性设置胎架即可。

第二阶段：第一次提升 5m 暂停，格构柱吊点受力，将 160m 跨分为 84m＋64m 两跨，相应产生两个挠度曲线，线性控制分别从 84m

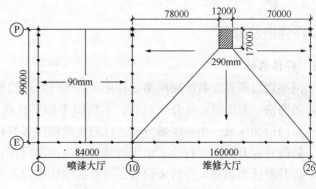

图 7 网架预起拱线性图

139

和64m跨中间位置挠度最低点开始定位第一榀大门下弦层桁架，定位好后线性胎架支撑就位，焊接完成第一榀，以此挠度最低点胎架为基准向两边扩展安装。同步提升器配合卸载部分荷载，依次逐渐传递给支架，确保两个阶段地面拼装线性一致，如图8所示。

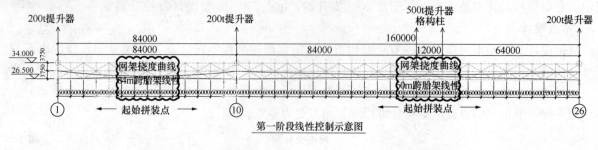

第一阶段线性控制示意图

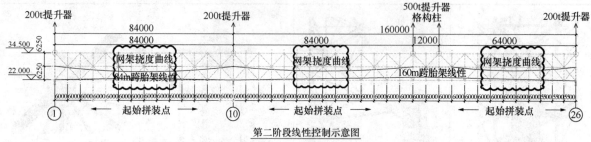

第二阶段线性控制示意图

图8　分阶段线性控制示意图

6.3　预拼线性胎架控制技术

为确保线性，应在地面搭设专用线性拼装胎架，在胎架上完成预拼装。为提高施工效率，确保焊接质量，网架在工厂内可预先制作标准单元体，单元体运输到现场，现场在线性胎架多联单元体扩展组装预拼（图9）。

图9　标准单元体工厂预拼

7　杆件嵌补卸载

7.1　杆件嵌补

网架周边嵌补安装区域网架，在地面拼装时，周边密布安全网，作业平台采用简易悬挂式条形脚手架，随网格一起提升，提升到位后，利用脚手架平台高空散件嵌补对接。根据结构受力特点，依次按照：大门桁架区域→中柱区域→周边区域先后顺序嵌补杆件，每个区域先嵌补未设置提升点支座附近杆件，后嵌补提升点附近杆件。由于网架提升吊点之间存在挠度差，为确保对接的精度，提升到设计标高后，提升器适当超提，先将未设置吊点处的结构对口嵌补完成，然后通过提升器下降微调完成所有吊点处结构的对口嵌补。

7.2 卸载

卸载拆除主要考虑对原有结构和挠度不要造成影响，依次按照：周边区域→中柱区域→大门桁架边柱→塔架顺序卸载。提升器先卸载，拆除钢绞线，再割除下吊点临时杆球，临时杆距离网架焊接球表面50mm处割断后封闭打磨，避免切割时对焊接球的损伤，最后拆除临时支架，嵌补卸载分区如图10所示。

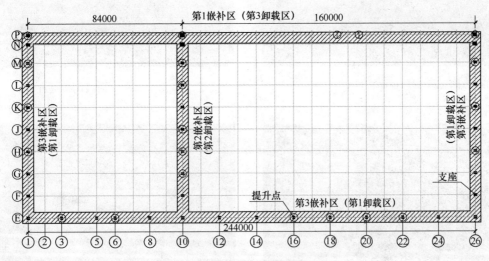

图10　周边杆件嵌补及网架卸载分区

8 围护结构施工技术

本工程围护系统屋面做法：1.5厚TPO防水卷材＋100mm厚硬质岩棉＋0.3mmPE膜隔汽层＋0.8mm厚镀铝锌YX38-150-900型PE涂层压型钢板；墙面做法：900型0.45mm厚镀铝锌彩板内墙板竖向铺设＋75mm厚玻璃棉＋YX32-130-780型0.6mmPVDF氟碳喷涂外墙板横向铺设。

由于网架屋面进深达99m，一次性排水量较大，因此将屋面划分4个连续坡，4道虹吸排水天沟，单坡排水宽度约12m，这样极大地减少屋脊高度和单天沟的汇水量，明显提高屋面防水效果（图11）。墙檩布置双层檩条，以满足内墙面竖排板、外墙面横排板的要求。采用吊篮施工技术，从下而上依次完成墙面板安装，施工严格遵守《高处作业吊篮》GB 19155的相关规定。

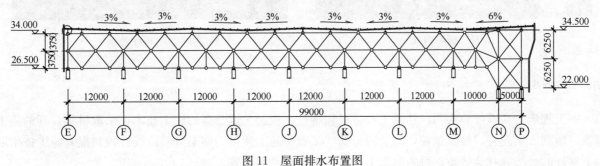

图11　屋面排水布置图

9 现场施工效果

现场施工严格执行上述技术措施，重点控制网架拼装精度和焊接质量。经现场实测检查，偏差最大值全部符合设计和规范要求，工程质量一次性验收合格，施工技术安全可靠，其中屋盖挠度最大值89mm，线性控制效果显著，施工现场照片如图12～图17。

图 12　网架地面预拼装

图 13　第一阶段网架提升 5m

图 14　第二阶段大门桁架下弦拼装

图 15　第二阶段网架整体柱顶 21m

图 16　机库内景

图 17　机库外景

10　结束语

本工程施工实践经验表明：结合工程特点和难点，控制关键节点的施工技术，采取科学合理的施工部署，做到方案先行，过程预控，既节约工期，又确保施工质量。网架分阶段线性控制提升施工技术取得了良好的经济和社会效益，可为类似工程施工提供参考和借鉴。

参考文献

［1］　空间网格结构技术规程 JGJ 7—2010 北京：中国建筑工业出版社，2010.
［2］　建筑施工手册(第五版).北京：中国建筑工业出版社，2002.
［3］　陆宁.大跨度钢结构网架整体液压提升技术及安全措施[J].建筑施工，2011，03.
［4］　郭彦林等.首都国际机场 A380 机库屋盖整体提升一体化建模分析[J].工业建筑，2007，09.

复杂重型空间钢桁架的施工技术

徐建成　向伟明　陈发飞　鲁　俊　陈友泉　陈　明

(杭萧钢构股份有限公司，浙江杭州　311232)

摘　要　探讨复杂重型钢桁架在场地不规整，塔式起重机起重能力不强的情况下，根据场地条件和施工方案，设计空间桁架结构体系局部转换方向，按照钢桁架结构体系受力特点布置临时支撑架，特重型钢桁架区段进行高空散装施工，一般性桁架区段采用楼面胎模拼装整榀起吊施工，不同施工方法的结合大幅度降低成本，对各种复杂重型钢桁架吊装施工有一定的参考价值。

关键词　重型钢桁架；空中散装；胎架；地面拼装；支撑架；整榀起吊

1　前言

大跨度空间钢桁架和网架的施工安装通常采用三种方式：(1)搭建满堂脚手架，高空散装，该方法适用于空间网架的施工；(2)屋盖钢结构地面拼装，整体提升；(3)整体集中在地面搭建平面主桁架的拼装胎架，地面组装整榀起吊，空中导轨牵引至安装位置，该方法适用于规整性的矩形建筑平面，按平面桁架结构体系的施工。第一种方法措施费用高，但对起吊设备要求不高，施工周期较长；第二种方法效率高，但对起吊设备及起吊施工工艺要求高；第三种方法仅能适用于场地规整统一、平面桁架结构体系也是规整统一的情况。对于复杂的空间重型钢桁架结构，当场地条件复杂，且不能采用大型起吊设备时，则前面介绍的三种施工方法均不适合采用，需要根据结构的受力特点，采用临时支撑架高空定位散装法与一般性钢桁架的地面胎模拼装整榀提升两者相结合的方法，可获得较好的经济效益，本文以某工程为例讨论此施工技术。

2　工程概况

湖南省博物馆总建筑面积 91252m²，建筑高度 37.7m，在多层钢筋混凝土建筑上安装一个复杂重型钢桁架屋盖体系，屋盖中央呈钻石状，周边为大悬挑结构，西面最宽 75.6m，东面宽 25.0m，长 138.m；桁架最大高度为 17m，最重单榀钢桁架为 152t，最大跨度为 52.0m，最大悬挑 20.2m，凌空高度在 30～47m 之间，钢桁架杆件截面主要为 H 型和箱型，最大单构件重 23.2t，建筑外形如图 1 所示。

3　工程施工安装的特点与难点

本工程钢结构安装具有以下特点与难点：

图 1　湖南省博物馆

（1）单件重量大，现场起重机不能满足整榀桁架的起吊作业。

（2）结构形状复杂测量定位难：本工程地下室基坑面积大，结构复杂异型构件多，纵横交错，立面与平面均有变化，楼层内夹层多，施工测量控制点繁多，测量难度大。

（3）焊接变形控制难：屋盖构件纵向、横向、斜向交错，均为全熔透对接焊缝，节点处的纵向、横向、斜向焊缝交错，焊接时的气流环境控制、焊接层间温度、焊接应力变形的释放等需要全面综合考虑。

4 主要施工方法

4.1 施工方案

由于屋盖下面是多层钢筋混凝土结构，不容许安置非常规的大吨位的起重机设备来进行整榀钢桁架的吊装，故采用常规起重机进行高空散拼散装，在屋盖头部中央区域桁架凌空高度为32~47m，主桁架高度达17m，在此处区域的桁架安装依靠临时支撑架体系形成空中胎模进行施工，是本工程的难点与重点。其余区域桁架跨度较小，可以考虑在楼面搭建组装桁架的胎架进行整榀拼装整榀起吊，以提高工效。临时支撑架直接采用起重机标准节拼接而成，各支撑架的布置及起重机的布置根据屋盖结构的受力特性及拼装分段要求进行。用全站仪控制各支撑架的顶部标高以形成空间屋盖的标高胎模，如图2所示。

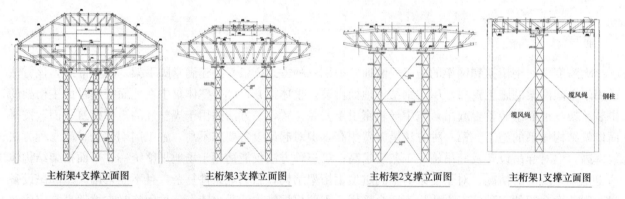

图2 不同的屋盖钢桁架及对应的临时支撑架

为克服混凝土层楼影响起重机布置及起重机起吊重量不足的问题，设计方案与施工方案相结合，将屋盖划分为三个区段（图3）：前端特重型钢桁架结构为第一区，采用空中散装法；后端一般性钢桁架结构为第三区，桁架跨度较小，重量较轻，采用楼层面搭建胎模，拼装整榀桁架整榀起吊施工；中间为第二区段，结构体系进行90°转换方向，以纵向作为主承重桁架，直接连接在已安装好的第一区结构和第三区结构，依靠此主承重桁架（也称托架）支承各个次桁架。该托架采用楼层面搭建胎架分段拼装，分段起吊空中对接，各个次桁架采用楼层面拼装整体起吊施工。整个施工顺序如图4~图9所示。

4.2 测量定位

（1）建立有效的空间定位体系在测量放线前，按照设计图，绘制三维立体模型，建立空间坐标体系，定位和复测安装控制点。

（2）选择正确的定位控制点，充分利用博物馆周边原有建筑，在通视位置设控制点，采用高精度全站仪进行测量，在博物馆主体屋盖两侧的钢筋混凝土平屋面上架设全站仪采用闭合测量路线。

（3）安装定位：每榀主桁架设置2~3个临时支撑架，如图2所示，用全站仪精确定位每个支撑架平面位置和顶部标高的绝对值，再按照每榀桁架的截面高度确定各个构件的标高位置。

（4）拼装胎架定位：采用全站仪测量控制楼层面搭建的单榀桁架拼装胎架。

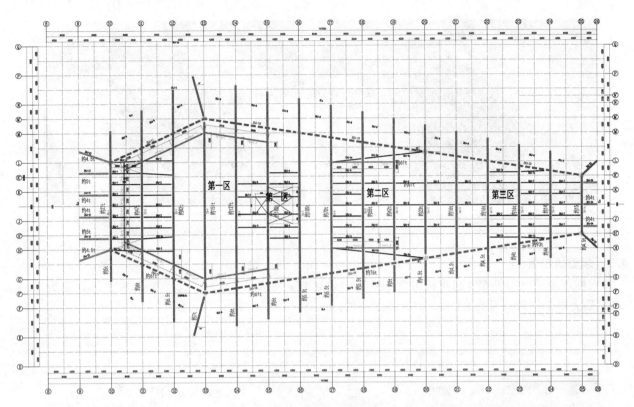

图 3　屋盖结构分区

图 4　设置起重机

图 5　搭设临时标准节支撑架

图 6　安装第一区段主桁架

图 7　安装第一区段次桁架及第三区段主桁架

图 8 安装第二区段主桁架和次桁架   图 9 安装周边悬挑桁架

4.3 起重机布置

根据现场情况布置 5 台起重机可覆盖所有建筑区域，如图 10 所示。起重机起吊重量分别为 10～30t，最大单个构件重量为 23.2t，满足施工条件。

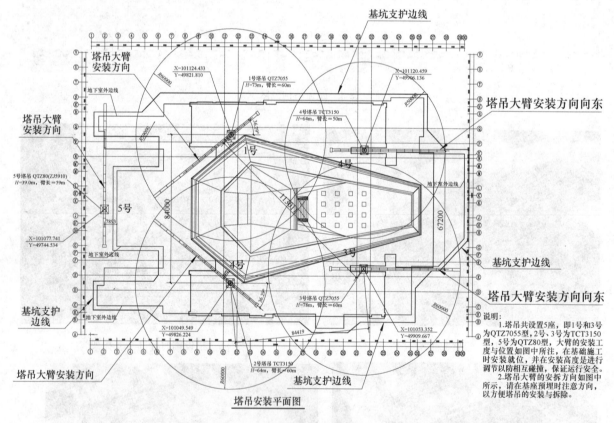

图 10 起重机布置

4.4 临时支撑架

采用起重机标准节直接拼装支撑架，此起重机标准节支撑体系同时可作为施工人员上下的安全通道、操作平台。与常规脚手架相比，有如下优点：(1) 工期能节省约 60d；(2) 起重机标准节刚度大，变形小，调节方便，有利于安装质量的控制；(3) 人工搭建工作量减少约 50%；(4) 措施费节约 20%。

临时支撑架的施工技术要点如下：

(1) 临时支撑架如靠近钢筋混凝土结构楼层柱时，可以直接在楼层上安装临时支撑架，否则，需考虑在楼层之间设置支撑柱将支撑架承受的施工荷载传递到基础上去,楼层支撑柱结构如图11所示。

（2）临时支撑架底部进行加固,如图12所示,采用两根H钢梁由角钢将其并联,用膨胀螺栓固定在钢筋混凝土楼层上。

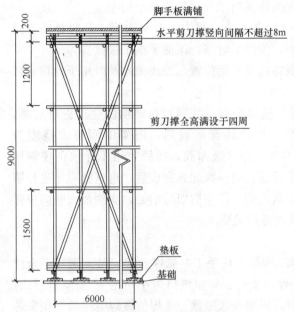

图11　支撑架底部加固传力　　　　　图12　钢筋混凝土楼层间加固传力

（3）在临时支撑架顶部设置一个简易平台,用于支承钢桁架施工荷载及施工人员安全操作平台。

（4）为保证临时支撑架的稳定性,将其用H钢梁连接已建好的钢筋混凝土结构,同时,临时支撑架之间用H钢梁连接,同时采用刚性系杆将临时支撑架连接与已建好的钢筋混凝土结构上,以及必要的临时揽风绳等,如图2、图4和图5所示。

（5）安装第二区段时,首先安装纵向主承重托架,如图13所示,由该纵向托架支承各个次桁架的安装。

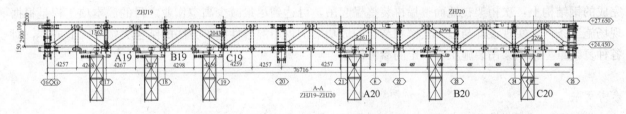

图13　纵向托架梁及其临时支撑架

4.5　主要的施工安装方法

（1）首先安装第一区段,采用空中散装法,按照平面桁架安装方式,先安装主桁架,再安装次桁架,最后安装斜交支撑构件。各桁架构件的安装顺序为:先下弦杆安装→焊接完成后→安装竖向控制腹杆→安装上弦杆→安装其余腹杆及斜交杆件等,如图14所示。

（2）其次安装第三区段:在楼层面搭建胎模,拼装整榀桁架,整榀起吊,续后安装次桁架及斜交构件。

（3）续后安装第二区段:在纵向支撑架上安装纵向桁

图14　重型桁架区段的安装

147

架式托架梁，利用临时支撑架空中拼装整榀纵向桁架连接于第一区段和第三区段钢结构；在楼层上搭建拼装次桁架的胎模，对次桁架的进行整体起吊，可大大减少高空作业量。

（4）最后安装周边的悬挑桁架，在两侧的钢筋混凝土屋面上搭建悬挑桁架的拼装胎架，按建筑轴线整榀拼装平面悬挑桁架，完成后安装各悬挑桁架之间的中间连系桁架及端部连系小桁架。

（5）采用 QTZ7055A 大型起重机吊装悬挑结构，同时加强安装过程中的监测力度，及时穿插安排后续校正、焊接工作，极大地提高了现场起重机的利用率，争得了时间，保证了施工进度。

（6）用全站仪随时测量监控安装过程中各桁架的控制标高及平面位置，发现偏差及时用千斤顶或撬棍进行微调。

（7）卸载：用 MIDAS/GEN 软件对卸载过全过程进行模拟分析，并同步对结构的变形进行监测，采用对称顺序分级卸载法，先卸载中间，后卸载外围。理论计算卸载后，桁架中间最大挠度为63.0mm，其余支撑架位置钢桁架的挠度为 10～57mm 不等，分二级卸载，卸载时用千斤顶顶住钢桁架，将支撑架顶部的垫块去掉二分之一垫层高度，放下千斤顶；第一级卸载完成后，再重复顺序进行第二级卸载。全部卸载完毕后，结构的最大竖向位移发生在最大的一榀主桁架跨中处，实测最大竖向位移为 60.0mm，与软件模拟分析数据基本吻合，满足设计及规范相关要求。

4.6 高空焊接控制

综合考虑焊接效率、操作难度、焊缝的质量标准要求，现场采用手工电弧焊（SMAW）适用于全位置焊接；采用 CO_2 气体保护焊（GMAW）主要适用于平焊及横焊。焊接坡口为小角度 V 型坡口形式，在保证焊透的前提下，采用小角度、窄间隙单面焊接坡口，可减少收缩量。平焊位置焊缝尽量采用实芯 CO_2 气体保护焊，焊材为 ER50-6；立焊和仰焊位置尽量采用药芯 CO_2 气体保护焊，焊材为 E501T-1，在拼装焊接中采用从中心往两边对称施焊，尽量减少焊接变形。

5 结语

复杂重型空间钢桁架的施工技术，宜根据钢桁架结构体系的技术特点、场地情况、起吊设备条件等，宜在设计时将钢结构体系的技术特点与施工方案相结合考虑：特重型钢桁架可采用高空散装；部分较轻桁架采用楼面（地面）胎架整体拼装起吊，两者的结合克服了起重机起重能力不强，场地不规则的困难，同时减少了较轻钢桁架的高空作业；部分结构体系转换传力方向，主承重桁架直接连接在已安装完成的钢结构上，次桁架在地面整榀拼装整榀起吊，可达到尽量减少高空作业之目的。本项工程是根据现场施工条件，实现设计与施工紧密相结合的成功案例，用混合性施工方法的结合大幅度降低成本，对各种复杂重型钢桁架吊装施工有一定的参考价值。

参考文献

[1] 游大江等. 首都机场 A308 机库屋盖整体提升施工技术[J]. 施工技术，2008，05.
[2] 肖杰，网鹃等. 大跨度钢结构桁架累积滑移技术[J]. 施工技术(增刊)，2016 Vol.45，255-257.

大跨度反拱张弦梁双拉索施工技术

刘龙龙　汪　超　于占峰　吴先海　孙雪芹

（中建三局第一建设工程有限责任公司，湖北　武汉，430040）

摘　要　下凹型反拱张弦梁与传统的拱形张弦梁结构相比，在施工过程中易产生平面外的失稳，且双索张拉也易因受力不均匀造成张拉失稳。本文以长沙国际会展中心工程为例介绍了一种施工工艺。在施工前进行张拉模拟，设计特殊张拉工装，施工过程中进行分批、分级张拉，进行实时监测，对比张拉数据，及时调整张拉过程，使张弦梁结构在施工过程中趋于稳定，保障了施工安全和质量，达到了设计的要求。

关键词　反拱张弦梁；拉索；分级张拉；张拉工装；长沙国际会展中心

1　前言

张弦梁结构是一种由刚性构件上弦、柔性拉索、中间连以撑杆形成的混合结构体系，其结构组成是一种新型自平衡体系，是一种大跨度预应力空间结构体系，也是混合结构体系发展中的一个比较成功的创造。张弦梁结构体系简单、受力明确、结构形式多样，充分发挥了刚柔两种材料的优势，并且制造、运输、施工简捷方便，具有良好的应用前景。

长沙国际会展中心位于湖南省长沙市浏阳河东岸，总建筑面积44.3万 m²，是一个多功能的大型现代化展览场馆，如图1所示。主展馆屋盖结构采用张弦梁受力体系，在屋盖两端沿跨度方向各布置一榀四管桁架作为封边结构，如图2所示。

图1　长沙国际会展中心全景

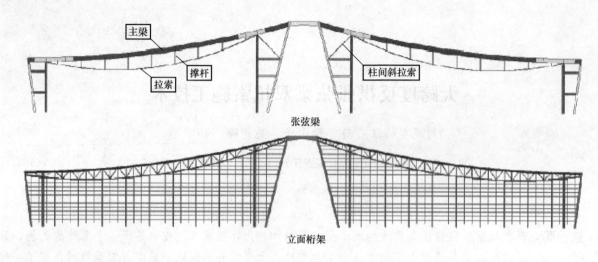

图 2　反拱式大跨度张弦梁结构体系示意图

张弦梁呈下凹型反拱张弦梁，跨度 81m，主梁采用焊接箱形截面，截面尺寸 1.6m×0.5m（高度×宽度），跨中撑杆高度 4.8m，拉索采用 φ97 的双高帆索，索中心间距为 260mm。与传统的拱形张弦梁结构相比，该结构在预应力钢索张拉施工之前屋面刚度较弱，预应力索张拉过程会形成力二次分配，预应力索张拉顺序对屋面变形、安装质量有较大的影响，安全、高效的预应力索施工方案是该工程的重点。

2　工艺流程及操作要点

2.1　工艺流程图

大跨度反拱张弦梁预应力拉索张拉施工工艺流程详见图 3。

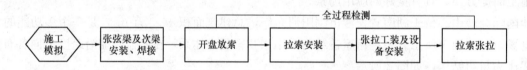

图 3　大跨度反拱张弦梁预应力拉索张拉施工流程图

2.2　操作要点

2.2.1　施工模拟

（1）通过 ANSYS 有限元软件根据设计图纸建立结构模型。

（2）设计院提供的"初始预应力"是指屋盖结构在自重（不含檩条）及拉索预张力共同作用下拉索各段的平均张力数值。根据该"初始预应力"对拉索进行找力分析，找力完成的结构达到结构自重初始态，即整体结构安装且张拉完成、拆除胎架后的状态。

（3）确定张拉顺序及张拉力同步分级张拉，屋盖结构从一侧向另一侧（17 轴向 3 轴）逐渐安装，逐榀张拉，五级张拉程序为 0%→30%→50%→75%→90%→100%，拉索张拉滞后安装两榀，即先安装完成第 17～13 轴张弦梁上弦及各榀之间联系杆件，安装和张拉 17 轴张弦梁拉索 ls-1 和斜拉索 xls-1，然后安装第 11 轴张弦梁及联系杆件再张拉 15 轴拉索，以此类推，直至张拉完成所有拉索（图 4、图 5）。

（4）根据结构模型，找力分析及张拉顺序进行张拉工况分析，确定拉索张拉力变化值及张拉位移。张拉过程中张拉端索力变化见表 1，张拉过程中最大钢结构等效应力及竖向位移见表 2。

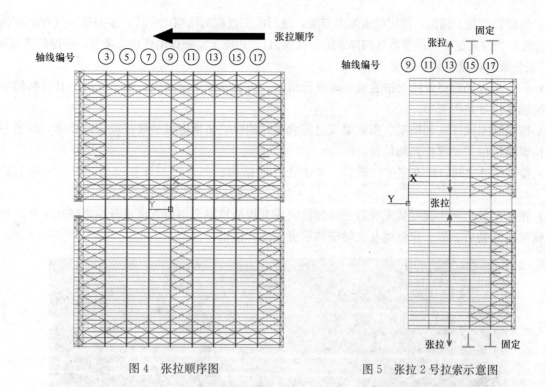

图 4　张拉顺序图　　　　　图 5　张拉 2 号拉索示意图

张拉过程中张拉端索力变化表　　　表1

轴线编号	17	15	13	11	9	7	5	3	脱架
17	5820	5433	5466	5488	5489	5488	5488	5489	5489
15		5524	5137	5167	5189	5190	5188	5188	5188
13			5513	5136	5167	5188	5189	5188	5188
11				5507	5136	5165	5187	5188	5188
9					5514	5135	5288	5188	5188
7						5533	5150	5188	5188
5							5579	5188	5188
3								5489	5489

张拉过程张拉端索力变化表（单位：kN）

张拉过程中最大钢结构等效应力及竖向位移表　　　表2

张拉轴线号	最大等效钢构应力（MPa）	最大竖向位移（mm）	
		反拱	下挠
未张拉	65.4	4.97	−55.43
17	252.4	152.27	−47.80
15	229.3	219.31	−47.99
13	232.6	260.73	−47.91
11	230.6	256.18	−47.90
9	231.0	252.19	−47.89
7	231.6	252.04	−47.91
5	233.5	252.24	−33.24
3	228.9	253.36	−92.91

（5）根据拉索施工模拟，确定拉索施工方案，进行施工过程的精细化分析，掌握施工过程的结构状态和结构特性，为拉索施工提供参数（如拉索施工张拉力），为施工监测提供理论参考值，确保施工安全。

2.2.2 张弦梁及次梁安装、焊接

（1）张弦梁进场后将张弦梁拼装成3段进行吊装，拼装时采用全站仪、水平仪确保其拼装精度，查看撑杆销轴连接处是否变形。

（2）按照施工顺序按照桁架、张弦梁及之间次梁，确保安装精度满足规范及设计要求，特别是张弦梁两端拉索销轴位置及撑杆销轴位置。

（3）检查构件之间以及支座连接就位，考虑张拉时结构状态是否与计算模型一致，以免引起安全事故。

（4）张弦梁及之间次梁安装完成后必须焊接完成并焊缝检测合格后方可进行拉索张拉工作，张拉工作滞后张弦梁安装后2榀。张弦梁及次梁安装示意如图6所示。

图6　张弦梁及次梁安装示意图

2.2.3 开盘放索

（1）根据拉索放盘特点设置放索盘，放索盘立面示意如图7所示，放索盘实物照片如图8所示。

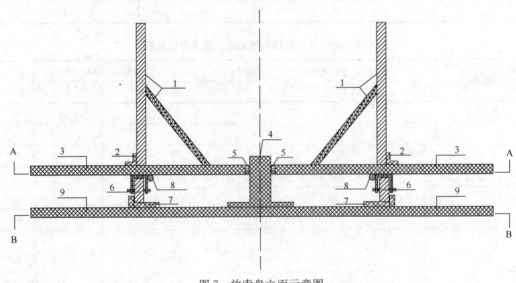

图7　放索盘立面示意图

图 8　放索盘实物照片

（2）拉索进场后检查拉索编号用汽车吊及吊带将拉索放置在放索盘上。

（3）在地面设置滚轴，采用牵引的方法，让拉索尽量水平平铺在地面滚轴上。拉索放盘现场图片如图 9 所示。

图 9　拉索放盘现场图片

（4）在放索过程中，因索盘绕产生的弹性和牵引产生的偏心力，索开盘时产生加速，导致弹开散盘，易危及工人安全，因此开盘时注意防止崩盘。

（5）软索的柔度相对较好，在开盘拉索展开过程中外包的防护层不除去，仅剥去索夹处的防护，在牵引索安装索球张拉索的各道工序中，均注意避免碰伤、刮伤索体。

2.2.4 拉索安装

（1）拉索安装操作平台安装在张弦梁固定位置，操作平台不仅要便于拉索施工，也要保证施工安全性。拉索张拉操作平台示意如图 10 所示。

（2）用起重机将地面编好号的撑杆逐根吊起，将撑杆上节点与钢构相连。撑杆安装示意如图 11 所示。

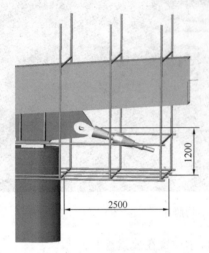

图 10　拉索张拉操作平台示意图　　　　　　图 11　撑杆安装示意图

（3）拉索安装前，需对拉索张拉调节装置涂适量黄油润滑，以便于拧动。

（4）采用起重机、牵引千斤顶、卷扬机等，将地面展开的拉索提升至高空。拉索吊装示意如图 12 所示。

图 12　拉索吊装示意图

（5）根据索体表面的标记，确定索夹与拉索相连的位置，将索体与索夹固定连接。索体与索夹固定示意如图 13 所示。

图 13　索体与索夹固定示意图

（6）索头与锚固节点连接，并预紧拉索。索头与锚固节点连接示意如图 14 所示。

图 14　索头与锚固节点连接示意图

（7）检查直接与拉索相连的节点，其空间坐标精度需严格控制。节点上与拉索相连的耳板方向也应严格控制，以免影响拉索施工和结构受力。

2.2.5 张拉工装及设备安装

（1）预应力索张拉设备必须在完成设备标定工作后方可投入使用。

（2）千斤顶和油压表须每半年标定一次，且配套使用，标定须在有资质的试验单位进行。设备正式使用前需进行检验、校核并调试，确保使用过程中万无一失。

（3）根据标定记录和施工张拉力，计算出相应的油压表值，现场按照油压表读数精确控制张拉力。

（4）根据双索同步张拉特点设计特殊张拉工装，保证双索同步张拉。

工装立面示意如图 15 所示，工装平面示意如图 16 所示，张拉工装实物如图 17 所示。

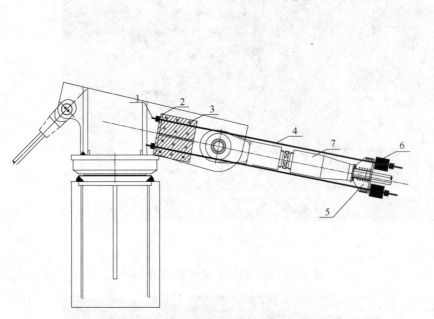

图 15 工装立面示意图

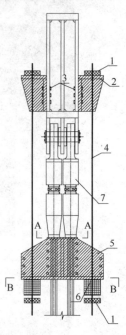

图 16 工装平面示意图

图 17 张拉工装实物

（5）工装安装前应将预应力拉索安装就位，索头与锚固节点连接，同时将反力扁担 2 与主体结构牢靠栓接，为张拉设备提供稳固着力点，将工装固定端 5 套入拉索，依次沿钢板预留孔穿入拉杆 4 及油压千斤顶 6，拉杆两端用锚具 1 锁紧，把千斤顶和油泵用油管连接好，安装配套标定油表后接通电源，调试设备。千斤顶张拉过程中，油压应缓慢、平稳。

2.2.6 拉索张拉

（1）张拉前将阻碍结构张拉变形的非结构构件与结构脱离，如主动将钢拱和支撑架脱离。

（2）拉索张拉前进行技术培训与交底。

（3）拉索张拉前严格检查临时通道以及安全维护设施是否符合要求。

（4）索张拉前应清理场地，禁止无关人员进入。

（5）一切准备工作做完之后，且经过系统的、全面的检查无误后，现场安装总指挥检查并发令后，才能正式进行预应力索张拉作业。

（6）张弦梁拉索张拉施工滞后钢构安装两榀进行流水作业，拉索两端同步张拉。斜拉索与张弦梁拉索为同一张拉批，同一张拉批共有 6 个张拉点，共需要投入 12 台千斤顶、6 台油泵及 6 套工装。

（7）屋面支撑安装和张拉滞后张弦梁张拉施工，分区格对称张拉，同一区格内两根同时张拉。

（8）所有张弦梁张拉结束后，安装和张拉稳定拉杆。先安装和张拉跨中的稳定拉杆，再依次进行四分之一跨处的安装和张拉施工。

（9）为保证张拉同步，同批次分五级张拉程序为：0%→30%→50%→75%→90%→100%。

（10）张弦梁拉索两端张拉；斜拉索一端张拉，张拉点位于下端。屋面支撑 WMZC 一端张拉，同网格内的两根同时张拉。稳定拉杆的主动张拉点设在最外侧外端。

2.2.7 张拉过程监测

拉索预张力施工过程是个动态的结构状态变化过程，是结构从零状态向成形初始态转变的过程。由于钢构安装误差、拉索制作、安装和张拉误差、分析误差以及环境影响等原因，实际结构状态与分析模型是有差异的。因此，有必要对拉索预应力施工过程予以监测，对比理论分析值和实际结构响应的差异，即时掌握各关键施工阶段的结构状态，保证拉索施工全过程处于可控状态，保证施工过程结构安全，为下阶段施工和最后的施工验收提供依据。

（1）监测内容和监测点

1）索力监测点

各主动张拉点的索力、各榀索力均监测。

2）关键节点位移监测

张弦梁变形监控位置为：每榀张弦梁四分点的竖向位移和支座水平位移。

（2）监测方法和设备

1）索力检测——频率计

主要采用无线频率计进行索力检测（图 18）。

鉴于拉索的索长、线重、抗弯刚度、索头质量、端节点刚度等对索力—频率关系存在较大的影响，因此采用二级标定的方法精确索力和频率的关系。

制索预张拉标定——精确修正拉索线重、索头重量、索长、索体抗弯刚度等重要参数：在制索单位对拉索预张拉时，根据试验机的张拉吨位，标定张拉力和频率的关系，以考虑索长、线重、抗弯刚度、索头质量等的影响。

现场施工张拉标定——精确修正结构刚度对拉索自振频率的影响：在现场施工张拉时，根据主动张拉索的张拉油压表值，标定施工张拉力和频率的关系，以考虑结构中拉索端节点刚度等的影响。

经过二级标定后，建立本工程索力和频率的数据库，用于检测施工阶段被动张拉索的索力以及使用阶段各拉索的索力。

图 18　频率法索力测试

2）位移监测——全站仪

全站仪是目前在大型工程施工现场采用的主要的高精度测量仪器。全站仪可以单机、远程、高精度快速放样或观测，并可结合现场情况灵活地避开可能的各种干扰。

（3）监测制度

1）每次张拉前，应首先检查测试仪器是否正常工作，并读取初读数。

2）在每一批次张拉过程中，不得移动测试仪器，如百分表、全站仪、反光片、振弦式应变仪等。一旦移动，则必须停止张拉，重新调整测试仪器，再次读取初读数后方可张拉，并将情况记录。

3）张拉完一批次后，应及时读取数据，进行分析，并与理论值比较，确定结构状况正常后，方可继续张拉下一批次。如有问题，应及时会同有关人员进行解决。

4）测试人员须固定，即要有专职人员进行测试工作。

（4）测试时机

设计提供的每个施工节段的相应标高和其他变形值，一般是基于某种标准气温下的设计值，而大型结构往往跨季节、跨昼夜施工。温度变化，特别是日照温差的变化对于结构变形的影响是复杂的，将温差变化所引起的结构变形从实测变形值中分离出来相当困难。因此，尽量选择温度变化小的时机进行测量，力求将温度、日照对施工控制的影响降低到最小限度。对一些大型结构温度影响的测试表明，在气候条件最不利的夏季，凌晨日出之前的气温较均匀，且最接近季节平均气温，是测量的较好时机。

在大型结构的施工控制中，温度影响可以分为两种：一种是昼夜温差的影响，另一种是季节温差的影响。无论是昼夜温差还是季节温差对索拱标高控制均有较大影响。

昼夜温差的影响一般在索力和标高控制中多采用回避的做法，即对标高和索力起控制作用的施工工序，均要求在温度较均匀的凌晨日出前进行。但遇连续高温的天气情况，由于凌晨的温度仍难均匀，温度的影响难以完全避免，在此情况下，宜采用标高的修正公式来减少日照温差的影响。

季节温差的影响，应设定一个标准温度，将施工过程中实际季节温差对结构的影响在施工控制计算中考虑。

3 工艺特点

3.1 分批分级张拉确保平面外稳定

该工程为下凹型反拱张弦梁，通过施工模拟，确定张弦梁、屋面支撑、稳定拉杆的安装顺序及拉索张拉顺序，确定每一榀张弦梁的张拉力及变形值，有效地解决了张拉过程中平面外稳定问题。

3.2 双索同步张拉工装确保张拉稳定

拉索为 $\phi97$ 高帆索，每榀张弦梁为双拉索，拉索中心间距为 260mm，通过设置双索张拉工装，有效地解决了可能发生的张拉碰撞及拉索受力不均达不到设计张拉力的情况。

3.3 开盘放索设备确保拉索顺利开盘

采用预应力拉索开盘放索设备可有效固定预应力拉索，在拉索开盘过程中可有效防止其突然变形；同时，拉索被牵引出索盘过程中，带动底部的索盘转动装置，使拉索与索盘同步转动，逐渐释放拉索反弹内力，确保整个放索过程安全平稳进行。

4 结语

在下凹型反拱张弦梁双索施工中，通过张拉模拟、设计特殊张拉工装、实时监测、及时调整张拉等施工措施，强调在施工过程中伴随监测活动及受力分析，调整张拉参数，确保施工安全，从一端向另一端顺序张拉，提高施工效率，缩短工期和胎架租赁周期。

该施工技术在长沙国际会展中心工程实施效果良好，达到了预期效果，设计思想得到充分表达；保证工期的同时保证了施工及质量和安装精度控制，提高了施工质量水平。拉索张拉施工如图 19 所示，展馆实景如图 20 所示。

图 19　拉索张拉施工图

图 20　展馆实景图

参考文献

[1] 丁阳，岳增国，刘锡良. 大跨度张弦梁结构的地震响应分析[J]. 地震工程与工程振动，2003，05.

[2] 米婷，罗永峰. 六种网格形式的单层球面网壳的风振响应[J]. 空间结构，2003，01.

[3] 沈世钊，武岳. 大跨度张拉结构风致动力响应研究进展[J]. 同济大学学报(自然科学版)，2002，05.

[4] 孙文波. 广州国际会展中心大跨度张弦梁的设计探讨[J]. 建筑结构，2002，02.

[5] 刘开国. 大跨度张弦梁式结构的分析[J]. 空间结构. 2001，02.

[6] 罗尧治，董石麟. 索杆张力结构初始预应力分布计算[J]. 建筑结构学报，200，05.

顶升施工技术在张家界荷花机场航站楼钢网架工程中的应用

张明亮[1,2]　王少华[3]

(1. 湖南省第六工程有限公司，湖南　长沙 410015；2. 吉首大学城乡资源与规划学院，湖南　张家界 427000；
3. 长沙三远钢结构有限公司，湖南　长沙 410114)

摘　要　以张家界荷花机场航站楼工程为背景，结合工程的特点及施工现场的实际情况，对网架顶升施工法的安装工艺流程、安装要点等进行了较为详细的阐述，提出了施工中应予以注意的关键问题。实践证明，采用该项技术进行网架安装，达到了结构稳定、经济指标合理、施工安全等要求，减少了施工现场脚手架的搭设工作量，为航站楼工程其他专业交叉施工赢得了时间，同时减少了大量的高空焊接作业，取得了良好的综合效益，对类似工程的施工具有一定的指导意义。

关键词　顶升技术；钢网架；施工技术；工程应用

1　引言

网架结构因其具有空间刚度大、整体稳定性好、抗震性能强、自重轻、节约钢材等优点，可适用于各种跨度和平面形状的建筑，被广泛应用于各类工业、民用建筑，特别是体育场、航站楼等大跨度屋盖结构。大跨度空间网架结构施工方法主要有满堂红脚手架施工法、高空散装法、分条或分块安装法、高空滑移法、整体吊装法、提升法及液压顶升法等。从施工工期、经济性指标及施工安全性等方面各施工方法均有其优缺点，针对具体网架工程，应根据工程实际情况进行综合对比，选取最为科学合理的施工方法。

2　工程概况

张家界荷花机场新航站楼由候机楼和主楼组成，平面布置呈"U"字形（西侧候机楼暂缓施工）。其中主楼屋面最高处标高 39.9m，屋面面积约 1.96 万 m^2，屋盖采用双层焊接球网架，网格形式为正放四角锥，最大跨度为 48m，厚度为 2.5m，网格尺寸为(3.0～4.5m)×(3.0～4.5m)，局部为异形网格，支撑在 20 个四分叉钢斜立柱之上，杆件数为 16191 根，焊接球共 4044 个，最大焊接球直径达 1.2m，结构造型复杂，呈水晶体结构，屋盖钢结构最大高差达 20m，施工难度大。候机楼屋脊处建筑标高为 27.5m，屋面面积约 8000m^2，屋盖结构采用三角形空间焊接球钢网架形式，网架跨度为 32m，厚度为 2.5m，网格尺寸为（2.5～3.0m）×（2.5～3.0m），支撑在 16 个四分叉钢斜立柱之上，杆件数为 10941 根，焊接球共 2789 个，最大焊接球直径为 0.8m，屋面为连续三角形折板面。航站楼工程鸟瞰图见图 1，平面示意图见图 2 所示。

2.1　工程主要技术特点及难点

1）屋盖为多折线多坡面焊接球网架，多棱多角，造型复杂；

2）建筑物为双层结构，局部为三层，夹层内设房中房，网架安装工作面在二层楼面上进行，但起重机、运输车不能上楼面，楼面作业不能使用工程机械施工，施工效率低；

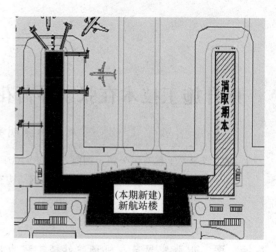

图 1　工程鸟瞰图　　　　　　　　　　　图 2　工程平面示意图

3）柱网尺寸比较大，有 45m×48m、45m×29.5m、45m×29m、48m×21m、36 m×32m 等多种；

4）网架杆件数量多，但同规格和长度的杆件数量却很少。候机楼杆件种类有 764 种，主楼杆件种类多达 6427 种，现场找杆需要耗费大量的工作时间；

5）全为焊接球，焊接工作量大，且全部集中在冬雨期施工，需要采取防风、防雨雪、防冰冻措施；

6）正常的施工周期被严重压缩，且施工周期跨越春节，不能正常采用流水作业程序。

2.2　网架施工方法比选

由于本工程工期比较紧张，为了在屋盖施工过程中尽可能早地给场内其他专业施工提供作业面，主楼、候机楼必须同时施工。综合考虑到候机楼高度较主楼低以及安装单位现有的施工机具设备，候机楼采用分片原位顶升法，主楼采用分片原位提升法，悬挑部位均采用三角单元高空散拼装进行施工。采用上述两种施工方法具有如下优点：①网架的拼装、焊接工作基本可以在现有已施工完的楼面进行，减少高空焊接作业频次和工作量；②可利用网架坡度大的特点，采用分层交叉作业方式，构件组拼装在第一层，焊接在第二层，根据焊接进度情况可在第三层进行构件表面防腐防锈涂料处理，主檩条施工在第四层，可达到缩短工期的效果；③网架顶（提）升到一定高度后，网架下方在搭设相应防护措施后可开展其他专业的交叉作业；④节约施工机具设备成本的投入。因文章篇幅有限，本文仅对候机楼网架工程的顶升施工技术做介绍。

3　施工部署

由于候机楼南北长度达 209m，将网架分成南北两段分别进行顶升，使顶升的技术要求和难度降低，同时可以循环利用液压顶升装置，减少施工机具的投入，待两段顶升到达结构设计标高后，再进行施工段间的高空补杆形成整体。网架结构轴测图见图 3，施工分段如图 4 所示。

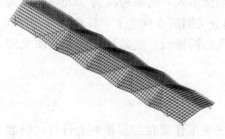

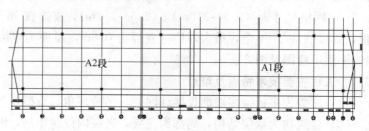

图 3　网架轴测图　　　　　　　　　　　图 4　网架施工分段示意图

3.1 网架安装流程

网架安装工艺流程如图5所示。

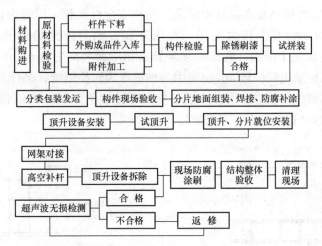

图5 网架安装工艺流程图

3.2 液压顶升装置

液压顶升装置由底座、标准节、十字头、支撑架、50t自锁式液压千斤顶、高压油泵等组成。自锁式千斤顶可保证在油缸爆裂的情况下对千斤顶活塞柱进行锁死，防止顶升支架下滑引起网架的整体失稳。顶升支架以1m为一个标准节，标准节间采用螺栓连接，现场拆卸十分方便。顶升时把千斤顶放在支架的底部，顶升支架与网架下弦焊接球贴紧，经检查、调试后方可开始顶升。顶升到支架下面的空间大于1m后停止顶升，安装一个标准节，油缸回到原来的位置，进行下一循环顶升，每次顶升1m，如此往复，直到把网架顶升至结构设计标高。

根据网架顶升点的位置，计算各支点的反力，然后采用同济大学3D3S12.0钢结构设计软件对顶升支架进行强度、稳定性验算。经验算，顶升支架竖向杆件采用$\phi140\times4.5$钢管，横向、斜向采用$L70\times4$角钢，满足结构性能要求。

3.3 楼面顶升装置布置

根据施工现场的实际情况以及顶升装置的承载能力，在候机楼南北两施工段各设置8组液压顶升装置，平面布置如图6所示。顶升支架安装在8m楼面上，考虑到集中荷载比较大，支架宜优先布置在混

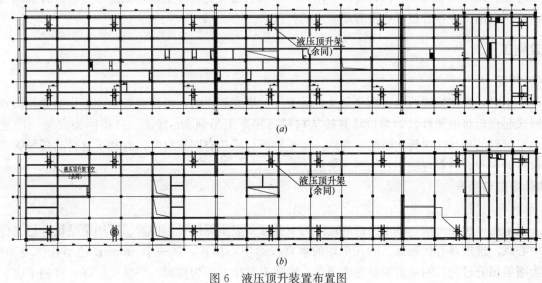

(a)

(b)

图6 液压顶升装置布置图

(a) 8m标高楼面；(b) 对应夹层位置

凝土梁柱顶部。但因网架采用原位垂直顶升法，网架下弦球顶升点与支架必须重合在同一垂线上，这样导致顶升支架不能完全设置在混凝土梁柱顶部。

根据土建结构设计对8m标高楼面混凝土梁进行结构安全性复核，同时为提高安全性，在8m层与夹层、夹层与地面之间均加设竖向传力支撑，将顶升装置轴力传到混凝土地面。由于楼板厚度仅120mm，顶升支架不能直接立于楼面，底部必须经转换钢梁将竖向力传至8m混凝土梁柱，如图7所示。为节约资源，就地取材采用候机楼8m层房中房钢梁作为转换钢梁，经计算，承载力满足要求。为使竖向传力装置受力的连贯性，在8m层与夹层、夹层与地面之间的加固钢管立柱用千斤顶施加预应力，预应力不宜小于20kN，也不宜大于顶升架轴力的50%。

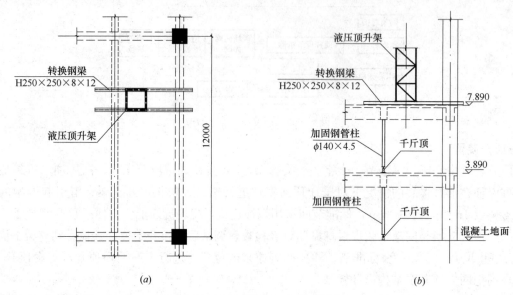

图7 液压顶升架底座竖向加固图

(a)平面布置图；(b)剖面图

3.4 网架顶升验算

采用MST2014软件对网架顶升进行验算，验算步骤如下：①建立力学线模型；②把网架的杆件截面配置按照结构设计图输入；③网架支座约束按顶升点设置；④对网架顶升支点进行验算，得出杆件的应力分布情况、顶升支点反力、网架挠度等结果。如果有超应力杆件出现，则必须进行杆件加固或置换处理。经验算，网架在顶升过程中没有超应力的杆件。

4 网架施工

4.1 材料转运

土建施工时，在候机楼西南、西北角处各设有一台塔式起重机，可覆盖整个施工作业面。网架施工时利用塔式起重机将网架杆件、焊接球直接从材料运输车上吊到8m楼面，并按网架安装顺序进行平铺，节约了材料的现场二次转运时间。此外，由于楼面只堆放有网架材料，有利于材料的现场管理及施工阶段材料的查找，材料现场布置如图8所示。

4.2 构件组装与顶升

4.2.1 放样与组拼

本工程采用原位顶升法，基准网格的定位为下弦球节点坐标的投影位置。采用全站仪进行定位，标出节点中心线，选取具有代表意义的几个球的垂直投影中心位置，钻一个6mm直径小孔作为基准点，同时作为网架顶升过程控制垂直偏差的监测点。网架安装作业面为楼面，平整度较好，有利于施工放线和复核。利用土建工程的控制网线，在楼面上按网架的网格尺寸进行精确放线，并弹出焊接球定位十字

图8　网架材料现场布置图

线。但楼面难免高低不平，同时为了现场焊接操作的方便以及为了控制挠度而进行的预起拱的操作，将焊接球整体抬高400～600mm进行拼装，同一平面的基准网格节点球保持在同一水平面上，用水准仪近距离测量，使其不平度偏差控制在2mm内。

网格拼装从中间的脊线开始，先拼下弦网格，然后是腹杆和上弦球，形成稳定的空间结构体系后，沿屋脊线向东西两侧展开。

4.2.2　顶升前工作

顶升前应对顶升机具进行检查，如顶升支架连接扣是否有裂纹，杆件有无弯曲；液压油缸油泵、电路系统是否正常；中央控制系统是否正常、电路是否稳定、液压泵站是否正常等。检查顶升支架是否与网架下弦球节点紧密结合，连接部位是否有松动等。另外，设备在正式顶升前须分空载与带载测试其工作是否正常。

4.2.3　预顶升

首先将网架顶升约20mm，对网架杆件及顶升支架进行全面检查，主要检查网架边杆的受力情况，有无压弯失稳和凹陷等现象，并及时做好记录，如有失稳杆件，则应进行加固处理；检查焊缝是否开裂或脱落，如有异常则应按相关焊接工艺要求及时补焊后方可继续顶升。

4.2.4　正式顶升

初始顶升达到1m高度后，对千斤顶的垂直度以及网架与轴线的相对位置进行校正。正式顶升时，每次作业高度以100mm为单位向上垂直顶升。为增强顶升架间的整体稳定性，网架顶升至6m高时，在顶升架之间拉设Φ21.5缆风绳（图9(d)）。当网架顶升到结构设计标高时，进行关键控制点坐标核实无误后，锁定顶升系统设备，保持网架的空中姿态，分多组安装支座斜撑杆，尽快使网架结构形成整体稳定受力体系。

网架顶升施工过程如图9、图10所示。

4.3　施工监测与纠偏

网架在顶升过程中应加强同步与纠偏、校正工作，顶升用的千斤顶必须同步顶升，保持网架的水平。各顶升点的允许差值为顶升间距的1/400，且不应大于30mm，否则会引起网架杆件内力和顶升架轴向压力的变化。在网架顶升到设计标高时，根据网架支座球与支座的距离，采用手动葫芦对网架进行平面调整，使支座坐标达到设计要求。

4.4　高空补杆

在南北两段网架顶升到设计标高后，段间上下弦杆、腹杆各剩一排，采用高空补杆施工法进行。离楼面高度较小的杆件采用拉绳吊拉，屋脊区域的杆件用卷扬机吊拉到位。

4.5　卸载及顶升架拆除

网架卸载应采取合理的顺序进行，避免卸载后支座区域杆件受力不均造成构件弯扭屈曲和网架整体

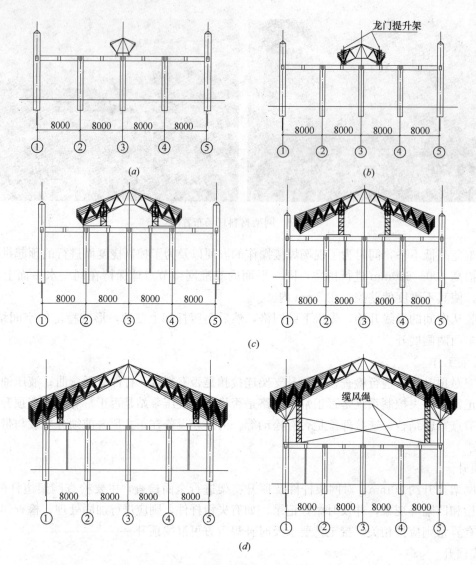

图9　网架顶升过程示意图

（a）屋脊处组装；（b）龙门架提升；（c）第一次顶升架就位；（d）第二次顶升架就位

注：A1、A2 段网架顶升过程相同。

失稳破坏或位置的偏差。待网架支座斜撑杆安装就位后，方可进行顶升架卸载。卸载分 3 步进行，顶升支架首次下降高度不宜超过 5mm，停顿时间不宜少于 3min，如出现异常响声则应停止卸载，查明原因；第二次下降高度不宜超过 10mm，停顿的时间不宜少于 1min；第三次下降不宜超过 15mm。当下降高度累积量达 30mm 时，基本完成顶升架的卸载，再将支架标准节从上往下的顺序依次进行拆除。

5　质量标准及相关控制措施

5.1　质量标准

工程施工质量标准严格按照文献相关要求执行。

5.2　质量控制措施

1）严格按设计图纸、国家规范组织施工和质量检查，确保工程质量；

2）顶升支架的水平度和稳定性是顶升施工的关键，应反复测量，并实时监控；

3）网架顶升过程中，必须由专人现场指挥，专业吊装人员操作，测量人员同步配合控制，同步顶升；

图 10　网架现场安装图

(*a*) 屋脊处安装；(*b*) 龙门吊提升；(*c*) 构件组对；(*d*) 南北西段先后开展作业；
(*e*) 液压顶升；(*f*) 支座支撑斜杆安装；(*g*) 施工现场全景

4）网架全部顶升到位后，按相关施工技术要求进行焊缝超声波探伤检验和网架挠度监测，并做好记录。本工程在跨中、屋脊等网架关键部位处设置控制点进行挠度监测，监测记录数据见表 1。

网架关键控制点挠度监测数值表（单位：m）　表 1

控制点	球心标高	安装高度	网架自重		网架自重＋主檩		网架自重＋主檩＋屋面板		备注
			测量值	挠度值	测量值	挠度值	测量值	挠度值	
1	23.538	23.428	23.418	0.010	23.402	0.026	23.388	0.040	满足
2	21.688	21.578	21.573	0.005	21.554	0.024	21.541	0.037	满足
3	20.763	20.633	20.625	0.008	20.605	0.028	20.601	0.032	满足
4	21.688	21.558	21.551	0.007	21.539	0.019	21.528	0.030	满足
5	22.613	22.503	22.498	0.005	22.479	0.024	22.467	0.036	满足
6	23.538	23.428	23.421	0.007	23.411	0.017	23.397	0.031	满足

注：表中高度值相对于原结构设计标高。

5.3　顶升施工安全措施

1）在施工组织和管理上，采取一系列措施，如明确指挥系统、定岗定员，编制岗位责任制等；

2）高空作业人员必须佩戴好安全帽、安全带和工具袋；

3）被顶升网架上，严禁放置其他物品，以防顶升过程中跌落伤人；

4）确保液压元件的可靠，千斤顶必须按设计荷载的125％试压；

5）确保液压系统的安全可靠；

6）遇五级以上大风时应停止顶升工作。

6 结语

结合工程的特点及施工现场的实际情况，采用顶升施工法对张家界荷花机场新航站楼候机楼焊接球网架工程进行安装，达到了结构稳定、经济指标合理、施工安全等要求，减少了施工现场脚手架的搭设工作量，为航站楼工程其他专业交叉施工赢得了时间，同时减少了大量的高空焊接作业，取得了良好的综合效益，可为类似网架工程的施工提供借鉴经验。

参考文献

[1] 钢结构工程施工质量验收规范 GB 50205—2001(2012 版)[S]. 北京：中国建筑工业出版社，2012.

[2] 网架结构设计与施工规程 JGJ 7—91(2007 版)[S]. 北京：中国建筑工业出版社，2007.

[3] 网架结构工程质量检验评定标准 JGJ 78—91[S]. 北京：中国建筑工业出版社，1991.

[4] 钢结构工程施工规范 GB 50755—2012[S]. 北京：中国建筑工业出版社，2012.

[5] 钢结构设计软件使用手册 3D3S12.0. 同济大学，2012.

[6] 张明亮，李谟康，王少华等. 提升施工技术在张家界荷花机场航站楼网架中的应用[J]. 钢结构，2016，31(1)：68-74.

[7] 谌万里，吕文涛. 大跨度网架液压顶升施工技术[J]. 建筑安全，2013，12：25-29.

[8] 吴聚龙. 大型屋盖整体顶升施工技术[J]. 施工技术，2008，37(3)：40-42.

[9] 陈淑丽. 大面积拱形网架液压顶升施工技术[J]. 山西建筑，2013，39(29)：91-92.

[10] 赵育红. 顶升技术在螺栓球网架工程中的应用[J]. 四川建筑科学研究，2014，40(2)：364-367.

[11] 姚莉朋. 建筑钢网架整体提升方法应用[J]. 建筑科学，2014，2：40.

[12] 朱国平. 浅谈网架整体顶升法在工程中的应用[J]. 山西建筑，2010，36(30)：145-146.

[13] 郝成新. 整体顶升法在300t网架结构屋盖改造工程中的应用[J]. 建筑科学，1999，15(1)：46-48.

[14] 张成林，吴聚龙，谢上冬. 大型钢屋盖整体顶升施工技术[J]. 安装，2007，165(2)：20-23.

[15] 王广热. 广钢工人体育馆钢网架滑移脚手架及整体顶升施工技术[J]. 广东土木与建筑，2006，11：34-36.

大跨度弧形张弦梁结构屋盖施工技术

苏小东　陈宝其　梁新利　马百存　丁　罡　申汉卿

（北京城建七建设工程有限公司，北京　100029）

摘　要　沁水县全民健身中心屋盖结构体系采用了张弦梁新型结构，最大跨度77.7m。施工中采用了"高空对接，预应力张拉"的施工方案。同时运用有限元分析法，确定张弦梁的零状态即放样状态。通过对拉索施张过程监控，保证了张弦梁初始态的几何尺寸。通过施工仿真计算，确保了张弦梁在拼装、张拉和吊装过程中的安全和精度。

关键词　张弦梁；高空对接；预应力张拉；施工仿真计算

1　前言

张弦梁结构是一种由钢架上弦、柔性拉索和中间支撑形成的结构系统。本文从沁水县全民健身中心钢结构工程介绍张弦梁结构的结构特点、超长弧形构件的深化及加工制作、张弦梁的高空对接、张弦梁预应力张拉施工等施工技术，并把结构分析与施工过程相结合应用于工程实际。

沁水县全民健身中心为张弦梁结构，钢结构跨度77.7m。经过仿真计算和方案比较分析，施工中采用了高空拼接，每榀张弦梁分段吊装就位，然后安装次梁及外维护结构，最后进行预应力张拉工作。通过施工仿真计算，确保了张弦梁下拼接、张拉和吊装过程中的安全与精度。

2　工程概况

沁水县全民健身中心建筑面积46323.4㎡，建筑高度31.4m。体育馆屋盖呈椭圆形，以纵向中轴对称，屋盖的纵向长度为130.7m，横向最大宽度为106.1m。比赛馆最大跨度77.7m，采用张弦梁结构，撑杆最大长度为3.5m，拉索规格ϕ97；训练馆张弦梁最大跨度为26m，拉索规格ϕ82（图1、图2）。

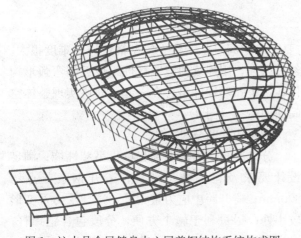

图1　沁水县全民健身中心屋盖钢结构系统构成图

图2　沁水县全民健身中心屋盖钢结构

3 张弦梁结构特点

张弦梁结构的整体刚度贡献来自抗弯构件截面和拉索构成的几何形体两个方面，是种介于刚性结构和柔性结构之间的半刚性结构。这种结构具有以下特征：

（1）承载能力高

张弦梁结构中索内施加的预应力可以控制刚性构件的弯矩大小和分布。例如，当刚性构件为梁时，在梁跨中设一撑杆，撑杆下端与梁的两端均与索连接，在均布荷载作用下，单纯梁内弯矩在索内施加预应力后，通过支座和撑杆，索力将在梁内引起负弯矩。

（2）使用荷载作用下的结构变形小

张弦梁结构中的刚性构件与索形成整体刚度后，这一空间受力结构的刚度就远远大于单纯刚性构件的刚度，在同样的使用荷载作用下，张向梁结构的变形比单纯刚性构件小得多。

（3）自平衡功能

当刚性构件为拱时，将在支座处产生很大的水平推力。索的引入可以平衡侧向力，从而减少对下部结构抗侧性能的要求，并使支座受力明确，易于设计与制作。

（4）结构稳定性强

张弦梁结构在保证充分发挥索的抗拉性能的同时，由于引进了具有抗压和抗弯能力的刚性构件而使体系的刚度和形状稳定性大为增强。同时，若适当调整索、撑杆和刚性构件的相对位置，可保证张弦梁结构整体稳定性。

（5）建筑造型适应性强

张弦梁结构中刚性构件的外形可以根据建筑功能和美观要求进行自由选择，而结构的受力特性不会受到影响。张弦梁结构的建筑造型和结构布置能够完美结合，使之适用于各种功能的大跨空间结构。

（6）制作、运输、施工方便

与网壳、网架等空间结构相比，张弦梁结构的构件和节点的种类、数量大大减少，这将极大地方便该类结构的制作、运输和施工。此外，通过控制钢索的张拉力还可以消除部分施工误差，提高施工质量。

4 超长弧形构件的深化及加工制作

本工程节点空间状态规律性少，杆件全部采用三维空间坐标进行定位，深化设计工作量非常大也非常难；本工程最大跨度达78m，钢材最大板厚达到60mm，且大部分焊缝等级要求为一级，加工制作难度大，精度要求高。

（1）弧形构件深化技术

本工程次梁构件基本呈现弧形状态，所有构件都需要三维空间定位，建立模型搭设杆件难度很大。经过研究，用连续的线段杆件组成近似弯弧形构件，多个弧形构件组合在一起，即可实现整体空间曲面造型（图3）。

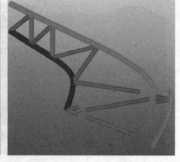

图 3　弯曲构件示意图

（2）构件的分段方法

分段原则：满足现场起重机吊装性能；满足设计要求及运输施工条件；避开钢索节点约800mm；避开跨中应力最大处，选择受力及变形较小处；尽量利于施工方便，分段包含钢撑杆；以拱度最高点为左右对称的原则（图4、图5）。

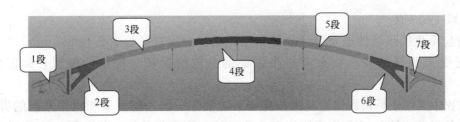

图 4　比赛馆张弦桁架分段

（3）张弦梁的加工制作

1）确定焊接收缩量的工艺试验

用同类管子及节点形式，进行三个节点以上的工艺试验：焊接测量其收缩量。安装时对接接头的收缩量的测定，此举主要是由于现场安装时的对接，在两侧耳板夹固情况下进行焊接，焊完冷却后，卸下螺栓后测量。弦杆每段放焊接收缩余量 3～5mm，对腹杆等杆件放焊接收缩余量 1mm。

2）切割程序的编制

编程人员根据图纸先用 Xsteel 或 AUTOCAD 软件建立三维线框模型，不同的管径用不同的颜色表示。编程师按颜色对在 WIN3D 中对相贯杆件进行相贯线分析。将分析后的数据保存到 PIPE-COAST 软件上确定焊接收缩余量及机械切割余量；再按照制作要领书选择正确的加工设备，切割速度、坡口角度等工艺元素。

（4）煨弯过程的控制

由于构件的弧度较大，采用普通的滚轴弯管加工设备很难事先所需的弧度，为更好地实现弯曲弧度，经研究采取中频感应加热的方法加工弯管。中频感应加热弯管是将特制的中频感应圈套在管子上，依靠中频电流对钢管局部区段进行感应加热，使之达到所需的温度，然后利用机械转动使之成型。

图 5　比赛馆转换边梁分段示意图

5　张弦梁的高空对接

（1）施工原则

根据本工程特点，结合以往施工经验，遵循"对称安装、消除误差、应力分散"的施工原则，拟采用"先纬线后经线、先低后高、先中间后两侧"的安装原则。

（2）张弦梁端部立柱安装

放出每个张弦梁柱沿着滑动支座平面的纵横中心线。将所测轴线弹墨线后，量距复核相邻张弦钢梁间尺寸。轴线复核无误后，作三角标记，作为吊装就位时的对中依据。同时将张弦钢梁柱的中心线和标高基准线标记在柱的两端，标记要醒目（图6）。

图 6　张弦梁端部安装图片

（3）张弦梁主跨安装

根据现场起重机的吊装性能及设计要求，张弦梁的分段避开拉索节点800mm，避开跨中应力最大处，选择受力及变形较小处来考虑张弦梁的分段情况和分段点的位置，同时要避开张拉弦杆。

在安装过程中为便于标高的调整及张拉完毕后为便于工装及脚手架和操作平台的拆除，在张弦梁对接焊口的位置留出能放置千斤顶的位置。在对接口下面焊接时，焊工可以在临时平台上进行。为了确保张弦梁原始状态的弧度和设计相符，支撑架支点的标高测量控制要满足设计标高的要求。就位前，首先根据张弦梁分段点的标高及轴线对胎架进行垫置，使标高基本达到设计位置，就位后进行微调。

张弦梁属于大跨度结构，拼装时必须预留起拱值。起拱值依据结构张拉完成后的竖向位移值及处于荷载态的状况，通过施工仿真计算。

张弦梁采用起重机吊到支撑架及按照预先的定位坐标安装就位。由于张弦梁过长，在没有形成空间结构单元之前，需保证单榀张弦梁的稳定：即事先在张弦梁的不同部位设置揽风绳，在张弦梁就位后立即对张弦梁进行固定。第一榀张弦梁固定好后，进行第二榀张弦梁的吊装、就位和加固，并及时对张弦梁之间的次梁进行连接。当两榀张弦梁及中间的次梁全部连接安装完毕，再进行下一榀张弦梁的吊装位（图7～图9）。

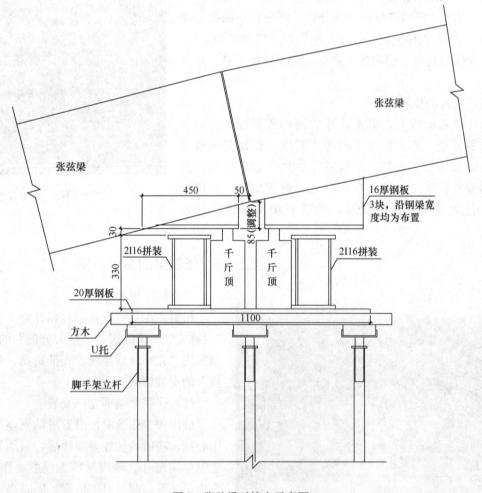

图7　张弦梁对接点示意图

图 8　张弦梁对接点示意图　　　　　　　　　　图 9　张弦梁安装完毕后

6　张弦梁预应力张拉施工

本工程比赛馆和训练馆屋盖都为张弦梁结构，屋盖上弦为箱型钢梁，下弦采用了 $\phi 7\times 139$ 和 $\phi 7\times 109$ 的高强钢拉索。考虑到张弦梁整体刚度形成后的强几何非线性和屋面荷载尚未施加等因素，若将全部预拉力一次施加上去，可能导致结构变形太大，无法获得理想的几何位形；其次，对安装在支座上的张弦梁结构再次张拉可以调整几何位形方面的施工误差，提高施工质量，所以钢结构安装完成并焊接完毕后进行第一级张拉，第一级张拉由中间向两侧对称进行，第二级张拉由两侧向中间进行，第三级张拉由中间向两侧对称张拉。张拉过程中采取对称分批张拉完成。

（1）穿索与放索

索在安装过程中尽量使其保持顺直状态，同时借助倒链完成。放索前将索盘吊至该索在张弦梁一端端头，向另一端牵引。索展开后应与轴线倾斜一定角度才能放下，因此牵引方向要与轴线倾斜一定角度，并牵引时使索基本保持直线状态（图10）。

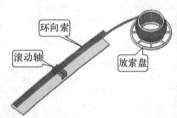

图 10　穿梭与放索

（2）张拉设备的选用

经过仿真计算，拉索最大张拉力约90t，因此需要 2 台 60t 千斤顶，依次由中间向两侧对称张拉，采用一端张拉的方式（图11）。

图 11　张弦梁张拉设备

（3）张拉预应力控制原则

张拉时采取双控原则：控制索力及位形。即张拉过程中应注意对变形的检测，最终以索力作为主要控制条件，屋面中央的变形作为第二控制条件，撑杆垂直度作为第三控制条件，撑杆垂直度偏差不得大于撑杆长度的 1/200。预应力钢索张拉完成后，应立即测量校对。如发现异常，应暂停张拉，待查明原因，并采取措施后，再继续张拉。

（4）张拉力及张拉顺序施工控制

弦梁结构作为一种半刚性结构，其整体刚度由刚性构件截面尺寸和结构空间几何形体两方面共同组成，且具有整体刚度和几何形态与施工过程密切相关、结构成形前刚度较弱等特点，因而宜将张弦梁结构的施工阶段作为一个独立的过程进行详细分析。

7 钢结构施工监测

（1）径向索力监测

本工程施工过程中，索力的监测采用压力表测定法。拉索结构采用液压千斤顶张拉，由于千斤顶张拉油缸的液压和张拉力有直接关系，所以，只要测定张拉油缸的压力就可以求得拉索索力。

（2）竖向位移监测

在预应力钢索张拉过程中，环向索标高位置会随之变化，而且上弦钢结构会随之变形，结构变形跟张拉力是相辅相成的。因此，结合施工仿真计算结果，对钢结构的竖向变形监测可以保证预应力施工安全、有效。对变形的监测采用全站仪，在张拉前测量一个初始值，然后每级张拉完成后测量一次（图12）。

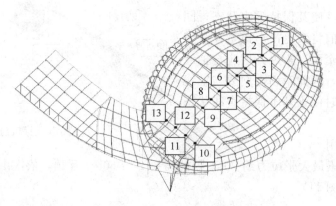

图12　全站仪测量结构位移及测点布置

8 大跨度张弦梁施工仿真模拟技术

本工程采用大型有限元计算软件 MIDAS 为计算工具，分别对结构竖向变形、钢结构应力、钢索力、索应力和支撑架支撑力进行了仿真计算，保证了施工质量和施工过程的安全。

9 总结

钢结构深化施工技术，通过三维建模，提前发现并解决了施工时钢结构与土建部分冲突的问题，有效保证了施工工期，为后续屋面系统及幕墙施工提供了较好的施工环境。

钢梁分段安装及焊接，考虑到"对称安装、消除误差、应力分散"的施工原则，有效地减小钢结构安装时产生的误差。且考虑到起重机的起重性能达不到要求的问题，从而保证了工程的安全。

钢结构施工监测施工技术，保证钢结构的安装精度以及结构在施工期间的安全，并使钢索张拉的预应力状态与设计要求相符。

从监测的结果来看，实测结果很好的验证了理论计算结果，同时说明了通过有限元计算软件进行施工仿真计算是比较可信的。本工程的施工方法可以为同类工程施工提供借鉴，在大跨度空间结构方面具有广阔的应用前景。

参考文献

[1] 蒋国明，遇瑞. 大跨度张弦梁张拉模拟分析技术[J]. 钢结构. 2015(2).

[2] 陈志华，王小盾. 日本索结构设计规程和应用[J]. 钢结构. 2004(4).

[3] 任磊. 张弦梁结构的施工控制[D]. 天津大学. 2007.

[4] 李静斌，洪彩玲. 张弦管桁架结构张拉力优化分析[J]. 施工技术. 2014(20).

[5] 刘超. 张弦梁结构的有限元分析[J]. 安徽建筑. 2005(5).

重型钢桁架高空安装施工技术

陈　冰[1]　王　春[2]　胡安吉[1]　鲁　俊[1]　刘　磊[1]　陈友泉[1]　朱爱琴[1]

(1. 江西杭萧钢构有限公司，南昌　330013；2. 总装备部078指挥部，文昌　571300)

摘　要　为克服起吊设备和场地条件不足的困难，利用高空桥式起重机搭建临时支撑以施工安装高空重型钢桁架，利用行车的移动性极为方便地做到直接就位拼装高空重型钢桁架，大大缩短了工期，达到了安全高效、保证质量之目的。

关键词　重型钢桁架；桥式起重机；格构式柱；分段拼装；测量

1　概述

大跨度钢桁架的安装通常有三种施工方法：（1）空中散装方法，优点是对起重设备要求低，缺点是需要搭建满档脚手架，脚手架搭建费用高，施工工期长；（2）就地拼装整体吊装方法，优点是工效高，缺点是需要有整个地面拼装场地以及对起重设备要求高；（3）地面集中拼装高空牵引方法，仅需局部地面拼装场地，但需搭建高空牵引轨道，此法适用于长条形建筑，有较好的经济效益。对于高空重型桁架的安装，适合选用哪种施工方法，应就建筑高度、场地条件、起吊设备、工期要求等综合考虑。当建筑高度很高，施工起吊设备的起吊重量不大，但设有较大吨位桥式起重机的建筑，可以考虑一种特殊的施工方法，即：在桥式起重机大梁上搭建临时支撑用以支承高空重型桁架的施工安装，针对现场起重机的起吊能力，在工厂分段组装好局部的桁架，在桥式行车大梁上搭建临时支撑拼装钢桁架，利用行车自身的移动极为方便地可以直接就位安装桁架，解决了塔式起重机重量不足的问题，可节省昂贵的高空脚手架搭建成本，大大缩短工期。本文就某一特殊钢结构建筑的高空重型钢桁架的施工，采用本方法进行施工，大大地缩短了工期，取得极好的经济效益和社会效益，值得推广应用于其他相似工程中。

2　工程概况

某工程建筑物总建筑面积18689m²，主体结构为钢框架-混凝土核心筒结构体系＋屋面钢桁架结构，建筑结构平面呈对称布置，在长边方向两侧有6个混凝土核心筒体系，地下一层，地上14层，建筑高度96.6m，中间屋盖为钢桁架结构体系，布置在轴线A轴～K轴和2轴～7轴区域内，屋盖钢桁架跨度为28m，高度为6m，下弦标高为88.1m，上弦标高94.1m，钢桁架屋盖体系包含主桁架、垂直支撑、下弦水平支撑、上弦连梁等，如图1所示，每榀主桁架重量为30t，分布在C～K轴，共8榀桁架，屋盖钢桁架结构体系总重量为760t。此外，从A轴～K轴有跨度为25m的50t桥式起重机，其轨顶标高为82.2m，桥式起重机大梁顶面标高83.2m。

施工难点及解决方案：本工程屋盖钢结构桁架的施工难度是：1）塔式起重机为TC7035型，额定吊装重量随吊装作业半径的加大而减少，距起重机最远处的屋盖钢桁架为60m，额定起重量为3.5t，远小于一个整榀桁架的重量30t，故本工程只能采用散装法或分段拼装法施工；2）地面场地有其他施工作业，无法搭建满堂脚手架，故不能采用散装法，此外即使容许搭建满档脚手架，但因其高度太大，搭建费用很昂贵；3）工期紧急，节点复杂，单件起吊重量大；4）94m的高空安装作业安全性差，安装桁架构件精确定位困难，质量控制难度大。

本项目结合现场条件及本工程的技术特点，采用 50t 的桥式起重机作为移动式施工平台来拼装施工屋盖钢桁架，即：工厂按塔式起重机重量能力分段预制钢桁架，在顶面标高为 83.2m 的桥式起重机大梁上架设临时支撑，在支撑上对分段预制的钢桁架高空直接就位拼装方法，是一种经济适用的施工方法，可克服前述的 4 点困难，按照屋盖钢桁架下弦标高为 88.1m，需在行车大梁上搭建高度为 4.85m 的临时支撑，预留 50mm 的适度空间用于设置支垫及楔片调节，如图 2 所示。

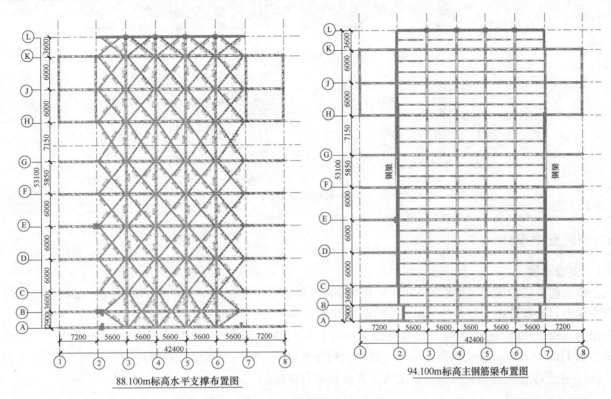

图 1 屋盖钢桁架结构体系

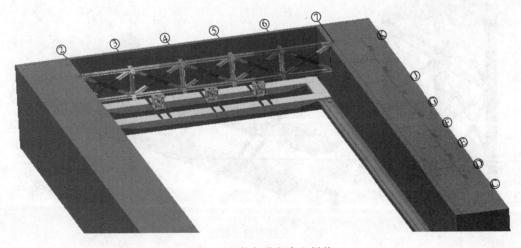

图 2 钢桁架分段高空拼装

3 屋盖钢桁架分段

根据现场塔式起重机 TC-7035 起重性能，距塔式起重机 60m 最远处额定起重量为 3.5t，额定起重量随吊物距塔式起重机的距离减少而增加，由此，对屋盖钢桁架进行分段预制，K 轴和 J 轴的 2 榀桁架分为 4 段（图 3），分段后最重构件为 3.5t，H 轴至 C 轴的 6 榀桁架分为 3 段（图 4），分段后最重构件为 5.8t，满足现场塔式起重机起吊重量要求（图 3、图 4）。

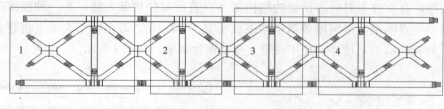

图 3　钢桁架分为 4 段

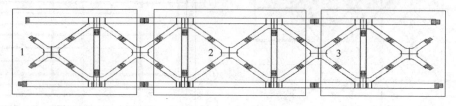

图 4　钢桁架分为 3 段

4　临时支撑设计

4.1　支撑设置

桥式起重机的额定起重量为 50t，大于一榀钢桁架 30t 的自重，故可将施工临时支撑布置在桥式行车主梁上，支撑柱由 4 根 φ159×8 的圆钢管按 1000mm×1000mm 的间距构成格构式柱，由 L50×5 的角钢作为格构式柱的缀条，支撑底部及顶部平台均采用 H250×250×16×20 的型钢，每根支撑柱下面设置二根 H250×250×16×20 的托梁架设在桥式行车大梁上，如图 5 所示，材质均为 Q235。托梁跨度为 1.5m，在支撑柱侧面布置爬梯，供工人上下操作平台使用。

图 5　支撑布置示意图

4.2　支撑体系验算

（1）荷载计算

1）钢桁架自重计算：按卸载时的最不利荷载计算，按一榀钢桁架（30t）在跨中点仅一个支撑作用下的反力，乘以 1.2 的荷载偏心效应，由此得到荷载标准值：$P_1 = 300×0.5×1.2 = 180kN$；

2）施工活荷载取值：$P_2 = 1.5$kN；

3）格构式柱支撑自重：$P_3 = 18.2$kN。

（2）几何特性计算

1）格构柱：

截面积 $A = 4 \times 37.95 = 151.8$ cm^2，回转半径 $i_x = i_y \approx 50$cm

长细比 $\lambda = l/i = 465/50 = 9.7$，换算长细比：

$$\lambda_{0x} = \lambda_{0y} = \sqrt{\lambda^2 + 40\frac{A}{A_1}} = \sqrt{9.7^2 + 40\frac{151.8}{4 \times 4.8}} = 20 < [\lambda] = 150 \text{ 可！}$$

单肢：$i_1 = 5.35$cm，

单肢长细比 $\lambda_1 = l_1/i_1 = 97.5/5.35 = 18.2 < \lambda_{0x} = 20$

（单肢长细比虽不满足小于格构柱整体长细比的0.7，但小于50，可！）

稳定系数 $\varphi = 0.970$

2）缀条参数：$A_1 = 4.8$cm^2，$i_v = 0.98$cm^2，$\lambda_1 = l_1/i_v = 141 \times 0.9/0.98 = 129.5 < [\lambda] = 150$ 可！

稳定系数 $\varphi_1 = 0.390$

3）托梁：$A = 133.6$cm^2，$W_x = 1159$cm^3，$i_y = 6.2$cm，$\lambda = l/i_y = 150/6.2 = 24.2$

$$\varphi_b = \beta_b \frac{4320Ah}{\lambda_y^2 w_x} \sqrt{1 + \left(\frac{\lambda_y t_1}{4.4h}\right)^2} = 0.816 \times \frac{4320 \times 133.6 \times 25}{24.2^2 \times 1159} \sqrt{1 + \left(\frac{24.2 \times 2}{4.4 \times 25}\right)^2}$$
$$= 18.9$$

$$\varphi_b' = 1.07 - \frac{0.282}{\varphi_b} = 1 - \frac{0.282}{18.9} = 0.98$$

（3）内力计算

1）格构柱受轴向力设计值

$$P = 1.2P_3 + 1.4(P_1 + P_2) = 1.2 \times 18.2 + 1.4 \times (180 + 1.5) = 276\text{kN}$$

2）缀条受轴向力

$$N_1 = \frac{Af}{4 \times 85} = \frac{15180 \times 215}{4 \times 85} = 9.6\text{kN}$$

3）托梁受弯矩设计值

$$M = \frac{ql^2}{8} + 0.25P = \frac{1.2 \times 1.05 \times 1.5^2}{8} + 1.4 \times 0.25 \times (180 + 1.5)$$
$$= 63.9\text{kN} \cdot \text{m}$$

（4）验算

1）格构柱：$\sigma = \dfrac{N}{\varphi A} = \dfrac{276000}{0.97 \times 15180} = 19N/mm^2 < f = 215$N/mm^2，通过。

2）缀条：$\sigma = \dfrac{N_1}{\varphi A} = \dfrac{9600}{0.39 \times 480} = 51N/mm^2 < f = 215$N/mm^2，通过。

3）托梁：$\sigma = \dfrac{M}{\varphi_b' W_x} = \dfrac{63900}{0.98 \times 1159} = 56N/mm^2 < f = 215$N/mm^2，通过。

5 屋面桁架体系的安装

5.1 安装顺序

首先将双桥式行车梁行驶至 K 轴桁架正下方→在双桥式行车梁上设置格构式柱支撑→测量柱支撑顶部标高，按照 $L/1000$ 考虑钢桁架起拱的标高，用楔片垫微调桁架标高到位→由桁架两端向中间依次安装下弦、中间腹杆、上弦：先高强度螺栓连接杆件的腹板，螺栓初拧后再拧，螺栓连接完成后，焊接杆件的翼缘→一榀钢桁架安装完成后→进行桁架标高复核测量→卸载→行车行驶至下一榀桁架正下方进行重复安装→当首先待两榀桁架安装完成后，立即连接两榀桁架之间的垂直支撑和横向水平支撑及连梁→重复连续安装其余桁架直至全部完成。分3段桁架的组装顺序见图6，分4段桁架的组装顺序见图7，屋盖钢桁架体系的安装顺序见图8所示。

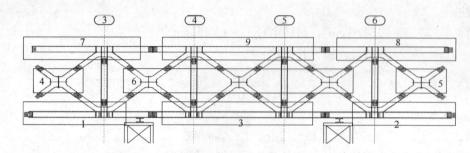

图6　分3段桁架的组装顺序

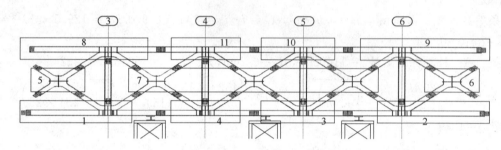

图7　分4段桁架的组装顺序

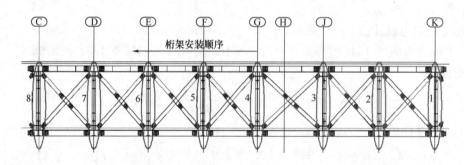

图8　屋盖桁架体系的安装顺序

5.2　拼装测量控制

对跨距、中心线、标高、垂直度及挠度变形的测量，利用钢尺、经纬仪、水准仪、全站仪进行反复验证，实行全过程监控，及时发现并纠正可能出现的位置偏差，确保整体拼装精度。

1) 上下弦中心线的投测点引测到铺设好的施工胎架上，并做好点位标记，然后架设全站仪进行角度和距离闭合，边长误差控制在1/1500范围内，角度误差控制在6″范围内。控制点位精度符合要求后，分别架设仪器于主控制节点处，将中心线测设在支撑柱上，并用墨线标识。

2) 桁架标高控制

根据桁架分段，可选定距分段点下弦与腹杆汇交节点作为标高控制点。通过水准仪将后视标高逐个引测至支撑柱上的某一点，做好标记，以此作为后视依据。根据引测各标高后视点，分别测出柱顶楔片处下弦控制节点标记点之实际标高，然后和相应控制节点设计标高相比较，即得出高差值，明确标注于支撑柱相应标记点，以此作为桁架分段组装标高的依据，标高控制误差为±5mm。

3) 桁架垂直度控制

桁架标高与直线度调校完毕后，即采用平移法进行钢梁垂直度控制。将测量定位轴线向同一侧平移约 0.7～1.2m（视具体通视情况定），得两平移点，在一平移点上架设经纬仪，后视另一平移点，在桁架中间起拱处水平放置钢卷尺，用经纬仪纵丝截面进行读数，结果与平移值比较，以此确定钢梁跨中垂直度。桁架跨中垂直度偏差允许值应不大于 $H/250$，且不应大于 15mm。

4）卸载后的变形监控

在桁架吊装之前，将反射贴片粘贴于桁架下对接节点位置，等安装完成后，架设全站仪于控制点上，直接照准反射贴片中心得出此时高度坐标并做好记录，待桁架卸载后用同样的方法，再观测相同位置的高度坐标，比较两次高差即得出钢桁架下挠值，并做好记录。

5.3 卸载

钢桁架的刚度为：$I_x \approx A_x (h/2)_2 = 338 \times (600/2)^2 = 6.08 \times 10^7 \, cm^4$，在自重作用下钢桁架的跨中挠度为：$\delta = \dfrac{qL^4}{384 EI_x} = \dfrac{3.0 \times 10^5 \times 28^3 \times 10^9}{384 \times 2.05 \times 10^5 \times 6.08 \times 10^{11}} = 0.13mm$，钢桁架刚度很大，卸载时发生的下挠极小，无需考虑分级下载，可直接一次性卸除楔片完成卸载。

6 小结

本工程塔式起重机起重量不足、场地不便搭脚手架、安装高度很高的条件下，借助于桥式起重机在其大梁上搭设临时支撑柱，采用分段预制桁架高空直接就位拼装的施工方法，实现安全高效、保证施工质量之目的，取得了极好的经济效益和社会效益，本施工方法可推广应用于相类的工程施工中。

参考文献
[1] 李凯. 大跨度空间管桁架施工技术[J]. 施工技术. 2014，43(24)：108-111.
[2] 范小春. 武汉市民之家大型钢桁架整体提升关键技术研究[D]. 武汉理工大学，2013.

大型人字箱形钢柱和大跨度悬挑圆钢管桁架的施工

严　锐[1]　刘声平[2]　李　杰[1]　韩文芳[2]　曾友明[2]　俞鸿斌[2]　陈友泉[2]

(1. 中国建筑一局（集团）有限公司，北京　100000；2. 江西杭萧钢构有限公司　南昌　330013)

摘　要　讨论大型人字箱形钢柱和大跨度悬挑圆钢管桁架的施工技术，在复杂场地条件下，地面集中搭建可调式拼装胎架进行整榀管桁架的拼装、吊运、就位、安装施工技术；全站仪测量控制大型人字柱现场对接安装；管桁架腹杆小角度相贯线根趾部焊缝的焊接质量控制等重点难点问题，可供同类钢结构工程施工参考。

关键词　人字柱；悬挑式管桁架；拼装胎架；支撑架；卸载；相贯线根趾部

1　前言

大跨度悬挑钢管桁架结构的施工如采用满堂脚手架方法，需要大量的人工搭建脚手架，施工周期较长，采用地面胎架拼装单榀桁架，整体起吊安装是一种效率较高的施工方法，但如果悬挑桁架结构不是规整性的，各个桁架截面尺寸随建筑的体型而变化，则势必搭建众多的地面胎架，其施工费用仍将很高，本文针对这种情况，研发搭建可调式拼装胎架，采用全站仪对胎架测量监控其各种不同的尺寸调节，可节省大量的胎架搭建费用，特别适合在复杂狭小工地情况下施工。此外，人字箱形柱的现场对接焊之定位及焊接变形控制是工程中的技术难点，因人字柱与竖向立面有很大的倾斜，导致传统的上下柱耳板对接定位施工方法不能使用。圆管桁架腹杆小角度相贯线的根趾部焊接存在施工盲区，此处的焊缝质量难以保证。针对上述问题采用了不同于常规的施工方法，取得较好的经济效益。

2　工程概况

南昌昌南体育中心建筑轮廓为椭圆形，长轴为213.2m，地上二层，观众坐席共15049座，看台高度24.51m，结构高度42.6m，看台及功能用房为钢筋混凝土结构。本项目为看台上的钢结构屋盖工程，其建筑形式为：沿椭圆形建筑环向布置人字形柱，连接跨度不等的悬挑式罩棚，屋面围护采用支撑膜结构，钢结构主要包括：环向布置的人字箱形钢管混凝土柱、屋盖悬挑径向主桁架、大隅撑、环向次桁架、屋盖水平支撑、人字箱形钢管混凝土柱的中部和顶部各有一道矩形截面钢梁沿环向布置，人字箱形钢管混凝土柱埋于地下-4.6m处，其分开的两端头由一根H形连梁连接（图1）。

主要技术参数：

（1）人字箱形钢柱共46根，向外倾斜65°，柱底埋深4.6m，柱顶标高18.0～38.4m，人字箱形柱内浇灌混凝土，主要规格：□1750×1450×50×32 和□1750×1450×32×32，最大焊接板厚度50mm，最大单段柱起吊重量为30t。

（2）倒三角形圆钢管桁架，变截面高度，截面最大高度为7.25m，最大宽度为4.7m，最大悬挑跨度57.6m，钢管桁架构件最大规格为$\phi450×30$，最大单榀桁架重量58t。

（3）大隅撑规格为$\phi600×30$。

（4）矩形钢连系梁截面规格为□1950×750×25。

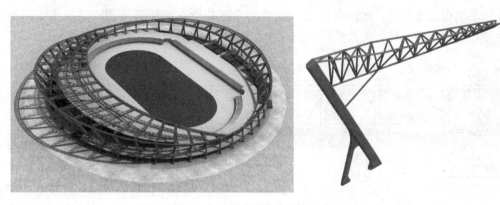

图 1   昌南体育中心钢结构模型

除人字柱钢材为 Q345GJC 外，其余钢材均为 Q345B。

3   工程施工技术的难点及重点

（1）大型人字柱的安装：本工程沿环向布置的柱子长度在 24～47m 不等，在人字柱的交叉点处为上下柱的现场对接焊接处，长度大于 36m 的柱子受运输长度所限尚需在上柱直线段再分段一次对接。柱子现场的对接焊安装，通常是采用螺栓连接上下柱子的耳板即可定位，然后施加全熔透对接焊。本工程的人字柱为倾斜 65°，上下柱子对接如采用常规的耳板定位法，柱子会产生倾覆，不能安全固定，故需要改用其他施工方法，在上柱起吊运到位后，仍不可松掉吊钩，用全站仪测量定位上柱，点焊临时固定后，复测柱子的位置，无误后由两人按对称施工顺序对柱子周边施加围焊，当围焊完成 50% 时，可松开并撤除吊钩，由两人按对称顺序施焊完成全熔透对接焊。为保证施工人员的安全，在下柱的顶部沿周边搭设一个简易的施工平台及爬梯，如图 2 所示。

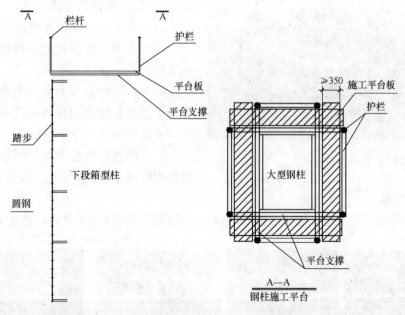

图 2   钢柱施工平台及爬梯

（2）钢管桁架体系的安装：管桁架最大悬挑 57.6m，最重 58t，如采用满堂脚手架，措施费高，工期长；搭建地面胎架拼装整体起吊工效较高，但本工程的悬挑桁架结构不是规整性的，各个桁架截面尺寸随建筑的体型而变化，则势必搭建众多的地面胎架，其施工费用仍将很高，且场地条件复杂，难有大面积的平整场地满足搭建众多胎架的需要，因此，需根据桁架的大小分成两类，考虑在两处分别搭设一个较大的及较小的可调式胎架，如图 3 所示，既可用于拼装所有的圆管桁架，又减少了吊运的路线长度。由全站仪控制拼装胎架的几何尺寸标，确保桁架的拼装质量。

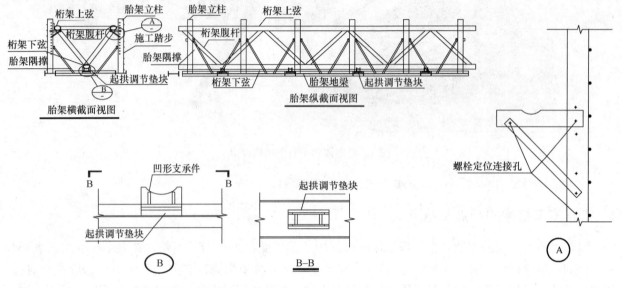

图 3 可调式拼装胎架

（3）圆钢管桁架构件采用相贯切割线相交，设计均要求采用全熔透焊缝，当腹杆与上下弦杆相交角度较小时，尤其是马鞍形相贯线的根趾部实际上是焊接盲区，很难施焊，需要工艺技术进行创新改进。

图 4 柱基础及连梁安装

4 工程施工

4.1 大型人字柱的安装

（1）安装柱基础及基础连梁，如图 4 所示。

（2）在钢柱的拼接处，焊接临时操作平台及施工用爬梯，如图 5 所示。

（3）在钢柱上方和下方各选择两个吊点，上部两个吊点直接用钢丝绳吊挂在起吊机械的吊钩上，下部两个吊点分别吊挂在手拉倒链葫芦上。

（4）四点吊准备就绪后吊车慢慢起吊，直至整根钢柱离开地面，停稳后，调节手拉倒链使钢柱满足倾斜一定的角度。

（5）将钢柱下落至安装位置，稳住吊臂和吊钩，用手拉葫芦进行角度微调，通过全站仪测量确定钢

图 5 人字柱的安装

柱倾斜角度满足设计值，稳钩后对柱顶进行测量定位，用千斤顶或撬棍作微调，使柱顶标高满足设计值。

（6）本工程为 65°斜柱，不能用常规直立柱的耳板定位法，在钢柱就位后不能撤除吊钩，应立即进行点焊，每面焊接长度不小于 50mm，点焊后对柱顶进行复测，确认坐标符合设计值后进行围焊。

（7）为加快焊接速度减小焊接变形，二名焊工同时对称施焊，直至整个连接处的焊缝已完成 50% 时，可以慢慢松钩，撤除吊钩。

（8）人字柱安装完成后，及时安装柱间连系环梁，环梁为矩形截面弧形梁，如图 5 所示。

4.2 钢管桁架体系的安装

4.2.1 钢桁架拼装胎架的制作

（1）大悬挑主桁架的图形如图 6 所示，拼装桁架的胎架制作场地宜选用最便于吊装的区域，尽量减少二次倒运和吊车来回移动。按照场地条件及桁架的几何尺寸大小，分类成大小两组，分别两地组装。

（2）组装可调式胎架，主体胎支架用 20 号工字钢焊接组装而成，活动式可调小支架用角钢螺栓连接构成，如图 3 所示，根据桁架的截面尺寸将小支架连接在标高不同的螺栓孔中，胎架安装完成后，通过水准仪效验调整，确保胎架标高在同一水平面上，其水平面误差不大于 3mm。

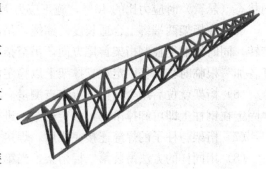

图 6　主桁架

4.2.2 拼装施工支撑

（1）大悬挑钢管桁架安装在人字形柱的顶部，安装时需要在悬挑钢管桁架的尾部设置临时施工支撑，临时支撑采用起重机的标准节组装，可以反复拆卸使用，支撑顶部的标高计算方法是：由管桁架下弦的建筑标高加上悬臂桁架在自重作用下的端头挠度再减去千斤顶的施工空间高度即是支撑顶部的标高。

（2）临时施工支撑的顶部用 4 根工字钢围成一支承平台，底部根据已建成的钢筋混凝土看台高差设置加固柱脚，在看台下面的同一位置设置支撑直接将施工荷载传到基础，满足支撑架的承载力传递条件，如图 7 所示，为保持支撑架的整体稳定性，每个支撑架需用四根风缆绳进行固定。

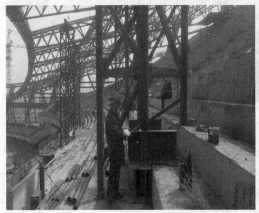

图 7　支撑底部加固

4.2.3 管桁架施工

（1）在胎架上拼装管桁架，桁架拼装前应根据主桁架的三维图放样，先确定弦杆的三维坐标，然后在拼装平台上放控制轴线及胎架上支撑点的标高，采用全站仪测量定位胎架，保证桁架拼装的外型尺寸准确，如图 3 所示。

（2）拼接桁架进行微调时，用千斤顶或撬棍并通过全站仪对桁架测量定位，保证桁架杆件的准确对接，确定无误后进行焊接。

（3）起吊桁架运至安装位置，根据每榀桁架的重心位置，确定吊点位置，采用四点吊装法，其中一点为固定长度，另外三点为可调长度，通过三个手拉葫芦以调节桁架的不同角度。

（4）施工应力验算，大跨度悬挑桁架在尾端设置有临时支撑，极大地改善了桁架的受力状况，方便了桁架的定位及变形控制。悬挑桁架的弦杆由固定端处的轴向力控制应力验算，但由于采用了施工支撑支承悬挑桁架的尾部，故施工时最不利的受力状态为简支梁模式，此时，上弦杆由悬臂条件下的受拉杆转变为简支条件下的受压杆，需要考虑压杆稳定问题，悬臂梁固端弯矩为 $M_0 = qL^2/2$，简支梁最大跨中弯矩为 $M_{max} = qL^2/8$，两者之比为 $M_{max}/M_0 = 0.25$，弦杆轴向力为弯矩除以截面高度，又有跨中桁架截面高度是固端桁架截面高度的三分之二，故施工时简支桁架上弦杆的轴向压力为悬臂状态下轴向拉力的37.5%，上弦杆的单肢长细比不超过 40，对应的稳定系数则不小于 0.865，故施工时上弦杆应力比是使用状态（悬臂）时应力比的 43%，施工应力无问题。

（5）在桁架两端绑上合适长度的溜绳，吊钩慢慢起钩，将桁架提升到柱顶高度时，起重机主臂慢慢旋转，同时用溜绳控制桁架首尾方向，吊至指定位置，管桁架尾部下弦杆落在临时支撑架上，二根上弦杆各加一根临时小撑杆固定在支撑架上以稳定倒三角形管桁架。

（6）桁架就位后用全站仪进行多点测量、调整，直至各坐标点均达到设计值后将桁架的上下弦杆点焊固定在钢柱上即可卸掉吊钩，移走吊车，进行后续施工。

（7）桁架与柱子的焊缝连接完成后，焊接连接柱子和桁架的大隅撑。

（8）用同样的方法吊装第二榀桁架，当第二榀桁架吊装完成后及时吊装环向次桁架及屋盖水平支撑体系，使形成稳定的空间结构。

（9）其余桁架按照上述方法逐一安装，直到完成整个区域的桁架吊装和焊接（图 8）。

图 8　悬挑桁架的安装

（10）临时支撑架卸载：理论计算各临时支撑架处悬挑管桁架的下挠度为 27～62mm，分三级卸载，以最大挠度处为中心向外对称顺序分级卸载，用千斤顶顶住桁架后，移除挠度的三分之一相应高度垫片，使桁架下挠至垫片位置，如此反复三遍操作直至管桁架完成卸载，撤除支撑架。用全站仪跟踪测量卸载时的桁架下挠度，无异常情况发生，卸载完成后测量桁架最大挠度为 60mm，与理论计算基本符合。

4.3　相贯线焊接工艺创新

圆钢管桁架的制作，采用专门的数控相贯线切割机进行加工，相贯线切割效果良好，设计要求管桁架各杆件的对接焊为全熔透，但在实际操作中难度很大，尤其是当腹杆与弦杆的相交角度小于 30°时，其马鞍形相贯交线的根趾部是焊接的盲点，是焊接质量控制的最难点，针对这一情况，本工程进行了工艺创新：对小角度相交的腹杆连接焊缝，在腹杆中套进一段低一级规格的钢管作为焊缝的内衬条，同时将腹杆相贯线的根趾点切割一小点，顺外径方向打磨成斜面，这样可明显改善焊接条件，提高焊接质量，基本可做到全熔透。

5 结论

本文针对南昌市昌南体育中心钢结构工程的复杂施工难题研究了解决措施：避免施工 65°倾斜的人字箱形箱钢柱用常规耳板定位法产生的倾覆问题、采用复杂场地条件下悬挑管桁架地面拼装整体起吊的高效施工技术、进行圆钢管桁架腹杆小角度相贯线根趾部焊接盲点的工艺创新，取得了较好的施工效果及经济效益，可供同类工程参考。

参考文献

[1] 闫洪东，姜寿光，王胜，大跨度管桁架钢结构施工技术[J]. 施工技术，2012 年增刊，(41)：247-250.

超高层钢结构密柱框架复杂节点加工技术

刘春波　贺明玄　许　喆　王超颖

（宝钢钢构有限公司，上海　宝山　201999）

摘　要　通过对华润总部大厦钢密柱框架及斜交网格外框结构-核心筒结构抗侧力体系进行分析，分别对翘曲节点及平直节点＋弯扭杆件的加工工艺进行了介绍。通过厚板压弯成型及装配焊接的整体质量控制，可以满足翘曲节点的设计要求；但从加工和现场安装的可操作性及质量管控的方便性考虑，工程实际采用平直节点的结构形式。由于斜交网格柱夹角很小，在厚板小角度交汇位置创新性地引入了锻钢件作为过渡连接。通过对锻钢件及其与建筑结构用钢焊接的质量控制，有效解决了小角度厚板焊接问题。

关键词　超高层钢结构；密柱框架；斜交网格；弯扭节点；锻钢件

1　项目概况及结构体系

华润总部大厦如"春笋"一般，位于深圳市南山中心区，是一幢以甲级写字楼为主的综合性大型超高层建筑，占地约38000m²，总建筑面积465000m²，塔楼建筑高度为400m，主体结构高度为331.5m（图1）。

图1　施工中的华润总部大厦

塔楼采用钢密柱框架-核心筒结构抗侧力体系（图2），外围密柱框架采用箱型钢梁和梯形截面钢柱组成，具有较高的承载力和延性，外框架钢结构密柱由地下室的28根大尺寸型钢混凝土柱过渡到地上低区的斜交网格结构，再往上外框由56根钢柱组成，柱间距为2.4～3.8m。从56层开始，外框密柱再次转变为高区的斜交网格并一直延伸到塔顶。其中梯形的最大轮廓尺寸约为400×635～400×480mm，钢板厚度30～60mm，钢材强度等级为Q390GJC、Q345GJC。

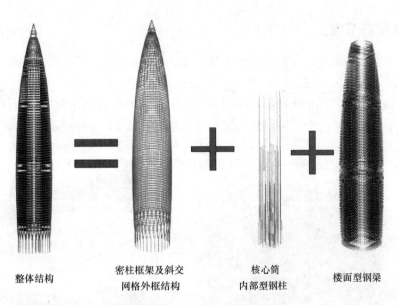

整体结构　　　　密柱框架及斜交　　　核心筒　　　楼面型钢梁
　　　　　　　　网格外框结构　　　内部型钢柱

图 2　塔楼整体结构图

　　密柱框架-核心筒的结构体系有效解决了常规巨型结构设计、疏柱框架设计中存在的竖向力传力效率低、构件尺寸大、需要结构加强层、与建筑外形的协调程度不好（外框架无法与建筑纤细的竖向造型匹配）、施工周期长和造价较高的问题；密柱框架在保证柱尺寸满足建筑及幕墙设计要求的情况下可承担相应的侧向剪力及抗倾覆力矩，提高了结构的抗震性能。

　　密柱框架从下至上变化形式较为丰富，外框架立面如图 3 所示。密柱框架的斜交网格节点，结构形式复杂，加工难度高，成为本工程加工制作技术管理的重点。

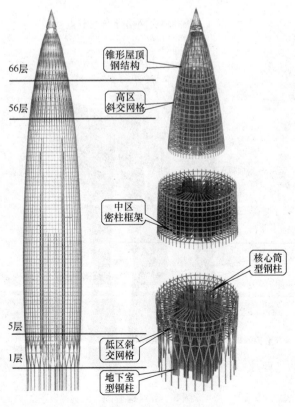

图 3　密柱框架分区示意图

2 密柱框架斜交网格节点

根据建筑和结构设计的需要，在首层底部大堂设置了"一柱变二柱"、"二柱变三柱"（图4）、"二柱变一柱"复杂节点；在高区56层开始，设置了"二柱变二柱"、"二柱变一柱"复杂节点。

由于结构外立面为弧形，各相交杆件不在同一个竖向平面内，节点区域连接板件之间存在着翘曲，且板件较多，受力十分复杂，此交叉斜柱复杂装配节点构造见图5，板件材质及钢板厚度见表1。

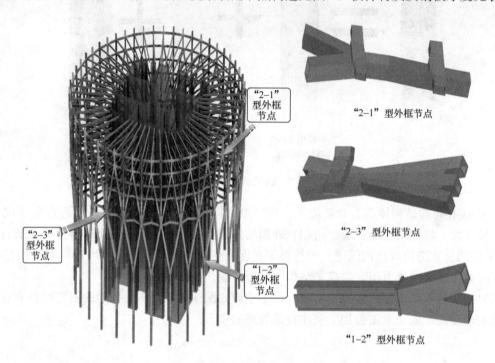

"2-1"型外框节点

"2-3"型外框节点

"1-2"型外框节点

图4 低区斜交网格处典型节点

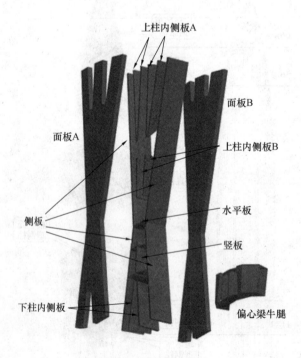

图5 节点构造图

板件材质及钢板厚度 表1

板件	钢材等级	厚度（mm）
面板 A	Q390GJC	80
面板 B	Q390GJC	80
侧板	Q390GJC	60
上柱内侧板 A	Q390GJC	40
上柱内侧板 B	Q390GJC	50
水平板	Q390GJC	100
竖板	Q390GJC	100
下柱内侧板	Q390GJC	60

3 翘曲节点的加工工艺

在项目前期阶段，斜交节点按照面板翘曲的形式进行了试验件加工制作，翘曲节点加工控制的难点在于：上下面板厚板的压制成型、节点上下五处梯形截面端口的空间尺寸控制。

3.1 翘曲节点加工控制要点

（1）翘曲节点的上下面板均为多处弯折厚板，采用模具弯压成型；

（2）考虑构件截面巨大，构件在制作加工时采用卧式装配法，避免高空操作；

（3）制作加工中，通过控制箱形内部隔板的下料尺寸、加设工艺隔板等辅助措施，保证装配精度；

（4）零件装配均以中心线为基准，并用样冲标记，焊接完成后还应及时修正中心线以避免误差的累积；

（5）上下箱型端口和偏心梁牛腿为现场安装关键尺寸，应重点控制；

（6）采用合理的焊接方案，减少焊接变形和翻身次数，如需翻身应使用翻身框架。

3.2 翘曲节点加工过程

翘曲节点加工工艺及控制过程见表2。

翘曲节点加工工艺及控制过程 表2

序号	工序	过程
1	钢板切割压弯孔、槽，压弯线放样	
2	压弯	

续表

序号	工序	过程
3	面板整体压弯检验	
4	二次切割成型上装配胎架	
5	工艺隔板和内部劲板安装定位，并部分焊接	
6	盖入面板	

序号	工序	过程
7	内部隔板与 劲板焊接	
8	本体完成	
9	端口尺寸控制	
10	焊缝及外观质量检验	

续表

序号	工序	过程
11	总体尺寸检验	
12	完成	

经过各道工序的严格控制，可以保证翘曲节点的总体尺寸满足设计要求。但综合考虑厚板的压制成型、上下五处梯形截面空间扭转端口的现场对接等问题，最终建议修改节点和杆件的结构形式见图6。

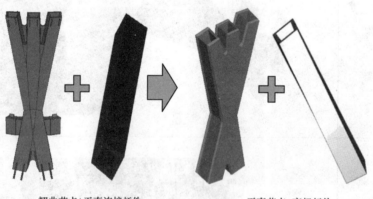

翘曲节点+平直连接杆件　　　　平直节点+弯扭杆件

图6　翘曲节点修改建议

4　平直节点的加工

4.1　平直节点构造形式

修改后的二变三节点形式见图7。构件下部两分叉箱体连接下部扭转柱，上部三分叉箱体连接上部

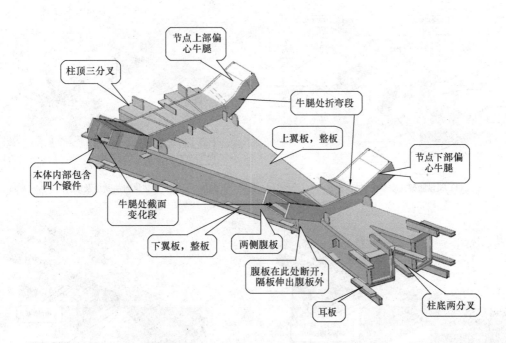

图 7　平直节点整体图

扭转柱，构件本体的上下面板均为一整块面板，板厚 80mm，构件长度约 8m，总重约 26.4t。

二变三节点从结构上分为上下翼板、两侧腹板、分叉箱体中间内部腹板、中间纵向加劲板和四个锻件等，构件上部三分叉及下部两分叉处各连接一个偏心环梁牛腿，其中偏心环梁牛腿在等腰梯形的下底边，且在本体内部对应有筋板。制作上考虑先安装下部翼板（等腰梯形上底边）、然后安装纵向加劲板、锻件，再安装上翼板，焊接内部焊缝后安装内部筋板，焊接内部焊缝后再安装两侧腹板，本体焊缝焊接后安装牛腿。

4.2　平直节点加工控制要点

（1）构件本体内部筋板和本体的焊缝，纵向加劲板、锻件和本体的焊缝均为隐蔽焊缝，注意必须探伤确认合格后才能进行下一步工序的组装。

（2）构件上端口三分叉箱体端口要求铣削，上部端封板加放 4mm 铣削余量且端封板和本体的坡口开深至少 10mm。

（3）构件上、下翼板，偏心牛腿的上下翼板均为异型板，均不允许拼接，下料时整体下料，严格控制尺寸满足标准要求。

（4）锻件向柱顶方向长边分叉所连接的纵向加劲板和翼板之间的焊缝及长边分叉和翼板之间的焊缝坡口方向相反，需要在连接处加开一个 R50mm 的锁口。

（5）预先在地样上装焊锻件及其所连接的下口分叉纵向加劲板，锻件之间的纵向加劲板为一整体部件，焊接 UT 探伤合格后磨平上下表面。

（6）偏心牛腿的腹板处存在折弯过渡，考虑到折弯的加工，将折弯边加放 200mm 余量折弯后切割成型。

（7）偏心牛腿的腹板处存在截面变化段对接，对接的过渡要求不小于 1:2.5。

（8）构件本体下料后预先抛丸处理。

4.3　平直节点加工过程

平直节点的加工过程见图 8，平直节点构件成品见图 9。

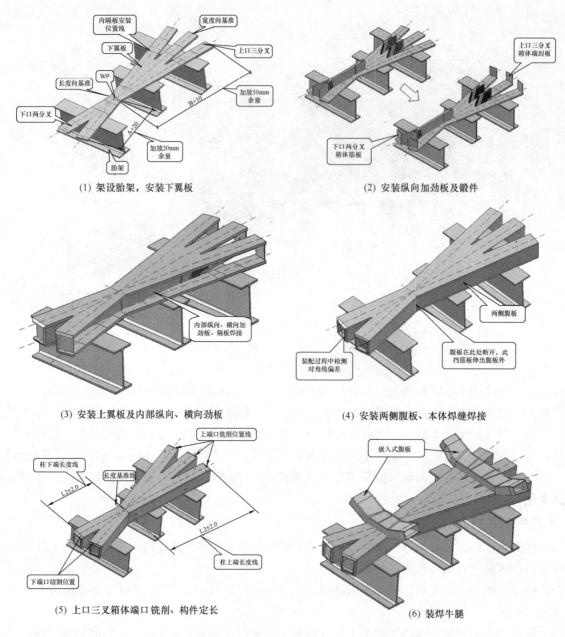

图 8　平直节点构件加工过程图

（1）架设胎架，安装下翼板
（2）安装纵向加劲板及锻件
（3）安装上翼板及内部纵向、横向劲板
（4）安装两侧腹板、本体焊缝焊接
（5）上口三叉箱体端口铣削、构件定长
（6）装焊牛腿

图 9　平直节点构件成品

5 梯形截面弯扭柱的加工

5.1 弯扭柱的结构形式

带牛腿扭转柱构件位于二变三节点和二变一节点之间，连接二变三节点上端口和二变一节点下端口。构件的下端口连接二变三节点的两个斜分叉端口之一，下口连接二变一节点的两个斜分叉之一。

带牛腿扭转柱构件从结构上分为构件本体、牛腿、两端口封板、连接吊耳板、幕墙连接件，构件长度约为 11.5m，构件总重约 14.6t。

构件本体为空间箱型变截面扭曲结构，截面为等腰梯形，且等腰梯形截面空间连续变化，从下口到上口扭曲逐渐缩小（图 10）。

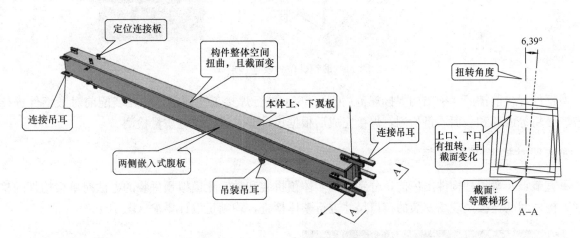

图 10 带牛腿弯扭柱的构造图

5.2 主要制作工艺

（1）构件的上翼板断开为两块，一个箱型牛腿插入构件本体，加工过程中考虑将上翼板后盖，牛腿单独组装焊接完成后将牛腿插入构件，焊接内部焊缝后，安装上翼板。牛腿插入本体的部分和本体的下翼板、两侧腹板的焊缝为隐蔽焊缝，必须待探伤合格监理确认后方可安装构件上翼板。

构件本体的上、下翼板、两侧腹板均为空间扭曲，下料时严格按照展开图下料。

（2）考虑加工制作的方便，构件内部需要加放四档工艺隔板（每2m一档）作为装配定位的基准。

（3）构件本体的四块扭曲板均需要在扭曲胎架上预先加工成型，考虑到本体扭曲板较厚，可以预先在油压机上预压制初成型，然后用火工校正到位。

（4）制作图中的展开图上表面均为构件的内侧表面，排版、下料不可翻身。确保构件内表面向上，并在下料钱标注直线用于矫直。

（5）构件加工制作的全过程（详图、装配、检测）均需要三维坐标的控制，包括构件翼腹板展开平面坐标、翼腹板单块矫正成型三维坐标，装配及测量三维坐标，三维坐标贯穿构件加工的全过程。加工过程中的每个步序都要严格按照三维坐标进行，严格自检、互检及专检。

6 锻钢件的应用

由于密柱框架柱斜交网格节点的夹角很小，导致上下柱内侧板之间的连接角度较小，无法实施厚板的全熔透焊接。为满足结构设计要求，考虑方便加工、焊接操作，将内侧板交汇处设计为锻钢件（图11）。

为满足连接的 Q390GJC 钢板的强度要求，采用 Q420 材质的毛坯料进行锻压，并按设计尺寸进行机加工。

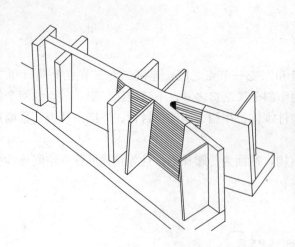

图 11 锻钢件位置及连接形式

锻钢件焊接前按照《钢结构焊接规范》GB 50661 进行焊接工艺评定，并在装配前对锻钢件进行超声波、磁粉等内部和表面质量检测，焊接完成后根据设计要求进行焊缝质量检测。

7 总体尺寸检验及预拼装

平直节点及弯扭柱构件出厂前，分别采用实体预拼装和数字化模拟预拼装的方法对单根构件的整体尺寸、构件间的连接及现场安装的接口尺寸进行整体检查，均满足设计要求（图 12）。

图 12 构件出厂前实体预拼装和数字化模拟检测

8 总结

（1）密柱框架-核心筒结构体系是超高层钢结构建筑中较新颖的结构形式，密柱框架可承担相应的侧向剪力及抗倾覆力矩，提高结构的抗震性能。根据建筑和结构的需要，一般外框结构常设计为密柱外框柱或斜交网格结构。

（2）通过厚板压弯成型及装配焊接的整体质量控制，可保证密柱框架斜交网格翘曲节点的加工质量，满足设计的外形尺寸和结构受力要求。

（3）考虑加工和现场安装的可操作性，工程实际采用平直节点＋弯扭箱型杆件的结构形式，对工厂加工和质量控制以及现场安装施工带来方便。

（4）在斜交网格柱厚板小角度交汇位置创新性地引入了锻钢件作为过渡连接。通过对锻钢件及其与建筑结构用钢焊接的质量控制，有效解决了小角度厚板焊接问题。

参考文献

[1]　彭肇才，黄用军，蓝彩霞，胡建宏，等. 华润总部大厦"春笋"结构设计研究综述[J]. 建筑结构，2016，46(16)：1-6.

[2]　黄忠海. 深圳湾总部大楼罕遇地震作用弹塑性分析[J]. 建筑结构学报，2016，37(2)：19-25.

[3]　刘文珽. 南京青奥中心超高层塔楼结构设计研究综述[J]. 建筑结构，2016，46(11)：1-8.

[4]　林海，李赞恒，江民，林奉军，等. 某超高层建筑结构体系和关键设计研究[J]. 建筑结构，2014，44(24)：31-36，100.

大型场馆建筑钢结构焊缝质量的控制

贾福兴

（浙江江南工程管理股份有限公司，杭州　310013）

摘　要　焊接质量是确保钢结构工程安全的关键，本文结合工程实际，通过对施焊过程的焊前审查、焊中检查和焊后检测三个方面内容的阐述，希望为监理同行对焊缝质量的控制工作提供借鉴。

关键词　钢结构；焊缝质量；检验等级；控制

1　前言

焊接质量是钢结构工程控制工作中的重头戏！原中国建筑设计研究院的顾问总工程师叶耀先曾经说过："在制作安装钢结构的过程中，焊接最重要。"中国工程建设焊接协会的戴为志副秘书长也说过："三年可以培养出一个大学生，但十年未必能培养出优秀的技师级焊工！"无独有偶，在 2014 年 6 月 11 号的《新华日报》第 4 版以"沪宁钢机：中国钢结构质量第一品牌"为题的文章中也对此用这样一段文字描述："钢结构的技术含量比传统结构高，砌砖工人与钢结构的焊工有着很大差别，培养一名合格的焊工或铆工，在沪宁钢机至少需要五六年时间，他们不但要接受公司的内部培训，还要去日本等先进的国家和地区参加培训，一些资深员工都有 20 多年的焊接经验……"。可见在钢结构的焊接工程上对于这类人才的要求非常之高！2012 年 12 月 15 号发生在内蒙古自治区鄂尔多斯市伊金霍洛旗赛马场的钢结构罩棚突然塌落事故，再次给人们敲响了警钟！据悉，事故发生的原因正是由于西侧看台钢结构罩棚部分焊缝存在严重的质量缺陷所致！

因此，要提高钢结构工程的焊缝质量，确保结构的安全性，仅限于去查查焊工的上岗证、钢材和焊材等是否已复试、是否已做了焊接工艺评定试验等资料方面的事情还是远远不够的。因为在焊接施工中，还取决于焊工实际操作水平的发挥程度和职业道德、责任心等差异；还会因装配顺序或焊接参数选择的不当，造成经拼装后在汇交搭接部分被隐蔽的焊缝位置没法施焊或残余应力过大；而这些都是无法通过外观检查和无损探伤所能检测出来的！所以，焊缝质量的好坏，对于基层的监管人员来说，还取决于经常要对施焊过程中的实际情况进行检查和控制。过程控制具体有焊前审查、焊中检查和焊后检测三个方面。

2　焊前审查

主要是对焊工的上岗资格、焊材和焊接工艺等是否已制订了相关的技术管理文件等进行审核，对此在实际操作过程中应注意经常会在工程中碰到所报焊工上岗证的数量不够，或人、证不一致等情况。

3　焊中检查

这是本文主要描述和讨论的重点，主要是针对在施焊过程中，是否按相关规范和技术文件中的工艺方案及参数实际执行等情况进行检查。譬如对一些大型复杂钢结构桁架多支管相交的节点连接部位来说，就有"隐蔽部位焊缝"这样的情况，对此，很多钢结构设计总说明中会有这样的技术要求：

（1）相贯焊缝，应沿全周连续焊接并平滑过渡。

（2）当多根支管同时汇交于一点，且支管同时相贯时，支管按管径和壁厚优先原则。支管与支管的相贯处应一律满焊。

但笔者认为上述两点似乎较多侧重于对节点相贯处裸露部位的要求，而裸露部位看得见的焊缝，一般会先进行外观检查（承包方自检，监理抽检或全数检查），然后由承包方先无损检测自检，再经第三方检测机构复检的，只要按照这两道程序严格认真地进行外观检查，诸如漏焊或部分未焊满之类的缺陷一般是过不了关的。但对于很多工程中的钢桁架主管与腹杆的汇交拼装，经常会遇到一些先定位焊好直径较小的直管，然后安装直径较大的斜腹杆，如：一般与钢桁架主弦杆或跨度方向呈垂直角度安装的直管，是安装中用来确定桁架的宽度尺寸的，反之，若先安装斜腹杆是难以甚至无法确定基准位置的。然而，当这根后装上去的斜杆件本应焊接的前端由于伸入直杆被剖切的相贯口，就形成了伸入段无法焊接的情况，而且不能被焊到的那部分，恰恰是杆件相贯处最重要的趾部焊缝！（注：相贯焊缝在斜向汇交处可分为：趾部 A 区，侧部 B 区，过渡 C 区及跟部 D 区这样 4 个部位，以最前端的趾部为最重要。关于圆管桁架在相贯节点的焊接分区，可详见 GB 50661—2011《钢结构焊接规范》第 20 页图 5.3.6-1 中（C）圆管节点的分区图例。）只要工程中出现隐蔽焊缝这种情况，如果监理不去帮着注意和分析好杆件的安装和施焊顺序，知道应该是哪一根先焊好后，然后再焊装第二、第三根支管的原则，而是任其在施工中怎么方便怎么来的做法，那么，这样拼装组焊出来的钢桁架，一是会出现更多被隐蔽不能焊到的情况，二是钢结构的设计安全系数和实际质量就会被大打折扣！因此，对于前文提到的多支管汇交的复杂节点，在拼装过程中，为确保上述设计说明中 1、2 点技术要求，会再把先装上去仅作定位焊的直管临时移挪，使管径较大或壁厚较厚的支管在隐蔽部位焊好后，再按原状复位（图1）。

防范措施：

（1）施工前要求施工单位对此提前做个技术交底，交底时，一定要落实到具体的拼装、焊接班组和个人。

（2）当出现主桁架等可能存在隐蔽焊缝情况的拼装施工时，应注意支管与主管的拼装和焊接顺序，确保"先将完全与主管相贯的第一根支管或腹杆的隐蔽部位焊缝焊至饱满后，再焊装第二、第三根支管或腹杆的原则"，避免隐蔽部位焊缝未焊接、未焊满而影响焊缝有效长度质量情况的出现。尤其是对于复杂工程中的第一榀钢桁架的拼装焊接，必要时，可通过业主联系和邀请包括设计方在内的人员，组成联合验收小组进行

图1 五根支管相交处出现隐蔽焊缝

专项性的检查验收，看看是否存在问题或需要有什么改进之处？是否能完全符合设计要求？这种以"首件制"确认，以样板开路的做法，值得在很多重要工程和关键工序上借鉴应用。

（3）专职质量检查人员和监理工程师要勤巡施工现场，头脑中应带着"假如"，"可能会导致"，"实际情况到底如何"等疑问去发现问题，并将之解决或消灭在萌芽状态。

4 焊后检测

主要是先对焊缝进行外观检查，再进行无损检测并对出具的检验报告进行审查。焊缝的抽样检测和

计数方法，在 GB 50205—2001《钢结构工程施工质量验收规范》里，对于要求全焊透的一级焊缝应做 100％的超声波或射线探伤检验，二级焊缝可以按 20％抽样检验。并规定了对于工厂制作焊缝，应按每条焊缝计算百分比，且探伤长度应不小于 200mm，当焊缝长度不足 200mm 时，应对整条焊缝进行探伤；对现场安装焊缝，应按同一类型、同一施焊条件的焊缝条数计算百分比，探伤长度应不小于 200mm，并应不小于 1 条焊缝。

钢结构焊缝质量的分级原则可以概括为：当受拉时为一级，受压时为二级，其余均为三级。具体详 GB 50661—2011《钢结构焊接规范》第 12 页之 5.1.5 条及其条文说明。另外，对焊缝质量的分级要求，首先是要根据规范，再遵照该工程的设计要求。例如，钢球与圆管的焊接，在 JGJ 7—2010《空间网格结构技术规程》里是作为二级质量要求进行检验的，但在有些工程中，由于结构形式和使用部位的不同，设计就是要求按照一级焊缝质量进行检测的。我司监理的绍兴市奥体中心一场两馆钢结构工程中，当钢球与圆管的焊接是用在钢桁架或钢柱下面支座部位的情况时，就是这种要求。还有起重机梁下面的钢牛腿与柱子的连接焊缝、铸钢件分肢管与腹杆的连接焊缝等亦有这样的情况。这就使我们注意到，在有些大型重要工程的关键部位会出现设计要求高于规范这种情况。

一级：是全熔透连接焊缝，适用于动载受拉的等强对接；

二级：也属于全熔透连接焊缝，适用于静载受拉受压的连接焊缝；

三级：是不要求等强的角接和组合焊缝，在角焊缝上不分质量等级，因其一般只承受剪力不做无损探伤检验，但一定要做好焊缝的外观检查工作，以避免焊脚尺寸，或焊缝厚度和长度的不足，甚至发生有漏焊等质量缺陷的情况。

在 GB 50661—2011《钢结构焊接规范》中，对于焊缝质量的检验做法上又分两种：

一是自检，是要求施工方具有相应资格的检测人员，或可以委托具有相应检验资质检测机构进行的质量自查自检活动。

二是监检，是业主或其代表委托具有相应检验资质的独立第三方检验机构进行的检验活动。

对这两种检测过程，监管人员应根据工程特点或焊缝所处部位的典型性和代表性，进行必要的见证旁站，对于第一种自检结果是不可以作为工程质量依据的，而是以第三方检验机构出具的复检成果为准，并作为工程质量的最终存档依据。

在钢结构工程焊后检验方面，实践中应注意如下几点：

（1）对于工厂制作焊缝，应按每条焊缝计算百分比，若以焊缝条数来计算百分比，这是错误的。

（2）对于现场安装焊缝，应注意防止只查下面的，未查上面的；或只查平焊、横焊和立焊、疏于查仰焊、死角等难检部位，检验成果难具代表性。

（3）对于一级和二级焊缝来说，其实在施焊工艺和焊缝质量要求上并无多大区别，两者之间的区别主要在于检测比例的不同，以及根据被检钢板厚度的不同，在检测时缺陷参数和数量量化上稍有区别而已。

（4）虽然角焊缝在大多数情况下都属于三级焊缝，但在有的工程中当有特殊要求时设计上会提高到不低于二级甚至一级。如矩形管与矩形管之间的 T 形连接焊缝、工字钢梁与侧向预埋件的刚接焊缝、铁路、公路钢桥上的横梁接头板与弦杆的角焊缝等等。工程实践中，对于角焊缝的焊后外观检查是极其重要的。要注意控制好角焊缝的焊缝厚度和焊脚尺寸问题，使其满足设计要求。这方面在有的设计中是要求按焊脚尺寸去量测检验，即按 GB 50661—2011《钢结构焊接规范》中表 5.4.2 要求执行，但有的设计要求是量测的角焊缝厚度尺寸，这两个概念在实际量测抽查时是有区别的。

（5）有些工程在工期和施工安排上很紧张，这会导致上午刚焊完的构件，下午就在做焊缝检测急着吊装了，这是不对的。正确的做法应该是：对于Ⅰ、Ⅱ类级别的钢材构件，需在焊完并经 24h 后再进行检测；对于Ⅲ、Ⅳ类级别的钢材构件或屈服强度不小于 690MPa，供货状态为调质、焊接难度为 C、D级的钢结构焊缝应在焊接完成并经 48h 后再进行检测（表 1）。

焊接难易程度分类表（分 A、B、C、D 4 个等级） 表 1

难度等级	板厚 t（mm）	钢材类别	受力状态	碳当量 CEV（%）
A（易）	$t \leqslant 30$	Ⅰ	一般静载构件拉、压	CEV≤0.38
B（一般）	$30 < t \leqslant 60$	Ⅱ	静载且板厚方向受拉或间接动载	$0.38 < CEV \leqslant 0.45$
C（较难）	$60 < t \leqslant 100$	Ⅲ	直接动载，抗震设防烈度等于 7 度	$0.45 < CEV \leqslant 0.50$
D（难）	$t > 100$	Ⅳ	直接动载，抗震设防烈度≥8 度	CEV>0.50

注：上表摘自 GB 50661—2011《钢结构焊接规范》。

用于钢结构工程的焊接结构钢材，其中的碳当量合格保证指标是极其重要的！在我国的行业标准 JGJ 81—2002 里，用碳当量来衡量低合金结构钢的可焊性，当碳当量＜0.38％时，钢材的可焊性很好；当为 0.38％～0.45％时，钢材会呈淬硬倾向，施焊时要控制好焊接工艺，并采取预热措施等使热影响区缓冷却，以免发生淬硬开裂；当＞0.45％时，钢材的淬硬倾向更明显，更应严格控制焊接工艺和预热温度才能获得合格的焊缝质量。例如用于杭州奥体博览城主体育场钢结构工程的焊接铸钢件碳当量都控制在 0.17％～0.20％之间（设计要求为 0.22％）（图 2）。

因此，对于钢结构工程的焊缝质量和检验分级要求，除了对照有关的规范规定外，还应仔细分析一下该工程的"钢结构设计总说明"及相关要求，若有哪些地方出现矛盾或未予明确的，应及早通过业主与设计方沟通。

对焊缝质量的焊接检验，焊缝数量的抽样检验比例及出现不合格情况如何进行返修补强等操作，在 GB 50661－2011《钢结构焊接规范》中的 8 和 9 章里面均有详尽规定，这里不再赘述。

图 2 杭州奥体拼装后的异形复杂桁架

5 小结

总之钢结构工程焊缝质量的优劣主要取决于人为的因素，施工工艺、焊材、施焊者技术水平和环境因素等方面，所以在工程实际中应注意避免或进行有效的防范。以下几点供参考：

（1）对首次采用的钢材、焊材、焊接方法和位置、接头形式、施焊预热、后热处理及焊接工艺参数等，是否按规定进行了焊接工艺评定；

（2）现场拼装的场地和使用的胎架、马凳是否满足施工技术要求；

（3）检查焊工是否都有上岗证，并在规定的范围内施焊；

（4）在低温、风雨天气环境下的施焊操作是否有满足工艺质量的相应措施；

（5）焊材是否匹配？焊条是否按规定进行烘干后再使用；

（6）焊缝坡口部位施焊前是否已对锈迹、泥污或误涂的油漆进行了专门的清理；

（7）焊缝间隙是否符合设计要求；

（8）设计要求应使用的衬钢或垫圈是否已衬放到位后再施焊；

（9）是否有用钢筋条或零星碎铁板等杂物填充间隙后再施焊的不良情况；

（10）主杆件对接处是否有错口、错边大于允许偏差就施焊的情况；

（11）当多层多道焊操作时，层间的焊瘤、夹渣和飞溅物是否能用适当的工具进行及时彻底的清除；

（12）在对接焊缝部位的焊缝外观是否有适当的余高，而不会低于相邻的母材；关于对接焊缝的余高技术要求，在 GB 50661—2011《钢结构焊接规范》的表式 8.2.2 中，无论一级或二级，根据板厚的不同，均分别要求为 0～3 或 0～4，也就是说，最低不能出现负偏差低于相邻母材的情况（图 3）。

图 3　对接焊缝未焊满

（13）是否存在多杆件节点的施焊顺序不正确的情况，是否有未焊到位，未焊满、甚至漏焊的情况，尤其在死角或仰焊部位；

（14）焊脚尺寸、焊缝厚度、焊缝长度是否已满足设计要求；

（15）焊接应力是否有相应的有效措施予以释放和清除等。

所有这些，再结合 GB 50661—2011《钢结构焊接规范》中相关内容，在工程实践中只要细心观察，认真巡查，需要引起注意的焊缝质量控制问题或要防止的细节性缺陷还会发现更多。

最后，作为钢结构专业的质量监管人员，应能基本掌握判别哪类钢结构或哪个部位的焊缝是一级还是二级的本领，以便在实际工作中督促有关方按相关要求做好焊缝质量的控制工作。

建筑钢结构防火涂料的涂装保护与质量控制

贾福兴

（浙江江南工程管理股份有限公司，杭州　310013）

摘　要　钢结构防火涂料的涂装保护工作并不是一件简单之事，本文对防火涂料的涂装保护基理、见证取样复试、相关技术要求、施工质量监管控制和竣工验收等环节作了较全面的展开叙述，并结合杭州奥体钢结构工程，阐明了防火涂装方案评审和防火涂料见证取样复试等具体程序要求，对同类工程的防火涂料涂装施工和质量控制具有很好的借鉴和指导意义。

关键词　钢结构；防火涂料；涂装施工；质量控制

1　防火涂料分类和使用上的有关注意事项

大型公共建筑中的多功能、大跨度、大空间的建筑结构，主要以钢结构为主，但钢材在一定温度作用下会发生蠕变，导致其抗压、抗拉强度和抗弯折性能等急速下降，引起建筑物的瞬间倒塌，因此，必须对其进行合理有效的防火保护措施，以保证钢结构在发生火灾升温作用下的抗火安全。对钢结构的防火保护措施一般常有如下几种：

（1）外包钢筋混凝土或砌墙体包覆；

（2）涂敷防火涂料；

（3）采用有防火阻燃性能的防火板包覆；

（4）用柔性毡状隔热材料包覆；

（5）先用毡状隔热材料包覆，再用轻质防火板作饰面型复合保护等。

本文主要对涂敷防火涂料这一措施加以展开论述。

在《钢结构防火涂料》GB 14907—2002 的 4.1 中，先把防火涂料根据使用场合上分室内型和室外型两类，室内型防火涂料用 N 表示，如 NB 则表示是室内用薄型防火涂料；室外型用 W 表示，如 WCB 则表示为室外用超薄型防火涂料。防火涂料从厚度上又分为 3 种：防火涂料的涂层厚度在 ≤3mm 的是属于超薄型；3～7mm 的是属于薄型涂料；7～45mm 厚度的为厚型防火涂料。室内、室外用钢结构防火涂料的技术性能可参见《钢结构防火涂料》GB 14907—2002 标准中第 5.2.1 条的表 1 和第 5.2.2 条的表 2 里的详细内容。

厚型防火涂料主要由无机物类的粘结剂、无机轻质材料、增强材料、增稠剂和减水剂等化学助剂加水组成。主要优点有：密度低、热传导率低、耐火性能好，在火灾中完全依靠自身材料的不燃性，低导热性和部分成份遇高温时的蒸发和分解绝热，能对钢结构起到热量阻截和防止热辐射的作用，有效地阻挡火焰及高温对钢材的直接灼烧攻击，延缓了钢材的升温速度和时间。它的耐火时间与涂装后的厚度密切相关，一定厚度的防火涂料涂层防火性能可以达到 3h 的耐火极限。

应注意的是：对于厚型防火涂料在原材料使用上应杜绝采用石棉！这已在 2001 年美国的"911"事件中得到深刻教训，纽约世贸中心那座 110 层高的摩天大楼，在遭到恐怖分子用飞机冲撞袭击而着起大火，轰然坍塌，那次事件中幸运逃生的人们和当时参加救援的工作人员，当时也许根本没有想到，他们的健康已经受到了严重影响，罪魁祸首就是大楼当初建造时大量使用了石棉作为建筑材料，直至今天人们也无法弄清楚，当时身处那种场合的人们到底吸入了多少石棉。

"石棉"是一种可分裂成富有弹性的白色纤维丝状硅酸盐矿物，它具有耐酸碱和耐热性能，又是热和电的不良导体，因而被广泛用于工业用途和建筑行业，但由于其纤维极细小，当扩散后能悬浮于空气中两三个星期，比其他尘埃物质在空气中飘浮的时间更长，石棉被吸入后可积聚在人体肺部，它已被国际癌症研究中心确定为致癌物！我国已在《钢结构防火涂料》GB14907－2002第5.1.1条明确规定：用于制造防火涂料的原料应不含石棉和甲醛，不宜采用苯类溶剂。

薄型防火涂料在施工的便捷性和装饰性能上优于厚型防火涂料，它的主要成分为有机树脂、发泡剂、碳化剂和绝热材料等，当其遇到火焰时，由于其中的膨胀阻燃体能吸收热量而呈炭状发泡，膨胀后形成比原始膜厚数倍到十几倍的多孔碳化层，可有效阻隔火焰和热量对钢材的攻击，耐火极限一般在0.5～2h。

超薄型防火涂料我国已于20世纪80年代就已研制成熟，并成功推广应用于市场，它是在薄型防火涂料膨胀发泡，遇高温呈炭状隔热防火性能基础上更加优化的产品，它的涂层厚度遇火膨胀后可以达到数十倍，其耐水性、耐老化性、附着力、耐湿热性、耐冻融循环性、抗裂抗震性，均好于厚型和薄型防火涂料，同时具有很好的配套装饰效果，已经成为钢结构防火极限设计要求在0.5～2h防火涂装保护的主打产品。

厚型、薄型、超薄型这3种钢结构防火涂料各有优缺点，选择使用时应注意的原则是：

（1）对于耐火极限在3h的部位，一般只能选用厚型防火涂料，例如，高层建筑承重钢结构的柱子；

（2）对于耐火极限在2h要求的部位或钢构件，可选择薄型或超薄型防火涂料，如钢梁、钢桁架等；

（3）对于裸露于室外部位的钢构件，应选用室外型防火涂料，且复试检查时应考察其耐湿性和耐老化性能，避免涂层在裸露环境中防火使用性能下降甚至失效；

（4）对于像隧道、楼梯间等狭小环境，以及人员密度大，停留时间较长的公共场所，不宜采用膨胀型防火涂料，以免万一发生火灾时浓烟等有毒气体造成人员的窒息伤害；

（5）涂装后的防火涂料涂层厚度应与设计要求的防火极限相对应。

另外，对于超薄型防火涂料的涂层设计和涂装施工，笔者认为：超薄型防火涂料应直接涂刷在设计要求的配套防锈底漆上，防锈底漆上一般不需要涂中间漆的，可以直接涂装防火涂料。在个别工程案例中，甚至发现某些管理方代表非要求涂好面漆后，才能再涂防火涂料的不合理要求，这是错误的，更是浪费资源的！笔者这一观点已在2012年第9期《钢结构》期刊中的"防火与防腐"专栏里"钢结构涂装工程中的有关问题及对质量的影响"论文里作了更详尽的表述。而且，也可参考很具权威的一些设计单位，如上海华东建筑设计研究总院等设计单位，对包括超高层建筑在内的很多钢结构设计总说明中，关于钢结构防火涂料涂层做法的设计要求也是如此。

2 建筑钢结构的防火要求

建筑钢结构的防火要求，在《建筑钢结构防火技术规范》CECS200：2006表3.0.1"单、多层和高层建筑构件的耐火极限"中有详细规定。除此，像杭州奥体中心主体育场这样的特大型体育建筑钢结构，可以响应规范第3.0.10条的规定："对于多功能、大跨度、大空间的建筑，可采用有科学依据的性能化设计方法，模拟实际火灾升温、分析结构的抗火性能，采取合理、有效的防火保护措施，以保证结构的抗火安全。"因而，杭州奥体中心主体育场钢结构的防火涂装保护问题，曾在2010年6月11～12日，由浙江省公安厅消防局和建设方领导，就组织召集了包括上海市消防局，上海市防灾救灾研究所和浙江省建设工程消防设计专家库的专家们，进行了专项的严格评审，从而确定了"主体育场六层钢结构水平连杆，以及观众看台上方钢构件距离楼面不超过6m高部位应采取防火保护措施，钢构件耐火极限为1.5h，防火涂料采用薄型"的设计要求（后经设计和业主同意变更为采用超薄型防火涂料）。

体育建筑钢结构的防火要求，可参见表1。

体育建筑的等级，结构设计使用年限和耐火等级　　　　　　　　　　表1

建筑等级	主要使用要求	结构使用年限	耐火等级
特级	举办亚运会、奥运会及世界级比赛主场	＞100 年	不低于一级
甲级	举办全国性比赛和单项国际比赛	50～100 年	不低于二级
乙级	举办地区性和全国单项比赛	50～100 年	不低于二级
丙级	举办地方性、群众性运动会	25～50 年	不低于二级

注：表1是根据《体育建筑设计规范》JGJ31—2003表1.0.7和表1.0.8中要求整理所得。

3　防火涂料的复试

对防火涂料的进场检验和见证取样复试，应注意如下一些要求：

（1）钢结构防火涂料应有近3年来国家检测机构的耐火性能检验报告和理化性能检测报告，生产厂家应有消防监督主管机构颁发的生产许可证；

（2）防火涂料的质量应符合国家有关产品标准的规定，应有生产厂家盖红章的合格证、并附有涂料品牌、生产批号、储存期限、性能指标和涂装使用说明书；

（3）防火涂料与基层配套使用的底漆和面漆，应有厂商的相容性试验合格的报告资料。

防火涂料的见证取样复试，在《钢结构防火涂料应用技术规范》CECS24：90 的第二章中有专门规定：薄涂型防火涂料以 100t 为检验批，主要抽检其粘结强度；厚型防火涂料可按 500t 为检验批，主要抽检其粘结强度和抗压强度，这同《钢结构工程施工质量验收规范》GB 50205—2001 第14.3.2条的要求是一致的。但笔者在此指出的是，目前尚无规范对超薄型防火涂料的复试批次数量做出具体的规定，好在很多工程上因超薄型防火涂料涂层薄而用量也较少，仅仅是几吨至数十吨之间。

防火涂料在复试程序上是件很严格的事情！以杭州奥体工程为例：先要去主管部门杭州市公安消防支队滨江区大队领取"建筑工程防火装修材料见证取样检验告知单"，在其表格对应栏目里填写"材料名称、样品批次、燃烧性能等级要求、取样规格"等内容，同时在附件"送样委托书"和"消防材料见证取样单"上还要分别盖好建设、监理和施工单位的企业印章，并提供经办人的身份证复印件、单位营业执照复印件、防火涂料的采购凭证和样品用在实际部位的现场彩色照片，最后签上各方单位经办人和见证人员的名字。且要求送检的防火涂料样品应是用生产厂家的原装桶盛装。

4　防火涂料的施工

目前，工程上使用的防火涂料，一般以厚型和超薄型为主。厚型、薄型和超薄型防火涂料在施工方法上有所不同，对此略加叙述：

（1）厚型防火涂料主要采用抹涂法，施工工艺为：钢结构表面除锈至设计要求并涂防锈底漆→采用喷枪喷涂配套底胶和专用界面剂以增强附着粘结力→防火涂料组料按配比拌和，稠度应适宜涂装，涂抹第一层防火涂料→干固后按设计或产品说明书要求包扎抗裂铁丝网→进行第二次涂抹，以后每次涂抹间隙时间为：气温20℃时为24h，每次涂层厚度控制在8～10mm为宜，直至厚度符合设计要求为止（注：笔者曾注意到，国内已有在厚型防火涂料中添加约万分之五的聚乙烯醇纤维，以起到更好的抵制龟裂空鼓的作用的工程实例）。厚型防火涂料涂抹完成后，还应注意很多产品说明书以及施工工艺要求上，往往有"不能一下子就让其干透"的保养要求。

（2）薄型防火涂料主要是采用重力式喷枪喷涂施工，作业环境温度宜在5℃～38℃，相对湿度不宜大于85%，空气应流通，若温度过低，湿度太高或风速在5m/s（4级风）以上，以及钢材表面有结露情况时，不得进行涂装施工。每遍喷涂厚度按产品说明书或不宜大于 2.5mm，薄型防火涂料的贮存有效期一般仅为六个月。

（3）超薄型防火涂料的施工，一般采用喷涂，辊涂和局部刷涂等方法分次涂装，第一道涂装干膜厚度不应＞200μm，以后每道涂装干膜厚度不应＞300μm，每道涂装间隔时间一般可取 24h 或按产品说明书要求，最佳施工环境温度 0℃～35℃，相对湿度≤85%。

防火涂料的面漆涂装，应在防火涂层厚度经检查实测，满足设计要求后的情况下进行，并应尽量采用同一厂家，同一品牌的配套产品。

5 防火涂料的质量控制与验收

厚型防火涂料的质量控制较为直观简单，主要是抓好施工过程中的厚度控制即可；但超薄型防火涂料就比较复杂，一方面产品质量良莠不齐，市场上部分劣质产品鱼目混珠，而且，在生产和施工环节上还很有可能存在偷工减料以次充好的现象，所以，质量控制上应注意如下方面：

（1）应严格审查报审的检测报告是否有弄虚作假情况，或者是提供的资料有存在印章不全，日期不清而难辨其真伪性；

（2）实际使用的产品和样品在质量上是否存在本质的区别，不排除个别厂家会根据接到的工程总价来改变出厂产品的组料配比，生产中可能会使用一些低成本的替代品作为原材料或填料；

（3）应注意送检产品的真伪性，是否是其本厂生产的，防止发生是用其他厂家弄来的合格品来替代的情况；

（4）注意厂家的防火涂料产品说明书上的膜厚是否能符合实际性能要求，防止其产品在资料宣传上有夸大其词的成分；

（5）应防止个别施工方为了减少成本和材料耗量，可能采用在基材上以打底为名，例如，先涂抹 1～2mm 厚度的水泥浆料或薄型涂料，再涂 1mm 左右的超薄型防火涂料，来满足 3mm 厚的测厚要求，这种弄虚作假的施工，会给涂层的防火性能要求留下很大的质量安全隐患。

针对上面易出现的各种不规范情况，可采取下列措施进行控制：

（1）对重大工程的防火涂装设计，施工方案和产品型号的确定，首先应优选优质品牌产品，明确具体规格、型号和防火性能要求，并对产品厂家是否具有相应的资质进行严格鉴定，主要核查其是否具有国家消防质检中心出具的合格检验报告之原件，也可上 www.cccf.com.cn 中国消防产品信息网进行查询，正规厂家的产品都会有国家消防产品型式认可证书和型式检验的合格报告；

（2）可参照 GB 14907—2002 中的有关规定，检验涂层与基层之间的附着力，涂层的硬度、耐水性、耐冻融循环性等技术指标，是否满足产品标准中的技术要求；

（3）涂装施工时，监管人员要经常去现场严格核查防火涂料的品牌型号，规格和实际使用的涂料质量情况，防止发生用劣质涂料或有其他产品混用代用情况；

（4）防火涂料在涂装前，应对基层的防锈底漆是否有缺陷情况进行检查，经有关方技检人员确认后方可涂刷防火漆，以避免今后防火涂层由于底材有锈蚀等缺陷而起皮空鼓继而发生脱落，施工过程中还应经常对涂层的厚度进行测量，确保防火涂层总厚度满足设计要求；

（5）对防火涂料施工过程中的检查验收，还应注意加强对隐蔽部位的验收，隐蔽部位主要有：设计要求涂防火涂料的吊顶或井道和夹层内，有复合做法的防火基层．龙骨或连杆的固定件等，验收时应有业主代表、监理和施工三方人员共同参加。

防火涂料涂层的质量要求是：不应有漏涂，涂层搭接处应闭合，无脱层、空鼓，明显的凹陷和粉化松散、浮浆等外观缺陷，乳突颗粒应剔除。具体可详见《钢结构工程施工质量验收规范》GB 50205—2001 第 14.3.3 条强制性条文和第 14.3.4 条中的涂层质量要求。

厚型、薄型、超薄型防火涂料涂装后的涂层厚度控制可参考表 2。

厚型、薄型、超薄型防火涂料涂层厚度技术指标参考表　　　　　　　　**表 2**

厚型				薄型		超薄型	
耐火时间（h）	涂层厚度（mm）			耐火时间（h）	涂层干膜厚度（mm）	耐火时间（h）	涂层干膜厚度（mm）
	柱	梁	楼板				
1.5	—	12	12	1.5	3.1	0.5	0.46
2.0	16	16	—	2.0	3.5	1.0	0.70
2.5	22	22	—	3.0	4.8	1.5	1.48
3.0	27	—	—			2.0	1.96

> 注：表 2 是作者选取江苏某品牌的防火涂料厚度技术指标，但因不同的生产厂家或不同的品牌产品在技术指标上会存在一定的差异性，仅供参考，实际涂装施工时的涂层厚度应以设计要求的耐火极限时间和结合采用的防火涂料产品说明书中的技术指标为准。

另外，笔者还认为：有必要针对现场怀疑有问题的产品，可在现场取样，按一定方法，做一下防火涂料耐火时间的性能测试试验，以验证其产品的可靠性。笔者曾于 20 世纪 90 年代在江苏兰陵化工集团工作时，有幸在公安部四川消防科学研究所赵宗治专家等人的指导下，做过这种试验，方法是：

取一定面积和厚度的钢板（如 500mm×500mm×3mm），在其一侧涂刷至平均厚度为 2mm 的超薄型防火涂料，待其干燥后，再在 50℃烘箱内烘至恒重，在火焰温度为 900℃～1000℃的汽油喷灯下烧烤，至涂层完全膨胀发泡碳化，当钢板背面记录到的温度达到 400℃时所需的时间即为耐火时间，且试板上的涂层厚度与灼烧升温到规定温度的时间要对应。

试验时，合格的防火涂料涂层在受到喷灯强火燃烧时，会大量起泡膨胀，几十分钟内都不会出现涂层烧损现象，而劣质产品则基本不发泡，反而会出现大量散落自行掉渣现象。有些产品发泡情况看起来也可以，但它发泡后的硬度和致密性差，在强火灼烧时，很快会有烧损脱落情况，且钢板背面的温度和升高的时间与标准不符，则可基本判定是以低价材料做的产品，或可能是用一般性能的饰面型防火涂料来代替钢结构防火涂料的情况。

试验时，注意对防火涂料灼烧试验前的涂层膜厚，和经灼烧发泡后的发泡最高点进行测量对比，后者即为前者的发泡倍数，合格的膨胀超薄型防火涂料发泡过程非常缓慢，但发泡层均匀，发泡持续时间长，泡层排布紧密，碳化物较多也不易掉落，发泡倍数一般可在 15～30 倍之间，更重要的是：合格的超薄型钢结构防火涂料在长时间的火焰烧灼后，能形成白色或灰白色的无机材料，它是决定产品是否合格、是否能达到规定的耐火极限的重要标志。同时，采用这种硬碰硬的现场取材测试灼烧方法，能有效控制钢结构防火涂料的材料和涂装施工的质量，让假冒伪劣产品无机可乘！

防火涂料涂装施工完成后，应及时对施工方报审的资料和总体观感质量等方面进行把关检查，如存在局部不符合要求的缺陷，应根据具体情况，分析原因，督促施工方进行整改，整改完成后再复验。工程竣工后，应向所在地公安消防局申报消防验收，消防验收是国家消防监督机构依照消防法对建筑消防工程进行的专项验收，消防验收时，监理应协助业主向地方消防监督机构提交规定的相关文件，验收合格后方可投入使用。

体育场大跨度单层索网结构安装质量控制

陈道杨　霍　星　刘首福

(浙江江南工程管理股份有限公司，杭州　310013)

摘　要　苏州工业园区体育中心体育场，屋面单层索网结构长轴260m，短轴230m，由径向索、环向索与压环梁组成，马鞍形单层索网结构高差25m，能形成有效的屋面刚度。260m大跨度单层索网结构施工在国内是第一次。本工程单层索网结构在地面组装，整体牵引提升，由低往高分批逐根张拉安装径向索的施工方法，技术先进，安全经济。单层索网结构形式新颖、美观，应用前景广泛。本工程的技术成果及施工经验对其他类似工程有一定借鉴作用。

关键词　单层索网结构；径向索；环向索；提升；张拉；体育场

1　工程概况

苏州工业园区体育中心体育场工程，地上5层混凝土结构，上部钢结构由80根倾斜V形变截面圆柱、受压环梁和索网组成。索网结构上覆盖白色PTFE膜屋面。受压环梁呈马鞍椭圆形，长轴260m，短轴230m，最高处52m，最低处26m，展开面积31600m²。体育场的单层索网结构由40根径向索、内环索（8根一组）与V柱顶的压环梁组成，马鞍形索网高差25m。见图1、图2所示。

图1　张拉完成时体育场单层索网结构航拍图

2 索网结构简述

体育场屋面单层索网结构，内侧的受拉环以及外侧的受压环通过径向索联结，对径向索施加预应力使其具有结构刚度，以承受荷载和维持形状。

单层索网结构是基于轮辐式索网结构的原理发展而来的，本项目单层索网结构体系就是深圳宝安体育场轮辐式索网结构体系的新一代版本，都是德国 Gmp 和 Sbp 的原创结构设计。深圳宝安体育场轮辐式索网结构受力体系明确，下部径向索为承重索，上部径向索为稳定索，如图 3 所示。

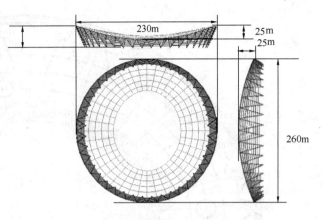

图 2　体育场索网结构示意图

根据研究结果，马鞍形高差大于 15m 后，单层索网结构效率开始优于双层索网结构，所以苏州工业园区体育中心体育场屋面结构采用了单层索网结构体系。25m 的马鞍形高差可以有效地形成屋面刚度，内环索和径向索均受拉，压环梁受压。径向索分为承重索和稳定索，当压环梁端高于内环索端时，径向索为承重索，高跨的径向索都为承重索，承担向下的荷载重量。低跨的南北各 7 根径向索为稳定索，主要承担向上的风荷载（受力示意见图 4）。

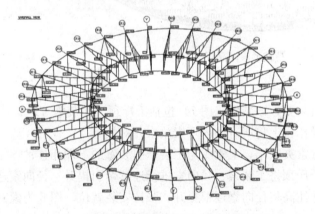

图 3　深圳宝安体育场屋面轮辐式索网结构

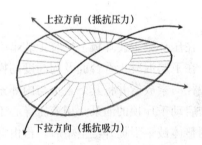

图 4　承重索、稳定索受力示意

BIM 模型显示，完成状的马鞍形索网高程如图 5 所示。

本工程拉索采用 Galfan 镀层全封闭 Z 形钢丝束，钢丝束端锚为环氧冷铸锚，瑞士生产。定长索加工及在索内植入健康监测感应器等均在国外由第三方监督进行。索夹为铸钢件，材料选用 Gs20Mn5v 钢，参照欧洲及德国标准，在国内加工制造。

3 施工方案审核

在施工方案审核上，我们严格把关，对每一个工序都仔细推敲研究，如复核牵引力的大小，计算有无错误，采用的千斤顶安全系数是多少，能否满足要求，高空施工操作的安全措施，操作空间位置大小，系列工装非标准设备能否配套等，提出了自己的审查意见。常规索网工程安装，一般沿环向索、径向索搭设高支架，在支架上组装并支撑索网结构，然后整体牵引提升，同步张拉，我公司监理的多个类似工程均采用此法。本工程空间规模较大，显然按通常沿内环索、径向索搭设高支架的施工措施费用高、工期长，且将长索吊运至很高的支架平台上展开、组装就位的难度也很大。经施工单位中建钢构、东南大学等相关专家讨论、研究，提出了低空组装、整体牵引提升、高空分批锚固的方案。总体思

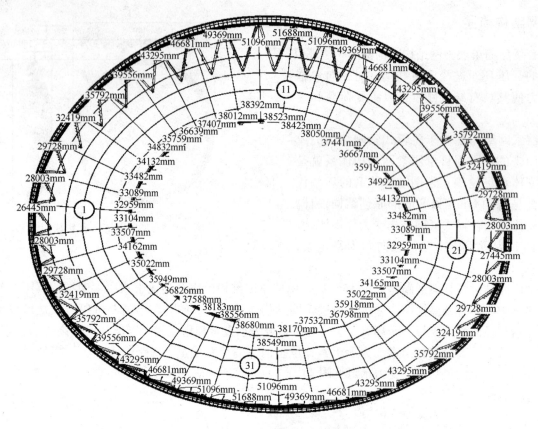

图5　马鞍形索网高程

路是：

（1）在压环梁工装耳板上安装工装牵引装置，该装置（图7）包括千斤顶、工装索等；

（2）在下层混凝土看台面及同高度的操作台上将所有的内环索放索并对接；

（3）径向索放索并将其下索头与内环索索夹联结，上索头与工装牵引装置的下端相连；

（4）启动千斤顶的油泵，用液压穿心千斤顶将工装索、径向索进行连续牵引提升。径向索连着内环索，索网整体被牵引提升至空中后，再由低往高将径向索逐根提升、张拉安装就位。图6为索网待提升状态。

图6　索网待提升的状态

图7　工装牵引装置

根据设计模型分析，索网结构完成态时的径向索拉力是高处小，低处大。最大索力和最小索力分别在低处（长轴）径向索和高处（短轴）径向索处，如北端低处的径向索JS1有4495kN的拉力，东端高处的径向索 JS9 只有 2980kN 的拉力。图纸设计低处（长轴）径向索 2×7＝14 根的直径为 120mm，高处（短轴）径向索 2×7＝14 根的直径为 100mm，高低间的径向索 4×3＝12 根的直径为 110mm。施工方案采用穿心千斤顶提升张拉，南北端（低处）每根径向索用 2×60t 的千斤顶，东西向（高处）每根径向索用 2×250t 的千斤顶，其他部位每根径向索用 2×150t 的千斤顶提升张拉。

施工阶段静力平衡态下的索网位形与结构成形状态差异较大，特别是开始提升阶段，内环索没有内力，在径向索力的作用下。随着牵引提升，索网位形逐渐达到成形状态。在未张拉前索网为机构，必须通过张拉建立预应力，才具有结构刚度，张拉索固定后形成结构。对索网结构，之所以完成态时受力最大（4495kN）的索仅采用 2 台 60t 千斤顶就能张拉就位，而完成态时受力最小（2980kN）的索要用 2 台 250t 千斤顶张拉，是因为索体为柔性结构。开始对径向索施加拉力，使内环索张紧（此时位移非常明显），继而使索网结构整体提离地面，随着径向索的逐步提升，内环索的内应力在逐渐增大，整个索网结构便开始形成了预应力态。开始张拉时索的内力较小，用 2×60t 的千斤顶就能张拉完成态时受力最大的南北各 7 根径向索，张拉油压表的读数也只有 45MPa 左右。再对称逐根提升张拉，径向索的牵引力将增大，内环索的标高在一点点上升，内环索的内力也在逐渐增大。随着内环索张紧绷圆，前期张拉的径向索内力也随之增加，并将此内力传递至压环梁上。当内环索的标高超过压环梁时，该处的径向索就由承重索变为稳定索，将产生向下的拉力。最后张拉高处径向索，当高处径向索张拉力达到完成态 2980kN 时，意味着索网结构即将张拉完成。这样施工，工装设备、千斤顶等最大的只按 3000kN 考虑就可以了。如果机械地按常规做法进行整体提升、同步张拉的话，则南北端每根径向索需要 2 台 500t 的千斤顶，东西端最小也要 2 台 250t 的千斤顶张拉固定。

我们监理要取得业主和有关人员的信任和尊重，懂得核心技术是很重要的一点。在向相关人员讲解施工程序、穿心千斤顶连续提升原理、工装等非标设备的制作、油压表读数及牵引钢绞线根数与张拉力的关系时，我们用照片、录像等配合讲解，使相关施工人员都对工程有了了解，知道施工的关键控制要点及出现相关情况时的应对措施，使每个施工人员都明白安全风险和怎样防护。

非同步张拉施工方法是在体育场钢压环梁的刚度足够大的情况下才能使用。开始只张拉南北两端，对压环梁产生了巨大的不均匀压力，但压环梁截面较大，健康监测的应力值小于 100MPa。如压环梁的刚度不是足够大的话，将会产生变形及位移。南北两端径向索张拉力的大小取决于其他径向索的提升高度，也就是内环索被张紧的力决定的，全部张拉完成后，则达到设计数值。

体育场的施工方案，从初稿监理审查、组织项目有关人员讨论、专家论证，到再完善方案、监理再审查、再讨论、再专家论证、审批等，经过了半年多的时间，最后监理和业主共同审批了体育场拉索施工专项方案和补充方案等。

4　索、索夹验收

本工程设计采用了欧洲、德国的标准，我们除严格执行国标外，还要对照国外标准的参数进行检查验收。Zn95Al5 高矾涂层全封闭 Z 形钢丝束采用了 3 层 Z 形钢丝束，为定长索。在加工过程中，要求对捻制好的拉索先进行预张拉，张拉力取拉索破断拉力的 55%，张拉持续时间不小于 1h，预张拉次数不小于 2 次。弹性模量要求在 (1.58～1.62)×10^5 MPa 范围以内。拉索下料在设计应力状态下进行量测、切割。以上要求查验资料检查。索体两端浇注锚具的位置应准确无误，每根钢索的长度要逐根复核，最大误差不应超过 ±10mm。

钢索进场，我们按照图纸、业主的 Spec 文件要求对照外方的检测报告和商检相关资料等审查资料的符合性。因为是进口的定尺加工成品索，进场后不能进行取样检测等，在开启集装时要检查集装箱及防护情况，索体有无受损、被污染等，查验钢索的规格型号，量钢丝束直径、Z 形钢丝的宽度，检查钢丝束的捻制及索头质量，测镀层厚度后再拍照。卸货后监理同施工、业主、管理公司等共同仔细检查，监理将系列检测数据、资料都记录整理成册，全面评估后才签验收手续并向业主写出验收情况汇报。

索在现场展开后，要检查厂家标注的水平线和夹具中心线，督促并严格检查验收施工单位标定索夹位置边线等。索夹位置边线的安装位置允许偏差为±2mm。

对内环索索夹的浇铸，我们派员监造，进场前对各项指标进行验收，并且还进行了抗滑移试验等，以确定高强螺栓副的扭矩系数，以及二次拧紧的施工工艺等关键因素。因为拉索在张拉过程中，索径变细，会导致索夹的夹紧力降低，容易造成索夹滑移，从而发生事故。

我们除见证第三方检测、专业单位的健康检测外，还用电子游标卡尺、全站仪、涂层测厚仪、扭矩扳手、电子秤等自有工具、设备进行检测。

5 张拉工装准备

在钢压环梁及V柱安装完成后，除对钢结构进行焊缝检查、结构验收外，对外压环梁上索结构耳板空间精确测量，经验收偏差小，符合设计要求，故不需对耳板等进行调整，直接进行定长索网结构安装。

索结构耳板两侧张拉施工所用的工装耳板，经专家建议，业主及设计单位同意采用精加工件并永久保留。操作平台设置于胎架上部，结构形式、构件截面按方案施工，验收。张拉采用东大的连续牵引提升设备，该非标设备能将穿心的钢绞线组连续提升，每次行程约180mm。千斤顶、油压表、油管等经过检验合格，监理现场逐台检查并试压运行后才验收。

工装索的材料采用1860级ϕ15.20钢绞线。单根钢绞线的截面积为140mm²，单根钢绞线的标称破断力为260kN。28台YCW60B千斤顶各配钢绞线4根，24台YCW150B千斤顶各配钢绞线6根，28台YCW250B千斤顶各配钢绞线12根。钢绞线长度根据位置不同适当加长进行配置。监理全数检查钢绞线、楔片、螺帽等，为的是预应力张拉时不出意外。

6 放索、索夹安装及防护

2016年7月28日索网结构开始展索，至2016年9月18日索网结构具备整体提升条件。因索按定长加工，我们监控的重点是索的水平及其与索夹位置的标注线要重合。

为了结构和施工安全，我们向参建各方人员经常讲，体育场索结构在任何时间、任何位置都应是受力平衡的，如受力不平衡，则索就要运动，就有安全风险，特别是上层看台部位的径向索，放索时在吊钩未松的情况下，就要用钢丝绳和绑带等将直径ϕ100、ϕ110、ϕ120的钢索固定住，防止下滑、移动伤人。放内环索也一样，除防止弹出伤人外，如放索过快的话，则牵引力和重力有可能将内环索支承架拉倒等。

内环索索夹与径向索相连，索夹上下面各有4个凹槽，用于安装8根直径ϕ100的内环索，凹槽外索盖板用高强螺栓紧固。每个内环索索夹中心与8根索的长度标注位置要对准，且内环索的水平线要保证水平。一般情况下索都有很大的扭矩，很难安装准确，要用导链、捆绑带等进行约束、调整。偏差控制在2mm以内，监理要逐个检查验收。内环索索夹间环索的长度不一致时，内环索就受力不均匀，进而影响到位形达不到设计要求。内环索的水平线不水平时，说明索有扭转或松散，如松散将直接影响索的防腐效果，Z型索的封闭作用将降低；且长度将有微量的伸长。

对于内环索索夹上下的压板高强螺栓，用千斤顶预压紧固，预压紧固力按设计要求标定并检测合格。在内环索牵引提升离开操作架（看台面）约一米高时，停止提升，在索夹下用标定扭矩扳手再全数进行检查、紧固，监理全程旁站。紧固等完成并验收合格后，高强螺栓孔全部打透明密封胶封闭，才能继续提升。

为了防止吊机放索时内环索弹出伤人，施工单位专门设计了专用放索盘。放索时监理现场监督，观测索体是否有扭转变形等现象。

径向索的张拉千斤顶及牵引钢铰线等工装设备先固定于V形柱顶的压环梁上。径向索放索是用吊车将索体吊起展开，下部置于内环索索夹处，再沿看台斜面缓缓放下，直至上部索头与张拉千斤顶下部的工装接上。监理要求在看台及混凝土栏板上均铺设木板保护，用护板垫在索体与看台之间，防止刮擦结构索体或碰坏混凝土看台边沿。在放索过程中，索偏离预定的位置或有摆动时，监理立即要求将保护板移动至索的下方，并将索临时固定住。

采用导链、捆绑带等配合吊车稳住粗钢索，要求施工作业人员应站在索体弹力方向的另一侧，防止出现安全事故。

索上有泥等污染痕迹时，现场及时进行清理。对索夹等个别地方镀锌层有磨损处，全部涂刷防腐，高强螺栓与索夹接缝处打胶封闭。

7 单层索网结构提升、张拉

索网施工顺序：在压环梁上焊接安装工装耳板→将牵引千斤顶及相应的工装设备固定于压环梁上→拉索展开并临时固定→铺设径向索→铺设内环索→安装内环索连接夹具→径向索与内环索连接夹具联结→索、索夹清理与防腐→牵引提升索结构→环索脱离看台或放索架约1m→全面检查，高强螺栓复拧，清理防腐等→整体牵引、提升→南北各7根径向索先张拉就位，上销轴→继续牵引、张拉，从低往高逐根对称张拉就位，上销轴，直至全部张拉完成。

按方案施工，对若干径向索进行连续牵引提升，在索头到达环梁锚固点时进行锚固，然后再进行第二批牵引、张拉、锚固，再第三批牵引、张拉直至拉索全部锚固完成。径向索牵引提升使环索张拉受力，将环索张拉成椭圆形。在索头到达环梁锚固点时进行锚固，直至拉索全部锚固完成，结构成型。现场施工的实际情况与方案略有不同，因为索体是柔性结构，完全按设计要求的牵引力或张拉力提升难以做到。现场张拉、提升是靠每一组千斤顶的循环工作才能产生拉力，索的拉力随时在变化，比如16轴和18轴径向索牵引多的话，则二者间的17轴径向索牵引时的牵引索力就比较小。故我们在旁站时看到，牵引阶段千斤顶油压表的数值有变化，但到最后几根的张拉值基本能反映张拉力的大小。

在张拉实施过程中，我们项目监理坚守施工第一线，监督施工单位严格按方案施工，当发现大的偏差或出现不安全状态或有不安全行为时，便立即叫停。在现场遇到小施工问题时，不是大小事情都下监理通知单，机械地要求施工单位停止施工、提出处理方案、各方开会讨论、专家论证、监理审批和业主审批同意等，而是同施工方共同研究对策，立即采取处理措施予以解决。

开始提升时，南北端压环梁低，上层看台后档板太高，径向索上索头被卡在混凝土档板上不能通过。如强行通过，则索体将被混凝土档板划伤。监理建议施工单位适当调整提升顺序，先普遍收紧工装牵引绳，东西两侧工装牵引绳的提升要先于南北端，使东西侧环索提升到一定高度时，在起重机的帮助下，才让越过上层看台后档板顶部。当时南北端各三根径向索的拉力较小，该段的环索弧度非常小。

在提升张拉过程中，监理在压环梁上巡视发现37号、28号各有一组牵引索扭转较多，监理要求立即整改。现场讨论后将36号、38号多牵引提升，使已经提升半空的37号工装松劲并拆除，工装索重新调整后再安装提升。28号工装牵引索虽有扭转，但是不严重，便将该组工装索在提升过程中，采取减小拉力后，再用大扳手转动调整过来了。

深化图纸设计将牵引端工装耳板的中心与拉索设计在同一平面，提升张拉时索头就低于压环梁的耳板销轴孔，加上重力的作用，更难以就位，只能在上部立小扒杆挂导链往上拉。索头就位后，发现穿过工装内的牵引钢铰线挡住了销轴的安装位置（图8），销轴难以通过工装圆孔，工人在现场摆弄近一天也没有结

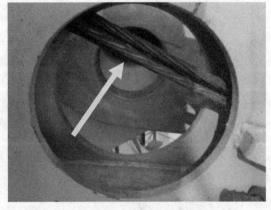

图8 牵引钢铰线挡住了销轴的安装位置

果。监理现场建议用导链将钢绞线系紧于工装上，使钢绞线向图中箭头方向移动，便于人工穿进一百多公斤重的销轴。采用此法，经数小时才将销轴安上。此类细节是关系施工质量和施工安全的大事，如开始不能及时处理，整个工程就无法继续。为加快施工进度，当时建议施工单位最好是设计一个卡钳式机具，沿钢绞线垂直方向作用力，可提高工效，但顾虑到成本增加，施工单位没有实施。

2016 年 9 月 18 日，索网结构开始整体提升，2016 年 9 月 24 日，北端 JS39 线径向索首先提升就位固定，2016 年 9 月 27 日，南北端 2×7＝14 根径向索提升就位固定，至 2016 年 10 月 3 日上午 9：02 分，最后一根径向索（西侧 JS28 线）张拉完成并安上销轴，体育场单层索网结构的张拉工序结束。

张拉完成后，我们监理对单层索网结构工程进行了全面检查，索体、索头、销轴等表面形态完好，无划擦痕迹，位置正确。用全站仪抽测 7 个代表性的位置，如 21 轴压环梁（最低处）反射片高程为 26.852m，21 轴内环索（最低处）反射片高程为 33.901m，索比压环梁高出 6m 多；11 轴压环梁（最高处）反射片高程为 51.477m。第二高处 12 轴内环索反射片高程为 39.386m，比 21 轴内环索的高 6m。通过分析，马鞍形高差值符合设计要求，通过这些数据说明，本工程钢结构 V 型柱的施工质量、外方索的加工质量和张拉施工的质量都符合设计要求，而且偏差都非常小。

8 结语

体育场单层索网结构张拉后，经健康监测，单层索网结构及柱、压环梁的位形、位移、应力与结构模型的计算值基本相符，最大偏差都在允许范围内。本工程单层索网结构在看台面组装，整体牵引提升，由低往高分批张拉安装径向索的施工方法，技术先进，安全经济。本工程的技术成果、施工及监理经验对同类工程将有一定的借鉴作用。在体育场单层索网结构的监理中，我们工作务实，能提出自己的见解，同相关方共同研究，及时发现并解决了现场出现的各种问题，完成了体育场单层索网结构的安装任务。

深圳前海法治大厦项目钢拉杆制作安装与张拉控制

贾福兴　王忠仁

（浙江江南工程管理股份有限公司，浙江　杭州　310013）

摘　要　本文结合深圳前海法治大厦项目大直径钢拉杆的制作安装和张拉过程，简要阐述了在制作、进场验收、现场安装时的斜吊安全性控制和张拉的具体步骤及相关要求，并归纳了张拉时应"分区对称、分级分次、等速均匀、循环同步"的一些具体操作原则，可为类似工程作参考。

关键词　钢拉杆；制作安装；张拉；控制

1　工程概况

深圳前海法治大厦项目坐落在深圳前海深港合作区，总建筑面积约 34148m²。整体建筑造型为上、下两个对称叠合的天平形状立方体，巧妙的契合了在法律面前公平公正的法治理念。主结构形式属于中混凝土外钢两端悬挑结构，采用有斜拉杆的超长跨度大悬挑钢框架与剪力墙结构。其中钢拉杆最大直径达 220mm，强度为 E650 级。目前为全国房建类之最。且用钢拉杆拉悬的跨长超过 17.40m，高度达 7 层，这种工况在国内也属首例（图1）！

图1　法治大厦效果图

2　钢拉杆制作与验收控制

首先，由有总包牵头监理协调且有业主代表参加考察了多家类似钢拉杆生产商，最终由业主选定国内知名钢拉杆生产商河北"巨力集团"作为供货商。我监理方要求其在生产过程中，应严格按国家现行钢拉杆规范 GB/T 20934—2007 进行相关项目的检测和试验，主要有以下几点：

（1）因屈服强度为 E650 钢棒是要求原材料经热处理至调质状态后才能达到其设计强度，故监理人员去制造厂提前在杆件上选取了样品，并伴随杆件进行同条件热处理，然后再加工成符合要求的缩小版试件，进行相关力学性能等检验；

（2）对钢拉杆身进行逐根超声波探伤；

（3）对拉杆两端的 U 型连接部位接头焊缝质量进行 100% 的磁粉和超声波探伤；

（4）用 4000t 拉力机对钢拉杆进行整体抗拉静载试验，静载试验在业主代表和监理人员的见证下，于 2016 年 5 月 3 号完成。其中选取了 Φ135mm 和 Φ150mm 两种规格。试验拉力荷载值分别为 8440kN 和 9760kN，均大于设计要求的荷载 7156kN 和 8835kN。钢拉杆的设计荷载值见表1。

	直径 （mm）	有效面积 （mm²）	屈服荷载 （kN）	破断荷载 （kN）	设计荷载 （kN）
钢号 E650	135	14313	9303	12166	7156
	150	17671	11486	15020	8835
	200	31415	20419	26702	15707
	220	38013	24708	32311	19006

钢拉杆的设计要求　　表 1

图 2　螺纹圈螺距形态

对钢拉杆的进场验收，应分资料审核和实体检查两个方面进行。

审核其资料方面主要有：产品出厂合格证、材质证明书、磁粉检验和无损探伤报告、化学成分检验报告、力学性能检验报告和产品质保书。

实体检查做的工作主要是：对杆件外观质量进行目测检查，是否有因吊装、装卸或运输过程中的擦伤碰损，对防腐涂层的外观质量，附着力及涂层厚度进行检查和用涂层测厚仪量测，应满足环氧富锌底漆有 ≥70μm 的设计要求；用钢尺及游标卡尺量测钢拉杆的实体长度、杆件直径、螺纹段长度和螺纹距尺寸，对螺纹段长度的检查方法，应按设计要求的螺距尺寸要求去检查（图2）。对每种钢拉杆抽查量测的螺距和螺纹圈数量尺寸记录见表2。

实测螺纹段长度，螺距，螺纹圈数量现场检查记录表　　表 2

钢拉杆直径（mm）	螺纹段长度（mm）	螺距（mm）	螺纹圈数量
135	310	12	25.8
150	359	14	25.6
200	352	18	19.6
220	342	18	19

3　钢拉杆的安装张拉和检测情况

根据原施工方案中对钢拉杆的张拉安装，偏多于描述对钢拉杆的张拉顺序控制和张拉数值分析方面，但笔者在对方案中的吊装模拟图分析中，发现与实际工况中的吊装情况并不一致！因为每根重达 4~5t 的钢拉杆在实际吊装就位时，是近乎 45°角度斜吊的。而且钢拉杆的杆身上也不允许去焊上任何临时性的防滑吊耳吊钩之类的附件。这就要求应充分考虑好吊索的防滑移及不安全因素。否则，按一般钢构件用钢绳捆绑吊装的话，一旦吊绳在圆滑的钢拉杆本身上出现位移打滑现象，重心骤变，平衡失控，后果将不堪设想。为此，笔者提前与项目总监作了汇报，并于吊装施工前与施工方项目经理，技术人员等进行了提示和研究探讨，从而一致确定了改用软质的专用尼龙吊装带吊装，并严格按 GB 50755—2012《钢结构工程施工规范》中 11.2.6 条内容："用于吊装的钢丝绳、吊装带、卸扣和吊钩等吊具应经检查合格，并应在其额定许用荷载范围内使用"的强制性条文要求，进行了专门检查验收，并先进行斜角度试吊。工程实践证明：共 60 根钢拉杆在斜吊，旋转和销轴定位等过程中，均非常平稳，无任何滑移或影响钢拉杆安装的不安全情况出现（图3）。

对于钢拉杆张拉施工控制和健康检测管理方面，是先要求施工单位编制好专项施工方案，然后与业主等组织了包括有设计方在内的专家组进行对方案的评审和复核确认。一般情况下，钢结构工程的张拉施工步骤和控制原则有：分区对称、分级分次、循环同步和等速均匀。同时，张拉时应有测量及监测单位的人员及时跟踪做好数据变化的测设、采集和记录工作。

图3 正在斜吊中的钢拉杆

深圳法治大厦项目钢拉杆张拉施工时的具体步骤为：

第一步：安装钢拉杆；

第二步：安装张拉装置并按设计要求的位置和布点数量在钢结构的有关部位和钢拉杆上布设应变传感器；

第三步：通过应变监测系统连接到中央计算机并进行调试。把所有部位上的电阻感应片数值，在钢拉杆张拉受力前调至为零，以便于使钢拉杆受力后应力监控值的正确性和相对一致性；

第四步：进行钢拉杆预紧；

第五步：开始张拉，张拉顺序按25％—50％—75％—105％分级进行。每步中间应注意有适当的时间间隔约10min，并及时用调节套筒锚紧；

第六步：通过手动油泵慢慢卸载空心千斤顶，从而转为让钢拉杆内部受力；

第七步：检查钢结构各部位标高，挠度及位移变化情况，是否与设计控制值相符？如不相符，应重新张拉，同时应通过转动螺杆等方法来调节拉杆的实际伸缩量，再卸载该部位的张拉杆件，要求所张拉的对称杆件内力一致为止。

第八步：将下部结构的钢拉杆张拉完成后，方可进入下道工序施工和安装上部钢结构。

前海法治大厦钢拉杆设计要求的最终张拉值，根据不同的轴线、位置和楼层有500kN和1000kN两种。张拉时以油压表读数值的压力值控制为主，以变形值的稳定性控制为辅。张拉施工时应注意在加压油泵的过程中，要及时通过手动葫芦的转动来扭紧张拉器上的锚具，用加力撬棒锁紧杆件中部的调节套筒。

张拉工作结束后，负责张拉和检测的单位应将张拉时和应力检测所得的原始数据进行收集整理，提交设计院，由设计院根据其相关参数和计算公式换算成所需的应力和弯矩值，以便和模拟受力状况的计算数值进行复核比较（图4）。

图4 对称张拉杆件时压力表的数显值

最后提示一下的是：上面提及的所谓"检测"，不是传统意义上来做的普通沉降观测之类，而是指的健康检测！目前，很多超大、超高或异形建筑和对安全性要求非常高的钢结构，一般都会有这个要求，深圳法治大厦工程也不例外。笔者在我公司做过的钢结构工程中，已先后有深圳大运中心、金华体育中心、绍兴市体育会展馆、原绍兴县（柯桥）体育中心、杭州奥体8万人体育场、马鞍山体育中心和包括目前正在建设中的舟山"观音圣坛"项目，设计上就明确要求："主体结构施工时需设置健康检测系统，对结构施工过程，运营阶段进行检测。"检测时应要求结合施工阶段的变形、关键构件部位的应变、结构运营使用过程中各时期监测关键构件的应变变化情况和关键点位移等指标是否有异常等。并主要是由中国建筑科学研究院建研所，浙江大学或同济大学等这样高校背景的专业团队来拟就确定具体健康检测方案和具体实施的（健康检测的方案应由设计审核和确认），尽管费用不菲，但此举能为最终建成后的建筑结构安全性和后期投入使用过程中的正常运营等保驾护航。

工程实践中发现：对于健康检测这一块工作，个别承包商在投标及合同订立中都没有把这个事考虑进去（包括一些审计单位），往往弄到最后各方对此有分歧或利益争议，因此，作为工程项目主管和专业监理工程师一定要多仔细看看"钢结构设计总说明"中的要求。

参考文献

[1] 国家标准. 钢结构工程施工质量验收规范(S). GB 50205—2001.
[2] 国家标准. 钢结构制造技术规程(S). 中国钢协：2012 年 9 月.
[3] 国家标准. 钢拉杆规范(S). GB/T 20934—2007.
[4] 国家标准. 钢结构工程施工规范. GB 50755—2012.

雕塑形钢柱制作的关键技术

华建民 吴立辉 葛 方 唐香君

（江苏沪宁钢机股份有限公司，宜兴 214231）

摘 要 本文介绍玛丝菲尔工业厂区二期钢结构中"雕塑造型"三叉柱的加工制作关键技术。通过对构件形状的仔细分析。对构件的线型进行简化、拟合处理，并制定合理可行的加工方案。通过对常规工程的对比，修改坡口的方向，即保证了棱角质量，又较大地节约了打磨工时。

关键词 加工措施；三叉柱；拟合；基准面；棱角

1 工程概况

（1）工程规模及建筑概况

玛丝菲尔工业厂区二期位于中国经济特区——深圳，在经济高速发展的同时，各项标新立异的工程项目也纷纷云集于此，在这里可以看作是国际建筑大师设计风格的缩影。

在大浪服装产业基地，一座造型别致的建筑分外夺目：外墙像贝壳又像长形树叶，造型宛如巨蛋，整个建筑透出迷人的艺术气质。因其有些貌似悉尼歌剧院的造型，不少人干脆叫它"悉尼歌剧院"。见图1。

这个"悉尼歌剧院"于 2009 年 3 月奠基建设。投资从当初计划的 7 亿元追加到近 10 亿元，是集办公、研发、生产、休闲和商业于一体的全新多功能园区。届时，玛丝菲尔将其作为营运总部，成为一个时尚中心和梦工厂。

由国外新西兰著名建筑师 Mr. Fred 建筑大师完成设计，汇集了当前国际最时尚的建筑设计理念，建筑犹如艺术，充分把握住了时装走在时代最前沿的元素，在建筑使用功能上既充分满足玛丝菲尔时品牌的定位要求，同时又紧密响应了国家大力提倡"绿色环保"的时代号召，是一件具有特殊意义的艺术珍品，将成为深圳市的又一个新地标！

图1 建筑效果图

（2）结构概况

玛丝菲尔工业厂区二期工程项目位于广东省深圳市宝安区，建设用地面积 37613m²，总建筑面积 68788m²，含 3 号、4 号、5 号厂房、宿舍及两层地下室。该工程是艺术和异形建筑，施工难度及设计要求非常高，应充分理解建筑设计师的设计要求。

中庭位置负一层三叉型柱位于 3 号、4 号厂房之间中庭位置区。内测为人行坡道，上部为中庭巨形叶片。

2 典型构件重点难点分析

中庭位置负一层三叉型柱为仿雕塑造型钢柱，钢柱壁厚25mm，规格2500mm×3200mm×5200mm，每根重约5t，共22根。每一根钢柱有三只现场接口分别与小立柱相连（图2）。圈梁安装在小立柱上。钢柱体型新颖、奇特。线条流畅，棱角明显。要求每根钢柱在制作过程中需将钢柱的棱角重点突出。棱角使人产生刀削的感觉，看上去有一种雕塑感。

由于钢柱截面无规则。①零件加工较困难。②棱角制作较困难，打磨没有基准面。

图2 钢柱示意

3 加工制作的技术措施

（1）加工措施

1）对各弯曲板件成型的原理进行分析，从不规则中寻找规律，从有规则中简化规则。例：一条不规则的光滑曲线，需对曲线进行仔细分析。将一条不规则的光滑曲线用多条圆弧、多条线段或圆弧＋线段拟合。

a 根据三叉型柱的成型原理，柱的上下面板用多条圆弧替代光滑曲线。详见图3；

b 根据实际板件的弯扭走势，将三叉型柱右侧腹板用近似圆弧来代替。将不规则的弯扭板件近似当成圆柱面的一部分。当扭势较大采用圆弧代替误差大时，需采用样箱加工。见图4。

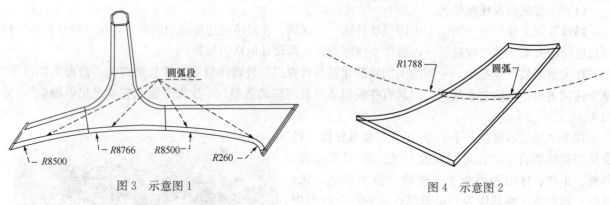

图3 示意图1

图4 示意图2

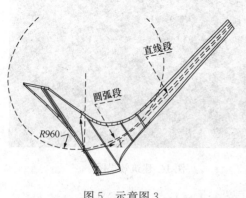

图5 示意图3

c 将三叉型柱左侧腹板用近似圆弧＋直线拟合。见图5。

2）将板件线形采用多条圆弧或圆弧＋线段拟合时，当相邻圆弧与圆弧之间、圆弧与直线之间不相切，存在"拐点"时，这些"拐点"处往往是质量好坏的关键。因此加工时需对这些"拐点"进行重点控制。

解决方法：在多条圆弧或圆弧＋直线的起点与端点之间拉粉线，依次测量拐点处拱高。当拐点处拱高值偏差较大时需进行矫正。并且矫正时需保证"拐点"处光滑过渡。不得出现翚档。见图6。

3）部分弯扭较大，无法采用上述方法拟合的板件。例如：腋角板，需采用1：1的样箱加，见图7。

① 样箱加工方法

方法一：按照弯扭构件的外形制作1：1模型。采用此种方法制作样箱，构件需四块板组成、正截面相同（正方形、长方形、梯形等）；

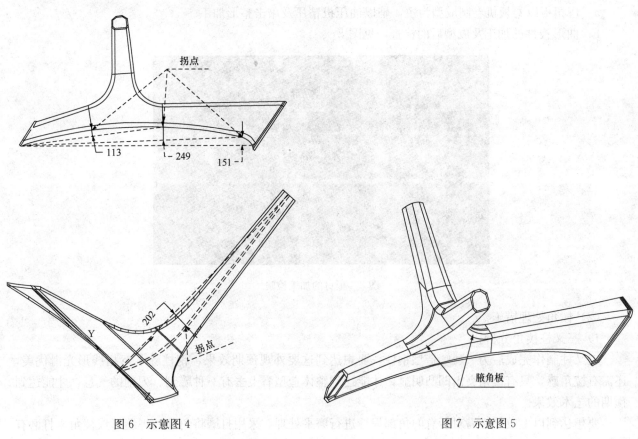

图6 示意图4　　　　　　　　　　　图7 示意图5

　　方法二：根据弯扭板件内则面创建三维样箱模型，根据三维模型制作样箱。腋角板采用方法二进行加工，先根据腋角板内侧弯扭面创建模型，设置辅助面，根据模型外测面及内部设置的辅助面制作木样箱。见表1。

样箱制作流程表　　　　　　　　　　　　　　　　　　表1

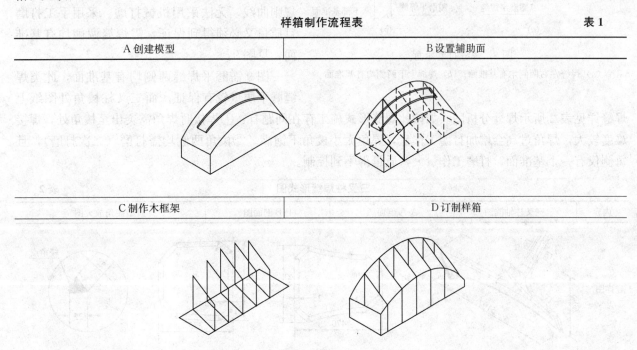

A 创建模型	B 设置辅助面
C 制作木框架	D 订制样箱

②曲形板材的加工及检验

a 弯扭板以卷板机卷制成型为主，辅以油压机精压及敲击整形加工。

b 曲形板件的加工及成型后的检查，见图8。

图8 板材的加工检验

（2）棱角处理措施

1）三叉柱棱角分析。

三叉柱制作完成后为一雕塑造型钢柱，要想达到这要外观预期效果，钢柱除了弯扭线形光滑优美，还需有棱角感。只有棱角突出凹凸明显，才能达到整体造型看上去有一种雕刻、刀削的气息，才能达到预期的艺术效果。

要想达到以上效果必需对所有的角部焊缝进行磨平处理，采用打磨将角部的焊缝形成棱角。打磨有手工打磨与机械打磨二种，其中机械打磨质量明显要好于打工打磨，但机械打磨只适用于平直、规则焊缝。而本工程三叉柱均为弯曲板件组合成，最终形成的焊缝均为一条条的光顺不规则曲线，无法采用机械打磨。采用手工打磨且质量又必须得到保证，需焊缝两侧均有基准面。见图9。

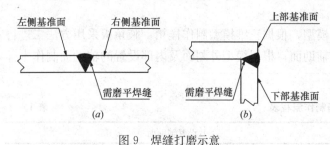

图9 焊缝打磨示意

（a）焊缝左右两侧均有基准面；（b）焊缝上下两侧均有基准面

图9需磨平焊缝两侧均有基准面，此类焊缝磨平质量较有保证。而三叉柱棱角处图纸上焊缝详见表2所示焊缝分析图。如按此焊缝形式施工存在问题有：①焊接时焊角需突出至棱角处，焊接难度较大，焊角过高会增加打磨工作量，焊角太小棱角不饱满。②棱角两侧均需打磨（二次打磨），且每侧仅有一个基准面，打磨工作量大，质量得不到控制。

三叉柱焊缝形式图 表2

内容	三叉柱轴测图	A-A剖面图	B-B剖面图	典型棱角放大图
详图				

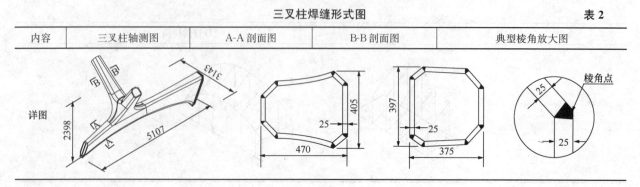

2）解决方案：采用新的工艺施工方法，优化棱角处坡口形式，在满足焊接强度及焊接验收标准的前提下，不改变坡口大小，采用单 V 形坡口。将焊缝坡口偏向一侧，棱角采用切割成形、焊缝磨平方法制作。见表3。

修改前后对比图 　　　　　　　　　　　　　　　　　　　　　　　　　　　　　　　表 3

内容	棱角图	上面板坡口	下面板坡口	焊接形式	打磨形式
修改前	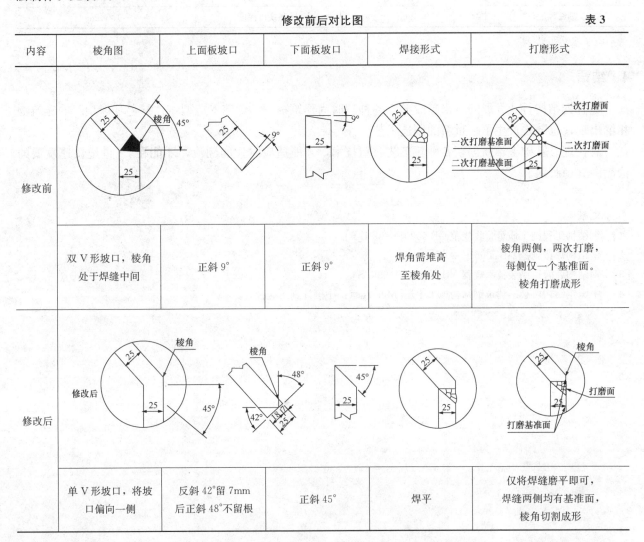				
	双 V 形坡口，棱角处于焊缝中间	正斜 9°	正斜 9°	焊角需堆高至棱角处	棱角两侧，两次打磨，每侧仅一个基准面。棱角打磨成形
修改后					
	单 V 形坡口，将坡口偏向一侧	反斜 42°留 7mm 后正斜 48°不留根	正斜 45°	焊平	仅将焊缝磨平即可，焊缝两侧均有基准面，棱角切割成形

修改前棱角处于焊缝中间，焊接时，先用堆焊初步成形，而后通过手工打磨。并且棱角两侧需分二次打磨，一次打磨按钢柱上面板平面为基准面，二次打磨按下面板平面为基准面。打磨工作量较大，并且打磨质量较保证。修改后的焊缝采用单 V 形焊缝，棱角采用自动切割机切割成形。棱角两侧适当磨光，焊缝一次磨平，上下面均为磨平基准面，打磨质量有保证。注为保证涂装质量，还需对棱角进行倒角处理。

3）切割质量控制。

规则零件采用多头直条切割机，非规则零件采用数控切割机进行精密下料。预留焊接收缩量和加工余量。焊接收缩余量由焊接工艺试验确定。切割后，必须对板件的切割边、坡口进行打磨，去除割渣、毛刺等物，对割痕超过标准的进行填补，打磨。严格控制切割质量。

切割面无裂纹、夹渣、分层和大于 1mm 的缺棱。见图 10 及表 4。

图 10　切割坡口检测

225

切割检测公差 表4

项目	允许偏差	项目	允许偏差
角度偏差	±3°	切割面平面度	0.05t，且不应大于2.0mm
割纹深度	0.3mm	局部缺口深度	1.0mm

注：t 为切割面厚度。

4 结语

随着钢结构行业发展的越来越成熟，各种超时尚建筑物——"艺术造型"、"绿色环保型"的建筑物相继出现，也随之产生了一批新的制造工艺。

需在现有基础上不断创新各种新工艺、新技术，才能适应时代的潮流，才能在21世纪快速发展的浪潮中立稳脚跟。

参考文献

[1] 钢结构工程施工质量验收规范 GB 50205—2001[S].
[2] 钢结构焊接规范 GB 50661—2011[S].
[3] 钢结构、管道涂装技术规程 YB/T9256—1996[S].
[4] 中国钢结构协会. 建筑钢结构施工手册[M]. 北京：中国计划出版社，2002.

测控技术在体育馆钢结构全形态应用技术

吕海燕[1]　王天荣[2]　马怀章[3]　杨晓铭[2]　吴海龙[2]

(1. 上海建科工程咨询有限公司，上海 200032；2. 中建安装工程有限公司，
南京 210023；3. 中国建筑第八工程局有限公司，上海 200135)

摘　要　随着社会持续发展，建筑功能要求越高越丰富，建筑造型沿优美、大跨方向发展。结构设计随之复杂多变，钢结构工程安装精度要求高，需将测控技术在超大型体育馆钢结构全形态应用，并将测控技术与计算机模拟技术相结合，实现设计与施工完美链接，确保工程质量，并达到将本增效目的，为同类型工程测控技术应用提供了可借鉴的经验。

关键词　测控技术；全形态；超大跨度；双曲环梁；计算机模拟；变形监测

1　工程概况

苏州工业园区体育中心体育馆建筑面积 57000m²，内设 13000 座次，建筑高度约 43m，最大跨度 142m，单榀最大桁架弦高 7.7m，整体结构造型为双曲马鞍形造型。该工程坐落于江苏省苏州工业园区内，国家 5A 级景区金鸡湖以东 2.5km，西邻星塘街、北至中新大道东、东至规划路、南至斜塘河，为国内外重大体育赛事及演出提供场地。

苏州工业园区体育中心体育馆钢结构由外围环形外倾式竖向支撑体系和中央超大跨度管桁架组成的复杂空间结构，其中：环形外倾竖向支撑体系由盆式支座、铸钢节点、V 形柱、摇摆柱、双曲环梁、环梁间支撑组成；中央超大跨度管桁架由东西方向弓形主桁架、南北方向鱼腹式次桁架和桁架间支撑杆件组成。

V 形柱、摇摆柱、双曲环梁、环梁间支撑、主桁架、次桁架等构件均为圆钢管加工制作，钢管类型有 Φ850×30、Φ610×30、Φ457×25、Φ711×30、Φ508×16 等，钢管材质均为 Q345C，铸钢件材质为 G20Mn5N。苏州工业园区体育中心体育馆钢结构建筑效果图见图 1，结构航拍图见图 2，三维图平面图见图 3。

图 1　苏州工业园区体育馆钢结构建筑效果图

图 2　苏州工业园区体育馆钢结构结构航拍图

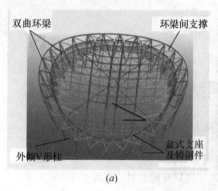 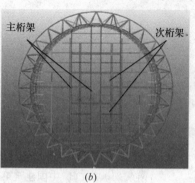

图 3 结构图

(a) 三维图；(b) 平面图

2 结构特点及测控关键技术

2.1 结构特点

本工程主钢结构由外围环形外倾式竖向支撑体系和中央超大跨度管桁架组成的复杂空间结构，其中：环形外倾竖向支撑体系由盆式支座、铸钢节点、V形柱、摇摆柱、双曲环梁、环梁间支撑组成；中央超大跨度管桁架由东西方向弓形主桁架、南北方向鱼腹式次桁架和桁架间支撑杆件组成，形似马鞍形，整体结构对称布置，传力明确、布局合理、形式新颖，造型优美。

2.2 测控关键技术

本工程为超大跨度空间钢结构工程，结构设计复杂新颖，构件类型多，施工难度极大。为保证工程施工顺利实施，本工程全形态施工中测控技术应用是保证施工质量达优的前提。测控技术全形态应用有如下难点：

（1）本工程为142m超大跨度空间结构，测控精度要求极高。

（2）双曲环梁的拼装及安装难度极大，对测量控制要求高。

（3）钢结构构件类型多，关键部位测量控制点多，测控技术任务重。

（4）本工程主体结构完工后需进行胎架拆除和主钢结构卸载，卸载时结构挠度值的测控难度高。

3 主要测控内容

3.1 测量控制网的建立与传递

为满足钢结构安装定位需要，需利用周边稳固建筑物构建平面网，选择控制点时应选择稳定的不受施工影响的场地，同时考虑今后的使用方便及通视问题，高程和平面控制均采用全站仪进行传递和控制，测控网见图4。

K*表示控制点编号，个别测控点位将根据现场情况略作调整；K1~K4为外场控制点，K4~K13为内场控制点。

3.2 测控工作分级分阶段控制的思路

本项目测量控制的总思路：通过对工序分级精度控制、关键工序部位精度控制、不同施工阶段分段联测精度控制来达到对总体结构形态控制，体育馆钢结

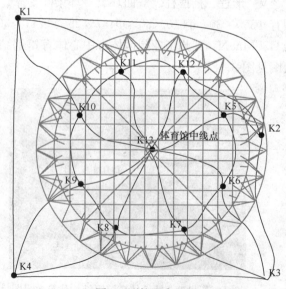

图 4 测控网布置图

构测控流程见图5。

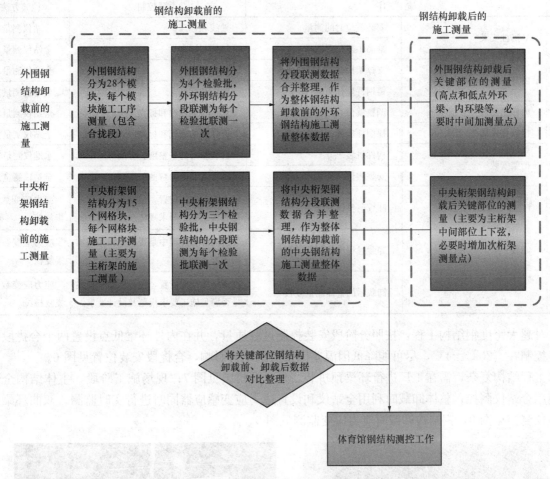

图5　体育馆钢结构测控流程图

3.3　关键工序部位的测控

钢结构施工各工序测量及分批联测控制列表细化，测控内容见表1。

测控内容表　　　　　　　　　　　　　　　　　　　　表1

序号	施工工序		主要控制	检验方法
1	控制点的移交	控制点复核	检查控制点的精度是否符合规范要求、满足施工需要	全站仪测量复核
2	控制网的布设	测量平面控制点及高程控制点的布设	布置的控制点的精度是否满足规范和设计要求以及现场施工的需要	全站仪测量复核
3	盆式支座安装	V形柱底盆式支座　预埋件复测	检查劲性柱坐标	全站仪测量复核
		摇摆柱底盆式支座　预埋件的埋设	预埋件的位置，尺寸	全站仪测量复核
		埋件浇筑后复测	检查埋件坐标位置偏差	全站仪测量复核
4	V柱铸钢件	铸钢件的就位	就位时候的轴线标高是否正确	全站仪测量复核
5	外环梁节点加强管安装	支撑架的安装测量	支撑架的轴线及标高	全站仪测量复核
		加强管的坐标测量	加强管安装就位时的轴线及标高	全站仪测量复核

序号	施工工序		主要控制	检验方法
6	V形柱安装	安装就位时的测量	轴线和标高	全站仪测量复核
		幕墙牛腿位置测量	轴线和标高	全站仪测量复核
7	内环梁顶部铸钢件安装	支撑架检查	轴线和标高	全站仪测量复核
		铸钢件坐标测量	轴线和标高	全站仪测量复核
8	内环梁安装	调整就位	就位时的轴线和标高	全站仪测量复核
9	摇摆柱安装	摇摆柱安装	就位时的轴线和标高	全站仪测量复核
10	桁架安装	构件拼装	拼装胎架的平整度、标高	水准仪测量复核
		安装测量	垂直度、侧向弯曲矢高	全站仪测量复核
11	卸载	卸载前整体测量	钢结构空间位置，包括标高、轴线是否满足施工要求规范及设计要求。	应力应变数据采集复核
		卸载过程中的测量监测	监测卸载过程中是否存在较大的结构变形	应力应变数据采集复核
		卸载后的整体测量复核	钢结构空间位置，包括标高、轴线是否满足施工要求规范及设计要求。	应力应变数据采集复核

　　针对超大跨度钢结构工程，按照分阶段安装控制过程质量，并在内外环梁低点设置两个合拢段，合拢温度控制在：20℃±4℃，尽可能降低因温差因素对钢结构影响，合拢段安装位置见图6。

　　本工程结构复杂，需在工厂进行环梁预拼装，环梁预拼装见图7；现场施工阶段，主体结构全形态安装使用全站仪测控；整体卸载时利用全站仪和设置应力应变感应器同时进行实时监测。双曲环梁安装是全站仪测控图8，钢结构卸载时应力应变监测见图9。

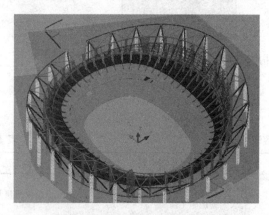

图6　合拢段安装位置图

图7　环梁工厂预拼装图

图8　双曲环梁安装时全站仪测控图

图9　钢结构卸载时应力应变监测图

3.4 主体钢结构卸载时结构挠度值的计算机模拟及监测

支撑胎架卸载过程对主结构而言是加载的过程，随着支撑胎架的卸载，主结构的受力也逐渐增大。卸载顺序：整体结构安装完毕，先卸载中央主桁架下的胎架，后卸载外围内外环梁下的胎架。当支撑胎架完全卸载后，结构便处于最不利状态，因此需对该工况进行验算，建立计算模型并用 Midas 软件计算模拟。

3.4.1 卸载前的计算分析（图10～图12）

3.4.2 中央主桁架支撑卸载后的计算分析结果

针对卸载布置，计算结果包括每级卸载前、后的整体结构与胎架受力情况，分5级卸载完内部主桁架支撑胎架，中央胎架卸载完毕的计算结果见图13～图15。

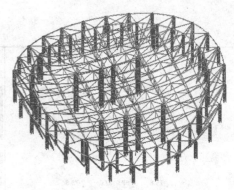

图 10 卸载前计算模型

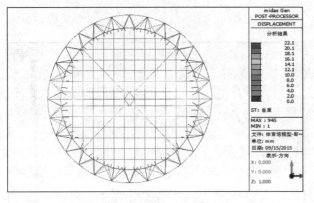

图 11 卸载前结构变形图（最大值：22.1mm）

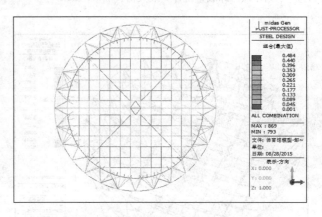

图 12 卸载前结构应力比图（最大值：0.484）

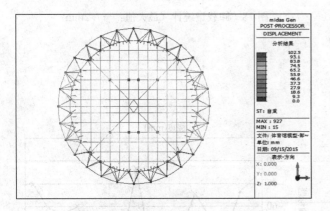

图 13 结构变形图（最大值：102.5mm）

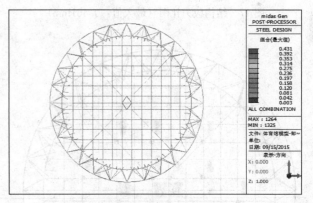

图 14 结构应力比图（最大值：0.431）

3.4.3 外围内外环梁支撑胎架卸载后的计算分析结果（图16～图18）

由上述计算可知，在卸载各个阶段，结构变形很小，最大应力比较小：0.461＜1.0，满足设计及施工要求。

3.4.4 卸载后结构挠度的监测结果

根据计算模拟，结构挠度变化主要在中央区域的主桁架，故在主桁架设传感器监测其变形，传感器布置图和挠度值见图19和图20。

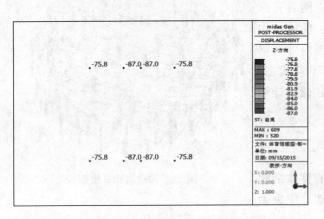

图 15　卸载量统计（最大值：－87.0mm）

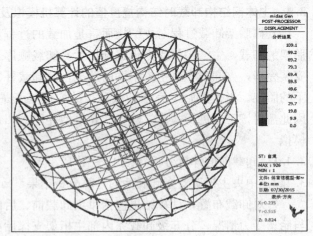

图 16　结构变形图（最大值：109.1mm）

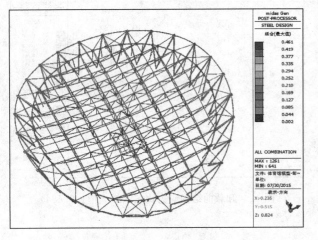

图 17　结构应力比图（最大值：0.461mm）

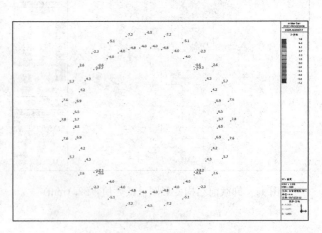

图 18　卸载量统计（最大值：－7.2mm）

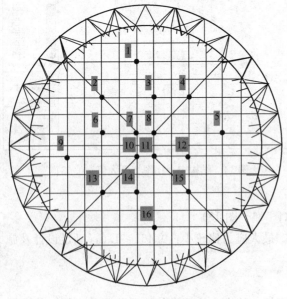

图 19　传感器布置图

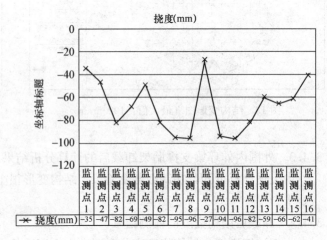

图 20　中央区域的主桁架挠度值

	监测点1	监测点2	监测点3	监测点4	监测点5	监测点6	监测点7	监测点8	监测点9	监测点10	监测点11	监测点12	监测点13	监测点14	监测点15	监测点16
挠度(mm)	-35	-47	-82	-69	-49	-82	-95	-96	-27	-94	-96	-82	-59	-66	-62	-41

232

卸载后主桁架监测点 8 挠度值最大，实测挠值为 96.2mm。

5 结论

施工各阶段的测控技术应用得到严格执行，卸载时结构变形与计算机模拟分析重叠，卸载后主桁架监测点 8 挠度值最大，实测挠值为 96.2mm，模拟分析结构变形图最大值 109.1mm，理论分析与实际施工一致，符合设计及施工要求。

测控技术在体育馆钢结构全形态应用，测控结果达到目标，本工程的测控技术应用可以为同类工程施工提供借鉴。

参考文献

[1] 鲍广鉴，陆建新，陈柏全，曾强. 复杂空间钢结构测控技术[J]. 施工技术，2005。
[2] 严勇，周仕仁，张立华. 多通道分布式应力应变测试系统在某体育馆钢结构施工过程中的应用. 全国钢结构学术年会论文集[C]. 2011.

呼和浩特市体育馆及游泳馆屋面网架施工方法

俞春杰　金　晖　戚丽君

（浙江东南网架股份有限公司，杭州　311209）

摘　要　呼和浩特市体育馆及游泳馆的钢结构屋盖各由一片曲面网架构成，两馆屋面高差 5.3m，在两馆中间平台处屋面接壤。外围幕墙钢结构为空间立体单层网壳结构，上部与曲面网架相连，下部落在一层框架上，大大增加了本工程的施工难度。本文根据钢结构安装工艺、现场安装条件及要求，详细介绍了重要施工方法及关键技术。

关键词　网架结构；空间立体单层网壳；施工方法；累积外扩提升

1　工程概况

本工程呼和浩特体育馆、体育馆工程位于呼和浩特市市区北部，东与呼和浩特体育场隔路相对，南至赛马场北路，西至府兴营西巷，北至成吉思汗大街。

本工程游泳馆总建筑面积为 31700m²，主场馆为地上 3 层，地下 1 层，主体为框架结构，屋顶为双层网架结构，外围整体为幕墙结构，幕墙主钢结构为空间立体单层网壳；体育馆建筑面积为 16300m²，主场馆为地上 1 层，局部 3 层，主体为框架结构，屋顶为双层网架结构，外围整体为幕墙结构，幕墙主钢结构为空间立体单层网壳。见图 1。

图1　呼和浩特游泳馆、体育馆整体效果鸟瞰图

结构施工方法需综合考虑构件的加工、运输及安装成本。本工程钢结构网架分为两个组成部分，分别为游泳跳水馆网架结构和体育馆网架结构。网架结构为螺栓球节点和焊接球节点结合形式。由于两个馆结构形式类似，下面以游泳馆为例介绍本工程施工方法及关键技术。游泳馆网壳钢结构建筑尺寸为

182.9m×120.9m，投影面积为18150m²，网壳最高点结构标高为34.149m。网壳结构节点形式为螺栓球节点，局部为焊接球节点，下弦球支承，网壳厚度为2.04～5.21m，用钢量约为1149t。见图2、图3。

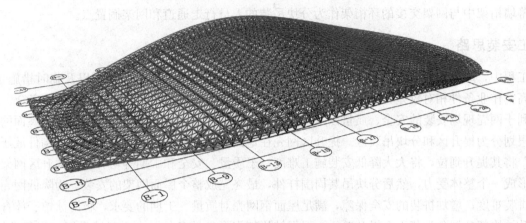

图2 游泳馆网架钢结构轴测示意图

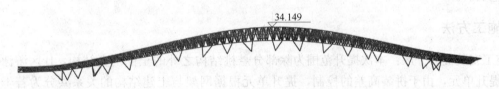

图3 游泳馆网架钢结构剖面示意图

2 工程施工重难点分析

1）网架跨度悬挑大安装方案选择是重点：因体育馆及游泳馆土建结构复杂，且钢网架悬挑大（具体悬挑跨度如图4所示），因此安装方案的选择及施工过程的挠度等质量控制和安全措施是本项目控制重点。本工程网架钢结构共有88个支座节点，支座直接落在混凝土柱顶。结构的控制基准点均以支座处坐标为准，这要求支座节点坐标的精度必须满足设计规范。如此多的支座需要精确控制轴线偏差、标

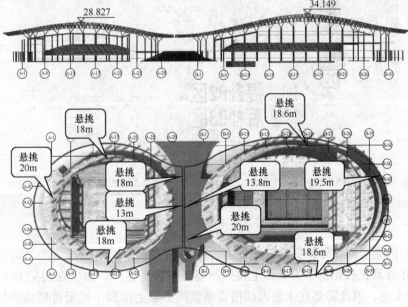

图4 网架悬挑跨度示意图

235

高偏差均应符合要求。

2) 解决措施：经多方案对比最终选择支座以内的网架采用外扩整体提升工艺进行施工，以确保网架安装的质量和操作人员的安全；支座以外的钢网架均采用在场外拼装150t履带吊分块吊装的方案，并利用幕墙桁架中与网架交接的环桁架作为分块吊装的人员行走通道和网架搁置点。

3 施工安装思路

本工程中，屋面网壳结构若采用分件高空散装，不但高空组装、焊接工作量以及临时措施量巨大，且由于高空作业条件相对较差，施工难度大，作业效率低，网壳安装过程中存在较大的安全、质量风险，不利于网壳现场安装的安全、质量以及工期控制。根据以往类似工程的成功经验，将屋面网架以支座为界限划分为提升区和分块吊装区。提升区网壳在地面拼装成整体后，利用"超大型构件液压同步提升技术"将其提升到位，将大大降低安装施工难度，于质量、安全和工期等均有利。提升区网架安装完成后，形成一个整体受力，然后分块吊装周围杆件，最终完成整个屋面网架的安装。为降低网壳的拼装高度及拼装难度，增加拼装的安全保障，满足屋面钢网壳对质量、工期的要求，将游泳馆、体育馆网壳整体提升结构部分划分为若干个提升单元，根据结构特点及场地条件，中心区域采用"累积外扩提升"的施工工艺安装。

4 具体施工方法

1) 施工安装提升分区：本次提升范围为除部分悬挑结构之外的全部网壳结构，B区游泳馆中间处为独立的提升单元，由于拼装高差的控制，提升单元根据网架与土建结构的关系共分为若干个外扩分块，采取累积外扩提升的方法。该提升区共划分为提升B1区、提升B2区、后补吊装B3区和后补吊装B4区。其中提升分区的提升重量约为530t。提升区完成后，可形成稳定的结构体系，进而为后续的分块吊装提供方便。网壳提升区平面布置如图5、图6所示。

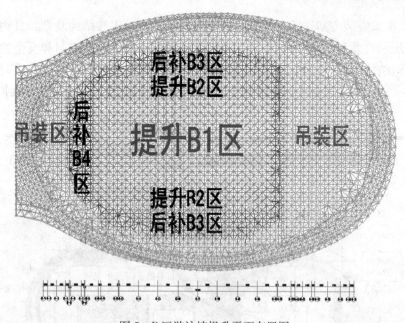

图5 B区游泳馆提升平面布置图

2) 游泳馆屋面网壳"累积外扩提升"施工工艺：

将提升单元B1在其正投影的下方地面上按照原姿态拼装为整体。由于在网架B-1区域内存在三个面积和深度不一的水池，因此需要在水池内部搭设满堂脚手架上铺脚手板至首层结构标高。在单元B-1

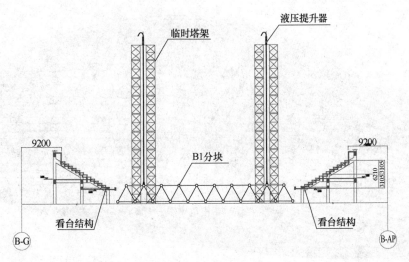

图6　B1分块提升立面

四周所选位置设置10组提升吊点，利用提升支架设置提升平台（上吊点）；在提升平台上安装液压提升系统，包括液压泵源系统、液压提升器、传感器以及钢绞线等；在已拼装完成的网壳提升单元与上吊点对应的位置安装临时球（下吊点）结构；调试液压同步提升系统，并对钢绞线进行张拉，使得钢绞线均匀受力；液压提升同步系统采取分级加载的方法进行预加载，即以设计提升力的20%、40%、60%、70%、80%、90%、95%、100%的顺序依次加载，直至网壳结构脱离拼装胎架并提升一定高度150mm，空中停留；静置4～12小时后，检查网壳自身结构及提升临时措施是否有异常情况，一切正常的情况下继续提升；利用液压提升系统将单元B1提升至扩展安装高度（根据现场实测），暂停提升，扩展安装B2提升单元的杆件；扩展安装全部完成后，整体将提升单元提升至设计安装标高；分块吊装后补B3区域，并将此位置处的网架支座安装完毕；分块吊装后补B4区域，并将此位置处的网架支座安装完毕；安装支座位置处其他后装杆件，液压提升系统逐级卸载，将荷载转移至外围混凝土柱上；拆除液压提升系统及其他提升临时措施，网壳结构液压同步提升作业施工结束。

5　施工阶段仿真分析

依据设计文件、图纸以及相关技术要求，考虑结构的安全性、经济性和合理性，对内蒙古呼和浩特游泳馆进行施工阶段进行仿真分析。

1）计算模型

考虑到计算量与计算效率的因素，在三维有限元整体模型中，需要按照真实结构中不同部分构件的位置及其功能，用不同单元类型进行模拟。在本工程中杆件根据具体受力情况和结构类型用梁单元来模拟。见图7。

2）荷载和荷载组合

（1）自重：钢结构自重由程序自动统计，结构自重×1.1来考虑节点重量。

（2）风荷载：基本风压：$0.55kN/m^2$（$n=10$年），地面粗糙度：B类。分项系数1.4，组合系数0.7。提升验算时风荷载按照规范10年一遇大风取值，实际施工阶段要求不大于6级风（$\omega_0 = 0.1 kN/m^2$）。

（3）动力系数：《钢结构施工规范》4.2.7条规定对吊装状态的钢构件或结构单元，宜进行强度、稳定性和变形验算，动力系数宜取1.1～1.3。因此，本工程取1.2。

3）结果分析

（1）位移：施工阶段的最大位移为 D_x：74.2mm；D_y：44.6mm；D_z：182mm，最大跨度为

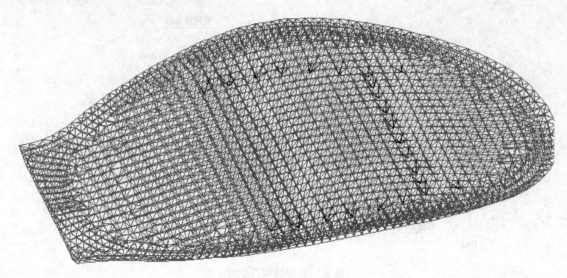

图 7　游泳馆结构模型

85.2m，按照《钢结构设计规范》要求，177.7mm＜85200/250＝340.8mm，完全满足规范要求。

（2）应力：安装中，处张拉应力点处，结构的最大应力为 202N/mm²，应力小于 310N/mm²，说明原有结构在提升过程中处与弹性变形阶段，满足应力要求，结构安全。

6　施工安装卸载

本工程的卸载过程既是拆除支撑胎架的过程，又是结构体系逐步转换过程，在卸载过程中，结构本身的杆件内力和临时支撑的受力均会产生变化。卸载时，既要确保安全、方便施工，又不能改变设计意图，对构件的力学性能产生较大的影响。为了保证卸载时相邻支撑胎架的受力不会产生过大的变化，同时保证结构体系的杆件内力不超出规定的容许应力，避免支撑胎架内力或结构体系的杆件内力过大而出现破坏现象，保证结构体系可靠、稳步形成，必须制订详细的施工方案，且卸载方案必须遵循以下原则：

（1）确保结构自身安全和变形协调。

（2）确保支撑胎架安全。

（3）以理论计算为依据、以变形控制为核心、以测量监测为手段、以安全平稳为目标。

在卸载过程中，结构本身的杆件内力和临时支撑的受力均会产生变化，卸载步骤的不同会对结构本身和支撑胎架产生较大的影响，故必须进行严格的理论计算和对比分析，以确定卸载的先后顺序和卸载时的分级大小。计算时，将支撑胎架视为结构本身的一部分（即支座），并建立总体的计算模型，通过支座变位求出支座反力及结构本身的内力。

大跨度空间结构各部位的强度和刚度均不相同，卸载后的各部位变形也各不一样，卸载时的支座变位情况会对结构本身和支座产生较大的影响，故卸载时，必须以支座变位控制为核心，确保卸载过程中结构本身和支撑胎架的受力及结构最终的变形控制。

本工程的卸载过程是一个循序渐进的过程，卸载过程中，必须以测量控制为手段，进行严格的过程监测，以确保卸载按预定的步骤和目标进行，防止因操作失误或其他因素而出现局部部位变形过大，造成意外的发生。由于卸载过程也是结构体系形成过程，不论采用哪种卸载工艺，其最终目标是保证结构体系可靠、稳步形成，所以，在卸载方案的选择上，必须以安全平稳为目标。见图8、图9。

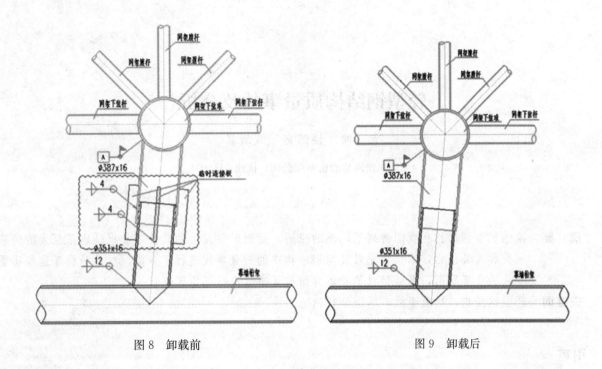

图 8　卸载前　　　　　　　　　　　　　图 9　卸载后

7　结语

　　本工程是钢网架、网壳以及钢筋混凝土框架相结合的结构形式，无论是在深化设计，还是施工过程中都存在较大的难度。但是由于施工安装方案做得比较细致完善，充分考虑了现场施工条件及安装中可能出现的问题，因此工程施工安装过程中没有出现技术问题，特别是支座位置及内部提升方法的处理，即克服了现场施工场地的限制，又兼顾了与外围幕墙立体网壳结构的同期施工，有效保证了施工进度，节约了成本。

参考文献

[1]　郑孝谨，何正刚．中川机场航站楼大面积曲面屋盖分块提升技术[J]．工业建筑增刊，2014．
[2]　陈志祥，周观根，严永忠，顾刚亮．南京红太阳华东 Mall B2 栋网架结构整体提升施工技术[J]．钢结构，2011．
[3]　钢结构工程施工规范 GB50755—2012[S]．北京：中国建筑工业出版社，2012．
[4]　空间网格结构技术规程 JGJ7—2010[S]．北京：中国建筑工业出版社，2010．
[5]　建筑结构荷载规范 GB 50009—2012[S]．北京：中国建筑工业出版社，2012．
[6]　钢结构工程施工质量验收规范 GB 50205—2001[S]．北京：中国计划出版社，2002．

轻型钢结构质量事故及分析

袁 健 楼懿鑫 戚丽君

(浙江东南网架股份有限公司，杭州 311200)

摘 要 虽然轻型钢结构在我国得到了广泛的应用，然而时常发生的质量事故也造成了巨大的经济损失和人员伤亡，本文首先对轻型钢结构中的质量事故进行了分类，然后分析了这些质量事故的主要原因，最后针对某省体育馆质量事故进行了原因分析。

关键词 轻型钢结构，质量事故，原因分析

1 引言

钢结构因其强度大、截面小、质量轻、抗震性能好、建设速度快、适合工厂化加工等许多优点而适用于多种结构形式和场所，结构形式如：柱、梁、桁架、刚架、拱、网架、悬索等。适用场所如：单层及多层工业厂房、吊车梁、大型体育场馆、大跨度桥梁、高层及超高层钢结构、塔桅结构、板壳结构、可移动结构和轻型钢结构等。钢结构在北京奥运场馆、上海世博场馆中的大量应用极大地促进了钢结构在我国的发展。然而，时常发生的钢结构事故也造成了巨大的经济损失和人员伤亡，如 1907 年的加拿大魁北克桥在架设过程中由于悬臂端的杆件失稳而破坏使桥上 75 人遇难；1975 年美国哈特福特城的体育网架由于压杆屈曲发生破坏落到地上；2004 年 5 月巴黎戴高乐机场发生屋顶坍塌事故（图 1）；2007年上海环球金融中心在施工中发生火灾事故（图 2）；2010 年 12 月北京首都国际机场 T3 航站楼屋顶铁皮被风吹翻（图 3）；2011 年 4 月新疆库尔勒发生孔雀河大桥塌落事故（图 4）。

图 1 巴黎戴高乐机场屋顶坍塌事故

图 2 上海环球金融中心火灾事故

轻钢结构是近年我国各类钢结构中发展最快的，它主要指用轻型板材作围护结构的门式钢架轻型房屋结构和压型钢板拱壳屋盖。具体可划分为：（1）由冷弯薄壁型钢组成的结构；（2）由热轧轻型型钢（工字钢、槽钢、H 型钢、L 型钢、T 型钢等）组成的结构；（3）由焊接轻型型钢（工字钢、槽钢、H型钢、L 型钢、T 型钢等）组成的结构；（4）由圆管、方管、矩形管组成的结构；（5）由薄钢板焊成的构件组成的结构；（6）由以上各种构件组成的结构。其优点是用钢量省、造价低、供货迅速、安装方

便、外形美观、内部空旷等特点，缺点是承载力储备较低，对不均匀分布的雪荷载和风荷载很敏感，如2008年年初，南方各省经历了50年一遇的特大冰雪冻雨天气，造成大量的轻钢结构发生不同程度的破坏，本文将重点介绍在轻型钢结构中经常发生的质量事故并分析其原因。

图 3　北京首都国际机场 T3 航站楼屋顶铁皮被风吹翻　　　图 4　新疆库尔勒孔雀河大桥塌落事故

2　轻型钢结构事故分类

就轻型钢结构工程而言，事故的分类方法有以下 4 种：

1）按事故发生的时间分类

可分为施工期和使用期。国内外大量文献统计资料表明，绝大多数事故发生在施工阶段到竣工验收前这个阶段，按四个阶段事故原因所占的百分比：设计原因 33％；加工制作原因 23％；安装施工原因 30％；使用原因 14％。按钢结构工程事故技术原因的百分比：整体或局部失稳 22％；构件破坏 49％；连接破坏 19％；其他 10％。

2）按事故性质分类

可分为倒塌事故；开裂事故；错位事故；地基及结构构件尺寸、位置偏差过大以及预埋件、预留洞等错位偏差事故；变形事故；材料、半成品、构件不合格事故；承载能力不足事故；建筑功能事故；其他事故，如塌方、滑坡、火灾、天灾等。

3）按事故原因分类

可分为：自然事故，即指人们常说的"天灾"，又称之为"不可抗力"。如地震、洪水、火山爆发、台风、海啸、滑坡、陷落、冰雹等；人为事故，即除天灾以外的事故，如因设计不当、施工质量不良等造成的事故。

4）按事故后果分类

可分为：一般事故和重大事故。1989 年，中华人民共和国建设部令（第三号）《工程建设重大事故和调查程序》中按照事故造成的人员伤亡或直接经济损失，将事故划分为一般和重大两类。一般工程质量事故系指造成重伤 3 人以下或直接经济损失在 10 万元以下者；重大事故系指造成死亡 1 人以上，重伤 3 人以上或直接经济损失在 10 万元以上者。

目前国内也有将轻型门式刚架结构事故划分为两类：一类是整体事故，包括结构整体和局部倒塌；另一类是局部事故，包括出现不允许的变形和位移，构件偏离设计位置，构件腐蚀丧失承载能力，构件或连接开裂、松动和分层。或者分为材质事故；变形事故；脆性断裂事故；疲劳破坏事故；失稳破坏事故；锈蚀事故；火灾事故；倒塌事故等。

3　轻型钢结构事故原因分析

轻钢结构中冷弯薄壁型钢是最主要的承重构件，主要用作墙面梁以及屋面檩条，用彩钢复合板作为围护结构，根据工程事故调查，目前常见的破坏形式如下：

1）檩条或墙梁屈曲

屋面板一般仅是简单的和擦条通过自攻螺钉或支架连接，也就是屋面板未能有效阻止檩条侧向和扭转变形，而设计中又未考虑这一因素，或没有为檩条提供足够的跨间拉条和支座处抵抗转动的约束，以致产生扭转、侧向弯曲或者弯扭屈曲。

2）轻型屋面板被风荷载掀起

这是很多大型体育馆常遇到的事故，主要表现为维护结构的破坏，如檩条在大风吸力作用下很容易失稳破坏，设计时要加强围护结构的抗风验算，连接部位要适当加强。

3）门式刚架承重结构失稳破坏

又可分为平面内失稳破坏和平面外失稳破坏。要设置可靠的柱间支撑、屋盖支撑系统，上弦横向水平支撑、下弦横向水平支撑、纵向水平支撑等。

4）屋面板锈蚀

板件产生孔洞甚至断裂。原因主要是结构所处环境条件差、涂层质量差或者维护管理不及时，使钢材锈蚀。

5）屋面漏雨影响正常使用

这是轻钢结构中最经常遇到的事故，主要原因是轻型屋面彩钢板与檩条通常采用的自攻螺栓、拉铆钉连接，在风吸力长期作用下很容易造成扩孔，导致漏水。细致分析的话，从材料特性引发的漏水隐患方面考虑：（1）金属板自身导热系数大，当外界温度发生较大变化时，由于环境温差变化大，因温度变化造成彩钢板收缩变形而在接口处产生较大位移，因而在金属板接口部位极易产生漏水隐患。（2）钢结构体系中，由于结构本身在温度变化、受风载、雪载等外力的作用下，容易发生弹性变形，在连接部位产生位移而产生漏水隐患。（3）特殊部位，由于使用不同材料连接，比如屋面采光带等部位，由于应力变化不同步，产生漏水隐患。从房屋结构设计或板型缺陷而引发的漏水隐患考虑：（1）在激烈的市场竞争中，施工方为承接任务，而一味降低造价，为了节省原料，在结构设计时，减小房屋坡度，甚至有的低于1/20，极易产生积水，造成房屋漏水。（2）由于造价因素，目前轻钢房屋所采用的压型板，大多数为波高较低的板型（有效面积大），而且搭接宽度少，当房屋积水时，容易漫过板型搭接部位，产生漏水。

4 实例分析

某省体育馆占地约653660m²，建筑面积86588m²，总投资额4.9亿元人民币，于2002年9月建成，在2004年7月遭九级风破坏，如图5、图6所示。

图5 整体破坏情况

图6 局部节点破坏情况

体育馆东罩棚中间位置最高处铝塑板板和固定槽钢被风撕裂并吹落 100m ，三副 30m² 的大型采光窗被整体吹落，雨篷吊顶吹坏。而且大部分破坏都是由于负风压所引起的，屋面板被掀翻。按照当天气象局一观测点的观测，通过观测点的大风最高时速达 24.7m/s。

分析其原因，可得以下几点结论：

1）设计原因，檩条连接节点设计不合理，没有充分考虑风荷载的破坏性；构件破坏有扭转破坏的痕迹。怀疑围护部分没有经过计算，或是构件计算时考虑不全面只考虑一个方向的稳定，忽略另一个方向由风载控制的稳定计算。现场还发现背靠背 C 型钢的连接方式不对，仅下翼缘与托板焊接，支座处根本没有抵抗侧向失稳的能力，更别提杆件中部。

2）施工原因，焊接质量不过关，焊接工艺十分粗糙，锈蚀部位多在连接处，造成大都是在节点连接处被破坏，估计是施工时现场焊接质量把关不严。

3）自然原因，局部强风所致。同期施工的黄河小浪底模型厅也受到一定程度破坏。

4）管理原因，施工方有层层外包现象，公司对施工分包管理不严。

5 结论

我们应当从工程事故中吸取经验教训，做到防范为主。

1）加强管理措施：轻钢结构工程从立项、设计、制作、施工、验收、使用及维修等每个过程都涉及管理的问题，首先必须建立健全建筑法律规范；其次必须注重人员综合素质的提高，建立培训制度；第三必须建立事故档案，追究事故责任。

2）加强教育措施：教育措施通常以安全教育为主，安全教育一般包括安全知识教育、安全技术教育、安全思想教育、典型事故案例教育等，安全教育形式多样，但最重要的是落到实处，深入人心。

参考文献

[1] 雷宏刚. 钢结构事故分析与处理[M]. 北京：中国建材工业出版社，2003.

[2] 门式刚架轻型房屋钢结构技术规程 CECS 102[S].

[3] 朱若兰. 轻钢结构工程事故分析[J]. 建筑钢结构，2008：47-51.

[4] 王新梅. 轻钢门式刚架事故分析[J]. 科技情报开发与经济.

湘西州文化体育会展中心钢结构施工技术

麻宏伟 杨金寅

（江苏沪宁钢机股份有限公司，宜兴 214231）

摘 要 本文简单介绍湘西州文化体育会展中心体育馆、游泳馆、会展馆、体育场建筑及连廊4个单体工程的屋盖结构，该建筑群建筑造型复杂，制作安装技术难度很大，该工程施工经验可供类似工程参考。

关键词 罩篷；屋盖；弧形管桁架；弯管加工；安装

1 工程概况

湘西州文化体育会展中心总建筑面积 42122.47m²；包含 5 个单体建筑：艺术馆、体育馆、游泳馆、会展馆、体育场建筑及连廊，其中艺术馆建筑无钢结构。艺术馆面积 8740m²、体育馆建筑面积 6513m²、游泳馆建筑面积 4575.52m²、展示馆（会展馆）建筑面积 7143.88m²、体育场建筑面积 15150.07m²。本工程钢结构构件材质为 Q235B 和 Q345B。

本工程建筑效果如图 1 所示。

图 1 湘西州文化体育会展中心建筑效果图

（1）体育场结构概况

体育场钢结构由连廊、北看台罩篷、东看台罩篷及主席台罩篷四部分组成，其中连廊和北看台罩篷为单层矩形钢管组成，主要截面有 B250×120、B300×120、B300×200 矩形管厚度在 4~20mm，其他为圆形钢管，截面有 D450×16、D450×10、D600×16、D450×16、D900×16 等；东看台罩篷主要为倒三角形桁架，钢柱截面为 D402×18、D402×12、D245×10、D140×6，桁架主要截面为 D121×6、D1401×8、D140×6、D159×8 等规格，主席台罩篷为管桁架结构，顶面和底座为矩形钢管，腹杆为圆钢管，其主要截面规格矩形管有 B200×200×6×6、B300×400×14×14、B300×550×14×14；圆管有 D180×8、D140×6、D102×6、D180×6 等，具体结构形式见图2。

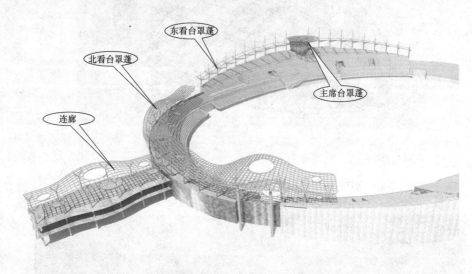

图2　体育场钢结构现场整体效果图

（2）体育馆屋盖结构概况

体育馆钢结构屋盖主要为弧形圆管桁架，结构形式有平行四边形桁架，倒三角桁架，单片桁架，主要圆管截面有：$\phi351×14$、$\phi102×5$、$\phi180×6$、$\phi159×6$、$\phi114×6$、$\phi102×5$、$\phi402×16$、$\phi402×12$、$\phi402×20$、$\phi114×6$、$\phi219×10$、$273×10$、$\phi219×8$、$\phi180×8$、$\phi245×10$；主钢桁架（ZGHJ）是本工程最重钢桁架，重约176t，主桁架1-4重量分别为5.2t、4.5t、4.0t、2.7t；BHJ-1单榀重约22t；屋面天窗重20t；见图3。

（3）展示馆结构概况

展示馆工程主要为弧形圆管桁架，主要截面有：$\phi750×12$、$\phi800×25$、$\phi500×12$、$\phi159×610$、$\phi351×12$、$\phi245×12$、$\phi245×10$、$\phi121×6$、$\phi180×8$、$\phi219×10$、$\phi219×12$，组合桁架中横向桁架HHJ1～6中，HHJ-4是最重构件，重约6.7t，ZHJ1～4中ZHJ4桁架最重约9.5t，12～14轴处采用地面拼装成整体后分两段吊装，桁架拼装后重量重约55t，分段后一段为30t另一段为25t，14～15轴处同样采用地面拼装后整段进行吊装，此段构件重19t，风塔柱高50.85m，总重65t；见图4、图5。

本工程主要为弧形圆管桁架，主要截面有：$\phi750×12$、$\phi800×25$、$\phi500×12$、$\phi159×610$、$\phi351×12$、$\phi245×12$、$\phi245×10$、$\phi121×6$、$\phi180×8$、$\phi219×10$、$\phi219×12$，组合桁架中横向桁架 HHJ1～6 中，HHJ-4是最重构件，重约6.7t，ZHJ1～4中ZHJ4桁架最重约9.5t，12～14轴处采用地面拼装

图 3　体育馆屋盖钢结构现场整体效果图

图 4　展示馆建筑效果图

成整体后分两段吊装，桁架拼装后重量重约 55t，分段后一段为 30t 另一段为 25t，14～15 轴处同样采用地面拼装后整段进行吊装，此段构件重 19t，风塔柱高 50.85m，总重 65t；

（4）游泳馆结构概况

游泳馆屋盖结构采用倒三角形管桁架，平面投影为圆形，直径跨度约为 70m，空间形态为斜平面折

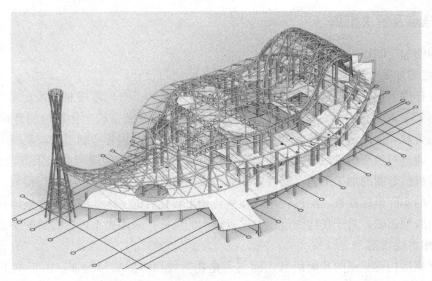

图 5　展示馆屋盖钢结构示意图

板形状，考虑整体屋盖桁架结构的美观与下部混凝土柱的连接采用伞形隔撑过渡，为增加结构的美观性，中心的伞形隔撑采用变截面设计，上小下大，隔撑与柱的连接采用半球节点过渡，为释放支座节点的弯矩，其间设置压力球铰支座。主要圆管截面有：$\phi245\times16$、$\phi245\times12$、$\phi245\times10$、$\phi114\times6$、$\phi89\times6$、$\phi180\times8$、$\phi140\times8$。见图 6。

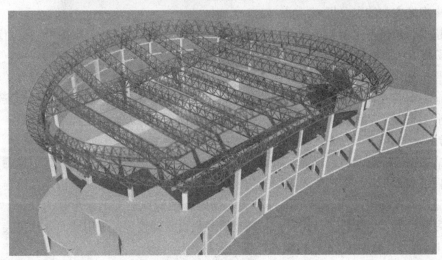

图 6　游泳馆屋盖结构整体效果图

247

2 工程特点难点及解决措施

（1）钢结构的加工制作

1）钢管的弯曲加工

本工程主要杆件为钢管，按设计要求所有桁架的上下弦杆大部分均需按照圆弧管加工（最大的钢管直径达到 $\phi402\times25$）和焊接，而弦杆弯曲质量的好坏将直接关系到结构坐标定位的准确与否，关系到整个建筑造型的美观。为此选择钢管的弯制加工设备，制订合理的钢管弯制工艺，是一个关键问题。

解决措施：通过对油压机机械弯圆与中频弯管机电加热弯圆两种弯圆弯曲加工方法进行分析比较，决定采取油压机机械弯圆的加工工艺。钢管弯曲加工成型后，要在专用胎架上进行检测，即根据每根弦杆在整体模型中的实际坐标参数，经过转化，在平台划出转化后的实际线型，进行整体检测，这样方能保证每根弦杆的线型正确，对于在检测过程中误差较大的构件，采用火工进行必要的矫正。

2）钢管的相贯线切割

钢管与钢管相接相贯节点的几何信息正确与否是相贯线切割的质量保证，由于本工程杆件均为钢管，且连接节点均为相贯节点，所以如何采用合理的切割设备、切割工艺来确保钢管的相贯线切割精度将是保证工程质量的关键。

解决措施：钢管的切割必须用圆管数控相贯线切割机切割，杆件长度及焊接坡口等一次成型。钢管切割完成后应对管长、管端面、相贯口偏差、管壁垂直度、坡口角度等进行检查。

3）焊接钢球节点加工质量的控制

本工程在柱顶支座等部位设置了的焊接钢球节点，焊接钢球板厚最大为 30mm，焊接球的成型采用热压成型工艺，由于钢板在加热压制过程中，球体的壁厚会产生减薄效应，如何控制球体壁板的减薄量，保证焊接球有足够的抗压强度和受力安全是焊接球加工的重点。另外焊接球的外形尺寸控制非常重要，如果焊接球的外形尺寸产生较大的误差，则会给安装带来较大的困难，所以控制球体外形尺寸也是焊接球加工的重点。

解决措施：严格控制进料程序，钢板厚度要求为上差或加一等级（增厚 2mm），全部经测厚仪检验。减少切边余量，球片直径越小，压制中的应力也会越小，即拉薄区的减薄量越小；钢板在炉内加热时，温度是从外向内的热传导过程，对直径和厚度大的圆板应采取快速加热，使钢板的中心部分和四周形成一定的温差，而空心球的拉薄区又是在中部，这样可控制减薄量；为保证焊接球的焊缝质量，球体采用 CO_2 气保焊打底以保证在焊透同时避免烧穿，焊后用角向磨光机清理焊渣，然后再用球体专用焊机进行自动埋弧焊填充、盖面、打磨。

（2）钢结构现场安装特点分析

主要构件超重、超长；主桁架跨度大、安装高度高，且悬挑长度长；节点按中心线对称，但不完全相同。施工现场回填土质松软，不能满足吊车行进的站位吊装。

根据"湘西州文化体育会展中心"设计及钢结构工程专业招标文件的相关图纸及有关规范、规程要求编制钢结构施工安装方案，对钢结构工程的安装、大型机械设备选型、施工进度计划安排、施工保证措施、施工总平面布置、工程质量检测、施工过程的安全性分析等方面制定详细的计划。

1）体育场

体育场钢结构由连廊、北看台罩蓬、东看台罩蓬及主席台罩蓬四部分组成，其中连廊和北看台罩蓬为单层矩形钢管组成；东看台罩蓬主要为倒三角桁架，主席台罩蓬为管桁架结构体育馆连廊、北看台罩蓬及东看台罩蓬选择在场内使用履带吊进行吊装，场内所吊构件最大吊重半径为 30m，构件单重 2t，主席台罩蓬因为管桁架，桁架内部结构复杂，高空拼装搭设支架较多，采用地面分片拼装、吊装，主席台罩蓬总重量 45t，分片后单重 23t，机械选择较为容易。

2）体育馆

体育馆主桁架跨度107m，距桁架两端头23m设置环桁架支撑，净跨度61m，桁架最大截面尺寸为1967～2057mm×1749～1808mm。体育馆主要为弧形圆管桁架，结构形式有平行四边形桁架，倒三角桁架，单片桁架，主钢桁架（ZGHJ）是本工程最重钢桁架，重约176t，主桁架1-4重量分别为5.2、4.5、4.0、2.7t；BHJ-1单榀重约22t；屋面天窗重20t。见图7。

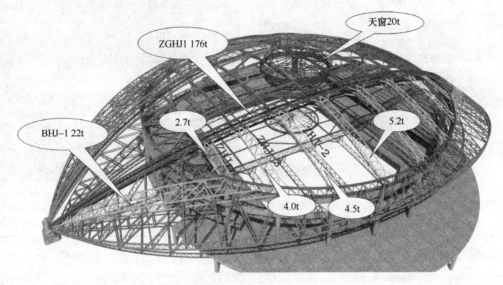

图7 体育馆钢结构构件示意图

3）游泳馆

游泳馆屋盖结构采用倒三角形管桁架，平面投影为圆形，直径跨度约为70m，空间形态为斜平面折板形状，折板厚度即空间桁架。游泳馆构件重量约25t。

4）展示馆

本工程主要为弧形圆管桁架，组合桁架中横向桁架HHJ1～6中，HHJ-4是最重构件，重约6.7t，ZHJ1～4中ZHJ4桁架最重约9.5t，12～14轴处采用地面拼装成整体后分两段吊装，桁架拼装后重量重约18t，分段后一段为9.5t另一段为8.5t，14～15轴处同样采用地面拼装后整段进行吊装，此段构件重3.4t，风塔柱高50.85m，总重65t。

3 弧形钢管弯曲加工工艺

本工程建筑屋面呈曲面造型，钢管桁架的绝大部分弦杆均需进行弯曲加工，且部分钢管桁架的弦杆空间上呈曲形。

（1）桁架钢管的弯曲加工工艺方案的确定

本工程屋盖钢管桁架弦杆截面适中，钢管壁厚在8～25mm不等，钢管的弯曲半径较大，钢管直径相对较大，弯曲难度大。对于弯圆弯曲加工目前主要有以下两种形式：油压机机械弯圆、中频弯管机电加热弯圆。但钢管弯圆，不同形式的弯管存在不同的优缺点，分析见表1。

钢管弯圆加工形式对比 表1

弯圆类型	油压机机械冷弯圆	中频弯管机电加热弯圆
原理	钢管受拉或受压成形	中频涡流感应加热，靠已定好导轨控制弯曲矢高
优点	加工效率较高，过渡圆滑	均匀受热，内应力较小
缺点	不同规格的钢管，需配特定的模具	弯圆相对成本较高，效率较低
成本	成本较低	成本相对较高

弯圆类型	油压机机械冷弯圆	中频弯管机电加热弯圆
图片		

根据本工程中钢管的弯曲半径及弯管的工作量，由上表比较中可知道，采用油压机机械冷弯管比中频弯管机弯管从效率、经济成本、弯曲质量上都有较明显的优势，故本工程中钢管的弯曲我们选择油压机机械冷弯管的工艺方案

（2）桁架钢管的弯曲加工工艺

冷弯加工设备：对于曲率半径适中、壁厚较厚、管径较大的钢管，采用冷压加工，其弯曲加工设备采用 800～2000t 油压机进行加工。本工程弯曲钢管截面尺寸相对适中，钢管壁厚在 8～25mm 不等。

根据钢管的截面尺寸制作上下专用压模，进行压弯加工。见图 8。

图 8　钢管弯曲加工

冷压弯管工艺流程见图 9。

钢管的对接、接长见图 10。

考虑到钢管弯制后两端将有一段为平直段，为此，采用先在要弯制的钢管一端拼装一段钢管，待钢管压制成形后，再切割两端的平直段，从而保证钢管端部的光滑过渡。

上、下压模的设计和装置见图 11。

弯管前先按钢管的截面尺寸制作上下专用压模，压模采用厚板制作，然后与油压机用高强螺栓进行连接，下模开档尺寸根据试验数据确定。

钢管的压弯工艺：

钢管压弯采用从一端向另一端逐步喂弯，每次喂弯量约为 500mm，压制时下压量必须进行严格控制，下压量根据钢管的曲率半径进行计算，分为五次压制成形，以使钢管表面光滑过渡，不产生较大的

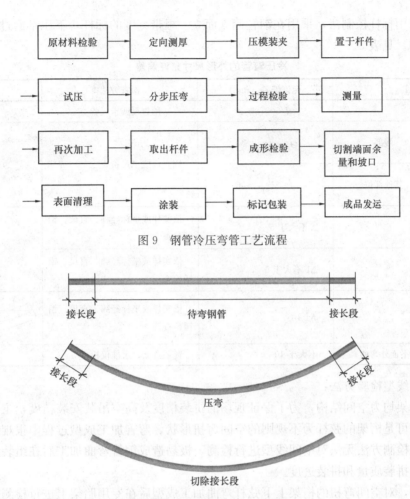

图 9　钢管冷压弯管工艺流程

图 10　钢管的对接、接长

图 11　上、下压模模具

皱褶，根据本公司多年来的施工经验，每次下压量控制如表 2 所示。

下压量控制值　　　　　　　　　　　　　　　　　　　　表 2

第一次	第二次	第三次	第四次	第五次
$H/3$	$H/3$	$H/5$	$H/10$	$H/20$

H 为压制长度钢管范围内的理论拱高。

下压量控制采用标杆控制法，采用在钢管侧立面立一根带刻度的标杆，下压量通过与标杆上的刻度线进行对比来控制。见表3。

冷压弯管的外形尺寸允许偏差 表3

偏差项目		允许偏差（mm）	检查方法	图例
直径		$d/500$，$\leqslant 3$	用直尺或卡尺检查	
椭圆度	端部	$f \leqslant \dfrac{d}{500}$，$\leqslant 3$	用直尺或卡尺检查	
	其他部位	$f \leqslant \dfrac{d}{500}$，$\leqslant 6$		
管端部中心点偏移 △		△不大于5	依实样或坐标经纬、直尺、铅锤检查	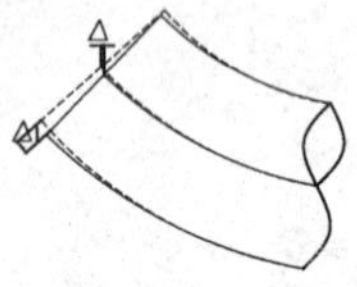
管口垂直度 △1		△1不大于5	依实样或坐标经纬、直尺、铅锤检查	
弯管中心线矢高		$f \pm 10$	依实样或坐标经纬、直尺、铅锤检查	
弯管平面度（扭曲、平面外弯曲）		不大于10	置平台上，水准仪检查	

弦杆弯曲后的线型检验方法：

由于本工程桁架均为空间结构，为了保证现场的拼装精度及高空吊装安装精度，主桁架的空间曲线的正确尤其重要，可是桁架的弦杆为不规则的空间弯扭形状，弯管加工成型过程中很难保证加工线型的正确性，且按常规检测方法无法对空间线型进行检测，极易造成钢管弯曲加工后在组装过程中出现较大的误差，影响现场拼装质量和拼装进度。

针对上述分析，对空间弯扭的桁架上下弦杆弯曲加工成型后在专用胎架上进行检测的方法，即根据每根弦杆在整体模型中的实际坐标参数，经过转化，在平台划出转化后的实际线型，进行整体检测，这样方能保证每根弦杆的线型正确，对于在检测过程中误差较大的构件，采用火工进行必要的矫正。见表4。

钢管弯曲后的线型检验与矫正 表4

检验步骤	图 示
按弦杆空间坐标实际值进行坐标转化，并在平台上划出弦杆的投影轮廓线及中心线，然后根据坐标设置检测定位胎架模板	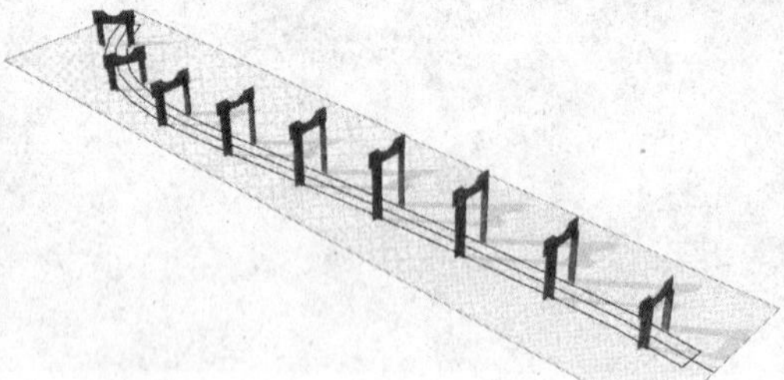
将弯曲加工好的弦杆构件吊上检测胎架，定对两端端面企口位置以及与胎架间的间隙，按地面平台上的线型进行检测	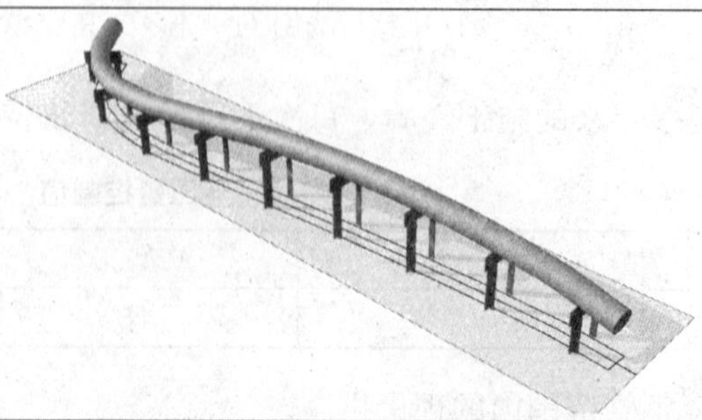

续表

检验步骤	图　示
严格按检测胎架的线型和标高进行测量，对于超差处采用火工加热的方法进行调整，对于每一根此类曲线型的弦杆必须保证线型的正确	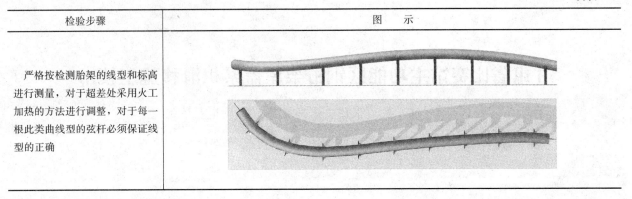

4　结语

　　湘西州文化体育会展中心的 4 个单体建筑物（体育馆、游泳馆、会展馆、体育场），建筑造型丰富多彩，屋盖形状均为不同形状的曲面，钢结构屋盖制作安装复杂难度大。

　　我公司针对该工程钢结构屋盖制作安装的特点和难点，组织技术人员研究攻关，对钢管的弯曲加工、大跨度空间桁架的制作安装，进行了研究开发，确定了合理的制作加工工艺和施工安装方案，保证了工程质量和工期要求，取得了显著的社会经济效益，得到了业主和设计单位的好评。该工程的施工技术经验可供今后类似工程借鉴。

甘肃省比赛馆主功能区钢桁架屋盖累积滑移施工技术

付 航 张俊夫 冯亚莉 蒋 其

（浙江精工钢结构集团有限公司，绍兴 312011）

摘 要 甘肃比赛馆主功能区钢桁架屋盖，采用整体累积滑移的施工技术进行钢桁架安装，并利用全过程的计算机模拟分析指导施工。施工过程中屋盖变形控制在 39.516mm，滑移不同步值小于 20mm；施工完成后结构与支座偏差控制在 5mm，结构最大变形 23.120mm，施工精度达到设计要求。

关键词 累积滑移；模拟；不同步值；控制

1 工程概况

甘肃省比赛馆主功能区屋盖结构为平面钢桁架结构（图1），屋盖结构在垂直于长边方向布置12榀主桁架，主桁架跨度1/3处设2道纵向稳定桁架，并沿主桁架支座设置封边桁架（图2）；在桁架上弦每个节间布置次梁，与桁架上弦平面内沿周圈设交叉支撑形成上弦平面稳定系统（图3）。钢屋盖平面尺寸 109.2m×79.8m，主桁架最大跨度 77.8m，最大高度 9.0m。钢桁架屋盖通过主桁架两端24组弹性支座（图4），及上弦次梁两端预埋套筒（图5）与主体结构连接。

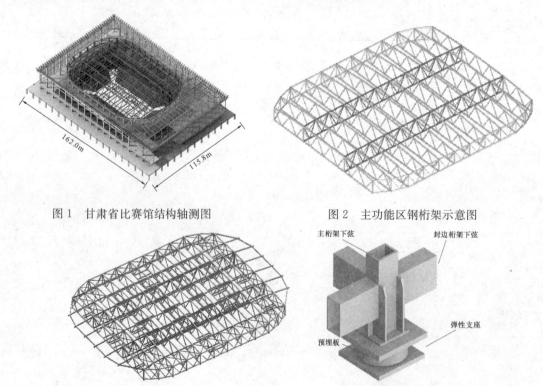

图1 甘肃省比赛馆结构轴测图　　　　　图2 主功能区钢桁架示意图

图3 主功能区钢桁架屋盖示系统意图　　　图4 支座连接节点示意图

2 钢桁架屋盖施工方案

本工程 12～13 轴线间的 HJ1 及其外围钢梁采用单管支撑后利用 50t 汽车吊原位吊装，13～22 轴部分的桁架在 22～23 轴拼装平台上散拼后累积滑移施工，22～24 轴结构用塔吊原位吊装（图 6）。累积滑移施工区结构在 23～24 轴位置搭设拼装平台，沿着 C 轴和 M 轴设置两条 74m 长滑移轨道，钢屋盖在平台上拼装出稳定受力体系后进行累积滑移施工（图 7）。

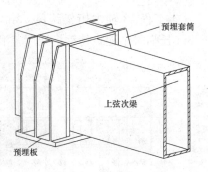

图 5 .套筒连接节点示意图

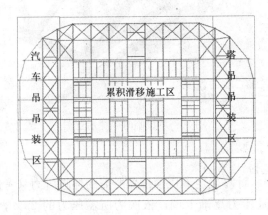

图 6 施工分区图

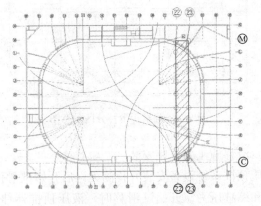

图 7 拼装平台及滑移轨道布置示意图

3 钢桁架屋盖现场施工

（1）支撑平台及轨道设置

滑移平台采用钢框架结构，在 23 轴和 24 轴上设置两排圆管柱，水平方向设置平台横梁及纵梁，柱间设置支撑（图 8）。

除 C 轴、M 轴轨道外，在 H 轴设置 8m 长从动轨，从动轨端部 1m 处轨顶标高线性下降 50mm；轨道梁埋件

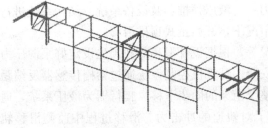

图 8 支撑平台示意图

设置在型钢混凝土柱牛腿两侧，轨道梁上标高与牛腿上标高一致，轨道梁采用焊接 H 型钢梁。滑移轨道选用 43kg 轨道钢，利用轨道压板与轨道梁焊接固定。

（2）滑移分区及液压爬行器的布置

钢桁架屋盖分 9 次滑移，投入 4 台 YS-PJ-100 型液压爬行器，分布在 HJ-3、HJ-6 桁架两侧（图 9），滑移距离由下一个拼装桁架的间距确定（表 1）。

屋盖累积滑移分区示意　　　　　　　　　　　　　　　　　　　　　　表 1

滑移次数	增加重量	滑移距离	累积距离
第 1 次	179t	7.35m	7.35m
第 2 次	181t	8.4m	15.75m
第 3 次	150t	8.4m	24.15m
第 4 次	169t	8.4m	32.55m
第 5 次	184t	8.4m	40.95m
第 6 次	169t	8.4m	49.35m
第 7 次	150t	8.4m	57.75m
第 8 次	179t	8.4m	66.15m
第 9 次	105t	7.35m	73.5m

本工程 13 轴主桁架跨度 73m，C、M 轴两条轨道间距 79.8m，施工时在 13 轴主桁架两端增设 6.8m 长临时牛腿，待钢桁架屋盖滑移到 14 轴将此处牛腿卸载并割除（图 10）。

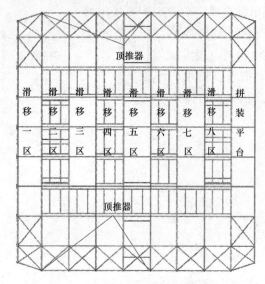

图 9　屋盖累积滑移分区示意图　　　　　　　　图 10　增设临时牛腿示意图

（3）滑移施工及支座安装

液压顶推系统设备安装并检测无误后开始试滑移。计算确定液压顶推器所需的伸缸压力（考虑压力损失）和缩缸压力。开始试滑移时，液压顶推器伸缸压力逐渐上调，依次为所需压力的 20%，40%，在一切都正常的情况下，可继续加载到 60%，70%，80%，90%，95%，100%。钢桁架屋盖滑移单元刚开始有移动时暂停顶推作业，保持液压顶推设备系统压力。对液压顶推器及设备系统、结构系统进行全面检查，在确认整体结构的稳定性及安全性绝无问题的情况下，开始正式顶推滑移。

液压滑移过程中，观测设备系统的压力、荷载变化情况等，根据设计滑移荷载预先设定好泵源压力值，由此控制爬行器最大输出推力，保证整个滑移设施的安全。计算机控制系统通过榕栅传感器反馈距离信号，控制 2 组爬行器不同步值在 20mm 内，从而控制整个桁架的同步滑移。爬行器为液压系统，通过流量控制，爬行器的启动、停止加速度几乎为零，降低了对轨道的冲击力。滑移过程中监测滑移轨道、液压爬行器、液压泵源系统、计算机同步控制系统、传感检测系统等的工作状态。

本工程设置的结构滑移支撑牛腿位于支座节点前 700mm 处，滑移到位后，直接切除轨道，塞装支座。滑移时构件标高仅高出设计标高 20mm，塞装完成后割除支座自然卸载（图 11）。

4　滑移施工计算分析

（1）钢结构拼装平台计算分析

拼装平台选取如下两种状态下的工况进行分析。

工况一：拼装状态。

在拼装状态选取最不利情况下各支撑点的反力（图 12），在平台结构的计算中将荷载分项系数取为 1.2。

工况二：滑移状态

滑移开始时，滑移模块尚未与短滑轨脱离，作用在中间轨道梁的集中力按两个考虑，作用点选在开始滑移后最不利位置。选取滑移模块对短滑轨梁产生的反力最大值进行计算（图 13），计算中将荷载分项系数取为 1.2，同时考虑滑移施工时的动力系数 1.1，摩擦系数 0.15，摩擦力取 23～24 轴短轨道上的滑移支撑点对滑移轨道作用力乘以摩擦系数。

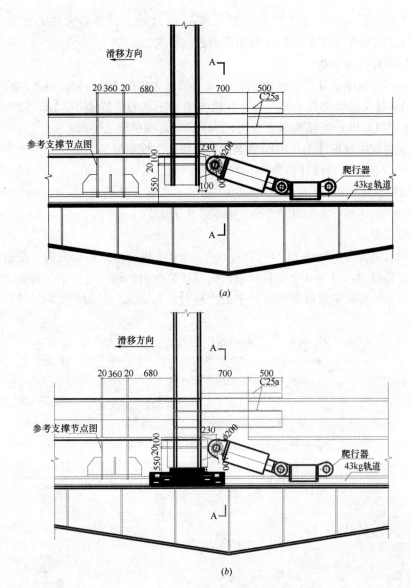

图 11 支座塞装示意图

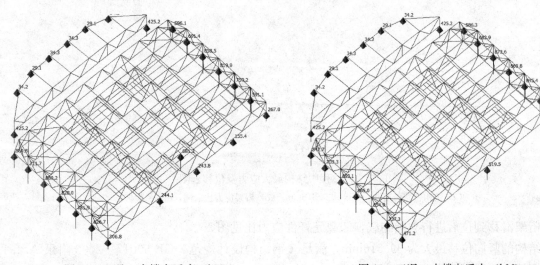

图 12 工况一支撑点反力（kN）   图 13 工况二支撑点反力（kN）

工况一计算最大应力比 0.32，最大竖向变形 5.87mm；工况二计算最大应力比 0.51，最大竖向变形 13.2mm；满足施工过程中支撑系统的变形和应力控制要求。

（2）轨道梁及预埋件计算分析

桁架滑移施工模拟分析中，计算出作用在轨道梁上的最大集中力为 1125.4kN。被滑移结构重量的分项系数取 1.2，滑移施工的动力系数取 1.1。在简支梁最不利的位置施加 1485.528kN 的集中力。轨道梁的最大竖向位移为 11.0mm，结构最大应力比为 0.552，满足施工要求。

滑移轨道梁固定在柱牛腿埋件上，根据屋盖桁架滑移施工模拟分析，得出作用在预埋件上的剪力设计值为 $V=1224.4kN$，偏心拉力设计值为 $N=0.15V=183.7kN$，偏心距 $e=750mm$，$M=137.8kN \cdot m$。根据《混凝土结构设计规范》GB 50010—2010 第 9.7.2 条，需满足 $A_s \geqslant 11745mm^2$，锚筋采用 H 型钢，型号为 H560×200×30×30，$A_s=27000mm^2$，大于 11745mm^2。

（3）滑移施工模拟分析

本工程采用通用有限元分析软件 MIDAS/Gen Ver.8.3.6 进行施工模拟分析，根据施工方案建立滑移单元的施工过程分析模型，分为 8 个安装阶段，根据计算分析，施工过程中结构最大应力比和最大位移出现在第七榀～第十一榀桁架滑移期间，其中最大应力为 0.655，最大位移为 39.516mm（图 14）。

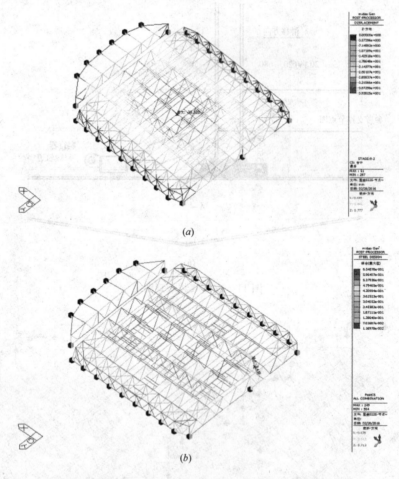

图 14　滑移过程中结构最大应力及位移云图
(a) 结构位移矢量和，max=39.516mm；(b) 桁架应力比云图，max=0.655

屋顶桁架滑移到位后进行自然卸载，卸载完杆件应力比见图 15。

屋盖结构的竖向位移最大为 39.516mm，满足《钢结构设计规范》GB 50017—2003 附录 A.1.1 要求。屋顶桁架在施工过程中，结构杆件最大应力比 0.371，满足《钢结构设计规范》GB 50017—2003

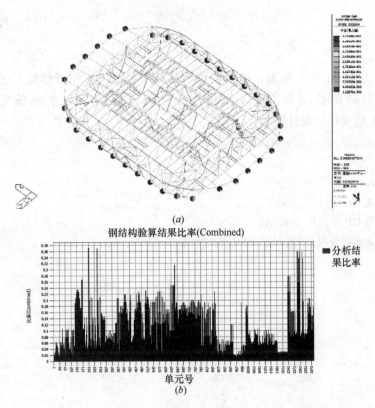

(a)

钢结构验算结果比率(Combined)

■分析结果比率

单元号

(b)

图 15 卸载完成后杆件应力比

(a) 杆件应力比云图，max＝0.371；(b) 桁架应力比柱状图

要求。相对于设计状态最大应力比 0.384 来说，施工状态下结构的应力情况与设计状态基本一致，即安装过程对结构的应力状态的影响较小。综合以上云图和柱状图以及计算结果可以看出，屋顶桁架最大应力比为 0.655，小于其允许应力比，具有一定的安全储备，满足规范、规程要求。

（4）滑移施工不同步分析

结构采用了两条滑移轨道以及一条短滑轨进行累积滑移施工，滑移施工过程中，由于安装精度、顶推器的差异、结构刚度以及施工不确定因素的影响，可能会产生两条轨道滑移的不同步性。

为了保证结构在滑移过程中安全性，需要考虑滑移过程中的不同步性对结构的影响；本工程滑移过程中采用位移控制的方法来控制不同步的影响，保证结构安全。位移控制是结合"顶推器行程＋实际测量数据"，使结构不同步控制在 50mm 以内。计算模拟中考虑施加相对强制位移考虑结构不同步滑移产生的影响，强制位移取值为 50mm，同时查看该强制位移下的顶推力大小，保证其不小于 1.2 倍额定顶推力。

计算模拟时，在结构滑靴位置设置竖向约束，并对滑靴位置施加多折线弹性约束，模拟摩擦力，使其最大约束反力为滑靴滑动摩擦力（摩擦系数取 0.15），在每侧顶推点上分别施加 Δ＝50mm 的支座强制位移作为不同步滑移工况。

Δ＝50mm 位移控制时，两条轨道的顶推力分别为 1365.4kN 和 1425.2kN，均大于 1.2 倍额定顶推力 660kN、910kN，此时各杆件应力比最大为 0.75＜1（图 16），满足施

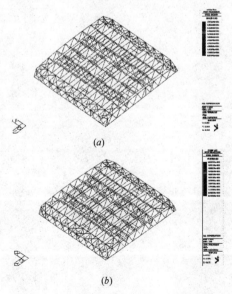

(a)

(b)

图 16 不同步滑移工况下桁架应力比

(a) 状态一；(b) 状态二

工安全要求。

5 结论

甘肃省比赛馆主功能区钢桁架屋盖，使用累积滑移施工技术，累积滑移施工过程中屋盖变形最大39.516mm，滑移同步误差控制在 20mm 以内，滑移到位后结构与支座偏差 5mm，结构变形23.120mm，结构施工精度达到设计要求。

参考文献

[1] 钢结构设计规范 GB 50017—2003[S].
[2] 混凝土结构设计规范 GB 50010—2010[S].
[3] 钢结构工程施工规范 GB 50755—2012[S].
[4] 钢结构工程施工质量验收规范 GB 50205—2001[S].

Z13 地块工程伸臂桁架施工

郭　亮　孔亚陶　李　飞　刘素伟　于家驹　党毅章　南　飞

(中建一局集团建设发展有限公司，北京 100161)

摘　要　本文介绍北京 CBD 核心区 Z13 地块高层钢结构建筑体系中伸臂桁架的深化设计，制作加工，预拼装和施工安装。

关键词　伸臂桁架；制作；预拼装；安装

1　概述

该工程位于北京 CBD 核心区针织路和景辉路交叉口西南角，地上 39 层，地下 5 层，檐口高度为 179.98m，建筑高度 189.45m，总建筑面积 162369.4m²，主要建筑功能为办公及配套设施。主塔楼结构形式为混凝土核心筒—钢梁钢管混凝土柱外框—单向伸臂和腰桁架—端部支撑框架组成的混合结构体系。设有两道伸臂桁架加强层，南北各设一榀带跃层支撑的框架；外围框架柱为矩形钢管混凝土柱，核心筒墙为设有钢骨的钢筋混凝土墙。本工程共设置 6 道伸臂桁架，其中 F14 层 4 道，F27 层 2 道(图 1)。

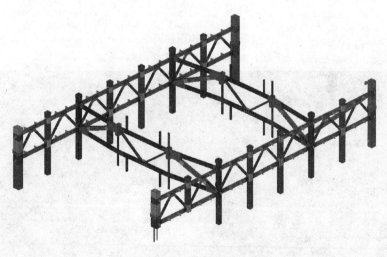

图 1　F27 层 2 道伸臂桁架

加强层设置伸臂桁架的主要目的是减小结构侧移，抵抗超高层建筑起主导作用的水平荷载。它对结构形成的反弯作用可以有效地增大结构的抗侧刚度，减小结构侧移动。加强层结构施工质量的好坏关系整个结构体系的安全，本技术旨在解决加强层结构的施工质量及工期影响。

伸臂桁架一般横贯核心筒结构与外框钢柱刚性连接，超厚的伸臂桁架钢板与相对较薄的钢柱焊接工艺需求，及钢筋混凝土结构与大跨复杂的钢结构桁架体系交叉施工复杂、互相之间影响大，许多钢筋需要采用断筋焊接、打弯绕行等连接方式，现场钢筋绑扎困难、焊接工作量大和混凝土振捣困难等一系列施工问题，如果处理不好就会使加强层结构施工留下多方面的质量隐患。如何降低伸臂桁架的施工难度，保证钢筋连接简单、受力明确，消除加强层施工的质量隐患，是我们首要考虑的问题。本工程从技术准备、加工制作控制和施工安装三个阶段进行全面控制，达到伸臂桁架优质施工的目的。

2 伸臂桁架施工

2.1 技术准备阶段

2.1.1 伸臂桁架深化要点

1）原结构图中，伸臂桁架弦杆外框柱柱壁厚仅为30mm，与95mm厚的弦杆连接质量无法保证，故将伸臂桁架加强层的外框柱的柱壁厚加厚到95mm，加强层外框柱95mm厚钢板与相邻楼层外框柱30mm厚钢板对接，两种不同厚度钢板之间增加60mm厚过渡钢板，竖向构件沿高度方向刚度均匀过渡，减小内力突变，避免薄弱层效应。见图2～图4。

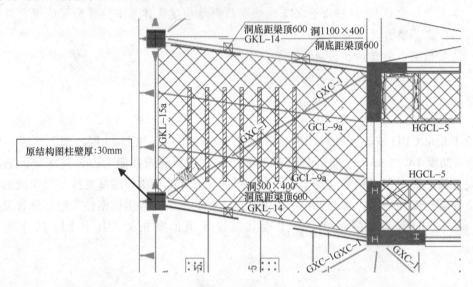

图 2　原结构图柱壁厚

图 3　薄厚板过渡对接

2）斜腹杆与伸臂桁架下弦杆相交于外框柱，在外框柱上设置异形牛腿，分别与斜腹杆和下弦杆相连，避免下弦杆与箱形斜腹杆分别与箱形柱焊接的情况。见图5。

3）伸臂箱形斜撑与钢框柱牛腿现场焊接避免仰焊做法：在牛腿一侧开过手焊孔，待斜腹杆与牛腿焊接完毕之后，封堵过手孔。见图6。

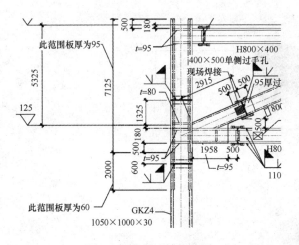

图 4　深化后连续柱壁厚

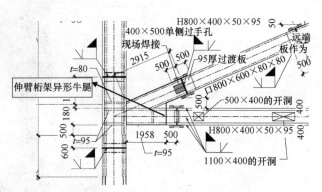

图 5　伸臂桁架异形牛腿

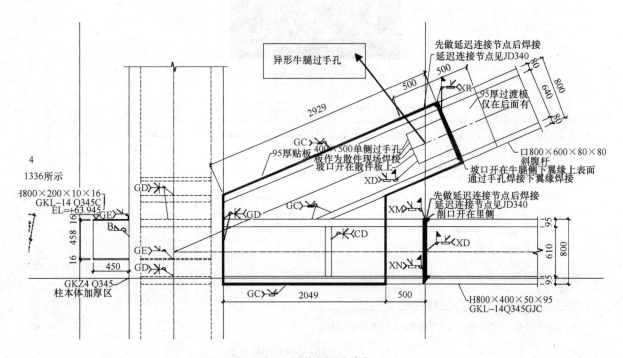

图 6　异形牛腿过手孔

4）由于爬模距离核心筒墙体最大距离仅仅为 30cm 左右，故外伸臂与核心筒柱采取无牛腿设计，保证爬模能够顺利通过，避免现场拆改爬模。见图 7。

2.1.2　伸臂桁架与核心筒钢筋碰撞调整

利用 BIM 技术进行钢骨节点的碰撞检查及分析，模拟施工工况提出钢筋调整的合理化建议。

1）400 宽伸臂桁架穿过有 3 排钢筋 600 宽核心筒墙时，中间一排钢筋与伸臂桁架碰撞，现场焊接量大，焊接质量不易保证，还需要增加钢材用量，经与设计沟通，将中间一排钢筋移出伸臂桁架范围之外，保证核心筒墙体配筋量不变的情况下，减少现场焊接量。见图 8。

2）在核心筒内的内伸臂桁架高 800mm，与核心筒墙里的水平箍筋碰撞，现在伸臂桁架内焊接钢筋网片，将箍筋连接于钢筋网片。见图 9。

3）箱形柱头内部箍筋全部与柱头预留钢筋搭接板焊接。见图 10。

4）其他无法调整避免的碰撞的钢筋，均在伸臂桁架上焊接钢筋搭接板以连接墙体各类型钢筋。见图 11。

图 7　取消外伸臂牛腿

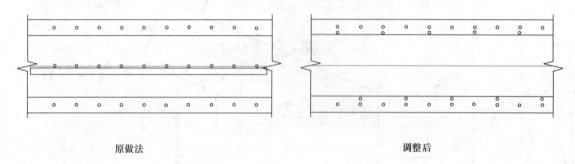

原做法　　　　　　　　　　　　　　　　　　　　调整后

现场钢筋焊接过密，焊接量过大，焊接质量不易保证

E轴南伸臂桁架与600宽核心筒墙钢筋关系

注：蓝线表示核心筒墙，青线表示下弦杆，红线表示连梁钢筋。

图 8　调整钢筋以减少现场焊接量

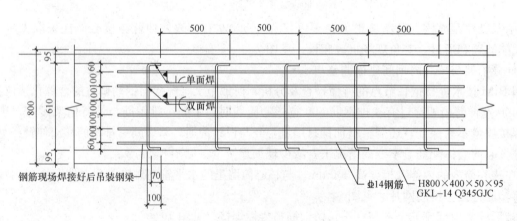

图 9　伸臂桁架内焊接网片以连接混凝土梁钢筋

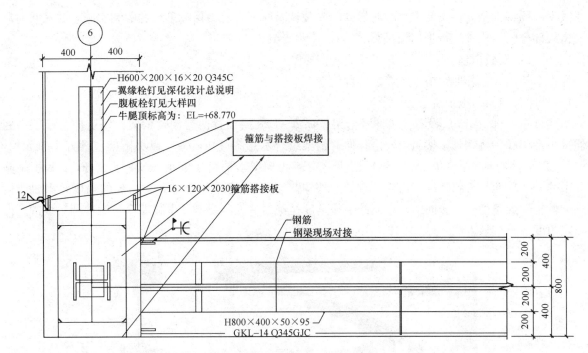

图 10　暗柱箍筋与钢柱搭接板焊接

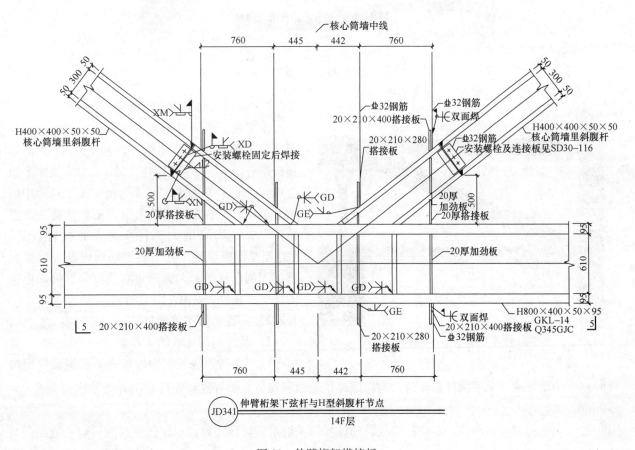

图 11　伸臂桁架搭接板

2.2　加工制作控制

为检验制作的精度，验证制作工艺和验收方案，以便及时调整、消除误差，并确保构件现场顺利安装，减少现场特别是高空安装过程中对构件的安装调整时间，有力保障工程的顺利实施，我司将对制作完成桁架部分的结构件进行工厂预拼装。

2.2.1 伸臂桁架模拟预拼装

伸臂桁架组成：外伸臂桁架＋筒内伸臂桁架。

1）外伸臂桁架模拟预拼装：

本项目在 L14～L15 层设置四道伸臂桁架、L27～L28 层设置两道伸臂桁架，每道伸臂桁架由两榀外伸臂小桁架和一榀钢骨桁架组成。由外伸臂桁架组合示意图可知，每一榀小桁架包含五个单元构件。其中1、2为桁架竖向组合单元——箱形钢柱，3、4为桁架水平组合单元——上下弦杆，5为桁架施工过程中的调节单元——斜腹杆。需要注意的是外伸臂与1、2竖向组合单元有一定的角度，需要严格把控外伸臂桁架的角度——竖向组合单元的牛腿角度是绝对的控制要素（牛腿端口与钢柱两边线的三向位移确定角度——校核方法）。见图12、图13。

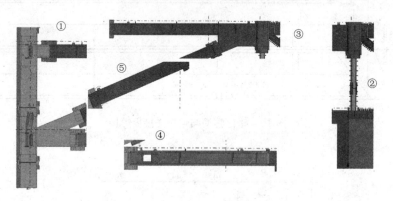

图12 外伸臂桁架各组成构件

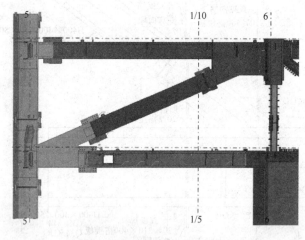

图13 外伸臂桁架模拟预拼装

2）内伸臂桁架模拟预拼装：

由下图筒内钢骨桁架组合示意图可知，每一榀小桁架包含六个单元构件。其中1、2为桁架竖向组合单元——箱形钢柱，3、4为桁架水平组合单元——上下弦杆，5、6为桁架施工过程中的调节单元——斜腹杆。筒内钢骨桁架独特的设置位置、头重脚轻的大头柱、密集的栓钉设置、120超厚钢板焊接、密集的钢筋通道及连接要求其加工制作精度大大提高，必须百分百确保桁架的加工准确度。见图14、图15。

2.2.2 伸臂桁架实体预拼装

1）预拼前需完成的工作如下：

（1）参与预拼装的构件首先必须满足单根构件的制作精度要求。单根构件制作时，为保证现场的顺利安装，所有嵌补腹杆等构件均制作负公差0～－2mm；

（2）构件的安装中心线、定位控制线、构件号等关键点需标注完整，以便于预拼装核对、施工。

（3）地样设置：以轴线交叉位置的柱、构件高度、宽度、厚度三个方向为地样基准，以构件高度、宽度、厚度方向中心线设置标记，检测和测量地样控制线。与桁架预拼的大头柱，在整体模型中转化其外型尺寸坐标点（转化到桁架预拼平面内），进行外型尺寸预拼装。

（4）预拼地样的检测

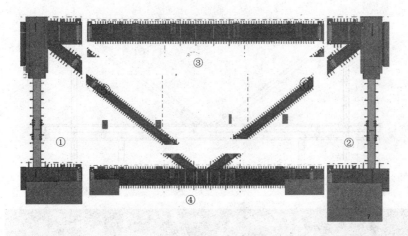

图 14　内伸臂桁架各组成构件

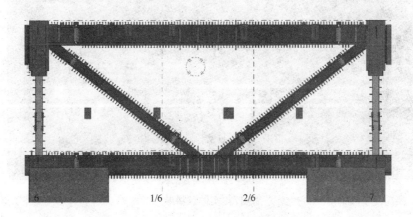

图 15　内伸臂桁架模拟预拼装

按布置图在预拼装场地划设地样线，划出桁架高度、宽度、厚度三个方向中心线、大头柱中心线及端口测量值等，同时划出胎架设置的位置线。大头柱中心线、各牛腿端口位置线之间的允许偏差小于±2mm；地样对角线之差允许偏差小于 3.0mm。

（5）预拼胎架的检查

胎架设计应考虑到结构的稳定性和安全性，采用地样法或水平仪测定胎架的模板标高，调整其至设计要求值，确保胎架的水平误差不大于 1.0mm，并准备必要的调整垫片，以备调节因承载引起的胎架变形。

2）预拼装

（1）拼装胎架面的确定

为了便于拼装，拼装时采用卧拼的方法进行预拼，以利控制拼装的精度及质量。

（2）地面基准线的划线

胎架设置时，同时考虑现场的焊接收缩，上、下弦杆之间适当加放收缩余量间隙，进行拼装划线；如图 16 所示。

（3）预拼组装的示意图详前图

组装顺序为①→②→③→④→⑤或⑥

（4）检测

桁架预拼组装完成后，对桁架的相对尺寸（上下弦间距、对角线、角度等）一一测量，得到的数据与图纸尺寸相比对。检测合格后，必须对构件现场接头位置进行对合线的标记。

2.2.3　预拼装照片（图 17）

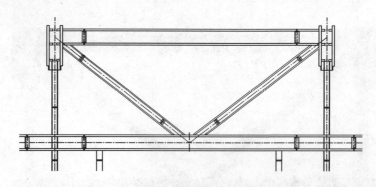

图 16　增加余量间隙

图 17　实体预拼装

2.3　施工安装阶段

2.3.1　伸臂桁架安装流程

考虑到核心筒内伸臂桁架需配合土建爬模体系和浇筑混凝土的需要，伸臂桁架安装顺序如下：

筒内下柱头→筒内下弦杆→筒内上柱头→筒内斜腹杆→筒内上弦杆→核心筒钢筋混凝土墙体浇筑→待外框柱到位安装外伸臂下弦杆（延迟节点）→外伸臂上弦杆（延迟节点）→外伸臂斜腹杆（延迟节点）→待核心筒与外框沉降完成后对延迟节点临时连接处进行焊接。见图 18～图 22。

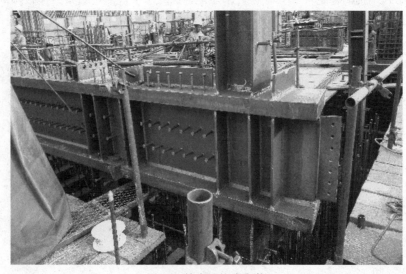

图 18　筒内下柱头安装

图 19　筒内下弦杆安装

2.3.2　延迟连接节点设置

在施工阶段，如果提前将内、外筒之间起协调变形作用的伸臂桁架进行焊接固定，会使伸臂桁架上部楼层的竖向荷载大部分被伸臂桁架承受，而无法通过外框柱向下传递，导致原来设计用来主要承受竖向荷载的外框柱严重浪费。相反，平时作为储备，一旦遇到大风、地震等特殊情况才发挥主要抗侧力作用的伸臂桁架提前"服役"。提前"服役"的直接影响是在伸臂桁架构件内部产生不必要的"施工阶段残余应力"，伸臂桁架节点处的焊缝可能被撕裂或因受拉而变形，间接影响是在结构建成后，在还未达到极限荷载状态的情况下就可能失效。所以伸臂桁架在安装外伸臂桁架时，其与钢框柱连接方式为延迟节点连接，做法如图 23 所示。待主楼区域与核心筒区域整体沉降结束后，经设计单位同意方可进行焊接。

2.3.3　焊接应力应变控制措施

（1）伸臂桁架延迟节点应力控制措施：由于每一道伸臂桁架靠近外框柱侧有三个延迟节点（上下弦及斜腹杆），且伸臂桁架与核心筒侧的连接为超厚板 T 型接头，为了避免延迟节点焊接产生的强大内应力对筒内大头柱本体造成的层状撕裂风险，伸臂桁架延迟节点焊接必须严格按照以下原则进行。

1）每条焊缝每次焊接深度为 1/3 板厚，每次焊接的 1/3 厚度需严格按照上述相关要求执行。

图 20　筒内上柱头吊装

2）同一个伸臂桁架三个延迟节点的焊接顺序为下弦、斜腹杆、上弦。对每一个节点处，如果节点处的构件本体截面为工字型，焊接顺序为腹板、下翼

图 21　筒内斜腹杆安装

图 22　筒内上弦杆安装

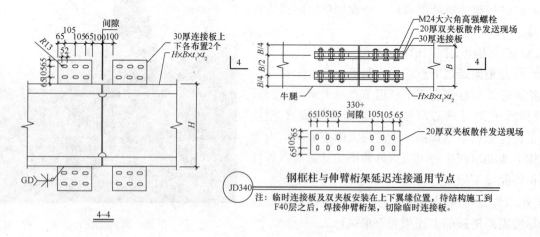

图 23　延迟连接做法

缘、上翼缘。截面为口字型，先采用两人同时对称焊接侧面竖向焊缝，焊接至1/3时，再焊接下翼缘至1/3，之后焊接上翼缘至1/3，如此循环焊接完成。

3）为了减小焊接过早对核心筒侧的影响，尽可能地直接或间接减小剖口的大小。直接方法就是工厂减小剖口角度，当前现场状态只能是间接地减小剖口状态——通过改变焊接方法实现。具体见图24。

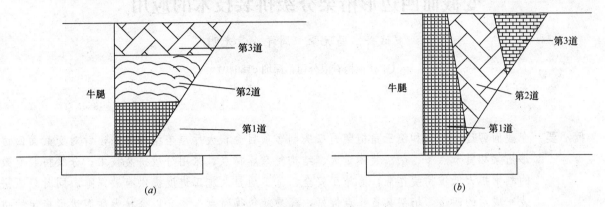

图24　减小剖口角度
(a) 正常做法；(b) 要求做法

（2）收缩量大的先焊接。

在焊缝较多的组装条件下焊接时，采取先焊收缩量较大的焊缝，后焊收缩量小的焊缝；先焊拘束度大而不能自由收缩的焊缝，后焊拘束度小而能自由收缩的焊缝原则。

（3）主梁接头轮换焊接措施。

H型钢梁和柱接头的焊缝，宜先焊梁的下翼缘板，再焊其上翼缘板。腹板厚度为50mm的GKL14在焊接过程中，应该将钢梁上下翼缘轮换焊接。钢梁两端的焊接应先焊梁的一端，待其焊缝冷却至常温后，再焊另一端，不宜对一根梁的两端同时焊接。

3　总结分析

1）大头柱取消牛腿，保证爬模顺利提升，免去爬模现场拆改所需要时间，有利于现场有序施工及安全保证。

2）提前优化钢筋与伸臂桁架的碰撞，节省大量的现场焊接及碰撞引起的拆改，质量得到明显提升，尤其是加快了现场安装速度，缩短了工期，经济效益显著。

变截面四边形桁架分级拼装技术的应用

罗诚兴　冯玩豪　周洋　黄光明

（中建钢构有限公司，深圳 518040）

摘　要　变截面四边形桁架和倒三角桁架是肇庆创客项目金秋大厅屋盖结构体系，针对变截面四边形桁架相贯节点多、架拼装体量大、结构复杂等特点，采用分级拼装技术；分级拼装有效的利用扩大低位拼装作业，为施工安全、施工质量及施工进度提供有效保障。同时分级拼装完成后的四边形桁架具备稳点性好，容易就位等特点。本文以金秋大厅四边形桁架的拼装为例，深入介绍变截面四边形桁架分级拼装技术的应用。

关键词　变截面四边形桁架；分级拼装；卧拼；安装姿态

1　工程概况

1.1　工程简介

金秋大厅下部钢框架结构，上部为倒三角桁架＋变截面四边形桁架组合的屋盖结构；单体用钢量1650t。东西长113m、南北宽86m，结构高度19.35m，最大悬挑长度32m，最大跨度39m。屋盖由8榀主桁架和6道连系桁架组成，屋盖最大钢管截面为P325×14。见图1。

1.2　施工方法概况

金秋大厅屋盖单片主桁架总长86m，采用倒三角＋变截面四边形管桁架组合的结构形式，主要节点形式为相贯节点和焊接球节点。从结构形式、拼装工艺、安装方法和施工工期等因素考虑，将主桁架单元分成两段式进行地面拼装，使用大型履带吊跨外吊装的施工方法。具体分段形式如如图2所示。

变截面四边形桁架（分段A）高度达到12m，由两片竖向片式桁架和横向、斜向腹杆组成。为了减小拼装难度、加快拼装速度，采用分级拼装技术：

1）将两片竖向片式桁架分别在地面卧拼，降低拼装高度，保证充分的拼装、焊接作业空间。

2）片式桁架拼完成后采用双机抬吊将片式桁架翻身竖立，两台设备配合施工，有效控制桁架竖立过程中的变形量。

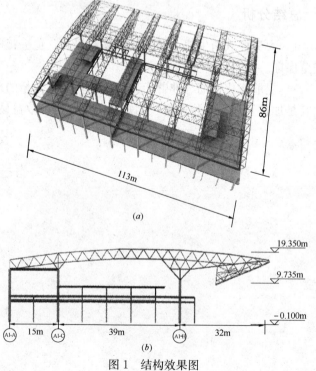

图1　结构效果图

(a) 整体结构图；(b) 桁架剖面图

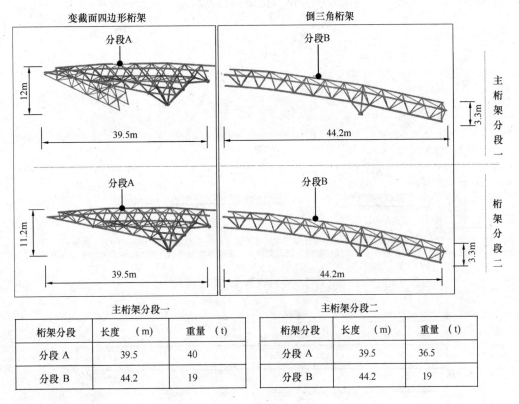

图2 主桁架分段图

桁架分段	长度（m）	重量（t）
分段 A	39.5	40
分段 B	44.2	19

主桁架分段一

桁架分段	长度（m）	重量（t）
分段 A	39.5	36.5
分段 B	44.2	19

主桁架分段二

3）将片式桁架吊装到立拼胎架上就位固定。

4）安装横向和斜向腹杆，完成变截面四边形桁架的地面拼装。

分级拼装方法如图3所示。

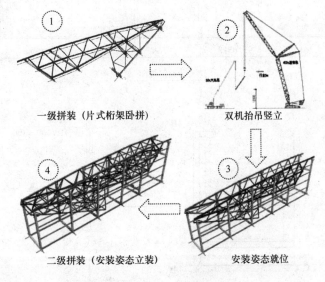

图3 分级拼装示意图

2 拼装胎架的设计

根据片式桁架和整体四边形桁架的结构特征分别设计卧拼胎架和立拼胎架。拼装胎架均采用

HW300×300×10×15 型钢制作，使用限位板作为桁架管件的固定和调校。卧拼胎架详见图 4，立拼胎架详见图 5。

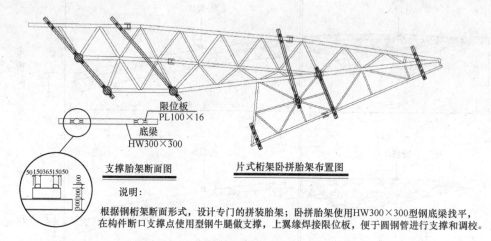

图 4　卧拼胎架设计图

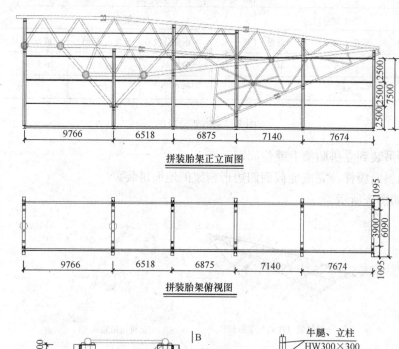

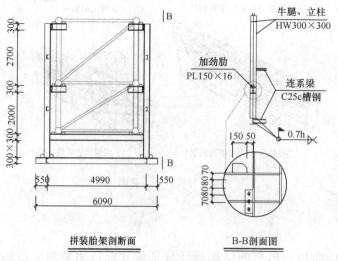

图 5　立拼胎架设计图

3 分级拼装施工工艺流程

3.1 卧拼施工流程（一级拼装）

片式桁架的卧拼，拼装高度由立拼的12m，转换成0.6m，增加低位拼装作业面积。便于焊接，提供拼装效率。见图6。

（1）测放胎架定位线，搭设拼装支撑架，安装连接槽钢并测量调整支撑部位标高；

（2）吊装桁架下弦杆就位，校正后焊接固定弦杆；

（3）安装焊接球，设置马板固定并进行尺寸复核；

（4）将桁架其余弦杆构件吊装至胎架支撑上，校正后焊接固定各分段弦杆；

（5）吊装主桁架腹杆构件，拼装三道弦杆间腹杆并焊接固定；

（6）吊装吊挂结构腹杆构件，嵌补安装腹杆并焊接固定。

图6 片式桁架拼装实景图

3.2 立拼施工流程（二级拼装）

变截面四边形桁架的立拼采用的是近似安装姿态进行地面组拼，便于三维坐标的转换。吊装时只要提前设计好吊点及钢丝绳就可以按次姿态起吊，便于就位。见图7。

（1）测放胎架定位线，搭设拼装支撑架，安装连接槽钢并测量调整支撑部位标高；

（2）吊装桁架下弦杆和一边上弦杆就位，校正后焊接固定弦杆；

（3）吊装腹杆构件，拼装两道弦杆间桁架腹杆并焊接固定；

（4）将桁架另一层片状单元吊装至胎架支撑上，校正后焊接固定各分段弦杆；

（5）吊装腹杆构件，拼装两道上弦杆间腹杆并焊接固定；

（6）嵌补安装半球支座及支撑杆并焊接固定。

图7 变截面四边形桁架拼装实景图

3.3 双机抬吊片式桁架竖立流程

（1）起重设备就位准备，绑扎钢丝绳；

（2）履带吊、汽车吊同速度缓慢起钩，将桁架单元提起至离地12m；

（3）履带吊往构件方向缓慢行走5m；

（4）履带吊缓慢趴杆5m水平距离，同时，两台机械开始下钩；

（5）汽车吊缓慢松钩，桁架单元由履带吊单独吊装；

（6）履带吊将桁架单元吊装至地面整体拼装胎架上。

3.4 吊点及钢丝绳的选择

（1）桁架吊装不设置吊耳，直接用钢丝绳捆绑桁架吊装单元适合节点处进行吊装。采用 Tekla 软件计算出吊装单元的重心及吊点，吊装点均定在桁架上弦杆节点处，防止绑扎吊装时钢丝绳发生滑动，吊点位置在桁架长度1/3附近的节点处有利于桁架吊装平衡，同时吊装时具有相当小的变形与应力。见图8。

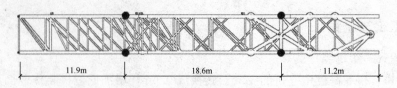

图 8　桁架吊点定位图

（2）桁架吊装单元起吊时必须保证桁架单元重心点与吊钩处于同一铅垂线上，保证桁架起吊时不会因重心偏移而发生较大摆动，确保吊装安全，根据这前提要求确定各吊装单元钢丝绳。见图 9。

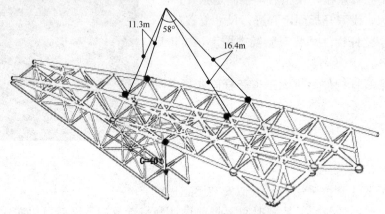

图 9　钢丝绳长度示意图

4　校正措施

桁架圆管对接采用双夹板临时固定，使用错位调节装置和千斤顶进行错位调校。见图 10、图 11。

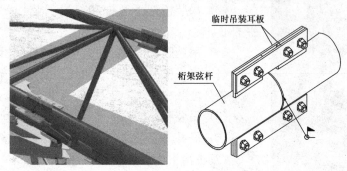

图 10　双夹板临时固定示意图

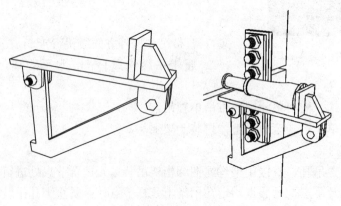

图 11　错位调节装置

5 计算模拟分析

使用迈达斯软件建模，根据吊点设计位置进行计算四边形桁架单元吊装过程位移和应力，具体计算结果如图 12、图 13 所示。

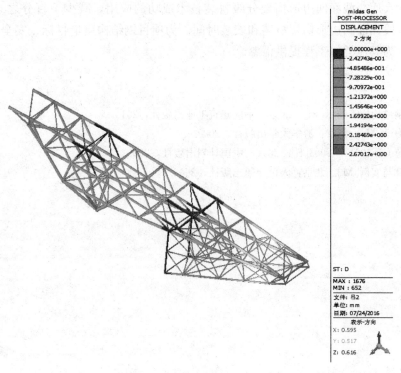

图 12 变截面四边形桁架位移图

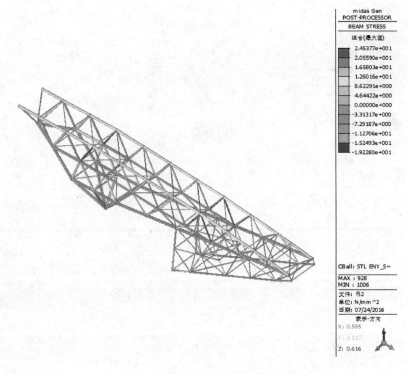

图 13 变截面四边形桁架应力图

通过验算可得出吊装单元的受力及位移情况，变截面四边形桁架单元吊装最大的应力为 24.54MPa，变形位移最大值为 24.28mm，故吊点设置位置满足桁架单元吊装。

6 结语

肇庆创客金秋大厅变截面四边形桁架分级拼装技术成功的应用，减少了百分之 65% 的高空焊接作业，大大缩短了阶段保证四边形桁架拼装和安装时间。为项目钢结构质量目标、安全目标、施工进度目标提供有效保障，为其他类似工程提供借鉴。

参考文献

[1] 王宏. 大跨度钢结构施工技术[M]. 北京：中国建筑工业出版社，2015.

[2] 刘世奎. 结构力学[M]. 北京：清华大学出版社，2008.

[3] 钢结构设计规范 GB 50017—2003[S]. 北京：中国计划出版社，2003.

[4] 钢结构设计计算与实例[M]. 北京：人民交通出版社，2008.

霍尔果斯国际会展中心二期钢结构施工技术

张　琥　杨跃辉　巩建宏

（光正钢结构有限责任公司，乌鲁木齐　830026）

摘　要　通过对霍尔果斯国际会展中心二期钢结构项目施工，对该项目主体钢结构的整个施工进行总结分析，简述了该项目实施中的技术难点及解决措施，尤其对厚板销轴孔的连接难点，从制作与施工方面做了阐述。该项目的经验可供类似工程借鉴。

关键词　圆管柱；桁架；销轴

1　工程概况

霍尔果斯国际会展中心二期项目（以下简称会展中心，见图1）位于中哈新疆霍尔果斯国际边境合作中心区域内，建筑面积 4.5 万 m²；根据功能分为两个部分，即南侧的服务区及北侧的展厅区，服务区主要包含服务大厅、辅助办公及配套商业；展厅区划分为 3 个独立的扇形展厅，建成后主要功能是举办国际商品展销展示、贸易洽谈、商业服务、金融服务等各类区域性国际洽谈会，该项目落地对开展区域间经贸、环保、文化、科技、能源、交通、金融等领域的合作，加速人流、物流、资金流、技术流的汇聚，促进区域经济、社会、文化的全面均衡发展，将合作中心打造成为上合组织成员国及"丝绸之路经济带"沿线各国实现贸易自由化的示范区意义重大。

会展中心外形尺寸：东西总宽 406.68m，南北长 174.90m，建筑悬挑檐口高度 23.90m，屋面为扇形，采用铝镁锰 360°直立锁边压型板复合屋面系统，建筑整体平面如图 2 所示。

图 1　霍尔果斯国际会展中心鸟瞰效果图

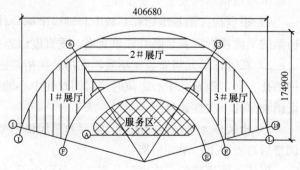

图 2　会展中心外形尺寸

会展中心项目主体为钢结构框架支撑结构，屋面承重为管桁架梁，典型构件特征如表 1 所示。

典型构件特征 表1

构件类型及材质	截面规格
圆管柱（Q345B）	$\phi1300\times30$、$\phi1200\times20$、$\phi1000\times30$、$\phi800\times30$
桁架弦管（Q345B）	$\phi500\times15$、$\phi480\times10$、$\phi426\times9$、$\phi409\times9$、$\phi397\times9$
H 型钢桁架（Q345B）	$H700\times350\times18\times20$
H 型钢檩条	$H700\times350\times18\times25$

钢结构总用钢量：7200t，钢构件最大焊接板厚80mm，单体构件起吊单元最大重量40吨，最大跨度30.8m，建筑物屋面为双曲造型，断面造型如图3所示。

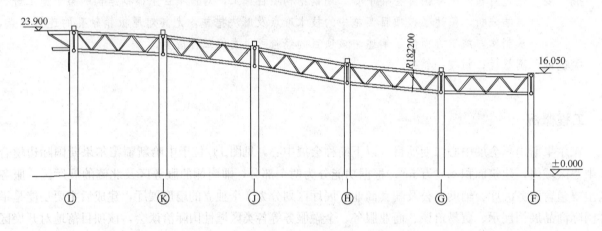

图3 屋面造型

2 钢结构施工过程简介

会展中心在施工过程中，具有作业面广，存在多专业交叉施工作业的特点，主要表现在现场设备多，工具多、工种及人员多而施工作业面有限等方面。故在施工前，必须进行详细的施工组织设计，重点解决好施工段、施工工序、施工总平面图、安装方法、施工工艺、进度计划、资源供给、垂直与水平运输、质量安全等方面的设计与管理工作。

本项目钢结构安装主要步骤：

1）根据构件测量坐标和基础中心轴线坐标与计算机三维建模坐标进行平面上轴线定位，根据单元桁架的平面投影。安装圆管柱单元格，垂直度误差控制在2mm内。

2）圆管柱单元格安装完毕后，先吊装次桁架进行空间定位，次桁架安装定位时必须严格要求对准销轴孔方向。销轴孔中心定位时须对圆管柱中心轴线以及中心线水平度一致。防止销轴孔对孔不正，保证销轴穿孔一次性通过。

3）桁架单元格吊装完成后，需要对单元格桁架进行检测并进行测量验算，对有超差部分必须进行调整后再安装下一单元桁架。

现场地面拼装的工作主要是将运输分段单元（或散件）拼装成吊装单元，其主要的工作包括运输构件到场的检验、拼装平台搭设与检验、构件组拼、焊接、吊耳及对口校正卡具安装、中心线及标高控制线标识，吊装单元验收等工作。安装现场见图4。

图 4　主体钢结构安装

3　主要技术难点及相应解决措施

1）销轴连接方式

本工程中桁架与钢柱主要采用销轴连接方式，所以对钢构件制作、安装精度要求非常高，钢柱和桁架连接处有 4 个方向销轴连接节点，节点相互有角度、斜度等要求。施工过程中必须保证销轴穿孔一次通过，销轴连接板厚度 80mm，桁架与柱连接板为 3＋2 型式，5 块连接板插口后通过 φ110mm 直径销轴同轴穿心（图 5），其难度相当大。

组成桁架的两端销轴端板必须与圆管柱柱头销轴端板相互无阻碍插进，5 个销轴板孔 100％重合，销轴才可以穿入完成，所以在构件制作加工时需要控制多个三维坐标点，同时对焊接及安装变形进行分析考虑。节点板钻孔采用数控火焰切割并机械镗孔以保证孔位的准确及精度，节点板与钢柱或钢梁组装时，进行三维空间放样，制作独立的临时支撑胎架，确保销轴连接板的安装准确度，节点板与圆管插入的槽孔周边开单边坡口，制定专门的厚板焊接工艺，在焊接过程中，对预热温度和层间温度要求较高，需要在控制好焊接热量输入、抑制焊缝金属淬硬倾向的同时防止其冲击韧性的下降。厚钢板焊接变形及残余应力控制难度较大，焊接时操作不当易产生焊接裂纹，故采取前预热及后保温措施，以充分保证残余氢的溢出，并降低冷裂纹的敏感性。

焊接中严格控制母材质量，母材应按同一生产厂家、同一牌号、同一质量等级、同一厚度和规格、同一交货状态，且重量不大于 60t，为一批进行质检。质检合格后，才能进入下一道工序；利用支承约束焊接变形，在操作平台上采用专用焊接设备进行节点焊接时，采用支承局部固定约束变形的方法控制焊接变形。焊接采取全过程加热和保温；加强焊接前、焊接中和焊接后的加热与保温控制层间温度和焊

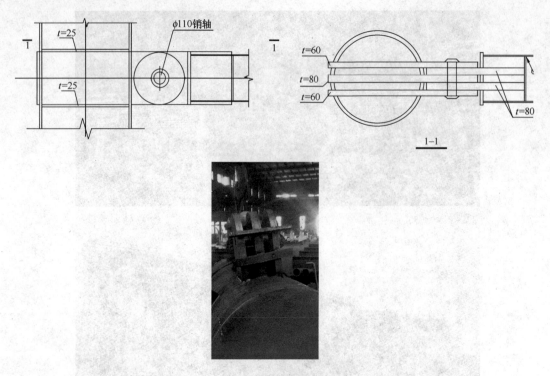

图5 销轴连接方式

接前后温度。选择合理的焊接顺序；焊接顺序采取先焊接主约束后焊接次约束的方法，焊接过程中平衡加热量，使焊缝变形和收缩减少；采用大能量、低热输入的焊接方法；在焊接方法上采取加大能量密度，减少热量输入的工艺措施，以减少焊接应力；大厚板的焊接宜采用 CO_2 气体保护焊焊接，使用的焊丝为实心焊丝和药性焊丝，直径选用 1.2mm。整个焊接过程需要一次性完成，严禁中途停焊，必须从组立、校正、复验、预留焊接收缩量、焊接定位、焊前防护、清理、预热、层间温度控制、焊接、后热、保温、质检等各个工序严格控制，确保接头焊后质量达到设计要求及规范规定。焊接请有丰富经验的焊工施焊，保证焊接的成功率。

2）大跨度桁架吊装

本工程中扇形最外跨主桁架因跨度大，桁架构件自重大，在吊装过程中桁架会因自重弯曲变形，影响销轴穿孔精度，所以项目部进行施工工法改进，对桁架吊点位置用［20a 槽钢做成简易夹具进行吊装（图6)，夹具拆卸安装方便并可重复利用，解决了大长度桁架吊装平面外变形问题，保证销轴穿孔一次通过。

图6 夹具示意

3）圆管桁架相贯切割制作

钢结构圆管桁架相贯线焊接下料、焊接均存在较大难度，桁架梁截面高度达到 2800mm，弦管直径

达到 $\phi500$，腹杆直径也有 $\phi351$，钢管桁架梁制作后还必须保证屋面弧形造型的要求及必要的起拱，因此桁架制作前采用 CAD 准确放样，上下弦杆根据放样尺寸采用小型液压站将桁架曲面顶弯成型，并将腹杆放样数据导入 5 轴数控火焰管桁架切割机，保证腹杆相贯口的切割准确度（图7），相贯焊缝沿全周连续焊接并平滑过渡；当多根支管同时交于一节点，且与主管同时相贯时，焊接顺序应优先直径大的壁厚厚的支管。支管与主管相贯处一律满焊。圆管相贯时，支管端部的相贯线焊缝位置沿支管的相贯线位置分为趾部、侧面、踵部三个区域，保证了管桁架焊接的质量。

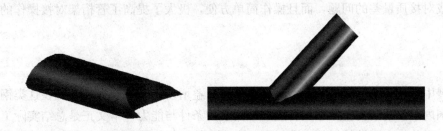

图7　数控切割

4）现场钢柱定位与桁架梁的安装

本工程平面呈扇形布置，意味着柱网分布在圆弧线上，管桁架梁的投影是一系列半径不同的圆弧，这给现场钢柱的定位与桁架梁的安装带来了不少困难。

为此本项目采用 tekla 软件三维建模，现场轴网通过全站仪准确定位各个坐标点，所有进场钢构件项目部安排专人进行质量检查及复测，对现场发现的制作误差、运输变形等质量问题进行处理，并记录质量台账；加工制作专用超大吊具，解决在吊装时出现的空中构件稳定及平衡，根据构件测量坐标和基础中心轴线坐标与计算机三维建模坐标进行测量转化与比对，根据单元桁架的平面投影，安装圆管柱单元格，相邻钢柱间桁架先通过拟安装桁架的地面投影进行轴线测量复测，确定无误后再行对桁架整体起吊，并要求钢柱安装垂直误差控制在 2mm 内；四根圆管柱与四件管桁架安装形成一个小的扇形区为一个单元格，单元格安装完毕后，必须对各个控制点进行标高与轴线的测量调整，确认无误后对桁架安装定位，单元格各项数据符合要求后再安装下一单元格（图8）。

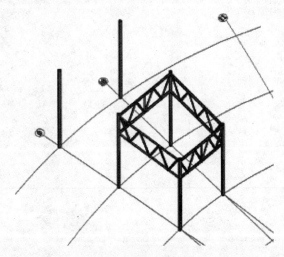

图8　桁架安装定位

5）圆管桁架弦管的对接技术

会展中心项目屋面几乎都是圆管桁架，上下弦杆还是大直径的圆钢管，壁厚达到 15mm，无论是车间圆管对接焊还是现场对接焊，都要求全熔透，为此我方技术人员经过多次试验论证，推出管桁架对接可移动衬管技术（图9），使得管桁架钢管焊接时通过衬管进行位置调节，从而实现两钢管焊接时不会

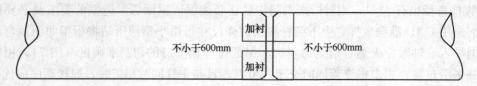

图 9 圆管桁架对接

出现无法对接或对接质量差的问题，而且操作简单方便，极大了提高了管桁架对接操作的速度，保证圆管焊接质量。

4 结束语

类似于会展中心这样的钢结构异形空间建筑现已日益增多，销轴连接的方式在这类钢结构建筑中也逐渐被采用，国内很多钢结构企业也具备生产、安装的条件与能力，本文正是总结实际工程的弧形柱网圆管柱的吊装与定位、大厚销轴板的穿孔保证、大直径管桁架相贯口的下料与焊接等方面，依据相关规范、规程、安装手册并结合设计与施工经验，简要阐述说明了这类大型空间场馆制作施工中遇到的技术难点与解决方法措施，希望通过此文能向承建这类场馆建设的管理及技术人员提供参考。

参考文献
[1] 钢结构设计规范 GB 50017—2003[S].
[2] 钢结构焊接规范 GB 50661—2011[S].
[3] 钢结构工程施工及质量验收规范 GB 50205—2001[S].
[4] 钢结构工程施工规范 GB 50755—2012[S].

集成式电动爬模技术在超高层钢结构建筑施工中的应用

胡 俊

（中铁建设集团有限公司华中分公司，洛阳 471000）

摘 要 洛阳正大国际城市广场 7 号楼属于比较典型的超高层结构形式，采用了核心筒与外框钢结构分离施工技术。其中核心筒结构施工中使用了集成式电动爬模系统，合理高效地解决了与外框钢结构的立体交叉施工难题，实现了安全施工、优质高效的施工目标。本文结合实际工程案例，分析总结集成式电动爬升模板在超高层建筑施工中的应用。

关键词 超高层；钢结构建筑；集成式；电动爬模；工程案例

1 工程概况及难点

1.1 工程概况

我公司承建的洛阳正大国际城市广场暨市民中心工程，是正大集团与洛阳市政府合作开发的重点大型城市综合体项目。其中 7 号楼为超高层建筑，总建筑面积 117432.23m²，主要功能有商业、办公及地下车库组成，地下 3 层，地上 50 层，裙房 4 层，建筑高度为 200.35m，结构形式为矩形钢管混凝土框架－钢筋混凝土核心筒结构体系。

塔楼结构标高为 199.85m，标准层层高为 3.75m，16 层和 32 层为避难层，层高为 3.75m、4.8m。核心筒外墙截面厚度为 900～500mm，分别在 10 层和 29 层外墙内收 200mm。外钢框架有箱形柱和 H 型钢梁，核心筒剪力墙四周有 10 根劲性钢骨柱，外框架梁、柱、隔撑全部采用钢结构，柱内浇筑 C60－C40 混凝土，楼板底模采用钢筋桁架楼承板。为保证施工的连续性和整体性，经方案比选，采用集成式电动爬模系统进行施工。见图 1、图 2。

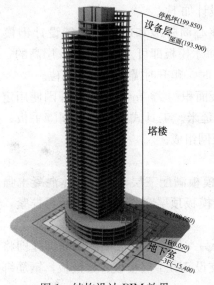

图 1 结构设计 BIM 效果

图 2 爬模施效果图

1.2 工程难点

本工程为典型钢框架－核心筒超高层混合结构，工期紧、体量大、安全防护及质量标准要求高，通过对结构形式的分析研究，采用集成式电动爬模施工主要有以下几个方面技术难点：

（1）核心筒剪力墙内收

核心筒剪力墙墙体厚度随楼层的增加逐渐内收，因此需要进行变截面爬升，在施工时须使用加高件，外墙机位内移时应加强管理，重点注意保证安全。

（2）核心筒层高变化

核心筒结构部分楼层高度不等，在施工中需要考虑非标准楼层的爬升情况，需要采取技术措施，以实现在标准层和非标准层之间的平稳过渡，并减少对爬模使用安全和质量的影响。

（3）散拼模板与钢模板组合

由于核心筒外墙和电梯井内使用钢模板，其他部位采用散拼木模板施工，穿墙螺栓安装和门洞口处的模板安装须高度重视。

（4）外框梁板预埋件安装

工程结构形式为矩形钢管混凝土框架－型钢混凝土核心筒结构体系，由于爬模施工工艺的原因，核心筒结构施工进度领先于外框钢结构安装。因此，核心筒墙体外侧连接外框钢梁和楼承板预埋件的安装精度，直接影响后续工序的施工质量。

2 核心筒爬模方案

2.1 集成式电动爬模系统组成

集成式电动爬升模板系统包括模板系统、承重系统、爬升系统、模板开合牵引系统和智能控制系统。见图 3。

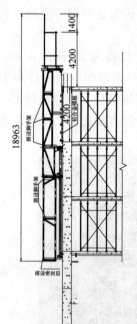

模板系统包括模板和脚手架（上平台）；承重系统包括附墙支座和支撑框架及水平桁架；爬升系统包括附墙支座和导轨及动力设备；模板开合牵引系统包括滑轨、滑轮、上下微调装置和牵引动力设备；智能控制系统包括重力传感器、同步控制器和遥控安全装置等。

2.2 集成式电动爬升模板方案简述

核心筒外墙使用外墙爬升模板系统，核心筒结构（墙梁板同时）先行施工，外框钢结构安装滞后 5～6 层施工。见图 4、图 5。

（1）核心筒电动爬升模板系统设计如下：

1）考虑标准层 3.75m 层高，核心筒外墙和电梯井内墙设计钢模板高度 3.9m，其他层高采用在钢模板上散拼木模板即可。小于 5.4m 层高的，爬升时均是一次爬升到位，层高大于 5.4m 时，爬升时需二次爬升到位。

2）外墙模架机位 24 榀，钢模板面积约 290m²。核心筒外围使用定型的工具式架体，工具式架体周长为 99.6 延米。工具式架体有定型脚手板、立杆为 80×40 方管，防护网为 0.7mm 钢板网组成。

（2）混凝土的浇筑工艺如下：

1）核心筒内顶板、梁、楼梯木模板满配三层，N 层墙体混凝土强度达到 1.2MPa 后，模板与墙体脱开，外墙模板顶层穿墙螺栓松开后再拧紧，其余穿墙螺栓拆除。

图 3　集成化模架系统图

2）按照流水顺序（先外墙后内墙，外墙完成一侧再进行另一侧，每完成一侧钢筋绑扎即将该侧的导轨提升到位，节约模架爬升时间）绑扎 N+1 楼层钢筋，支设 N+1 层楼板、梁模板，钢筋绑扎完成后拆除外墙模板穿墙螺栓。

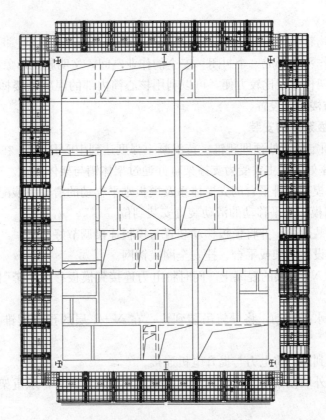

图 4   爬模机位平面布置图

图 5   集成式模架立面效果

3) 穿墙螺栓全部拆除，外墙模架系统提升一个楼层。

4) 墙体两侧模板合模，用穿墙螺栓将两侧模板连接固定。

5) 浇筑 N+1 层墙、板、梁混凝土。进入下一循环。

（3）该方案的优点

1) 核心筒整体先行施工，核心筒主体的施工速度较快，可在 4~6 天完成一层的施工，加快了施工进度，节约了施工时间。

2）上部钢筋有承重物料平台，可以堆放在楼板上，布料杆好安放。

3）整个模板系统工作平台形成一个封闭、安全的作业空间，文明施工形象好。

4）施工人员上下模架作业层比较方便，可以利用核心筒内部的混凝土楼梯，施工电梯只需要上升到核心筒外部楼板，消防楼梯好设置。

2.3 集成式电动爬升模板系统的安装

（1）在 N 层墙体内预定机位处预埋爬锥，待混凝土强度达到 10MPa 后，在外墙安装附墙支座。

（2）在 N 层附墙支座处安装主要受力支撑架，并通过架体销与架体固定。

（3）在地面上将外墙模架自升平台的支模体系及模板水平移动的滑轮组装配在滑轨上。内部将模板的支撑体系安装到位，将模板水平移动的滑动装置安装到位。

（4）将内外大模板安装到位，并将模板移动装置与模板连接调节好。

（5）在外侧模板上搭设脚手架或平台，挂安全网或钢网。

（6）模板合模后浇筑 N+1 层的混凝土。同时将电力连接到模板移动的牵引电机上。浇筑 N+1 层墙体混凝土后模板脱模。

（7）外墙模板脱模后水平移动，将导轨吊装到位，在 N+1 层的预埋爬锥或预埋管处安装附墙支座，并将其与导轨连接。

（8）将提升系统安装到位，将电力与提升电机连接。

（9）启动提升电机将外墙模架自升平台提升一个楼层。提升到位后，承重架与 N+1 层上的附墙支座固定。

（10）内外模板合模，浇筑 N+2 层核心筒墙体的混凝土。

（11）每个爬升机位进行编号，以便于管理，检查记录和信息跟踪反馈。

（12）模架系统安装完毕，各部分检查合格，交付使用。

2.4 集成式电动爬模系统的爬升

（1）基本流程

浇筑本层混凝土、绑扎上一层钢筋→脱开内外模板并后移→安装附墙装置、提升导轨→爬升外墙架体→提升筒内平台→内外模板合模固定→浇筑上一层混凝土

（2）特殊部位的施工措施

1）核心筒墙体截面内收

核心筒外剪力墙截面厚度从 900mm 逐渐过渡至 500mm 沿外墙内收，每次 200mm 减量，因此需要进行变截面爬升。

当核心筒外墙爬升模架提升到变截面处时，变截面处墙体需垫高相同高度的木方，当变截面层混凝土浇筑完毕后，需在变截面处的附墙支座上预先垫上与 150mm 的钢垫块，采用斜爬的方式进行提升，下一层垫 100mm 钢垫块，第三层垫 50 钢垫块，直至架体完全爬升至正常厚度的墙体，采用正常的爬升方式。见图 6。

2）非标准层高

核心筒 5～48 层标准层层高为 3.75m，49～50 层层高分别为 5.0m 和 3.55m。另外，32 避难层层高为 4.8m。

非标准层的墙体模板采用木模接高的方法，例如，在 31 层爬升到 32 层时，由于层高由 3.75m 变为 4.8m，原先预制的适用于 3.75m 的钢模板需要进行木模接高处理。由于设计标准模板高度为 3.9m，接高高度为 1m。爬升时均一次爬升到位，木模板和钢模板间用固定的对拉螺杆进行连接。

3）核心筒型钢柱与外框梁板安装节点

核心筒外框钢结构组合梁板采用钢梁—钢筋桁架楼承板组合结构。梁上铺设钢筋桁架楼承板，其上

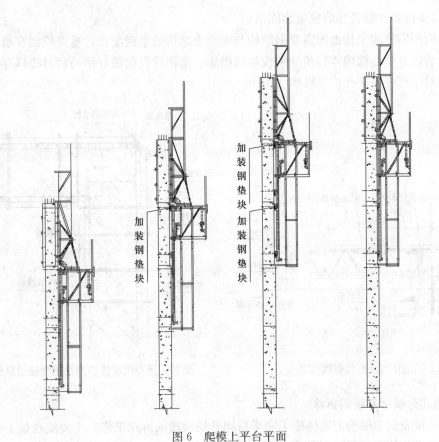

图 6　爬模上平台平面

1. 外模架混凝土浇筑；2. 上支座加钢垫块；3. 上支座再加钢垫块；4. 进入正常循环

绑扎板面钢筋，最后浇筑混凝土。钢梁两端分别连接矩形钢管混凝土柱和核心筒剪力墙体，对于钢梁与剪力墙体的连接，采用在核心筒型钢柱连接板的方式，连接板与核心筒剪力墙体外墙面齐平，不影响模板的爬升。对于核心筒外楼板，采用后植筋的方法进行施工。剪力墙体浇筑完毕并达到规定强度后，在相应墙体处通过钻孔→清孔→注胶→植筋的方法植入钢筋，并与核心筒外楼板钢筋进行搭接。见图7～图9。

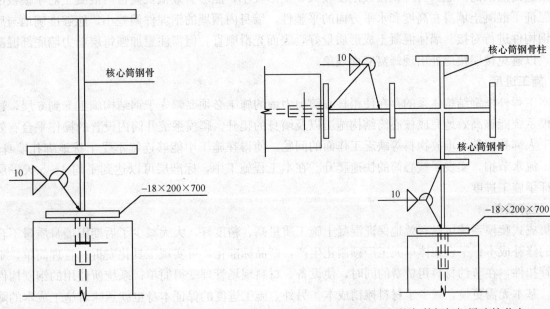

图 7　核心筒 H 型钢柱与外框架钢梁连接节点　　　　图 8　核心筒十字型钢柱与外框架钢梁连接节点

4）核心筒墙体内劲性钢骨柱的模板加固措施

核心筒墙体内型钢柱的模板加固需要钢结构与混凝土结构的紧密配合，重点控制穿墙螺栓安装、门洞口处的模板安装以及核心筒墙体转角处模板加固措施。型钢柱提前做好钢筋和对拉杆穿孔深化设计工作，保证钢筋和对拉螺杆的穿孔位置准确（图10）。

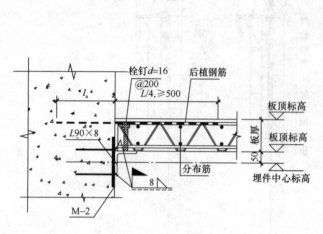

图 9　核心筒墙体与外框楼板连接节点

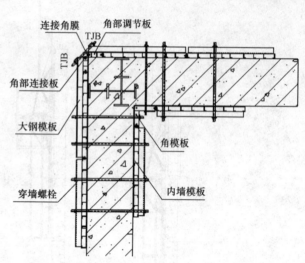

图 10　核心筒墙体内劲性钢骨柱的模板加固措施

2.5　集成式电动爬升模板系统的拆除

当核心筒的第设备层二层剪力墙体施工完毕后即开展爬模的拆除工作。主要流程如下：清理爬模内垃圾→拆除模板及支撑体系（包括三角支架和上平台等），吊至地面分解→拆除工具式单元上下架体，吊至地面分解→拆除导轨和附墙支座等残余部件，并吊至地面分解。

3　施工效果

3.1　施工质量

集成式爬模系统所使用的钢模板整体性好，在混凝土墙身的施工中无需进行拼接，杜绝了使用木模板时接缝处漏浆的问题。另外钢模板刚度较大、变形较小，能够有效抵抗模板内混凝土对于模板的侧压力，保证了混凝土墙身在高度和水平方向的平整性，墙身内预埋的钢埋件偏差小，能够准确地与后续施工的钢构件进行对接。墙体混凝土成形质量好，表面光滑顺直。但需注意加强每层剪力墙底部混凝土的振捣，以避免楼层接缝处出现蜂窝麻面现象。

3.2　施工进度

本工程外框钢结构体系的存在使得核心筒剪力墙的施工必须要领先于钢结构施工5到6层，这就要求爬模系统能够高效地完成核心筒结构施工以及墙身的爬升。爬模系统井筒内设置的操作平台有效地解决了工人绑扎钢筋、堆放物料等缺乏工作面的问题。使得在施工中能够连续不受干扰地绑扎墙身钢筋，加快了流水节拍，实现了核心筒的快速爬升。在本工程施工中，标准层可以达到平均4~5天一层，有效保证了施工进度。

3.3　经济效益

集成式爬模系统可以有效地保证混凝土施工质量高、精度好，大大减少了后期因墙身质量不合格而造成的修补成本；平台架体单元工厂预制化生产，产品标准化，可实现工具化安拆；管理简单，不再需要钢管扣件，在节约材料租赁费的同时，使设备、材料现场管理变得简单；系统所使用的钢制构件耐用可靠，基本无需更换，减少了材料摊销成本。另外，施工进度的保证本身也就意味着施工成本的降低和风险的降低。综合看来，这套系统能够取得良好的经济效益。

3.4 安全防护

本工程作为超高层建筑，施工过程中随着高度的增高，一些施工中容易被忽略的因素需要重点关注。比如：夏季雷雨季节防雷、钢筋焊接防火、冬季雨雪防滑以及高空坠物等问题。集成式爬模系统采用封闭式模架，内外模架操作平台均有相应的安全防护措施，可以有效地防范高空坠落和雨雪季节滑倒坠落的问题。系统内多处配备干粉灭火器，规范施工人员的焊接作业、加强用电安全教育，满足了消防的要求，同时现场机械化程度高、文明施工，有利于提升企业形象。另外，洛阳地区每年大约有3个月有雷暴天气存在，爬模内设置避雷措施，比如铜导线与核心筒相连等。形成良好避雷通路，保证了其上作业人员的人身安全（图11、图12）。

图11　操作平台及外立面防护　　　　　　　图12　外围安全防护效果

4　结论

集成式电动爬模系统能够很好地应用于超高层核心筒结构的施工，对于层高变化、截面内收等情况均有成熟的技术处理措施，且可以提供材料临时堆放平台，能够有效减少各工序、工作面间的互相干扰，实现交叉立体施工。

本工程的实际应用表明，集成式电动爬模系统具有构造简单、安拆方便、自动操控、智能防坠和经济性强等特点，且施工速度快、混凝土成型质量高、安全可靠等优点，能够实现节约成本、优质高效、绿色环保等施工目标。

参考文献

[1] 钢结构工程施工规范 GB 50755—2012[S].
[2] 钢结构焊接规范 GB 50661—2011[S].
[3] 钢结构工程施工质量验收规范 GB 50205—2001[S].
[4] 混凝土结构工程施工质量验收规范 GB 50204—2002(2011版)[S].
[5] 混凝土结构工程施工规范 GB 50666—2011[S].
[6] 液压爬升模板工程技术规程 JGJ 195—2010[S].
[7] 建筑施工高处作业安全技术规范 JGJ 80—91[S].

瑞安大厦钢结构工程项目施工技术

张擎宇　　杨丽娜

（光正集团股份有限公司，乌鲁木齐　830026）

摘　要　随着我国城市化建设的快速发展，高层钢结构建筑在建筑工程中的应用越来越广泛，建筑造型越来越多样。高层建筑钢结构施工是一项相对复杂的工程，其特点是高空作业施工，作业点较多，空间造型施工难度大，因此加强施工人员的专业技能培训，提高自身施工技术非常重要。

关键词　高层钢结构；施工技术；空间双曲面梁

1　工程概况

瑞安大厦钢结构项目位于乌鲁木齐高铁站片区，毗邻乌鲁木齐高铁站，属于乌鲁木齐高铁片区设施综合开发项目。项目东侧是高铁三路，西侧是卫星路，南侧是锦绣三街，北侧是锦绣四街。项目设计定位集商场、酒店、餐饮、娱乐、办公、车库于一体。见图1。

瑞安大厦钢结构项目建筑总高度 133.300m（地下：－21.250m；地上：133.300m），建筑面积 70279m²（地上：39608m²；地下：30671m²），建筑由裙楼（一层至四层）、主楼（六层至二十五层、构架层）、裙楼主楼合设 4 层地下室组成。建筑外形为主楼环形齿状和构架层双曲面玻璃幕墙造型，配合乌鲁木齐高铁站整体规划和一带一路的窗口展示。结构形式为高层钢框架—核心筒结构。主楼核心筒自地下四层至顶层内设 11 根 H 型钢骨柱，外框架为箱形钢柱＋钢梁＋支撑幕墙挑梁。钢构件主要类型分为：十字柱（最大截面尺 800×1450×700×400×25×25×25×30）；箱形柱、梁（最大截面尺寸 1450×800×25×25）；H 型钢柱、梁（最大截面尺寸 H1000×320×20×40）。所有钢构件材质为 Q345B，最大板厚 60mm。

图1　瑞安大厦钢结构项目效果图

2　施工难点及应对措施

施工重点及难点见表1。

施工重点、难点　　　　　　　　　　　表1

施工工序	施工部位	重　点	难　点
核心筒钢柱安装	核心筒	保证钢柱垂直度、扭曲度	由于混凝土剪力墙内钢筋多，两层一节钢柱长度较长，平面外刚度差等诸多方面因素影响安装精度

续表

施工工序	施工部位	重　点	难　　点
框架钢柱安装	外框架各层	保证结构标高、垂直度、扭曲度	构件截面大且不规则变径，测量场地狭小
支撑幕墙挑梁安装	各层外环	保证各层挑梁垂直相贯	楼层较多且多层有外防护遮挡，测量放线存在累计误差
构架层双曲面钢梁安装	构架层	保证构件空间精度	构架层无楼层板、楼层高，仪器架设困难，大部分构件采用现场焊接方式连接。钢梁多为双曲面，空间定位难度大
钢筋桁架楼承板铺设	各层楼承板铺设	楼承板扣合紧密、平整度好	异性房间较多，材料种类多，切割量大，多次搬运容易造成变形

应对措施

(1) 核心筒钢柱安装（图2）

1) 核心筒钢柱吊装时，采用夹板、安装螺栓临时固定。

2) 利用千斤顶、线坠进行垂直度校正，楔铁码板进行扭曲度校正。校正完毕后，安装支撑和钢梁，钢柱两两形成稳定体系。

3) 采用角钢桁架对相邻钢柱进行加固，使所用钢柱形成稳定体系。再采用缆风绳与外框架柱连接。

4) 核心筒混凝土浇筑完毕后，对钢柱进行复核调整。

图2　核心筒钢柱安装

(2) 框架钢柱安装

1) 选择坐标原点，建立相对坐标系。换算出首节钢柱每个钢柱四边中心点坐标。测量内外控制点坐标。

2) 吊装前先用全站仪在下节钢柱顶上放出各钢柱边中心点，待安装钢柱在地面画出。

3) 钢柱随楼层高度增加而截面变径，钢柱变径存在不对称现象，与首节钢柱各边中心对比存在偏心。校正时要考虑到偏心量。

4) 钢柱吊装完毕后，校正上下两节柱中心点垂线吻合即可。

(3) 幕墙连接挑梁安装

1) 在首层地面上放出挑梁的控制线，安装完一层，放一层控制线。

2）先进行构件的拼接，同时对构件的尺寸、连接板角度进行复验。

3）挑梁安装完毕后，先对其水平度和轴线相对位置进行校正，再用吊坠的方式与下层放出的控制线进行对比调整。

4）最后采用全站仪测量所有楼层挑梁是否按设计上下在一条垂直线上，避免累计误差。

（4）构架层双曲面钢梁安装（图3）

1）吊装时利用钢丝绳调整双曲面钢梁的水平控制点。

2）对于需要现场定位的弧形梁，结合 Tekle 建模图形放出控制线。

3）安装完成后，再进行标高、空间控制点的复测。

4）焊接时采取保护措施，防止应力变形。

（5）钢筋桁架楼承板铺设（图4）

1）材料按照排版图划分区域进行打包。

2）根据排版图放出各区域第一块板的控制线。

3）板与板扣合必须紧密，柱边焊接角钢支撑，核心筒接茬钢筋需穿至楼承板钢筋内，防止混凝土漏浆。

4）吊运时采用吊架对楼承板边角进行保护，防止变形。注意楼承板的扣合方向。

5）楼承板切割作业后，端头需加焊支座钢筋。

6）检测楼承板的平整度，保证楼层净距。

图3　构架层双曲面梁　　　　　　　　　　　图4　钢筋桁架楼承板铺设

3　钢构件的加工制作

对于钢结构建筑工程而言，钢构件的加工制作质量、精度直接影响着建筑主体结构的安全性及现场安装的进度。尤其是瑞安大厦钢结构项目构架层的双曲面钢梁，空间造型奇特（图5）。所以钢构件制作之初就要严格的按照生产工艺流程执行，严把质量关。双曲面弧形梁钢构件加工制作流程：

（1）施工准备

1）钢材应符合设计要求和国家现行有关产品标准的规定，具有产品质量合格证明文件。

2）焊接材料均必须具有产品质量合格证明文件、生产厂牌及产品使用说明书。

图 5 双曲面弧形梁制作

3）配套材料、主要工器具、主要量测具准备齐全。

（2）零件下料

1）零件下料采用数控等离子切割机及数控火焰切割机进行切割加工，切割质量符合要求。

2）对箱形梁的腹板采用直条切割机两侧同时垂直下料，对腹板长度加放 50mm 余量，宽度不放余量。

3）双曲面弧形型梁翼缘板下料应为数控编程下料进行切割，对翼缘板长度方向编程时应加放 20mm 余量，首件下完后进行复检。

（3）放样

1）在弦长方向，每隔 2000mm，按扭曲梁的实际扭曲度制定胎膜零件料。

2）对放样平台的平整度进行测量，调整并符合胎膜要求的平整度。

3）进行 1∶1 放样，画出弧形梁的弦长和圆弧，每隔 2000mm 做弦的垂线。

4）按编号加设梯形零件，确保零件必须垂直于平台。

5）对放样胎膜进行检验，检验合格后进行点焊加固。

（4）拼装

1）用卷板机先将弧形梁腹板按卷制圆锥的方法对腹板进行预卷制。

2）将扭曲梁翼缘板放入胎样中，确保翼缘板底面与胎膜相贴紧。

3）将翼缘板和预卷制好的腹板待焊区进行打磨处理。

4）将一块腹板放入胎膜中，尽量使腹板与胎膜贴紧，并进行加固，用同样的方法加设另一块腹板，然后加设另一块翼缘板。

5）最后按照图纸上尺寸加设连接板。

6）复检箱型梁截面、对角线以及连接板尺寸，确保合格后进行电焊加固。

（5）焊接

1）将加固完构件取出胎膜后，为了防止焊接变形，从中间向两边对称施焊。

2）对焊接完的构件进行回样，超出允许偏差范围的，对构件进行校正。

4 现场安装过程及质量控制重点

瑞安大厦钢结构工程项目（图6）施工主要分为三个施工阶段：地下室及裙房（第一阶段）；主楼标准层（第二阶段），构架层双曲面造型（第三阶段）。各阶段安装过程及质量控制重点如下：

第一阶段地下室及裙房施工。地下室及裙房主要特点是楼层高、构件多。安装时分为三个区域即北侧坡道区域、中间的核心筒及外框架区域、南侧的观景平台区域进行吊装。北侧汽车坡道质量控制重点是弧形坡道楼面的坡度变化标高控制，主要控制办法为利用多根贯穿钢柱分段标出控制高程，分段控制平缓度。中间的核心筒及外框架质量控制要点为，核心筒内钢柱垂直度控制，外框架钢柱扭曲度控制。核心筒内钢柱主要采取桁架加固措施控制垂直度，外框架柱主要采用全站仪放点定位和双面对应焊接控制收缩变形。观景平台区域的特点为大跨度悬挑梁，主要质量控制点为悬挑梁端部标高及弧形排水沟贯通。悬挑梁端部标高采取预提标高来控制自重沉降造成的影响。弧形排水沟主要控制伸缩缝两侧排水沟的对接。

第二阶段主楼标准层施工。主楼标准层按照核心筒钢柱→外框架钢柱→外框架梁→支撑幕墙挑梁→钢筋桁架楼承板的顺序来施工。主要质量控制点除了核心筒内钢柱垂直度控制、外框架钢柱扭曲度控制、支撑幕墙挑梁垂直相贯、楼承板铺设外，还有钢梁上管道开洞须水平相通、与核心筒相连钢梁定位。钢梁上管道开洞须水平相通主要通过控制钢梁两端的水平落差和钢柱垂直度来控制。与核心筒相连钢梁定位不仅要控制标高，还需控制轴线相对位置。

第三阶段构架层双曲面造型施工。构架层主要特点为节点复杂、节点处连接构件多、构件多为双曲面弧形梁。针对此特点，在深化设计时就优化节点连接方式、调整各连接构件相对高度来实现造型设计意图。同时加工制作时严格按照深化图纸及制作工艺来保证双曲面弧形梁的成型变化控制，为现场施工提供便利条件。建模图见图7。

图6 工程整体完工图

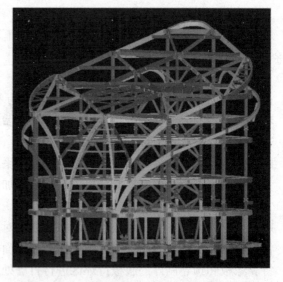

图7 构架层建模图

5 结语

钢结构作为一种韧性极强的材料在高层建筑中得到了业界人士的广泛关注。与其他常用的建筑结构相比，钢结构在使用功能、施工环节以及工程经济等方面均有明显优势，是一种具有综合性优势的建筑用材。我国也在大力发展装配式建筑，钢结构无疑也是其中一项具备良好条件和发展潜力的行业。瑞安大厦钢结构工程项目的顺利完成不仅是一次尝试，也是一次大胆的实践。

武汉中心工程复杂塔冠结构安装关键技术

周杰刚　武　超

（中建三局集团有限公司，武汉　430064）

摘　要　本文针对武汉中心工程悬挑加弯扭且空间复杂的塔冠结构，结合塔冠主要的受力桁架，提出了先内后外、先低后高、先主后次的整体安装顺序，并对吊装工况、构件合理分段分节、临时支撑技术、全过程模拟计算、测量定位技术、安全防护技术等方面进行了详细的阐述，旨在为类似超高层复杂塔冠结构吊装提供借鉴。

关键词　超高层；塔冠；全过程模拟；空间立体测控法

塔冠结构是超高层建筑设计中常用的顶端造型方案，绝大多数都采用管桁架形式。受建筑高度、操作空间、塔冠自身结构复杂性等影响，安装难度比较大，本文详细阐述了武汉中心工程塔冠安装关键技术，为类似工程提供借鉴参考。

1　工程概况

1.1　工程概况

武汉中心工程塔楼地上部分88层，总建筑高度438m。塔楼为巨柱框架-核心筒-伸臂桁架体系，共设计有5道环带桁架，在87层设计有承载力较强的顶部环带桁架。塔楼中部楼层平面面积最大，下部及顶部楼层均缩小，塔楼顶部设计有结构复杂的塔冠，效果图见图1。

1.2　塔冠概况

本工程塔冠钢结构总高度41.96m，对应标高为393.950m～435.910m；整体以西南-东北对角线为中轴，钢结构对称分布，侧视呈30°倾角，结构最大跨度达52.6m，外框悬挑桁架最大向外挑13.5m。

根据结构形式，塔冠可分为内胆结构、高低端桁架结构、外框悬挑结构、内外连系钢梁及附属结构。

内胆结构由10根塔冠柱、4榀主桁架、1榀连系桁架、钢骨梁、柱间连梁及胆顶钢梁构成；4榀主桁架支撑于塔冠柱顶上，通过1榀连系桁架形成内胆结构的骨架，且在主桁架之间布置纵横交错钢梁。高低端格构桁架支承于87层西南和东北角的梭形梁上，与塔冠柱一起支撑整个塔冠的

图1　塔楼整体效果图

重量。外框悬挑结构主体由竖向桁架、顶桁架、腰桁架、竖向桁架、环形钢梁及内外筒连系梁，通过竖向桁架将顶桁架和腰桁架连接形成整体；外框悬挑桁架固定于主桁架的外伸部分。

内胆主桁架为平面圆管桁架，最大跨度达 25m、最大高度 4.4m，胆顶钢梁均为 H 型钢，最大截面为 H450×250×12×20；外框悬挑桁架为空间圆管桁架，其中 2 榀高、低端格构桁架均为变截面扭转结构，总高分别为 41.96m 和 13.93m；顶桁架和腰桁架均为空间弯扭结构，高度分别为 2.0m 和 2.5m。塔冠钢管主要截面为：D500×30、D351×16、D245×16、D180×12、D203×12、D152×6、D299×16、D152×10，钢管连接采用相贯线焊接，材质均为 Q345B。

塔冠结构三维图示见图 2，侧视图见图 3、正视图见图 4。

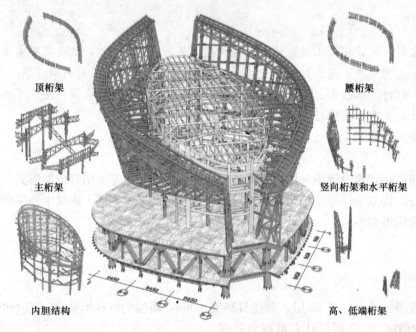

图 2　塔冠结构三维示意图

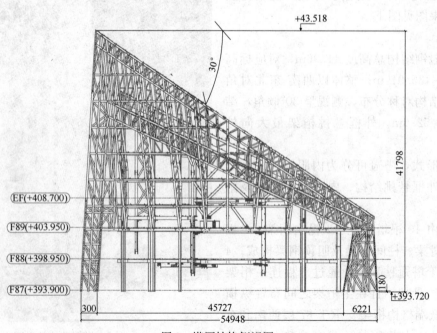

图 3　塔冠结构侧视图

298

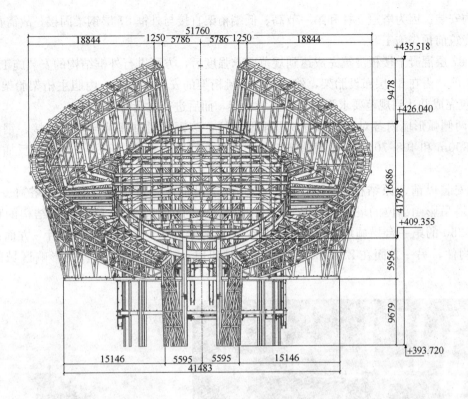

图 4 塔冠结构正视图

2 塔冠安装重难点分析

2.1 塔冠结构安装重难点

1）塔冠构件数量大，截面型号多，部分为弯扭结构，安装精度控制难度大；

2）塔冠结构体系复杂，且外挑桁架向外倾斜悬挑最大达 13.5m，安装过程受力体系复杂，不确定因素较多；

3）塔冠在 400m 超高空安装，施工条件恶劣，安全防护要求高；

4）根据结构特征，部分腹杆需现场散件吊装，在高空作业空间杆件定位十分困难，杆件测量定位难度大。

2.2 重难点对策思路

1）在满足运输要求的前提下，相应构件单元尽量在工厂制作完成，必要时对关键构件进行工厂预拼装，以控制构件精度；

2）采用计算软件模拟安装流程，对主桁架等重要结构进行预起拱，在必要部位设置支撑胎架、钢拉杆等措施，确保结构安装过程的临时稳定；并通过施工模拟对卸载流程顺序及步骤进行合理规划；

3）在塔冠桁架外围设置双层外挑网，预防高空坠落、坠物；施工临时安全通道尽量利用结构的特点，竖向通道设置在高低端格构桁架内侧，横向通道设置在腰桁架、顶部桁架顶面，对接点采用钢管脚手架搭设抱箍式施工平台；

4）测量定位采用在主管件上打样冲眼、贴胶带的方式，解决现场散件补装定位偏差的问题。

3 塔冠安装关键技术

3.1 塔冠安装工况

1）根据设计要求和工期计划，86～87 层环带桁架施工完毕、87 层混凝土浇筑完成后，方可开始塔冠外框钢结构安装。因为塔冠立柱和第一节高、低端桁架直接与外框 87 层钢梁固接，故需在外框 87 层混凝土楼板浇筑前预先施工。

2）外框 87 层混凝土楼板浇筑完成达到规范要求强度后，方可进行外框结构的安装施工。由于塔冠外挑桁架施工前，需在 87 层布设胎架，然后进行悬挑桁架的安装。同样，内胆主桁架胎架需待核心筒 89 层楼板浇筑完成并达到规范要求强度后再布置胎架，而后进行主桁架的安装。

3）由于两侧弧形墙内各对称分布有 3 根箱形立柱，该钢柱通过埋件与墙体连接，钢柱柱角标高分别为 405.850m 和 408.705m，此钢柱施工前，需提前安装支承架，形式与核心筒反插柱相同。见图 5。

4）塔冠安装以前，原结构施工使用的 M900D 塔吊拆除，ZSL1250 保留，塔冠安装过程中，受 ZSL1250 塔吊影响部位的塔冠内胆结构，采取措施临时固定，保证预留后装结构的稳定性；后期拆除 ZSL1250 的第一台措施塔吊 ZSL380 安装于塔冠结构上，ZSL380 安装后一方面可以辅助吊装部分塔冠构件，另一方面在 ZSL1250 拆除后及时利用 ZSL380 塔吊补装受影响区域的构件。见图 6。

图 5　塔冠立柱施工图

图 6　ZSL1250 塔吊与塔冠安装施工图

3.2　安装整体思路

总体结合塔冠的结构形式，遵循"先内后外、先低后高、先主后次"的原则。

塔冠内胆和外框悬挑桁架是统一的结构整体，为保证施工过程中结构的局部稳定，统一按照"先内胆后悬挑"的总原则进行施工。对于内胆，先安装塔冠柱、内胆弧形钢梁，再安装主桁架，形成稳定局部结构后，再安装外框悬挑桁架；高、低端格构桁架直接焊接固定于 87 层钢梁上，因此在 87 层混凝土浇筑前以及外框悬挑桁架施工前，需先完成该部分结构的安装；对于外围悬挑结构，先安装主桁架外伸段，再安装竖向桁架，最后安装腰桁架、水平桁架、顶桁架等，内外连系钢梁随竖向桁架单元进度，流水安装，保证安装过程中结构的连续性和可靠性。

ZSL1250 塔吊是塔冠构件施工的主要起重设备，由于其位置与塔冠结构的存在空间冲突，其所在位置只能后期补装。跳过影响区域，待主桁架外伸段及外框悬挑桁架就位后，再安装该区域构件。在拆除 ZSL1250 塔吊后，使用 ZSL380 塔吊补装影响区域的钢结构。

外挑桁架安装的过程中，为保证安装的稳定性，需将其与内胆结构进行拉结。在受塔吊影响的区域，内外桁架的拉结需要内胆结构具有足够的刚度，而此时内胆结构已形成一个整体，刚度完全满足拉结需求。

塔冠钢结构安装完成，形成整体的传力途径后，再整体进行胎架卸载，然后安装附属结构。

塔冠钢结构安装施工流程如图 7 所示。

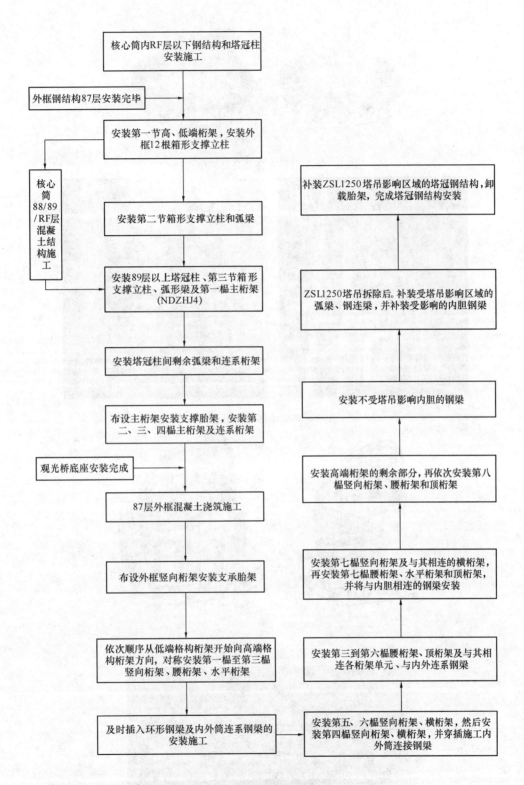

图 7　塔冠钢结构安装施工流程

3.3　安装顺序

　　根据施工部署，按照先内胆、后外框悬挑结构的顺序，依次安装塔冠内胆结构和外框悬挑钢结构，整体施工流程如图 8～图 15 所示。

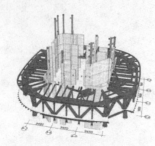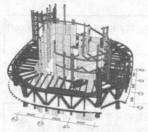

图 8　施工反插立柱及高低端格构柱

图 9　高低端格构柱吊装图

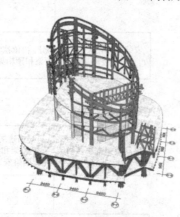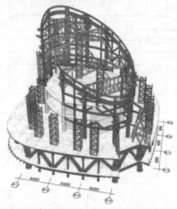

图 10　施工内胆结构

图 11　施工内胆结构实景图

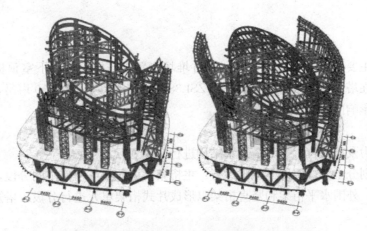

图 12　施工悬挑腰桁架

图 13　施工悬挑腰桁架实景图

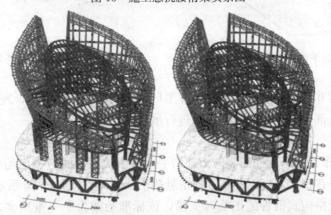

图 14　补装构件及卸载

图 15　塔冠吊装完成后整体图

3.4 安装关键技术

1）平面布置

塔冠结构的吊装主要采用 ZSL1250 塔吊，构件堆场布置于塔楼东侧地下室顶板上，满足其吊装作业半径要求。后期，在塔冠安装结构上安装一台 ZSL380 塔吊以拆除 ZSL1250 塔吊，辅助吊装一部分塔冠构件，同时补装受影响区域构件。见图 16。

2）构件单元划分

根据塔吊起重能力及布置位置，对塔冠钢结构进行合理划分。

塔冠钢结构单元划分主要按照以下原则进行：主桁架在塔冠柱或桁架中间分段，外围顶桁架和腰桁架在竖向桁架处分段，外围水平桁架和竖直桁架以形成片式桁架单元进行分段。塔冠主要钢结构单元划分如图 17 所示。

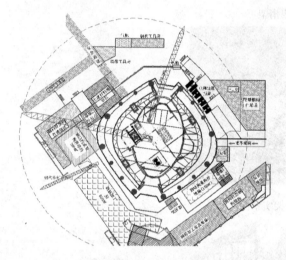

图 16　塔冠吊装总平面布置图

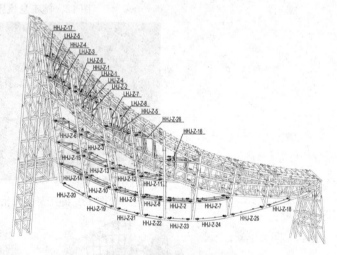

图 17　塔冠一侧构件划分示意图

为保证现场安装精度并减小高空拼接量，要在工厂进行桁架单元体预拼，现场直接吊装。同时，考虑运输条件等因素限制，部分构件现场预拼后再进行吊装。

3）临时支撑技术

根据外框 87 层钢梁布置与塔冠外围竖向桁架的平面投影关系，同时考虑胎架受力传递途径的可靠性，使胎架底座尽量支撑在钢梁上，以此布置外围悬挑桁架临时支撑如图 18 所示。

支撑采用标准化装配格构式钢管施工临时支撑，该标准胎架为中一重型类，理论竖向最大承载力2000kN～4500kN，完全满足塔冠支撑要求。见图 19、图 20。

4）全过程模拟计算

由于塔冠结构比较复杂、悬挑长度大，且为双向弯扭行架，因此采用 Midas 对塔冠施工全过程进行计算模拟，确保施工工况结构的受力安全及变形受控，同时对 87 层环带桁架进行了计算分析，确保其能够承受塔冠安装过程中的整体荷载。

5）测量定位技术

塔冠为三维空间桁架结构，由于构件都是在高空组装连接，给测量校正定位造成了一定难度，为满足在施工精度达到设计要求，故采用三维坐标空间立体测控法。

① 节点的控制方法：全站仪＋反射片

在各桁架节点管壁外表面，连接与各杆件的相贯线的交点即为钢节点三维控制点，然后用阳冲打点，用油漆笔做好点位标示，编上顺序号，计算出各控制点三维设计坐标值，并将设计值录入表格，便于施测时进行对照。

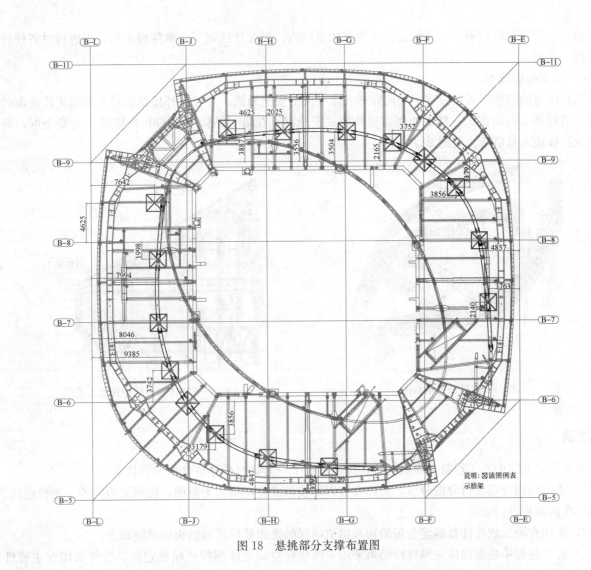

图 18　悬挑部分支撑布置图

图 19　支撑布置三维示意图　　　图 20　临时支承与竖向桁架临时连接节点大样

② 对钢节点的安装精度控制：全站仪＋反射片

根据各钢节点的空间定位参数，用解析法算得各杆件交汇处代表点三维空间坐标值（X、Y、Z），吊装前在各杆件交汇处代表点贴上激光反射薄膜，校正前用全站仪对所规定的观测点进行观测，采集观测值后与其设计值相比较，取各点的加权平均偏角值作为各桁架的实际偏角值。依据实际偏角值用缆风绳、葫芦，千斤顶进行调校，调校至设计要求的范围内。当此片区钢节点就位校正后，再进行对各杆件的连接。见图21。

6）安全防护技术

结合塔冠的结构形式，设置了竖向爬梯及水平向的安全通道；并针对外挑结构对下部施工作业面的影响，塔冠施工期间在87F楼面外侧布置外挑式安全网；在塔冠结构下方88F处挂设一道安全网，避免发生物体或人员坠落。见图22。

图21 测量校正示意图

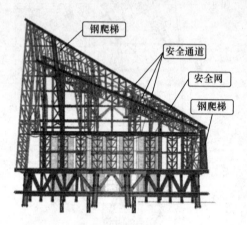

图22 塔冠整体安全防护体系示意图

4 结语

本文针对武汉中心工程复杂塔冠结构，提出形成了一套具有指导意义的安装技术。

1）塔冠结构合理进行分段分节，整体安装以尽快形成稳定结构为原则，按照先内后外、先低后高、先主后次的流程进行安装。

2）采用有限元软件计算确定合理的预起拱值确保胎架卸载后塔冠结构的最终形态。

3）安装过程中根据构件三维放样结果采用三维坐标空间立体测控法精确定位，散件采用在主管件上打样冲眼、贴胶带的方式，提高构件安装精度。

参考文献

[1] 张希博，邵新宇，陈晓东，等. 超高层塔冠钢结构施工关键技术[J]. 钢结构，2016(8)：91-95.
[2] 段海，汪晓阳，张希博，等. 350m塔楼顶部皇冠钢结构施工过程模拟分析[J]. 钢结构，2015，30(10)：74-78.
[3] 段海，汪晓阳，米裕，等. 沈阳市府恒隆广场皇冠施工测量三维网格空间定位技术[J]. 钢结构，2014，29(10)：67-70.
[4] 李磊. 上海中心大厦上部钢结构安装施工技术[J]. 上海建设科技，2012，2(1)：47-51.
[5] 孔莉莉，李虹梅，顾樯国. 上海金融中心办公楼皇冠钢结构施工技术[J]. 建筑机械化，2003，24(4)：31-34.
[6] 钢结构工程施工规范 GB 50755—2012[S].

大跨度超重钢梁电动葫芦整体提升施工工法简介

杨俊亮[1]　吕　豪[1]　李大权[1]　裴　杰[1]　李齐录[1]　赵海健[2]　姜　峰[1]

(1. 北京城建七建设工程有限公司；2. 北京城建精工钢结构工程有限公司，北京　100029)

摘　要　本文介绍的采用电动葫芦整体提升大跨度超重钢梁的施工工法，比传统的施工方法简便适用、先进可靠、经济。

关键词　大跨度；超重；整体；提升；电动葫芦

1　前言

本工法主要阐述了北京城市副中心行政办公区 B4 工程大跨度超重钢梁吊装工艺。该工程的大跨度超重钢梁合计 3 根，主要分布在主体结构门厅部位。钢梁的截面规格为 H2000×500×50×50，钢梁跨度 16.8m，钢梁重量 20t，钢梁标高为 8.78m，此部位楼层板标高为−1.5m，总高度为 10.28m。

针对超重钢梁，传统的施工方法即先将钢梁根据塔吊吊装能力进行分段，在根据分段接头位置在现场搭设拼装胎架，分段钢梁通过塔吊吊装就位，施工人员对就位后的钢梁进行组拼作业，最后拆除胎架。此作业过程增加了搭设、拆除拼装胎架工序以及钢梁现场组拼、焊接作业工序，增加了现场施工作业工程量，延长了施工工期。我们根据大跨度超重钢梁的结构特点，结合我国建筑市场发展趋势对工程质量、节能环保的要求日益提高，在施工过程中我们提出了单根钢梁采用整体提升的新思路，以往大跨度超重结构整体提升往往借助穿心千斤顶等液压提升设备由中央控制设施进行同步控制，操作过程复杂，设备接线、调试过程繁琐，需要具备一定的专业技能才能进行施工作业；而本次提升作业我部借助电动葫芦这一简单易上手的操作机械，对现场施工作业人员进行简单操作培训后即可进行单根钢梁的同步提升作业。相对以往整体提升减少了许多控制设备以及设备固定胎架节约了施工成本，同时也缩短了工期。大跨度超重钢梁电动葫芦整体提升施工工法通过本次工程中的运用，验证了该工法的简便实用性、先进可靠性和经济效益性，使大跨度超重钢梁施工效率及施工质量有了明显的提高。

2　工法特点

(1) 单根钢梁整体提升，提高施工效率。

(2) 采用电动葫芦进行提升作业，通过一个控制柜两个输出端控制两个电动葫芦进行同步开关作业，设备简单可靠，施工人员经过简单培训后即可进行操作。

(3) 整套提升设备组件少，方便现场施工人员进行多次进行挪位，由于设备组件少也便于对输出端电动葫芦同步性的调试及控制。

(4) 该工法由于设备简单便于施工人员操作，在小体量需要整体提升作业的工程中具有较高的效益。

(5) 该工法操作程序简捷，省工、省料、明显提高了施工效率，显著缩短了施工工期，对降低工程施工成本、实现现场文明施工有着重要作用。

(6) 工艺简单，结构可靠，操作便捷，施工效率高，适用范围广。

3 适用范围

本工法适用于大跨度超重钢梁垂直提升作业，特别适用于总吨位不大，总造价不高，或者结构局部钢构件需要整体提升作业的具有一定的参考价值。

4 工艺原理

在需要提升钢梁两端各设置一个提升吊点，提升吊点可以通过在原结构上设置提升牛腿进行钢梁整体提升作业，也可以在钢梁 1/3 处搭设提升胎架在提升胎架上挂设电动葫芦进行钢梁的整体提升作业，具体做法根据现场实际施工情况决定提升吊点选用。节点做法如图 1、图 2 所示。

图 1 节点做法一：钢梁两端头设置提升吊点

图 2 节点做法二：搭设提升架设置提升吊点

节点做法一适用于整体结构为钢框架结构，便于在已安装的框架结构上设置提升牛腿作业环境下。

节点做法二适用于已安装的结构部位不方便进行提升牛腿施工作业，可通过在钢梁1/3处搭设提升架，通过提升架挂设提升吊点，进行钢梁提升作业。

钢梁两端头部位的电动葫芦通过一个控制柜进行同步控制，保证钢梁提升过程的同步性，电动葫芦提升速度为2m/h，整个提升过程连续、匀速。见图3。

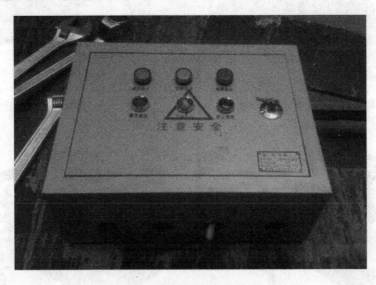

图3 控制柜进行同步控制

5 施工工艺

5.1 技术准备

（1）提升吊点及提升胎架的设计

通过SAP2000验算提升胎架的稳定性，提升胎架应考虑钢梁就位后与提升吊点之间的净空尺寸应满足设备及人员操作要求，普遍不应低于1.5m；采用提升架进行提升吊点设置的，提升架应与原结构进行拉结固定，增强架体的稳定性。

（2）测量放线

测量人员根据图纸中的轴线位置，在拼装场地投影放线，复核钢梁就位位置，避免钢梁位置与就位轴线位置相互冲突。

（3）提升设备准备

根据工程工期需要及时安排设备的进场，进场后做好设备的检验验收工作。

5.2 大跨度超重钢梁电动葫芦整体提升技术

通过北京城市副中心行政办公区B4工程项目阐述大跨度超重钢梁电动葫芦整体提升技术流程：

步骤一：需要提升的钢梁两侧主体结构形成稳定的整体，如图4所示。

步骤二：钢梁通过卷扬机、地牛等辅助设施水平倒运至吊装位置，如图5所示。

步骤三：在原结构柱牛腿上设置提升牛腿，提升牛腿与结构柱进行焊接固定，如图6所示。

步骤四：提升牛腿上挂设电动葫芦，将钢构件缓慢提升就位，如图7所示。

步骤五：钢梁高强螺栓连接固定后，并将钢梁上翼缘与钢柱牛腿部位焊接固定临时卡玛，将提升牛腿拆除，进行下一道钢梁的提升作业，如图8所示。

步骤六：依次顺序进行，直至将剩余钢梁提升就位，如图9所示。

步骤七：主梁吊装就位并焊接固定后，进行主梁之间次梁的吊装作业，通过塔吊进行次梁吊装作业，并将提升胎架割除，如图10所示。

图 4　两侧主结构形成稳定框架体系

图 5　钢梁水平运输至安装位置

图 6　提升牛腿安装就位

图 7　钢梁提升就位

图 8　下一榀钢梁提升就位

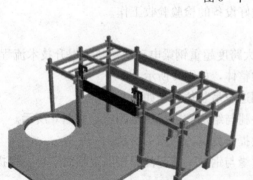

图 9　钢梁提升就位

图 10　主梁之间次梁吊装就位

6 总结

大跨度超重钢梁整体提升过程操作简便快速，规整有序，加快了结构施工速度，使各工序流水作业均衡，缩短了主体结构施工工期，为后续工种的提前介入施工创造了有利条件；并得到了业主、监理及同行们参观后的一致好评，为企业赢得良好的社会信誉。

三、钢结构住宅的研究及应用

装配式钢结构住宅的一体化发展策略

——以酒钢兰泰苹果园棚户区改造项目为例

叶浩文 樊则森

（中建科技集团有限公司，北京 100195）

摘 要： 本文结合酒钢兰泰苹果园棚户区改造示范项目的工程实践介绍了一体化发展策略，以期为同行的装配式钢结构住宅实践及提供发展方法的借鉴和启示。

关键词： 一体化发展策略；装配式钢结构住宅

1 前言

顺应我国综合国力的提高，随着国家新型城镇化供给侧改革和建筑业转型升级战略的逐步落实，装配式钢结构住宅在我国开始得到了大力地发展。钢结构住宅具有自重轻，抗震性能好、建材可循环利用、便于工厂化生产、机械化装配等特点能够大大降低施工水电消耗、减少垃圾排放和扬尘污染，能充分体现"四节一环保"绿色建筑性能。钢结构住宅在国家的装配式建筑推进战略中提倡优先采用、优先推广。

笔者所在的中建科技集团有限公司，有幸承担了酒钢兰泰苹果园棚户区改造项目，该项目拟作为国家"十三五"重点研发计划项目"6.2 工业化建筑关键技术研究"示范工程项目，结合我司最新研究成果进行了很多技术创新，本文结合工程实践，与大家分享交流。

2 工程概况

酒钢兰泰苹果园棚户区改造项目（图 1）位于兰州城关区东岗镇，所处兰州市区东部，西临兰州大学第一医院，南面东岗东路。市政设施配套较为完善，交通便捷，区位条件优越（图 2）。占地面积 21600m²，建筑面积为 121092.78m²，建筑高度约为 100m。该项目原来是现浇剪力墙结构住宅，因为业主提出要改为钢结构住宅，并邀请我们介入相关前期咨询工作。通过认真分析研究，我们总结该项目存在四个方面的问题：①边界凸凹，平面设计不利于结构布置。②没有按模数组织设计。类型、种类多。标准化程度差。③厨卫模块、各楼座户型与户型之间缺少标准化的考虑。④凹缝宽度仅 1.2m，进深达 8m，缝内采光差，凹角内居室难以满足采光要求。并向业主提出采用装配化钢结构施工，施工工期显著缩短。钢结构高层住宅楼自重减轻、抗震性能优良，更有效率的发挥材料性能。钢结构建筑节能环保，达成可持续发展的目标的"钢结构工业化建筑系统解决方案"。得到了业主的认同并推进技术目标逐步得以实施。

在本项目实践中，主要体会见下文。

3 "建筑、结构、机电、装修一体化"的系统集成设计

装配式建筑应该以完整的建筑产品为对象，以系统集成为方法，全方位推行体现加工和装配需要的标准化设计。其中的关键环节是建筑、结构、机电、装修要实现一体化，实现各专业紧密协同，从整个

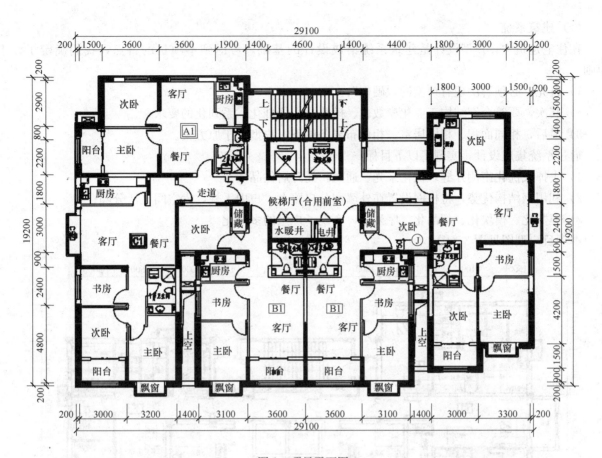

图1 项目平面图

图2 项目鸟瞰

建筑系统考虑优化设计方案，建筑的平面、外围护系统与结构、机电等统一设计，避免了主体结构与建筑围护、机电设备、内装系统不配套，协同度差的设计通病。

本项目一开始就从建筑系统、结构系统、机电设备及管线系统和装饰装修系统整体性和一体化的角度来集成设计。

（1）建筑系统

在住宅建筑中，户型设计是建筑系统集成设计的基础，考虑到本项目的特点，我们确定了以下原则：

1）首先，必须解决现有户型的"硬伤"；

2）其次，要符合钢结构工业化模数化、模块化、标准化、系列化的要求；

3）最后，相同面积、相同居室、相似布局条件下，户型优于原方案。

通过系统集成设计，实现了以下目标：

1）去掉或优化南侧开缝，优化采光、通风，提升居住品质。

2）利用钢结构优势，将柱网设置在外墙和分户墙上，户内无柱，大空间灵活分隔；

3）模数化、模块化、部品化、序列化，实现了户型的多样化。

本项目户型图见图3、图4。

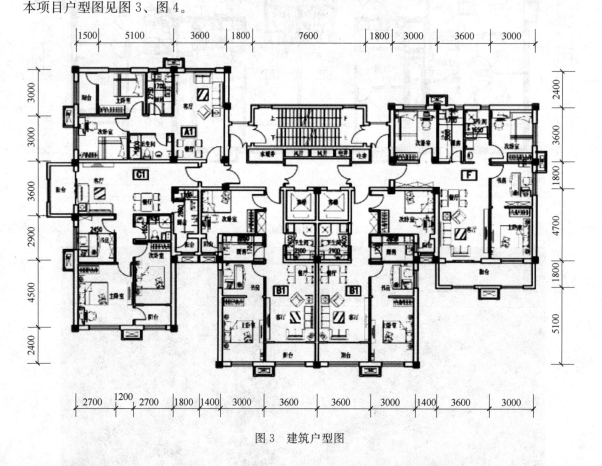

图3　建筑户型图

立面系统的多样化表达：

建筑工业化不等于千篇一律，不是千城一面，而是可以提供多样化的系统解决方案。本项目在坚持"标准化设计"的同时，力求实现"立面多样化"。见图5。

（2）结构系统

本项目采用钢管混凝土柱框架—斜撑结构体系，框架柱采用方钢管混凝土柱，钢梁采用窄翼缘工字钢梁，支撑为箱型钢支撑，梁柱选取适当的截面型式，使之受力更为合理，节点构造更加简单（图6）。本结构体系的选择更多地是从"系统最优"的角度来确定和决策的：

1）结构竖向构件截面小于纯钢结构和混凝土结构，提高房子面积利用率，不使用不可拆改的剪力墙，支撑户内无柱、无剪力墙的大空间，可自由分隔，解决自由分隔的建筑系统问题；

2）采用200宽窄梁设计，户内可以隐藏钢梁且不需要吊顶，解决传统钢结构住宅露梁、露柱的

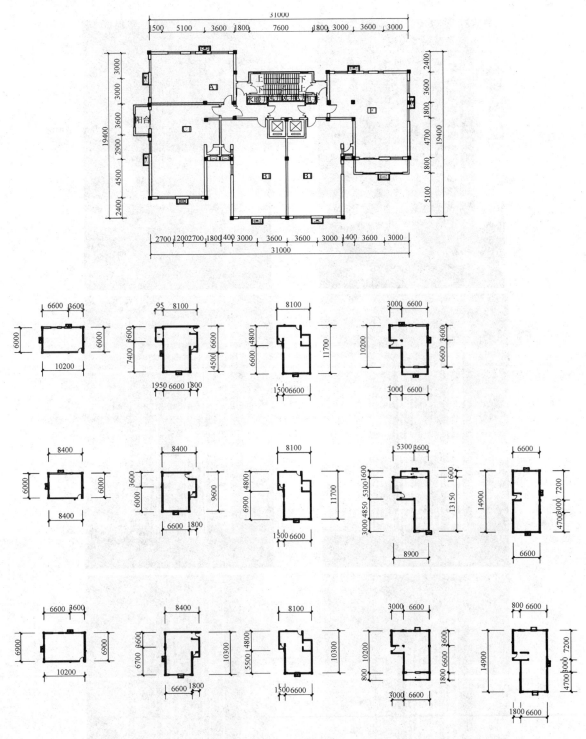

图 4　户型设计

问题。

3）结合结构系统，建筑专业通过调整平面布置使其平面规正、均匀、凸凹变化较少，对齐各向轴线，形心和质心基本重合。利用整面外墙和分户墙巧妙设置钢斜撑，使得屋内空间无柱、无承重墙，空间完整灵活。

（3）围护系统

装配式建筑的围护系统与主体结构的连接通常分为两类，一类是"外挂式"，另一类是"内嵌式"，

图 5　建筑立面图

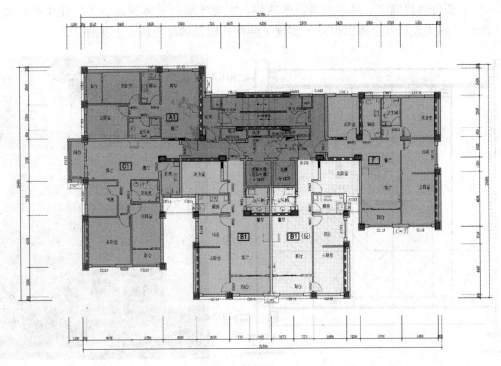

图 6　结构施工图

"外挂式"施工效率高，且由于与主体结构变形相对独立，能适应变形，因此能保证板缝不开裂，造价较贵，技术要求高，但当地条件不成熟，质量风险较高；"内嵌式"施工效率较低，不适应变形，因此边缘易裂缝，造价较低，技术要求不高，当地利用条件成熟，质量风险低。可见研发能适应钢结构变形的"内嵌式"轻质单元式围护系统对于本项目具有重要的意义。当前，我国钢结构住宅大多采用砌体填充墙，部分采用内嵌式传统 ALC 条板外墙的工程，多数存在拼缝多、易渗漏、热工效率低的技术缺憾。的缺点。我们有针对性地研发了 ALC 组装单元体板，使得单元体内板缝间填充物理论上不受力、实际情况受力最小化，实现单元体内密缝拼接、专用砂浆嵌缝的安装措施，从而根本性地解决外围护墙体板缝易开裂、渗漏的问题。合理地解决了传统安装方式在地震作用、风载变形和温度变形下的开裂变形问题。

（4）机电设备和内装系统

本项目采取了一体化的机电和内装系统，与其他混凝土结构的做法没有本质区别，结合钢结构装配式住宅的相关技术创新尚在研究和探索中，本文不再赘述。

4　"设计、加工、装配一体化"的 EPC 工程总承包组织架构和管控模式

从工业化生产的要求考虑，需要统筹考虑建筑设计及其产品的加工环节和装配环节，突破以往设计方案制定后，再制定加工方案和装配方案，导致设计、加工、装配难以协同的瓶颈。本项目采用了设计、采购、施工一体化的 EPC 工程总承包形式。通过 EPC 模式，集成设计、生产、施工全产业链各方面，有效解决设计与施工的衔接问题、减少采购与施工的中间环节，顺利解决施工方案中的实用性、技术性、安全性之间的矛盾，优化了设计方案，从而有效地控制了建设项目的进度、成本及质量等。

在新的组织架构和管控模式下，推动了装配式集成技术的创新。比如我们在外围护系统方面的尝试，在设计阶段就考虑到后期生产和施工的可行性。本建筑外围护系统采用了预拼装轻质蒸压加气混凝土大板，为了确保其"系统最优"，我们在设计期间就进行了 ALC 外墙板组装单元的试验，成功解决

了传统单块 ALC 板外墙拼缝多、易渗漏等技术瓶颈，实现外墙的整体预制、工厂化生产，减少了现场作业和空中作业，施工人员安全得以保障，实现了装配式建筑的绿色施工。见图 7。

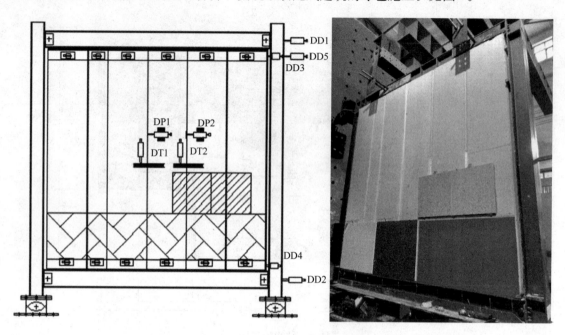

图 7　外围护系统

此外，一体化的（BIM）管理系统也是支撑本项目全流程设计、生产、施工一体化的重要手段。采用"建筑"信息共享平台进行设计，钢结构建筑的所有零件和建筑部品均可按工厂制造的需要将其物理信息数字化表达，直接为制造厂所用。建筑信息模型的建立，既能起到碰撞检查的作用，又能起到虚拟建造的作用，为优化现场施工安装方案提供了可视化的依据。工厂制造阶段，融入了BIM 控制技术后，可将 BIM 信息直接输入智能机器人和数控机床，实现钢结构构件的数字化制造，使钢结构建筑工业化产生质的提升，从高度自动化的生产逐步发展为可自律操作的智能生产系统，从而有望引起建筑工业化的第 4 次革命；运输阶段，通过信息化技术，可根据现场安装进程，对构件进场批次及堆放次序等运输方案做合理安排，大幅度提高运输管理效率；现场安装阶段，可应用信息化技术，将现场安装中的误差及时反馈给钢结构及其他部件制造厂，以调整后续构件的加工，满足整体结构的安装精度，实现精细化管理。实现住宅从工地"建造"到工厂"制造"的转变，减少现场作业和人为不可控因素造成的工程质量缺陷，提高住宅的装配施工质量，缩短建设周期，为建筑行业技术进步和发展带来动力。

5　结语

中建科技集团有限公司代表中建股份有限公司致力于打造中国建筑面向未来的，专注于绿色建筑和建筑工业化的产业平台和技术研发平台。在装配式建筑的研究、设计、工程实践和管理中，我们始终致力于践行"三个一体化"发展论，即"建筑、结构、机电、装修一体化"；"设计、加工、装配一体化"；"市场、技术、管理一体化"。其中的"建筑、结构、机电、装修一体化"，是系统性集成，工业化装配的要求；"设计、加工、装配一体化"，是工业化生产的要求；"技术、管理、市场一体化"，是产业化发展的要求。在本项目中，通过以上"一体化"的方法指导工程实践，我们要实现装配式钢结构，以工业化方式建造的优质住宅，这种住宅能够满足以下要求：

（1）质量更优，用制造的质量标准和要求来全面提升住宅品质。

（2）速度更快，工期更短。通过优化配置工程资源，提前半年交房入住。

（3）综合成本更经济，经测算，综合成本增加的幅度可控，性价比最优。

（4）户型更优化，不能因为装配式将户型标准降低，而应该优于传统形式。

（5）空间更实用，本项目实现了户内无柱、灵活分隔、好用好改、长寿命。

（6）结构更安全，抗震性能优化提升。

（7）成熟技术，本项目技术体系的选择以"成熟、可靠"为标准。系统集成了钢结构＋斜撑钢结构住宅体系，ALC外墙板内嵌、分户墙做法，楼面做法等均很成熟。

（8）系统集成使体系更优，建筑系统与结构系统高度集成，使之协同作用，效果最优。斜撑、露柱、露梁的影响均控制在能接受的范围，具有钢结构＋工业化的示范性。

装配式组合异形柱住宅体系研究综述

陈志华　林　昊　王小盾

(天津大学建筑工程学院　天津　300072)

摘　要　本文从异形柱结构体系、梁柱节点、外墙板和楼板体系四个方面，对装配式组合异形柱住宅体系的研究进行了总结。介绍了适用于装配式钢结构建筑的方钢管混凝土组合异形柱体系，结合相关试验对其性能进行了综合分析。对适用于装配式组合异形柱建筑的梁柱节点进行了详细阐述。从材料组成和技术性能等方面，介绍了预制外墙板和楼板。

关键词　装配式；方钢管混凝土组合异形柱；隔板贯通节点；外墙板；楼板

1　前言

作为世界第一产钢大国，我国年钢铁产量达 11 亿吨以上，占世界钢产量的 50%。然而，相比发达国家 50% 以上的钢结构建筑比率，我国钢结构建筑只占 5%，仍然没有实现钢结构建筑的产业化。2016年 9 月 14 日，李克强总理主持召开国务院常务会议，要求大力发展钢结构、混凝土等装配式建筑，具有发展节能环保新产业、提高建筑安全水平、推动化解过剩产能等一举多得之效。发展装配式钢结构建筑顺应了时代前进的潮流，响应了国家的政策和号召，具有广阔的市场和发展前景。

2　装配式钢结构住宅简介

2.1　装配式钢结构住宅的概念及优势

装配式钢结构住宅是指按照统一、标准的建筑部品规格，将钢构件制作成房屋单元或部件，然后运至施工现场装配就位而生产的住宅。与传统的住宅结构相比，装配式钢结构住宅具有以下优点：(1) 空间布置灵活、集成化程度高；(2) 自重轻、承载力高、抗震性能优越；(3) 绿色、环保、节能，符合可持续发展理念；(4) 建造周期短、产品质量高；(5) 实现住宅建设的工业化和产业化；(6) 综合经济效益高。

2.2　国内外装配式住宅的发展

装配式住宅体系源于欧美，美国在 20 世纪 70 年代能源危机期间开始实施配件化施工和机械化生产。经过较长时间的发展，已经形成整套较为成熟的技术，其城市住宅结构以装配式混凝土结构和装配式钢结构为主，提高了工厂预制化水平和通用性，降低了建设成本，增加了施工的可操作性。法国 1891 年开始建设装配式混凝土建筑，迄今已有 130 年的历史，其建筑工业化以混凝土体系为主，钢、木结构体系为辅，多采用框架体系，并逐步向大跨度发展。

装配式住宅体系在日本得到了进一步的研究和开发。日本 1968 年提出装配式住宅的概念，到 1990年已有较大发展，其生产方式为部件化、工厂化生产，生产效率高，同时其装配式住宅内部结构可变，适应了多样化的需求。由于日本人口比较密集，为了适应住宅市场需求，日本致力于研究开发中高层住宅的装配化生产体系。

我国对装配式住宅体系的研究起步较晚，1994 年正式提出住宅产业化的概念。进入 21 世纪，我国装配式住宅体系取得了较快发展，现阶段装配式钢结构住宅体系的主要发展方向可分为低层轻钢装配式住宅和多、高层轻钢装配式住宅两类。

3 装配式组合异形柱住宅体系

3.1 方钢管混凝土组合异形柱体系

矩形钢管混凝土柱与 H 型钢梁形成的框架结构体系结合了钢材与混凝土自身的优点，充分发挥了两种材料的力学性能，同时克服了钢管易发生局部屈曲的缺点，使得钢管混凝土结构具有承载力高、抗震性能好、施工速度快等优点，已经被广泛应用于多、高层建筑中，并显示出了广阔的应用与发展前景。

（1）方钢管混凝土组合异形柱研究

方钢管混凝土组合异形柱是由单根方钢管混凝土柱通过缀件连接组合而成，其最突出的特点是具有灵活的截面形式。常用的截面形式有 L 形、T 形和十字形截面，如图 1 所示。

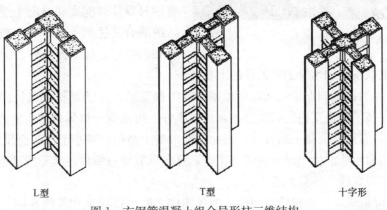

L型　　　　　　　T型　　　　　　　十字形

图1　方钢管混凝土组合异形柱三维结构

方钢管混凝土组合异形柱结构体系是由陈志华及周婷提出的，该结构经过十余年的研究与应用，已经列入《轻型钢结构住宅技术规程》（JGJ 209—2010）、DB 29－57—2003。研究成果比较完善，主要包括以下几方面。

1）提出了三种方钢管混凝土组合异形柱结构构造形式并进行对比分析。主要探讨了方钢管混凝土组合异形柱-H型钢梁结构体系的构造形式，提出了直接装配式、间接装配式和开孔钢板连接式方钢管混凝土组合异形柱的构造形式，以及方钢管混凝土组合异形柱外肋环板节点构造形式。

2）完成 6 根焊接缀条连接形式的方钢管混凝土组合异形柱的轴压试验研究与理论分析。采用叠加理论计算公式，设计并进行了方钢管混凝土组合异形柱轴心受压试验，通过对试验结果的分析，得到了构件的破坏形态和荷载－位移曲线，验证了叠加计算理论与有限元模型的正确性。

3）完成 7 根钢板连接形式的方钢管混凝土组合异形柱轴压、压弯、拟静力试验，如图 2a、b、c 所

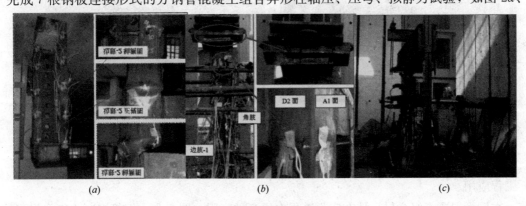

(a)　　　　　　　(b)　　　　　　　(c)

图2　单柱力学实验

(a) 轴压试验；(b) 压弯试验；(c) 拟静力试验

图 3 异形柱框架试验

示，以及 3 榀框架拟静力试验，如图 3 所示，发现连接板可以简化为横向和斜向缀条受力，有限元分析结果与试验结果吻合。

4）建立三维有限元模型，提出了多层、低层方钢管混凝土组合异形柱-H 型钢梁结构设计分析方法。

（2）性能优势

方钢管混凝土组合异形柱的性能优势有以下几个方面。

1）融合了纯钢结构与混凝土结构的优势：将钢材受拉性能高和混凝土受压性能好的优点巧妙的融合，达到 1+1＞2 的效果，承载力高、塑性和韧性好、抗震性能好。能够适应现代结构工程向大跨、高耸、重载发展和承受恶劣条件的需要。

2）形式、布置灵活：截面形式灵活，可根据实际工程需求，灵活调整单肢柱的间距，既增大了房屋的使用空间，又提高了建筑室内空间美感。建筑效果好，可隐藏于墙体内部，室内不露柱子凸角。

3）综合性能好：方钢管混凝土组合柱，相比钢筋混凝土结构，减小了柱截面尺寸，相同柱截面时，既有钢管混凝土结构力学性能优、耐火性强等优点，且各单肢通过缀件连接形成的格构式空间桁架结构形式，进一步提高了组合柱的抗侧力能力。

4）便于施工，降低成本：方钢管与相连接的各构件之间可以保证相贯线在同一平面内，从而解决了柱与墙板的连接构造问题，便于制作安装，而且节点构造简单，有利于缩短施工周期，降低成本。又由于维护墙都是非承重的轻质隔墙，原则上允许任意穿墙打洞，甚至拆除重砌，这对住户装修和改造也提供了极大的灵活性。同时，单肢采用方钢管混凝土柱，可以节约钢材、降低造价。

5）工厂预制，装配化程度高：方钢管混凝土组合异形柱均在工厂提前预制，并运输到施工现场进行安装，如图 4a、b 所示，解决了传统钢筋混凝土柱现场施工复杂、工期长、工人需求量大的难题。实现了像造汽车一样造住宅"零部件"，像"搭积木"一样安装房子，把传统建造方式中的大量现场作业转移到工厂进行，将生产工地变为"总装车间"。达到更快、更安全、质量更好、成本更可控的良好效果。

(a)　　　　　　(b)

图 4 异形柱的预制和安装

(a) 工厂预制；(b) 现场安装

（3）工程应用

目前，方钢管混凝土组合异形柱在实际工程中逐渐被应用，图 5 为方钢管混凝土组合异形柱在建筑中的应用。

| 汶川县映秀镇重建项目 | 北京某钢结构住宅 | 沧州某钢结构住宅 |

图5　异形柱工程应用

3.2　适用于装配式组合异形柱建筑的梁柱节点

（1）外肋环板节点

梁与异形柱的连接采用外肋环板节点，在外隔板节点的基础上，将其另外两侧的加强环板改为平贴于柱侧的竖向肋板，加以适当构造形成了外肋环板节点，如图6所示。这种新型节点构造简单，加工安装方便，传力明确可靠，不仅克服了外环板节点墙板安装问题，而且避免了室内角部的凸角现象。此外，外肋环板节点的钢管柱连续贯通，适应了工业化生产需求。

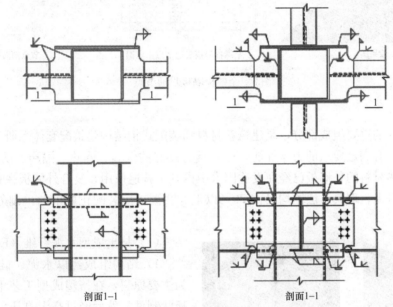

剖面1-1　　　　　剖面1-1

图6　两种外肋环板节点

（2）隔板贯通节点

隔板贯通节点是指在 H 钢梁上、下翼缘的对应位置处各设置一块贯通钢管柱壁的隔板，钢管与隔板采用焊接连接保持连续，钢梁腹板与钢管壁通过连接板采用高强螺栓连接，钢梁翼缘与隔板采用焊接连接的一种钢管混凝土柱与钢梁的连接方式，如图7所示。与内隔板节点相比，解决了因管柱边长较小而造成的内隔板焊接困难问题，避免了梁翼缘与内隔板在柱壁同一处两侧施加熔透焊缝而产生较大的焊接残余应力的现象，从而提高了节点的延性和抗震性能。

（3）全螺栓隔板贯通节点

罗松等对目前工程中使用的栓焊混合型隔板贯通节点进行了总结和分析，节点的破坏多发生在焊缝处，其安全性与现场焊接质量密切相关，为了避免现场焊接工作，提出了全螺栓隔板贯通

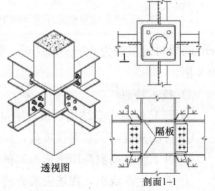

透视图　　　　剖面1-1

图7　隔板贯通节点构造形式

节点，即梁与柱、隔板的连接全部使用高强螺栓，如图8所示。这种构造形式的优点有以下几点。

1）构造简单，避免现场焊接工作，施工方便且施工速度快，较好地适应了装配式钢结构建筑施工的要求；

2）由于隔板外伸长度较长、刚度大，钢梁的破坏先于节点的破坏，满足了"强节点、弱构件"的抗震设防要求，抗震性能优良；

3）螺栓连接易保证工程质量，人工费低、工期短。

目前，隔板贯通节点已经被用于中新生态城第一中学教学楼、天津图书馆、天津梅江会展中心、中新生态城公安大楼等多个工程项目，取得了良好的经济和社会效益。

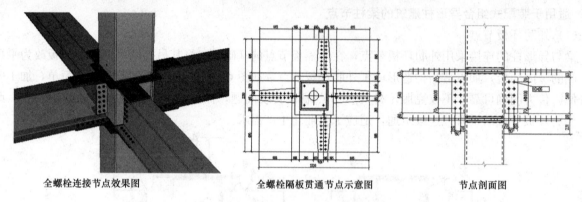

全螺栓连接节点效果图　　　　全螺栓隔板贯通节点示意图　　　　节点剖面图

图8　全螺栓隔板贯通节点

3.3　外墙板

外墙作为建筑物的重要组成部分，是建筑新材料和装配式钢结构建筑配套体系研发的重要内容。建筑物的外墙不仅要具有满足要求的力学性能，还要具有良好的保温、隔热、隔声、防水等性能。目前，采用高效保温、隔热材料的外墙板已经在发达国家中得到了普遍使用，复合外墙板在预制外墙板中占有很大比例，例如在丹麦、瑞典、法国均已占70%以上。我国适应装配化要求的预制外墙板主要有几下几种。

图9　挤出成型水泥纤维（ECP）墙板

（1）挤出成型水泥纤维（ECP）墙板

1）结构组成：以水泥、硅酸盐以及纤维质为主要原料，在挤塑成型工艺下成为中空型的条板状制件，然后经过高温高压的蒸汽养护而最终成型的水泥预制板，如图9所示。ECP板的跨度最多可达5m；标准宽度以1000mm为主，最多可达1200mm；板厚以50mm、60mm、75mm、100mm为主。

2）物理性能：材质比重为1.9t/m³，厚度为6cm的板材的重量为60～70kg/m²。防火性能好，其抗弯强度是混凝土的5倍，抗压强度达到了混凝土的2倍。

3）技术特点

① ECP板为中空结构，板材重量轻；

② 材质密度高、表面强度高，同时具有吸水率性能低和防冻性能强等优点；

③ 由于经过高温高压蒸锅的养护，强度高，能够支承较大的跨度，节省基层钢材，提高经济效益；

④ 工厂生产成形，现场安装方便，可以缩短施工周期，适应了装配式建筑对于施工的要求；

⑤ 素面板有自然质感，施以涂料和瓷砖的装饰，较为美观。

（2）外墙保温装饰一体化板

1）结构组成：外墙保温装饰一体化板是将外墙保温系统与外墙装饰系统合二为一，如图10所示。其中，保温部分主要采用是聚氨酯保温材料，装饰面层部分可选用铝板、塑铝板、无机树脂板或耐碱玻璃网格布上喷真石漆饰面等材料，根据具体设计要求而定。

图10　外墙保温装饰一体化板效果图

2）技术特点

① 采用工厂化生产，产品质量较好，性能稳定，生产效率高；

② 防火性能较好，由无机防火保温材料和有机高效保温材料复合组成；

③ 现场湿作业少，对周围环境干扰小。采用配套的连接构件，并采取粘接与锚固相结合的方式进行安装固定，施工工序少，简便快捷；

④ 装饰风格和效果多样化；

⑤ 适用范围广，使用寿命长。

（3）蒸压轻质加气混凝土板（ALC板）

1）结构组成：ALC板即蒸压轻质加气混凝土板，是以水泥、硅砂、石灰和石膏为原料，以铝粉（膏）为发气剂，经磨细、浇筑、发气、切割、预养、蒸压养护而成的多孔硅酸盐材料，其内部结构为晶体结构。

2）技术特点：

① 轻质高强，其容重为普通混凝土的1/4，黏土砖的1/3。

② ALC板的微观结构由大量互不连通的均匀微小气孔组成，使其具有良好的保温、隔热和隔声性能。

③ 耐火性能好，其材料是硅酸盐，具有较高的热阻系数且不燃，在高温和火灾环境中不产生有害气体。

④ 施工方便、准确，其安装方法简单，可较少人力和物力投入，有效地缩短建设工期，适应装配化的需求。

（4）发泡水泥复合板（太空板）

1）结构组成：太空板产品是由钢（混凝土）围框、内置桁架、水泥发泡芯材及上下面层复合而成，如图11所示。预制的复合保温外墙板，板缝处采取防渗漏和防热桥措施，其构造是以70～80mm聚苯板作保温层，嵌入钢丝网架，两侧浇注C25细石混凝土，板厚为140～150mm。

2）技术特点：轻质高强，具有较好的耐久、耐火、抗震、防水性能，且环保、节能、易于调整。

（5）钢筋混凝土绝热材料复合墙板

1）结构组成：钢筋混凝土绝热材料复合墙板的一般构造是内外为薄壁钢筋混凝土板，中间为保温材料的夹芯式结构，保温材料为岩棉或聚苯板，如图12所示。墙板的单面混凝土层厚度不小于30mm，保温层厚度根据节能设计要求有50mm，80mm，100mm等几种规格。

2）技术特点：容重较大，热惰性好，施工安装方便，并有利于抗震处理。

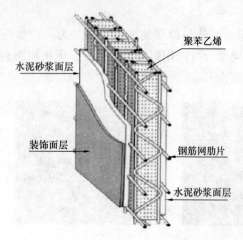

图 11 发泡水泥复合板

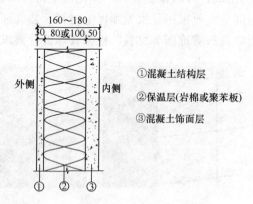

图 12 钢筋混凝土绝热材料复合墙板

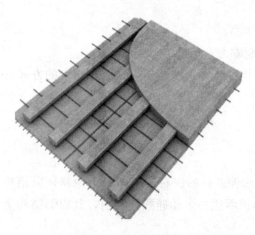

图 13 PK 叠合板

3.4 楼板

（1）PK 叠合板

1）结构组成：以倒"T"形预应力混凝土预制带肋薄板为底板，肋上预留椭圆形孔，孔内穿置横向非预应力受力钢筋，然后再浇筑叠合层混凝土从而形成整体双向受力楼板，如图 13 所示。叠合板的跨度常用为 2.1～6.6m；标志宽度以 1m 为主，辅以 400mm、500mm 宽度；板厚可根据受力及构造需要进行调整。

2）技术特点：

① 质量轻，刚度大；

② 承载能力高、抗裂性能好；

③ 施工方便快捷，比现浇楼盖节省 1/3 以上工期。

（2）组合扁梁楼板

1）结构组成：由钢梁和预制钢筋混凝土空心楼板组成。其中预制钢筋混凝土楼板搭在钢梁的下翼缘上，并加配横向钢筋和钢丝网。

2）技术特点

① 降低了楼板结构层高，增加了建筑净高，避免或减少露梁现象；

② 将钢梁部分包在混凝土中，提高了建筑的防火、防腐性能；

③ 采用预制底板形式，可在工厂生产，减少了施工现场的工作量，可加快施工速度，缩短工期。

（3）钢筋桁架楼板

1）结构组成：钢筋桁架在预制加工场定型加工，现场施工需要先将压型板通过栓钉固定在钢梁上，再放置钢筋桁架进行绑扎，验收后浇筑混凝土。

2）技术特点

① 钢筋桁架在工厂制作成型，大大减少施工现场钢筋绑扎量；

② 楼承板做模板，现场无需支模，方便施工；

③ 楼板抗裂性能好。

（4）双向轻钢密肋组合楼板

1）结构组成：双向轻钢密肋组合楼板的密肋采用钢筋或小型钢焊接而成，肋高根据板的跨度决定，在密肋组成的网格内嵌入塑料或玻璃钢制成的定型模壳。

2）技术特点：

① 节省材料，与一般楼板体系相比，可节约钢材和混凝土 30%～40%；

② 造价低，可降低楼板造价 1/3 左右。

③ 施工简便，缩短工期。

④ 平面外刚度较大，施工时所需支撑较少，混凝土的浇筑不需支设模板。

（5）压型钢板组合楼板

1）结构组成：利用凹凸相间的压型薄钢板做衬板与现浇混凝土浇筑在一起支承在钢梁上构成整体型楼板，主要由楼面层、组合板和钢梁三部分组成。

2）技术特点

① 合理设计后，可不设施工模板；

② 能实现多层同时施工作业，大大加快施工进度，缩短工期；

③ 压型钢板的凹槽内可铺设通信、电力、通风、采暖等管线；

④ 楼板整体性能好，刚度大。

（6）空腹夹层板楼板

1）结构组成：它由上、下两层井字格带肋钢筋混凝土板，在井字格交叉处用宽度大于高度的钢筋混凝土剪力键联结而成。主要有钢筋混凝土空腹夹层板、钢－混凝土协同式组合空腹夹层板、U 型钢－混组合空腹夹层板三种形式。

2）技术特点：

① 楼板的结构高度小，节约层高；

② 楼板的自重小，减小了地震作用的影响，整体性和抗震性能好；

③ 建筑管线可在空腹部分穿越，方便施工，且通常无需吊顶。

（7）预制薄板叠合楼板

1）结构组成：预制薄板叠合楼板是由预制薄板和现浇钢筋混凝土层叠合而成的装配整体式楼板。预制板既是楼板结构的组成部分，又是现浇钢筋混凝土叠合层的永久性模板，现浇叠合层内应设置负弯矩钢筋，并可在其中敷设水平设备管线。预制薄板跨度一般为 4～6m，最大可达到 9m，板宽为 1.1～1.8m，板厚通常不小于 50mm。现浇叠合层厚度以大于或等于薄板厚度的两倍为宜。

2）技术特点：

① 整体性较好，刚度大；

② 不增加钢筋消耗、节约模板；

③ 加快施工进度，缩短工期。

（8）常用装配式楼板对比分析如表 1。

常用装配式楼板对比分析　　　　　　　　　　　　　　　　　　　　表 1

楼板类型	压型钢板组合楼板	现浇钢筋混凝土楼板	预应力混凝土叠合楼板	双向轻钢密肋组合楼盖	钢筋桁架混凝土现浇楼板	空腹夹层板楼盖	组合扁梁楼板
工厂装配化程度	较低	无	部分装配化	部分装配化	部分装配化	部分装配化	部分装配化
施工组织和效率	大量现场湿作业，但省去支模工作量	大量现场湿作业，效率低	叠合层需要现场浇筑	需现场湿作业，但省去支模工作量	需现场湿作业，但省去支模工作量	需现场湿作业，支模工作量大	需现场湿作业，但省去支模工作量

楼板类型	压型钢板组合楼板	现浇钢筋混凝土楼板	预应力混凝土叠合楼板	双向轻钢密肋组合楼盖	钢筋桁架混凝土现浇楼板	空腹夹层板楼盖	组合扁梁楼板
是否需要吊顶	需要吊顶导致净空降低	板底刮腻子，喷涂，净空较大	板底抹灰即可，净空较大	需吊顶导致净空降低	不需要吊顶净空较大	不需要吊顶净空较大	不需要吊顶净空较大
防火与隔声	压型钢板需做防火处理，隔声效果好	好	好	结构构件需防火，吊顶可做隔声处理	好	好	好
设备管线	敷设在现浇层内	直接敷设在现浇板内	敷设在现浇层内	在结构骨架敷设，维修方便	敷设在现浇层内	在板内空腹部分敷设	在板内空腹部分敷设

4 总结

近年来，国家积极推广绿色建筑和建材，大力发展钢结构和装配式建筑，致力于提高建筑工程标准和质量，装配式钢结构建筑驶入"快车道"。本文从适用于装配式钢结构住宅的方钢管混凝土组合异形柱体系，梁柱节点，外墙板和楼板体系四个方面，系统地介绍了装配式钢结构组合异形柱住宅体系的研究和发展应用。装配式钢结构住宅体系依靠工业化、标准化生产制造，将推动我国建筑产业的革新。

参考文献

[1] 卢俊凡，王佳，李玮蒙，郭嘉欣. 装配式钢结构住宅体系的发展与应用[J]. 城市住宅，2014，(08).

[2] 钟善桐. 钢管混凝土结构[M]，北京：清华大学出版社，2003.

[3] 韩林海. 钢管混凝土结构-理论与实践[M]. 北京：科学出版社，2004.

[4] 陈志华，李振宇，荣彬，刘锡良. 十字形截面方钢管混凝土组合异形柱轴压承载力试验[J]. 天津大学学报（自然科学版），2006，(11).

[5] 陈志华，荣彬. L形方钢管混凝土组合异形柱的轴压稳定性研究[J]. 建筑结构，2009，(6).

[6] 周婷. 方钢管混凝土组合异形柱结构力学性能与工程应用研究[D]. 天津：天津大学，2012.

[7] 陈志华，苗纪奎. 方钢管混凝土柱-H型钢梁外肋环板节点研究[J]. 工业建筑，2005，(10).

[8] 吴辽，陈志华，荣彬. 矩形钢管混凝土柱-钢梁隔板贯通节点研究综述[J]. 第十五届全国现代结构工程学术研讨会论文集.

[9] 苗纪奎，姜忻良，陈志华. 方钢管混凝土柱隔板贯通节点静力拉伸试验[J]. 天津大学学报（自然科学版），2009，(03).

[10] 罗松. 方钢管混凝土柱-H型钢梁全螺栓连接隔板贯通节点抗震性能研究[D]. 天津：天津大学，2013.

[11] 张波，李建新. 建筑工业化装配式外墙板的选择[J]. 广东建材，2013，(7).

[12] 罗淑湘，孙桂芳，李俊领，王永魁. 防火型建筑外墙保温装饰一体化技术开发与应用[J]. 科技创新导报，2011，(04).

钢管混凝土组合异形柱结构平面布置优化研究

周　婷[1]　雷志勇[2]　徐　勇[3]　张天一[2]　蒋宝奇[2]　陈志华[2]

(1. 天津大学建筑学院，天津　300072；2. 天津大学建筑工程学院，天津　300072；
3. 福建省建筑科学研究院，福州　350025)

摘　要　本文针对某 9 层住宅建筑工程实例，采用 L 形和 T 形两种方钢管混凝土组合异形柱形式。利用 Midas Gen 建立空间有限元模型，分别用振型分解反应谱法和静力弹塑性分析（Pushover）分析了结构在多遇地震和罕遇地震两种情况下的不同响应。研究了支撑布置参数化对结构的振型、应力比、层间位移角、塑性铰和性能点处各项参数的影响，表明支撑布置在结构最外侧对抗震更有利。此外，在电梯井处增设混凝土剪力墙代替方钢管混凝土组合异型柱进行对比分析，进一步突出了方钢管混凝土组合异形柱良好的抗震能力。

关键词　方钢管混凝土；组合异形柱；支撑布置；电梯井；抗震

1　工程背景

钢结构自重轻，强度高，抗震性能好，工厂预制化程度高，构件流水线生产，现场施工以拼接为主，在提高成品精度和质量的同时大大缩短了建造周期，降低了成本。钢结构建筑在施工现场无湿作业，粉尘等垃圾较少，现场污染小，比传统结构更易拆除且用料省、废料可实现回收利用，内外墙体也多用环保材料，完全符合绿色建筑理念。不仅如此钢结构建筑因其承载力高，可减轻基础总造价，又可提供大空间结构体系，建筑布局灵活，投资周期短，具有较好的综合经济效益。钢管混凝土组合结构兼具钢与混凝土的优势，它充分利用钢管、混凝土两种材料的组合，弥补了各自的缺陷，充分发挥两者的潜力，其效果大于钢管与混凝土单独作用的效果之和。

由天津大学陈志华课题组提出的方钢管混凝土异形柱是由单根钢管混凝土柱通过缀条或连接板相互连接构成，具有 L 形、T 形和十字形三种截面形式，分别可用作建筑的角柱、边柱或中柱，如图 1 所示。方钢管混凝土组合柱布置灵活，可根据实际需要灵活调整单肢柱的间距与位置，组合柱可以隐藏于墙体内部，室内柱子不凸角，增加建筑使用面积，提高居住舒适度与建筑美感。该体系已经成功应用在汶川县映秀镇渔子溪村重建项目、北京市顺义区钢结构住宅和沧州福康家园住宅项目等工程中。

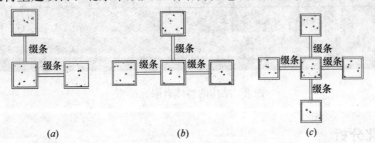

图 1　方钢管混凝土组合异形柱截面
(*a*) L形；(*b*) T形；(*c*) 十字形

之前的研究主要集中在异形柱本身的结构性能，对如何进行平面布置，一直未进行专门研究，因此，本文结合已有的工程经验，选取某9层住宅为例，首先进行静动力分析，然后变化不同的平面布置形式，得出平面布置建议。

2 工程概况和计算模型

2.1 工程概况

选取某9层住宅进行计算，具体设计技术参数见表1。该楼共两个单元，每个单元一梯四户，采用方钢管混凝土组合异形柱－H型钢梁框架支撑体系，异形柱与H型钢梁的连接节点采用外肋环板节点，总建筑高度26m，总共9层。异形柱采用L形和T形两种形式，均由□150×150×6×6钢管混凝土柱通过6mm连接板焊接连接，沿柱高度每间隔250mm布置一道加劲肋。部分单柱采用□200×200×8×8。H型钢梁采用H300×150×6×9、H350×150×8×10、H400×150×8×12。侧向布置人字形支撑以保证侧向稳定性。钢材选用Q235，混凝土选用C35。

设计技术参数			表1
设计使用年限	50年	安全等级	二级
抗震设防烈度	7度	建筑抗震设防类别	丙类
设计地震分组	第二组	基本地震加速度	0.15g
场地类别	Ⅳ类	特征周期	0.75s

2.2 计算模型

本文采用Midas Gen 2014建立空间有限元模型进行分析计算。方钢管混凝土组合异型柱柱肢和单柱均采用梁单元模拟，截面形式为组合截面，柱肢之间采用6mm板单元连接；钢梁采用梁单元，钢支撑采用桁架单元，剪力墙采用160mm墙单元进行模拟。考虑楼板刚性连接，柱底约束为全刚接，主梁与柱采用刚接，主梁与次梁采用铰接，采用释放梁端约束的方式进行模拟，如图2所示。

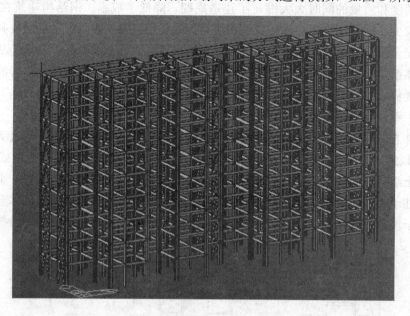

图2 结构的整体有限元模型

3 支撑布置参数化分析

保持计算模型其他参数不变，仅改变计算模型的支撑布置位置，将支撑布置逐渐由外侧向内侧逐渐布置，分别布置在结构的最外侧、中部和内侧，得到模型 A、B、C。

3.1 自振特性

经计算分析得到结构的前三阶自振特性，如表 2 所示。

结构自振特性　　　　　　　　　　表 2

振型		一阶	二阶	三阶	周期比
自振周期	模型 A	1.360	1.142	0.9753	0.717
	模型 B	1.360	1.016	0.8979	0.660
	模型 C	1.360	1.142（扭转变形）	0.9916	0.839
变形形式		X 向水平侧移	Y 向水平侧移	扭转变形	

由表 2 可以看出，模型 A 和模型 B 结构的自振周期较小，结构刚度较大且分布均匀。一阶振型以 X 向水平侧移为主，二阶振型以 Y 向水平侧移为主，三阶振型以扭转变形为主。且扭转的第一自振周期与平动为主的第一自振周期之比小于 0.85，满足抗震规范的相关要求。而模型 C 一阶振型以 X 向水平侧移为主，二阶和三阶振型以扭转变形为主，说明 X 向和 Y 向刚度差异较大，扭转振型提前，将支撑向中心布置不尽合理，周期比 0.839，接近抗震规范要求。

3.2 多遇地震下的结构性能分析

本工程建设地点的地基以软土地基为主，底部单元左右并不完全对称，结构侧向刚度不规则，有必要对其抗震性能进行深入分析。本文采用振型分解反应谱法，即按照小震作用效应和其他荷载效应的基本组合验算结构构件的承载能力，以及小震作用下验算结构的弹性变形，对比分析不同支撑布置下，结构构件在多遇地震下的承载能力及弹性变形性能。

构 件 应 力 比　　　　　　　　　　表 3

应力比	H250 支撑	H400 梁	H300 梁	H350 支撑	异形柱	单柱
模型 A	0.762	0.852	0.642	0.536	0.641	0.897
模型 B	0.971	0.852	1.080	0.536	0.785	0.944
模型 C	1.104	0.848	0.639	1.131	0.863	1.094

从表 3 可以看出，模型 A 的梁、支撑和柱的应力比均小于 0.9，大部分在 0.8 以下，具备较大的安全储备。随着支撑向中心布置，模型 B 的上层支撑、部分梁和柱子的应力比明显增大。模型 C 的支撑应力比均大于 1，异形柱和单柱的应力比也显著增大，构件的安全储备不足。

在多遇地震下 X 向和 Y 向层间位移角如表 4。从表 4 可以看出 X 向层间位移角相差不大，均小于 1/400，满足规范要求。从趋势来看，随着支撑向中心布置，X 向层间位移角逐渐增大。Y 向层间位移角也满足相同规律。

X 向和 Y 向层间位移角　　　　　　　　　　表 4

层数	模型 A（X）	模型 B（X）	模型 C（X）	模型 A（Y）	模型 B（Y）	模型 C（Y）
1 层	1/965	1/966	1/950	1/1318	1/1284	1/1158
2 层	1/467	1/468	1/461	1/671	1/700	1/620
3 层	1/408	1/409	1/402	1/565	1/606	1/527
4 层	1/413	1/413	1/407	1/530	1/558	1/481
5 层	1/449	1/449	1/441	1/520	1/525	1/451
6 层	1/518	1/517	1/509	1/556	1/548	1/468
7 层	1/645	1/643	1/633	1/637	1/613	1/522
8 层	1/887	1/882	1/870	1/789	1/738	1/624
9 层	1/1310	1/1299	1/1286	1/1055	1/963	1/802

3.3 罕遇地震下的结构性能分析

静力弹塑性分析（Pushover）是对结构在罕遇地震作用下进行弹塑性变形分析的一种简化方法。本文采用位移控制方法，考虑 P-Δ 效应和初始荷载，初始荷载定为"$1.0DL+0.5LL$"，加载方式采用均匀分布和倒三角分布。分析工况为：①重力＋模态 1（X 向）；②重力＋模态 2（Y 向）；③重力＋X 向加速度；④重力＋Y 向加速度。

能力谱曲线与需求谱曲线的交点即性能点，性能点处结构的顶点位移即目标位移，是结构在罕遇地震作用下能达到的最大位移。从表 5 可以看出：1）模型 A、B、C 在性能点处的最大位移值分别为 0.2665m、0.2665m、0.2088m，我国抗震设计规范规定，多、高层钢结构的弹塑性层间位移角限值 1/50，结构总高度 26m，结构顶点位移限值 0.522m，顶点位移均满足抗震设计规范中关于弹塑性顶点位移限值的要求；2）与结构顶点位移限值相比，得到的性能点处最大位移值均较小，反映异形柱支撑体系刚度大，变形小的特点；3）模型 C 的重力＋模态 1 的性能点没有找到，说明模型 C 结构抗震能力不足；4）在相同的工况下，模型 B 和模型 C 的顶点位移比模型 A 稍大，说明模型 A 的抗侧能力更强，支撑布置在结构的最外侧对抵抗罕遇地震更有利（表 6）。

罕遇地震作用下性能点处参数 　　　　　　　　　　　　　　　　　表 5

加载模式	谱加速度 S_a	谱位移 S_d	基底剪力 V/kN	顶点位移 D/m
A 重力＋模态 1	0.2431	0.1935	7496	0.2665
B 重力＋模态 1	0.2434	0.1934	7510	0.2665
C 重力＋模态 1	—	—	—	—
A 重力＋模态 2	0.2068	0.1661	6142	0.2388
B 重力＋模态 2	0.1986	0.1735	5773	0.2971
C 重力＋模态 2	0.3911	0.1679	1385	0.1567
A 重力＋X 向加速度	0.3051	0.1507	9410	0.2075
B 重力＋X 向加速度	0.3074	0.1553	9486	0.2139
C 重力＋X 向加速度	0.3095	0.1484	9467	0.2088
A 重力＋Y 向加速度	0.1975	0.1625	5865	0.2337
B 重力＋Y 向加速度	0.2758	0.1193	8017	0.2043
C 重力＋Y 向加速度	0.2652	0.2047	6838	0.1052

罕遇地震下最大弹塑性层间位移角 　　　　　　　　　　　　　　　　表 6

荷载工况	重力＋模态 1	重力＋模态 2	重力＋X 向加速度	重力＋Y 向加速度
模型 A	1/65（4）	1/63（3）	1/73（3）	—
模型 B	1/65（4）	1/53（4）	1/71（3）	1/65（3）
模型 C	1/96（4）	1/127（4）	1/73（3）	1/148（3）

注：括号内表示出现最大弹塑性层间位移角的楼层。

3.4 塑性铰分析

在罕遇地震作用和四种荷载工况下，结构均进入塑性状态，结构达到性能点时，塑性铰主要出现在支撑、梁端、异型柱的一个柱肢处，符合强柱弱梁的设计原则，并且四种工况下出现铰大部分程度都较浅。塑性铰主要出现在支撑处，随着荷载步的逐渐增多，支撑铰逐渐增多。

4 增设电梯井剪力墙分析

在电梯井处增设混凝土剪力墙代替方钢管混凝土组合异型柱进行对比分析。通过分析模型 A 和模型 D 的自振特性以及在多遇地震和罕遇地震下的结构性能，来对比分析两种不同结构形式的优缺点。

4.1 自振特性

由表 7 可以看出，模型 A 和模型 D 结构的自振周期较小，结构刚度较大且分布均匀。一阶振型以 X 向水平侧移为主，二阶振型以 Y 向水平侧移为主，三阶振型以扭转变形为主，周期之比小于 0.85，满足抗震规范的相关要求。

结构自振特性 表7

振型		一阶	二阶	三阶	周期比
自振周期	模型 A	1.360	1.142	0.9753	0.717
	模型 D	1.081	0.9641	0.8479	0.784
变形形式		X 向水平侧移	Y 向水平侧移	扭转变形	

4.2 多遇地震下的结构性能分析

采用振型分解反应谱法，即按照小震作用效应和其他荷载效应的基本组合验算结构构件的承载能力，以及小震作用下验算结构的弹性变形。和模型 A 进行对比分析，经计算构件的应力比如表 8 所示。从表 8 可以看出，模型 D 虽然柱子的应力比减小，但是梁和部分支撑的应力比已大于 1，说明在电梯井处增设混凝土剪力墙代替方钢管混凝土组合异型柱构件之后，结构不尽合理，安全储备不足。

构件应力比 表8

应力比	H250 支撑	H400 梁	H300 梁	H350 支撑	异形柱	单柱
模型 A	0.762	0.852	0.642	0.536	0.641	0.897
模型 D	0.613	1.078	1.006	1.369	0.574	0.740

从表 9 可以看出，模型 D 的 X 向和 Y 向层间位移角均小于 1/400，满足规范要求。增设电梯井剪力墙结构的模型 D 的 X 向和 Y 向层间位移角整体小于布置异形柱的模型 A，说明增设电梯井剪力墙结构的模型 D 的刚度更大且分布均匀，多遇地震作用下变形较小。

X 向和 Y 向层间位移角 表9

楼层	模型 A（X 向）	模型 D（X 向）	模型 A（Y 向）	模型 D（Y 向）
1 层	1/965	1/817	1/1318	1/1954
2 层	1/467	1/697	1/671	1/899
3 层	1/408	1/611	1/565	1/682
4 层	1/413	1/557	1/530	1/601
5 层	1/449	1/534	1/520	1/570
6 层	1/518	1/542	1/556	1/582
7 层	1/645	1/593	1/637	1/623
8 层	1/887	1/737	1/789	1/689
9 层	1/1310	1/1497	1/1055	1/776

4.3 罕遇地震下的结构性能分析

利用静力弹塑性分析（Pushover）对模型 D 进行罕遇地震作用下进行弹塑性变形分析，发现查不到性能点时，即能力谱曲线与需求谱曲线不相交，说明增设电梯井剪力墙后结构抗震能力不足，需要重新进行设计。

5 总结

以某 9 层住宅建筑为例，应用装配式异形柱结构形式，通过迈达斯数值建模和改变支撑布置位置，增设电梯井剪力墙进行参数化抗震性能分析，证明在多遇地震下和罕遇地震作用下支撑布置在结构的最外侧对结构最有利，在电梯井处布置方钢管混凝土组合异型柱相较于布置混凝土剪力墙，对结构的抗震性能更有利。数值分析证明装配式异形柱小高层在结构性能上的优越性，同时也为钢结构住宅的推广提供了重要理论意义。

参考文献

[1] 于敬海，赵腾，陈志华，等 . 矩形钢管混凝土组合柱框架-支撑结构体系住宅设计[J]. 建筑结构，2015(16)：47-51.
[2] 蒋海杰 . 我国钢结构住宅体系评价及产业化发展对策研究[D]. 北京：北京工业大学 . 2004.
[3] 王亚雯，闫翔宇，周婷 . SCFT 柱-H 型钢梁平面框架抗震性能分析[J]. 天津大学学报自然科学与工程技术版，2015(S1)：9-16.
[4] 周婷 . 方钢管混凝土组合异形柱结构力学性能与工程应用研究[D]. 天津：天津大学，2012.
[5] 中华人民共和国国家标准 . 建筑结构荷载设计规范 GB 50009—2012[S]. 北京：中国建筑工业出版社，2012.
[6] 中国工程建设准化协会标准 . 钢结构住宅设计规范 CECS 261—2009 [S]. 北京：中国建筑工业出版社，2009.

装配式钢结构建筑墙体研究

苗　青　余玉洁　陈志华

（天津大学建筑工程学院，天津　300072）

摘　要　本文介绍了装配式钢结构建筑墙体的研究背景及国内外研究现状；然后具体阐述了我国各种建筑墙体，对其不同类型进行了具体分类，并指出不同墙板的优点和应用范围；最后，对于我国装配式钢结构住宅发展做出了总结和期望。

关键词　装配化；钢结构；墙体

1　装配式钢结构建筑墙体研究背景

墙体是钢结构建筑主要配套部品，更是住宅产业化的标志与核心，它承载了钢结构建筑安全、美观、实用等性能，是钢结构建筑除钢结构外的又一重要组成部分，但其设计标准、施工标准依然有待完善。尤其墙板，要具备质量轻、强度高、保温隔热性能优、安装方便、造价经济、经久耐用等特点，最重要的是能和钢结构骨架协调配合、保证钢结构建筑的安全性。

现今，对其的研究还不完善，如墙体的隔热、裂缝等，在与钢结构配合方面也还存在一些问题，不管是解决哪一项都需要一定的技术技能的支持。墙体与钢结构建筑唇齿相依，它及其他钢结构配套设施的不完善，在一定程度上影响了钢结构建筑住宅产业化的进程。要想加快住宅产业化的进程，实现绿色、低碳、节能产业，就要加强企业间的技术交流，共同解决建筑墙体的技术难题。

2　国外装配式复合墙板研究现状

国外的装配式复合墙板主要是在 70 年以后发展起来的，美国的轻质墙板以各种石膏板为主，以品种多、规格全、生产机械化程度高而著称，年产量 20 亿 m²，居世界前列。日本石棉水泥板、蒸压桂韩板、玻璃纤维增强水泥板的生产居世界领先水平；英国以无石棉硅酸钙板主；德国、芬兰以空心轻质混凝土墙板生产为主。国外钢结构住宅已经经历了一个较长的发展阶段，各项技术都已经很成熟完善，以墙体为代表围护体系也不例外。对国外先进的墙体系统进行研究学习对我国有很好的借鉴作用，但也不可完全照搬国外的墙体。由于墙体材料在建筑耗材中所占比例最大，对自然资源的消耗与依赖也是最大，因此发展墙体材料应该根据各国及国内不同地区的实际情况而定。

2.1　法国地戎 Csatel Eiffle 住宅群的 FCIS 墙体系统

该批钢结构住宅项目中用了 FCIS（Facad Composite Interfactive Seche）全部干作业墙板和楼板系统（图 1）。该系统具有以下优点：结构整体性好；具有较高的抗机械力强度；墙体稳定性好；具有良好的防火隔声板效果。其中干式楼施工法历经 5 年时间，花费 300 万法郎，才最终实践成功，

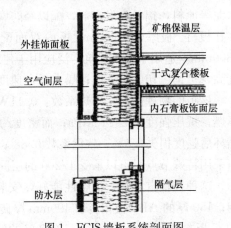

图 1　FCIS 墙板系统剖面图

图中标注：矿棉保温层、外挂饰面板、干式复合楼板、空气间层、内石膏板饰面层、防水层、隔气层

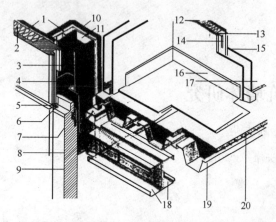

图 2　意大利 BSAIS 工业化建筑外墙体系

1—防护板；2—保温棉板；3—H 型钢柱；4—锚固件；5—连接件；6—防水密封件；7—钢埋件；8—钢主梁；9—轻质外墙板；10—石膏板；11—钢板配件；12—保温棉；13—石膏板；14—轻钢龙骨；15—石膏板；16—踢脚板；17—地面；18—钢次梁；19—压型钢板楼板；20—现浇钢筋混凝土板楼板

这种楼板体系重量只有混凝土楼板的 1/6，工期缩短一半时间，非常适用于改建、加建项目。

2.2　意大利 BSAIS 工业化建筑外墙体系

意大利 BSAIS 工业化建筑外墙体系也十分先进，为外挂轻质墙板，通过墙板内的预埋铁件与钢结构梁柱连接，同时板缝之间有防水密封件进行防水，详见图 2。

2.3　日本芦屋洪高层钢结构住宅墙体

日本芦屋洪高层钢结构住宅墙体采用的是 PCa（主要由轻质混凝土构成）墙板，由于 PCa 墙板需要承受使用荷载，以及山墙面板必须抵抗风压力，因此外墙板采用带肋的断面形状。为防止振动和变形，PCa 楼板的容许挠度定为 L/800，其断面是包括由苯乙烯充填孔洞的多层叠合断面。PCa 外墙板和楼板都是重量轻、截面性能良好的材料。

PCa 就是指预制钢筋混凝土，而 PCa 技术也就是钢筋混凝土构件的预制拼装技术，即组成住宅产品的钢筋混凝土构件在工厂里进行预制生产，经过吊装运输到施工现场，拼装成一栋栋整体的建筑物。

3　装配式钢结构建筑墙体的应用材料

对钢结构住宅而言，墙体材料不仅应满足隔热、节能、保温、隔声、防腐和防火等各项要求，同时还要保证墙体质量轻且便于装配、与工业化相适应，施工效率高。内外墙的造价对钢结构住宅的造价影响很大，约占钢结构住宅总造价的 30%，故推广应用优质低价的墙体材料对钢结构住宅有非常重要的意义。总的来说，墙体材料一般可分为两大类：轻质板材类、砌块类。

3.1　轻质板材类

轻质板材类墙体材料具有工厂化的生产方式和装配化的施工方式，更加符合钢结构住宅产业化发展的要求。目前适用于钢框架结构，并且能够达到住宅建筑围护结构保温隔热、防渗、隔声要求的板材类墙体材料主要有以下几种。将分别适用于内外墙板的材料总结如下。

3.1.1　外墙板板材

（1）单一材料墙板

1）蒸压轻质加气混凝土（ALC）墙板

蒸压轻质加气混凝土墙板（Autoclaved Lightweight Aerated Concrete）ALC，采用生石灰、硅砂、水泥等原料，铝粉为发泡剂，配以经防腐处理的钢筋网片，经过特定的工艺流程处理后蒸压养护制成的多孔板材。板厚为 150mm，板内双面配筋（$\phi 5.5mm@150mm$），标准 ALC 板宽为 600mm，板长为 5800mm。适用于各种建筑广泛应用于建筑的外墙、隔墙和屋面板、吸声板等。标准化生产，工业化程度高，可锯、切、钻、刨；噪声低，速度较快，污染少。

该板的物理性能：导热系数：0.11W/(m·K)；耐火性能：耐火极限 1.57~4h，耐火等级：A 级不燃；抗压强度约 2~10MPa；而密度约 500kg/m³；隔声：40dB（100mm），45.6dB（150mm）；冻融循环后强度损失≤5%；软化系数 0.88；ALC 板可以承受较大的层间变位角，并且保证板材不会脱落。当采用特殊节点时可以承受 1/200 的层间变位角。

这种挂板自重轻，抗震性能好，安装方便，板材在工厂制作，施工不受季节影响，可大大缩短工期；150 厚的 ALC 板相当于 490mm 厚砖墙，具有良好的保温隔热性能，是理想的节能型墙体。此外，ALC 板本身经过发泡处理，具有良好的气密性和防水性能，其突出优点是材料不仅能满足作为钢结构住宅外墙材料的各种要求，而且自身能满足保温隔热要求，节省保温层施工，目前从材料自身性能到施工技术都比较成熟，施工为干作业，虽然自身重量很轻，可以进行人力施工，但在运输、吊装中最好使用一些简单的器具机械。否则不仅施工速度受到限制，而且材料破损率上升，安装施工费用高。随着施工技术的进一步提高，造价将会降低。

2）真空挤压成型纤维水泥板（ECP）墙板（金邦板）

真空挤出成型纤维水泥板是以普通硅酸盐水泥、磨砂石英砂、膨胀珍珠岩、增塑剂与水组成的砂浆，以纤维素纤维（经硫酸盐处理的纸浆板）与聚丙烯纤维为增强材料，形成低水灰比塑性拌合料，在真空挤出成型机内，经真空排气并在螺杆高挤压与高剪切力的作用下，由模口挤出制成的具有多种断面形状的系列化板材。企口连接、卡件固定的安装方式，方便快捷，劳动强度低，不受季节影响。

真空挤压成型纤维水泥板（ECP）墙板的物理性能，导热系数：0.468W/（m·K）（外墙）；耐火性能：耐火极限1.85h（外墙）、耐火等级：A级不燃；隔热性能好；抗压强度约20MPa；而密度约1300～1800kg/m³（外墙），1300kg/m³（内墙）；隔声（内墙）：38dB（60mm），42dB（90mm）；含水率＜15％；吸水率＜30％；200次冻融强度无损失（外墙S），含水率＜6％；吸水率＜16％；200次冻融强度无损失（外墙K），含水率＜15％；吸水率＜20％（内墙）。真空挤压成型纤维水泥板（ECP）墙板具有轻质、高强、防水等优点，适合作混凝土幕墙、高速公路隔声墙，价格较高，但供应量不足。

真空挤出成型纤维水泥板为宽度600mm的条板，有实心板与空心板两种形式，以北新建材集团生产的金邦板为代表，形成了金邦板复合外墙系统，夏季隔热、冬季保温，具有良好的隔声性能和耐久耐候性能，能够承受零下40℃的低温和200次以上的冻融循环。

3）玻璃纤维增强水泥板（GRC板）

GRC（Glass fiber Reinforced Cement）板全称玻璃纤维增强水泥板。GRC板采用低碱水泥砂浆为基材，增强材料选用耐碱玻璃纤维，以及轻集料为主要原料制成的板材。该墙板具有抗冲击性能好、密度低、耐水、不燃、易加工等特性。常用于钢结构建筑的内隔墙、外墙。还可以以GRC板为覆面，与其他轻质保温材料复合，通过预制或者现浇构成GRC复合墙体。

该板的物理性能（北京新型建材总厂）：密度：≤1000kg/m³；抗折强度：7～10MPa；导热系数：0.14W/(m·K)；耐火性能：耐火等级不燃；隔声：27dB；含水率（％）≤10；吸水率（％）≤35；泡水1年，强度不变。

GRC板的造价较低，重量仅是120mm黏土砖墙重量的20％左右，加工性好，具有可锯可割可钻可钉等优点，可增加建筑使用面积5％以上，是一种性能优越的新型板材。但是，该板应用于钢结构住宅中时，墙体抹灰后容易出现裂缝，主要是由于板安装方法和抹灰方法不当造成的。另外，GRC板的墙体还容易形成返霜现象。

4）压蒸无石棉纤维素纤维水泥平板（汉德邦CCA板）

汉德邦CCA板全称压蒸无石棉纤维素纤维水泥平板，是以硅酸盐水泥、精细石英砂、原生木浆纤维、添加剂和水等物质，经计算机精确配料、抄取成型、14000t液压机压实和高温高压蒸压养护等技术处理而制成的高新技术产品。在钢结构建筑中多有使用，可用于外墙、隔墙、吊顶等部位。

该板的物理性能：密度：800～1700kg/m³；导热系数：0.3 W/(m·K)；耐火性能：A1级不燃；抗折强度：气干状态MPa≥10，饱水状态MPa≥7；水相关性能：含水率≤10％，湿涨率≤0.25％。

5）植物纤维水泥板（PRC板）

植物纤维水泥板（Plant Reinforced Cement PRC）是以植物纤维增强材料（以农作物秸秆为主，如麦秸、棉花秆、玉米秆等）、基体胶凝材料（普通硅酸盐水泥）和少量的改性外加剂为原料，经过一定的生产工艺而制成的轻质板材。PRC板即可做成单板也可预制成大板构件使用。机械加工性好，可锯、可刨、装配方便，可拧木螺栓，速度较快。

该板的物理性能：密度：1180～1370kg/m³（玉米秸），1100～1350kg/m³（麦秸），1100～

1250kg/m³（麻秸）；抗压强度：42MPa（玉米秸），45MPa（麦秸），45MPa（麻秸）；导热系数：0.142～0.16W/m·k（玉米秸），0.13～0.17W/m·k（麦秸），0.13～0.15W/m·k（麻秸）；耐火性能：耐火极限1.5～2.0h，耐火等级难燃；隔声：41db；冻融循环25次强度平均损失10%；含水率（%）7.0～12；缺点：吸湿膨胀、干燥收缩性较大。

（2）复合墙板

单一的墙体材料大多不能满足建筑节能的要求，必须与一些高效的热绝缘材料相复合，如岩棉板、玻璃棉、膨胀珍珠岩、阻燃聚苯乙烯泡沫板、聚氨酯泡沫板、酚醛泡沫树脂板等，采取复合技术，达到建筑节能的目标。复合方法有工厂预制和现场组装两种，按保温材料的位置可分为外保温、内保温与夹芯保温三种，外保温复合墙体系统可以避免墙体产生热桥。目前以外墙外保温应用最为广泛。

1）钢丝网架水泥夹芯板

钢丝网架水泥夹芯板是由工厂专用设备生产的高强度冷拔低碳镀锌钢丝焊成的三维空间网架和内填半硬质岩棉板或阻燃型聚苯乙烯泡沫塑料板构成网架芯板，经现场安装并在两侧喷抹水泥砂浆后形成的复合轻质板材。根据填充芯材不同，钢丝网架水泥夹芯板分为不同的种类。填充阻燃型聚苯乙烯泡沫塑料板的构成钢丝网架水泥聚苯乙烯夹芯板（GSJ板），填充半硬质岩棉板的构成钢丝网架水泥岩棉夹芯板（GY板）。若板去掉喷涂于两侧的水泥砂浆，只保留三维空间焊接钢丝网和内填阻燃型聚苯乙烯泡沫塑料板构成的钢架芯板，这种板材是钢丝网架聚苯乙烯芯板（GJ板）。切割方便，管线，连接件铺设方便，速度较快。

钢丝网架夹芯板主要有两种结构形式。以泰柏板为代表的集合式，该形式是用W钢丝将两层钢丝网连接固定并焊接成网架，再将聚苯乙烯等保温材料填入网架内构成的夹芯板；以3D板为代表的整体式，该形式先把聚苯乙烯板置于两层钢丝焊接网之间，之后用短的单根联系筋把钢丝网焊成网架构成的夹芯板。

该板的物理性能：导热系数：0.44W/(m·K)；耐火性能：耐火极限1.3h（GSJ）耐火等级：A级不燃；隔热性能相当于370mm厚；抗压强度约10MPa；面密度：90kg/m²（GSJ），110kg/m²（GY）；抗压强度：轴向受压允许74.4MPa，横向允许荷载1.95MPa；隔声：42dB（GSJ），>40dB（GY）；含水率<1‰；冻融循环25次强度无损失（GSJ）。但是钢丝网水泥聚苯乙烯夹芯板的制作工艺复杂，质量控制层次不齐。

此种板材具有较好的保温、隔热、隔声性能，提高了住宅的舒适性，再加上自重较轻，并采用空间钢丝网架的形式，整体性好，这使得其抗震性能良好。提高了整个建筑结构体系的经济性。大部分构件和加工过程都在工厂内由生产线完成，可以缩短施工工期，而且其成本较低，因此，是一种值得推广应用的新型墙体材料。但是钢丝网水泥聚苯乙烯夹芯板的制作工艺复杂，质量控制层次不齐，在墙板接缝处容易形成热桥，容易降低钢结构住宅的保温隔热效果。

2）钢筋混凝土绝热材料复合墙板

钢筋混凝土绝热材料复合外墙板是以保温材料（岩棉或聚苯板）为芯材，以薄壁钢筋混凝土为面层和承重层，复合而成的外墙板。该墙板由三层结构复合而成分别为混凝土饰面层、绝热材料保温层和钢筋混凝土结构层。按照墙板构造分，有承重混凝土岩棉复合外墙板、非承重薄壁混凝土岩棉复合外墙板两种。前者适用于装配式大板建筑和大模板工艺建筑，后者用于框架轻板体系和高层大模板体系建筑的外墙。

① 承重混凝土岩棉复合外墙板

承重混凝土岩棉复合外墙板是由钢筋混凝土结构承重层、岩棉保温层和饰面层复合而成。承重混凝土岩棉复合外墙板厚度为250mm，其中钢筋混凝土结构承重层厚度150mm、岩棉保温层厚度50mm、饰面层厚度50mm。适用于装配式大板建筑和大模板工艺建筑，干作业，预制安装，速度快

承重混凝土岩棉复合外墙板的物理性能，传热系数：1.01W/(m·K)，保温性能相当于490mm厚

砖墙，隔热性能相当于370mm厚红砖；防火等级：A级不燃；而密度约500～512kg/m³；岩棉板含水率0.6%～1.5%。与传统的砌体墙体或膨珠、浮石、陶粒混凝土外墙板相比，该种复合外墙板除了具有适应承重要求的力学性能外，还符合《民用建筑节能设计标准》对其保温、隔热性能的要求，具有强度高、保温隔热性能好、施工方便等特点。但该墙板而密度太大，装配式施工效率较低，不利于推广应用。

② 混凝土聚苯乙烯复合外墙板

混凝土聚苯乙烯复合外墙板是由70mm厚钢筋混凝土承重层（里层），60mm或80mm厚聚苯乙烯板保温层（中层）和70mm厚钢筋混凝土饰面层（外层）复合而成。这种复合外墙板可用作钢或钢筋混凝土框架结构、框架—抗震墙结构的围护外墙，也可应用于其他需要围护外墙的结构。

该板的物理性能，导热系数：0.35 W/（m·K）；防火等级：A级不燃；隔热性能相当于370mm厚；抗压强度约20MPa；而密度约360kg/m²。混凝土聚苯乙烯复合外墙板具有承重混凝土岩棉复合板的优良的特点。而密度较大，装配施工需要大型起重机完成，施工费用较高。

③ 混凝土膨胀珍珠岩复合外墙板

混凝土膨胀珍珠岩复合外墙板是由钢筋混凝土结构承重层、膨胀珍珠岩保温层和饰面层复合而成。混凝土膨胀珍珠岩复合外墙板厚度为300mm，其中承重层厚度150mm，保温层厚度100mm，饰面层厚度50mm。该种复合外墙板除了具有适应承重要求的力学性能外，还能满足《民用建筑节能设计标准》对其的要求。

该板的物理性能，导热系数：0.31 W/（m·K）；防火等级：A级不燃；隔热性能相当于370mm厚；抗压强度20MPa；而密度约450kg/m²。混凝土膨胀珍珠岩复合外墙板的面密度太大，施工费用高，不利于大规模推广应用。

④ 薄壁混凝土岩棉复合外墙板

薄壁混凝土岩棉复合外墙板是由钢筋混凝土结构层（里层）、岩棉保温层（中层）和混凝土饰面层（外层）复合而成的非承重型复合外墙板，墙板厚度为150mm。它主要用作框架结构轻板建筑体系的非承重外墙。用于框架轻板体系和高层大模板体系建筑的外墙，干作业，预制安装，速度快。

薄壁混凝土岩棉复合外墙板的物理性能：密度：176～256kg/m³（寒冷地区），223kg/m³（严寒地区）；抗压强度：33.8～37.8MPa；传热系数：0.593～0.52 W/（m²·K）；防火等级：A级不燃；隔热性能相当于370mm厚红砖；岩棉板含水率0.6%～1.5%。薄壁混凝土岩棉复合外墙板可作框架轻质建筑体系的非承重外墙，符合《民用建筑节能设计标准》，但制作工艺复杂。

这种复合墙板在工厂进行生产制作、现场进行装配式施工，大大减少了现场施工量，并且有利于抗震处理。其缺点是：由于保温层是整体预制在复合板内部的，在板缝处必然会形成一定的冷、热桥，对建筑的保温隔热性能产生不利影响。

3）金属复合板

金属面夹芯板是以彩色涂层钢板为面材，以阻燃型聚苯乙烯泡沫塑料、聚氨酯泡沫塑料或岩棉、矿渣棉为芯材，用胶乳剂复合而成的金属面夹芯板。根据中间夹芯保温隔热材料的不同分为金属面聚苯乙烯夹芯板、金属面硬质聚氨酯夹芯板、金属面岩棉、矿渣棉夹芯板。常用于金属面夹芯板的面材有彩色喷涂钢板、彩色喷涂镀锌钢板、镀锌钢板、不锈钢板以及铝板、钢板等。

该板的物理性能（金属面聚氨酯夹芯板）：导热系数：0.017～0.025W/（m·K）；防火等级：密度：30～50kg/m²；抗压强度：0.15～0.4MPa；耐火性能：自熄，离开火源3s熄灭；隔声：25～50dB；吸水率（28d后）＜0.05。

金属复合板具有强度高、施工方便快捷、可多次拆装等优点。但是考虑到金属不耐腐蚀的特点，在钢结构住宅中使用金属复合板时需要通过一些措施提高其耐久年限。另外，金属复合板外表面一般不平整，所以为了达到室内的美观需要对内饰面进行合理处理。

4）SP 预应力空心板

SP 预应力空心板生产技术是采用美国 SPANCRETE 公司技术与设备生产的一种新型预应力混凝土构件。该板采取高强低松弛钢绞线为预应力主筋，用特殊挤压成型机，在长线台座上将特殊配合比的干硬性混凝土进行冲压和挤压一次成型，可生产各种规格的预应力混凝土板材。

SP 预应力空心板的物理性能，导热系数：约 0.35W/(m·K)；防火等级：A 级不燃；隔热性能相当于 240mm 厚；抗压强度约 30MPa；而密度约 70～100kg/m^2；吸声、抗震性好。SP 预应力空心板的性能较好，但价格较高（240～300 元/m^2）。

5）现场组装复合型墙板

现场复合型外墙板也是由数种材料复合而成。与工厂预制复合型外墙板不同的是，这种复合墙体的每一种材料如保温材料、龙骨材料、内外墙板及饰面材料分别在工厂定型化大量生产，而复合组装则是在施工现场进行的。

北新集团生产的金邦板复合外墙板就是一例。这种外墙通常采用轻钢龙骨为墙体支撑骨架，内外挂石膏板或水泥刨花板，中间填充保温岩棉，并在保温层外侧设防潮层，最外侧挂饰面板。

相比于其他类型墙板，现场复合墙板的主要优点在于：①良好的保温隔热性能和防止雨水渗漏功能。此类墙板通常采用外挂于钢框架结构之外的安装方法。各项材料的现场安装保证了墙体，特别是保温层的连续性，有效避免冷、热桥的产生；②避免了单一板材在安装中的通缝问题。复合墙板各层材料交错安装，为防止雨水渗透设置了多道屏障，在外饰面板内侧与石膏板之间通常还有一道空气间层，并设有导水槽和通气孔，令少量进入到饰面板内侧的水分能及时排除，避免雨水进一步渗漏并防止墙体内部冷凝水的产生。外饰面板与墙体骨架相对独立，可以自由选择不同风格与类型的装饰面材；③现场复合型外墙板对建筑在使用期内的维修保养也非常有利，由于各层板材相对独立，出现破损可以及时进行局部更换。

通过对以上墙板比较分析可得：在质量方面，金属面夹芯板、ALC 板、薄壁混凝土岩棉复合外墙板质量较轻，选择质轻的墙板可以发挥钢结构建筑的优势，并对抗震有利；在强度方面，GRC 板、PRC 板、混凝土复合板强度较高，这样有利于减小厚度，降低自重；在抗震性能方面，钢丝网架水泥板、ALC 抗震性能好，可满足较高的抗震要求；热工性能方面：ALC 板、GRC 板、PRC 板导热系数较小，其中 ALC 板是一种可以以单一材料就能达到建筑节能 50% 以上的材料；耐火性能方面，ALC 板、PRC 板性能较好，其中 ALC 板不产生有害气体；隔声方面，均满足隔声要求；水性方面，ALC 板、钢筋混凝土绝热材料复合板、钢丝网架水泥夹芯板表现较好。

从以上分析可以看出，国内常见各种墙板都具有优越的性能特点，可选择面很广，同时，不同的板材又都有自身的优势，产品的多元化带来了选择的多样性，这样就给墙板选择带来了难度，这时就需要抓住重点，从工程实际出发，科学的选择方法，进行综合考量。选择墙板应遵循墙板构造形式选择、基材选择、主要性能选择、比较选择四步进行选择。

3.1.2 内墙板板材

钢结构住宅的内墙应尽量采用非承重轻质隔断墙，其主要功能是将使用空间分隔开来，同时它必须具备以下几种功能：①强度和稳定性；②耐久性；③防火；④隔声；⑤满足设备走线的要求。

适用于钢结构住宅的内隔墙种类主要有以下几种：

（1）一次成型板材

作为内隔墙的板材通常为具有标准宽度、整层高度的预制板。板材类型包括单一材质墙板和预制复合墙板。

1）单一材质墙板

有挤出型机制混凝土多孔条板、蒸压加气混凝土板、石膏空心条板、真空挤出成型纤维水泥多孔板等。这一类型板材材质均匀，实心板能满足建筑防火及隔声要求，空心条板在用作分户墙时常采用双层墙夹隔声材料的做法以满足隔声要求。

2）工厂预制复合墙板

由不同材料组成成型板材，其组成一般为内部轻质芯材与外层面板组成，芯材的主要作用是隔声，面层板材应具有一定强度，耐磨损，两层之间有骨架以保证板材整体强度。种类包括以下几种。

钢丝网架水泥夹心板的结构形式有两种，一种是以美国 CS&M 公司的 W 板及 COVINTE 公司的泰柏板（TIP）为代表的集合式；另一种是以比利时的 SISMOS 复合板、奥地利的 3D 板为代表的整体式。两种形式均是用联系钢筋把两层钢丝焊接成一个稳定的性能优越的空间网架体系，网架中间填充聚苯乙烯板条等保温材料，外侧再做砂浆抹面。钢丝直径 2mm，厚度 100mm 的墙板即可作为非承重内隔墙。

纤维水泥复合墙板与硅酸钙复合墙板是以薄型纤维水泥板或纤维增强硅酸钙板作为面板，中间填充轻质芯材一次复合成型的一种轻质复合板材，具有使用方便，价格低廉的特点。

蜂窝复合墙板是一种以经过防火树脂浸渍的蜂窝芯材与高密度硬质面板（玻镁平板、纸面石膏板、硅酸钙板等）通过特种胶粘剂冷压复合而成的一种夹层墙板。采用仿生技术，利用蜂窝状六边形结构单元形成整体支撑骨架，墙体整体性好，强度高，不易开裂，具有良好的防火、隔声性能。

（2）复合板材

与外墙板类似，复合墙板也是由不同材料现场复合而成。常见的有以下几种：

1）纸面石膏板

根据不同部位可分别采用普通板、防水板（潮湿房间如厨房、卫生间）和防火板（有特别防火要求的房间，或墙体耐火极限要求较高）。石膏板厚度有 9mm，12mm，15mm。板材以自攻螺丝固定于龙骨上，根据防火和隔声要求可以作单层也可以做双层或三层。如果隔声要求较高，可以在两层石膏板之间龙骨的空隙间填充隔声材料如岩棉、离心玻璃棉等。

2）轻钢龙骨石膏板

轻钢龙骨石膏板隔墙重量轻，施工方便，现场垃圾废料少。轻钢龙骨的骨架空腔还对墙体设备走线非常有利，在设计允许的范围内可以在支撑龙骨上穿洞，施工简便易行，维修改造方便。但它也有不足之处，一是由于中间空腔，无法阻隔撞击声的传播，敲击墙体会有类似木装修的空洞感；二是石膏板强度较低，出于安全考虑，无法作为分户墙。第三，由于石膏板受力能力有限，在墙上钉挂物体会受限制（必须与龙骨连接）。另外价格偏高也是其难于被普遍推广的原因之一。

除石膏板外，以轻钢龙骨做骨架的隔墙也可以采用其他表面板材，如水泥刨花板、玻镁板、纸面稻草板等替代材料，其构造原理与石膏板相同。

（3）可拆卸式隔墙

这种墙体可以在装修过程中或以后随时安装，有"框架—平板"式的，有"立柱—平板"式的，在楼盖和顶棚上装有滑道式凹槽，便于吊装（图3）。

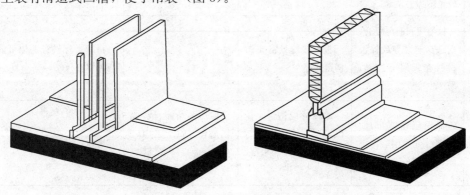

图 3 可拆卸式隔墙

3.2 砌块类

砌块类墙体材料有空心砌块、实心砌块。砌块是目前我国建筑墙体使用较广泛的墙体材料，砌块应用于钢结构住宅墙体中是目前我国钢结构住宅体系尚不完善的表现，可供选择的砌块种类有混凝土小型空心砌块、粉煤灰砌块、加气混凝土砌块等等，可在外墙、内墙中使用。

（1）混凝土小型空心砌块

指以水泥、石子、砂子、水为主要原料，必要时加入外加剂，按一定比例计量配料、搅拌，砌块成型机成型，并经养护制成的小型空心砌块。如果加入一定比例浮石、火山渣、煤渣等轻集料，既成为轻集料混凝土小型空心砌块。主要尺寸规格为 390mm×190mm×190mm。加入保温功能的砌块，施工时在其内部插槽中插入苯板等保温材料，可实现保温功能，同时对保温层有很好的保护作用。

（2）粉煤灰砌块（又称粉煤灰硅酸盐砌块）

是以粉煤灰、石灰、石膏和集料（如煤渣、硬矿渣）等原料，按照一定比例加水搅拌、振动成型，再经蒸气养护而制成的密实砌体。主要尺寸规格为 880mm×380mm×240mm 和 880mm×430mm×240mm。

（3）蒸压加气混凝土砌块

是以水泥、石灰、矿渣、砂、粉煤灰、铝粉等为原料经磨细、计量配料、搅拌浇注、发气膨胀、静停切割、蒸压养护、成品加工、包装等工序制造而成的多孔混凝土。它具有质轻、保温、防火、可锯、可加工等特点，可制成建筑砌块，用于建筑内外墙体。常用尺寸规格为 600mm×100～300mm×200～300mm。加气混凝土表面强度低、空隙率大、吸水性高，用于外墙勒脚处应砌筑 200mm 高混凝土，以防止潮气渗入。

这几类轻质砌体均具有较好的保温、防火、抗震性能，原材料资源丰富，不破坏环境，生产加工工艺简单，造价低廉，在住宅建筑中应用广泛。但也存在一定的问题：1）容易产生开裂；2）对于钢结构建筑，砌筑型墙体在施工过程中存在大量现场湿作业。

外墙材料综合性比较见表1。

外墙材料综合性比较一览表　　　　　　　　　　　　　　　　表1

外墙类型	保温隔热性能	防雨防漏	施工方面	使用寿命及可修性
砌筑类外墙	外墙外保温能达到节能要求，外墙内保温易产生冷桥	需要做钢丝网以防止墙体开裂渗水	砌筑类墙体，施工进度较慢，现场存在大量是作业	与建筑主体同寿命，材料无法更新
单板类外墙	采用单板时，保温性能达到要求，板体厚度增加，板缝处保温性能较薄弱，隔热效果不理想	板材接缝处需要做构造处理	需要吊装，部分连接件需焊接，施工安装较快	接缝处材料有老化可能，在使用期内需修补
工厂预制复合外墙板	保温层和面层复合，构造形势已导致保温材料在板端不连续，易产生冷桥	板材接缝处需要做构造处理	需要吊装，部分连接件需焊接，施工安装较快	接缝处材料有老化可能，在使用期内需修补
现场组装复合外墙板	保温层连续贯通，并有空气间层，保温隔热性能好	墙体分层错缝，在保温层与饰面层之间有空气间层及导水层，避免渗水隐患	墙体各功能材料现场复合，施工工序较单板和工厂预制板复杂	墙体各组成部分可分别更换

4 总结与展望

1）目前我国装配式钢结构住宅发展仍不成熟，研究我国装配式钢结构住宅发展因从技术和非技术两个层面考虑。其中在技术层面，主要原因在相应的配套体系不完善，其中围护结构体系就是制约钢结构住宅发展的重要因素；而在非技术层面对我国装配式钢结构住宅体系发展起到主要影响作用的是我国政府（包含我国各级政府及相关主管部门）、住宅产业集团及各住宅产业化示范基地。

2）装配式钢结构住宅在我国已经有了一定的发展，已建成的工程项目繁多、量大面广、遍布各地，各种主体结构体系、围护材料的应用都有了一定的实践经验。但是，这些已建工程对主体结构体系和围护体系的选择五花八门，围护体系产品质量参差不齐，没有一个得到认同的合理且行之有效的住宅体系和规范标准作为指导。

3）我国装配式钢结构住宅配套墙体材料的发展还是很不完善，特别是新型轻质墙板材料。虽然现场装配化施工的愿望是美好的，但考虑到住宅的使用功能，大多外墙和分户墙还是只能采用砌筑形式。因此，还是需要进一步加强新型轻质墙板材料的研发，并完善相关的图集、标准，使其能更满足住宅的使用需求，以达到钢结构住宅墙体的真正装配化、产业化。

4）相关技术人员应该多实地调研，了解认识结构体系中各类产品的优劣，针对不同地区不同条件下的住宅，选择最优化的方案进行设计。

参考文献

[1] 于春刚．住宅产业化——钢结构住宅围护体系及发展策略研究[D]．同济大学，2006．

[2] 杨煦．钢结构住宅结构体系应用研究[D]．北京交通大学，2014．

[3] 吴云，王玉龙．钢结构节能住宅墙体材料及细部构造[J]．建筑技术，2008，39(11)：881-884．

[4] 刘淑娟．多高层钢结构住宅楼板的发展概况及趋势[J]．中国高新技术企业，2010(15)：190-192．

[5] 张爱林，胡婷婷，刘学春．装配式钢结构住宅配套外墙分类及对比分析[J]．工业建筑，2014(8)：7-9．

[6] 梁军丽，赵欣，顾宗昂，等．钢结构建筑楼板体系综述[C]．全国现代结构工程学术研讨会．2013．

[7] 安庆新，保彦晴，王兵．钢结构住宅建筑的防火应用技术[J]．建筑技术，2004，35(7)：491-493．

[8] 杜爽．钢结构住宅的技术性研究[D]．清华大学，2003．

[9] 陈志华，王小盾，李树海．钢结构住宅的构造及技术经济分析[J]．钢结构，2004，19(3)：39-43．

[10] 邹晶．我国钢结构住宅体系适用性分析[D]．同济大学，2008．

[11] 邹晶，李元齐．钢结构住宅体系在我国的发展现状及存在问题[C]．全国现代结构工程学术研讨会．2007．

[12] 舒赣平，孟宪德，王培．轻钢住宅结构体系及其应用[J]．工业建筑，2001，31(8)：1-4．

[13] 王有为，赵基达，童悦仲，等．美国多层轻钢结构住宅技术及其进的相关问题[J]．工程质量，2005(12)：8-11．

[14] 吴晓琴．论钢结构建筑施工的质量控制[J]．中国建筑金属结构，2013(14)：4-4．

[15] 李文斌，高长喜．多高层钢结构住宅体系的设计与施工[J]．建筑结构 2009(S1)：414-418．

[16] 张付奎．钢结构住宅结构设计若干问题探讨[J]．建筑结构，2009(S1)：458-461．

[17] 蔡玉春．钢结构住宅设计中防火问题的对策研究[J]．钢结构 2007，22(3)．

[18] 于春刚．钢结构住宅外墙体材料及构造技术研究[J]．建筑施工，2007，29(1)：28-30．

[19] 纪伟东．钢结构住宅中围护墙板体系技术研究[D]．天津大学，2008．

[20] 纪颖波．建筑工业化发展研究[M]．北京：中国建筑工业出版社，2011．

[21] 李海洲．加气混凝土墙体收缩、开裂及空鼓的研究[D]．杭州：浙江大学，2011．

[22] 叶人．混凝土岩棉复合外墙板的构造及生产工艺田．建筑技术，1986(04)：2-6．

[23] 屠仲元，冯立南．薄壁混凝土岩棉复合外墙板的研究与试制田[J]．混凝土与水泥制品，1986(3)：51-55．

[24] 民用建筑节能设计标准 JGJ 26—95[S]．

[25] 赵汝祥．聚苯复合外墙板受力性能研究[D]．济南：山东大学，2007．

[26] 高倩，土兆利，赵铁军．几种保温复合外墙板的构造和性能．建筑技术，2002(10)：761-762．

[27] 轻型钢丝网架聚苯板混凝土构件应用技术规程 JGJ/T 269—2012.[S].

[28] 钢丝网架混凝土复合板结构技术规程 JGJ /T 273—2012[S].

[29] 吕应华，张龙飞，罗红.SP预应力空心板的发展及应用田.河南建材，2009 (6)：151-152.

[30] GB 15762—2008.蒸压加气混凝土板[S].

[31] 胡建军.加气混凝土板抗弯性能分析及节点试验研究[D].上海：同济大学，2006.

[32] 李佳莹.中国工业化住宅设计手法研究[D].大连：大连理工大学，2010.

[33] 施鑫.SW体系村镇工业化住宅技术研究[D].北京：北京建筑工程学院，2012.

[34] 刘玮龙.轻钢装配式住宅的设计与应用研究[D].济南：山东大学，zolz.

[35] 杜爽.钢结构住宅的技术性研究[D].北京：清华大学，2003.

[36] 王新祥，李建新.节能装饰一体化装配式外墙板发展现状与趋势[D].建设科技.2014.

[37] 李世尧.钢结构建筑墙体构造方法研究.河北工业大学[D].2014.

[38] 纪伟东.钢结构住宅中围护墙板体系技术研究[D].天津大学，2008.

[39] 于春刚.住宅产业化—钢结构住宅围护体系及发展策略研究[D].同济大学，2006.

[40] 姜继圣，孙利，张云莲.新型墙体材料实用手册[M].北京：化学工业出版社，2006.

[41] 何书锋.复合墙板在钢结构住宅中的构造技术研究[D].山东建筑大学，2007.

[42] 刘学贤，张伟星，谭大坷.建筑技术构造与设计[M].北京：机械工业出版社，2009.

[43] 李书田.现代建筑外墙装饰材料与施工[M].北京：中国电力出版社，2012.

[44] Andreas Achilles. Diane Navratil. Glass Construction[M]. Birkhauser VerlagAG.

[45] 罗忆.建筑幕墙设计与施工[M].北京：化学工业出版社，2011.

[46] 李海英.钢结构建筑围护结构的材料和构造技术研究[D].清华大学，2005.

[47] 侯利锋.论民用建筑混凝土砌块墙体的诊漏处理[J].科技促进发展，2006.

[48] 崔玉忠译，杜建东校.混凝土砌块墙体与钢结构建筑析架的连接[J].建筑砌块与砌块建筑，2012(03).

[49] 陈自明.浅谈我国建筑产业化发展之路[J].住宅产业，2015(4)：20-23.

[50] 纪颖波.建筑工业化发展研究[M].北京：中国建筑工业出版社，2011.

[51] 马福栋.浅谈建筑产业化形势下新型墙体材料的发展趋势[J].砖瓦，2016(1)：51-53.

[52] 叶增平.建筑工业化装配式复合外墙板的发展现状与趋势[J].福建建设科技，2016(1)：28-30.

[53] 康小微.混凝土岩棉复合外墙板[J].砖瓦世界，1985 (6).

[54] 吕应华，张龙飞，罗红.SP预应力空心板的发展及应用[J].河南建材，2009(3)：151-152.

[55] 于敬海，丁永君，李久鹏，等.设置耗能外挂墙板结构的抗震性能[J].天津大学学报(自然科学版)，2015.

[56] 姜忻良，贾勇，柯玉萍.高层复合墙板结构体系地震反应分析[J].天津大学学报(自然科学版)，2009.

[57] 刘向阳，刘锡良，陈志华.玻璃材料与新型建筑[J].天津大学学报(自然科学版)，2001.

三新钢结构住宅体系介绍

摘　要　本文系统介绍了三新钢结构住宅的优势和结构体系。
关键词　钢结构；住宅；结构体系

1　概述

我国的钢产量早已跃居世界第一位，钢材产量和质量持续提高，到 2013 年钢产量已经达到 7.7894 万 t，钢材供过于求的新形势，为我国发展钢结构住宅创造了良好的局面，国家近几年政策大力向钢结构大力倾斜，钢结构住宅本身节能环保、便于产业化、可持续发展的特性更是符合建筑市场长期发展的需要。

钢结构住宅代表了未来的住宅发展新模式，它与传统的砌体结构和钢筋混凝土框架结构相比，在使用功能、设计、施工、综合经济效益等方面具有明显的优势。其强度高、韧性好；材质均匀，符合力学假定，安全可靠度高；工厂化生产，工业化程度高，施工速度快；我国充足的钢铁产量，为实现钢结构建筑工业化提供了坚实的物质基础。大规模推广钢结构建筑，可以有效破解目前国内钢铁产能过剩。

作为国内一流的设计施工一体化的专业绿色装配式建筑集成服务商，三新集团一直在为中国钢结构建筑住宅工业化奋勇前行。集团以清华大学及哈尔滨工业大学为技术依托，拥有国家建筑设计甲级资质、建筑工程施工总承包一级资质，具有一流的钢结构工业建筑、公共建筑的施工经验和技术。早在新千年伊始便联合世界顶级设备制造商设计开发具有国际顶尖的智能柔性装配式部件和墙板生产线，以及具有独立知识产权的和世界领先的绿色装配式钢结构住宅建筑新技术体系。

三新绿色装配式建筑体系采用异形柱钢框架——支撑及钢板剪力墙组合结构体系。解决了钢框架——单一支撑体系在支撑处开设门窗困难的问题，彻底摆脱传统剪力墙等结构的束缚，框架布局呈现极大的灵活性，梁柱全部隐藏在墙体内，各部位构件均无结构性外露，不仅美观还能有效减少主体结构截面尺寸，适应不同部位呈现相应的最优截面形状，最小截面面积，从而实现用钢量最小。

2　柱

（1）材料选用

三新集团绿色建筑体系采用的是冷弯高频焊接矩形管组合而成的异形柱，根据工程需要可内灌混凝土。钢管混凝土柱主要采用冷弯成型高频焊接矩形管，节点域抗剪不足或底层承载力不足的情况采用焊接箱型柱。冷弯高频焊接矩形管是由钢带自动辊压成型，通过高频自动焊接而成，全线采用计算精确控制，质量可靠（图 1）。

此工艺有如下优势：

1）仅有一条通长焊缝，实现机械化生产，焊接效率高；

2）焊接变形影响范围小，焊接质量稳定；

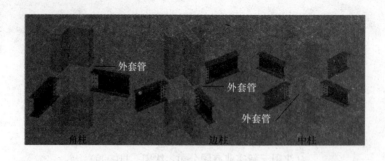

冷弯成型方钢管　　　　箱形柱四条焊缝　　　冷弯高频焊接矩形管

图 1　柱子图例

3）材料损耗少，成本低。

（2）优势介绍

1）承载力高：节省用钢量，钢管混凝土构件在轴向压力作用下，混凝土由于受到钢管的约束作用而处于三向受压状态，其强度得到进一步提高；而混凝土的存在还可以避免或延缓薄壁钢管过早的发生局部屈服，使钢管的承载力得以提高。二者相结合，相互取长补短，充分发挥各自的优势。

2）塑性及变形能力好：混凝土脆性大，具有较大的耗能能力，高强度混凝土更是如此，如果将混凝土灌入钢管中形成钢管混凝土，核心混凝土在钢管的约束下，塑性变形能力将得到显著的改善，使得结构在承受冲击荷载或振动荷载时，具有良好的韧性。

3）外形规则：方形截面更利于配合建筑设计，符合人们的传统审美情趣，有利于梁柱连接，便于采取简洁的防火措施。

4）施工方便：与钢筋混凝土柱相比，钢管混凝土柱省去了支模、拆模工序，且便于采用先进的泵灌混凝土工艺，缩短施工周期，减少对施工用地和环境的污染。

5）利用混凝土吸收热量，从而提高钢柱的防火性能，可降低防火处理费用。

3　梁

钢梁主要采用热轧 H 型钢梁和焊接 H 型钢：

（1）热轧 H 型钢，加工制作简单，质量稳定，生产效率高；无需在加工厂焊接成型，大幅减小加工工作量；质量更有保证。

（2）焊接 H 型钢，截面尺寸的选用灵活；当规格、材质一致时热轧 H 型钢完全可代替焊接 H 型钢，并且前者比后者质量有保证。

4　支撑

（1）中心支撑

中心支撑构件的两端均位于梁柱节点处，或一端位于梁柱节点处，一端与其他支撑杆件相交。中心支撑包括：单斜杆支撑，交叉支撑，人字形支撑，V 字形支撑，K 字形支撑，中心支撑的优点是支撑杆件的轴线与梁柱节点的轴线相汇交于一点，支撑体系刚度较大，保证了正常使用极限状态要求，在常

遇地震作用下能有效防止非结构构件的破坏。地震作用下能有效防止非结构构件的破坏。中心支撑的缺点是中心支撑存在受压时的屈曲问题，尤其在往复的水平地震作用下，支撑构件反复受压屈曲后刚度和承载力急剧下降，由此造成结构的延性较差。中心支撑体系一般用于非地震区或地抗震设防等级较低的地区（震区高度不超过 12 层的建筑中），以及主要有风荷载控制侧移的多高层建筑物。

（2）偏心支撑

偏心支撑杆件的轴线与梁柱的轴线不是相交于一点，而是偏离了一段距离，形成一个先于支撑构件屈服 q 的"耗能梁段"。偏心支撑钢框架通过耗能梁段的弯曲和剪切将支撑中的轴力传递给柱或另一根支撑耗能梁段，以稳定的工作性能来担当结构中的"保险丝"，耗散地震能量。偏心支撑包括人字形偏心支撑，V 字形偏心支撑，八字形偏心支撑，单斜杆偏心支撑等。其中 V 支撑框架通常用于跨度较小的部位（比如楼梯间），但为了保证整体结构的对称反应，此类支撑应成对布置。偏心支撑体系的优点是偏心支撑框架充分利用支撑与柱，或支撑与支撑之间的梁段形成耗能梁段，是一种非常刚劲的结构体系，具有极好的耗能能力以抵抗大的地震影响。保护支撑斜杆免遭过早屈曲，相应地延长和有效地保持结构抗震能力的持续时间，且可有效地节约钢材。偏心支撑适用于超过 12 层的钢结构房屋，抗震设防等级较高（抗震烈度为 8、9 度）的地区或安全等级要求较高的建筑（图 2～图 4）。

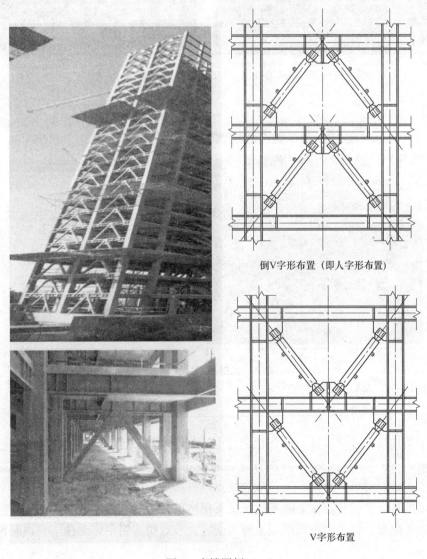

倒V字形布置（即人字形布置）

V字形布置

图 2　支撑图例（一）

图3　支撑图例（二）

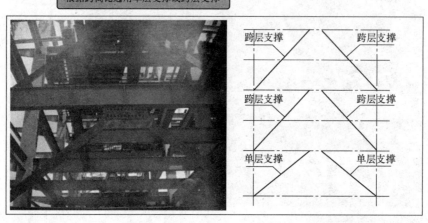

图4　支撑图例（三）

5　节点构造

目前三新集团采用的梁柱节点是：外套管式节点。采用外套管式梁柱连接节点，梁柱节点区域直接在柱外侧贴焊钢板，省去了隔板工艺（将钢管柱截断以安装隔板），可提升钢结构加工效率80％以上，摆脱了传统连接节点费时费事且质量不易保障的缺点，提高加工效率。

通过一定厚度的外套管使柱腔在无隔板的情况下仍然保持了节点的刚性；无需增加内隔板，保证了冷弯管的应用；因无隔板，柱芯内浇筑混凝土较为密实；节点构造简单，对住宅户内装修影响较小（图5）。

图 5　节点图例

6　楼板

三新集团使用钢筋桁架楼承板，钢筋桁架是在后台加工场定型加工，现场施工需要先将压型板使用栓钉固定在钢梁上，再放置钢筋桁架进行绑扎，验收后浇筑混凝土（图 6）。

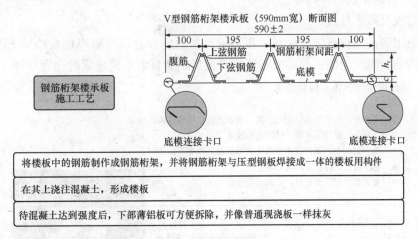

图 6　楼承板施工工艺

钢筋桁架楼承板的特点如图 7 所示。

7　外墙一体化墙板

（1）围护结构体系

1）砌块墙＋保温层＋外墙面层。传统做法，降低成本。

现场钢筋绑扎工程量可减少50%~60%，可进一步缩短工期

桁架受力模式可以提供更大的楼承板刚度，可大大减少或无需用施工用临时支撑

底模不参与使用受力，无需考虑防腐耐火问题，且可撕掉，便于装修

图7　楼承板特点

2）砌块墙＋保温装饰一体化板。施工便捷，可营造石材及金属幕墙效果，解决墙体开裂渗漏。

3）砌块墙＋保温层＋ALC外挂墙板＋外墙面层，可解决墙体外表面贴砖问题。

4）ALC墙板＋保温层＋外墙面层，施工速度快，减少工期且墙面平整。

（2）防火、防腐、隔声措施

目前使用较多的防火处理有三种方式：①防火涂料；②防火板；③钢柱外包防火砌块。三新集团绿色建筑体系是采用二层防火处理，将建筑装修与防火合二为一，是提高钢构件耐火极限的一种复合式防火保护方法。第一层防火是先在钢构件表面喷涂防火涂料。第二层防火是外包防火板或外包防火砌块，既起到防火作用，又起到内部装修作用。

该法具有如下特点：

1）耐火性能好，钢构件完全被固结在耐火材料中。

2）成本低，与现有喷涂法和包裹法相比，成本明显降低。

3）装饰性好，表面光滑平整。

4）气密性好，有利于钢构件防腐。

（3）钢梁的防火及隔声处理

钢梁的防火采用防火砌块或防火涂料，在钢梁腹板的空腔处填充隔声棉或喷涂SPR矿物纤维或砌筑防火砌块解决钢梁的隔声问题；钢梁的布置应考虑后期装修效果确定梁的位置（图8～图10）。

外墙保温装饰一体化技术

- 更防水：双重防水、柔性连接，有效解决了外墙开裂、渗漏
- 更耐久：采用了氟碳、硅丙涂镀技术
- 更节能：材料复合技术使墙体更加保温，避免了冷桥
- 更便捷：免脚手架，施工便捷
- 更美观：可营造石材、金属幕墙效果

加工流程

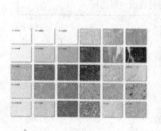

图8　外墙保温装饰一体化技术

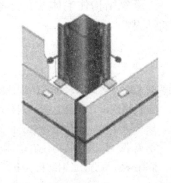

墙板连接安装技术

* 墙板性能优势：轻质高强、保温隔声、防火耐久
* 连接技术开发：安装便捷高效、连接安全可靠
* 墙板柔性连接：整体性好、不易开裂、抗震性强
* 二次装修方便：免粉刷、便开槽、易吃钉吊挂

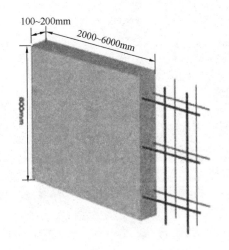

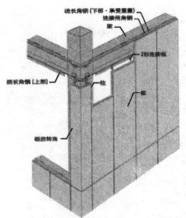

图 9 墙板连接安装技术

绿色施工技术

* 六无一少
* 安全环保
* 快捷高效

无现场支模

无现场砌筑

无外墙脚手架

少湿作业

无现场焊接

无水泥砂浆抹灰

无钢筋绑扎

图 10 绿色施工技术

8 结语

三新钢结构住宅体系最大的技术优势是：能够适应目前市场主流户型需求，很好适应现代住宅外立面美观大方和户型采光的需求。

与三新板材结合，可以做到室内不露梁柱、美观、用户使用方便。

三新钢结构住宅体系充分考虑住宅产业化，从设计、加工到施工各个环节，是整个产业链互动式设计的结果。

参考文献

[1] 高光虎. 多高层轻型钢结构住宅设计[S]. 建筑结构，2001.
[2] 包头钢铁设计研究总院. 钢结构设计与计算(第2版)[M]. 北京：机械工业出版社，2006.
[3] 徐秀丽. 毕业设计指导书－框架结构设计[Z]. 北京：中国建筑工程出版社，2008.
[4] 李英攀. 我国钢结构住宅建筑及其产业化研究[D]. 武汉理工大学，2003.
[5] 陈绍蕃，顾强. 《钢结构》(下)[M]. 北京：中国建筑工业出版社. 2003.

浅谈标杆钢结构住宅结构体系

陈立新

（沈阳三新实业有限公司，沈阳　110000）

摘　要　住建部 2016 年装配式建筑科技示范项目——钢结构项目共 19 项，从中筛选出较有代表性的住宅项目 6 项，此 6 项地域覆盖跨度较大，足以反馈今天中国钢结构住宅技术之现状。本文试图对其结构体系，做一非常简要的概述，以方便相关人士做进一步的研讨。

关键词　钢结构住宅；结构体系

1　杭州钱江世纪城人才专项用房项目

钱江世纪城人才专项用房位于杭州市萧山区，总规划建设用地 133763.6m²，总建筑面积 661935.4m²（地上约 44 万 m²，地下约 22 万 m²），建筑密度 20.6%，容积率为 3.11，绿地率 36.80%，机动车停车位约 4881 个。由 15 幢高层（地上 26～32 层，地下 2 层）和 1 幢超高层（地上 40 层，高 140m）组成，是目前我国最大的钢结构保障房项目。

目前一期工程正在建设中。结构形式有两种，除超高层采用钢框架-钢筋混凝土核心筒混合结构体系外，其中 11# 楼采用钢管束混凝土组合剪力墙结构体系，其他均采用钢框架支撑结构体系。柱为方形钢管，内部浇筑混凝土，形成组合柱，梁为焊接 H 型钢，楼板为钢筋桁架楼承板，内、外墙体采用 CCA 板轻质灌浆墙体系（图1、图2）。

图 1　钱江世纪城一期一标段　　　　图 2　钱江世纪城 11# 楼

2　万郡大都城住宅小区（三期）工程

万郡·大都城项目位于内蒙古包头市鹿城区，是迄今为止最大的商业开发钢结构住宅项目。总用地面积 415.13 亩，建筑面积近百万 m²，容积率 3.0，绿地率达 35%，规划总居住户数为 5536 户，停车位共 3010 个，由 26 栋 26～32 层的高层住宅群组成，目前一、二期已经入住，三期仍在建设中（图3）。

一期工程 1～7# 楼、二期工程 8～15# 楼均采用钢结构框架-支撑结构体系。柱为方形钢管混凝土组合柱，内部浇筑梁C50高强度混凝土，梁为焊接H型钢，楼板为自承式钢筋桁架楼承板，一期墙体采用CCA板轻质灌浆墙体系。因8度设防地震区，支撑形式采用的是偏心支撑结构体系。

　　鉴于施工操作便捷与质量保证等因素，二期工程在保留CCA板灌浆墙的同时，增加了蒸压加气混凝土砌块、条板等新的组合墙体。

　　三期采用的是钢管束组合剪力墙结构体系，由墙体提供竖向以及侧向抗力。外墙辅以轻质防火保温板、轻质防火板、防火保温隔热层、CCA板装饰面等处理，与钢管束墙体形成匹配。楼板、墙体则保留一、二期的做法。

图3　内蒙古包头万郡·大都城三期

3　济宁市嘉祥县嘉宁小区公共租赁住房建设项目

　　嘉宁小区公租房项目位于嘉祥县主城区内，新汽车站以北，建设路以东，演武路以西，北二路以南，是山东省第一个多高层钢结构住宅项目。总规划用地80.3亩，总建筑面积9.6万 m²，共由13栋高层组成，其中地上17层，地下1层，可建设公共租赁住房1200余套。一期工程1、2、3、4、7#楼5栋，共544套，总建面34207m²，目前在建中。

　　一期采用矩形钢管混凝土组合柱框架-支撑结构体系，柱为方形钢管混凝土组合异形柱，柱截面总体呈一字形、L形、T形或十字形，方钢管内浇筑高强混凝土，形成钢混凝土组合柱。支撑采用中心支撑，构件为方形钢管，梁为H型钢。楼板采用钢筋桁架楼承板，墙体采用了轻质蒸压加气混凝土条板（图4、图5）。

图4　嘉宁小区项目鸟瞰图

图5　嘉宁小区项目一期施工现场

4　沧州市福康家园公共租赁住房项目

　　福康家园公租房项目位于河北省沧州市，即开元大道以东、永安大道以西、向海路以南、福馨家园以北。共由 8 栋高层组成，其中 1、2♯楼地下一层，地上 25 层；3、5、6、7、8♯楼地下一层，地上 18 层；4♯楼地下一层，地上 26 层。地上一、二层为商业建筑，地下一层为车库。

项目总占地 66.83 亩，总建筑面积 136289.57m²，其中，住宅 97515.43m²，商业 10196.92m²，配套公建 3447.41m²，地下室 25129.81m²，容积率为 2.495，建筑密度为 19.02%。小区共建设住宅 1588 套，最大套型面积 89.9m²，平均套型面积 61.41m²，是沧州市首次企业与政府共同建设的公租房，也是河北省首个采用钢结构的保障房项目。

结构体系有两种，1、2、4♯三栋楼采用矩形钢管混凝土组合柱框架-剪力墙结构体系；3、5、6、7、8♯五栋楼采用矩形钢管混凝土组合柱框架-支撑结构体系。剪力墙设置在东西山墙处，及部分南北墙，全部为钢筋混凝土构件，墙体厚度有 250mm、200mm 两种。支撑采用中心支撑，构件为方形断面钢管。柱为方形钢管混凝土组合异型柱，梁为 H 型钢梁。楼板采用钢筋桁架楼承板。除地下室外，地上部分内、外围护结构为砂加气轻质混凝土条板以及蒸压加气混凝土砌块（图 6、图 7）。

图 6 福康家园项目鸟瞰图

图 7 福康家园项目施工现场

5 东亚·翰林世家 G1、G4♯楼

项目位于沈阳市皇姑区银山路与鸭绿江西街交汇处，项目分四次开发，一期、三期、四期为小高层、高层商业住宅，二期 G1、G4 楼为 LOFT 产品，总建筑面积 26641.7m²，层高 4.79m，建筑总高度 41m，采用外玻璃幕墙，是辽宁省第一栋采用 EPC 技术的装配式钢结构民用建筑。

项目采用全装配式钢结构体系建筑，即"全钢框架＋装配式预应力混凝土叠合楼板＋蒸压砂加气混凝土外墙板＋配筋混合料高强轻质内墙板"的结构形式（图 8、图 9）。

图 8 东亚·翰林世家 LOFT 公寓

图 9 东亚·翰林世家 G4♯楼

6 新疆德坤建材有限责任公司二钢区域棚户区改造工程（天山区二期）

德坤棚改项目位于新疆乌鲁木齐市米东区二钢社区，其中三栋住宅采用了装配钢结构住宅技术体系，地上 18～21 层，地下 2 层，合计建筑面积为 3.8 万 m²。

项目采用钢框架-支撑结构体系。其中，柱子为冷弯方钢管混凝土组合柱，截面尺寸统一为 350mm×350mm。梁为热轧 H 型钢及焊接 H 型钢。支撑采用了中心支撑和偏心支撑两种形式，中心支撑布置在分户墙以及山墙处，对建筑空间功能及后续装修影响较小；偏心支撑布置在纵向，对避开门窗洞口的设置以及外立面处理较为有利。

外墙采用嵌挂结合式复合保温外墙板，嵌挂结合式的外围护系统，既解决了传统外墙挂板安装精度差、接缝难处理以及钢结构构件室内外露等问题。

乌鲁木齐市为 8 度设防地震区，经过优化设计，本项目用钢量仅为 60～70kg/m²（图 10）。

图 10 德坤棚改项目鸟瞰图

7 结语

（1）对于一些特别强调建造成本的项目，方形或矩形柱、现浇楼承板、砌块墙体等技术手段，应予以适当保留并发展。

（2）对于钢、混凝土组合结构，特别是柱系统，一是没有脱离湿作业，二是现场混凝土浇筑质量难以保证，对此我们应保留清醒的认识。

（3）对于结构不能外露的苛求，导致像莱钢、马钢等早年开发的 H 型钢柱框架体系，目前国内已不多见，而国外大行其势，我们应当反思。

此外，结构问题也不应仅从力学角度，而应从多专业、全产业链的角度，更多的相关人士参与意见，方能使之更加成熟、完善。

参考文献

[1] 陈志华等. 矩形钢管混凝土结构研究综述[J]. 建筑结构，2015，45(16).
[2] 吴德声等. 从钱江世纪城人才专项用房项目看钢结构住宅产业化[J]. 城市住宅，2014(8).

钢结构住宅发展中存在的问题以及对策分析

宿文汉　赵大勇

（沈阳三新实业有限公司，沈阳　110000）

摘　要　近几年，我国的建筑行业迅速发展，建筑开发商不断地通过引进各种先进的技术来完善建筑业中的缺陷，其中主要的技术有住宅钢结构施工技术，该技术目前在住宅建筑中的应用最广。由于我国的住宅建筑施工起步晚，发展快，部分施工技术仍然还存在着一定的问题，因此，只有不断加强对住宅钢结构的发展过程的分析，才能有效地完善建筑行业中的缺陷。所以本文主要对钢结构住宅发展过程中所出现的问题以及采取何种措施去改善这类问题进行了一个简单的分析。

关键词　钢结构；住宅；施工技术

1　引言

随着我国社会经济的不断发展，城市建筑越来越多，对建筑工程施工技术的要求也随之增高，为了顺应社会发展的需求，建筑施工企业必须不断创新施工技术，完善我国住宅建筑钢结构施工技术。近些年来，因钢结构具有施工周期短、抗震效果好、自重轻等优势被不断应用在住宅建筑中，在很大程度上推动我国建筑事业的发展。本文将分析钢结构在住宅建筑施工中的具体应用，存在的问题并针对这些问题提出一些施工措施，旨在为住宅建筑施工作业提供参考。

2　钢结构概述

近些年来，伴随着钢结构这一技术的进步和发展，钢结构已经被广泛应用到大跨度、住宅钢构、巨型框架、预应力钢构、空间结构以及索膜结构中，本文主要就钢结构在住宅建筑施工中的应用进行分析。建筑钢结构工程中的常见材料：在钢结构工程中所运用到的材料可以分成主材与辅材，钢材即主材，连接材料即辅材，像焊接材料、焊丝、焊条以及焊剂等；经高强度螺栓进行连接之后，被用于建筑钢结构相关材料应满足要求：高强度、高塑性、疲劳性能、冲击韧性，并同时拥有冷加工、热加工以及可焊性等优良工艺性能。在我国，建筑钢结构中的钢材可大致分成低合金结构钢、碳素结构钢以及热处理低合金钢这三种。

3　钢结构技术在住宅建筑施工中存在的问题

（1）住宅建筑中钢结构技术应用会加大施工成本

从最近几年钢结构技术在住宅建筑中的应用情况分析，主要表现如下：若在工程项目建设期间，钢结构使用未按照规定要求操作，一旦引发施工安全事故，则会对整个工程项目的施工进度造成非常大的影响。如果造成建筑物大面积坍塌，不仅会导致重大施工人员伤亡，还会给施工单位造成非常严重的经济损伤，在很大程度上会加大整个住宅建筑项目的施工成本，从而带来不必要的劳务纠纷及经济损失，这对之后进行施工会造成很大影响。

（2）住宅建筑中钢结构技术应用起来较复杂

在住宅建筑施工中，钢结构技术应用复杂性方面的问题表现为：结构质量较差，这很可能因多种因素引发，如在钢结构的设计上，应用范围未准确测定，对于结构自身所承载的能力难以很好地控制，从而使建成的建筑结构的稳定性较差；或者是未仔细审核施工图纸，且没有计算各结构所能承载的最大强度，这就难以确保住宅建筑施工质量。

（3）住宅建筑中钢结构技术应用较多变

工程项目在进行施工时，其钢结构技术的应用质量会一直困扰整个施工过程，且施工质量容易受外界环境及施工时间的影响，而发生相应的变化，且长时间下来，若质量问题未得到很好的处理，则会导致该方面的缺陷越发严重。

（4）住宅建筑中钢结构技术应用易引发安全事故

因以往的住宅建筑项目在建设时，以水泥作为主要的建筑材料，而当前大多数以钢结构体为主，但很多施工人员对于钢结构体并不是很了解，使其所采用的施工方法存在一定缺陷，从而加大施工安全事故发生的几率。

4 提升住宅建筑施工中钢结构技术应用效果的具体策略

（1）提升吊装技术应用的有效性

钢结构技术在住宅建筑施工过程中，比较关键的一个阶段就是吊装技术的应用，其安装质量的好坏、安装速度快慢等，均会影响整个工程项目的施工效果及施工质量。因此，住宅建筑项目在施工之前，各施工人员需做好详细规划，严格查看吊装结构安装区和具体的吊装施工流程。并在施工之前做好施工规划，根据整个工程项目设计图纸、平面示意图等，对工程项目的外部结构、内部构造、起重机的数量等进行全面、仔细地研究，以使吊装技术应用效果发挥到最佳，从而提升钢结构技术在住宅建筑施工中的应用效果。

（2）以焊接技术提升施工安全性

住宅建筑项目在施工时，将钢结构技术应用于其中，最大的缺陷是项目施工量大、施工形式繁琐、质量要求较高、施工进度慢等，因而，将焊接技术应用到住宅建筑项目施工建设中，对于施工质量、施工安全性等均会造成影响。当前，随着钢结构施工技术水平不断提升，渐渐缩小了焊接技术偏差，使得保持在 6～10mm 间，这对于提升施工质量有很大帮助。

焊接技术具体应用流程如下：第一，对于一些住宅的建筑平面以对称性标准进行施工时，可保证建筑物钢结构、节点的对称性，从而确保施工的安全性；第二，保证整个住宅建筑各项目的焊接温度、焊接速度一致，使施工人员由焊接温度、焊接速度两方面完成各项焊接工作，从而确保焊接高度一致；第三，对钢结构的柱梁节头进行焊接施工的过程中，先焊接 H 型钢材的下缘部位，之后根据操作流程流程两边开始焊接，这样可确保所焊接结构完整。

（3）严格勘测、核查施工现场

第一，住宅建筑施工人员将钢结构技术应用于其中时，需仔细勘测施工数据和实际的施工现场情况是否一致，且在进行土建施工前，设计人员应该到现场勘测并且收集有关数据。然而实际施工中，勘察设计里面标注的具体工程地质条件往往和现场实际情况常常会存在出入，这就容易使施工组织设计缺乏科学性，对施工技术的选用、施工进度等产生严重的影响。因此，土建施工单位一定要安排专业人员对施工现场进行勘测，并进行反复核查，尽量确保施工技术、施工进度相符。

第二，根据住宅建筑项目选用合适的钢结构施工技术，避免技术失误，这是因为住宅建筑自身具有很高的复杂性及技术性，在实际施工期间很容易出现技术变更等方面的失误。尽管施工技术失误具有必然性，可住宅建筑施工单位应该在实际施工前，对相关的施工设计图纸进程严格会审，提高施工设计所具有的技术性以及可行性。

（4）选择优质的钢结构材料

住宅建筑施工中所选用的钢结构材料主要包括以下几类：金属制品、板材、型材、管材等四类。在实际的施工中，经常使用的有优质的碳素结构钢、一般的碳素钢、低合金钢等，钢结构在应用时，柱子的结构主要有"工"字形、"十"字形两种，且截面大多数均为箱形，施工特殊要求的钢梁除外，剩余的钢梁均为"H"型。工程项目施工人员在安装钢结构前，需对结构各焊接的接头使用的材料、规格大小等明确规定，以最好梁与柱、梁与梁等各结构间的焊接工作，例如，施工前以高强螺栓进行连接，同时选用焊接连接的技术，在焊接前，准确测量各连接孔的具体位置。

而且，施工人员在应用钢结构之前，应该提前做好构件采购、准备施工材料及检测设备等工作。严格遵循施工作业流程是进行钢结构施工的基础，注重前后环节的衔接，细致安排施工中不同构件的设置，如设置符合规格的枕木对设备构件进行支撑，使施工中的构件保持清洁干燥，延长构件的使用寿命，同时，施工人员还要根据不同材质的构件，选择适当的焊接工具和技术等。随着现代钢结构施工要求的不断提高，传统的铆接技术逐渐被焊接技术取代，这就使先进焊接技术得到较好的推广及应用。

5 结语

综上阐述，住宅建筑在进行施工时，比较核心的一个环节就是施工技术的应用，此次以钢结构技术作为研究对象，分析其具体应用情况，并经技术人员、施工人员、管理人员互相配合，进一步提升钢结构技术的应用效果，以便为住宅建筑的施工水平、施工质量带来有效的保障，这对今后促进钢结构技术在住宅建筑施工中的应用具有重要参考意义。

参考文献

[1] 张亦静. 发展轻钢结构存在的问题与对策[J]. 株洲工学院学报，2001，15(5)：79-80.
[2] 颜宏亮，马林. 墙体改革与轻钢结构住宅体系的发展[J]. 住宅科技，2001(8)：39-41.

几种组合型异形柱系统之辨析

陈立新

（沈阳三新实业有限公司，沈阳　110000）

摘　要　装配式钢结构住宅的特点在于其结构体系，而柱系统是结构体系中的核心构成要素。本文试图对目前我国常见的几种方形钢管混凝土组合型异形柱，就其构造、特点、不足等方面做了一个简要的梳理，以期对初涉钢结构住宅领域的人士能有所帮助。

关键词　钢结构住宅；结构体系；组合型异形柱

1　概述

框架结构体系是装配式钢结构住宅最基本的结构形式，方形钢管混凝土组合柱是最初级的柱系统，简称方形柱（亦称矩形或箱形柱），因其腔内充填高强混凝土，综合了钢与混凝土两种材料的力学性能优势，所以一般称组合柱。所谓异形，是相对方柱而言，一般有 L 形、T 形、十字形、一字形等，分别对应角柱、边柱、中柱，柱通常小于或等于墙宽，因而室内没有阴阳角，便于装修及家具布置，而广受欢迎。

在由方形到异形的过程中，有两个走向，一是以方形钢管为基本单元，通过简单拼接、叠加，形成多腔异形组合体，是较基本的一种，如中建八局的"宽肢组合异形柱"；二是以方形钢管为基本单元，通过连接板、肋板等构件相互连接，形成一个新的组合体，如天津大学研发的"方形钢管混凝土组合异形柱"，中建八局研发的"格构式组合异形柱"等。

杭萧钢构在柱的基础上，突破了宽肢的局限，使柱演变为了墙，结构体系也就相应演变为了"钢管束混凝土组合剪力墙"结构体系。

2　中建八局——宽肢组合异形柱

在组合柱的端部、角部、中心联结点处采用基本单元——热轧或高频焊接方形钢管，方形钢管之间用钢板相连，钢板间每隔一定间距设置一道开孔的加劲板连接内外层钢板，并在连接钢板形成的空腔内灌注高强混凝土。

组合柱截面肢长与宽度之比小于等于 4 时，一般适用于 7 层以下住宅，10～15 层住宅一般要求截面肢长与宽度之比大于 4。截面肢长与宽度之比为 5、6、7、8 时的异形柱称为短肢剪力墙，可见宽肢异形柱是柱和剪力墙之间的过渡形式（图 1、图 2）。

类似于中建八局上述做法的组合型异形柱，很多企业都有尝试，在细部做法上也有所差异，比如基本单元——方钢管采用冷弯工艺的，组合单元采用 U 形钢的，腔体内部加栓钉的，内部加劲板半封闭型的等等，但在结构体系上大体可以归于一类。

该柱系统从建筑角度表现看尤其优异，值得大力推广。但限于结构特点，建筑平方米含钢量是高于方柱系统，且工厂工作量较大，腔体更小，现场混凝土浇筑也更为不易。

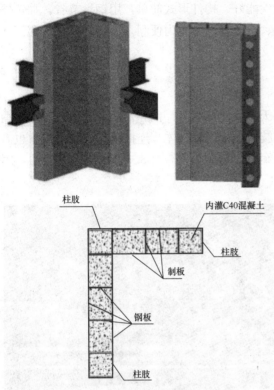

图 1 宽肢异形柱构造

图 2 宽肢异形柱案例

3 中建八局——格构式组合异形柱

在组合柱的端部、角部、中心联结点处采用基本单元——热轧或高频焊接方形钢管，钢管内浇筑高强混凝土，方形钢管组合柱之间用钢支撑相连，钢支撑一般采用方钢管。

格构式组合异形柱的外轮廓线与宽肢异形柱无异，只不过是把其中的每一肢都变成了类桁架结构，其基本单元——方形钢管就是桁架的上、下弦杆，支撑及横杆就是桁架的腹杆，若干榀桁架共同构成了一个立体空间受力结构体，于发挥钢材的力学特性非常有利（图3、图4）。

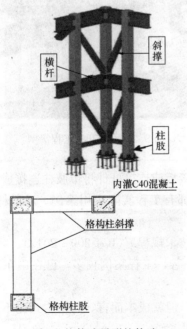

图 3 格构式异形柱构造

图 4 格构式异形柱案例

优点是受力体系更趋合理，承载效率较高，抗震性能好，构件形式简单，用钢量节省，加工制作成本较低。同时，因没有大面积的实心面墙体，与穿线、墙体开洞等更为便利。不足之处是，鉴于体系的复杂性，理论研究、工程试验相对滞后，以及实例的支持。

4 天津大学——方形钢管混凝土组合异形柱

方形钢管混凝土组合异形柱（简称 SCFT 柱）由天津大学于 2002 年提出。该柱系统以方形钢管混凝土组合柱为基本单元，通过连接板或连接杆件将单肢柱连接成组合体。连接板有实腹式的，也有可以开洞的，有单板，也有双板，都有工程实际应用的案例，详见图 5～图 8。通过杆件连接的，因操作性比较复杂，实际应用不多。

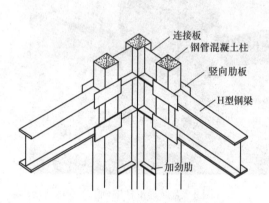

图 5 方形钢管组合柱构造图

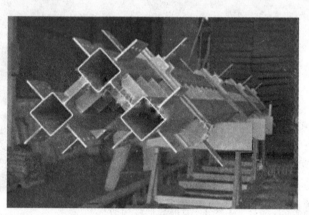

图 6 单板连接工程案例

图 7 双板连接工程案例

图 8 连接板开洞工程案例

该柱系统以方形钢管混凝土组合柱为基本单元，通过连接板或连接杆件将单肢柱连接成组合体。连接板有实腹式的，也有可以开洞的，有单板，也有双板，都有工程实际应用案例。通过杆件连接的，因操作性较复杂，实际应用不多。

经过十余年的研究与应用，已经列入《轻型钢结构住宅技术规程》（JGJ 209—2010）、《天津市钢结构住宅设计规程》（DB29—57—2003），理论研究成果比较完善，工程案例较多，已在山东、河北等地多个多高层住宅项目中得到检验。

从结构与建筑的角度看，方管异形柱无疑是相对合理的。但就成本而言，与格构式比不省料，与钢管束体系比也未必省工，特别是在双板连接的情况下尤其如此。

5 杭萧钢构——钢管束混凝土组合剪力墙

钢管束混凝土组合剪力墙体系是由杭萧钢构近年提出的技术换代产品，已在钱江世纪城人才公寓、包头万郡大都城等项目中得到了实际应用。

在外形与构造上与宽肢异形柱极为相似，也是将若干个标准化、模数化的基本单元——方形钢管，通过 U 形钢管或双层连接板，并排连接在一起形成钢管束，内部浇筑高强混凝土，由此形成钢管束组合结构构件，作为竖向承重以及抗侧力构件。方形钢管通常是先冷弯成形，再高频焊接完成。与由四块钢板焊接而成的钢管相比，冷弯高频焊接的钢管仅有一条通长焊缝，焊接变形影响范围小，焊接质量稳定，材料损耗少（图 9、图 10）。

图 9　组合剪力墙构造　　　　　　图 10　钱江世纪城人才公寓

与宽肢异形柱的区别在于肢长更长，肢长与肢宽比通常大于 8。从结构体系上看，自身刚度较大，具备抗侧能力，因此不再需要采取支撑措施，于门窗洞口布置有利，建筑、结构优势明显是剪力墙体系的最大优点。但同时我们也应该看到，剪力墙结构体系对户型设计还是有所局限，后期调整也不甚方便，等等不一而足，因此从建筑角度看，有优势也有缺憾。

6 结语

通过上述的简单辨析，我们可以看到，组合型异形柱系统还处于优化时期，由企业或院校推出的体系，还处于各自为战的阶段，远没达到融合的程度，与装配式钢结构住宅的产业化发展需要是不相适应的，为此我们也呼吁更多研发力量参与进来，使之早日成熟。

参考文献

[1] 陈志华等. 矩形钢管混凝土结构研究综述[J]. 建筑结构，2015，45(18).
[2] 郭棣. 宽肢异形柱的试验研究[D]. 西安建筑科技大学博士学位论文，2001，6.
[3] 周婷. 方钢管混凝土组合异形柱结构力学性能与工程应用研究[D]. 天津大学博士学位论文，2012.

互联网＋BIM 大数据下的装配式钢结构住宅

张晓琳　苏　磊　张振东　杨　煦

（北京建谊投资发展（集团）有限公司，北京　100068）

摘　要　本文以建谊集团在建的北京市丰台区成寿寺 B5 地块定向安置房项目为例，介绍了建谊集团在产业化集成设计、工业化生产、装配化施工和信息化项目管理方面的实践经验，重点阐述基于 BIM 的互联网集成技术平台、建筑全生命周期数据管理及装配式钢结构住宅产业化等方面内容。

关键词　BIM；装配式；钢结构；住宅

1　前言

钢结构建筑是建筑工业化最好的诠释，也是安全、可靠的装配式建筑。常见的钢结构建筑形式有多高层钢结构、门式刚架轻型房屋钢结构、大跨度钢结构和低层冷弯薄壁型钢结构。除了构件选型，预制构件的制造与安装、内外装饰及部品系统集成也是装配式钢结构应用中的关键环节。此外，发展装配式钢结构住宅还应把握高新技术应用、绿色建筑、智能建筑的趋势。作为"基于 BIM 的互联网集成技术平台"的建设者、"装配式钢结构产业化"的实践者，建谊集团积极投身于建筑大数据价值的挖掘和应用。本文以在建的钢结构保障房项目为例，介绍建谊集团在互联网＋BIM 大数据背景下，对装配式钢结构住宅的研究、探索和实践。

2　项目概况

本工程为北京市丰台区成寿寺 B5 地块定向安置房项目，规划用地面积 6691.2m²，总建筑面积 30379m²，地下三层，地上部分 1♯、2♯、3♯、4♯楼分别为 9 层、12 层、16 层、9 层。本工程为深基坑支护，支护形式为混凝土灌注桩＋预应力锚索且无肥槽；基础采用筏板基础，筏板厚度有 900mm、750mm、600mm 三种，采用 3＋4mmSBS 弹性体改性沥青防水卷材；地下室部分，外墙为现浇混凝土结构，采用高分子片材单层 HDPE 膜（预铺反粘技术），钢管混凝土柱，H 型钢梁，钢筋桁架楼承板；地上部分，1♯、4♯楼为钢管混凝土框架＋阻尼器结构，2♯、3♯楼为钢管混凝土框架＋组合钢板剪力墙结构，外墙采用 PC 外挂墙板或砂加气条板＋保温复合一体板，楼板采用钢筋桁架叠合板或钢筋桁架楼承板（图 1～图 3）。

图 1　项目效果图

3　钢结构详图设计重点难点及对策

3.1　多方协同

钢结构设计人员与其他专业人员配合，参与

图纸会审、现场考察与技术交流，参与施工质量问题鉴定、安装验收等。

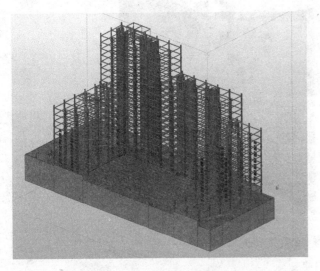

图 2　钢结构 Tekla 模型　　　　　　　图 3　2017 年 1 月施工现场

3.2　质量保证

详图的三级校对与审核，涉及更改施工图的变更需设计院签字盖章才可予以实施，仅设计详图尺寸修改的变更需详图项目负责人签字，重视变更管理的完整高效。

3.3　BIM 应用

采用天宝公司的 Tekla 软件，进行多用户模式下的协同建模，典型复杂节点设计先由专门的结构设计部进行设计及有限元计算分析，然后由深化设计部门结合现场安装及制作运输的分段、构件组装、焊接工艺和以往的设计经验，用 Tekla 软件进行零件图设计，并导出结构布置图、构件图、零件图及工程量报表等数据（图4、图5）。

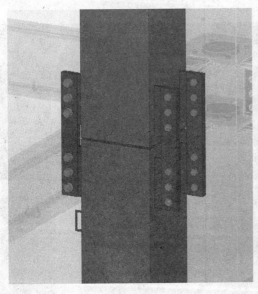

图 4　方钢管柱对接节点

图 5　圆钢管柱与主梁对接节点

4　钢结构加工制作安装新技术

结构受力分析计算采用盈建科软件，利用其开放的数据接口，将分析得到的模型数据导入 Tekla Structures 中，应用其中丰富的深化设计功能，进行细部节点优化设计，并从 Tekla 直接出图，指导生产加工，Tekla 软件可与智能加工设备对接，输出 CNC 数据，供自动切割机、钻孔机、焊接机使用，将数据输出到 MIS，使制造人员可以跟踪工程进度。

组合钢板剪力墙的钢板壁厚较薄，焊接变形较大，所以在加工时加设了临时支撑；为增加其刚度，内部增加了方管；为保证上下钢板段的整体性，经结构计算，适当增加锚固钢筋（图 6）。

汽车坡道部分创新采用装配式钢结构，在设计、加工、安装过程中定位、放样要求高、难度大，各阶段的协同很重要（图 7）。

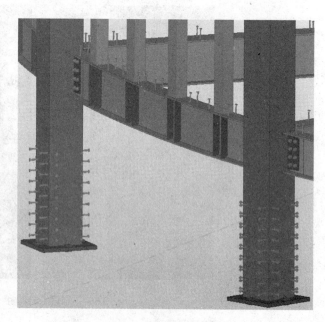

图 6　组合钢板剪力墙中增加锚固钢筋　　　　　图 7　汽车坡道处钢柱与双曲梁

5 分部分项工程控制要点

5.1 混凝土

（1）自密实混凝土技术。钢柱、钢板剪力墙内混凝土采用自密实混凝土，改善混凝土质量，提高效率和结构安全性。

（2）混凝土裂缝控制技术。基础底板采用混凝土裂缝控制技术，提高了混凝土抗裂性能和密实度，节约了水泥，避免混凝土内部出现裂缝。

5.2 钢筋及预应力

大直径钢筋直螺纹连接技术。本工程直径≥16mm的钢筋连接均采用直螺纹连接技术即滚轧直螺纹连接，具有施工简便、工艺性能良好和接头质量可靠度高等特点。

5.3 模板及脚手架

单侧支模定型模板。地下室外墙模板采用定型木模板，定型支架作为结构支撑，该技术具有安全可靠、搭拆方便、适应性强、节能环保等特点（图8）。

5.4 绿色施工

装配式外墙、装配式内墙。外墙采用加气混凝土条板＋保温复合一体板或PC外挂墙板，内墙采用加气混凝土条板或轻钢龙骨石膏板，节能环保。

5.5 防水

（1）高密度聚乙烯HDPE自粘胶膜防水卷材。地下室采用高密度聚乙烯自粘胶膜防水卷材，环保无污染，是性能优越的复合防水材料，该防水卷材能与现浇混凝土达到高强粘结。

图8 单侧支模

（2）水泥基防水涂料施工技术。卫生间，水泥基防水涂料的整体性好，抗渗性优良，耐腐蚀性较好。

5.6 结构抗侧力

（1）墙板式阻尼器。现场安装便捷、高效，增强结构抗震性能（图9）。

（2）组合钢板剪力墙。核心筒采用组合钢板剪力墙，缩减现场施工工期、达到装配化、绿色环保（图10）。

图9 墙板式减震阻尼器

图10 组合钢板剪力墙与钢筋桁架楼承板对接节点

5.7　装配式楼板

（1）钢筋桁架叠合楼板。4#楼采用钢筋桁架叠合楼板，工厂化加工，缩短现场施工工期。

（2）钢筋桁架楼承板。1#、2#、3#楼采用钢筋桁架楼承板，利于产业化推广（图11）。

5.8　测量控制、焊接和安全防护

（1）配备高精度测量仪器RTS放样机器人对控制点进行三维坐标控制（图12）；

（2）对大跨度桁架进行变形计算，采取预调、预偏措施（图13）。

（3）采用二氧化碳气体保护焊技术，严格按焊接工艺评定做好焊接试验；严格按焊接作业方案和焊接工艺指导书的操作程序进行焊接施工管理。

图11　钢筋桁架楼承板

图12　天宝RTS放样机器人使用

5.9　钢结构安装误差消除

（1）加工：在钢结构加工过程中，由监理及施工单位派专人驻厂。

（2）安装：对于测量范围大，我司选用更为精密的仪器对标高及轴网进行测放，对于累积误差我司将采用前期加工预留，后期安装时纠偏的方法进行修正，并加强焊接控制。

（3）本工程在正负零标高处涉及钢柱由450×450mm变为400×400mm，需准确定位，并全进行无损检测，保证变径处的质量（图14）。

图13　梁柱节点部位螺栓终拧

图14　出地面部位方钢管柱变截面处理

6 信息化应用

6.1 BIM 工程管理

从方案、设计、施工，到物业运维，全部采用 BIM 技术管理。按照"样板段—地下部分—完整建筑"的顺序，每一阶段都先虚拟建造再实际施工，虚拟建造中充分考虑模型、进度、成本、质量、安全等信息的管理，实际施工时效率大大提升，可将重点放在变更处理和难点技术控制等方面，也为运维阶段的数据应用打下基础。

建筑专业采用 ArchiCAD 软件，结构专业采用盈建科＋Tekla 软件，机电暖通专业采用 Revit 软件；BIMcloud 云平台实现多方、异地、实时协同工作；5D（三维模型＋时间＋成本）管理通过 Vico 软件实现；EBIM 平台通过二维码等信息化途径实现加工、运输、安装、运维流程中模型的数据更新（图15）。

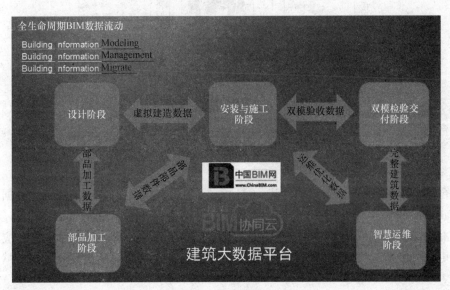

图 15 全生命周期数据流

6.2 施工现场远程监控管理

工程采用了视频监控系统对施工现场实现全天候、360 度覆盖，并且与丰台区建委联网，丰台区建委可随时了解现场施工情况；工地门口采用了实名制刷卡系统，对施工人员进出场情况实时监控。

6.3 OA 办公自动化管理平台

本工程采用 OA 办公自动化管理平台，利用平台办公模式，后台指挥前台工作。建设单位、设计单位、总包单位在一个平台上工作。

7 装配式钢结构住宅体系及其配套部品

基于 BIM 技术和互联网＋平台思维，坚持标准化、工业化、数据化原则和"简约、快捷、优质、价廉"方针，建谊正在打造 Sino living steel 这一自主创新钢结构住宅品牌。成寿寺 B5 项目由钢结构主体＋SI 内装组成，其中工业化部品集成包括钢框架、整体卫浴、整体橱柜、设备管线与结构主体分离、智能家居、干式地暖等部分（图16）。

为探索装配式钢结构住宅产业化，推介"装配式钢结构住宅＋BIM 技术信息化"及"SI（Skeleton Infill）装修体系"绿色、节能、环保理念，建谊集团建设了"钢结构住宅产业化展示中心"，中心分为三层，以构件实物、模型等形式展示了基础、钢结构主体、预制装配部件、围护结构、机电管网、精装修样板、施工过程、BIM 应用等多方位信息。目前已接待了各级领导、业内同行的参观、指导，并作

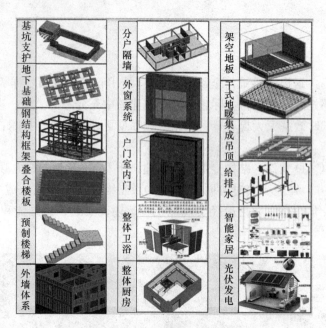

图 16 装配式钢结构住宅部品集成

为交流学习平台继续发挥更大作用。该中心被住建部评为"钢结构住宅产业化示范基地"。

8 总结

在"大后台、小前台、富生态、共治理"方针指导下，建谊集团借助世界建筑大数据工业 4.0 商业平台——ChinaBIM 网将钢结构住宅产品推向市场，同时在平台上汇聚优势资源，实现合作共享共赢。我们致力于标准化设计、工厂化生产、装配化施工、一体化装修、信息化管理和智能化应用，以更舒适的客户体验、更充分的多方协同和更准确的市场定位，为装配式钢结构建筑发展做出贡献。

参考文献

[1] 张波，等. 建筑产业现代化概论[M]. 北京：北京理工大学出版社，2016.
[2] 吴吉明，周韦博，衣多."形意结合"之道效率与品质的最佳平衡—基于平衡理论的设计方法探索[J]. 土木建筑工程信息技术，2016，8(1)：65-70.
[3] 国家标准. 钢结构工程施工规范 GB 50755—2012.
[4] 国家标准. 建筑信息模型应用统一标准 GB/T 51212—2016.
[5] 国家标准. 装配式钢结构建筑技术标准 GB/T 51232—2016.

BS 外墙金属保温装饰板系统及其工程应用

张昭祥 吴 超

（宝钢建筑系统集成有限公司，上海 201900）

摘 要 结合保温装饰一体板的外墙系统，具备保温性能优良、装饰丰富耐久、防开裂及防水效果
好、施工速度快等突出优势，是装配式钢结构建筑配套外墙系统的重要发展方向之一。本
文结合工程应用实例，介绍 BS 外墙金属保温装饰板系统的组成、特点、分类及与其他同
类系统的比较，并给出其结构计算的相关内容，以期为保温装饰一体板及装配式建筑配套
外墙系统的研究及应用提供参考。

关键词 保温装饰一体板；装配式建筑；外墙系统；金属保温装饰一体板

1 背景

近几年，随着大力发展绿色建筑及装配式建筑相关政策的推动，作为实现绿色建筑最佳结构形式的
装配式钢结构建筑，国内各地的研究及应用正在加快进行中，而装配式钢结构建筑配套外墙系统的瓶颈
问题已成为装配式钢结构建筑研究及推广应用中无法回避的一个关键问题。外墙系统中外保温层与其防
护层的开裂、脱落（图1，图2），外装饰单调、耐久性差，外墙开裂、渗水等问题，一直没有得到很好
的解决，迫切需要开发新的外墙系统。

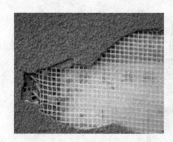

图 1 外墙外保温防护层开裂、脱落　　　　　　　　　图 2 外墙保温层及防护层的脱落

将工厂预制好的保温装饰一体板置于外墙基墙的外侧，则一举完成了装饰与防护、保温与隔热、辅
助防水三项基本功能，有效减少了施工现场的工序，较好地解决了外墙外保温层与其防护层的开裂、脱
落，装饰单调、耐久性差，外墙开裂、渗水等顽疾，已成为装配式钢结构建筑配套外墙系统发展的一个
重要方向。

目前，已有的保温装饰一体板系统主要有干挂石材幕墙保温装饰系统、铝板保温装饰板系统、无机
面板保温装饰板系统及镀铝锌钢板保温装饰板系统。干挂石材幕墙保温装饰系统采用石材作为面板，耐
久性很好，但重量大，对墙体及龙骨要求高，危险性高，导致成本居高不下；保温现场敷贴，难以控制
质量；高层建筑难以普及；天然石材无法避免色差等问题，目前应用较少。铝板保温装饰板系统采用铝
板作为面板，耐久性好，但因铝板强度、刚度较差，铝单板需要 1.0mm 以上才允许使用；价格较高；
色彩不够丰富；且目前施工工艺存在现场动火作业。目前的应用也还比较少。

无机面板保温装饰板系统（图3），即国家标准图集中的"保温装饰板外保温系统"，其面板为硅酸钙板、水泥纤维板、薄石材等无机板材，通过粘锚结合、以粘为主的方式与基墙连接，双重防线防脱落，该技术是对薄抹灰保温系统的升级，省去了保温材料防护层的湿作业，造价合理，实际应用相对较多。

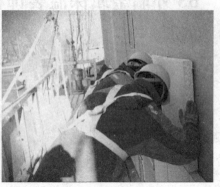

图3　无机面板保温装饰板系统施工照片

镀铝锌钢板保温装饰板系统，采用耐腐蚀的镀铝锌钢板或彩涂板作为面板，其强度和刚度均优于铝单板，在相同条件下，镀铝锌钢板的厚度远低于铝板厚度，且镀锌钢板的价格远低于铝板价格，加之基于其开发的新型连接、封边及固定系统，得到了较广泛的应用，取得了较好的效果。

2　BS外墙金属保温装饰板系统

2.1　简介

BS外墙金属保温装饰板系统为置于建筑物外墙一侧，集装饰与防护、保温与隔热、辅助防水等三项功能于一体的系统，由BS板、专用龙骨、专用连接件及收边构造、自钻自攻螺钉、锚栓、填缝材料、密封胶等组成。其中，BS外墙附墙式龙骨金属保温装饰板系统的组成示意见图4和图5。

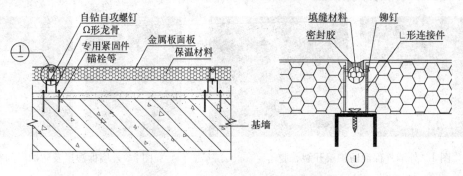

图4　BS外墙附墙式龙骨金属保温装饰板系统示意图

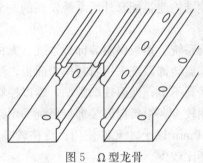

图5　Ω型龙骨

所述BS板，为BS保温装饰一体板的简称，其由高耐候彩涂钢板（或镀铝锌钢板）作为金属板面板，在工厂与保温芯材粘结而成。所述保温芯材可根据实际项目需要确定保温芯材的厚度及有无；金属板面板的装饰层，可根据需要加工成各种颜色或纹理（包括毛面的仿石效果），满足各类建筑的需求，见图6和图7。

该系统由宝钢建筑系统集成有限公司开发，已成功批量应用于多个工程项目，获批上海市建筑产品企业应用标准（标准编号SQBJ/CT 215—2015）和上海市建筑产品企业应用图集（图集编号为2015沪J/T—148）。

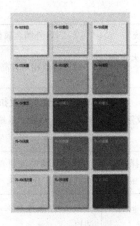

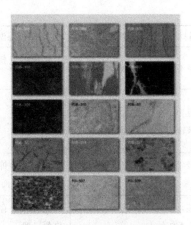

图6　纯色系列　　　　　　　　　　　图7　石材系列

2.2　分类

BS外墙金属保温装饰板系统根据受力构造可分为附墙式龙骨系统、无龙骨系统和梁式龙骨系统三种。附墙式龙骨系统，其龙骨直接锚固在基墙上，适用于外墙基墙具备较好锚固性能的外墙，如一般的外墙条板基墙、PC墙板、实心砖砌体墙、多孔砖砌体墙、混凝土空心砖砌体墙等。附墙式龙骨系统因锚栓较密，多采用较薄镀铝锌钢板弯折而成的Ω型龙骨，见图5。无龙骨系统，适用于冷弯薄壁型钢集成墙体，BS板直接通过连接件及自钻自攻螺钉锚固到基墙的冷弯薄壁型钢骨架上，不再需要龙骨。梁式龙骨系统，其龙骨主要锚固在楼板、梁或柱上，适用面最广，基本不受基墙种类影响，尤其适用于蒸压加气混凝土砌块墙体等基墙锚固力较弱的墙体，但存在龙骨用钢量较大的问题。

2.3　BS外墙金属保温装饰板系统的特点及意义

BS外墙金属保温装饰板系统，除具有普通保温装饰一体板系统的优点外，因其全干式装配施工的特点，在装配式建筑配套外墙系统中得到了越来越多的应用。此外，BS外墙金属保温装饰板系统在既有建筑节能改造、建筑外墙装饰装修等领域也得到了批量应用，效果显著，市场空间广阔。

BS外墙金属保温装饰板系统的主要特点简述如下：

1）现场安装完全采用干挂方式，没有湿作业，锚固牢固可靠，施工快捷方便，可全天候施工，施工质量易于保证；

2）采用宝钢耐腐蚀彩涂板（或镀铝锌钢板），抗冻融及抗腐性能强，耐久性好；

3）板材重量轻，系统重量≤24kg/m²（含配件及檩条），适用于轻质墙体；

4）饰面丰富耐久（仿铝板、仿石材、仿木纹，毛面立体效果等），采用自洁饰面时，可免维护；

5）独有的阴阳角收边、门窗套收边、檐口收边，解决拼接、漏水等问题；

6）独有的气压平衡设计，杜绝了气体膨胀导致的墙板外凸或脱落；

7）造价较低。在相同条件下，彩涂板厚度远低于铝板厚度（彩涂板常规厚度在0.6~1.2mm），且彩涂板价格远远低于铝板价格。自主开发的金属龙骨系统，在相同条件下用钢量远远小于市场常规产品。

BS保温装饰板系统与干挂石材幕墙保温装饰系统、铝板保温装饰板系统等两种干挂外墙保温装饰板系统的比较见表1。

三种干挂外墙保温装饰板系统的比较　　　　　　　　　　　　　　　　　　表1

项目	干挂石材幕墙保温装饰系统	铝板保温装饰板系统	BS外墙金属保温装饰系统
保温性	石材本身保温性能一般，靠保温材料保温	工厂预制复合保温层，系统保温性能优异	工厂预制复合保温层，系统保温性能优异

续表

项目	干挂石材幕墙保温装饰系统	铝板保温装饰板系统	BS外墙金属保温装饰系统
防火性	材料本身不燃，防火性好	铝板熔点相对较低，火灾时较早融化	钢材熔点相对较高，防火性较好
安全性	仅靠干挂方式，自重大，对建筑及龙骨要求较高，石材危险性稍大	专业安装，工艺基本成熟	专用龙骨系统及扣件设计，抗风压强，抗变形应力强，系统安全性高，建筑通用性强
装饰性	仅平面及毛面两大风格，通用性较差	具有各种饰面材料选择，但只能模仿平面效果	具有各种饰面材料，包括仿毛面花岗岩，且工厂化生产，有效确保产品质量
现场施工	龙骨安装，受环境影响大，对人工要求高，工作量大	龙骨安装存在动火作业，工作量一般	无龙骨/龙骨系统，对人工要求低，工期短
维护成本	易污染，不易清洁，维护成本高	清洁容易、维护成本低	清洁、维护方便，维护成本低
寿命周期	50年	15～25年	25～30年
价格（元/m²）	500～1000，视材料而定	400～600	300～400

2.4 现场施工工艺流程

该系统采用全干式装配施工的方式进行安装，简单、可靠。施工工艺流程如下：

（1）外墙基墙验收。不合格的需要进行基墙处理。

（2）弹设龙骨安装基准线。

（3）锚栓施工。

（4）安装校正龙骨。

（5）安装校正BS板。

（6）填塞填缝材料，密封胶封缝。

（7）板面清洁。

（8）BS板保温系统验收。

3 工程应用

3.1 湛江10号楼

3.1.1 工程概况

本工程位于广东省湛江东海岛的东北侧，建筑高度为21.5m，共6层，一层办公，二～六层为职工宿舍。该项目主体结构为钢框架结构（方钢管混凝土柱＋工字形钢梁），钢梁、钢柱采用防火板包覆防火，楼板采用压型钢板混凝土楼板；采用整体卫浴；正负零以上外围护系统采用蒸压加气混凝土砌块＋BS金属保温装饰板系统，砌块墙的构造柱采用矩形钢管柱。BS板面层材料为1.0mm厚彩涂板（镀铝锌钢板基板＋湛红/帝王白色饰面）。本项目采用EPC总承包形式建设，2016年已完成精装修交付，外墙装饰高端大气，效果明显，见图8。

图8 湛江10号楼竣工后照片

3.1.2 结构布置及计算

(1) 龙骨受力系统的选择。本项目地处海岛,风荷载较大(2015 年 10 月,曾有台风"彩虹"登陆,中心最大风力 15 级);因外墙基墙为蒸压加气混凝土砌块墙,为达到附墙式龙骨受力系统需要的锚固力,无法采用常规的化学锚栓和膨胀螺栓,而只能采用仅有少数厂家可供应的尼龙纤维锚栓;综合考虑价格、技术实施的可靠性等因素,换用梁式龙骨受力系统。

(2) 结构布置及主龙骨计算。本项目 1 层层高 4.2m,2~6 层层高为 3.0m,考虑到砌块外墙窗底要做窗台梁,且其长度与外墙长度之比较大,本着减小主龙骨用钢量及方便施工的原则,将外墙窗台梁拉通,形成钢筋混凝土圈梁,为主龙骨提供锚固点(通过化学锚栓锚固,见图 9),加上楼板处的锚固点,标准层(2~6 层)主龙骨计算模型为两跨连续梁(不等跨)。1 层因层高大于 4.0m,根据抗震要求,在东西立面(无门无窗)墙半高设置通长圈梁,主龙骨计算模型为两跨连续梁(等跨);1 层南北立面,将窗过梁(窗顶距钢梁底 1.5m)及窗台梁分别拉通,形成两道通长圈梁,龙骨计算模型为三跨连续梁(不等跨)。

考虑到钢卷的尺寸,为减少钢板浪费,主龙骨的主要间距(钢面板跨度)为 1.2m,经计算,主龙骨主要规格为 70×50×3 的镀锌钢管(Q235)。

(3) 面板验算。考虑到面板承受的风吸力较大,且设计主龙骨间距(1.2m)较大,面板采用加强筋加强(见图 10 和图 11)。面板精确计算宜采用有限元分析,简化计算时可采用计算模型为 1.0 宽的连续梁(板),计算跨度取加强筋间距,分别计算强度及变形。根据《建筑幕墙工程技术规范》(DGJ 08—56—2012)第 10.1.6 条,金属面板挠度限值为短边距的 1/90。

图 9 主龙骨的锚固

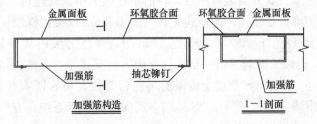

图 10 面板加筋构造示意图

(4) 加强筋与面板组合截面计算。

1) 简化计算模型。计算荷载取值范围为面板加强筋的间距,计算长度为 1.2m;计算模型为简支组合梁(图 12)。组合截面如按组合梁验算,首先需保证能够组合作用。

2) 组合作用判定。面板与加强筋交界面(环氧胶结面)的抗剪强度根据力的平衡计算,见图 12、图 13。

交界面抗剪强度计算公式:

$$0.5\tau l_\tau b = f_y A$$

式中 τ——交界面的抗剪强度;

l_τ——抗剪计算长度;

b——抗剪计算宽度;

f_y——面板材料的屈服强度；

A——面板的计算面积。

图 11　带加强筋的 BS 板

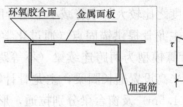
图 12　组合梁（加强筋 与面板）计算简图

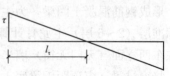
图 13　组合梁交界面 抗剪计算示意图

由此可求出加强筋与面板胶结面需要的抗剪强度 τ，进而确定胶的有效粘结面积及胶的种类。本项目采用环氧结构胶，要求加强筋的双侧卷边连续涂抹，单侧有效宽度不小于 10mm，且环氧结构胶的抗剪强度测试值应大于 10MPa（已考虑安全系数）。

3）组合截面强度及变形验算。

满足组合作用后，即可按组合梁模型，通过计算组合梁截面惯性矩，计算受力和变形。根据《建筑幕墙工程技术规范》DGJ 08—56—2012 第 12.4.4 条，金属面板横梁的挠度限值为横梁跨度的 1/250。

（5）其他主要内容。抽芯铆钉、自钻自攻螺钉的计算依据《冷弯薄壁型钢结构技术规范》GB 50018—2002；化学锚栓的计算参见《混凝土结构后锚固技术规程》JGJ 145—2013，此处不再赘述。次龙骨采用等边角钢 L50×3，通过 L 形连接件＋自钻自攻螺钉，固定到主龙骨上，主次龙骨顶面平齐；要求每个 L 形连接件上自钻自攻螺钉的数目不小于 2 个。

3.2　南华亭宾馆外墙装修项目

本项目为外墙装修项目，目前正在施工中。其建筑高度为 58m，外墙面积约 5000m²。BS 外墙金属保温装饰板系统采用附墙式龙骨（由 1.2mm 厚镀铝锌钢板弯折而成的 Ω 型龙骨，Q235B）系统，彩涂板为 PEDC51D-AZ150（厚度 0.8mm），颜色为天山灰＋锦褐，保温材料采用 30mm 厚岩棉（120kg/m³）。附墙式龙骨系统的结构计算内容与梁式龙骨系统的结构计算内容基本相同。

通过采用 BS 外墙金属保温装饰板系统，可在既有建筑外墙瓷砖的基础上直接施工，不需去除瓷砖，附墙式龙骨及整个 BS 外墙金属保温装饰板系统会有效保证外墙系统的安全性，提高节能水平，提升装饰效果，见图 14、图 15。

图 14　南华亭宾馆效果图　　　　　　图 15　南华亭宾馆外墙装修施工中照片

3.3 其他典型工程案例

3.3.1 东湖路 9-11 号办公楼外立面修缮

本项目处于上海市中心、紧邻杜月笙公馆，处于上海风貌区，因此，修改后的建筑效果不能与原建筑效果有太大差异，所以选用了象牙＋瓷蓝的双色，见图 16。本项目外墙面积约为 10000m²，建筑高度 120m，已于 2015 年完工。彩涂板种类为自洁 HDPDC51D-AZ150（厚度为 0.6mm），保温材料为30mm 改性聚苯板，附墙式龙骨为 1.2mm 厚镀铝锌钢板弯折成的 Ω 型龙骨。

图 16　东湖路 9-11 号办公楼外立面修缮

3.3.2 宝钢中央研究院 1 号楼外立面改造

本项目为宝武集团内部建筑，建筑高度 35m，外墙面积约为 15000m²，已于 2014 年完工，见图 17；保温装饰板系统为附墙式龙骨（由 1.2mm 厚镀铝锌钢板弯折成的 Ω 型龙骨）系统；彩涂板种类为自洁 HDPDC51D-AZ150，厚度 0.6mm，颜色为象牙；保温材料为 30mm 厚改性聚苯板。

图 17　宝钢中央研究院 1 号楼外立面改造

3.3.3 大统路协诚大厦 A 座外墙改造

本项目位于上海大统路，外墙面积约为 8000m²，建筑高度 75m；采用附墙式龙骨系统，彩涂板种类为 0.75mm 厚 PVDFDC51D-AZ150 板，颜色为若铝灰 595；保温材料为 50mm 厚岩棉板（140kg/m³）；龙骨为 1.2mm 厚镀铝锌钢板弯折成的 Ω 型龙骨，此项目已于 2013 年完工，见图 18、图 19。

图 18　协诚大厦完工后照片　　　　图 19　协诚大厦 BS 保温装饰系统安装过程

4　结论

1）结合保温装饰一体板的外墙系统，具备保温性能优、装饰丰富耐久、防开裂及防水效果好、施工速度快等突出优势，是装配式钢结构建筑配套外墙系统的重要发展方向之一。

2）BS 外墙金属保温装饰板系统，除具有普通保温装饰一体板系统的优点外，因其具有全干式装配施工、适用性强、锚固可靠、造价较低、饰面丰富耐久等特点，加上先进的连接、收边及龙骨系统设计，在装配式建筑配套外墙系统、既有建筑节能改造、建筑外墙装饰装修等领域中，均得到了较广泛的应用（一些项目已完工 5 年），效果显著。

3）BS 外墙金属保温装饰板系统，根据受力构造可分为附墙龙骨式、梁式龙骨式及无龙骨式三类系统，外墙基墙的种类是其受力系统选择的重要影响因素之一，并应根据工程实际采取优化措施，以达到综合最优。

参考文献

[1] 沈祖炎，罗金辉，李元齐. 以钢结构建筑为抓手　推动建筑行业绿色化、工业化、信息化协调发展[J]. 上海：建筑钢结构进展 .2016(2).

[2] 岳清瑞. 对我国钢结构发展的思考[M]. 北京：中国建设报 .2016(3).

[3] 上海市工程建设规范. 建筑幕墙工程技术规范 DGJ 08—56—2012[S].

[4] 中华人民共和国行业标准. 金属装饰保温板 JG/T 360—2012[S].

[5] 国家建筑标准设计图集. 外墙外保温建筑构造(10J121)[S].

[6] 上海市工程建设规范. 保温装饰复合板墙体保温系统应用技术规程(DGTJ 08-2122—2013).

[7] 中华人民共和国国家标准. 建筑抗震设计规范 GB 50011—2010[S].

四、金属板屋面墙面
系统新技术应用

相同金属屋面围护系统的抗风揭能力差距

彭耀光　林坤坚

（卓思建筑应用科技顾问（珠海）有限公司，珠海　519040）

摘　要　本文以不同厂家制造的相同设计参数金属屋面围护系统进行抗风揭检测，通过观察检测，分析检测过程，从而对相同金属屋面围护系统的抗风揭能力差距进行研究分析。

关键词　金属屋面；抗风揭；检测

前言

随着铝镁锰合金直立锁边屋面围护系统在国内钢结构工业建筑领域的广泛应用，不难发现其中一些屋面系统相同的建筑，在相同的地域，却有明显的抗风揭能力差距。甚至有的屋面系统整个都被风吹走，而有的屋面系统却安然无恙。本文将以同一项目同一客户委托的三套不同厂家生产的相同产品（分别标记为a、b、c），市场常用的S65-400型铝镁锰直立锁边系统用在建筑屋面围护进行测试分析，采用ASTME1592方法，进行试验室检测比对和探讨。

1　金属屋面系统抗风揭检测介绍

抗风揭检测是对建筑金属围护系统整体结构性能的评估，与建筑寿命直接相关。现阶段得到的广泛认可是采用箱体加压，模拟屋面系统实际受风情景的试验室静压箱检测方式。可分为正压和负压检测，负压检测主要针对风荷载的考虑，而正压检测则可针对雪荷载等荷载的考虑。采用的标准有GB50205、ASTME1592、CSAA123.21、MCIS等。

2　S65-400型铝镁锰直立锁边系统抗风揭检测分析

2.1　检测设备

检测所采用的设备是由压力箱体、风机管道、离心式风机及控制设备四部分组成。压力箱体采用钢结构构件制作，分上下两个独立单元，测试试件安装在上下箱体之间，并有相应的密封构造对其密封，在上箱体两侧还设置了四个观测窗口，内部安装照明及摄像装置。压力箱体的平面尺寸为$2.4 \times 7.5m$，上箱体净空为750mm，下箱体净空为800mm。

试验室静压箱抗风揭检测使用设备的主要构造如图1所示。

2.2　检测试件

本次测试所采用的三套屋面系统（a、b、c）构件均相同，组成材料型号及尺寸见表1。

屋面系统测试试件的组成 　　　　　　　　　　　　　　　　　　　　　　表1

1.0　屋面板	
1.1　型号及尺寸	65-400型
1.2　材料及厚度	铝镁锰合金板；厚度0.9mm
1.3　强度	—

续表

1.4	表面处理	氟碳预辊涂
1.5	屋面板的连接件	铝合金固定座 L100 型（$H=155mm$）
1.6	紧固件	ST5.5×25mm 自攻自钻螺钉 2 颗
2.0	绝热材料	
2.1	材料	岩棉；水泥板；玻璃丝棉
2.2	型号	厚 35mm，容重 120kg/m³；厚 50，容重 20kg/m³（2 层）；12mm
3.0	膜材	
3.1	呼吸膜	—
3.2	防水膜	TPO 防水卷材，厚度 1.2mm
3.3	其他	—
4.0	支撑系统	
4.1	檩条	主檩：C160×70×20×3.0； 衬檩：几 30×30×70×2.0
4.2	强度	材料 Q235B，厚度 3.0mm； 材料 Q235B，厚度 2.0mm
4.3	紧固件	螺栓；5×25mm 自攻自钻螺钉
5.0	屋面底板	
5.1	型号及尺寸	Y750 型板型，肋高 35mm
5.2	材料及厚度	压型钢板，厚度 0.5mm
5.3	表面涂层	镀铝锌
5.4	紧固件	ST5.5×25mm 自攻自钻螺钉

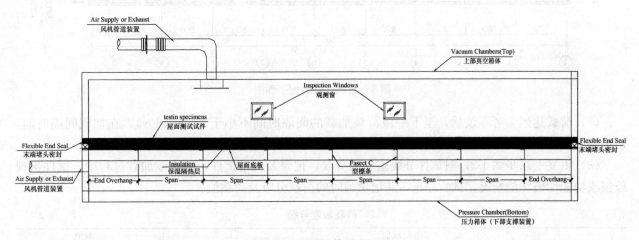

图 1　静压箱体构造图

试件构造（图 2）及布置（图 3）按实际 1：1 比例进行安装。试件组装过程，通过观察，三套试件（a、b、c）的施工工艺均无明显差异。

2.3　试验过程

三套试件（a、b、c）均使用相同的检测设备，依据 ASTM E1592—2005《薄板金属屋面和外墙板系统在均匀静态气压差作用下的结构性能检测方法》标准，进行相同的检测试验过程：

（1）通过荷载加压，由参考零位加载至表 2 所示的各级荷载分级。当荷载加载至分级压力值后，压力保持时间大于 1min（60s），然后卸载至参考零位；

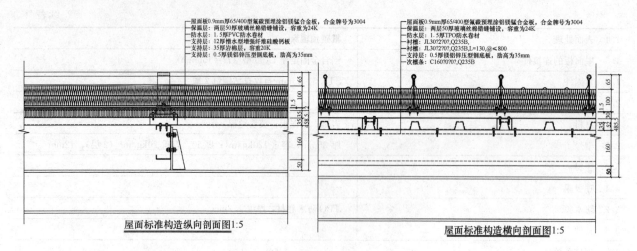

图 2　屋面系统构造（纵向、横向）

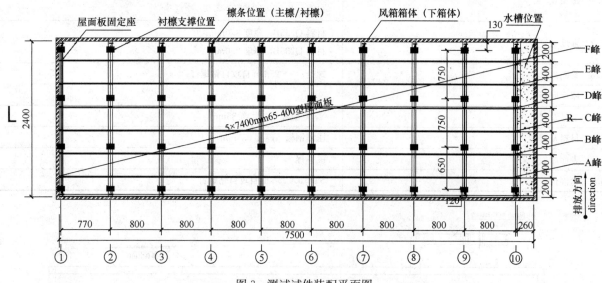

图 3　测试试件装配平面图

（2）荷载达到参考零位后，至下一级荷载加载的间隔时间不小于 1min（60s），在加载间隔时间，通过观测窗和箱体内部摄像设备观测试件的状态，检查试件是否有破损或功能性损坏；

（3）重复上述步骤 1-2，对试件分级施加风荷载，记录及观察试件，若在该加载过程中，试件出现破损或功能性破坏的情况，试验停止，并记录当时的荷载分级及荷载值。

荷载加载分级　表2

荷载分级	荷载值（Pa）	荷载分级	荷载值（Pa）
1	−400	11	−4400
2	−800	12	−4800
3	−1200	13	−5200
4	−1600	14	−5600
5	−2000	15	−6000
6	−2400	16	−6400
7	−2800	17	−6800
8	−3200	18	−7200
9	−3600	19	−7600
10	−4000	20	−8000

2.4 试验结果

试验结束后，观察并记录数据（表3、图4）。

试验结果 表3

试件	a	b	c
抗风承载力（Pa）	−1987	−6151	−6609

图4 a、b、c试件破坏图

2.5 试验分析

通过检测过程观察，虽然试件从外观、用料上相同，采用的安装施工方式也相同，但不同厂家生产的试件依然存在差异（表4、图5）。试件安装过程，c厂家的试件外观、规格各方面精度最高，整体安装效果从目测上最好。通过结果比对，c厂家的屋面系统抗风揭性能最高。

试件安装、处理差异表（目测） 表4

厂家	试件质量	锁边精度	整体外观（平直度）
a	较差 （有些不规则）	低 （部分难咬合）	较差 （区域起波浪）
b	一般	中	一般
c	好	高	好

图5 a、b、c试件安装图

对于相同金属屋面围护系统的抗风揭能力差距，总结原因有：①由于不同厂家的板材冷弯成型工艺参差不一，直接导致面板质量差异；②由于不同厂家对构件选择的精度要求不同，直接导致系统连接性能差异。

3 结论

回观市场现状，造成相同金属屋面围护系统的抗风揭能力差距主要也是市场现存问题：

（1）市场对产品/系统无明确的检测要求；

（2）市场对产品/系统的认识误区，认为同一规格的产品即具备同一功能；

（3）厂家无需对产品的质量保证，责任落实不到位。因此要更好地提高工程质量，应在产品使用及安装前，先进行系统的抗风揭性能检测，以确保系统设计的有效性；另外最优的方式是直接在施工现场对准备安装的产品直接进行抽检，从而提高建筑的可靠性。

参考文献

[1]《建筑金属围护系统检测与认证》MCIS-MBE-05：2013.

[2]《薄板金属屋面和外墙板系统在均匀静态气压差作用下的结构性能检测方法》ASTME 1592—2005.

直立锁边系统抗风性能检测分析

彭耀光　林坤坚

（卓思建筑应用科技顾问（珠海）有限公司，珠海　519040）

摘　要　直立锁边系统作为目前国内应用最广泛的建筑屋面形式，技术已十分成熟。本文将以直立锁边系统，依据 FM、ASTM 与 CSA 标准分别进行抗风性能检测，展开对直立锁边系统的抗风能力研究分析。

关键词　直立锁边；金属屋面；抗风揭；检测

前言

建筑金属围护系统在我国发展已有 40 余年，尤其是近二十年，随着国家经济发展的需要，国内一些大型的公共建筑也开始大量采用金属围护系统，像机场、火车站等。在建筑金属围护系统广泛使用过程中，由于发展速度过快，而相应的标准和规范缺失，直接导致应用过程中的问题频频出现。尤其是在系统的抗风性能上，影响更是明显。随着建筑金属围护系统的发展，人们对于建筑的质量、可靠性要求更高。本文就目前广泛使用的金属屋面直立锁边系统进行抗风性能检测，通过大量的检测，并给出相关数据作为技术参考。

1　金属屋面系统抗风性能检测方法介绍

抗风性能检测是对建筑金属围护系统整体结构性能的评估，与建筑寿命直接相关。现阶段常用的抗风性能检测方法分别为 FM4471《1 级平板屋面认证标准》，采用的是试验室气囊法，通过静态阶梯加压方式，不断加压直至试件出现破坏；ASTME1592《薄板金属屋面和外墙系统在均匀静态气压差作用下的结构性能检测方法》，采用的是试验室静压箱法，通过静态加压泄压方式，不断加压直至试件出现破坏；CSAA123.21《动态风荷载作用下卷材屋面系统抗风掀承载力的标准检测方法》，采用的是试验室静压箱法，通过动态循环加压方式，直至试件出现破坏。三个标准的检测侧重点不同，但目的均为验证系统的抗风性能。本文就三个标准的检测方法分别进行检测，从而展开对直立锁边系统的抗风性能研究分析。

2　直立锁边系统抗风性能检测实例

某项目的金属屋面直立锁边系统，根据风荷载标准值计算式

$$\omega_k = \beta_{gz} \mu_s \mu_z \omega_0$$

式中　β_{gz}——高度 z 处的阵风系数；

μ_s——风荷载体型系数；

μ_z——风压高度变化系数；

ω_0——基本风压。

按 50 年一遇，计算得出系统的设计风荷载值

$$\omega_k = 4.04\text{kPa}$$

依据标准 ASTM E1592，通过均匀静态风荷载加压检测，测得屋面系统的极限抗风承载力值（图 1）。

$$\omega_{max} = -8800\text{Pa}$$

$\omega_{max} > 2.0\omega_k$，从检测结果得出该系统的抗风性能满足设计要求，抗风性能良好。

根据伯努利方程得出的风—压关系，风的动压为：

$$\omega_p = 0.5\rho v^2 / 1600$$

式中　ρ——空气密度；

　　　v——风速。

得出屋面系统在标准风压作用下，可承受的风级为 6 级自然强风（表 1）。

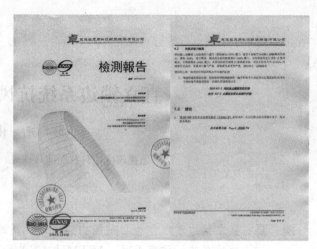

图 1　检测报告

风级	名称 Wind name	风速 wind speed		风压	陆地地面物体征象
		km/h	m/s		
0	Calm 无风	<1	0~0.2	0~0.0025	静
1	light air 软风	1~5	0.3~1.5	0.0056~0.014	烟能表示方向，但风向标不动
2	light breeze 轻风	6~11	1.6~3.3	0.016~0.68	人面感觉有风，风向标转动
3	Gentle breeze 微风	12~19	3.4~5.4	0.72~1.82	树叶及微枝摇动不息，旌旗展开
4	Moderate breeze 和风	20~28	5.5~7.9	1.89~3.9	能吹起地面纸张与灰尘
5	Fresh breeze 清风	29~38	8.0~10.7	4~7.16	有叶的小树摇摆
6	Strong breeze 强风	39~49	10.8~13.8	7.29~11.9	小树枝摇动，电线呼呼响
7	Moderate gale 疾风	50~61	13.9~17.1	12.08~18.28	全树摇动，迎风步行不便
8	Fresh gale 大风	62~74	17.2~20.7	18.49~26.78	微枝折毁，人向前行阻力甚大

风级、速、压对照表　　　　表 1

3　直立锁边系统抗风性能检测

为了更好地对直立锁边系统的抗风性能进行分析，采用类似的直立锁边系统试件，以标准 FM4471 与 CSAA123.21 的方法进行检测。

3.1　检测装置

检测需满足两个标准的方法，因此检测装置使用卓思的试验室静压箱（图 2、图 3）进行，主要由

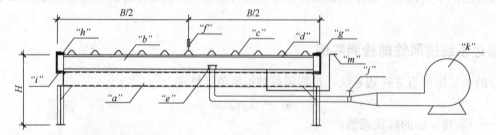

a：测试平台；*b*：压力容器；*c*：试件系统；*d*：檩条；*e*：进风口挡板；
f：位移计；*g*：固定夹具；*h*：木方；*i*：密封环垫；*j*：压力控制装置；
k：供风设备；*m*：压力计。

图 2　抗风揭性能检测装置（原理示意图）

压力箱体、风机管道、离心式风机及控制设备四部分组成。压力箱体采用钢结构构件制作，分上下两个独立单元，测试试件安装在上下箱体之间，并有相应的密封构造对其密封，在上箱体两侧还设置了四个观测窗口，内部安装照明及摄像装置。

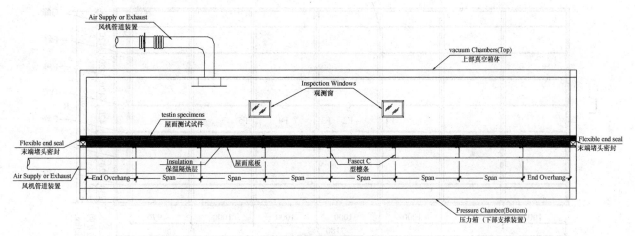

图3　试验箱体构造（实际设备图）

3.2　检测试件

试件采用与前文提及的某项目金属屋面直立锁边系统类似，并满足标准的试件要求，各个组成构件根据实际工程状况选用和安装（图4、图5）。

3.3　检测程序

3.3.1　标准 FM4471 检测

为了更好地观测和分析结果，取系统设计风荷载值 $\omega_{k1} = 4.25\text{kPa}$ 进行，首先对试件进行预检加压、使用状态检测，实际加载曲线见图6。

（1）先对试件施加一个预检压力 0.5kPa，压力保持 1min（60s），确保试件密封性能良好后压力回零；

（2）然后对试件进行逐级增加检测压力，每级压力 0.5kPa，压力保持 1min（60s），分 9 级加压至 ω_{ul}（$\omega_{ul} = 4.5\text{kPa}$）。

使用状态检测阶段，试件没有出现破坏或失效，继续进行循环风载检测，实际加载曲线见图7。

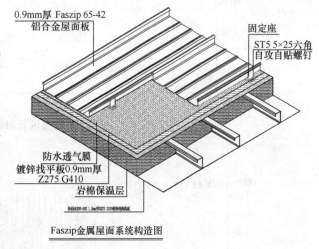

图4　试件系统构造图

以检测压力 ω_{u2}（$\omega_{u2} = 1.4\omega_{k1} = 5.95\text{kPa}$）为最大值，进行0~最大值循环风载加压，循环 50 次。循环风载检测阶段，试件没有出现破坏或失效，继续进行极限风载检测，实际加载曲线见图8。极限风载检测压力分级与静态风载压力分级一致，每级压力 0.5kPa，逐级增加，直至试件失效。

试件加压到 9.5kPa，出现破坏失效（图9、图10），失效压力的前一级压力值为试件的极限风荷载值。

$$\omega_{max1} = 9.0\text{kPa}$$

检测结果与前文提及的某项目结果接近，且 $\omega_{max1} > 2.0\omega_{k1}$，系统抗风性能良好。

3.3.2　标准 CSA A123.21 检测

CSA A123.21《动态风荷载作用下卷材屋面系统抗风掀承载力的标准检测方法》是确定卷材屋面系统在受动态循环风荷载时的抗风掀性能。卷材屋面系统由底板和屋面卷材组成，包括如隔气屏障或缓凝剂、保温、盖板等，无螺丝孔、系统无穿透、气密性良好。直立锁边系统从结构形式、系统功能上与

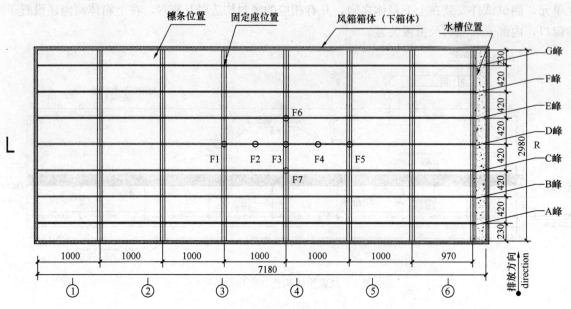

图 5　试件及位移计装配平面图

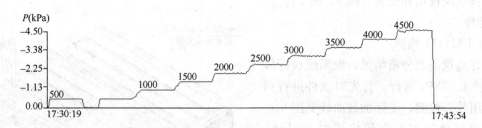

图 6　静态风荷加载实时曲线

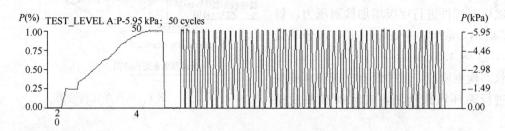

图 7　循环风荷加载实时曲线

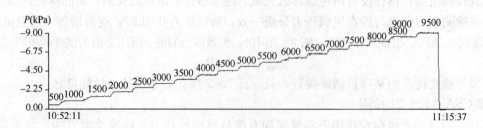

图 8　极限风荷加载实时曲线

卷材屋面系统基本一致，因此检测结果具有很好的参考价值。

图 9　试件失效（箱体 R 方向）　　　图 10　试件失效（箱体 L 方向）

采用同样的箱体，同样的试件，相同的安装方式，取系统设计风荷载值 $\omega_{k2} = \omega_{k1} = 4.25\text{kPa}$ 进行：循环风载加压 $P_{te} = \dfrac{1}{2}\omega_{k2}$，分 5 个阶段，每个阶段分 2 组，循环 5000 次进行，循环风荷 8s，加载程序如下（图 11）：

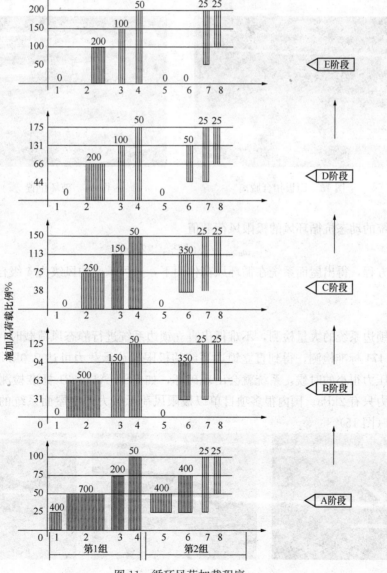

图 11　循环风荷加载程序

391

A 阶段按（0%～100%）P_{te} 循环风载加压，循环 2200 次；

B 阶段按（0%～125%）P_{te} 循环风载加压，循环 1100 次；

C 阶段按（0%～150%）P_{te} 循环风载加压，循环 800 次；

D 阶段按（0%～175%）P_{te} 循环风载加压，循环 500 次；

E 阶段按（0%～200%）P_{te} 循环风载加压，循环 400 次。

检测进行至循环风载 A 阶段，试件完成 2200 次风载循环，压力达到 2kPa（图 12），继续加压进行时，面板的直立卷边位置从固定座脱落（图 13、图 14），试件出现失效。

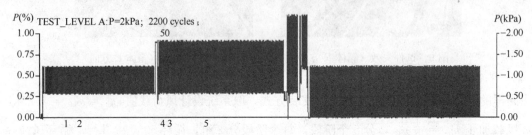

图 12　循环风荷加载实时曲线

图 13　面板扣合脱离

图 14　破坏位置

直立卷边系统的动态抗循环风的极限风荷载值

$$\omega_{max2} = 2.0\text{kPa，} 2200 \text{ 次}$$

根据伯努利方程，得出屋面系统在循环风荷作用下，只可承受的风级为 4 级自然和风（表 1）。

4　结果分析

通过对直立锁边系统的大量检测，不难得出直立锁边系统进行静态风荷载时，均能承受较高的风荷压力值，如 FM4471 标准检测，得到直立锁边系统的极限风荷承载力可达 9.0kPa；而进行动态风荷载时，一般在风荷压力很小的时候，系统就会出现破坏，如 CSA A123.21 标准检测，得到直立锁边系统的动态风荷承载力只有 2kPa。国内很多项目单以极限风荷承载力评定屋面系统的抗风承载力，结果却使问题频频出现（图 15）。

图 15　国内屋面系统现状

风致效应会使系统产生吸力，形成负压荷载，分布到系统表面。力传导让风荷载最终作用到面板扣合位置（图16、图17）。自然界的风是循环且不定的，直立卷边系统由于受到低压高频的风荷载循环作用，很容易就出现结构松动，从而使系统的扣合失效，导致面板从固定座脱离（图18）。

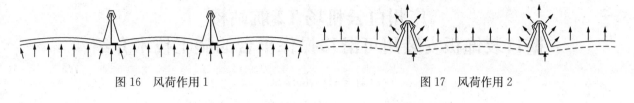

图16　风荷作用1　　　　　　　　　　　　　　图17　风荷作用2

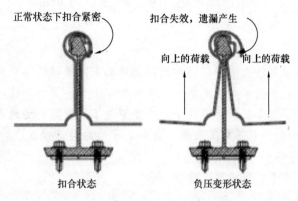

图18　直立锁边系统破坏示意

5　结论

FM4471标准的静态风荷载检测是通过风荷加载直至试件破坏，为高压力状态下的承载力破坏；而CSAA123.21标准的动态风荷载检测则是以模拟风的作用形式，以高频低压下的疲劳破坏。对系统进行多次循环加载能更好地模拟系统实际的受风情况，所以系统抗风性能检测应该以动态风荷载检测为基础，在经历动态风荷载检测无破坏后方进行静态风荷载检测，从而更好地验证系统正常抗风性能，提高可靠性。

参考文献

[1]　《建筑金属围护系统检测与认证》MCIS-MBE-05：2013.
[2]　《钢结构工程施工质量验收规范》GB 50205.
[3]　《薄板金属屋面和外墙板系统在均匀静态气压差作用下的结构性能检测方法》ASTM E1592—2005.
[4]　《1级平板屋面认证标准》FM 4471-2010.
[5]　《动态风荷载作用下卷材屋面系统抗风掀承载力的标准检测方法》CSA A 123.21—2010.

广州白云机场 T2 航站楼
檐口装饰板安装用可滑移操作平台的施工技术介绍

刘宝辉　苗泽献

（森特士兴集团股份有限公司，北京　100176）

摘　要　大型公建项目采用的外挑檐口铝单板，使用高空可滑移操作平台进行施工，不仅快捷方便而且经济实用。该技术是使用钢丝绳作为操作平台的受力导轨，使操作平台在高空沿工作面滑移，解决了施工现场场地狭小，脚手架施工费用高，场地条件差（地面未硬化平整因素），占用场地时间长等施工难题，取得了显著的经济效益，对今后类似的项目具有指导性和借鉴性。

关键词　檐口装饰板；施工；可滑移；操作平台

概述

在广州白云国际机场 T2 航站楼屋面檐口反吊铝板安装过程中，针对施工工期紧，建筑造型独特，施工条件特殊（因面积大，且施工现场无法搭设脚手架），檐口铝板的安装条件极其困难。檐口吊顶铝板全部为悬挑，若采用落地脚手架，一是脚手架搭设工程量巨大、费时费工；二是檐口下方为水稳层管沟、幕墙、钢结构等施工、交叉作业面受限，且脚手架搭设高度大，下部无生根或抱柱措施，难以实现。综合以往反吊钢底板工程施工经验与理论指导，利用可滑移操作平台悬吊在网架结构上，操作简便，节约施工成本。

1　操作平台的设计制作

操作平台的设计原则为安全、简便、实用、轻质并具有较高的强度和稳定性，其结构长短随吊顶幅面大小调整，因檐口悬挑尺寸约 6m，项目部使用 6m 长操作平台以满足施工要求。

操作平台必须与正上方网架结构垂直悬挂固定，且每安装一个单元铝板后须进行水平移动，要求具备较好的水平移动性。根据这一施工要求并结合屋面网架构造特点，项目部计划在网架球支托下布置两根 $\phi16$ 钢丝绳作操作平台移动导轨，并将平台悬挂固定于钢丝绳上与网架平行布置，檐口铝板安装时施工人员在操作平台内进行作业；一个区域部位铝板安装完成后，直接通过在钢丝绳上水平滑移以实现平台的水平移位。由于安装板件为 1m，操作平台的单次水平滑移距离为 1m，安装完后循环推进直至完成整个区域施工。

1.1　操作平台设计制作要求

平台钢管材质应符合《碳素结构钢》（GB/T 700—2006）的相应规定，严禁使用有明显变形、裂纹、压扁和严重锈蚀的钢管。平台结构必须进行结构计算，满足施工荷载要求。平台钢结构焊接必须符合《钢结构工程施工质量验收规范》（GB 50205—2012）的要求。

1.2　操作平台参数设计

现场操作平台采用长度为 6m，宽度 0.8m，高度 1.1m，规格为直径 $\Phi=25mm$、$t=4mm$ 的钢管焊接组成结构框架，其他连接附杆亦采用 $\Phi=25\mathrm{mm}$、$t=4\mathrm{mm}$ 钢管，底面铺装 0.9mm 厚铝镁锰板，用自攻钉固定，横向间隔 0.5m 设置方木固定防滑，操作平台底部四周设置高度 150mm 的踢脚板，整体自重约为 120kg。施工设计荷载为 $1.2\mathrm{kN/m^2}$，可供 4 人同时操作，每人按 100kg 计算，实际使用荷载不超过 $0.3\mathrm{KN/m^2}$。

投入使用前先对其结构做有限元分析，并在现场进行 1∶1 实架段荷载试验，经检验合格后再投入使用，操作平台构造设计如图 1 和图 2 所示。这个移动式平台相当于吊篮的作用。

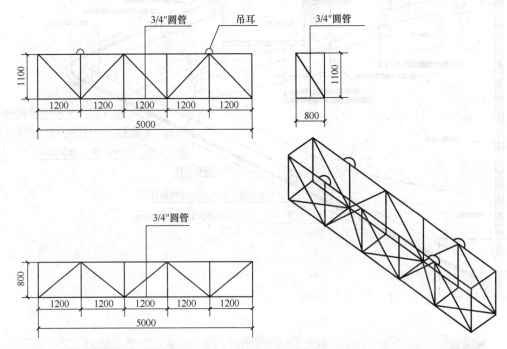

图 1　操作平台结构设计示意图

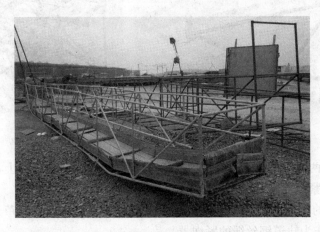

图 2　移动平台框架实物图

1.3　操作平台的配套部件设计

本项目操作平台作业分"平台提升"、"工作吊挂"、"水平滑移"三种工况，每种工况配备一套吊具。

（1）移动钢丝绳导轨设计。

每组操作平台采用两根 $\phi16$ 钢丝绳作为操作平台滑移时轨道，其与檐口下方球节点连接后拉紧，如图 3 所示。

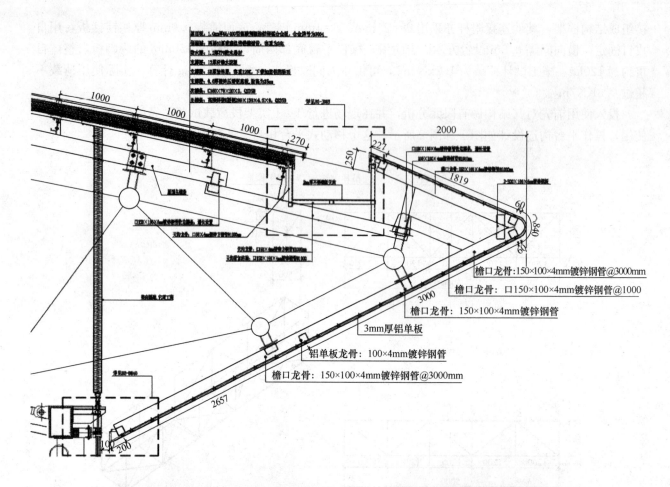

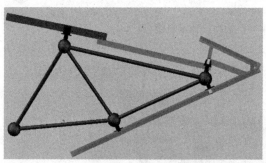
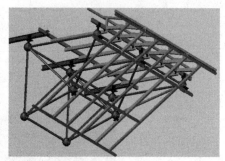

图 3　下檐节点及龙骨示意图

沿檐口通长方向设置两道 50m 长轨道钢丝绳，钢丝绳固定在网架球节点上，在距离檐口龙骨 1.5m 的位置两端用手动葫芦（紧绳器）将轨道钢丝绳拉紧，如图 4 所示。

所需配件如下：φ16 的轨道钢丝绳 2 根，长度 60m，两端穿头（作为葫芦连接网架和 50m 钢丝绳用）、5t 手动葫芦 2 只（作为轨道钢丝绳的紧绳器）。

（2）操作平台提升设计。施工前将平台预先抬放到檐口正下方地面处，在结构上设置 4 个定滑轮和檐口龙骨连接牢固。通过在操作平台四角预制 4 个提升孔、4 个转换孔。提升时用 Φ16 尼龙绳穿到提升孔内，然后通过定滑轮将操作平台提升至 Φ16 轨道钢丝绳位置；其后再利用 4 根 Φ12 短钢丝绳穿过转换孔将操作平台挂到钢丝绳轨道上、短钢丝绳上端用 Φ20 卸扣与轨道连接、下端用 U 形卡扣与操作平台连接以进行固定，待短钢丝绳固定牢固后，再拆除提升所用的尼龙绳。

操作平台起吊提升时吊点及提升示意如图 5 所示。

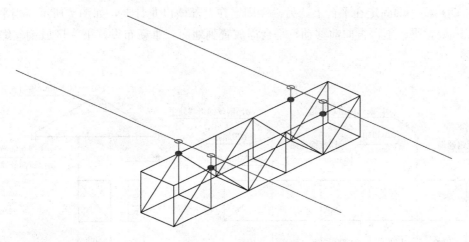

图 4　平台滑移示意图

（3）平台工作吊挂设计。在平台提升就位后，在平台四个角分别用 4 根尼龙绳与网架连接牢固，如图 6 平台及配件所示。

另外，在平台上方与平台平行方向设置多条独立的 Φ10 钢丝绳作为作业人员的生命绳，钢丝绳两端与网架结构用钢丝绳锁扣连接固定，生命绳的每端锁扣数量不少于 3 个。

所需配件如下：Φ16 尼龙绳 4 根、每根 6m（作为平台定位后的主要固定绳），U 型卡 4 只（用于平台与 Φ12 短钢丝绳连接）。

（4）平台水平移动设计。操作平台利用 Φ12 悬吊短钢丝绳通过 Φ20 卸扣与 Φ16 滑移轨道钢丝绳连接，一是为了使平台拆装方便；二是减少水平滑移时与钢丝绳的摩擦；当需移动工作时，通过手动葫芦牵引操作平台使卸扣沿导轨滑移以实

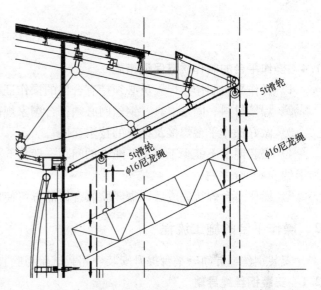

图 5　操作平台起吊提升吊点及提升示意图

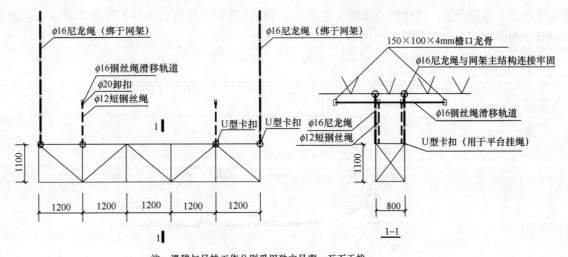

注：滑移与吊挂工作分别采用独立吊索，互不干扰。

图 6　操作平台上人吊装工作示意图

现水平移动，葫芦的一端固定在平台上，另一端固定在上部檐口龙骨上，如图 7 所示。当平台移动到距离轨道端头 2m 处，平台不得再向前移动，平台需放置到地面，重新布设好下一区域钢丝绳轨道后，方可再次施工。

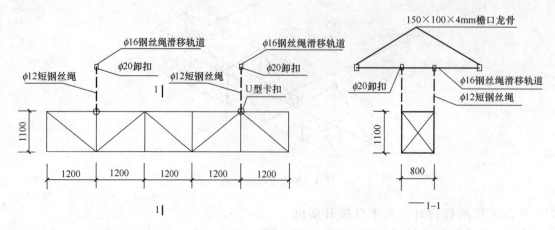

图 7　平台滑移时工作示意图

1.4　操作平台的制作质量保证措施

1）操作平台制作施焊人员必须持有合格的操作证；

2）焊接材料、固定卡具、钢丝网必须符合国家规范的合格产品；

3）做好操作平台焊接及挂设的技术交底；

4）安装绳卡不能少于 3 个，绳卡的间距一般为 6～8 倍，且配备安全绳卡，安全绳卡在距最后一个绳卡约 500mm 左右；

5）操作平台焊接完成后，需经验收合格后方可使用。

2　操作平台的施工流程

安装钢丝绳导轨→平台提升安装→超载试验与验收→正常施工作业→平台移位。

2.1　安装钢丝绳导轨

每个平台采用两根 Φ16 钢丝绳作水平滑移轨道，钢丝绳一端直接绑在网架球节点上，另一端先用 5t 手拉葫芦与网架球节点连接后拉紧（拉紧后手拉葫芦固定在网架球节点上不拆除），再将钢丝绳连接在网架的另一个球节点上，钢丝绳的搭接长度不小于 24d，采用卡接时其夹具不少于 3 个（钢丝绳直径 ≤18mm）。如图 8～图 10 所示。

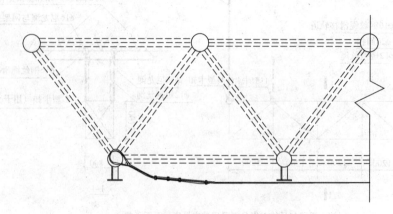

图 8　钢丝绳导轨固定端节点大样图

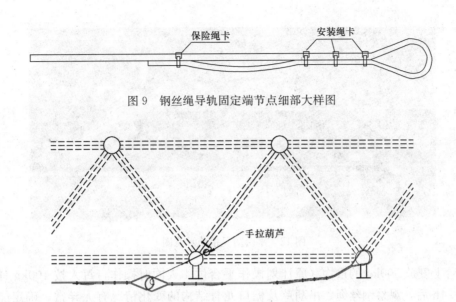

图9 钢丝绳导轨固定端节点细部大样图

图10 钢丝绳导轨手拉葫芦张拉固定端节点大样图

钢丝绳与网架球节点绑扎时，通过包裹一层胶皮或铝箔纸以对网架杆件进行成品保护，防止破坏网架的涂装层。在网架弦杆位置，采用钢丝绳编接成环形通过Φ20卸扣与钢结构连接，钢丝绳的编接长度不小于300mm。

2.2 平台的提升安装

（1）平台提升。由于该操作平台结构较轻，采取通过在檐口结构上设置4个定滑轮吊点，然后利用地面上的人力牵引四根Φ16mm尼龙绳将其提升至指定位置。在提升时，设置安全警戒线、并有专职安全员现场监看；同时地面操作人员需遵从上部人员指挥，且需持证上岗，同时站位远离平台吊点1.5m。

由于檐口天花斜度较大，平台采取不平行于天花底提升，其提升定位高度内低外高。现场施工中，平台内侧与天花净距控制在1.6m左右，平台外侧与天花净距控制在1.8m左右，以确保工人操作及移动的稳定性，通过设置提升限位装置控制平台提升定位精度，具体如图11所示。

（2）平台连接。在可滑移操作平台提升到安装位置后，采用Φ20卸扣与钢丝绳导轨连接。

（3）平台工作防护绳的安装。在平台安装就位后，在平台四个角分别用四根Φ16mm的尼龙绳与网架节点连接牢固后，操作人员才能进入平台作业。

（4）平台的防晃动措施。为保证施工时操作平台的稳固和安全，施工时操作平台的倾斜角度应控制在≤5°的范围内。为此，当操作平台移动到位后，上下两端用安全吊带将操作平台进行临时固定，如图12所示。

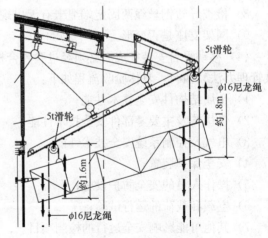

图11 平台提升示意图

2.3 超载试验与验收

（1）平台使用前需按使用要求进行超载试验，安全系数不小于1.25。

（2）轨道（钢丝绳）安装就位、平台安装就位后需按要求进行超载试验，安全系数不小于1.25。

（3）超载试验

额定超载试验：在操作平台搭设完毕后正式使用前必须进行荷载超载试验。将操作平台提升至半空

图 12   平台防晃措施示意图

中，在操作平台上安放 500kg 的重物（原计划操作平台供 4 人同时操作，每人按 100kg 计算，总荷载 400kg）。停留 24h 后，观察钢丝绳、吊葫芦及檐口龙骨结构的变化情况有无异常，确定能满足设计要求时，方可投入使用，并做好荷载试验记录，将试验结果记入操作平台运行试验记录表。具体检查标准如下：

1）钢丝绳在 $6d$ 长度范围内不允许出现 5 根以上断丝；

2）钢丝绳在 $30d$ 长度范围内出现 10 根以上断丝；

3）断丝聚集在较小长度范围内或集中在某股里，即使断丝数量比规定的少；

4）钢丝绳的直径小于公称直径的 90%；

5）检查平台各连接、承重部位是否牢固、可靠；

6）检查各紧固件是否牢靠；

7）检查吊葫芦倒链链扣有无开口等现象，挂点是否完好；

8）检查导轨钢丝绳两固定端绳卡有无出现松动；

9）网架支座是否变形。

（4）移动平台安装完成后必须经过验收合格方可投入使用，验收标准参照《广州市非标建筑起重机械管理办法》执行，具体验收流程如下：

1）金属结构件安全技术性能；

2）各机构及主要零部件安全技术性能；

3）电气及控制系统安全技术性能；

4）安全保护装置；

5）操作人员的安全防护设施；

6）空载和载荷的运行试验；

7）其他可能影响安全运行的检测项目。

（5）平台调试检查表，如表 1 所示。

平台调试检查表 表 1

设备型号		设备编号	
检查须目			判定
悬挂机构	① 螺栓、绳夹是否松动		
	② 钢丝绳是否有断丝、拉结		
	③ 尼龙绳绳是否有断丝、拉结		
	④ 桁架支座是否扭曲变形		
	⑤ 手拉葫芦挂点是否完好		

设备型号		设备编号	
操作平台	① 挂设点是否安全可靠		
	② 爬梯是否稳固		
	③ 平台焊接点是否牢固		
	④ 安全标识牌是否齐全		
	⑤ 安全生命线是否完好		
	⑥ 平台底部及防滑条是否完好		
	⑦ 踢脚板是否完好无损		
	⑧ 施工平台下方警戒区设置		
	⑨ 其他		

2.4 正常施工作业

（1）直段檐口的施工作业

直段檐口的施工作业，如图 13 所示，施工人员通过在钢构网架的马道上架设钢爬梯进入平台，上平台作业的施工人员必须佩戴双钩安全带，安全带的双钩分别与两根 Φ10 的生命绳各自扣接，做到双保险后才能开始作业。平台在施工滑移前，平台内所有物件应先行清除或绑扎固定，同时平台滑移前施工人员必须从平台转移回网架马道上，如图 14 所示。

图 13　操作平台安装完成照片

（2）檐口转角处及后期补板的施工作业

檐口转角处的铝板施工作业以及檐口直段处后期的补板，考虑到施工的可操作性，现场计划投入登高车配合进行檐口铝板的安装。

2.5 平台的移位

平台两端的钢丝绳轨道长度为 50m，当平台滑移到轨道端头 2m 的位置，不得再进行移动，施工人员需从平台内全部移出至钢结构网架马道上，其后再将平台降至地面，经安检后转移到下一工作面进行提升循环使用。

根据现场檐口造型，安装直段檐口可划分为七个施工段，具体施工段的划分及每段轨道的起点和终点如下图所示，其他未标注段为采用登高车措施施工。

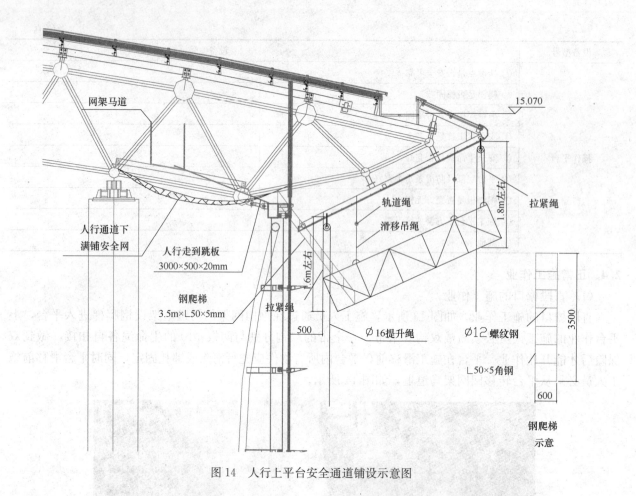

图 14 人行上平台安全通道铺设示意图

3 铝板安装要点

（1）材料运输

施工过程采取人、材料、平台机具等分开运输，材料垂直运输采用手动拉升，吊物点设置在每两榀龙骨之间的网架下弦球上，每次吊物重控制在 40kg 以内；铝板采用垂直运输的方式，最先直接吊运至屋面，操作人员要及时搬运，分散到各个施工区域，避免集中堆放。安装时将铝板送至操作平台内，平台内不得堆放过多铝板，最多不得超过 3 块。

（2）对安装位置进行清理，安装铝板并调整至尺寸准确、外观齐整后，用自攻螺丝从铝单板侧面卷边固定在龙骨上。为确保安装效果，须在初定型后进行精细校正。在较大面积单元间应按设计要求增加连接肋保证整体精度。

4 平台拆除

（1）平台拆卸过程与安装过程正好相反，先装的后拆，后装的先拆。

（2）平台拆卸的主要流程是：

降落平台→钢丝绳完全松弛卸载→拆卸钢丝绳→拆卸平台其他配件→材料清理。

（3）拆卸过程注意事项：

1）必须按工作流程进行拆卸，特别注意平台未落地且钢丝绳未完全卸载之前，严禁进行相关配件的拆除。

2）拆卸过程工具及配件等任何物件，均不得抛掷，尤其注意钢丝绳、电缆拆除时不得抛扔，而必须用结实尼龙绳拽住，从高处缓慢放松、下地。

3）拆卸作业对应的下方应设置警示标志，专人负责监护。

4）平台拆卸下来后，如果周转使用的，一定要对所有配件重新检查。

5 操作平台结构计算

操作平台结构框架长宽高尺寸为 6m、0.8m、1.1m，杆件规格均为 3/4 寸钢管（直径 $\Phi=25mm$、$t=4mm$），底面铺装 0.9mm 厚金属板，横向间隔 0.5m 设方木固定防滑，整体自重约为 120kg，施工设计荷载为 1.2kN/m²；可供 4 人同时操作，每人按 100kg 计算，实际使用荷载不超过 0.3kN/m²，具体计算模型如图 15 所示。

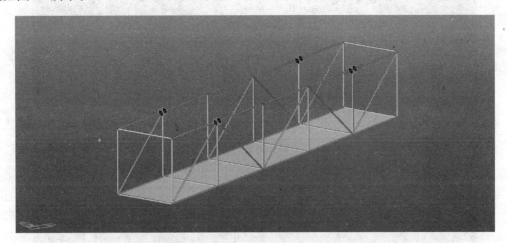

图 15　计算模型图

5.1　计算约定

本计算过程使用 Midas/Gen8.0 计算分析软件，采用的基本力学单位为 N/mm。$\Phi25\times4mm$ 钢管杆件材质均为 Q345 钢，其机械、力学属性等如表 2 所示。

材料机械及力学性能　　　　　　　　　　　　　　　　　表 2

序号	性能	指标/参数
1	钢材牌号	Q345
2	容重	$7.698\times10^{-5}N/mm^3$
3	弹性模量	206000MPa
4	泊松比	0.3
5	线膨胀系数	1.2×10^{-5}

操作平台使用过程中主要存在空载提升、施工上人作业、空载滑移三种工况，但施工上人作业为最不利工况。以简化计算为原则，各不同荷载工况下，具体过程及结果如下所示。

5.2　平台空载提升工况

对操作平台采取空载提升，通过四个角部滑轮吊点牵引 4 根 $\phi16mm$ 的尼龙绳进行提升，故对操作平台结构稳定计算中仅考虑其自重作用，如图 16～图 18 所示。

5.3　平台空载滑移工况

操作平台水平移位严格采取空载进行滑移，借助外力牵引以实现在钢丝绳轨道上滑行，因牵引力较小，在对操作平台结构计算时可忽略仅考虑其自重作用，具体计算结果如图 19～图 21 所示。

5.4　施工上人作业工况

当平台上人施工作业时，即考虑平台恒载自重，又需考虑施工荷载，具体取值如表 3 和表 4。

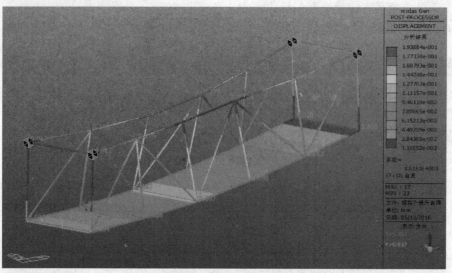

图 16　提升最大位移计算图

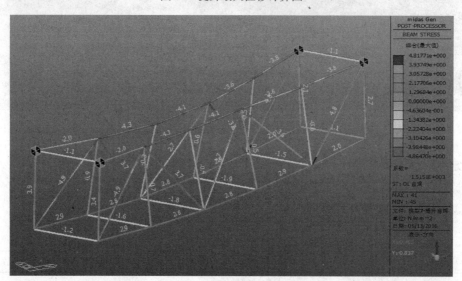

图 17　提升最大应力计算图

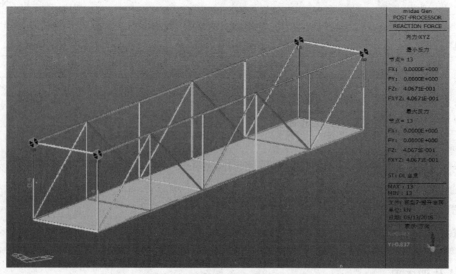

图 18　提升单点支座反力计算图

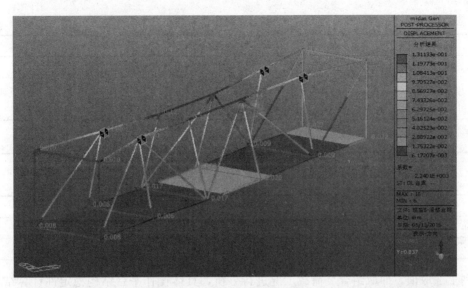

图 19　滑移最大位移计算图

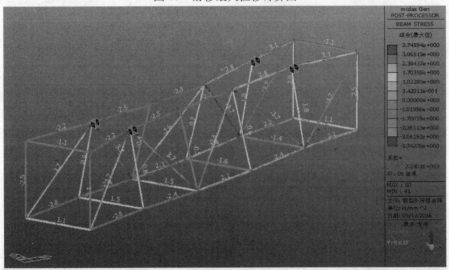

图 20　滑移最大应力计算图

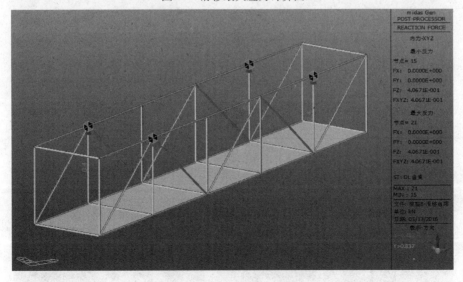

图 21　滑移单点支座反力计算图

荷载工况取值   表 3

项 目	符 号	名 称	说 明
工况 1	DL	结构自重	计算模型中自重放大系数 1
工况 2	LL	活荷载	在平台上人使用中，限载 3 人（100kg/人）＋40kg 材料，实际使用荷载不超过 0.3kN/m²，按均布压力荷载施加，取值 0.3kN/m²

荷载工况组合汇总   表 4

编号	DL	LL	分项组合系数
	W_x	W_y	
组合 1	1.35	1.4×0.7	$1.35D+0.98L$
组合 2	1.2	1.4	$1.2D+1.4L$
组合 3	1.0	1.4	$1.0D+1.4L$

　　按最不利工况取值，即取组合 2 荷载工况进行分析，具体操作平台结构稳定性计算结果如图 22～图 24 所示。

图 22　施工最大位移计算图

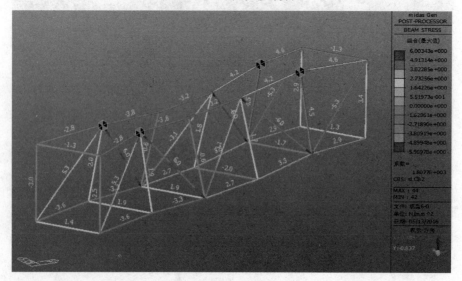

图 23　施工最大应力计算图

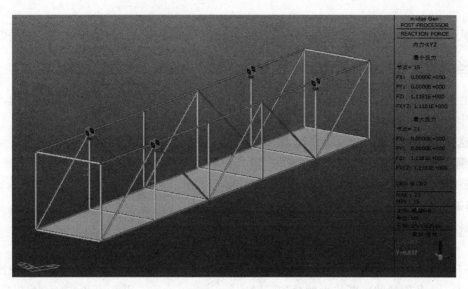

图 24　施工单点支座反力计算图

杆件截面验算结果满足要求，计算文件如图 25 所示。

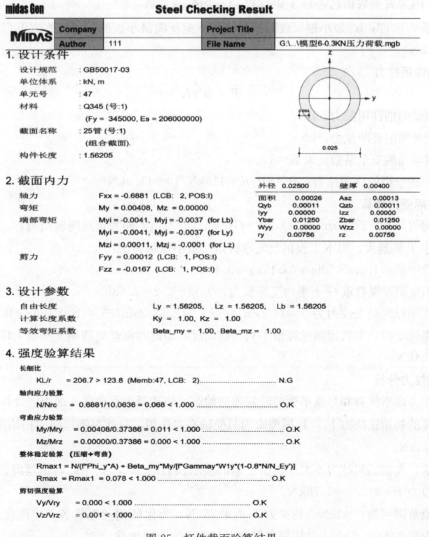

Steel Checking Result

Company		Project Title	
Author	111	File Name	G:\...\模型6-0.3KN压力荷载.mgb

1. 设计条件

设计规范　：GB50017-03
单位体系　：kN, m
单元号　　：47
材料　　　：Q345 (号:1)
　　　　　　(Fy = 345000, Es = 206000000)
截面名称　：25管 (号:1)
　　　　　　(组合截面).
构件长度　：1.56205

2. 截面内力

轴力　　　　Fxx = -0.6881 (LCB: 2, POS:I)
弯矩　　　　My = 0.00408, Mz = 0.00000
端部弯矩　　Myi = -0.0041, Myj = -0.0037 (for Lb)
　　　　　　Myi = -0.0041, Myj = -0.0037 (for Ly)
　　　　　　Mzi = 0.00011, Mzj = -0.0001 (for Lz)
剪力　　　　Fyy = 0.00012 (LCB: 1, POS:I)
　　　　　　Fzz = -0.0167 (LCB: 1, POS:I)

外径	0.02500	壁厚	0.00400
面积	0.00026	Asz	0.00013
Qyb	0.00011	Qzb	0.00011
Iyy	0.00000	Izz	0.00000
Ybar	0.01250	Zbar	0.01250
Wyy	0.00000	Wzz	0.00000
ry	0.00756	rz	0.00756

3. 设计参数

自由长度　　Ly = 1.56205,　Lz = 1.56205,　Lb = 1.56205
计算长度系数　Ky = 1.00, Kz = 1.00
等效弯矩系数　Beta_my = 1.00, Beta_mz = 1.00

4. 强度验算结果

长细比
$$KL/r = 206.7 > 123.8 \text{ (Memb:47, LCB: 2)} \dots \dots \dots \dots \dots \dots \text{N.G}$$

轴向应力验算
$$N/Nrc = 0.6881/10.0636 = 0.068 < 1.000 \dots \dots \dots \dots \dots \dots \text{O.K}$$

弯曲应力验算
$$My/Mry = 0.00408/0.37386 = 0.011 < 1.000 \dots \dots \dots \dots \dots \text{O.K}$$
$$Mz/Mrz = 0.00000/0.37386 = 0.000 < 1.000 \dots \dots \dots \dots \dots \text{O.K}$$

整体稳定验算 **(压缩+弯曲)**
$$Rmax1 = N/(f*Phi\_y*A) + Beta\_my*My/[f*Gammay*W1y*(1-0.8*N/N\_Ey')]$$
$$Rmax = Rmax1 = 0.078 < 1.000 \dots \dots \dots \dots \dots \dots \text{O.K}$$

剪切强度验算
$$Vy/Vry = 0.000 < 1.000 \dots \dots \dots \dots \dots \dots \text{O.K}$$
$$Vz/Vrz = 0.001 < 1.000 \dots \dots \dots \dots \dots \dots \text{O.K}$$

图 25　杆件截面验算结果

5.5 结论

综上可见，以施工上人作业时为最不利工况，使用过程中操作平台结构整体稳定满足要求。

6 轨道钢丝绳稳定性计算

因施工上人作业时平台对轨道出现最大反力值，则主要以此来对钢丝绳轨道进行验算，并采取如下所示的简化计算模型，具体分析结果如图 26 所示。

钢丝绳选用 $6\times37+FC-16-1570$ 型号（纤维芯），查规范《一般用途钢丝绳》GB/T 20118—2006 可知，公称抗拉强度 1570MPa，破断拉力$\geq$119kN，参考重量 K 取 86.3kg/100m。

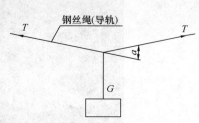

图 26　钢丝绳计算

其中，T 表示钢丝绳拉力（kN）；G 表示钢丝绳所受竖向力（kN），对本工程导轨绳要求达到自然绷直状态即可；a 表示钢丝绳的弯折角（°）。

6.1 钢丝绳破断拉力

钢丝绳最小破断拉力按下式计算：

$$SP=\lambda F$$

式中　SP——钢丝绳的破断拉力，kN；

　　　　F——各钢丝的破断拉力的总和，kN；

按 GBT20188—2006 表 20 取值可知，$F=119$kN，

故钢丝绳的破断拉力 $SP=\lambda F=119$kN

（备注：a. 因为表中数据已考虑了钢丝捻制不均折减系数，所以不需再乘以系数 0.82；b. 最小钢丝破断拉力总和＝钢丝绳最小破断拉力×1.249（纤维芯）＝119×1.249＝148.63kN）

6.2 钢丝绳的许用拉力

$$P=SP/K$$

式中　P——钢丝绳的许用拉力，kN；

　　　SP——钢丝绳的破断拉力，kN；

　　　K——钢丝绳的安全系数，取 $K=10$。

综上可知，钢丝绳的许用拉力：$P=SP/K=119$kN/10＝11.9kN

6.3 钢丝绳实际受力计算

由受力简图可知 $G=2T\cdot\sin(a/2)$，$T=G/2\sin(a/2)$，T 亦为钢丝绳轴向力，可见 a 越小 T 则越大，对本工程钢丝绳弯折角 a 最小控制为$\geq15°$，

$G'=KL=86.3$kg/100m×50m＝43.15kg$\approx$0.43kN

则竖向力 G＝钢丝绳自重 G'＋平台支座反力＝0.43＋2.2＝2.63kN

综上可知，钢丝绳最大拉力为 $T=G/2\sin(a/2)=2.63/2\sin7.5°=10.04$kN，其出现在操作平台位于轨道钢丝绳跨中时，为轨道钢丝绳最不利荷载工况，即此时钢丝绳两端支座最大作用反力＝最大轴向拉力 $T=10.04$kN。

6.4 钢丝绳预拉力分析

一般工程中考虑索拉力和自重平衡的时候为初始态，故选择自重荷载工况下，计算出绳索单元的内力值即为钢丝绳的初始张拉力 F_0，且因绳索为只受轴心力作用，故此时钢丝绳的初始张拉力 F_{01}＝钢丝绳自重 $G'=0.43$kN；

按规范要求，绳索的初拉力不大于最小整索的破断拉力的 1/2.5，则此时钢丝绳的初始张拉力 F_{02}＝钢丝绳许用拉力 $P\times1/2.5=4.76$kN。

故其控制值范围可为 0.43kN$\leq$初拉力 $F_0\leq$4.76kN，为保证钢丝绳具备一定刚度，则本项目轨道钢丝绳的预拉力可取 1~4.5kN，并依据现场情况过程采取分级加载。

6.5 结论

综上可知，钢丝绳最大轴向力 $T=10.04$kN<钢丝绳许用拉力 $P=SP/K=119$kN$/10=11.9$kN，即依据规范设计，该钢丝绳受力满足要求、安全可靠。

7 尼龙绳（提升及工作时吊挂）验算

综上分析可知，在平台吊挂工作时，主要施工荷载作用于钢丝绳轨道上，而尼龙绳主要起到平台定位后的二次保险、防晃作用；但在平台提升时，尼龙绳作为吊索承受所有轴向力，此时最大支座反力为 0.4kN，即平台提升时尼龙绳的最大轴力为 0.4kN。

本项目选用的 $\Phi16$ 锦纶（Nylon）尼龙绳作为吊索（极限拉力 $2.5T$，可使用拉力 $0.45T$），满足要求。

8 滑轮吊点选择及验算

在操作平台提升工作时，通过四个角部滑轮吊点牵引 4 根 $\phi16$mm 的尼龙绳进行，过程中单个滑轮吊点竖向最大集中荷载为 0.8kN；则滑轮起重量需大于 $1T$，且考虑使用单轮组，但因绳径为 $\phi16$mm，查机械设计手册相关表可知，H5x1L 规格型号的滑轮（5t）符合要求。

9 结束语

经过广州白云机场 T2 航站楼的施工应用，该操作平台解决了复杂工况的下檐口铝单板安装的问题，避免使用大量脚手架，解决了檐口施工高空作业高危险作业的难题，提高了工作效率，大大降低了工程造价，值得推广和应用。

参考文献

[1] 中国钢结构协会. 建筑钢结构手册. 北京：中国计划出版社，2002
[2] 国家标准. 钢结构设计规范[S]. 北京：中国计划出版社 2003
[3] 《实用五金手册》编委会. 实用五金手册. 北京：电子工业出版社，2010

遵义奥体中心金属屋面构造设计分析

李根恒　姚善成

（山东雅百特科技有限公司，上海　200233）

摘　要　遵义奥体中心是一个集竞技、训练、展示、商业配套等功能为一体的大型体育综合场馆。金属屋面构造需要满足受力、保温隔热、防水、防雷等要求，本设计成功解决了上述难题，满足了遵义奥体中心的功能需要。

关键词　金属屋面；屋面构造；保温隔热；防水；防雷

1　工程概况

遵义奥体中心项目是一个集竞技、训练、展示、商业配套等功能为一体的大型体育综合场馆，总建筑面积为 $257000m^2$，可容纳 6 万余人。是目前贵州省规模最大、功能最齐全的大型体育综合场馆。

金属屋面构造设计原则：

（1）首先满足建筑、结构使用功能要求，包括保温隔热、隔声、防水、防雷等。

（2）考虑结构经济、合理，安全可靠。

（3）综合考虑屋面系统美观、节能、环保等方面。

屋面构造层次如图 1 所示。

2　屋面构造受力分析

1）荷载从铝单板通过铝方管传到铝合金夹具，然后夹具传至屋面板，屋面板通过支座传至 C 型檩条，支座与 C 型檩条采用四颗自攻钉连接；C 型檩条通过槽钢传至主檩条，C 型檩条与槽钢通过四颗螺栓连接；屋面主檩条通过檩托传递至主钢结构檩条，檩托由四颗螺栓将两个檩条连接在一起。

2）由于屋面的檩条与钢结构主图为一整体结构，而屋面构造层次与屋面主体结构又为不同的材料，又是受室外温度影响最强的构造。所以必须要考虑屋面受温度变化的结构变化。屋面最顶层为装饰铝单板，而装饰铝单板为单块 $2.4×1.2m$ 的板块分格，并且板与板之间为开封式构造，所以单块铝单板温度变化完全能消耗。

3）屋面板采用锁扣式无栓钉连接也能满足热胀冷缩效应。那么现在最主要的就是屋面的檩条结构与主体钢结构的温度变形关系。本方案设计的主檩条与主体桁架结构为同一方向。则屋面主檩条的温度变形主要受主体结构的影响，为了避免主体结构温度影响屋面主体。所以本设计方案把次檩条与主檩条的连接设计为螺栓连接，连接的方式为次檩条开横向长圆孔消耗屋面次檩条横向温度变化，纵向为次檩托板开竖向长圆孔，调节屋面构造层次高差及受温度影响的变化。这样屋面构造的温度变化就与主体结构相应的区分开来了。纵观整个受力结构，力可以稳定合理的传至支撑结构，是一个稳定的受力结构层。构造传力层如图 2 所示。

3　保温隔热分析

根据《民用建筑热工设计规范》GB 50176—93 中规定单一材料热阻计算：

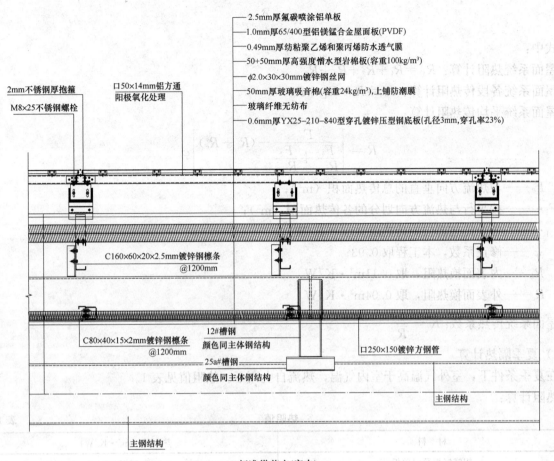

2.5mm厚氟碳喷涂铝单板
1.0mm厚65/400型铝镁锰合金屋面板(PVDF)
0.49mm厚纺粘聚乙烯和聚丙烯防水透气膜
50+50mm厚高强度憎水型岩棉板(容重100kg/m³)
φ2.0×30×30mm镀锌钢丝网
50mm厚玻璃吸音棉(容重24kg/m³),上铺防潮膜
玻璃纤维无纺布
0.6mm厚YX25-210-840型穿孔镀锌压型钢底板(孔径3mm,穿孔率23%)

2mm不锈钢厚抱箍
M8×25不锈钢螺栓
口50×14mm铝方通 阳极氧化处理

C160×60×20×2.5mm镀锌钢檩条 @1200mm

C80×40×15×2mm镀锌钢檩条 @1200mm
12#槽钢 颜色同主体钢结构
25a#槽钢 颜色同主体钢结构
口250×150镀锌方钢管
主钢结构

主钢结构

标准纵节点(室内)

图1 构造纵剖面图

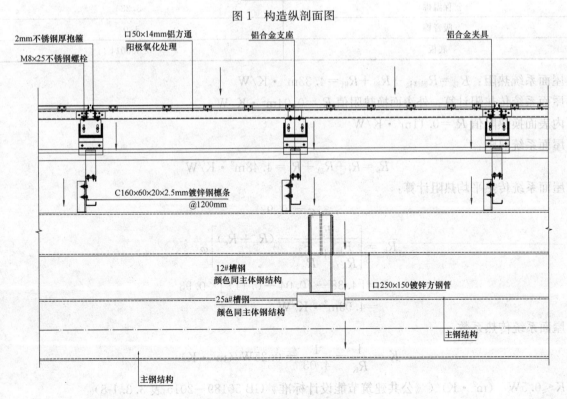

2mm不锈钢厚抱箍
M8×25不锈钢螺栓
口50×14mm铝方通 阳极氧化处理
铝合金支座
铝合金夹具

C160×60×20×2.5mm镀锌钢檩条 @1200mm

12#槽钢 颜色同主体钢结构
25a#槽钢 颜色同主体钢结构
口250×150镀锌方钢管

主钢结构

主钢结构

图2 屋面标准构造传力图

$$R = \frac{\delta}{\lambda}$$

式中：

屋面系统热阻计算：$R_{总} = R_1 + R_2 + R_3 + R_4$

屋面系统各段传热阻计算：$R_{0i} = R_i + R_{总} + R_e$

屋面系统平均传热阻计算：

$$\overline{R} = \left[\frac{F_0}{\frac{F_1}{R_{o.1}} + \frac{F_2}{R_{o.2}}} - (R_i + R_e) \right] \varphi$$

式中　F_0——与热流方向垂直的总传热面积（m²）；

　　　$F_1\cdots$——按平行与热流方向划分的各传热面积（m²）；

　　　$R_{o.1}\cdots$——各个传热部位的传热阻（m²·K/W）；

　　　φ——修正系数，本工程取 0.93；

　　　R_i——内表面换热阻，取 0.11m²·K/W

　　　R_e——外表面换热阻，取 0.04m²·K/W

屋面系统传热系数：$K = \dfrac{1}{\overline{R}}$

1）夏季隔热计算

在夏季条件下，室外气温高于室内气温，热流自上而下。热阻值见表1。

热阻计算：

热阻值　　　　　　　　　　　　　　　　　　　　　　　　　　　　表1

材　料	热阻值（m²·K/W）
铝镁锰板及铝单板	0.0000049
保温棉	3.33
吸音棉	1.0
底板	0.000014

屋面系统热阻：$R_{总} = R_{铝镁锰} + R_{棉} + R_{钢} = 4.33\text{m}^2 \cdot \text{K/W}$

屋面系统传热阻计算：外表面换热阻值 $R_i = 0.04\text{m}^2 \cdot \text{K/W}$

内表面换热阻值 $R_e = 0.11\text{m}^2 \cdot \text{K/W}$

屋面系统热阻：

$$R_0 = R_i + R_{总} + R_e = 4.48\text{m}^2 \cdot \text{K/W}$$

屋面系统传热平均热阻计算：

$$\varphi = 0.93$$

$$\overline{R}_k = \left[\frac{F_0}{\frac{F_1}{R_{o.1}} + \frac{F_2}{R_{o.2}}} - (R_i + R_e) \right] \varphi$$

$$= [4.38 - (0.04 + 0.11)] \times 0.93$$

$$= 4.03\text{m}^2 \cdot \text{K/W}$$

屋面系统传热系数：

$$K = \frac{1}{R_K} = \frac{1}{4.03} = 0.25\text{W/(m}^2 \cdot \text{K)}$$

$K \leqslant 0.5\text{W/(m}^2 \cdot \text{K)}$（《公共建筑节能设计标准》GB 50189—2015 表 3.3.1-8）

结论：屋面隔热满足设计要求。

2）冬季保温计算

在冬季空调调节下，室外气温低于室内气温，热流自下而上。热阻值见表1。

屋面系统热阻：$R_{总} = R_{铝镁锰} + R_{棉} + R_{钢} = 4.33 m^2 \cdot K/W$

屋面系统传热阻计算：外表面换热阻值：$R_i = 0.04 m^2 \cdot K/W$

内表面换热阻值：$R_e = 0.11 m^2 \cdot K/W$

屋面系统热阻：$R_0 = R_i + R_{总} + R_e = 4.48 m^2 \cdot K/W$

屋面系统传热平均热阻计算：

$$\varphi = 0.93$$

$$\overline{R}_k = \left[\frac{F_0}{\dfrac{F_1}{R_{o.1}} + \dfrac{F_2}{R_{o.2}}} - (R_i + R_e) \right] \varphi$$

$$= [4.48 - (0.04 + 0.11)] \times 0.93$$

$$= 4.03 m^2 \cdot K/W$$

屋面系统传热系数：

$$K = \frac{1}{R_K} = \frac{1}{4.03} = 0.25 W/m^2 \cdot K$$

$K \leqslant 0.5 W/(m^2 \cdot K)$（《公共建筑节能设计标准》GB 50189—2015 表 3.3.1-8）

结论：屋面保温满足设计要求。

4 金属屋面系统防水设计

屋面系统需有可靠的防水性能，本设计主要从以下几个方面来保证屋面的防水性。

1）屋面板采用直立锁边 360°咬合金属屋面板，保证了屋面板的咬合紧密，无渗水现象发生。

2）第二道防水系统采用防水性良好的纺粘聚乙烯和聚丙烯防水透气膜，并且在卷材的搭接位置采用热风焊接，保障了在搭接处的密封性。

3）屋面的防水首重节点方式的处理，本工程的屋面有天窗、上人口等不同屋面穿出物这样不可避免地破坏了屋面的整体性，因此屋面的节点处理方式就尤为重要。为了能很好地进行屋面处理防水本工程设计也是两道防水，第一道为面材材料，通过第一道面材防水引走绝大部分水流，然后在做二道防水消除漏水隐患。

5. 避雷系统设计

根据《建筑物防雷设计规范》GB 50057—2010 中 3.0.3 规定，本工程为第二类防雷建筑物。采用金属屋面板作为接闪器，通过引下线将电流引到主结构，通过主结构最终将电流引至地面，完成避雷、防雷的作用。该方案满足民航总局对机场类项目防雷设施的相关规范要求。同时高于国家现行的《建筑物防雷设计规范》（2010 年版）中对金属屋面建筑防雷的要求。采用金属屋面板做接闪器，引下线将网格间距不大于 10m×10m。如图 3 所示，其中一道防雷是由一条镀锌钢带进行导电，一端用两颗 M6 不锈钢螺栓连接在支座上，中间还有一块不锈钢垫片防止电化学腐蚀；

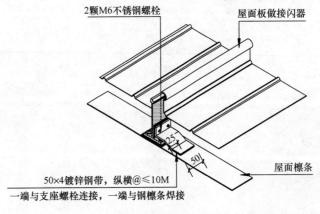

图 3 防雷示意图

一端焊接在檩条上。另外一道防雷措施是支座下面用不锈钢垫片替换橡胶垫片进行导电和防止电化学腐蚀。

6 总结

本工程金属屋面构造设计充分利用了支座、檩托、檩条等传力至钢结构，采用多层保温棉材料进行分层保温隔热，利用金属屋面板、防水透气膜进行双重防水，采用两种不同的导电方式进行防雷设计，充分满足了遵义奥体中心的各项功能要求。

参考文献
[1] 民用建筑热工设计规范 GB 50176—93[S].
[2] 《公共建筑节能设计标准》GB 50189—2015[S].
[3] 《采光顶与金属屋面技术规程》JGJ 255—2012[S].
[4] 《建筑物防雷设计规范》GB 50057—2010[S].

金属智能屋面功能及应用

范建桥　余　涛

（山东雅百特科技有限公司，上海　200335）

摘　要　智能金属屋面是将传统金属屋面与大数据、云计算、人工智能、物联网等技术相结合，形成的一种能够自适应、自预警、自操作的一套解决方案。本文结合项目实践，对智能屋面应用及未来发展趋势进行阐述。

关键词　智能建筑；金属屋面；功能应用

1　引言

传统的金属屋面，由于没能得到合理维护，在使用几年后出现设备设施损坏、漏雨、锈蚀、保温层破损、热能流失大的诸多质量通病。同时，由于没有运行维护数据的积累与沉淀和智能分析，使得维修难度大、成本高、费工费力。据不完全统计，我国金属屋面普遍在10～20年之间就达到经济使用成本的临界点图1。

图1　进入高成本运维期的传统屋面

随着计算机科学技术、物联网技术、大数据、人工智能技术飞速发展，智能技术在建筑行业的应用也在突飞猛进。一些大型地标建筑、体育馆、城市综合体、影剧院等均向着节能、舒适、高效、智能的方向前进。金属屋面也由原来的防风避雨、保温隔热的简单功能向自适应、自预警、自操作等智能方向发展，比如：梅溪湖文化艺术中心、福州奥体中心金属屋面、西安华夏旅游综合体演艺馆、遵义奥体中心、江苏大剧院等项目采用了屋面积雪自融化设备、天窗光线自调节设备、天沟积水预警系统等，将金属屋面监控和管理集成在一个统一的系统之上。

智能金属屋面系统集成的主要内容类似于楼宇管理系统IBMS，它是整个建筑系统监控和管理核心。

IBMS能够集成楼宇中各种子系统，把它们统一在单一的操作平台上进行管理。系统的设计目的旨在让楼宇中各种弱电系统的操作更为简易，更有效率。它提供了一个中央管理系统以及数据库，同时它可以协调各子系统间的相互连锁动作及相互合作关系。基于子系统平等的系统集成通过开发与BAS，CAS，OAS的网络通信接口，将各个子系统集成到一个平台上。集成平台就是IBMS，它承担了系统管理者的角色，负责整个系统的数据收集，通信管理，并能提供集中的监视和控制（图2）。

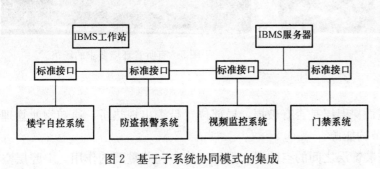

图2　基于子系统协同模式的集成

2 智能金属屋面功能

由于智能金属屋面引入了计算机
网络、物联网＋、云系统、大数据等诸多科技手段，那么与传统的，非智能的金属屋面相比较，有哪些特殊功能或作用。下面具体介绍智能金属屋面具有的部分功能：

（1）光环境控制

1）室外光环境控制：控制建筑物对周围环境的光污染，与环境和谐相处。可根据周围环境、太阳照射强度、太阳入射角等基本数据进行分析计算，通过智能调节屋面反光板、装饰板的角度和朝向，或者通过收起/展开屋面安装的吸光或反光装置，来达到调节光反射、减少光污染的效果（图3）。

图3 装饰层做反光板案例

2）室内光环境控制：对于有天窗的屋面，可根据室外光照强度，自动控制天窗或遮光帘启避，以补偿室内光照环境、减少照明设备工作时间，节省能源，增加居住舒适度（图4）。

（2）声学环境控制

大型体育场馆、演出场所需时实监测现场回声、混响以及周围噪声，通过计算机分析计算并控制开启吸声布、调整回音板角度、调节室内音响设备等措施，改善听众的听音环境，获得良好的声学体验（图5）。

图4 带天窗的金属屋面

图5 有听音环境要求的场馆

（3）热环境控制

1）热桥观测：通过红外设备观测屋面保温层是否有破损，局部位置是否出现热桥，通知物业管理人员修理，以免造成热量较大的流失，节约能源。

2）空腔层通风控制：金属屋面板与装饰层之间的空腔层在夏天隔热中起着重要的作用。空腔层空气的流动，可以将外界热量带走，避免其传向室内，增加空调设备的负荷。可以在空腔层间设置导风板，通过计算机根据外界风速和风向计算出最利于空腔层空气流通的状态，进而控制导风板的形态，以达到加强通风，快速带走屋面热量的效果。相反，到了冬天，空腔层的空气流动带走屋内的热量，对室内保温不利，计算机也可通过控制导风板形态来阻止空气的流动，减少热量损失。

（4）屋面状态监测

1）大风监测：屋面被风掀起，通常是从屋面的薄弱部位撕开一条裂口，进而裂口迅速扩大，最终导致整个屋面被掀开。通过对一般风力作用下屋面变形监测，发现变形薄弱部位、薄弱环节，通过历史数据的对比分析，建立预测模型，提前预测屋面薄弱环节的发展状况，有目标的进行加固。

2）漏雨监测：通过在易渗水漏水部位安装感应元器件，实时监测屋面工作状态，发现漏水即时处理，防止水进一步向屋面构造层深度发展，减少损失。

3）积雪监测：当系统监控到屋面重点部位或天沟积雪较深时，自动启动融雪装置。

4）天沟积水监测：遇罕见大雨，或天沟水落管、排水设施出现堵塞等故障时，自动打开泄水孔或屋面导流设施，同时报警通知物业管理部门进行处理。

（5）安全监测

1）支撑体系受力监测：指用于支撑金属屋面的檩条、龙骨以及屋面桁架、系统的应力、应变及疲劳状态。

2）支撑体系连接监测：指屋面构件的焊缝、连接螺栓、连接扣件等工作健康状态。

（6）屋面设备设施运行状态监控

1）电灯、电气设备：指安装在屋面层上的电灯、烟感器、音响、风机等所有设备的运行状态是否正常。

2）防雷接地设备：可通过自动测量其电阻值，检测其是否满足要求，如不正常，即时处理，以防在雷电发生时失效。

（7）其他

1）结露监测控制：通过室内预安装的温度感应器、湿度感应器采集数据，当快达到结露的临界点时，自动启动抽湿设备或升温设备防止结露。这个功能对某些装有贵重及精密设备仪器，或是藏有历史文物、贵重书籍的建筑是十分有必要的。

2）自清洁功能：智能控制屋面自清洁设备。

3）雨水收集功能：智能控制屋面雨水收集、灌溉系统。

4）火灾监控：借助屋顶望得远的优势监控周围建筑物及其自身火情况。

5）防盗监控：对于一些有天窗或上人孔的屋面，可安装人员出入验证系统，当有人未经验证强行通过时，发报警信息到指挥中心。同时，也可防止小型生物通过这些孔口时入建筑物内。

6）通风换气：通过室内空气监测仪器实时监测空气质量，当发现空气质量不符合标准，自动控制通风换气设备或开启天窗换气。同时，到监测到外界空气质量低于室内空气质量时，可自动关闭天窗（图6）。

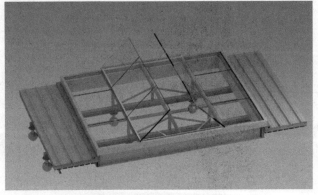

图6　能智能启闭的天窗

3　结论与展望

金属智能屋面是随着信息科技的进步和大数据时代到来而衍生的新型建筑产品。尽管智能运用能够为金属屋面建筑行业带来革命性的影响，但是一门新技术在推广过程中总要面临这样那样的困境。国内智能金属屋面产品技术含量低，无现成的产品，设计单位不够成熟，考虑欠缺，施工单位行业技术经验积累不足，施工队伍水平参差不齐，施工项目难度高，缺乏专业指导，因此导致一些智能金属屋面还只是概念阶段，真正运用智能的概念对金属屋面进行设计、施工、运维方面的整合，并达到经济效应，还有一定难度。主要原因可以归结为以下几点：

首先，行业内的标准太少，不够规范，地方标准无法统一，各专业的标准不齐全，各公司又有自己一套的标准，这样就直接导致建筑工程各阶段交底深度无法确定，各专业的协同工作无法顺利进行在行业内做信息交换和传递就十分困难。

其次，对软硬件设施的要求较高。由于对金属屋面的监测、运转、维护是建立在大数据、神经网络分析、专家系统分析等计算的基本之前，对计算机硬件要求较高。同时，监测用到大量的仪器仪表、电子感知元器件硬件设备，也对硬件提高较高的要求。

再次，智能屋面行业人才短缺，由于智能屋面是一项综合性很强的产品，他融合了建筑工程技术、结构工程技术、计算机科学技术、网络技术、大数据、云计算、人工智能、工业制造等多门学科。因此人才培养周期十分漫长。

目前，世界金属智能屋面的水平还处于初步发展阶段，成功的案例十分稀缺。但是，随着人们对高端智能生活需求的日渐提高，业内人士研发的日渐深入，再加上传感器、各种感知元器件等设备生产成本的降低，金属智能屋面将产业化、规模化的用于各类公共建筑、工业厂房、大型建筑综合体。

下一步，我们应充分利用人工智能、机器深度学习等新技术，结合智能金属屋面系统，使建筑屋面成为一个会思考、能自我改变、自我完善的智慧金属屋面系统。

参考文献

[1] 蔡昭均. 我国金属屋面工程发展现状[J]. 金属屋面. 2010，03，19-21.

[2] 王彦刚. 直立锁边金属屋面的特点与应用[J]. 金属屋面. 2011，23，5-8.

[3] 廖晨雅. 基于BIM的建筑运营阶段精益管理[J]. 2012 中国工程管理论坛，2012，92-94.

[4] Corry，Mayfield，Cadman. COM/DCOM 编程指南[M]. 刘云，孔雷. 北京：清华大学出版社，2000：10-2.

[5] David Chappell. Understanding. NET [M]. Addison Wesley Professional，2006：321-359.

[6] Park Jaehyun, Yoon Youngchan. Extended TCP/IP protocol for real-time local area networks [J]. Control Engineering Practice，1998，6(1).

浅析生态幕墙系统在建筑领域中的应用

张 睿

（沈阳三新实业有限公司，沈阳）

摘 要 近年来，为了在全天候条件下都能得到良好的建筑室内环境，人们努力地开发具有能够动态地改变特性的智能化玻璃围护系统。这种需求同时导致了高科技玻璃产品的发明，比如"智能玻璃"以及新型的幕墙系统，如"生态幕墙系统"。

为了能够真正地理解生态幕墙系统的优越性，有必要对其概念、技术、经济型和建筑美学的表达等多方面进行研究。生态幕墙较高的建造费用可以被幕墙系统后期较低的运行费用所弥补。实际上，生态幕墙可以提高建筑的隔声性能、保温性能、遮阳、自然通风和自然采光等多方面的性能，并能够减少能耗，为使用者创造更加良好的室内环境。很显然，所有这些性能的提高都依赖于系统的正确的设计。

关键词 生态幕墙；应用

1 引言

随着时代的进步，建筑科学技术也突飞猛进，相应的建筑围护结构的保温隔热性能也有了很大的提高，供暖、空调和照明的设备与技术日益进步，人们越来越能够在更为优裕和舒适的室内环境中生活和工作，人类建筑文明取得了前所未有的成就。至此，玻璃幕墙也在建筑领域应用的越发广泛起来，可随着幕墙的广泛应用，其弊端也逐渐显现出来，如：由于玻璃材料的传热系数比较于传统的砖石等材料要大很多，并且夏季太阳辐射可以直接射入玻璃形成温室效应，所以普通玻璃幕墙的供热、制冷能耗相应大大增加，而且很难达到人体舒适性的要求。随之而来的能源危机的爆发，使人们终于认识到能源的稀缺和重要，而玻璃幕墙由于其高能耗也开始被人们所诟病。另外玻璃幕墙也会在城市环境中带来光污染问题，幕墙用玻璃的自爆问题，密封胶老化及胶污染问题等。

随着人们对玻璃幕墙认识的加深，对它的种种弊端也逐渐重视起来。这也间接地促使人们去开发和采用新型建筑材料、采用新型的结构构造体系、正确的施工方法来解决这些出现的问题。随后生态幕墙系统作为一种新型的幕墙结构形式也应运而生，它以高新技术为先导，以生物气候缓冲层为重点，节约资源，减少污染，是一种健康舒适的生态建筑外围护结构。

2 生态幕墙系统概念

生态幕墙又称双层幕墙、热通道幕墙、呼吸式幕墙、节能幕墙等。由内外两层立面构造组成，在建筑外围形成一个介于室内与外之间的空气缓冲层。外层可由明框、隐框或点支式幕墙构成。内层可由明框、隐框幕墙，或具有开启扇和检修通道的门窗组成，也可以在一个独立支撑结构的两侧设置玻璃面层，形成空间距离较小的双层立面构造。见图1。

生态幕墙是生态建筑的一种，是生态外围护结构的建筑。它是以"可持续发展"为战略，以使用的高新技术为先导，以生物气候缓冲层为重点，节约资源，较少污染，是一种健康舒适的生态建筑外围护结构。

图1 实景图（丹麦RHQ建筑设计院）

3 生态幕墙的主要形式和原理

生态幕墙结构中可以采用不同的玻璃，不同的支撑形式，以及不同的层间距离和不同的内部遮阳措施及构造方式，从而造就品种繁多，适应不同建筑类型、不同环境品质要求的产品体系。不同类型的生态幕墙在建筑通风和节能能力上，有显著区别。基于功能与结构方式的不同，体系和技术定义的不同，生态幕墙大体分为封闭式内循环体系和敞开式外循环体系。但不论是那种体系，生态幕墙的实质还是，通过通风腔中空气的流通或循环的作用，使内层幕墙的温度接近室内温度。

生态幕墙的节能是指幕墙在夏季利用"烟囱效应"，通过自然通风换气，降低室内温度；在冬季能产生温室效应，提高保温效果，降低取暖能耗。

生态幕墙在夏季的阳光照射下，幕墙通道中的空气被加热，使空气自下而上低流动，从而带走通道中的热空气，达到降低房间温度的作用。另一方面，由于双层幕墙的特殊结构，本身就具有一定的遮阳功能，可减少阳光对空气的辐射，降低房间温度，减少降温负荷，起到节约能源的目的。见图2、图3。

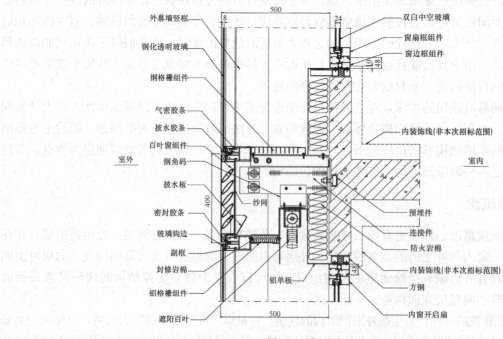

图2 竖剖节点

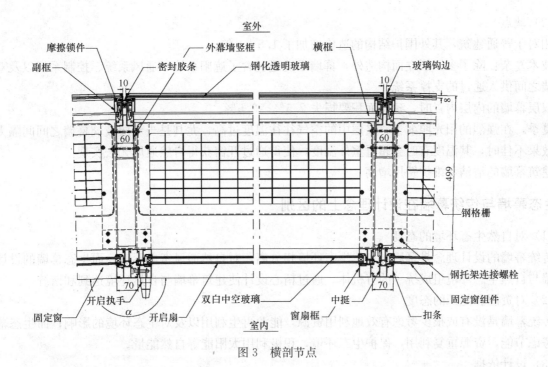

图3 横剖节点

在冬季，生态幕墙可关闭外层幕墙的通风口，这样幕墙内部的空气在阳光照射下温度升高，减少室内和室外的温度差，也减少了室内温度的外界传递，起到房间保温功效，降低房间取暖费用。

4 生态幕墙系统的优缺点

（1）优点

隔声：生态幕墙由于外层玻璃对于噪声的屏蔽作用，降低了室外噪声对于室内的影响。对位于城市中心区域且有很强交通噪声环境中的建筑尤其适宜。同时生态幕墙可以在强噪声环境中，引入自然通风，降低了建筑能耗。

保温：在冬季，外层幕墙的存在加强了外围护结构的保温性能。通过双层玻璃幕墙之间空气的预热可以有效地降低建筑表面的热损失。而且由于内层幕墙温度相对较高，有利于室内的热舒适性。

通风降温：在炎热的夏季，建筑内部温度有可能过高。而生态幕墙并不是以直接开启方式通风，因而具有安全保护功能，这使得在夏季夜晚下班时间办公楼可以利用夜间凉爽空气，以自然通风的方式进行室内降温。

生态幕墙的遮阳百叶安装在夹层内部，相对单层玻璃外挂百叶的方式，这种方式更有利于保护百叶，尤其是某些功能复杂、造价昂贵的金属百叶，日晒雨淋不仅会减短使用寿命，也会影响其遮阳及防晒效果。此外，外挂百叶往往会产生环境噪声，由日本著名建筑师桢文彦设计的，位于德国慕尼黑郊外的高技术园就用了外挂式金属百叶，在微风中整日鸣响不已，而在生态幕墙中间设置的百叶就没有这种问题。

因外层幕墙的存在，降低了建筑内部的风压，使得高层建筑中部分自由开窗通风成为可能，仅此一项便可大大降低高层建筑中机械通风所需的能耗。

在建筑设计上，生态幕墙由于使用大面积的玻璃，使建筑获得很高的通透性。

自然通风：生态幕墙一项很重要的优点就是可以允许自然通风。自然通风的方式不但可以降低空调能耗，而且有利于提高环境的舒适性，增强人体健康。

节能：由于生态幕墙提高了建筑保温的隔热性能，而且能够较长时间的进行自然通风，所以使建筑可以充分节省能源，降低能耗。

（2）缺点

相对于普通建筑，其外围护结构的造价增加了 1.5～4 倍。

技术复杂：除了多一层立面构造外，幕墙系统还包含了遮阳系统、通风系统、控制系统以及双层玻璃幕墙之间供人通过的支撑系统。

双层幕墙的内层内置时，建筑面积要损失 2.5%～3.5%。

夏季，在强烈的阳光照射下，夹层中的空气往往温度过高，尤其是当双层玻璃幕墙之间间隔太小而遮阳效果不佳时，其温度有时会超过室外温度，使得通过开窗获得自然通风无法实现。

建筑幕墙的清洁和维护费用增高。

5　生态幕墙与传统幕墙在设计理念上的区别

（1）对自然生态环境的态度

传统幕墙的设计理念是幕墙与自然生态环境相分离，对自然通风考虑不够；而生态幕墙的设计理念是幕墙与自然生态环境组成统一的有机体。通过精心设计使建筑幕墙与自然环境达到和谐统一。

（2）对资源和能源的态度

传统幕墙是没有或很少考虑有效地利用资源，能源再生利用以及对生态环境的影响；而生态幕墙是必须考虑节能，资源重复利用，保护生态环境，积极利用太阳能等自然能量。

（3）设计依据

传统幕墙是依据功能，性能及成本需求来设计；而生态幕墙是依据环境效益和生态环境指标与功能、性能及成本来设计。

（4）设计目的

传统幕墙是以人对幕墙的美学和功能的需求为主要设计目的；而生态幕墙是为人的需求和环境而设计，其最终目的是创造舒适，健康的居住生活环境，提高自然、经济、社会的综合效益，满足可持续发展的要求。

（5）施工技术或工艺

传统幕墙是在施工和使用过程中很少考虑材料的回收利用；而生态幕墙是在施工和使用过程中可拆卸，易回收，不产生毒副作用，废弃物少。

6　结束语

生态幕墙作为建筑生态设计中的重要环节，我们不能仅仅将其视为一个构件。它应该是一个系统中的一个环节。根据系统要求的不同，采用的幕墙体系也会不同。作为设计师应该对所设计的建筑进行一系列的低能耗生态分析，依据不同的周边环境与地域特征，合理地设计出相关的幕墙体系。避免将生态幕墙视为一种节能的符号盲目套用。

参考文献

[1]　李华东. 高技术生态建筑[M]. 天津：天津大学出版社，2002.

浅谈开放式金属幕墙系统及其在实际工程中的应用

张 睿

(沈阳三新实业有限公司，沈阳 110021)

摘 要 随着时代的发展，通过打胶来防水的幕墙形式的弊端逐渐显现出来，如：用硅酮胶进行密封的板块接缝处易蓄积灰尘，污染幕墙表面；石材幕墙的密封胶对石材的渗透污染；为了彻底解决此类问题，开放式金属幕墙系统开始进入设计师的视野。开放式金属幕墙系统的优点在于板块的接缝采用不打胶的工艺，防水完全采用结构式防水，通过接缝让面板背后的空气层能够顺畅地流通，可以起到良好的绝热吸声效果，而且在空气流通的过程中可以将冷凝水挥发掉。由于接缝处采用不打胶的工艺，减少了面板的表面污染，使面板表面保持长期清洁，其良好的防水性、美观性、节能环保性随着开放式金属幕墙施工技术的不断推广应用，必将成为现代金属幕墙的领跑者。

关键词 金属幕墙；开放式；应用

1 引言

幕墙作为现代科技建筑的一种标志，正被更广泛地应用到城市商业空间、文化空间、交通建筑和公共事业建筑当中，但幕墙材料与施工工艺往往带来光污染、辐射污染、能源浪费、色彩单一、维护困难等难以解决的影响城市环境的新问题。20 世纪 70 年代后期出现在欧洲的开放式幕墙系统开始在上海、北京以及其周边地区开始应用，因它卓越的性能及能有效地解决上述问题，引起建筑行业和国家一些重点建设工程建设者们的关注。见图 1。

图1 实景图

2 开放式金属幕墙系统概述

开放式幕墙大体分为两类，一种是开放式金属幕墙，一种是开放式石材幕墙。本文着重介绍开放式金属幕墙结构。

关于开放式金属幕墙系统，我们给出的定义是：无需打胶完全开放式的一种幕墙系统，通过开缝设计让幕墙系统学会"呼吸"，从而使幕墙系统拥有通风、绝热、吸噪等功能。显然相较于传统的金属幕墙而言，开放式金属幕墙拥有更广阔的空间。

开放式金属幕墙因其独有的特点，在幕墙工程中被广为使用。

3 开放式金属幕墙系统的原理

开放式金属幕墙板采用上下插接的连接形式，既只在板块上端打钉使板与龙骨连接，下端插入下方幕墙板顶部的插口，左右两端自由的连接形式。各幕墙板块自成连接体系，相邻板块间不传递荷载作用。见图2。

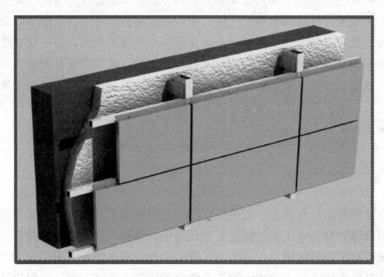

图 2 开放式金属幕墙系统示意图

开放式体系取源于"通风对流"原理。开放式金属幕墙结构，是指在金属板块的接缝处采用不打胶的工艺，通过开缝让金属幕墙背后的空气层能够顺畅的流通，可以起到良好的绝热及吸声效果，且在空气层流通的过程中可以将冷凝水挥发掉。

4 开放式金属幕墙系统的性能特点

（1）施工速度

传统的幕墙多采用耐候密封胶进行封闭，但在打胶的过程中由于胶的特性受周围温度、湿度及工人技术等影响较大，施工质量无法保证，也容易造成污染。开放式金属幕墙系统由于采用螺钉连接及开放式结构，无需在幕墙上进行打胶作业，不仅降低了幕墙系统对施工环境的要求，也确保了整个幕墙的施工质量，还大大地加快了整个工程的施工进度，节省施工成本。这也与目前幕墙行业"施工现场无打胶作业"的整体发展趋势相适应。

（2）保温节能

开放式金属幕墙结构利用其背面的空气对流减少室内与室外的热量交换，而且其内层保温材料又进一步阻碍了热量穿透，从而达到了明显隔热效果。在夏季，可以减少建筑制冷成本，在冬季则可以大大减少供暖费用。

（3）抗震性能

开放式金属幕墙系统是将面板独立分解开，面板各自独立的连接体系，相邻板块间不传递荷载作用，板块仅有顶部折边处与龙骨连接，且钉孔设计为长条孔，可保证板面有足够的位移变形空间，因此从理论上分析，开放式金属幕墙系统比其他的结构具备更好的位移变形性能和抗震性能。

（4）易于维护

在维修时只需将破损板块横向剖开，然后取出，再安装完好的板块即可。这样就能方便的更换幕墙板，从而长期保持幕墙的完好，而一般幕墙结构的每一个板块都通过胶连接，更换板块时需将其周围的密封胶切除，待换好板块后再进行打胶密封，这样就难以避免打胶接处的防水问题，为整个工程的防水功能埋下隐患。

（5）开放式，美观大方

幕墙结构采用开放式，板缝不使用密封胶封闭使其敞开，在视觉上板缝处有一定深度，装配感和立体感强，外饰效果好，又由于不使用密封胶，无胶油渗出污染板面和吸附灰尘，使幕墙表面长期保持清洁，提高外饰效果。

（6）回收利用率

传统的金属幕墙拆除时，由于板缝处的密封胶很难去除干净，无法回收利用，所以金属板基本上全部报废，不可能再用到其他项目上。但是开放式金属幕墙安装时采用的是无打胶作业，所以在拆除时可以很好地保证金属板的完整性，如果分格适合的话，在其他项目上使用的率可以达到 $80\%\sim90\%$。

5　开放式金属幕墙技术控制要点

（1）外墙防水

在外幕墙工程中，雨水渗漏问题的处理很重要，开放式金属幕墙结构的外墙防水重点在于疏而不在于堵。通过防、导相结合，最终达到防水的目的。

在防水方面：开放式金属幕墙系统每个板块的上下折边均有一定的排水角度，使雨水滴落在板面时可以通过自重将雨水阻挡在室外。而且板块的上下折边为插接，防止雨水在大风的作用下倒灌入幕墙腔体内部。板块的左右两折边则紧紧压合在衬板上，也能起到很好的防水效果（图3）。

在排水方面：由于是开放式结构，所以在下雨时系统内部将不可避免的渗入微量雨水。我们在系统竖边的衬板上，针对每个幕墙板块都设置具有导水作用的滑动附件，这样不但可以有效地阻止在风力作用下呈喷射状进入腔内的雨水，还可以引导这些雨水在重力作用下沿着导流槽流入每个板块底部的排水槽中，最后通过每个板块底部的排水孔将雨水排出。这样就实现了每个金属板块都能自成体系的完成排水功能。那么，将每个具有独自排水功能的幕墙板块组合在一起，就成了逐层，逐级排水的开放式金属幕墙系统。彻底的实现的幕墙系统的防水目的（图4）。

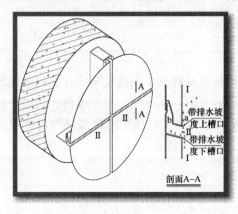

图 3　节点图

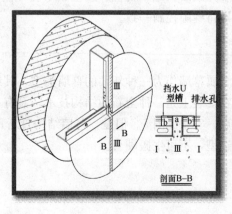

图 4　节点图

（2）严格勘测、核查施工现场

在项目部进入现场后，需仔细勘测施工数据和实际的施工现场情况是否一致，且在进行施工前，设计人员应该到现场勘测并且收集有关数据。在大多数的实际工程中，设计图纸里面标注的具体条件往往和现场实际情况存在出入，这就容易使施工组织设计缺乏科学性，对施工技术的选用、施工进度等产生严重的影响。因此，幕墙施工单位一定要安排专业人员对施工现场进行勘测，并进行反复核查，尽量确保现场施工条件与图纸相符。

（3）幕墙安装

幕墙安装质量直接影响到整个幕墙外立面效果，同时由于板材色差问题的存在也将对幕墙外在观感产生影响，因此控制幕墙安装质量及控制板材色差也是我们控制的重点。

首先对不同批次进场的板材颜色进行挑选并预排版、编号，以备正式安装时按号取用。颜色差异较大时，经监理单位、设计单位、建设单位同意后安装于次要位置，这样即使存在一些色差也不影响整个幕墙立面装饰效果。

按设计要求在竖向龙骨上安装金属板。金属板块的安装顺序应从下至上进行，根据幕墙水平缝的标高拉通水平线安装幕墙板块，以便控制幕墙的水平度，并且竖向每安装完 5 个板块后，校核水平板缝的高度，避免累计误差。将龙骨及金属板安装就位后，检查平整度、垂直度、接缝宽度等，如达不到要求则通过可进行两向调节的转接件进行调节直到满足要求为止。具体控制要求见表 1。

金属幕墙安装允许偏差　　　　　　　　　　　　　　　　　　　　　　　　　表 1

项　　次	项　　目	允许偏差（mm）
1	板材立面垂直度	3
2	相邻板板材角错位	1
3	幕墙表面平整度	2
4	接缝直线度	3
5	接缝高低差	1
6	接缝宽度	1

板材的安装顺序需要注意，大致顺序为转角板—窗套板—大面板—压顶板，现场安装时不可打乱顺序，否则会造成后续板块无法安装，延误工程进度。

板材安装完成后，经"自检、互检、专检"合格后，再进行缝隙清理修整，主要清理缝隙间的残留杂物，并尽量将缝隙控制一致。

6　结束语

开放式金属幕墙作为一种新颖的幕墙类型，其结构技术是解决早期传统幕墙存在问题的较理想的技术之一，它在安装上是一种全新的结构技术，具有三维调节、拆装方便、易于维修、抗震性能好、外观效果好等优点，实景见图 5。但是，幕墙结构日新月异、种类很多，理想的幕墙结构应针对工程的具体特点，灵活选型，不可生搬硬套。

图 5　实景图

参考文献

[1]　建筑幕墙 JG—3035—1996[S].

[2]　金属与石材幕墙工程技术规范 JGJ 133—2001[S].

钢结构厂房屋面彩色钢板空中压型、吊装技术方案

张鹏飞　吕明利

（杭萧钢构（河南）有限公司，洛阳　471000）

摘　要　本文对工业厂房几种常用的屋面板现场制作安装方案上进行了分析，对长尺彩色压型钢板现场制作加工提出新的方案并在工程中应用。

关键词　彩色钢板；屋面板；压型方案；吊装

1　常规屋面彩板的压制、吊装方案

郑州明泰交通新材料有限公司年产 2 万吨交通用铝型材项目厂房工程建筑面积 78000m²，厂房最大跨度为 36m；屋面单坡长度最小为 45m，最大单坡长度为 63m；檐口高 15m，屋脊高 18m；屋面板选用长尺板无搭接。屋面板较长，屋面板往屋面上吊装时在保证不弯折、不磕碰的情况下运至屋面，由于运输长度的限制，企业生产的屋面彩钢板大多采用现场压制和安装，根据现有的技术，大概有 3 种方法来完成彩钢压型板的制作、运输工作，分别为：

图 1　目前常用的运输方式

（1）在车间压型，运至现场，汽车吊起吊；此方法适用于小型厂房屋面，大型厂房，屋面单坡比较长，中间搭接会漏雨，如果板子太长，无法运输，不建议采用。

（2）现场地面压制，人工从坡道直接拉到屋面；按照屋面坡度搭设走道，需要搭设的坡道比较长；适用于中小厂房，屋面单坡不是很长的工程。

（3）现场地面压制，用人工把压型钢板从山墙侧拉到屋面上；使用钢丝，形成滑梯的方法把屋面外板吊装至屋面。首先，沿山墙方向，使用不锈钢涂塑钢丝按每一米间距进行设置，一端固定于山墙上的钢梁上，一端使用钢筋与地面进行固定，在屋面板拉板前，使用绳索对彩钢压型板进行固定，板材与拉绳接触处应加设防磨垫，根据屋面板长度合理安排拉板人员，在地面由指挥人员进行统一指挥，拉板人员统一用力，保证彩钢压型板平滑地拉至屋面。用这种方法来完成彩钢压型板的垂直运输，增加了工人的劳动强度，工作效率非常低，运输过程中彩板也会遭到划伤。这是目前很多企业采用的一种方法。见图 1。

2 吊装方式的创新

本工程工期仅有 85 天，如何在短时间内完成建筑面积 78000m² 厂房屋面的制作与安装，我公司合同签订后，成立郑州明泰项目部，组织专题会，运用我公司从国外引进的 TOC 管理理论（TOC：制约理论，由以色列物理学家高德拉特博士创始，提供一套基于系统方式整体流程和规则，通过聚焦极少数的有形或逻辑的杠杆点（瓶颈），充分利用系统的固有简单性，使系统各部门同步运行，从而达到使系统整体绩效改善和创建持续改善的文化），对本项目屋面划分为 4 个工程区域，从制作加工及资源配备方面详细规划，形成指导性文件，在实施过程中，不断检查计划执行情况，从而保障在 85 天内顺利完工。

大跨度钢结构设计的难点就是钢结构节点非常复杂，我公司设计人员高度重视节点构造的设计。设计结果务必要符合结构受力、构件截面形式等方面的要求。我公司对行业标准进行合理分析，通过多方案对比，最终设计出符合使用功能及行业标准的合理节点。在设计过程中，设计人员通过建模的方式将设计方案直观地展示出来，并与现实条件进行对比，在技术和材料方面分析方案是否可行，是否满足实际要求。同时，设计人员根据模型进行受力情况计算。在设计阶段，我公司始终遵循安全第一的原则，在设计完成之后充分预测次构件可能出现的问题并提出解决方案。

3 钢结构新技术、新方法

围护结构施工前，我公司组织专业人士讨论方案，最终确定选用液压举升设备，将压型机举升至与屋面一致的标高，并形成与屋面坡度一致的仰角，以便屋面板能够顺利运至作业面。在平台上压板，工人可以直接将彩钢板搬运到施工位置，直接铺设，这样可以提高安装效率且劳动强度低。这种方法不需要用钢丝形成滑梯的方法将屋面外板吊装至屋面，不需要过多汽车吊。液压履带式举升设备自带履带，对各种恶劣场地均可很好适应，解决了屋面板的水平运输问题。提高了屋面板安装工效，最大程度避免了钢结构厂房屋面板垂直运输与水平运输对屋面板的损坏，保证了质量、缩短了工期、减低了成本。具体见图 2。

此种做法还存在一些弊端就是安装过程中还存在很大的安全隐患。

特别是刚开始的时候，工人只能站着钢梁、檩条间施工，腰间系着安全带，如果有更好的方法可以避免就更完善了。

图 2 液压举升设备（一）

图 2　液压举升设备（二）

　　在建设项目施工过程中，还有很多可行的方法，根据工程的施工条件、檐口高度、屋面单坡长度、跨度、工期、成本等因素来确定施工方法。但是无论哪种方法都得有配套的施工方案、安全措施等，经过监理、甲方审批之后实施。

参考文献
[1]　浙江杭萧钢构股份有限公司. 首届全国钢结构施工方案[R].
[2]　杭萧钢构(河南)有限公司、郑州明泰交通新材料有限公司施工方案[R].
[3]　大跨度屋面彩板的制作及垂直运输方法的选择[R].

门式刚架屋面内板飞架施工技术研究

乔振营　张鹏飞

（杭萧钢构（河南）有限公司，洛阳　471132）

摘　要　本文介绍门式刚架屋面复合结构底板（内板）安装方法的创新。

关键词　门式刚架；屋面内板；飞架

1　门式刚架屋面施工难点

1）门式刚架由于自身轻型屋面的特点，钢梁截面较小，刚度较弱；

2）大跨度门式刚架的跨度在 30～60m 之间，跨度大，钢梁分段较多；

3）分段吊装，高空对接方法需要对接点处设置大量支撑且需要设置措施保证平面外稳定；

4）多段钢梁场地拼装，整体吊装，整体刚度较差，钢梁自身容易产生扭曲，拼接节点螺栓容易被拉断，造成安全隐患；

5）屋面内板在钢梁上部，檩条下部，无法在屋面上部施工，只能从下部施工；

6）满堂脚手架施工方法施工措施费非常高，没有经济合理性，局部脚手架仅能满足刚梁拼装要求，无法满足屋面内板安装要求。

2　技术特点

1）采用工程已有脚手架钢管组装成可移动的桁架平台，组装方便，材料就地取材，二次利用，省去工厂加工及运输费用。

2）从吊车梁平面搭设桁架平台，比满堂脚手架节省 90% 的措施费用，比局部脚手架节省了地面到吊车梁标高部分的脚手架 60%。

3）桁架平台上安装滑轮，利用卷扬机和倒链在吊车梁上牵引桁架移动，机动灵活，施工区域覆盖全屋面。

4）利用先进的计算软件分析桁架在施工阶段的应力状态和变形情况，保证施工人员的安全。

3　技术原理

1）飞架设计

施工荷载确定：操作工 6 人，压型钢板内板 4 张，均布荷载 800kg，集中荷载 1t。

飞架平面尺寸：考虑内板的宽度，车间的跨度，操作人员数量因素，尺寸确定为 36m×4.5m。

杆件选材：所有杆件选择考虑经济性、质量性、安全性及材料获取便利性，经对比采用 90 型国标钢管。

架体选型设计：可选择弓形、倒三角形、长方形、梯形，经对比综合衡量，选择长方形架体。

牵引设备选择：可选用 0.5t，1.0t，1.5t 卷扬机或慢速电动滑轮，经对比衡量，采用 0.5t 卷扬机与定滑轮组配合使用。

2）飞架制作

飞架制作程序：材料准备－材料复试－下料－工人培训－上岗－飞架设计－制作－除锈－喷漆－成品验收。

3）措施保证

（1）架体平整焊缝饱满尺寸准确安全使用；

措施：a 选派优秀工人技师；b 焊缝探伤检验；c 平整机校平；d 专人主管，责任到人。

（2）安全达标，进度达标；

措施：a）严格控制行进速度，不得大于 1m/s；

b）所有人员必须离开架体；

c）始前必须点动两次后，确认无误方可正常运行；

d）质量员对全过程进行跟踪检查，确保每一个施工环节，每一道工序，每一个质量控制点符合要求。

4 施工工艺流程及操作要点

立面图见图1。

1）工艺流程。

施工准备→屋面内板安装→墙面外板安装→外挂天沟、屋面预留洞口位置确定→屋面外板安装→墙面内板安装→附属零部件安装、板缝打胶→杂物清理、验收。

2）屋面内板安装方法。

屋面内板的施工是通过在吊车梁上安装移动滑轮桁架。移动滑轮桁架平台根据施工最不利荷载进行设计并综合考虑了屋面内板的尺寸及行车梁跨度在现场拼装制作的上弦、下弦、立柱管；上下弦管高度为 5m，桁架宽度为 4.5m，长度36m，；支撑管

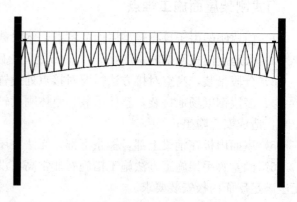

图1 立面图

90 型国标钢管、间距为 1.5m；桁架与柱脚通过支撑连接形成固定体系；平台上面采用彩钢板固定；防护栏杆高度为 0.8m；平台所有主次支撑连接都为焊接连接。移动滑轮在推动过程中设置卡槽防止移动偏位、在安装屋面内板时再使用脚手架做好斜撑防止倾斜。屋面内板的施工方法及步骤如下：

3）屋面内板的板型为 HV-900 型，其有效宽度为 900mm，内板分段长度根据屋面檩距及单坡长度确定，根据本工程的实际情况，确定屋面内板的分段长度为 9.2m，单坡坡度方向由三块板搭接完成，每跨长度方向由 8 块板搭接完成，搭接长度为 200mm。

4）屋面檩条已经安装并校正完毕，施工人员站在桁架平台上采用麻绳拉屋面内板至平台上再安装。

5）由于内板必须分段，因此必须分区进行施工，本工程拟采取两个打板作业队伍同时进行施工。铺设的顺序应先从檐口位置开始，作业队伍一先沿着檐口通长铺板，队伍二接着在后面进行坡度方向的搭接施工，即两个作业队伍一先一后，同时沿着厂房的纵轴进行铺板，直到完成单坡屋面内板的施工。

6）用人工方式将屋面内板拉到吊挂架的平台位置，一般一跨为 8～9 片，板就位后准备开始画线打板。在屋面系杆上栓接生命线以便施工人员安全绳系牢，确保施工安全。移动滑轮必须在行车梁上设置卡槽，防止滑轮在推动过程中偏离吊车梁平面中心线。

7）以钢梁为基准在檩条上画线作为基准线，将第一片板一端沿基准线放置，并将板在有屋面檩托板位置剪个口，将屋面板伸进屋面梁上端 10mm 左右，在保证屋面板与屋面梁搭接紧密后用自攻螺丝加以固定。

8）第二片板之阴肋扣合于第一片板的阳肋上，确定两板两端对齐且扣合完好后，用自攻螺丝加以

固定。

9）在铺板打钉过程中还应注意以下问题：

（1）自攻钉的位置应排列整齐、均匀 。

（2）内板在坡度方向的搭接长度＞100mm。

（3）铺设过程中注意浪板的平直度，搭接是否紧密。

（4）自攻钉与檩条的连接是否紧密等。

5 效益分析

本课题经济效益是巨大的，具有环保节能和社会效益。

1）经济效益分析

本工法的经济效益主要表现为：采用飞架施工与其他常用做法相比，大大降低了脚手架措施费工程成本 ，同时也显著节约了工期提高了进度，节约资金在50万元以上。

2）环保节能效益分析

本工法的环保节能效益与经济效益对应的，主要表现为不需要搭设满堂脚手架，从而不需要对下方地基土进行开挖，加固，减少挖土方量和运输量，减少扬尘。

3）社会效益分析

本工法的社会效益是十分明显的，主要表现为：开创了门式刚架屋面施工的先河，为大批量门式刚架施工提供借鉴，节省了社会资源，可作为典型施工方法进行推广。

6 工程应用实例

郑州明泰交通新材料钢结构厂房位于郑州荥阳市，为年产2万t交通用铝型材项目。厂房为单层七连跨门式刚架钢结构厂房，平面尺寸长354m，宽213m，最大跨度为36m，厂房吊车最大吨位75t，为七连跨建筑。采用H型钢柱，钢梁为变截面H型钢梁。见图2。

图2 工程实例

参考文献

[1] 浙江杭萧钢构股份有限公司. 首届全国钢结构施工方案[R].

[2] 杭萧钢构(河南)有限公司、郑州明泰交通新材料有限公司施工方案[R].

五、钢结构桥梁工程

钢结构桥梁厚边 U 形肋的研究与创新

任自放

（江阴大桥（北京）工程有限公司，北京　102211）

摘　要　钢桥正交异性板结构因其自重轻、刚度大已成为钢桥桥面的主要结构形式；正交异性板结构钢桥面体系在国内外得到大量的应用，但大规模使用不久，陆续出现了桥面板开裂，尤其以纵向 U 形肋与顶板的角焊缝开裂为甚，严重地影响了桥面板的使用寿命！针对正交异性桥面板出现的疲劳裂缝病害，本文研究开发新型厚边 U 形肋，通过对 U 形肋边缘进行局部加厚，从而增加 U 形肋和顶板的焊缝尺寸，改善焊缝偏心受压、可以大幅度提高桥面板的抗疲劳性能。

关键词　钢桥；正交异性板；焊缝疲劳开裂；端部增厚 U 肋

1　正交异性钢桥面板体系

正交异性钢桥面结构使用相对较少的钢材，可得到较高的强度和刚度，有关桥梁设计和科研人员经过大量试验研究认为：正交异性钢桥面板是最有可能提供 100 年服务期的桥梁结构体系。20 世纪 80 年代以后，英国运输和道路研究试验所（TRRL）、欧洲铁路研究所（ERRI）和美国、日本研究机构相继开展系列研究，对上述问题有了相对清晰的认识，其基本观点集中体现在后来的欧洲规范和美国 AASHTO 规范中。

正交异性板钢桥面与传统桥面相比，重量减轻达 20%～40%，因此广泛应用于各类桥梁，尤其是大跨径悬索桥和斜拉桥、拱桥的主梁桥面。

但是正交异性钢桥面结构在经历了大量使用之后，陆续出现结构性开裂，其中以 U 形肋与顶板角焊缝的疲劳开裂为主。按照出现问题的性质，大体可追溯到三个方面的原因。第一方面是早期对钢结构的疲劳尤其是焊缝疲劳裂缝问题没有足够重视，正交异性钢桥面板作为桥面系直接承受车辆荷载的压力、冲击、振动和剪切，桥面结构受力复杂。而设计计算和验算集中在静力强度上，疲劳验算仅以满足 200 万次的疲劳荷载；第二方面反映在对构造细节的认识上，U 形肋为闭口结构，只能采用外侧单面部分熔透焊缝的方式，而且 U 形肋钢板基本上为 6～8mm 均厚，为了保证 U 形肋在焊接时不被烧穿，还要留有 2mm 的钝边，这样 U 形肋与桥面板的焊接尺寸就很小。且部分设计纵肋没有连续通过横隔板而产生结构性缺陷；纵肋和顶板连接焊缝先是采用不开坡口的一般无熔透角焊缝，后来又过分追求纵肋和顶板连接焊缝的完全熔透，使该焊缝对面板发生"咬肉"缺陷；第三方面对焊接工艺和施工质量控制不严，以至产生大面积的桥面板与 U 形肋角焊缝疲劳开裂现象。图 1 所示为 20 世纪 90 年代在我国建造的一座大跨径悬索桥上桥梁正交异性钢桥面结构开裂的照片。

1978～1981 年美国对其 20 个州和加拿大安大略省的钢桥进行调查，81% 的钢桥有疲劳裂纹存在。从桥梁建成通车到疲劳裂纹的出现，最长的 33 年，最短的 5 年，大多数是 10 多年时间。

在对正交异性钢桥面结构研究中，钢桥面板和纵肋连接角焊缝是研究最多的焊缝之一，其原因是：

（1）在典型的正交异性钢桥面板中，纵肋与面板之间的焊缝连接长度可达桥梁长度的 50 倍或更多，

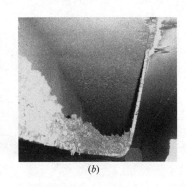

(a)   (b)

图 1   正交异性钢桥面顶板和纵肋连接焊缝裂纹
(a) 纵向严重开裂；(b) 纵肋内部落入碎渣

取决于横截面上纵肋的数量，因此该焊缝对于制造成本和长期性能的控制都显得尤为重要。纵向 U 形肋的影响因素如图 2 所示。

（2）该连接部位一旦出现裂缝，将直接造成桥面铺装破损，加剧应力集中现象和结构劣化，同时导致钢箱内除湿系统失效，引发更大范围的构件腐蚀。

（3）该部位的抗疲劳性能与桥面铺装使用寿命和行车安全直接相关，社会关注度高。此外，对该部位进行维护和修复势必影响交通，且维修难度大、效果差。到目前为止，国内外尚无十分满意的解决方法。

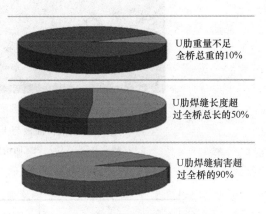

U肋重量不足全桥总重的10%

U肋焊缝长度超过全桥总长的50%

U肋焊缝病害超过全桥的90%

图 2   U 形肋的影响因素

2 钢桥面板纵向裂纹的成因分析

计算分析表明，正交异性桥面板在全桥荷载作用下所承受的面内应力不大，发生疲劳裂纹的主要起因是轮载产生的面外局部应力。

钢桥面板与 U 形纵肋之间连接焊缝发生的疲劳问题，主要表现为钢桥面板纵向开裂，如图 3 所示。

分析该纵向裂纹的成因，主要受桥面横向在焊缝之外某处荷载作用下因桥面板竖向变形使与纵肋板之间产生相对转角引起的反复应力，焊缝受弯曲拉应力，如图 4 所示。

图 4 工况 1 中，显然焊缝受拉侧为焊缝根部，焊缝表面为焊接自然状态，如成型不好疲劳强度会非常低。工况 2 影响一般小于工况 1。外荷载作用大小与桥面荷载的分布有很大关系。对于铁路桥梁，桥面荷载直接作用在钢轨，再由轨枕分布到桥面，因此桥面荷载作用位置相对固定，故只需考虑特定部位施加轮载产生的弯矩。对于公路桥梁，汽车荷载随机性强，需要考虑各种不利荷载位置工况。

3 钢桥面板与纵肋之间连接工艺的相关研究

我们在针对钢桥面板和纵肋连接焊缝的疲劳问题，分析其受力特征基础上，研究开发了从根本上解决抗疲劳裂纹的建设性构造创新设计、成型制造设备和推广应用。

钢桥面板与纵肋之间的连接，经历了铆接、栓接到焊接的历程，焊接工艺从间断焊缝到连续焊缝；从普通焊缝到全熔透焊缝、组合焊缝。研究工作主要聚焦在结构构造的改进、寻求更为准确的计算分析方法和检测技术等方面。在结构构造的改进方面，除了对焊缝的合理熔透深度进行深入的研究以外，采用焊接质量相对稳定的自动化焊接和机器人技术以降低人为因素影响，都具有良好的效果。在寻求更为准确的计算分析方法方面，主要对正交异性板结构的计算方法、钢桥面板与纵肋焊缝残余应力数值模拟、轮迹横向分布对疲劳应力幅的影响、面外变形作用下疲劳裂纹的扩展研究、正交异性板构造应力计

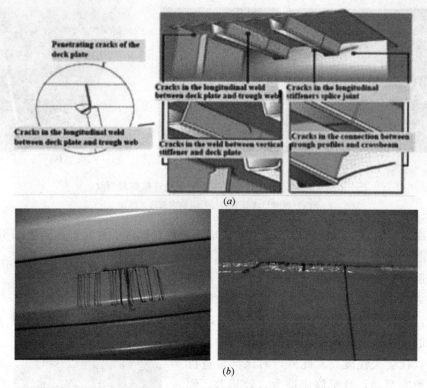

图3 钢桥面板与U形纵肋连接焊缝和裂纹开裂情况
(a) 裂纹向桥面板延伸；(b) 实桥纵向裂纹

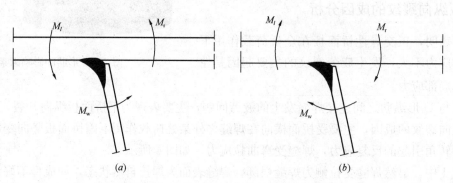

图4 钢桥面板与U形纵肋的连接焊缝
(a) 工况1；(b) 工况2

算方法等开展了研究，在寻求更为准确的检测技术方面，研究人员对采用超声波相控阵检测U形纵肋角焊缝熔深的方法作了尝试。在发挥正交异性钢桥面板优点基础上，逐步提出正交异性钢桥面板U形肋结构设计的新概念。

主要在现有正交异性钢桥面结构和制作工艺基础上，通过对U形肋结构进行合理有效的技术创新和加工工艺的改进，达到延缓、减少和降低在钢桥面板和纵肋连接焊缝上产生疲劳裂纹的目的，也是当前所急需的。

4 U形纵肋抗疲劳构造设计研究和设备开发

4.1 主要技术创新思想

公路桥梁运营车辆的随机性强，加上实际重车的影响，纵肋焊缝频繁受较大弯矩反复作用，提高该焊缝的疲劳寿命意义重大。目前大体有两种做法：一是通过增加桥面刚度降低轮载对纵肋产生的应力，二是提高纵肋焊缝自身的焊接强度，增加其抗疲劳性能。在厚边 U 形肋（TEU）研究基础上，提出新的疲劳控制技术路线，即在微增加材料前提下，端部两侧渐变增厚、加大焊接部位尺寸，改变焊缝受力状况，降低焊缝处疲劳应力幅，直至将疲劳控制截面由焊缝转移至 U 形肋基材上的构想，由于基材抗疲劳性能远远高于焊缝，因此具有实现解决纵肋与钢桥面板焊缝疲劳开裂问题的可能性。其实现方法，是通过热挤压或冷加工工艺增加 U 形肋与钢桥面板纵向焊缝的横截面面积，使其疲劳应力降至 U 形肋基材疲劳应力以下。该技术措施容易实现，成本相对较低，效果显著。

4.2 构造设计方案研究

4.2.1 厚边 U 形肋截面初步方案

江阴大桥（北京）公司联合国内多家设计、科研和使用单位在大量结构分析计算的基础上，初步提出了厚边 U 肋截面，具体尺寸如图 5 所示。经过多次足尺荷载试验对比：U 肋端部加厚后肋、板焊缝处应力幅大幅度下降、疲劳强度显著提高。

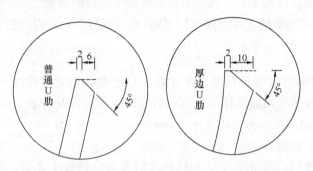

图 5　端部增厚 U 形肋（TEU 肋）截面初步设计图

当 U 形肋壁厚 $t=8$mm 时，初步拟订 $d_1=2$mm，$d_2=10$mm。

4.2.2 厚边 U 肋加工制造

相关单位开展了一系列热挤压成型和冷挤压成型的厚边 U 肋加工生产设备技术研究，目前已经具备了生产端部厚边 U 形肋产品能力，其产品实物如图 6 所示。通过生产线上的专用轧辊和模具将拟加工钢板辊压渐变成型、两端端部同步挤压、镦厚使 U 肋开口的两端逐渐自下而上渐变增厚，并同步一次性加工好坡口和钝边。

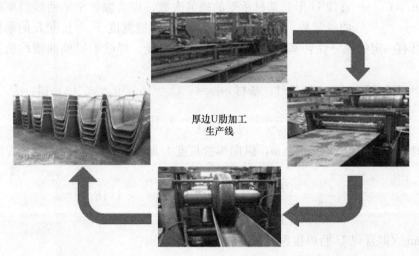

图 6　U 形肋生产

4.2.3 新型厚边 U 形肋抗疲劳性能效果分析

常规 U 形肋当壁厚为 8mm 时，预留钝边 2mm，即焊接深度为 6mm。根据图 5，新型 U 形肋的预留钝边维持 2mm，焊接深度达到 10mm。

（1）假设裂纹均始于焊根

设未增厚 U 形肋焊根处的疲劳曲线为 $N_1\sigma_1^{m_1}=A_1$，增厚 U 形肋焊根处的疲劳曲线为 $N_2\sigma_2^{m_2}=A_2$，由于疲劳构造相同，则两式中 $m_1=m_2=m$，常数 $A_1=A_2=A$，则

$$\frac{N_2}{N_1}=\left(\frac{\sigma_1}{\sigma_2}\right)^m \tag{1}$$

式中　N_1、σ_1、m_1、A_1——未增厚时 U 形肋承受的疲劳次数、应力幅、S-N 曲线斜率的负倒数和焊缝面积；

　　　N_2、σ_2、m_2、A_2——新型增厚 U 形肋承受的疲劳次数、应力幅、S-N 曲线斜率的负倒数和焊缝面积。

对于 U 形肋与钢桥面板焊缝构造，暂采用十字受力焊缝正拉试验 S-N 曲线，$m=3.2427$。根据受拉截面应力与焊接截面积成反比的关系，其应力比即焊接深度比的倒数。

则经过端部增厚的 U 形肋焊缝，可由式（1）估算得到疲劳寿命的提高值：

$$\frac{N_2}{N_1}=\left(\frac{\sigma_1}{\sigma_2}\right)^m=\left(\frac{10}{6}\right)^{3.2427}=1.666^{3.2427}=5.2 \tag{2}$$

从式（2）可见，端部厚边 U 形肋构造设计方案将 U 形肋端部共计增厚 4mm，但其疲劳寿命是原来的 5.2 倍。上述估算是按照全截面受拉的数据，后续研究需要细化分析，以确保未增厚 U 形肋焊根部位应力与新型 U 形肋焊根部位应力之比大于 1.666。

（2）假设疲劳裂纹始于基材

尽管从上述分析结果得到，新型厚边 U 形肋的疲劳寿命将延长 4.2 倍，但疲劳裂纹仍会在焊缝处出现。本论文提出期望将 U 形肋与钢桥面板纵向焊缝的疲劳构造转移至 U 形肋基材上的构想，即利用基材抗疲劳性能远远高于焊缝的特点，解决纵肋与钢桥面板焊缝疲劳开裂问题。实现此目标的途径，是应使焊缝应力降低至在其上发生裂纹的疲劳次数要多于在基材上发生疲劳的次数。即：

$$N_2=\frac{C_2}{\sigma_2^{m_2}}\geqslant N_3=\frac{C_3}{\sigma_3^{m_3}} \tag{3}$$

式中　N_2、σ_2、m_2、C_2——新型增厚 U 形肋承受的疲劳次数、应力幅、S-N 曲线斜率的负倒数和 S-N 曲线常数，相应地将焊缝面积以焊缝宽度 T_2 与长度 L 的乘积来表示。

　　　N_3、σ_3、m_3、C_3——常规 U 形肋基材承受的疲劳次数、应力幅、S-N 曲线斜率的负倒数和 S-N 曲线常数，相应地将焊缝面积以焊缝宽度 T_3 与长度 L 的乘积来表示。

鉴于该思路具有一定的保守性，基材 S-N 曲线取设计曲线，焊缝取试验曲线均值。暂采用全截面受拉试验数据：

焊缝构造 $m_2=3.2427$，$C_2=12.7261$；基材 $m_3=4$，$C_3=15$。带入式（3）得：

$$\frac{\sigma_3^{m_3}}{\sigma_2^{m_2}}\geqslant\frac{15}{12.7261}=1.18 \tag{4}$$

在处理荷载时偏于保守设 $m_2\approx m_3=m$，纵向焊缝长度 L 取单位 1，则推导（4）式得：

$$\frac{\sigma_3^{m_3}}{\sigma_2^{m_2}}=\frac{\dfrac{P^m}{(T_3L)^{m_3}}}{\dfrac{P^m}{(T_2L)^{m_2}}}=\frac{T_2^{m_2}}{T_3^{m_3}}=\frac{T_2^{3.2427}}{T_3^4}\geqslant1.18 \tag{5}$$

代入 $T_3=8$mm（即常规 U 肋焊接深度，应该是 6mm），则：

$$T_2\geqslant\sqrt[3.2427]{1.18T_3^4}=\sqrt[3.2427]{1.18\times8^4}=13.68\text{mm} \tag{6}$$

5　研究和推广应用厚边 U 形肋的意义

中国正在从钢桥大国向钢桥强国发展，正交异性钢桥面结构则是钢桥重要、且用量大的组成部分

（近年用量超过 200 万 t），具有优质抗疲劳性能的端部增厚 U 形肋新型正交正交异性钢桥面结构将成为传统结构的更新替代产品。本研究提出的端部增厚 U 形肋新型正交异性钢桥面结构，突出 U 肋端部加厚概念，增加 U 形肋与钢桥面板连接焊缝的焊接深度，降低该焊缝的横向正应力水平。初步建议的方案可延长疲劳寿命 4.2 倍，进一步改进后有望将该连接的疲劳性能转移到 U 形肋基材，有望克服该焊接疲劳裂纹，对提高正交异性桥面板使用寿命意义重大。

6 部分试验及工程应用实例（图 7、图 8）

7 试验结果汇总和初步研究结论

(1) 本项研究共完成 6 组模型试验，其中等厚 U 肋正交异性钢桥面 2 组，厚边 U 肋正交异性钢桥面 4 组。现将疲劳试验结果、根据 Miner 准则进行换算的 200 万次加载的等效应力幅和 70MPa 应力幅对应的等效加载次数汇总如表 1。

表 1 疲劳试验结果汇总

试件	等厚/厚边 U 肋	加载应力幅(MPa)	加载次数(万)	开裂位置	200 万次加载等效应力幅(MPa)	70MPa 应力幅等效加载次数(万)
CU-1	等厚	92	269	顶板焊趾	102	611
CU-2	等厚	140	91	顶板焊趾	108	728
TU-1	厚边	137	152	顶板焊趾	125	1139
TU-2	厚边	153	193	顶板焊趾	151	2015
TU-3	厚边	122	147	顶板焊趾	115	972
TU-4	厚边	140	234	顶板焊趾	148	1872

(2) 两组等厚 U 肋模型试验结果换算计算 70MPa 应力幅对应的加载次数分别为 611 万和 728 万，平均为 670 万；4 组厚边 U 肋模型试验结果换算计算 70MPa 应力幅对应的加载次数分别为 1139 万、2015 万、972 万和 1872 万，平均为 1500 万；后者是前者的 2.24 倍，初步说明厚边 U 肋模型具有更优越的抗疲劳性能。

(3) 本次试验的模型相对较少，试验数据存在一定的离散性，试验结果也未能得到完整的 S-N 曲线，今后仍需继续更深入地开展试验研究工作。同时在桥梁制造中，仍然要重视提高加工和焊接质量，有条件时可以采用焊接机器人等措施。

图 7 试验结果汇总及研究结论

图 8 部分工程案例

参考文献

[1] EN 1993-2：Eurocode 3-Design of Steel Structures-Part 2：Steel Bridges[S]，CEN Brussels，2006.

[2] AASHTO：AASHTO LRFD Bridge Design Specifications (4ᵗʰ Edition) [S]，Washington，DC，2007.

[3] 陈华婷，迟啸起，黄艳．正交异性板纵肋-盖板连接的疲劳应力对比分析[J].桥梁建设，2012，42(6)：20-26.

[4] 雷艳妮．钢箱梁正交异性钢桥面板有效计算宽度分析研究[J].城市道桥与防洪．2011(8)：161-163.

[5] 卫星，邹修兴，姜苏，邵珂夫．正交异性钢桥面肋-板焊接残余应力的数值模拟[J].桥梁建设，2014，44(4)：27-33.

[6] 崔冰，吴冲，丁文俊，童育强．车辆轮迹线位置对钢桥面板疲劳应力幅的影响[J].建筑科学与工程学报．2010，27(3)：19-23.

[7] 唐亮，黄李骥，刘高，吴文明．正交异性钢桥面板顶板贯穿型疲劳裂纹研究[J].公路交通科技．2012，29(2)：59-66.

[8] 余波，邱洪兴，位立强，王浩，郭彤．正交异性钢桥面板热点应力的有限元分析[J].特种结构 2008，25(5)：69-71，83.

[9] 陈刚，吴开斌．用超声波相控阵检测钢箱梁桥面板 U 肋角焊缝熔深的试验研究[J].建设科技．2013(8)：96-99.

[10] S R BRIGHT & J W SMITH. A New Design Concept for Steel Bridge Decks，2004 Orthotropic Bridge Conference Proceedings，August 25-27，2004，Sacramento，California，USA.

[11] 刘晓光、张玉玲：南京大胜关长江大桥多线铁路疲劳验算荷载和损伤系数研究．

[12] 王丽、张玉玲：大跨度铁路斜拉桥关键技术试验研究——新型钢结构焊接构造疲劳性能试验研究[R]，铁科院研究报告 TY 字第 2870 号 2010 年铁字第 0925 号，2010 年 10 月．

[13] 国家标准．铁路桥梁钢结构设计规范[S]，北京：中国铁道出版社，2014.

[14] 任自放等．桥梁钢结构用 U 形肋冷弯型钢．中华人民共和国黑色冶金行业标准〈报批稿〉．

北京三元桥整体置换施工技术

陈兴慧　任自放

（江阴大桥（北京）工程有限公司，北京　102211）

摘　要　北京三元桥地处北京东北三环，是连接三环路、京顺路和机场高速的立交桥。由于自然老化和长期超负荷运行，桥梁出现下挠现象，且主梁刚度下降27%，桥梁承载力已经不能满足原设计荷载标准，需进行换梁大修。三元桥大修如采用常规施工方法，三环路交通影响至少2个月。对于繁忙的北京交通来说，这显然难以接受。快速施工成为关键。经专家论证，三元桥工程采用钢结构桥梁整体置换工法，新梁在梁厂预制，运抵现场拼装后进行整体置换。

关键词　三元桥；整体置换；一体机。

1　城市桥梁改造与繁忙交通的矛盾

北京最繁忙路段之一——三元桥位于三环路，紧邻首都机场，与北三环及京顺路交汇，可谓北京市区的重要交通枢纽。这座桥始建于1984年，原设计为3上3下6车道。随着经济发展，运输行业的扩张，车辆数量不断增加，交通流量大幅增长，2003年调整为双向10车道通行。该桥梁长期超负荷"工作"，日均车流量20.6万辆，加上混凝土碱骨料反应等因素对结构的侵蚀，主梁及桥面板严重损坏，承载力明显下降。2014年该桥梁体检不达标。为此，北京市政府相关主管部门决定对三元桥进行整体大修。

三元桥大修是为了桥梁今后能满足交通的需求，但是桥梁施工期间必定会对现状的交通产生影响。三元桥大修如采用常规施工方法，三环路交通影响至少2个月，对于日夜车水马龙的三环路显然难以接受。面对繁忙的三元桥交通，如何尽量缩短工期，是此次工程的焦点（图1）。

图1　三元桥实景

2 桥梁整体置换创造"中国速度"

本次三元桥大修在城市路网关键节点进行桥梁维修改造，遇到的最大问题已不再是桥梁结构本身，而是如何避免在交通高峰时段阻断交通，减少施工对交通的影响。本工程学习引进国外桥梁快速施工技术 SPMT 工法，在此基础上自行研发了"千吨级驮运架一体机"用于桥梁的整体置换。换梁前先在桥位一侧施工临时支墩，新桥钢梁在工厂加工成节段运输至现场，在临时支墩上进行拼装焊接。新梁的拼装焊接期间三元桥不断路，京顺路进行临时导行，新梁拼装基本不影响交通。新梁拼装期间"千吨级驮运架一体机"也运至现场进行组装调试。待所有工作准备完成后三元桥于 2015 年 11 月 13 日 23 时正式启动换梁。本来计划换梁施工 24h 完成，但中央旧梁状况比预想要差，改旧梁整体驮运为就地拆解、运离，算下来"旧桥变新桥"总共用了 43h。这是国内首次在大城市重要交通节点实施的大型桥梁整体置换工程。

新桥驮运于 2015 年 11 月 15 日上午 9 时开始，两台"神驼"亮起大灯，1300 余吨钢结构新桥梁被缓缓驮起。两车在多重定位设备导引下，速度同步，缓缓向南侧桥墩方向移动……经过约两小时，新梁被整体驮运到指定位置，严丝合缝。又经过 7h 奋战，工程主体完成，交通恢复。大桥置换过程如图 2 所示。

(a)   (b)   (c)

图 2 大桥置换过程

(a) 2015 年 11 月 15 日 9 时驮运新梁 (b) 2015 年 11 月 15 日 11 时新梁就位 (c) 2015 年 11 月 15 日 18 时恢复交通

3 "神驼"助力三元桥"大挪移"

此次大修的工程特点是采用"千吨级驮运架一体机"整体架设新梁，该"一体机"命名为"神驼"（图 3）是该工法作业的核心设备。"神驼"是集机械、电子、液压技术为一体的大型现代化设备，具有操作同步、精度高、承载力强、升降能力大、运转模式多样的特点，综合性能指标达到国内首创、领先水平。"神驼"为模块组合结构，单车由 6 个模块组成，每 2 轴线为一个组合模块。单模块性能参数见表 1。各模块用直径 80mm 的销轴和直径 42mm 的螺栓纵向连接。为满足工程需要，本次对"神驼"进行了部分改造，本次改造在每个模块之间增加一个接长段，每个接长段长 2.5m。改造后的驮桥车总长约 50m。

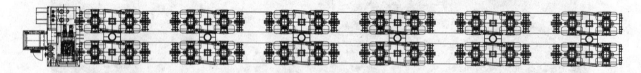

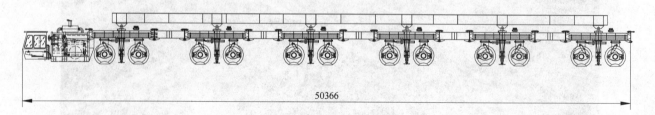

50366

图 3 "神驼"示意图

驮桥车单模块性能参数表   表 1

性 能 参 数	
发动机功率：403kW/2100 转/分	承载能力：200t
空载平地最高运行速度：6km/h	满载平地最高运行速度：3km/h
满载最大爬坡：≤5％	横坡通过性：≤2％
轴距：2845mm/2590mm	轮距：2600mm
最大转角：90°	轮轴横向摆动角度：±2°
驱动轮数：4	驱动桥数：2
尺寸参数〔单模块〕	
车长：5400mm	车宽：5050mm
高度：2680mm±200 加设均载梁的整车高度：5300mm±200	重量：18000kg
轮胎	
轮胎规格	26.5R25
轮胎数量	8
轮胎气压	0.8MPa（max）
轮胎接地比压	0.8MPa（max）

"千吨级驮运架一体机"由 2 台"神驮"通过数据线并联，组合完成的一体机性能参数见表2。

一体机性能参数表   表 2

性 能 参 数	
发动机功率：403×4kW/2100 转/分	承载能力：2184t
空载平地最高运行速度：6km/h	满载平地最高运行速度：3km/h
满载最大爬坡：≤5％	横坡通过性：≤2％
轴距：2845mm/2590mm	轮距：2600mm
最大转角：90°	轮轴横向摆动角度：±2°
驱动轮数：48	驱动桥数：24
尺寸参数	
车长：50366mm	车宽：5050mm
高度：2680mm±200	重量：108×2t

4 巡线系统保证精确定位

现场拼接完成的新梁长 55.4m，宽 44.8m，主桥由 9 片钢箱梁组成，总重量达 1350t，是个"大家伙"。驮运过程中，新梁两端与两侧桥台背墙的间隙只有 6cm，一旦驮运过程中走偏新梁可能卡在两侧桥台背墙上，出现进退两难的情况。所以，新梁能否按设定路线精确驮运就位，是成败关键。为保证桥梁精准定位，现场采用了 GPS、北斗双重定位系统进行粗定位，然后用激光巡线系统进行精定位。

车辆巡线跟踪运行是通过在行走路径上设置色标线，车辆上安装巡线传感器，通过检测路径上的色标，获得车辆的位置信息，再通过计算机控制车辆的方向，实现车辆按照规定的线路精确行走的目的，其原理如图 4 所示。

车辆巡线跟踪及控制工作过程为：

在路面中央布置有宽 5cm 的黑线，黑线两侧布有白线。在神驮车底前后中央位置各安装有 4 个红外光电传感器如图 5

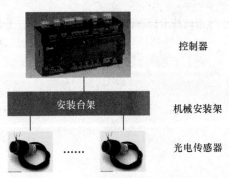

控制器

机械安装架

光电传感器

图 4　巡线跟踪检测原理图

所示，传感器探头正对路面，可以检测到路面上布置的黑线和白线。在神驼车辆行驶过程中，传感器不断地向地面发射红外光，当红外光遇到白线时发生漫反射，反射光被装在驮运车上的接收装置接收；如果遇到黑线则红外光被吸收，车上的接收管接收不到红外光。这样传感器就会根据接收的信号，判断车体的位置。

当中间两个传感器探头检测到黑线，两边两个传感器探头检测到白线时，说明此时车体处于路面正中央，此时控制器不做左右调整（图6）。

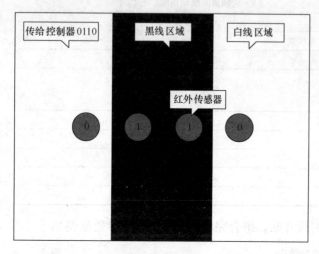

图 5　传感器正中

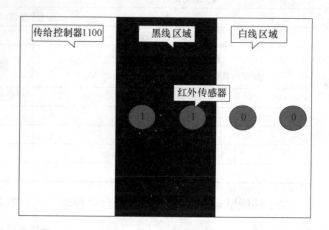

图 6　传感器量偏

当左边两个传感器检测到黑线，右边两个传感器检测到白线时，说明此时车体处于路面偏右侧，控制器会自动控制车辆向左转向以使车辆回到路面正中央。反之亦然，车辆会向右转，使车辆回到中央位置。

5　结语

桥梁整体置换技术是我国科技人员在桥梁工程施工领域对世界的又一贡献，该技术有效破解了桥梁改造受交通制约的难题，减少了施工对交通的干扰，具有很大的社会效益。随着国家大规模基础设施建设高潮的过去，桥梁改造将迎来高峰期。我们"神驼"创造了新的"中国水平"，为桥梁的改造提供了新思路和解决途径，是个划时代的工程技术作品，该技术在北京的成功运用和推广对全国具有示范作用。

参考文献

[1]　宋佳蔓."千吨级驮运架一体机"助力北京三元桥 1350 吨新梁大挪移[J].建设机械技术与管理，2015，(11)：54-55.

[2]　《市政技术》编辑部．北京三元桥大修工程施工速度震惊中外[J]．工程技术，2016，34(1)：1-2.

范蠡大桥水中大型钢箱梁施工技术

孙夏峰　　武传仁　刘建强　史玉强

（江苏沪宁钢机股份有限公司，江苏 宜兴　214231）

摘　要　本文介绍了范蠡大桥大型钢箱梁利用水中设置滑移轨道，将构件进行现场分段拼装，采用
液压同步滑移技术施工，解决了大型钢箱梁内河运输的问题和内河大跨度钢箱梁吊装的难
题，既提高了现场安装效率，保证了内河航道正常通行，又极大地保证了施工安全。

关键词　范蠡大桥；钢箱梁；水中同步滑移

1　工程概况

本工程位于范蠡大道跨东氿湖段，两侧落地分别接入范蠡大道的宜浦路立交及太湖大道立交，横跨整个东氿水面。

范蠡大桥全长 1376m；水面部分采用截面形式相同的钢箱梁结构，岸上采用 30m 跨左右的现浇混凝土连续梁结构。主桥采用跨度 82m＋168m＋168m＋82m＝500m 的三塔单索面钢箱梁斜拉桥，塔梁分离连续梁支撑体系，扇形索布置，边塔两侧各 7 对索，中塔两侧各 9 对索。引桥采用 3×30m、3×32m 及 2×45m 三种跨径布置的预应力混凝土连续箱梁。整体结构如图 1 所示。

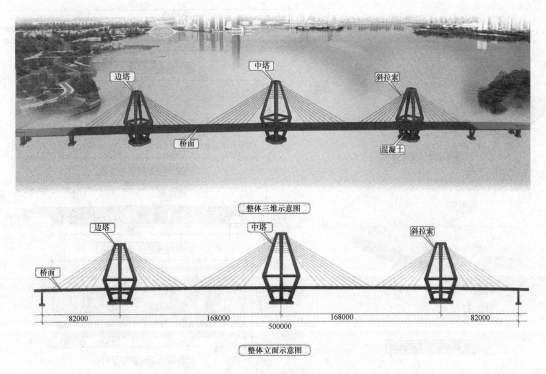

图 1　整体结构示意图

本桥钢箱梁全长 500m，跨度为 82m＋168m＋168m＋82m，主结构受力构件材质为 Q345qD。钢箱梁设计分段共 41 段，钢箱梁分段划分如图 2 所示。

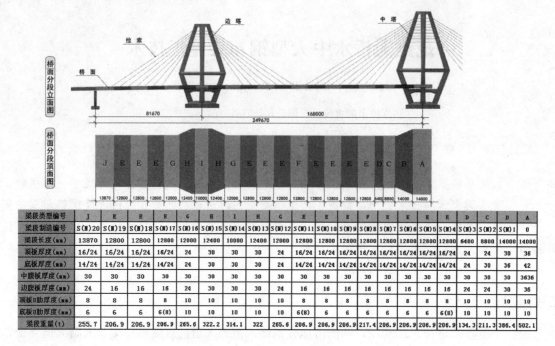

梁段类型编号	J	E	E	E	E	G	H	H	G	E	E	E	E	F	E	E	E	D	C	B	A
梁段制造编号	S(N)20	S(N)19	S(N)18	S(N)17	S(N)16	S(N)15	S(N)14	S(N)13	S(N)12	S(N)11	S(N)10	S(N)9	S(N)8	S(N)7	S(N)6	S(N)5	S(N)4	S(N)3	S(N)2	S(N)1	0
梁段长度(mm)	13870	12800	12800	12800	12000	12400	10000	12400	12000	12800	12800	12800	12800	12800	12800	12800	12800	6400	8800	14000	14000
顶板厚度(mm)	16/24	16/24	16/24	16/24	24	30	30	30	24	16/24	16/24	16/24	16/24	16/24	16/24	16/24	16/24	24	24	30	36
底板厚度(mm)	14/24	14/24	14/24	14/24	24	30	30	30	24	14/24	14/24	14/24	14/24	14/24	14/24	14/24	14/24	24	30	36	42
中腹板厚度(mm)	30	30	30	30	30	30	30	30	30	30	30	30	30	30	30	30	30	30	30	30	3636
边腹板厚度(mm)	24	16	16	16	24	30	30	30	24	16	16	16	16	16	16	16	16	24	24	30	36
顶板U肋厚度(mm)	8	8	8	8	10	10	10	10	10	8	8	8	8	8	8	8	8	10	10	10	10
底板U肋厚度(mm)	6	6	6	6(8)	10	10	10	10	10	6(8)	6	6	6	6	6	6	6(8)	10	10	10	10
梁段重量(t)	255.7	206.9	206.9	206.9	265.6	322.2	314.1	322	265.6	206.9	206.9	206.9	217.4	206.9	206.9	206.9	206.9	134.3	211.3	386.4	502.1

图 2　钢箱梁分段划分示意图

钢箱梁标准段位置为 3 箱＋2 悬挑段，宽度为 39m，桥塔穿过箱梁处宽度为 49m。两个边箱顶板按 600 间距布置 8mm 厚 U 形纵肋，底板按 800 间距布置 6mm 厚 U 形纵肋。中间箱体顶底板按间距 384 布置 16×200 板肋。钢箱梁断面示意如图 3 所示。

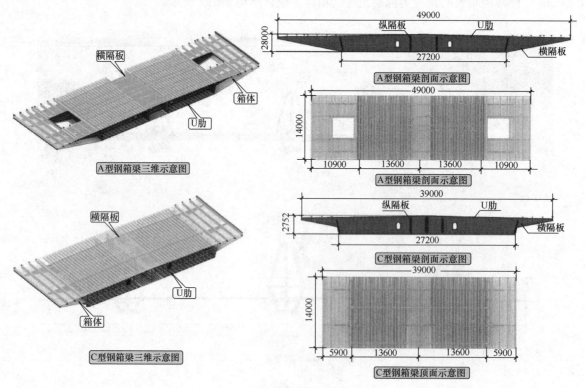

图 3　钢箱梁断面结构示意图

2 安装思路

根据本工程结构特点，采用"厂内分段制作＋现场分段拼装滑移＋现场分段吊装"的整体施工思路。

桥面钢箱梁结构施工思路是将钢箱梁进行纵向和横向分段划分，其中，纵向分段编号 A～J，共 41 个分段；横向分段不考虑两侧悬挑段，除分段 A 横向划分成 4 个小分段外，其余分段横向均划分成 3 个小分段。所有分段在厂内分段制作，通过平板船运至现场，现场采用钢管桩铺设滑移轨道及拼装平台，考虑结构的对称性及工期要求，在中塔两侧各布置一个拼装平台。

钢箱梁采用整体滑移安装，具体分两种情况，一种情况是桥塔区域，仅将钢箱梁横向小分段拼装成滑移单元，滑移完成后将两侧悬挑结构进行分段吊装；另一种情况是非桥塔区域，将钢箱梁横向小分段及两侧悬挑结构拼成一个滑移单元后再整体滑移。钢箱梁安装方向为从南北两侧向中间安装，以分段 D 为合拢段。

3 钢箱梁分段划分

由于桥面钢箱梁外形尺寸较大，为了方便厂内加工制作及构件运输并考虑现场起重设备性能，将钢箱梁除两侧悬挑段外沿纵向划分成 41 个分段，编号为 A～J。其中，分段 A 沿横向划分为 4 个小分段，其余每个分段沿横向划分为 3 个小分段，共计 124 个小分段。分段划分如图 4、图 5 所示。

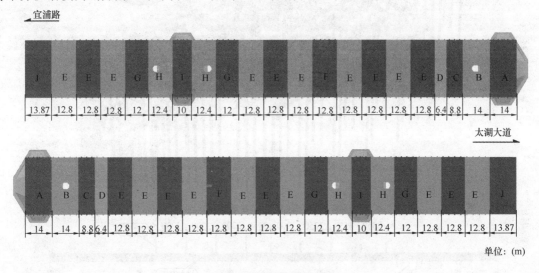

图 4　桥面钢箱梁纵向分段划分示意图

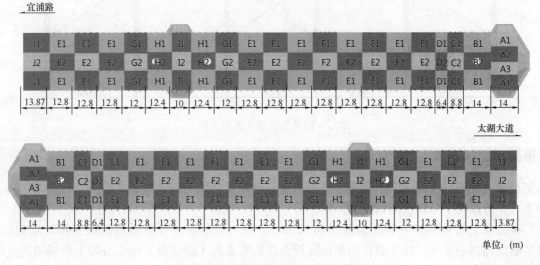

图 5　桥面钢箱梁横向分段划分示意图

4 钢箱梁现场拼装胎架布置

由于钢箱梁外形尺寸较大、重量较重，胎架位置受力大，为避免产生过大的局部变形而影响拼装质量，将胎架设置在钢箱梁分段有纵、横隔板的位置。根据胎架的布置位置将拼装平台采用 H900×300×16×28 的 H 型钢进行加密，胎架材料采用 H200×200×8×12 的 H 型钢。

根据胎架布置原则，在计算机上进行分块拼装模拟，合理布置胎架，并对每个胎架进行编号，要求每个胎架仅有唯一编号。经过计算机模拟确定每个胎位坐标，现场制作胎架时根据模拟的坐标采用全站仪进行测量放样。

现场拼装时根据预起拱线型进行拼装，胎架高度根据预起拱线型确定，具体胎架高度还需综合考虑焊接操作空间及滑靴的尺寸来确定。拼装胎架布置如图 6、图 7 所示。

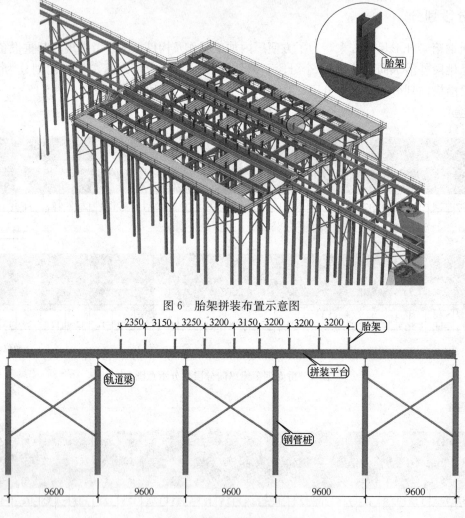

图 6 胎架拼装布置示意图

图 7 拼装胎架装立面布置图

5 钢箱梁现场拼装

本工程最大的滑移单元由 2 个钢箱梁分段组成，钢箱梁拼装时每个轮次采用"2+1"的拼装思路，每轮留下一个分段与下一轮次的钢箱梁匹配。

钢箱梁分段上胎采用 350t 浮吊直接吊装就位，分段上胎前需由专业质检员检查拼装胎架的质量，确保拼装胎架与拼装平台焊接牢固且胎架标高符合拼装要求后才能使用。钢梁分段上胎采用四点吊，吊耳根据箱体重心位置对称布置。拼装流程如图 8 所示。

拼装流程1: 拼装胎架布置

拼装流程2: 钢筋梁中间分块上胎

拼装流程3: 远侧边分块上胎

拼装流程4: 近侧边分块上胎

拼装流程5: 按照同样的顺序将剩余分块上胎

拼装流程6: 两侧悬挑分段拼装

图 8　拼装流程

6　钢箱梁滑移施工

6.1　滑移单元划分

根据本桥施工安装分段划分情况，钢箱梁桥面的滑移共划分为 25 个滑移单元进行施工和两个拼装单元、两个合拢单元,最大滑移单元重量约503t。滑移单元划分如图9所示。

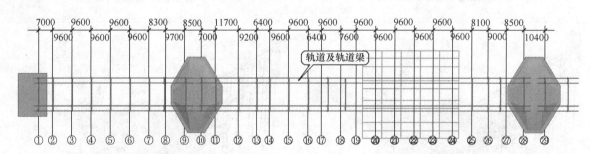

图9 滑移分段划分示意图

6.2 滑移轨道布置

本工程滑移轨道包括钢管桩、轨道梁、轨道、拼装平台等组件,根据现场实际情况将这些组件合理布置组合成滑移轨道。布置如图10、图11所示。

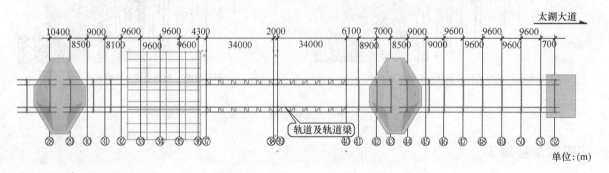

图10 滑移轨道平面布置图

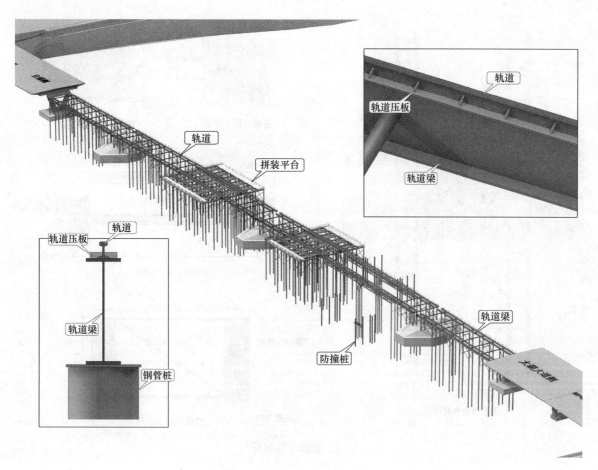

图 11 滑移轨道梁构造示意图

6.3 滑靴及爬行器布置

滑靴为钢箱梁滑移单元的承重转换支座，通过滑靴与滑移轨道之间进行滑动。每个滑移单元上设置 8 个滑靴，滑靴布置的位置均在钢箱梁横隔板的位置，滑靴的高度根据钢箱梁预起拱线型确定。滑靴布置如图 12 所示。

液压爬行器为钢箱梁滑移单元滑移的动力装置。液压爬行器布置在滑移单元后端，共布置 4 台 60t 的液压爬行器，爬行器布置如图 13 所示。

6.4 滑移定位调节

滑移单元滑移到位后通过全站仪进行测量定位，经过测量如果发现标高和水平位置存在偏差则需通过微调确保安装精度后再加固定位。

滑移单元滑移到位后，通过滑靴上布置的 8 组蜂窝油缸调节标高，桥面宽度方向选 5 个标高控制点，滑移到位后先通过蜂窝油缸将滑移单元抬高，在拟定的位置布置落架梁并调节好落架梁顶面标高，然后将钢箱梁回落由落架梁支撑。落架梁与下部横梁间设置一层聚四氟乙烯板，再通过落架梁两侧的水平调节油缸调整滑移单元的水平位置，调节完成后将落架梁与下部横梁焊接固定，滑移单元落架及调节措施如图 14 所示。图 15、图 16 为工程滑移实景照片。

7 结语

本工程通过对技术理论进行研究，并结合施工现场实际情况，采用现场打设钢管桩，利用液压顶推同步滑移技术，实现了大型钢箱梁在通航水域施工的问题。

随着钢结构的蓬勃发展，大跨度的桥梁结构会越来越多，超大的钢箱梁也会经常出现，且多用于城市高架和内河航道上。

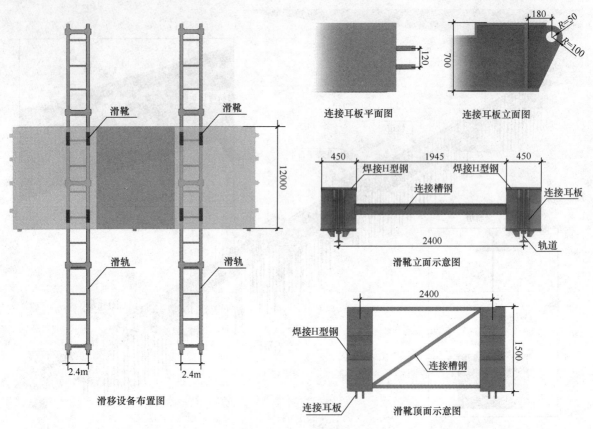

图 12　滑靴布置示意图

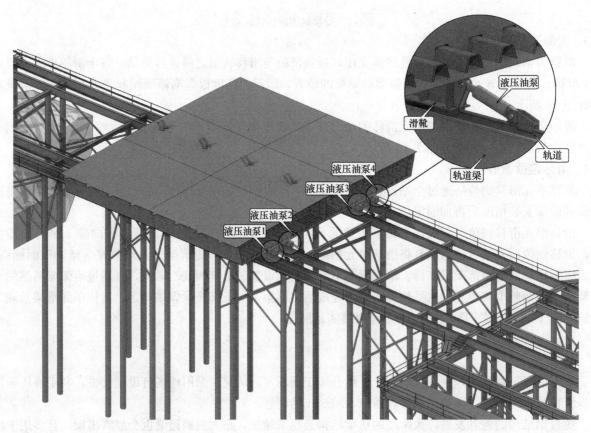

图 13　爬行器布置示意图

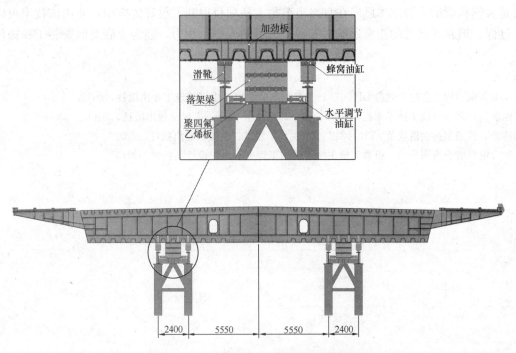

图 14　滑移单元落架及调节示意图

图 15　钢箱梁拼装及滑移照片　　　　　　图 16　钢箱梁拼装及滑移完成照片

该类超大钢箱梁的安装技术已经在宜兴市范蠡大桥项目得到了很好的应用，使用该技术可以提高安装效率，且保证道路或航道的正常通航，节省了大量的人力、物力，能为今后类似安装工程提供参考。

参考文献

[1] 国家标准.钢结构工程施工规范 GB 50755—2012 [S].北京：中国建筑工业出版社，2012.

[2] 国家标准.公路桥涵施工技术规范.JTGT F50—2011[S].北京：人民交通出版社，2011.

[3] 国家标准.铁路钢桥制造规范.TB 10212—2009[S].北京：中国铁道出版社，2009.

[4] 江苏沪宁钢机股份有限公司.范蠡大桥主桥钢结构工程施工组织设计.宜兴：2015

宜兴范蠡大桥八角形钢塔柱脚加工制作工艺

卢利杰　胡海国　姚隆辉　厉　栋　庄　云

（江苏沪宁钢机股份有限公司，江苏宜兴　214231）

摘　要　本文介绍宜兴范蠡大桥钢塔柱脚的结构特点及制作难点，通过工厂的制造实践，总结出了一套可操作性强、精度控制要求高的加工制作工艺，可以作为钢塔柱设计制作的一种参考。

关键词　八角钢塔柱脚制作加工；范蠡大桥；实位焊接

1　工程概况

范蠡大桥全长1376m；水面部分采用截面形式相同的钢箱梁结构，岸上采用30m跨左右的现浇混凝土连续梁结构。主桥采用跨径为82m+168m+168m+82m=500m的三塔单索面钢箱梁斜拉桥，塔梁分离连续梁支撑体系，扇形索布置，边塔两侧各7对索，中塔两侧各9对索。引桥采用3×30m、3×32m及2×45m三种跨径布置的预应力混凝土连续箱梁。

本桥共设3个桥塔，分别为2个边塔和1个中塔结构。中塔高度距下部混凝土承台约70m，共分为3道横梁。

中塔塔柱壁板厚度为30~48mm，塔柱截面为不规则八边形，每边布置1~2道24~42mm纵向加劲肋。

边塔高度距下部承台60m，共分为3道横梁。边塔塔柱壁板厚度为20~48mm，塔柱截面为不规则八边形，每边布置1~2道20~42mm纵向加劲肋。工程建筑效果图如图1所示。

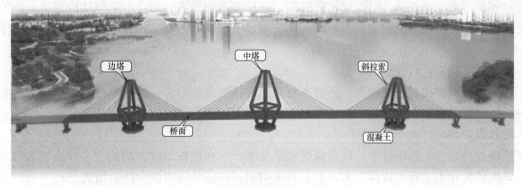

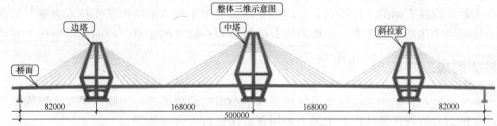

图1　建筑效果

2 八角形钢塔柱脚的构造

八角形钢塔柱脚主要由八块塔柱壁板、一道中腹板、两层水平隔板、柱底板、加劲板等组成，钢塔柱其重量重达 95 吨多，宽度为 4209mm、高度为 3691mm，钢塔壁板厚度为 48mm，柱底板厚度为 80mm，如图 2、图 3 所示。

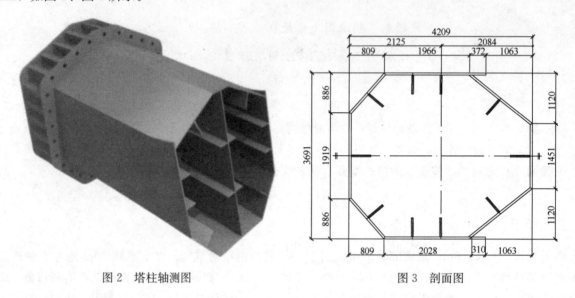

图 2 塔柱轴测图　　　　　　　　　　　　　　　图 3 剖面图

3 加工的难点及重点

本工程设计新颖、造型奇特、结构复杂、特别是各重要节点处理难度相当大，经综合研究、分析本工程在焊接方面主要有以下几项特点、难点。

（1）结构复杂，焊接残余应力大，变形也大

本工程使用钢材均为中厚板，焊接时填充焊材熔敷金属量大，焊接时间长，热输入总量高，因此结构焊后应力和变形大；构件施焊时焊缝拘束度高、焊接残余应力大；加之本工程结构复杂，各单体结构均属"复合型"构件，焊接应力方向不一致，纵、横、上、下立体交叉，互相影响极易造成构件综合性变形。

（2）焊缝裂纹的发生可能性大

本工程由于板厚焊接时拘束度大，且节点复杂，焊接残余应力大，焊缝单面施焊熔敷金属量大，施焊作业时间长，工艺复杂。因此在焊接施焊过程中，稍有不慎易产生热裂纹与冷裂纹。

（3）层状撕裂倾向性大

从焊接理论与焊接实践中证实，层状撕裂缺陷最易产生在钢板厚度方向的"十字角接和 T 形角接"接头上。此类接头在本工程中应用较多，加上其他因素，该层状撕裂倾向性将增大。

针对本工程在焊接方面的上述特点，我们将根据编制本工程"钢结构制作技术方案"的指导思想在施工过程中从每一个细微之处着手，采取措施，确保每一个构件的质量，进而保证整体工程的质量。

4 钢塔柱脚的加工方案

塔脚箱梁制造时，分别预先进行各节段板单元（八边形壁板单元、中腹板单元、横隔板单元）的小合拢装焊，合格后分区段在整体组装胎架上采用正造法进行中合拢装焊。

由于钢塔柱脚为八边形结构形式，塔柱对接处外形尺寸控制要求严，故塔脚的组装焊接工艺非常重要，根据塔脚自身的结构特点拟采用整体组装法进行组装，以保证单构件的制作精度要求满足现场拼装

及设计的要求，如图 4 所示。

5 厚板切割加工工艺及保证措施

切割质量的好坏，直接影响到后道工序——装配组立、焊接的质量，尤其是厚板 50～100mm 的坡口切割，对焊接的影响很大。过去传统的切割方法是采用普通火焰切割＋机械铣边（刨边）。普通火焰切割，由于乙炔气体焦距火焰温度高达 3200℃，在切割厚板时，钢板的上缘易熔塌，下缘易挂渣，同时割咀小，切割端面呈锯齿状，为保证切割端面的平面度、光洁度，需增加一道机械铣边的工序，机械铣边硬性冲击的切削，对钢板的端面易产生微裂纹，这对焊接会留下隐患。为了保证

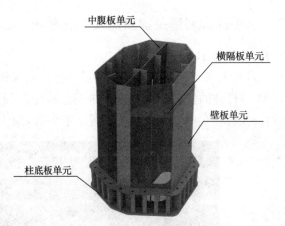

图 4 塔脚零部件划分轴测图

厚板切割质量，公司吸收国外的先进工艺，采用精密切割方法：选用高纯度 98.0％以上的丙烯气体＋99.99％的液氧气体，使用大于 4#～9# 的割咀，切割火焰的焦距温度达 2900℃，这样的切割工艺，使厚板的坡口、端面光滑、平直、无缺口、无挂渣，对钢板的表面硬度深度影响降低至 0.2mm（普通火焰切割表面硬度深度≥0.5mm）。为降低及消除切割对钢板的金相组织的影响，本公司采用在切割后，由切割操作工对每条切割的端面，用电动砂轮打磨机进行打磨，再经过钢板矫平机的滚压，基本消除了切割对钢板强度的应力影响。

切割质量的控制：厚板切割，由于端面厚、坡口尺寸大，若精度超差，造成焊缝间隙、坡口角度偏大，加大焊接工作量；坡口角度偏小，造成熔深不够，本公司除了选用精密切割工艺外，特别注重切割操作工的培训与质量意识的教育，要求每个切割工上岗作业前，首先检查割咀与轨道，因割咀与轨道对切割端面的质量有直接的关系，在作业时，每个切割工都配备一把卡度尺，随时进行自检自查，及时调整火焰焦距和轨距，避免出现切割端面的粗度超差。

6 焊接反变形的设置

由于塔脚壁板板厚较厚，且存在结构焊接不对称的情况，所以一定会造成焊接角变形的产生，若角变形过大，对构件的外形尺寸、直线度、平整度将会带来严重的结果，且很难进行矫正，所以为保证塔柱焊后的外形尺寸、直线度、平整度符合设计和规范要求，对于本工程塔柱若结构出现焊接不对称时，宜先预设焊接反变形（焊接反变形量须按试件焊后进行实测），八块壁板由于存在此种情况，故需设置反变形，角变形产生情况和反变形设置如图 5 所示。

壁板翼缘、中腹板切割下料后，在组装前先进行焊接反变形的加工成形，反变形加工采用大型油压机和专用成型压模进行压制成型，同时根据焊接试验的焊接变形角度制做加工成型检测样板，压制成型时应注意钢板表面不得有明显的压痕，反变形加工如图 6 所示。

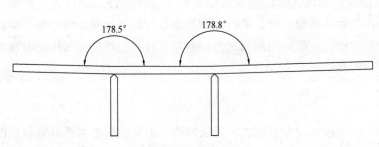

图 5 塔脚壁板反变形设置示意图

图 6 反变形加工

7 钢塔柱脚制造关键项点及工艺措施

7.1 中腹板 H 形钢的组装

H 型杆件的翼板和腹板下料后应标出翼缘板宽度中心线和与腹板组装的定位线，并以此为基准进行 H 型杆件的拼装。为防止在拼装过程中腹板自重量对面板直线度产生过大的变形（采用拼装机进行），实际拼装时采用先将腹板置于水平胎架上，两侧面板后装的方法进行组装，如图 7 所示。

图 7 H 形钢的拼装

7.2 H 型杆件的预热焊接和焊接顺序及变形控制

厚板焊接 H 型钢拼装定位焊所采用的焊接材料须与正式焊缝的要求相同，定位焊接采用 CO_2 气保护焊，定位焊要求预热，预热可采用氧乙炔进行局部烘烤加热，定位焊接采用间断焊接，并按工艺要求进行定位。H 型杆件拼装好后吊上专用埋弧自动焊机胎架上进行焊接之前，对于钢板较厚的杆件焊前要求预热，预热要求在上下二端同时对称进行加热，加热采用陶瓷电加热器进行，电加热板应贴在翼缘板上进行加热，以获得均匀的加热温度，预热温度严格按焊接工艺要求确定，并随时用测温笔进行检测加热温度，如图 8 所示。

图 8 H 形钢的加热、焊接

H 形钢的焊接采用专用埋弧自动焊机进行焊接，焊接顺序采用先焊大坡口后焊小坡口面的焊接顺序，由于钢板厚度较厚，在焊接过程中应使焊接尽量对称，通过不断的翻身焊接来控制焊接变形，同时在焊接过程中应控制加热温度和层间焊接温度，应随时用测温笔进行测量，并且在焊接过程中随时观测焊接变形方向，通过调整焊接顺序来控制焊接变形。

7.3 钢塔柱脚整体组装工艺

7.3.1 地面线形及胎架的制作

钢塔柱脚的组装胎架设置，由于本工程单根钢柱重量较大，钢板较厚，组装胎架必须要具有很强的刚性，若采用箱形组装流水线进行组装显然不适合，将无法保证组装精度尺寸要求；所以，为了保证组装精度，特别是组装间隙的控制，必须采用专用组装胎架进行组装，根据塔脚的外形特点、制作工艺要求，制作重型整体组装胎架，线形及组装胎架，如图9所示。

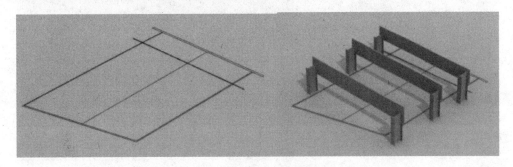

图9 地面线形及组装胎架

7.3.2 塔脚下部壁板的定位

将拼接合格后的下部壁板本体吊上组装胎架进行定位，定位前本体的中心线必须预先划出。定位时将壁板中心线及外边线对齐地面位置线，同时控制其端部与地面位置的吻合度，定位正确后与胎架点焊牢固。构件定位时，以一端为正作端进行加工制作，余量放在另外一端，如图10所示。

图10 下部壁板的定位

7.3.3 下层横隔板的定位

将下部横隔板吊上胎架进行定位，定位前需将横隔板定位中心线预先划出，作为定位的基准。定位时先从底板开始，将横隔板对齐底板定位基准线，同时控制横隔板自身的垂直度及直线度，定位正确后即可进行定位焊，如图11所示。

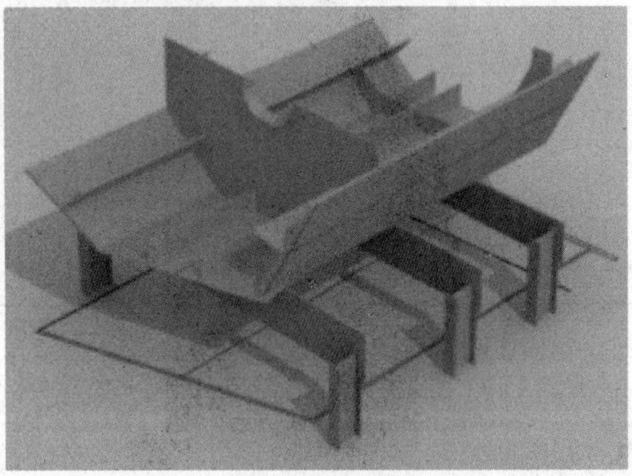

7.3.4 中腹板H形钢的定位

中腹板H形钢定位时将翼缘板中心线及外边线对齐地面位置线，同时控制其端部与地面位置的吻合度。两侧面板需与下部壁板本体侧定位线对齐，另上下层间距（焊接收缩余量）须严格控制，如图12所示。

7.3.5 上层横隔板的定位

将上部横隔板吊上胎架进行定位，定位前需将横

图11 下层横隔板的定位

隔板定位中心线预先划出，作为定位的基准。定位时先从底板开始，将横隔板对齐底板定位基准线，同时控制横隔板自身的垂直度及直线度，定位正确后即可进行定位焊，如图13所示。

7.3.6 塔脚上部壁板的定位

将拼接合格后的上部壁板本体吊上组装胎架进行定位，定位前本体的中心线必须预先划出。定位时

461

图 12　中腹板 H 形钢的定位

图 13　上层横隔板的定位

将壁板中心线及外边线对齐地面位置线，同时控制其端部与地面位置的吻合度，定位正确后与胎架点焊牢固。构件定位时，以一端为正作端进行加工制作，余量放在另外一端，如图 14 所示。

图 14　上部壁板的定位

7.3.7　塔脚箱体的焊接

构件安装定位合格后，进行自检互检，确认正确无误后提交专职检查员并报审驻厂监理进行验收，合格后即可进行焊接。内隔板与箱体壁板间焊接时，采用双数焊工进行对称焊接，为了有效地减小整体焊接变形，焊接采用线能量较小的 CO_2 气保护焊。壁板分段位置八角主焊缝采用埋弧自动焊进行焊接，以保证焊接质量，焊后进行焊缝的清理及检查，如图 15 所示。

图 15　塔脚箱体的焊接

7.3.8　塔脚上下二端面机械加工和坡口切割

塔脚箱体焊接探伤后，将塔脚箱梁移至端面机加工平台，在平台上定好塔脚的中心线和水平度，进行上下二个端面的端铣加工，端铣后进行下部与柱底板的焊接坡口切割，如图 16 所示。

图 16　机加工端铣

7.3.9　柱底板的安装

柱底板安装时必须保证柱底的垂直度和钢柱的组装间隙，由于柱底板厚度达到 80mm，故柱底板在组装前平整度须严格控制，如图 17 所示。

图 17　柱底板的安装

8　钢塔柱制作效果

钢塔柱制作采用了切实可行的施工方案，设置了合理的反变形量，采用了正确的焊接方法及焊接顺序等控制焊接变形，保证了几何精度、焊接质量等关键控制项目满足设计、规范及安装要求（图18）。

图18　钢塔柱制作效果

9　结语

本工艺方案已应用于宜兴范蠡大桥钢结构的施工，通过大批量的生产以及现场安装后反馈的信息，证明了本工艺的科学性、合理性、实用性，希望能对今后类似工程的制作提供参考。

参考文献

[1]　国家标准.公路桥涵施工技术规范[S].JTJ 041—2000.北京：人民交通出版社，2011.
[2]　国家标准.铁路钢桥制造规范.TB 10212—2009[S].北京：中国铁道出版社，2010.

几内亚博凯大桥设计施工总承包的设计思路及施工工法

黄梦笔　任自放

（汇阳大桥（北京）工程有限公司，北京　102211）

摘　要　考虑国外施工条件及工期、采用钢箱梁在国内加工制造，海运至几内亚，在几内亚进行安装和现场连接。取得较好的效果和效益。

关键词　连续钢箱梁；顶推施工；栓焊结合

1　设计方案的确定

桥梁建设地点位于几内亚博凯地区 Nunez 河附近，大致呈东西走向。桥梁属于博凯中几港口产业区一期运矿道路工程。

根据现场条件和业主要求，设计桥梁跨径为 6m×21m 的钢结构连续箱梁，宽度为 12m。考虑到钢箱梁在国内北京基地制造，需要经过国内陆路运输至天津港，然后海运至几内亚港口，再由几内亚港口陆路运输至桥梁现场。钢箱梁需经过多次运输、装卸，经考察国内以及几内亚境内陆路运输的设备和条件，结合海运船舱的尺寸，经过多种方案的比选，最终确定钢箱梁为二幅 6m×21m 栓铆结合的连续钢箱梁，梁高 1.5m。钢箱梁纵向分节段在国内制造，单节段的长度分为 6m、9m 以及 12m 三种，便于运输。并且单个节段的重量控制在 40t 以下，便于现场梁段的装卸。

2　施工方案的确定

根据几内亚施工现场的勘查，以及几内亚境内施工条件、气候条件、工程材料、施工机具等情况的调查。桥梁跨越几内亚博凯地区 Nunez 河，由于现场施工期间正值雨期丰水期，无法采用常规的吊装工法进行钢箱梁预制节段的吊装。因此采用左右二幅同时顶推的工法进行钢箱梁的安装施工。由于几内亚境内焊接用的各种施工机具以及焊丝和气体匮乏，并且现场施工期间为雨期，空气湿度高，焊接连接的施工质量难以保证。因此钢箱梁的现场连接方式采用栓焊结合的方式，钢箱梁的顶板的现场连接采用焊接连接，底板和腹板的现场连接采用高强螺栓的连接方式。

3　顶推施工前的准备工作

3.1　顶推拼装平台

拼装平台设置在 0 号墩一侧，地基压实处理后，拼装平台采用混凝土条形基础。基础顶面间距 2m 预埋钢板。条形基础上纵向通长布置滑道及限位装置，如图 1 所示。

顶推轨道基础顶面间隔 0.5m 预埋钢板，条形基础上通常布置 P50 重轨。

3.2　牵引动力装置

顶推牵引动力装置由连续千斤顶、高压油泵、拉杆、顶推锚具组成，顶推动力采用水平连续千斤顶及其配套的专用液压站作为动力装置。

本桥顶推钢箱梁总重约 800t，导梁总重约 76t。

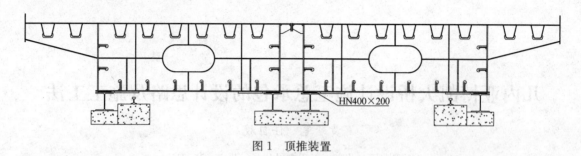

图1　顶推装置

顶推总重量 $G = 800 + 76 = 876t$

顶推力计算公式：

$$H = K \times G \times f + G \times I$$

式中　K——安全系数，一般取 1.5；

　　　G——顶推重量；

　　　f——滑道摩擦系数，滑动摩擦取 0.05，静摩擦取 0.08；

　　　I——顶推箱梁的设计坡度，上坡取"+"、下坡取"-"；该桥纵坡为 0，偏安全考虑，顶推力考虑 2‰ 上坡影响。

选用 100t 自动连续顶推千斤顶 2 台。

启动顶推力 $H = 1.5 \times 876 \times 0.08 + 876 \times 2‰ = 106.87t$，启动动力储备系数 1.87。

运行顶推力 $H = 1.5 \times 876 \times 0.05 + 876 \times 2‰ = 67.45t$，运行动力储备系数 2.97。

3.2.1　连续顶推千斤顶

连续顶推千斤顶装置包括：2 台千斤顶以及连接撑套，2 套自动工具锚，2 套行程检测装置，通过两台千斤顶串联，其中一台千斤顶顶推，另一台回程复位，当前一台顶推行程快要到位时，另一台进行工作状态，交替接力反复循环，来实现钢箱梁不停地连续顶推作业。图 2 为连续千斤顶施工图。

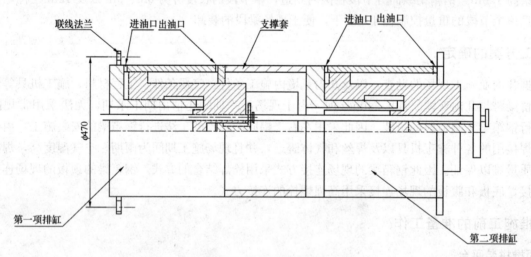

图2　连续千斤顶施工图

3.2.2　泵站

泵站采用 2YBZ2-50 型高压油泵。

3.3　滑移系统

顶推施工过程中，钢梁前移必须克服钢梁前进过程中所产生的摩擦力，采用不锈钢板和聚四氟乙烯滑块作为顶推钢梁时的滑动移梁设施，滑动装置由滑道、聚四氟乙烯滑块组成。

3.3.1　滑道梁

在四道腹板下方设置滑道梁，滑道梁为箱型结构，长 1200mm，宽 400mm，箱梁顶面设置 40mm 厚的滑道板，滑道板上铺 2mm 厚不锈钢板，不锈钢板表面粗糙度小于 Ra5μm。滑道前后端 100mm 和 200mm 范围内各有一段斜面（与滑道交角约 20°），以便于滑块的喂进和吐出，如图 3 所示。

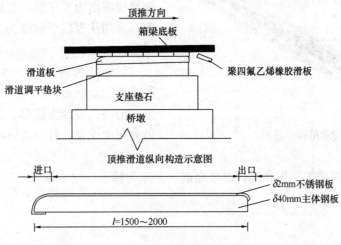

图 3　滑道板构造图

喂滑块时四氟板（白色）一面朝下与下滑道面板接触，另一面（黑色）朝上与梁体接触。当梁体向前行进时，带动滑块一起前进，四氟板便在不锈钢板上滑行，当滑块滑到滑道的尽头时，便从前端掉下来，此时应将它循环拿到后端重新喂进去，这样滑块不断吐出、喂进，周而复始，梁体便可继续向前滑行。

3.3.2　滑块

滑块使用聚四氟乙烯橡胶滑板，滑块表面涂铅粉或硅脂油以减少顶推摩阻力，四氟板与不锈钢板的静摩擦系数为 0.07～0.08，动摩擦系数为 0.04～0.05。滑道板应能保证滑块在顶推过程中承受的最大压力不超过 8MPa，以免造成滑块变形过大和损伤。

3.3.3　纠偏装置

为防止钢箱梁在顶推过程中横向出现较大的偏位，在安装平台顶和墩顶均布置侧向限位导向滑轮和横向水平千斤顶。当钢箱梁顶推过程中出现较大偏位时，立即用一对横向水平千斤顶进行纠偏，如图 4 所示。

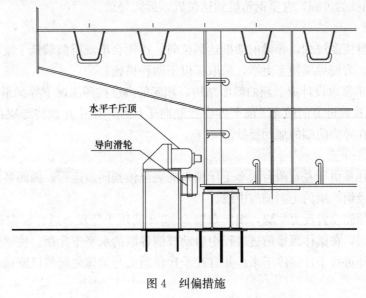

图 4　纠偏措施

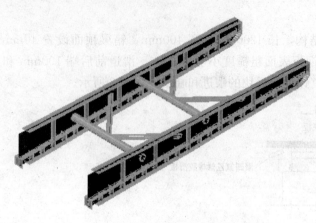

图 5　导梁结构示意图

3.4　导梁

安装导梁的目的在于减小顶推时钢梁的施工内力，并起到导向作用。本桥顶推最大跨径 21m，导梁长度选用 13m（约为跨径的 0.68）。钢导梁截面为工字形，与钢箱梁焊接，为减轻自重，采用从根部至前端为变钢度的导梁，形状为梯形。

导梁分为前端、主体结构和与主梁的连接段，如图 5 所示。

前端：设计为船形，弧形高度按顶推时导梁最大挠度设置，有效地解决了钢箱梁跨越临时墩的难题。

主体结构：导梁由焊接工字钢和钢管焊接而成，立面为梯形以减少重力。

4　顶推施工

4.1　钢梁拼装

在拼装平台上根据钢梁的竖曲线放置不同高度的滑块，利用起重机将预制的钢箱梁节段吊装至拼装平台上，并且预先在拼装平台上设置好钢箱梁的纵横向限位装置，保证钢箱梁的拼装精度。在滑道上设置横向限位，保证滑板在顶推前行过程中不会滑出滑道，导致钢梁在顶推过程中顶推力的不一致而造成钢梁的偏位。

钢梁吊装到位后进行钢梁的现场连接，顶板的焊接，腹板底板的高强螺栓连接，箱梁内部各纵向加劲肋的连接，以及钢箱梁左右两幅之间的横梁连接。

同步进行导梁的拼装，在首段钢箱梁前端拼装导梁，保证导梁的直线度以及和钢梁连接处的质量。

4.2　顶推施工

1）在拼装平台上拼装前两段钢梁及导梁，将导梁连同钢梁向前顶推 12m。

2）在拼装平台上拼接第 3 段钢梁，同时将第 4 段钢梁压在第 3 段钢梁上方作为配重，防止导梁未上墩前发生倾覆。

3）钢梁向前顶推 9m，导梁前端到达 1♯桥墩上方。

4）重复拼装与顶推的过程，直至钢箱梁到达位置，拆除导梁。

4.3　导梁上墩的措施

当钢梁和导梁悬臂挠度过大，导梁前端抵达墩位时，可能会出现梁前端低于支墩上的下滑道轨面的情况，不能直接上墩。为使导梁便于上墩，采取了以下两种措施：

1）导梁前端 1m 范围内设计成上翘的船形结构，翘起的高度按照工况下导梁最大挠度设置；

2）在面向钢梁顶推前进方向的支墩前下方设置竖向千斤顶，用千斤顶将导梁前端顶起，使之能顺利上墩，起顶支点设在导梁前端的加劲板处。

4.4　纠偏措施

在顶推过程中，往往由于左右两台水平千斤顶未能完全做到同步运行，因而各滑动装置的摩阻力也不尽一致，常使导梁及钢箱梁的走向偏离中线。

在临时墩下滑道外侧设置反力牛腿，横向布置 5～30t 油压千斤顶，通过横向顶推上滑道来实现纠偏。当梁体偏向某侧时，在梁体顶推前进过程中启动该侧各墩的水平千斤顶，使梁体向另一侧移动。达到要求的横移值后，即可将千斤顶停下来。并且在千斤顶顶头与梁体之间垫以滑板，以减少梁前进时顶头与梁体间的摩阻力。

5 落梁

在临时墩顶布置 100t 千斤顶进行落梁。

落梁操作从 0♯～6♯墩支点依次进行，均操作一次后再返回来进行下一循环。每次下落 1cm，直至最后落到支座上。

6 结语

正确的钢箱梁预制节段划分，有效地解决了钢梁国内外运输及装卸过程的困难。

减少施工现场的焊接工程量，采用栓焊结合的现场连接方式，可以保证在几内亚雨期自然环境下的施工质量，并且提高施工效率。

采用顶推的施工工法，避免了在现场搭设多处临时支架和工人的高处作业，降低了施工安全风险，大大加快了施工速度，确保了运矿道路按期正常投入使用。整个工程包括设计、制造、运输、安装，使用不足 6 个月工期、受到业主的一致好评，并取得了较好的效果和效益。

昆山北环城河主线桥钢结构工程加工制作技术

卢利杰 胡海国 马顺忠 厉 栋

(江苏沪宁钢机股份有限公司，江苏宜兴 214231)

摘　要　本文结合马鞍山路东延工程—昆山北环城河主线桥钢结构工程的制造实践，针对钢箱梁的结构特点、加工制作的难点、重点以及实际施工条件，介绍了钢箱梁制造过程中的重点工艺技术及质量保证措施。

关键词　钢箱梁组拼工艺；U型肋；公路钢桥

1　工程概况

马鞍山路东延工程（亭林路～柏庐路）为昆山市一条重要东西向道路。路线起于现状亭林路接拱辰路交叉口，向东跨北环城河及紫竹路，于越阁北路交叉口前落地，后继续向东延伸，与同心路平交，终于柏庐路，全长约 1.038km。

本钢桥为昆山马鞍山东延工程北环城河主桥，钢桥采用变截面连续钢箱梁结构。北环城河航道等级为五级，航道中心线与道路中心线夹角 55°，左右两幅主桥错孔布置。钢箱梁主体结构材料采用 Q345qD，装饰结构材料为 Q235C。

本钢桥通航净空 45m×5m，最高通航水位 2.217m，常水位 1.4m。主桥分左右两幅，每幅从 6♯～9♯墩位共三跨，左幅跨径（31.3＋75.3＋47）m，右幅跨径（42.1＋78.8＋32.7）m。两幅桥在同一横截面位置左右对称，整桥桥面宽度为 36～43m，两幅桥之间间距为 2cm。

本桥整体结构示意如图 1 及立面布置如图 2 所示。

图 1　主线桥钢结构整体轴测示意图

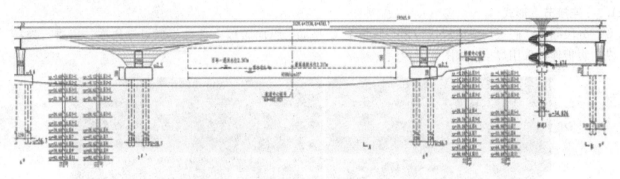

图2　主线桥立面图

1.1　结构形式

钢桥标准断面钢梁高 2.5m，中支点梁高 3.8m。钢箱梁纵向设置 5 道腹板，顶底板设置 U 型纵向加劲肋，顶板悬臂处设置球扁钢纵向加劲肋。为了满足钢桥美观要求，在航道两侧的主桥墩上外包了整体装饰结构（7♯、8♯桥墩）。

箱梁结构示意图如图 3 所示。

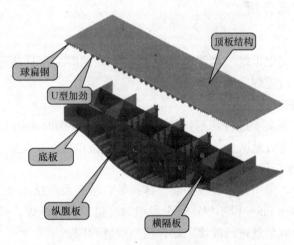

图3　箱梁轴测图

1.2　分段的划分

主桥分左右两幅，每幅从 6♯～9♯墩位共三跨，左幅跨径（31.3＋75.3＋47）m，右幅跨径（42.1＋78.8＋32.7）m。两幅桥在同一横截面位置左右对称，整桥桥面宽度为 36～43m，两幅桥之间间距为 2cm。钢箱梁主体结构材料采用 Q345qD，装饰结构材料为 Q235C。

结合钢箱梁结构，将钢桥桥面钢箱梁划分成 41 个分段。钢箱梁平面分段如图 4 所示。

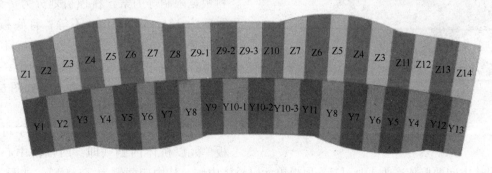

图4　平面分段图

1.3 连接节点形式

分段间顶、底板均采用焊接，顶、底板上 U 型肋、纵向腹板上加劲板通过制作嵌补段进行连接，纵向腹板连接采用焊接，如图 5 所示。

图 5　桥面钢箱梁分段间连接示意

2　加工制作的重点及难点分析

2.1　板单元精度控制

板单元制作时，单块采用钢带统一划线、安装 U 形肋，同时采用样板检测，合格后各板单元分别在专用反变形焊接胎架上进行施焊，确保其精度。

2.2　横隔板单元精度的控制

横隔板下料时采用数控等离子进行切割，加劲板与横隔板焊接时采用 CO_2 气保焊配以小电流、小电压的焊接方法进行施焊，有效地减少焊接变形，控制横隔板单元的质量。

2.3　桥面钢箱梁分段间的接口保证措施

（1）桥面钢箱梁制造时，采用几个分段一起整体拼装，组装及焊接均采用相同的方法进行，另外在分段接口处纵向腹板预留 200mm 一段不焊，待分段组对合格后进行施焊，确保分段间对接的平齐。

（2）两分段接口处均加放余量进行配切，确保接口焊缝间隙。

3　加工制作的总体思路

钢箱梁制造时，分别预先进行各节段板单元（顶、底板单元、纵向腹板单元、横隔板单元）的小合拢装焊，合格后分区段在整体组装胎架上采用反造法分轮次进行中合拢装焊。

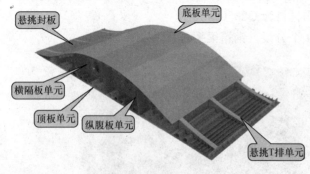

图 6　板单元划分示意图

3.1　板单元的划分

钢箱梁制作时，根据截面形式同时结合材料板宽限制等因素，将顶板划分为 7 个板单元，宽度为 1640～2851mm 不等；将底板划分为 5 个板单元，宽度为 2300～2800mm 不等。纵向腹板各自为一个板单元，共计 5 个；隔板单元分为 4 块，每块为一个板单元，如图 6 所示。

3.2　板单元编号原则

所有节段板单元均以该节段字母开头，底板单元以桥体内侧（即：两幅桥中心位置）处单元板后缀从中向两侧依次为 D1～D5，顶板单元以桥体内侧，从中向两侧为 T1～T7，如图 7 所示。

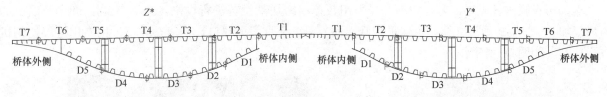

图 7　板单元编号示意图

4　加工制作的关键技术及保证措施

4.1　材料

钢箱梁所用钢材材质均为 Q345qD，必须符合设计文件的要求和现行标准的规定，除有材料质量证明书外，还应进行复验，复验合格后方能使用。因本工程结构的特殊性，钢箱梁的板厚必须严格控制，以免加工过程中出现板边差影响构件的加工质量。

4.1.1　钢材的矫平

由于本工程加工制作精度要求高，任何的积累误差都会影响到质量控制，为此钢板进厂后先采用钢板矫平机对钢板进行矫平，达到每平方米平整度不大于 1mm，矫平的目的是消除钢板的残余变形和减少轧制内应力，从而可以减少制造过程中的变形，如图 8 所示。

图 8　七辊矫平机零件二次矫平

4.1.2　钢材的预处理

采用专用钢板预处理生产线对钢板进行除锈，喷车间底漆和烘干，保证钢材的除锈质量达到 Sa2.5 级，如图 9 所示，所有钢板均进行预处理，其过程为：矫平→抛丸、除锈→喷漆→烘干。

图 9　钢板预处理

4.2　下料、切割、刨边

构件放样采用计算机放样技术，放样时必须将工艺需要的各种补偿余量加入整体尺寸中，为了保证切割质量，厚板切割前先进行表面渗碳硬度试验。

本公司吸收国外先进工艺,切割优先采用数控精密切割设备进行设割,选用高纯度 98.0% 以上的丙烯气加 99.99% 的液氧气体,可保证切割端面光滑、平直、无缺口、挂渣,坡口采用专用进口切割机进行切割,如图 10 所示。

图 10　数控切割机、坡口专用切割机

4.3　钢箱梁加工难点及重点的控制措施

4.3.1　板单元精度控制

板单元制作时,整体铺板,采用钢带统一划线、安装 U 形肋(U 形肋内部应预先进行涂装),同时采用样板检测,合格后各板单元分别在专用反变形焊接胎架上进行施焊,确保其精度,如图 11、图 12 所示。

图 11　板单元的组装

图 12　板单元的焊接

4.3.2　底板的整体平整度及 U 肋开档尺寸控制

为了有效地控制底板板单元间 U 形肋的开档尺寸,中合拢前可将相邻两块板单元预先拼接(预放一定的焊接收缩量以及角变形,待焊了几块后也可掌握拼板间实际的焊接收缩及角变形量),而后再进行拼装(各板单元间纵缝按实际焊接收缩量进行加放),适当矫正,从而控制住底板 U 形肋的开档尺寸以及板面的平整度。

4.3.3 横隔板单元精度的控制

横隔板下料时采用数控等离子切割，切割后采用专用样板进行检查，加劲板与横隔板焊接时采用 CO_2 气保焊配以小电流、小电压的焊接方法进行施焊，有效减少焊接变形，控制横隔板单元的质量。

4.3.4 桥面钢箱梁角变形的控制

顶板单元纵缝焊接会造成一定的焊接角变形，此焊接角变形的解决方法是：在确保胎架制作精度的基础上，另外在胎架上另外增设垫板，制作出一反变形，以抵消顶板焊接所造成的变形。

5 钢箱梁组拼工艺方案

钢箱梁板单元完成后，对钢箱梁梁段的组装采用多节段连续匹配组装、焊接和预拼装同时完成的方案，并严格按照本桥的安装顺序及工期要求进行按计划匹配制造。

根据本公司拼装场的平台面积、起重能力，将钢箱梁分为 12 个批次进行拼装。采用"2+1"或"3+1"的方式以"反造法"进行连续匹配组装和预拼装，即以桥面顶板为胎架面，以组装胎架为基准，进行桥面纵横板单元的组装。

5.1 装焊细则

1）地面基准线的划线

根据设计提供的箱梁线形图在平台地面上进行定位基准线的划设，即根据箱梁拼装节段的实际投影尺寸，划出箱梁在平台上投影的 X、Y 方向的中心线及外形线等，同时划出胎架模板设置的位置线，划出后如图 13 所示。

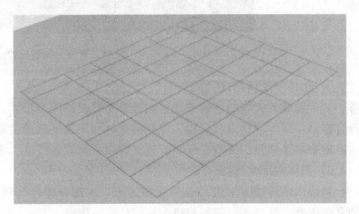

图 13　地面线形的划线

2）专用组装胎架的设置

拼装胎架纵向各点标高按设计给定的线形结合施工预拱度值进行制作，横向考虑焊接变形和重力的影响。在胎架上设置纵、横基线和基准点，以控制梁段的位置及高度，确保各部尺寸和立面线形，胎架外设置独立的基线、基点，以便随时对胎架进行检测，如图 14 所示。

3）顶板单元的定位

首先将小合拢组拼合格后的顶板单元吊上胎架进行定位（以中间顶板作为基准进行定位，然后依次向两侧定位其他顶板）。定位时定对地面安装位置线、外形线及分段位置线。待各顶板单元定位合格后，提交专职检查员进行验收，合格后进行纵缝的焊接，焊接采用半自动埋弧焊，焊接顺序由中间向两侧依次进行，焊后探伤，如图 15 所示。

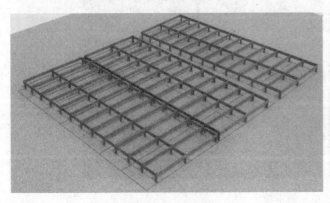

图 14　组装胎架的设置

图 15　顶板单元的定位

4）腹板、横隔板单元的定位

横隔板单元的定位，将其板厚中心线对齐顶板上的安装位置线，两端对齐腹板安装位置边线，并严格控制横隔板两侧的安装高度，同时必须保证其垂直度要求，允许公差控制在±1mm。腹板单元将其板厚中心线对齐顶板上的安装位置线，两端对齐分段位置边线，并严格控制隔板的安装高度，同时必须保证其垂直度要求，允许公差控制在±1mm，定位正确后进行点焊牢固，如图16所示。

图16　腹板、横隔板的定位

5）箱体焊接前的交验

一个轮次的分段的顶板单元、隔板单元等组拼成半箱体，在焊接之前，首先自检、再由装配组长检查合格后，向专职检查员交验。专职检查员会同驻厂监理验收。

检查主要项目：线型、标高、装配间隙、部件直线度、垂直度、拱度等。

6）箱体内部的焊接

箱梁内部焊接时采用 CO_2 气保焊进行，先焊纵腹板与顶板间的平角焊缝，然后焊横隔板与顶板间的平角焊缝，最后焊横隔板与纵腹板间的立角焊缝。

焊接时，各个节段分别为一个独立单元，可同时进行。单个节段中的纵向腹板与顶板焊接时，采用双数焊工由中间向两侧对称进行，为减小焊接变形，可分区段由中向两侧退焊。

横隔板与顶板间的平角焊缝焊接时，其方法与上相同。

焊后进行探伤、检测、矫正，合格后进行底板的盖板。

7）底板单元的定位

底板单元的组装采取先进行中间底板单元的定位，再组装两侧底板单元，组装底板单元时利用箱体高度并采用工装控制底板的标高，并用水准仪监控箱体高度，如图17所示。

图17　底板单元的定位

8）测量、分段余量的切割

多梁段匹配组焊完毕后，在不受日照影响的条件下，精确调整和测量线形、长度、端口尺寸、直线度等，检验合格后进行预留端余量的划线及切割。

9）整体检测

所有梁段组焊工作完成后按预拼装要求进行梁段的整体完工测量，包括检测全桥整体线形及尺寸要求，各分段控制尺寸、端口控制尺寸及分段间纵向 U 肋对合尺寸精度，如图 18 所示。

图 18　梁段的整体验收

10）涂装、存放、运输

梁段下胎架前应在梁段醒目位置做好梁段的编号标识，并各梁段作好各分段位置对合线标记、安装临时连接件等，如图 19 所示。

图 19　梁段的转运

6　结语

通过昆山北环城河主线桥钢结构工程的制造实践，在总结了以往大型公路、铁路桥梁钢构件制作经验的基础上，制订了一套适合本工程钢箱梁结构特点、施工条件的工艺技术方案和质量保证措施，钢箱梁的焊接质量、几何尺寸精度等均满足了设计要求，此种钢箱梁结构体系的制作工艺技术为今后类似桥梁的设计和制造提供了新的思路和经验参考。

参考文献

[1] 国家标准．公路桥涵施工技术规范．JTJ 041—2000[S]．北京：人民交通出版社，2011.

[2] 国家标准．铁路钢桥制造规范．TB 10212—2009[S]．北京：中国铁道出版社，2010.

宜兴顶上桥钢桁架预拼装加工制作技术

卢利杰　胡海国　姚隆辉　庄 云

（江苏沪宁钢机股份有限公司，江苏　宜兴　214231）

摘　要　本文介绍宜兴顶上桥钢桁架拼装制作的结构特点及拼装难点，通过工厂的拼装制作实践，总结出了一套可操作性强、精度控制要求高的拼装加工制作技术，可以作为钢桥桁架拼装制作的一种参考。

关键词　钢桁架桥；顶上桥；套钻制孔

1　工程概况

顶上桥是芜申运河宜兴绕城段航道整治中的一座桥，运河以北为城市经济开发区，以南是东氿滨湖新城。现状顶上桥位于学府路，学府路北至凯旋路东延，南至太湖大道，全线长约 6km，是具备沟通沿线居民区、科教区和商住区一条集散型城市次干路。工程效果图如图 1 所示。

图 1　效果图

2　钢桥结构形式

主桥采用钢桁架桥，跨径 85m，桥宽 30m。共设置两榀桁架，桁架片横向间距（中心距）为 17m。桁架最高点距离桥面高度为 13.26m（跨中位置）。桁架共分为 11 个节间，节点处设置横梁以及风撑结构，节间间距为 7.66m，横梁跨中高度为 2m（包括 25cm 混凝土桥面板厚度）。横梁间设置小纵梁。

本次工程钢结构加工主要内容有桁架上下弦杆，桁架腹杆，桥面纵横钢梁以及桁架间风撑结构。主要截面形式为 H 型钢，箱型截面，角钢，T 型钢以及连接用钢板等，如图 2 所示。

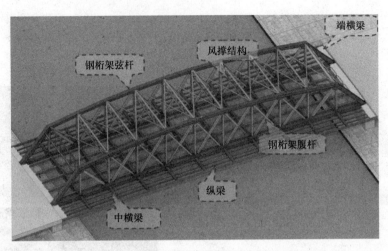

图2　顶上桥主桥钢结构整体三维示意图

3　钢桁架工厂预拼装

3.1　工厂预拼装总体方案

本桥主桥钢结构主要包含钢桁架、纵横钢梁及风撑结构等。由于现场采用钢结构整桥滑移方案，因此为保证现场拼装过程中的精度要求，拟在工厂内进行钢桁架预拼装。

针对该桥的结构特点，钢桁架拼装时采取平面拼装法。为了保证每个拼装体系的整体性及各拼装体系之间基准的统一性，必须合理安排各拼装体系的先后顺序。钢桁架工厂拟采取平面拼装，腹杆杆件两端孔群工厂车间全部理论制孔，上下弦杆节点孔群在预拼装时采用拼接板一次配钻制孔，如图3所示。

图3　桁架平面拼装示意图

3.2　钢桁架拼装工艺

由于主桁杆件截面形状的不同、杆件长度的不同、节点大小的不一，故不能采用仅仅以代表性的杆件、节点进行局部拼装，须按制造进度按轮次将主桁杆件进行全面拼装，以达到主要的预拼装目的。

（1）按设计图纸的几何外形尺寸，在专用预拼装平台上划出主桁弦杆、腹杆、节点的中心线，再按工艺要求进行布设胎架，胎架模板上口标高必须控制在±0.5mm之内，模板上口且必须经过机加工，胎架必须提交验收合格方可使用，划线和胎架如图4所示。

（2）胎架验收合格后，将主桁上、下弦杆件吊上胎架定位，定对平台上的基准线，与胎架用卡马临时固定，如图5所示。

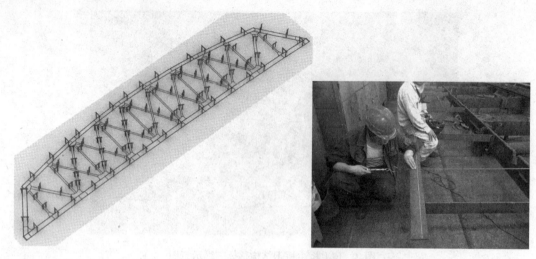

图4　线形、胎架示意图

图5　上下弦杆的定位

（3）把所有主桁直腹杆进行吊装定位，与弦杆进行连接固定，进行全面检查外形尺寸、节点板、拼接板的制孔质量是否全部吻合，并通过拼接板与相临弦杆用销钉和工装螺栓先进行连接。如图6所示。

图6　直腹杆的定位

（4）把所有主桁斜腹杆进行吊装定位，与弦杆进行连接固定，进行全面检查外形尺寸、节点板、拼接板的制孔质量是否全部吻合，并通过拼接板与相临弦杆用销钉和工装螺栓先进行连接。如图7所示。

图 7　斜腹杆的定位

（5）腹杆全部定位合格后将拼接板吊上节点位置进行精确定位，拼接板定位时预先采用专用定位销轴（销轴直径比螺栓孔小 20 丝）进行节点板的定位。拼接板定位合格后采用专用工装螺栓（螺纹下部直径比螺栓孔小 20 丝）将拼接般与腹杆螺栓孔进行拧紧固定。如图 8、图 9 所示。

图 8　拼接板的定位

图 9　定位销轴、工装螺栓

（6）上下弦杆节点位置螺栓孔的制孔。桁架上平面螺栓孔采用摇臂钻床进行套钻出孔，节点腹板及反面节点孔群均采用磁力钻进行套钻出孔，保证节点位置螺栓孔群一次精确制孔。如图 10 所示。

（7）拼装主要控制要点及精度要求

1）拼装时使各杆件处在不受力的状态下，并应在拼装场地不发生支点下沉的平台架上进行。

2）凡拼装用的杆件均应经检验合格后方可参与拼装，且拼装前将杆件的边缘、孔边飞刺、电焊渣及飞溅清除干净。

3）拼装用紧固螺栓必须使板层密贴，各联结点的冲钉不得少于孔眼总数的 10%，工装螺栓不得少

图 10　节点位置的钻孔

于孔眼总数的 20%。

4）拼装应循序进行，每拼完一个单元（或节间）应先行检查和调整合格后再继续试拼下一单元。

5）拼装时，必须用试孔器检查所有工地孔，主桁的螺栓孔应 100% 能自由通过较设计孔径小 0.75mm 的试孔器。

6）拼装过程中，重点检查磨光顶紧部位、工地接头部位栓孔、整体几何尺寸质量，同时检查拼接处有无相互抵触情况，有无螺栓不易施拧处。

7）拼装过程中应作好详细的检查记录，试装完后作好杆件、拼接板的标识。

8）拼装的精度要求应符合《铁路钢桥制造规范》TB 10212 的"表 4.9.9 桁梁试装的主要尺寸允许偏差"的规定即表 1 的规定。

试装主要尺寸允许偏差　　　　　　　　　　　　　　　　　　　　　　　　　　表 1

序　号	项　目	允许偏差	说　明
1	桁高	±2	上下弦杆中心距离
2	主桁中心距	±3	
3	节间长度	±2	
4	试装全长	±5	$s \leqslant 50000$（s 为试装全长）
		±s/10000	$s > 50000$（s 为试装全长）
5	拱度	±3	当 $f \leqslant 60$ 时（f 为计算拱度）
		±5f/100	当 $f > 60$ 时（f 为计算拱度）
6	旁弯	±s/5000	桥面系中线与其试装全长（s）的两端中心所连接直线的偏差
7	对角线	±3	每个节间

4 现场拼装效果

顶上桥钢桁架预拼装制作采用了切实可行的施工方案，采用了腹杆两端预先制孔在预拼装时配合拼接板进行上下弦杆节点板的套钻制孔方法。保证了节点螺栓孔群的精度要求，在现场安装时所有螺栓孔群均一次穿孔合格满足设计、规范及安装要求。如图 11 所示。

图 11 现场安装

5 结语

通过宜兴顶上桥钢结构工程的制造实践，在总结了以往大型公路、铁路桥梁钢构件制作经验的基础上，制订了一套适合本工程钢桁架结构特点、施工条件的工艺技术方案和质量保证措施，钢桁架的预拼装质量、几何尺寸精度、穿孔率等均满足了设计要求，此种钢桁架＋钢梁结构体系的制作工艺技术为今后类似桥梁的设计和制造提供了新的思路和经验参考。

参考文献

[1] 国家标准. 公路桥涵施工技术规范. JTJ 041—2000[S]. 北京：人民交通出版社，2011.
[2] 国家标准. 铁路钢桥制造规范. TB 10212—2009[S]. 北京：中国铁道出版社，2010.

某高架桥箱梁顶推施工过程应力监测

冯俊华 罗永峰 高喜欣 于 雷

（同济大学土木工程学院，上海 200092）

摘 要 某高架桥箱梁顶推施工需要跨越四条重要铁路专线，具有顶推长度长、悬臂长度长、悬臂持续时间长等特点，同时，整个顶推施工过程存在多次结构体系转变，构件内力将会发生较大变化。为保证箱梁结构在顶推施工过程中的安全性及动态稳定性，需对箱梁整个顶推过程中各阶段的应力和变形进行全过程实时跟踪监测。其中，结构的应力能够直接反映结构受力状态，是施工过程监测的重要参数。跟踪结构在施工阶段的应力变化，获得反映实际施工状态的参数信息，能够为评估结构安全状态提供可靠依据。本文介绍该箱梁顶推施工应力测点的布置方案，将实际监测结果与施工过程模拟计算结果进行对比，为钢结构施工过程控制提供理论依据。

关键词 施工过程控制；应力监测；测点布置；箱梁顶推

1 引言

近年来，我国钢结构应用飞速发展，体量庞大、形态新异、体系复杂的钢结构越来越多，导致钢结构施工规模大、施工周期长以及施工方法复杂多变。钢结构施工过程是一个结构从小到大、从局部到整体、从简单到复杂且几何形态、结构体系、边界条件及荷载分布不断变化的成长过程。在这个过程中，存在诸多因素影响结构的安全性。因此，为了保证钢结构施工过程的安全性，不仅需要选取合理的施工方法和控制技术，还需要进行准确的施工过程模拟和实时监测，并对施工状态可能出现的破坏现象提出预警[1,2]。

结构施工过程控制系统主要包括施工过程模拟、施工过程监测及施工过程调控[3]。其中，施工过程监测是整个控制系统的核心。在施工过程中对重要的结构设计参数、状态参数进行实时监测，可获得反映实际施工状态的数据和技术信息，进而根据监测数据结果，对施工路径进行合理的评估、修正或调整，从而使施工过程始终处于安全可控的范围之内。

2 项目概况

某高架桥工程采用双幅桥布置，主桥为钢箱梁。高架桥跨越沪宁城际铁路、战备线、京沪铁路和镇瑞线。为跨越以上四条铁路专线，钢箱梁采用顶推法施工。现场照片如图 1 所示，桥墩立面图如图 2 所示。其中，字符 Z 表示主桥墩，为混凝土结构，如 Z2、Z3 等；字符 L 表示临时墩，为钢结构，如 L2、L3 等；字符 F 表示辅助墩，也为钢结构，如 F11、F12 等。

该桥左幅桥钢箱梁全长 174m，桥面总宽 23.0m，结构形式为钢结构等高连续箱梁。钢箱梁顶推长度为 131.2m，施工过程中最大悬臂长度为 40m。施工时，顶推段梁在 1～6 号墩拼装平台上采用 40t 龙门吊拼装并安装导梁，然后采用多点顶推法将箱梁顶推到位，最后再拼装两侧各 28.5m 梁段。

本次钢箱梁顶推施工过程具有如下特点：①钢箱梁顶推长度长（131.2m），悬臂长度长（最长

图 1　高架桥现场照片

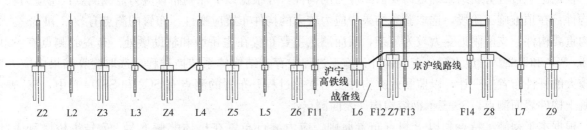

图 2　高架桥桥墩立面图

40m）且悬臂持续时间长；②钢箱梁顶推跨越沪宁城际、京沪上下行线及镇瑞线，跨越铁路线路多，施工时间需在"天窗点"内进行，施工时间大多为凌晨，施工过程控制要求高；③钢箱梁顶推施工工序复杂，整个施工过程存在多次结构体系转变，结构内力将多次发生较大变化。

根据本工程以上特点，并考虑到影响施工作业与安全的因素较多，为保证结构在顶推施工过程中的安全性及动态稳定性，需对整个顶推过程中各阶段的应力水平进行全过程实时跟踪监测，以获得施工过程中结构的主要力学参数数值，以便掌握施工过程中结构的内力与变形状态；当出现不利情况时，及时预警，以确保整个顶推施工过程安全顺利进行。

3　施工技术方案

结合现场实际情况，施工时将整个施工过程分为 6 个施工步。具体施工流程如表 1 所列，施工步示意图如图 3 所示。

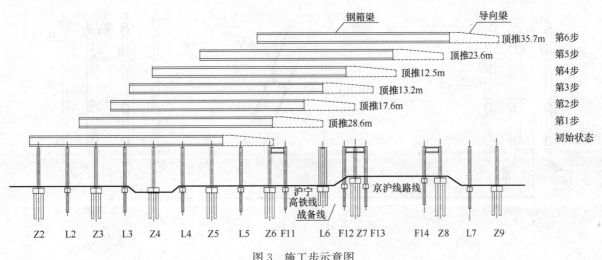

图 3　施工步示意图

施 工 流 程   表 1

施工步	顶推距离（m）	具体施工内容
第1步	28.6	跨越沪宁城际铁路线，导梁前端到达临时墩 L6
第2步	17.6	跨越战备线，导梁前端到达辅助墩 F12
第3步	13.2	导梁前端到达辅助墩 F13，钢箱梁前端到达临时墩 L6
第4步	12.5	钢箱梁前端到达辅助墩 F12
第5步	23.6	跨过京沪线，导梁前端到达8号主墩
第6步	35.7	导梁前端到达9号主墩，钢箱梁顶推到位

4 测点布置

根据施工过程分析结果确定需要监测应力的构件，并根据以下原则布置应力监测测点：①应力较大的构件：在顶推施工阶段，选取验算结果中应力较大的构件布置应变计。布置的测点有 SC2 和 SS2。②结构重要构件：支座附近受力较为复杂，因而测点主要布置在主桥墩和辅助墩处。布置的测点有 SC1、SC2、SS1 和 SS2。③应力变化较大构件：施工过程中存在结构体系转换过程，选取验算结果中应力变化较大的杆件布置应变计，以监测此类构件受力变化过程。布置的测点有 SC2 和 SS2。其中，SC 表示混凝土构件表面测点，SS 表示钢结构构件表面测点。

根据本工程施工特点和以上测点布置原则，应力测点布置在桥体北侧 6 号、7 号主桥墩和 F11、F13 辅助墩底部，如图 4 所示。每个测点使用 2~4 个应变计，本工程使用应变计共 10 个。应力测点布置详图如图 5 所示，应变计现场安装情况如图 6 所示。

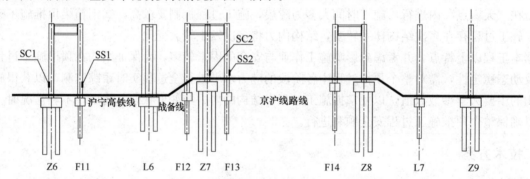

图 4 应力测点布置简图

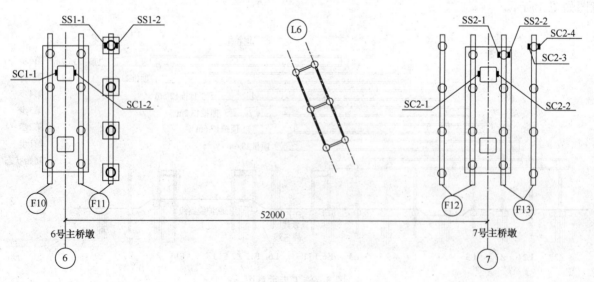

图 5 应力测点布置详图

5　施工过程监测系统

完善的施工过程监测系统，需要工作人员运用相关的监测设备，监测关键构件的状态参数，然后对监测数据进行处理，将数据与计算结果及预警数值比较，判定施工状态，指导现场施工。施工过程监测系统主要由以下几部分组成[4]：①传感器系统：由监测结构响应的各类传感器组成，主要有应变传感器、位移传感器和监测结构变形的测量仪器。②数据采集与传输系统：由数据采集装置、数据传输装置和相应的软件控制系统组成，用于采集传感器信号并传输至数据处理与控制系统。③数据处理与控制系统：由数据处理与控制服务器和相应的软件系统组成，通过该系统可以对数据采集与传输进行有效地控制。④检查与养护系统：主要由便携式设备和临时设备组成，其内容包括监测设备及其相关软件系统的检查、调试、优化、维护和升级。⑤预警评估系统：评定结构在施工过程中的状态及安全性，用以指导现场施工。该系统对已处理的现场监测数据进行分析，并与模拟计算结果进行比较，判断结构当前的受力状态与安全性，为施工控制提供依据。

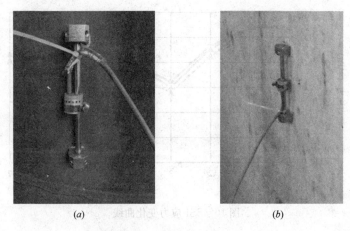

图 6　现场应力测点
(a) 钢结构构件应力测点；(b) 混凝土构件应力测点

本工程采用 BGK-4000 振弦式应变计（图 7）和 BGK-Micro-40 自动化数据采集仪（图 8），其中振弦式应变计的工作原理是：先将应变计固定于构件表面，通过测量钢弦固有频率的变化来得到构件的应变。应变计内设温度传感器，用于测量构件表面温度，同时，根据测量结果修正温度变化对应力的影响。现场施工过程监测实况如图 9 所示。

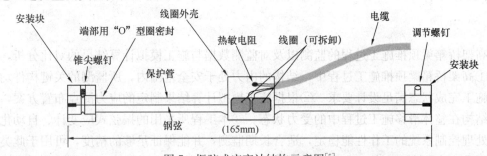

图 7　振弦式应变计结构示意图[5]

图 8　自动化数据采集仪

图 9　现场施工过程监测实况图

6　监测结果及数据分析

以施工步为横轴、测点应力值为纵轴，绘制得到的顶推施工过程 SS1 应力数据随施工步的变化曲

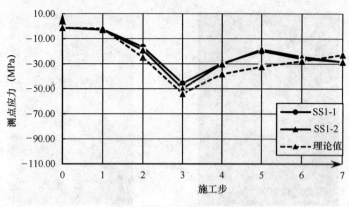

图 10 SS1 应力变化曲线

线如图 10 所示，其中施工步 0 表示初态，施工步 7 表示终态。应力测点布置方案前已述及，如图 4 和图 5 所示。

从图 10 可以看出：①SS1-1 和 SS1-2 同为 F11 辅助墩底部测点，其应力变化趋势基本一致。SS1-1 和 SS1-2 测点应力均先增大，后减小，在第 3 施工步达到最大值。②第 3 施工步，SS1-1 和 SS1-2 应力值显著增大，并达到最大值（分别为 −45.73MPa 和 −50.03MPa）；这是由于该施工步钢箱梁正在跨越沪宁铁路线，结构由多点支承状态转换为悬臂状态，悬臂端钢箱梁自重作用于 F11 辅助墩和 6 号主墩上，导致 F11 辅助墩受力增大。③第 4 施工步，两测点应力值显著减小并趋于稳定，是由于在第 4 施工步，钢箱梁前端到达 F12 辅助墩，钢箱梁由悬臂状态转换为多点支承状态，此时 F11、F12 辅助墩和 6 号主墩的墩顶滚轮小车共同作为被顶推箱梁支座，随钢箱梁顶推过程的进行，F11 辅助墩受力逐渐减小。④实测值与理论计算值的应力变化趋势大致相同，且应力水平接近，主要是现场顶推距离与理论计算假定距离的差异、辅助墩受力的不均匀性、施工误差、风荷载和温度作用的不确定性等因素导致理论计算值与实测值差异。

虽然本工程部分施工步的实测值和理论值存在误差，但测点理论值与实测值的变化趋势和应力水平基本一致，考虑到有限元模拟不可能考虑施工现场的所有复杂受力情况以及临时施工措施对构件的影响，故存在误差是正常情况。本次监测结果准确反映了施工过程中结构受力变化规律，应力监测在施工过程中的应用较为成功。

7 结语

通过对高架桥箱梁顶推施工过程的监测以及对监测数据与施工模拟计算结果的对比分析，可以得出以下结论：①高架桥箱梁顶推施工过程中，结构的内力处于安全范围内，所监测的关键构件均处于弹性工作状态，施工完成状态满足设计要求。②根据施工模拟计算结果制定的应力测点布置方案，可以较好地监测得到结构在整体滑移施工过程中的受力状态。③本工程所采用的振弦式应变计、自动化数据采集仪以及数据处理控制系统的工作性能稳定，适合长期监测，并能保证足够的精度，可用于此类结构的施工过程监测。④应力测点实测值与理论值的变化趋势和应力水平基本一致，说明监测数据合理可靠，本工程的监测方法可为今后类似的工程提供一定的参考。

参考文献
[1] 罗永峰，王春江，陈晓明等．建筑钢结构施工力学原理[M]．北京：中国建筑工业出版社，2009．
[2] 叶智武．大跨度空间钢结构施工过程分析及监测方法研究[D]．同济大学，2015．
[3] 王嘉琳，蒙炳穆．关于大跨度空间钢结构施工控制的探讨[J]．建筑施工，2010，32(007)：659-662．
[4] 廖韶山等，大同美术馆钢屋盖整体滑移施工过程监测，第十三届全国现代结构工程学术研讨会 2013[C]．中国海南五指山．第 6 页．
[5] BGK-4000 振弦式应变计说明文件．

有交叉连续组合钢箱梁架设安装及线形控制技术

束新宇　李利宾

（中建交通建设集团有限公司，北京　100142）

摘　要　本文结合临汾市滨河西路高架桥工程施工，对有上跨且净空高度受限条件下，组合梁梁段吊装设备选择、吊装方法、支架拼装及施工过程中线形控制方法进行了总结，本文建议的方法措施对同类钢梁施工具有一定的参考价值。

关键词　钢-混组合梁；分段拼装；钢梁吊装；钢支架；线形控制

1　工程概况

临汾市滨河西路高架桥在第三联跨越规划九路高架桥、在第八联跨越景观大道 A 匝道桥及景观大道 B 匝道桥，桥梁总体效果如图 1 所示，桥梁分跨情况如表 1 所示。本文将以有上跨的景观大道匝道桥为例，重点介绍钢箱梁安装及线形控制技术。

图1　桥梁总体效果图

桥梁分跨情况　　　　　　　　　　　　　　　　　　　　　　　　　　表 1

位置	桥梁长度（m）	桥梁宽度（m）	车道布置	桥跨布置
滨河西路高架桥	1498.5	24.0	双向 6	3×35m＋4×35m＋(40m＋60m＋40)＋5×35m＋5×35m＋5×35m＋4×35m＋(30m＋35m＋38.5m＋35m＋30m)＋4×35m＋4×35m=1498.5m，共 10 联
规划九路高架桥	242.0	17.5	双向 4	2×35m＋(30m＋42m＋30)＋2×35m=242.0m，共 3 联
景观大道 A 匝道桥	549.0	9.0(10.4)	单向 2	2×35m＋(40m＋60m＋40)＋4×35m＋3×43m＋2×35m=549.0m,共 5 联
景观大道 B 匝道桥	298.0	9.0(10.4)	单向 2	3×33m＋3×43m＋2×35m=298.0m,3 联

该桥采用钢-混凝土组合梁结构，钢梁材料为Q345qD，采用开口槽型断面，上覆混凝土板。钢梁截面为单箱四室，钢梁横向采用腹板竖肋＋顶底板横肋的横隔板结构形式。桥面板采用预制桥面板，现浇C50高性能混凝土。桥墩采用框架墩＋承台＋桩基形式，普通钢筋混凝土结构，承台下采用直径1.50m钻孔桩基础。承台、桥墩采用C40现浇钢筋混凝土。该桥设计基准期和设计使用年限均为100年，钢箱梁施工合龙温度为15～25℃。

2 施工方案

本工程主要采用钢混组合连续箱梁结构，具有工程量大、现场交叉路口影响因素复杂、施工工期紧、安全风险较高等特点，为减少现场的工作任务，本工程对钢箱梁采用厂内分段制造、涂装，汽车运输至现场，在现场采用支架法安装，在桥位完成环缝的焊接、补涂等工序。主要环节施工工艺流程如图2。

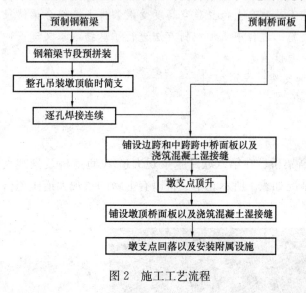

图2 施工工艺流程

景观大道A、B匝道采用横向划分方案，节段沿桥长方向按4m左右长度划分，场内制作时按桥宽5m整体制作。现场安装时，遵循"先上后下"的吊装原则，因滨河西路上跨景观大道A、B匝道，故优先安装上部滨河西路主线桥，再安装下部匝道桥；考虑到各联组合梁的纵向线形不同，单联节段吊装顺序也不同，A匝道第一联与第五联、B匝道第一联与第三联纵坡线形较大，节段吊装时应从低侧向高侧依次吊装，其余梁段纵坡线形平缓，可优先吊装墩顶支座节段，然后向跨中依次吊装其余节段。匝道桥下穿滨河西路，并与滨河西路主线桥净高空间较小，受主线桥结构干扰履带吊作业时臂杆摆动空间不足，因此将匝道桥与滨河西路交叉区域采用滑移法安装，使用2台履带吊抬吊进行安装施工作业；其余节段则采用履带吊直接吊装就位，悬挑部分成批分开吊装。

3 钢梁节段划分及吊装技术

3.1 节段划分及吊装设备选择

A、B匝道综合考虑图纸、现场情况并结合制造、运输等方面的特点，A匝道为5联138个梁段，B匝道为3联74个梁段，一般节段最大分段吊装重量为12t，合龙段重最大120t。匝道桥每个梁段均在制造厂组装好后整体进场进行吊装。一般节段选用1台履带吊进行吊装，位于滨河西路高架桥下方区段，采取用双机抬吊方式进行吊装。

根据吊装分段信息及现场安装环境，选用的吊装梁段设备主要为2台徐州重工100t的履带吊，履带着地长度为7.8m，在施工过程中调节臂长节数，需要使臂长达到34.5m长、起吊高度8m的施工条件。根据选用的100t履带吊工作参数，作业半径10m，臂长36m工况下，起吊重量为46t，实际单个起吊构件最大重量为12t，安全系数3.8，满足吊装要求。

滨河西路高架桥下方合龙段采用2台200t履带吊进行吊装，其中200t履带吊在10m作业半径臂长34.5m的工况下，额定起重量为88t。合龙段梁段重120t，考虑双机抬吊折减系数为0.8，则起重能力为88×2×0.8＝140.8t＞120t，安全系数1.17，满足吊装要求。

3.2 吊装顺序

景观大道匝道梁段采用两台履带吊分区负担，以减少绕行，提高施工效率。一台履带吊由A匝道第五联开始吊装作业，至合龙段后，转至 A 匝道第一联开始施工，直至合龙段。另一台履带吊也从 A 匝道第五联开始施工，后转至 B 匝道第一联施工至合龙段，再转至 B 匝道第三联施工至合龙段。滨河西路高架桥下方合龙段最后施工，由滨河西路高架的 2 台 200t 履带吊协同合作，采取双机抬吊进行安装。

3.3 合龙段吊装

景观大道 A、B 匝道合龙段处施工时，上方滨河西路高架桥及相接的 A、B 匝道部分业已安装完成，在桥墩间空地处设置地面拼装支架，合龙段梁段进场后先在地面拼装支架上进行预拼装，并进行现场测量检测校核，核对无误后进行双机抬吊安装，充分运用履带吊的运动吊装能力来进行吊装。

吊装时于滨河西路主线桥东西两侧各站一台 200t 履带吊，将钢梁提升至 8m 高度，然后两台履带吊相向移动，将钢梁旋转至安装位置，落于永久墩及临时墩上，完成吊装。

4 临时支架结构及地基处理

景观大道 A、B 匝道桥钢箱梁安装施工过程中，临时支架采用两肢钢管格构柱，柱顶设 H500×200 的 H 型双拼型钢分配梁，支架底采用 H300×300 和 H300×150 的 H 型钢，立柱采用 $\phi426\times8mm$ 钢管，柱脚用拉爆螺栓固定。支架搁置点尽量选在箱梁节段横隔或腹板处。

施工区域地基为回填土，支架搭设位置地基处理是本区域施工的重点和难点。因景观大道 A、B 匝道桥钢箱梁最重部位为 A 匝道桥第三联，故以 6 号至 7 号桥墩间支架布置为例进行路基承载力计算，6 号至 7 号桥墩间跨度 35m，钢箱梁总重 100t，单跨 35m 区间上部钢箱梁＋预制板重量以 350t 计（已考虑安全系数），其荷载将由两桥墩间布置的 8 个支架平均承压，每个支架承受的重量为：

$$N_k=350/8=43.8t=438kN$$

单个支架胎底受力面积为：

$$A=2.55\times0.3\times2+1.7\times0.15\times2=2.04m^2$$

单个支架所需地基承载力为：

$$p_k=N_k/A=438/2.04=214.7kPa$$

需要对支架下地基进行处理，处理后地基承载力 $f_a\geqslant p_k=214.7kPa$，方可满足支架布设要求。

5 支架安装

5.1 支架结构构造形式

支架采用我单位研发的标准装配式钢管格构柱组成，如图 3 所示，该柱分为标准段和调整段，标准段每节高度 4m，横截面轴线间距 2m×2m，节段间采用法兰盘螺栓连接，该支架理论竖向最大承载力为 2600kN，具有安装方便、承载能力和刚度较大、组拼灵活、适用性强等优点，适合用于钢箱梁节段支撑，保证具有足够的安全性和较小的变形。

5.2 支架拼装、安装技术要点

临时支架在加工场地完成后转运至现场，使用汽车吊进行吊装，支架基础均落于外地面预埋埋件上，支架基础与预埋件用双螺栓加垫片进行固定，由项目部管理人员进行质量验收，对不符合要求的进行调整，确保质量。

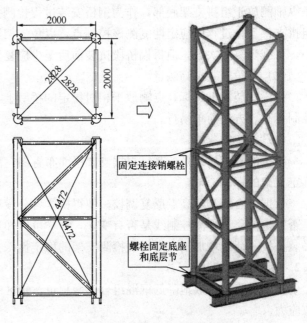

图 3 标准装配式钢管格构柱

（1）首先进行支架底座的安装，安装需对预埋件进行测量复核，确保支架安装精度，底座吊装就位后，经测量合格后立即与预埋件点焊连接，保证支架底部稳固安全。

（2）其次进行底层节的安装，安装时及时将支架底层节下口设置的法兰盘与底座进行对接，并将螺帽初拧，以确保支架的稳定性。

（3）然后进行首节标准节的安装，标准节与底层节、标准节与标准节之间使用 M30×250 连接销螺栓，每节共需 8 套，对接时进行初拧，整体安装完毕测校正后逐个进行终拧。再进行第二、第三节标准节的安装，最后进行顶梁的安装。

（4）搭设支架顶部的操作平台，以及进行顶部的工装、千斤顶安装。

（5）支架底座安装完毕之后，立即插入支架的测量校正工作。

（6）根据测量控制点，用全站仪投放出临时支架的轴线和标高，并用墨线标识。

（7）支架搭设后用两台经纬仪对其进行垂直度校正，用大盘尺和水准仪对顶部的标高进行测量，使支架的垂直度和标高符合节点安装定位要求。最后将螺栓终拧，完成整个支架的安装。

采用拉设缆风绳进行稳定性加强。稳固方法为在支架四面均拉设缆风绳；根据现场实际情况可在不同标高分多层拉设缆风绳。

钢箱梁安装施工过程中，临时支架的搭设是安装施工的重要环节之一，在吊装钢箱梁之前对其进行全面检查。重点检查支架的垂直度和整体支架的稳定性，复测所有临时支架的顶部标高，在桥墩、所有临时支架上测量出安装边线、安装中线，做出标记，焊接定位挡块，设置沉降观测点等。

6　安装线形控制

6.1　节段安装控制方法

（1）节段测量程序

轴线激光点投测闭合、测量、放线——吊（拼）装桥段、跟踪校正——整理数据，确定施焊顺序——施焊中跟踪测量——焊接合格后桥梁中线、水平度偏差测量——验收——提供桥段预控数据。

（2）节段安装轴线测量

桥段安装应测放两条纵轴，在每个纵轴控制线上做出横向轴线点。一条纵轴可测放于桥梁上，另一条纵轴测放于组拼支架底部，作为钢桥安装过程检测控制点。拼装前应将支架底部控制点用线坠引测至组拼支架上，过程中应定期复测该控制点，以免支架变形误导施工。如最初两榀桥段安装，支架变形较小，可减少复测次数，但每榀桥段拼装前后至少应复测两次。

（3）节段安装标高测量

桥段安装前已将标高点测放于相对稳定的桥墩上，可将水准仪架设在桥墩或组拼支架上各轴线交点控制标高，方法简单易行。

（4）支架的测控

支架的测量放线及控制：根据支架平面布置图，测放出每榀桥梁的支架控制轴线，并根据预拱值来确定支架的标高。

依据中心线和标高点反复调校，使得桥梁各分段达到要求值，调校过程中需随时检测支架上中心线是否发生位移、标高控制线是否有变化，这样可以知道支架的稳定性；一个分段调校完毕，另一个分段吊装拼接，荷载增加了，需再次检测支架的稳定性，并根据需要重新校正支架。

6.2　顶升回降控制

本工程为了有效地降低钢混组合梁墩顶负弯矩区的拉应力，采用了支点升降法改善墩顶负弯矩区的拉应力。

支点升降法的原理是：在负弯矩区桥面板与钢梁结合前，先顶升支点，待桥面板结合硬化完成后再回落到位，向桥面板施加压应力，控制混凝土板裂缝的产生，并调整钢梁截面应力。在钢梁架设之后将

中支点预抬高 δ，此时在钢梁中产生负弯矩，钢箱梁底板受压；然后浇筑混凝土桥面板，待桥面板强度满足设计要求后将中支点下降 δ，此时将引起梁内产生方向相反的弯矩，在该弯矩作用下中支点附近组合梁顶板混凝土受压，从而达到给中支点负弯矩段组合梁顶板混凝土施加预压应力的目的。

匝道桥采用 6 组 300t 同步液压千斤顶，采用一次顶升到位，顶升过程中要保持千斤顶的同步性。在顶升过程中要时刻注意桥墩顶部边缘混凝土，如有压裂现象应暂停顶升工作，同时要对顶升量进行精确监控以及过程中的桥梁线形进行监控，如出现较大变形，应停止工作。在顶升完后，运用水准仪对桥梁整体线形进行测定，与设计线形进行对比，如有较大差别，及时进行调整。在浇筑的纵、横混凝土湿接缝强度和弹性模量达到设计值的 90% 以上时，进行桥梁的回落程序，在桥梁回落到设计标高时，拆除临时支座，安装永久支座。

7 结语

通过本工程对组合梁临时支架的安装、钢梁的吊装以及施工过程中的线形控制的概要描述，介绍了组合梁施工过程中的关键步骤及控制方法，对以后组合梁桥施工有一定的指导意义，同时钢箱梁采用吊装拼接方式与顶推架设相比，缩短了工期。

参考文献

[1] 高建伟. 钢-混凝土组合梁桥支座位移法施加预应力技术[J]. 施工技术，2005(5)：23-26.
[2] 邱柏初. 预制桥面板在组合梁桥中的应用研究[J]. 世界桥梁，2001(6)：30-33.

钢结构仿古景观桥的施工技术

孟 卫 陈 强

(江苏恒久钢构有限公司，徐州 221000)

摘 要 通过对渭水风雨景观桥的设计、制作、施工过程中的总结，对该工程的难点、重点进行剖析，对于类似工程可参考应用。

关键词 设计；制作安装；支座

1 工程概况

咸阳风雨廊桥钢结构工程，是咸阳市政府确定的 2012 年重点基础设施建设项目。该项目设计方案，经 2012 年 9 月 19 日咸阳市政府第六十五次常务会议审定通过，并委托咸阳市旧城改造工作领导小组办公室组织实施。见图1。

图1 咸阳风雨廊桥钢结构工程效果图

本工程位于咸阳市渭水桥上，风景秀丽，为国内唯一一座秦汉风格的双层人行景观桥，项目建成后，咸阳市政府拟将本工程申报国家级风景区。咸阳渭水桥是一座横跨渭河、秦汉风格的双层人行景观桥，距上游咸阳桥约2km、距下游渭城桥约1.7km。设计全长749m，桥梁宽度为14m，上部采用3×41m+46m+9×60m+40m现浇预应力混凝土连续箱梁，下部结构采用柱式墩、薄壁墩、柱式台钻孔注桩基础。桥梁一层可供游人、市民通行，二层可供人观赏和休闲娱乐。桥上建筑采用景观化的设计手法，将古代的廊、亭、牌坊等相互结合，构成一定体量的古典建筑群。

钢结构部分位于咸阳渭水桥上，混凝土桥面宽度14m，廊桥钢结构全长约584m，自两端至中间分别由上平台楼梯、阙楼、平台、配殿、配殿外廊、配殿至主殿平台、主殿外廊、主殿侧殿和主殿组成。工程建筑总面积10200m²，主殿檐口标高14.7m，主殿侧殿及配殿檐口标高11.05m；主殿及配殿外廊檐口标高8.700m。钢结构跨度9.5m，柱距7.5m，主殿二层最大宽度14.9m。主体钢结构型式为钢框

494

架结构，下层钢柱为箱型柱，截面为口600×20 和口480×16 两种，柱脚为固定球铰支座，二层结构为热轧 H 型钢框架梁（HN700×300×13×24、HN600×200×11×17、HN400×200×8×13 等），楼面为钢承板＋陶粒钢筋混凝土，二层以上为型钢方管柱＋方管梁结构，屋面为四面坡满铺方管橡子。总用钢量约 2800t；主殿、主殿侧殿、配殿、外廊、阙楼结构型式见图 2。

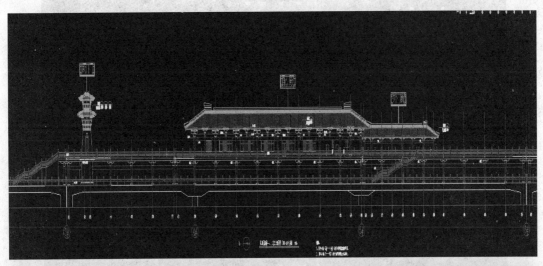

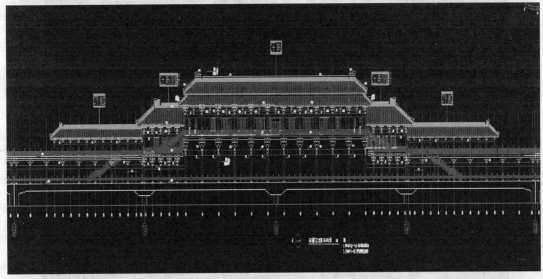

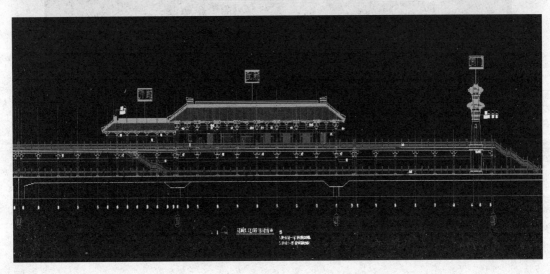

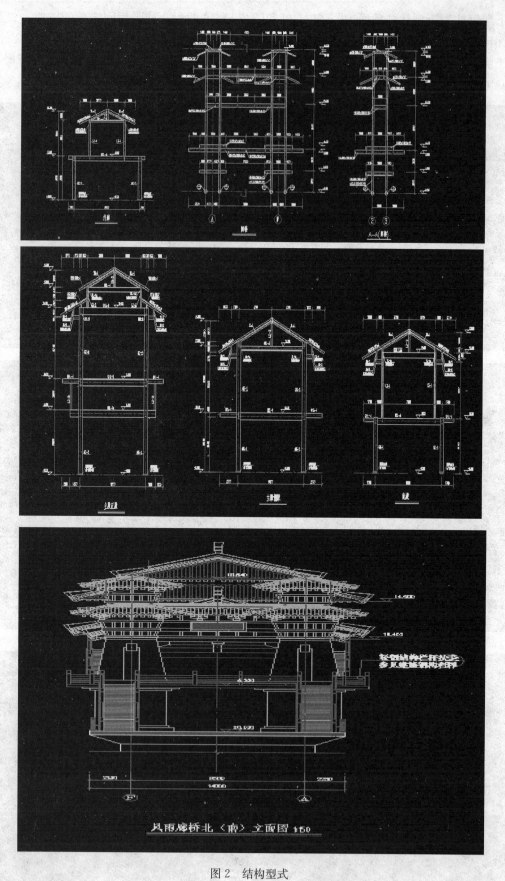

图 2　结构型式

2 重难点及解决措施

本工程主体钢结构型式为钢框架结构，下层钢柱为箱体柱，截面为□600×20 和□480×16 两种，柱脚为固定球铰支座，二层结构为热轧 H 型钢框架梁（HN700×300×13×24、HN600×200×11×17、HN400×200×8×13 等），楼面为钢承板＋陶粒钢筋混凝土，二层以上为型钢方管柱＋方管梁结构，屋面为四面坡满铺方管椽子。总用钢量约 2800t。

钢结构和桥面预埋件的过渡采用新型的球铰支座进行连接，抗震球形钢支座采用防老化橡胶传递力，不仅起到减振的作用，同时能满足弯矩产生的转角。抗震球铰支座可万向承载，即可承受压力，拔力和任意方向的剪力。抗震球铰支座可万向转动，以释放任意方向的弯距。抗震球铰支座的受力部件大部分采用钢件。橡胶垫也是按国家标准生产并用密封圈将橡胶与空气隔离，重要的是支座外表面采用耐海洋大气、抗紫外线防腐处理，从而保证了支座在 60 年内不会影响使用。抗震球铰支座中采用 PTEF 制品，其摩擦系数很小，不老化，耐低温可达－150℃，保证了支座滑移的灵活性及在寒冷地区的应用。抗震球铰支座反力集中、明确、不随转角而发生变化。本项技术在本工程中得到很好的应用。见图 3。

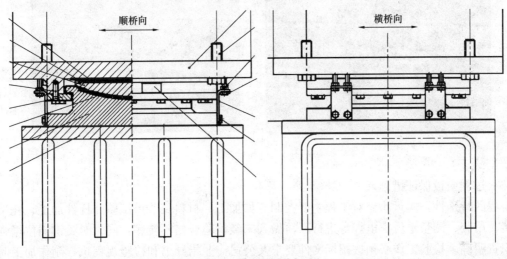

图 3 球铰支座剖面图

本工程修建于混凝土桥梁上，造型独特，施工场地受到限制，钢结构构件规格众多，施工技术要求高，深化设计、加工制作、现场施工均要严格按照三维节点坐标来定位。

主要应对措施有以下几个方面：

（1）组建项目管理机构，公司委派有经验的项目管理人员进行本工程管理工作。

（2）构件安装整体顺序拟从中间往两侧进行安装，从深化设计、构件加工、运输等各个环节严格按照工地安装顺序进行配合。

（3）设计采用设计软件 TEKL 软件进行建模，可直观看到整个工程实际模型，跟踪施工质量和进度。

（4）测量采用全站仪对每个钢结构安装节点进行定位。

3 施工方案介绍

（1）材料检测及质量保证措施

为了保证工程的顺利实施，针对工程的制订详细的材料计划，配置相关人员进行执行保证工程的顺利实施。采购工程师在集团公司的《合格材料供应商名录》内选择主材料供应商，具有相当的供货业绩和稳定的供货质量，同供应商签订的供货合同，约定明确，对材料的数量、性能、内在质量及验货方式、供货时间明确，以保证工程能顺利实施。

原材料、配件进厂后，对进货物资进行验证，验证合格后按顺序进行尺寸、材质和性能三个方面严格按验收规范规定进行化学成分和性能进行抽样检验，只有上述三方面均合格后方能入库。见图4。

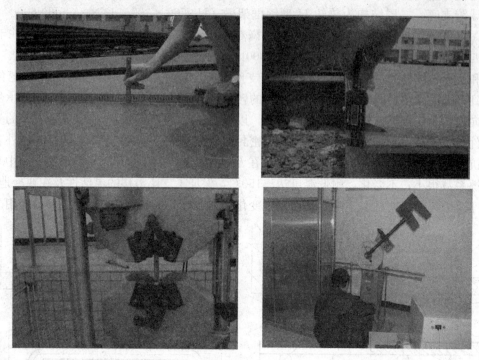

图4　材料检测

（2）加工过程质量保证措施

针对工程的特殊性，质量小组对工程主要控制点如加工、材料及节点试验、杆件加工、托架、构件组装和拼接、吊装、测量定位、电焊等进行严格做到未经检验合格不转序，同时对关键岗位增强检测人员并使其职责明确。检验工作必须按招标文件要求及公司作业指导书和检验规程执，制作加工时做到操作人员自检、专职检验人同专检、监督检验，对节点组装进行预拼装检验，对成品构件采用全站仪、经纬仪、水准仪、铅直仪等进行预拼装检验，对下料及加工零部件用样板、钢卷尺、直尺、游标卡尺等检验。见图5。

（3）施工安装过程质量保证措施

现场钢结构安装质量控制的一般措施：优化施工方案和合理安排施工程序，作好每道工序的质量标准和施工技术交底工作，搞好图纸审查和技术培训工作。严格控制进场原材料的质量，严禁不合格材料用于本工程。合理配置施工机械，搞好维修保养工作，使机械处于良好的工作状态。对测量工作进行严格控制，务使测量定位、检测准确。采用质量预控法，把质量管理的完全事后检查转变为事前控制工序及因素，达到"预控为主"。

施工过程中的质量控制：加强施工工艺管理，保证工艺过程的先进、合理和相对稳定，以减少和预防质量事故的发生。坚持质量检查与验收制度严格执行"三检制"，上道工序不合格不得进入下道工序施工，对于质量容易波动，容易产生质量通病或对工程质量影响比较大的部位和环节加强预检、中间检和技术复核工作，以保证工程质量。

做好各工序或成品保护，下道工序的操作者即为上道工序的成品保护者，后续工序不得以任何借口损坏前一道工序的产品。及时准确地收集质量保证原始资料，并作好事理归档工作，为整个工程积累原始准确的质量档案，各类资料的整理与施工进度同步。

主要做到以下几点：

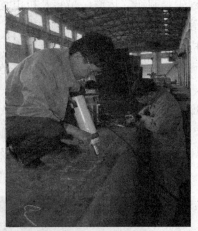

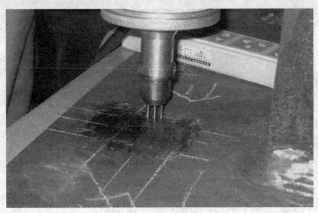

图 5　质量保证措施

1）构件检查

安装前，按构件明细表核对进场的构件，查验产品合格证和设计文件；工厂预拼装过的构件在现场组装时，根据预拼装记录进行。钢结构入现场后进行质量检验，以确认在运输过程中有无变形、损坏和缺损，并会同有关部门及时处理。

拼装前施工小组检查构件几何尺寸、焊接坡口、起拱度、油漆等是否符合设计图规定，发现问题报请有关部门，原则上必须在吊装前处理完毕。

2）施工质量注意事项

每道工序认真填写质量数据，质量检验合乎要求后方可进行下道工序施工。

施工质量问题的处理必须符合规定的审批程序。钢结构的安装按施工组织设计进行，安装程序必须保证结构的稳定性和不能导致永久变形。组装前，按构件明细表核对进场的构件零件，查验产品合格证和设计文档；工厂预拼装过的构件在现场组装时，根据预拼装记录进行。钢构件吊装前就清除其表面上的油污、泥砂和灰尘等进行检查，同时进行基础检测。钢结构组装前对胎架的定位轴线、基础轴线和标高位置等进行检查，并进行基础检测。结构件安装就位后，立即进行较正、固定。当天安装的结构件形成稳定的空间体系。焊接施工均按相应的施工规程作业，施工前由专业技术人员编制作业指导书，并进行交底。

3）测量质量控制

仪器定期进行检验校正，确保仪器在有效期内使用，在施工中所使用的仪器必须保证精度的要求。保证测量人员持证上岗。各控制点分布合理，并定期进行复测，以确保控制点的精度。

4）成品保护的实施措施

工程施工过程中，制作、运输、吊装及机电均需制定详细的成品、半成品保护措施，防止结构变形及表面油漆破坏等，因此制定以下成品保护措施。

防止变形：构件在运输、堆放过程中使用专用支架。转运和吊装时吊点及堆放时搁置点的设定均须通过计算确定，确保构件内力及变形不超出允许范围。运输、转运、堆放、吊装过程中防止碰撞、冲击而产生局部变形，影响构件质量。

禁止随意割焊：施工过程中，任何单位或个人均不得任意割焊。凡需对构件进行割焊时，均须提出原因及割焊方案，报监理单位或设计院批准后实施。

防止油漆破坏：有构件在运输、转运、堆放及安装过程中，均需轻微动作。搁置点、捆绑点均需加软垫。见图6。

图6　咸阳风雨廊桥钢结构工程施工过程图片

4　结语

尽管咸阳风雨廊桥钢结构工程造型特殊，构件制作加工、安装施工定位难度大，施工工期紧，质量要求高。但是我公司应建设方要求，圆满地完成了施工任务，完全遵守了合约，保证了整体工程建设工期，工程竣工验收资料齐全，工程质量满足施工验收相关标准规范的要求。在工程建设中贯彻务实、创新的工程管理理念，制定有科学、系统、经济的管理目标和创优计划。整个工程施工过程中无重大安全、质量事故，整体观感质量较好。通过本文介绍，希望能给在桥梁上建设钢结构仿古建筑的同仁积累管理经验。

细丝埋弧焊在桥梁 U 肋焊接中的应用

朱克进　王胤芝

（江苏沪宁钢机股份有限公司　宜兴　214231）

摘　要　本文简要介绍了 $\phi1.6mm$ 细丝埋弧焊工艺在桥梁 U 肋焊接中的适应性，分析了 U 肋坡口、焊接参数及操作方法等工艺因素对焊缝熔透率、外观成形的量化影响。通过优化各工艺因素，细丝埋弧焊在焊接 8mm 壁厚 U 肋熔深焊缝中一道成型，达到足够的焊缝熔深和良好的外观成形效果。

关键词　U 肋；细丝埋弧焊；焊缝工艺参数

1　前言

在钢桥生产制造时，钢箱梁一般分成若干梁段，每个梁段划分成若干板单元，每个板单元都是带若干个 U 肋的结构件。据统计，顶、底板单元的重量约占钢箱梁总重的 70%，因此，顶、底板单元件的焊接生产是整个钢箱梁生产制造的重要组成部分。同时，U 肋与顶、底板角焊缝有较高的抗疲劳性能要求，是钢箱梁制造中的技术重点与难点，其焊接质量是影响钢桥制造质量的关键要素之一。

常规桥梁 U 肋采用半自动小车 CO_2 气体保护焊焊接。由于坡口形式特殊限制，U 肋焊缝熔深要求不小于 U 肋厚度的 80%，导致 U 肋焊接质量较差、效率低下、成本过高，成为桥梁钢结构焊接的一大难点。

沪宁钢机在结合范蠡大桥、山西大同桥以及昆山桥等工程特点，总结焊接经验的基础上，经过大量焊接试验研究并通过实际焊接施工验证，采用 $\phi1.6mm$ 细丝埋弧焊 U 肋焊接新工艺，利用电弧自身自动调节弧长系统，采用平特性电源配等速送丝系统，焊机的特性、焊接电流、电弧电压、送丝速度的调节和 CO_2 半自动焊机完全相同，所不同的仅是将 CO_2 气体保护变成埋弧焊的焊剂保护。同时，将 CO_2 半自动焊的焊枪夹持在自动小车上，配合 CO_2 气保焊送丝机及小直径的焊丝盘，实现了送丝装置与运枪装置的分离，相比粗丝埋弧焊机的焊接小车、送丝装置与焊丝盘的一体化设计，大幅提高了焊接小车的轻便性和行走轨迹跟踪的稳定性。由于采用细丝，焊接熔池较小、凝固快，在亚船形工位焊接时，可以更大程度地改善焊缝的外观成形。焊缝一道成型，具有成本较低、质量优良、效率较高等优点。成为桥梁钢结构焊接的一道亮丽风景。

2　U 肋焊接质量要求

U 肋焊缝示意图 1。

U 肋焊缝设计要求主要有以下几点：

1) 焊缝外观应满足规定要求，不得有裂纹、未熔合、未焊满、咬边等缺陷。

2) 焊缝熔深要求不小于 U 肋厚度的 80%。

3) U 肋背面不允许有焊漏。

由于 U 肋焊缝为背面无衬垫单面焊接成形，焊缝熔深允许波动范围很窄，受 U 肋坡口精度、送丝

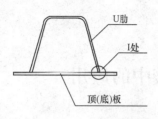 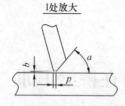 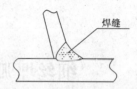

图 1　U 肋结构截面示意图

位置和方向、工艺参数等各方面的影响，或易熔深不足，或易焊缝焊漏；同时保证良好的焊缝外观成形和设计熔深要求，又要避免焊缝焊漏，工艺要求非常严格，是钢箱梁制造焊接中的难点之一。

3　细丝埋弧焊工艺

（1）试验材料及设备

母材：Q345qD；板厚：U 肋 8mm、底板 20mm；焊材：焊丝 H10Mn2（ϕ1.6mm）焊剂 SJ101；焊接位置：船型位置；焊机型号：HCD500-1。见图 2。

图 2　焊接设备及焊接位置

（2）试验过程

1）装配：焊前对坡口侧 50mm 打磨除锈干净，将 U 肋平放于底板上，间隙为 0mm，由于试验采用的是以往工程 U 肋余料，因此受 U 肋尺寸限制，U 肋角度为 50°，钝边为 1mm，定位后将构件摆放成船型位置。见图 3。

 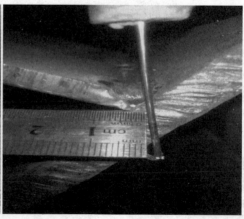

图 3　U 肋装配

2）焊接：焊前将焊剂烘焙 350℃×2h，由于 U 肋厚度较小，钝边为 1mm，为避免焊穿，尽量将焊丝靠近底板对齐，距 U 肋底角距离约 3mm，焊接电流为 280A，焊接电压为 35V，焊接速度为 3.3mm/s（198mm/min）。见图 4。

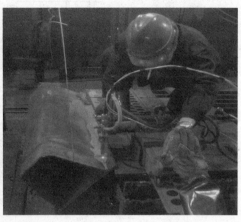

图 4　U 肋焊接

3）探伤：焊后冷却后探伤，本次试验焊缝熔深在 6.7～7mm 之间，符合设计 80％熔深要求（0.8×8＝6.4mm）。试验结果合格。见图 5。

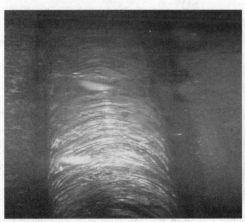

图 5　U 肋检测

（3）理化试验

U 肋经无损检测后进行理化性能试验，包括宏观酸蚀及硬度试验，结果符合要求，验证了此工艺的可行性。见图 6、图 7。

（4）试验结果分析

试验中发现适应细丝埋弧焊的 U 肋坡口钝边尺寸要比药芯焊丝 CO_2 气保焊的坡口钝边尺寸大在钝边过小，试验中焊缝背面均出现了焊漏现象，当钝边达到 1mm 时，方可避免焊缝焊漏，这说明细丝埋弧焊的电弧穿透力要高于药芯焊丝 CO_2 气保焊。当钝边尺寸为 1mm 或 1.5mm 时，在合适的焊接参数下，可以达到要求的焊缝熔深和外观成形，当钝边尺寸为 2mm 时，焊缝熔深不足。但 1.5mm 的钝边尺寸对焊丝指向偏移量要求过于严格，因此选择的 U 肋坡口钝边尺寸为 1.0mm 左右。

进行了 50°与 55°焊接坡口的焊接试验，发现由于 55°坡口由于焊缝金属填充量较大，焊缝容易在 U 肋坡口侧熔敷不足，产生类似于焊接咬边缺陷，对比选择了角度为 50°的 U 肋焊接坡口。

江苏钢建金属制品检测有限公司
表式编号：GJ-02-38/2015/1-12/0

钢结构焊缝超声波检测报告

委托编号：HN243-37
报告编号：HN243-37

委托单位	江苏沪宁钢机股份有限公司焊接试验技术中心			检测次序	首次检测	一次返修检测	二次返修检测
					✓		
工程名称	大同市北环桥工程			构件名称	焊接工艺评定试板		
本体材料	Q345（q）E	厚度（mm）	8 16	检测	长度（mm）	300	
焊缝类型	B	检测部位	角接		比例（%）	100	
仪器型号和编号	USM GO 11060545	探头规格	5P 10×10 70°	参考灵敏度		技术1 Ho：φ3*40	
表面状态和补偿	砂轮打磨/-4dB	耦合剂	C M C	评定等级		Ho-14dB	
采用标准	GB/T11345-2013(B)、TB10212-2009	验收等级	GB/T29712-2013 2级	检测温度/时间		20℃~30℃/24小时	

检测部位示意图：

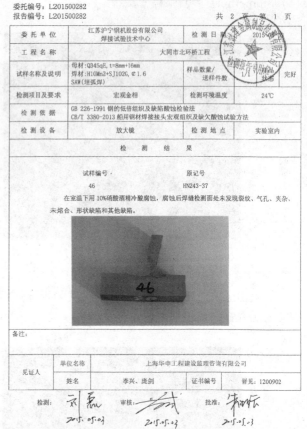

注：（1）埋弧焊；
（2）试板尺寸：300*150*8+300*200*16。

检测结论：
经超声波检测，以上各部位均符合GB/T11345-2013(B)、TB10212-2009、GB/T29712-2013(2级)标准要求。

合格：

批准人员（日期）		审核人员		检验人员	
	2015.4.29				

第 1 页 第 1 页

图6 UT检测报告

江苏钢建金属制品检测有限公司
表式编号：GJ-02-38/2015/1-08/0

金相检测报告

委托编号：L201500282
报告编号：L201500282

共 2 页 第 1 页

委托单位	江苏沪宁钢机股份有限公司焊接试验技术中心	检测日期	2015-0	
工程名称	大同市北环桥工程			
试样名称及说明	母材：Q345qE, t=8mm+16mm 焊材：H10Mn2+SJ102G, φ1.6 SAW（埋弧焊）	样品数量/送样件数	1/1	状态 完好
检测项目及要求	宏观金相	检测环境温度	24℃	
检测依据	GB 226-1991 钢的低倍组织及缺陷酸蚀检验法 CB/T 3380-2013 船用钢材焊接接头宏观组织及缺欠酸蚀试验方法			
检测设备	放大镜	检测地点	实验室内	

检 测 结 果

试样编号：   原记号
46   HN243-37

在室温下用10%硝酸酒精冷酸腐蚀，腐蚀后焊缝检测面处未发现裂纹、气孔、夹杂、未熔合、形状缺陷和其他缺陷。

备注		
见证人	单位名称	上海华申工程建设监理咨询有限公司
	姓名	李兴、庞剑	证书编号	晋见：1200902

检测：   审核：   批准：
2015.05.03   2015.05.03   2015.05.03

图7 宏观酸蚀报告（背面为定位焊缝）

焊接规范参数对U肋埋弧焊的焊缝成形影响明显，焊缝的根部成形依赖于焊接电流的选择，320～340A的焊接电流具有较好的适应性，过小或过大则易出现熔深不足或焊缝焊漏缺陷；焊缝的外观成形则对电弧电压与焊接速度更为敏感，电弧电压偏小时，会引起焊缝表面成凸形、焊纹粗大，偏大时则引起咬边缺陷，电压为28V左右时较为适中；当焊速过高时会带来焊缝表面熔合不良，脱渣困难的问题，焊速则为25～27cm/min较为合适。

对于角度为50°、钝边为1.0mm的焊接坡口尺寸，在上述合适的焊接参数下，对于U肋细丝埋弧焊，焊缝的熔透率要求对焊丝指向位置离坡口根部距离c的容忍度较大，当$1.5mm \leqslant c \leqslant 3.5mm$时，试验中的焊缝熔深可达到设计要求，且熔透率相对稳定，外观成形良好。

类同于药芯焊丝CO_2气保焊，在试验中发现，当留有一定量的U肋坡口间隙时，焊缝容易发生焊漏现象，焊接工艺裕度大幅减小；相对于U肋药芯焊丝CO_2气保焊，细丝埋弧焊的电弧穿透力较高，焊缝熔透率相对稳定，而焊缝外观成形控制难度较大，局限于埋弧焊焊缝成形不便及时观察，将对于焊枪行走精度要求更高。

4 总结

细丝埋弧焊焊接U肋经范蠡大桥、昆山桥以及山西大同桥实际验证，具有优良的焊缝外观成形、高效的焊接效率、较低的焊接成本等特点。同等条件下与常规的气体保护焊相比具有明显的优越性。但由于焊缝是一道成型，为避免根部焊穿或熔深不足，焊接工艺要求较为严格，对焊工操作提出了更高的要求。

U 肋气保焊与细丝埋弧焊成本比较（长 10m）

表 1

序号	焊材（元）	用工（元）	气、电（元）	成本（元）	焊接效率
气保焊	80 元	220 元	85 元	385 元	6h
细丝埋弧焊	52 元	100 元	55 元	207 元	2.5h

综合比较，细丝埋弧焊成本较常规气保焊成本下降约 46%，焊接效率约提高 58%。见表 1。

公司在桥梁钢结构 U 肋焊接中已完全用细丝埋弧焊替代传统的 CO_2 气体保护焊焊接。由于工艺得当，操作人员重视，焊接质量达到预期效果，无损检测一次合格率达 99.8% 以上。保证了质量、缩短了工期、降低了成本，受到了业主、总包及监理各方的一致好评！

遵义市凤新快线建设项目第三标段栓接钢桁架桥施工技术

朱 明 吴烨伟

（江苏沪宁钢机股份有限公司，江苏 宜兴 214231）

摘 要 本文介绍了遵义市凤新快线建设项目第三标段栓接钢桁架桥的结构特点、安装施工方案、施工流程、履带吊工况选择和分析，特别是对高强螺栓栓接关键技术作了详细阐述。使用质量优良、性能好的电动扭矩扳手进行扭矩法施工，并采取一系列控制轴力的工艺和制度，确保如此大量的大六角高强螺栓施拧质量达标，有效节约施工成本和缩短施工工期，获得了良好的经济效益。

关键词 栓接；钢桁架桥；履带吊；扭矩法

1 工程概况

遵义市凤新快线建设工程三标段桥梁为主线高架桥、匝道桥。主线高架桥标准段桥面宽：31.0m（0.5m 防撞护栏＋2.0m 绿化带＋11.5m 车行道＋3.0m 中分带＋11.5m 车行道＋2.0m 绿化带＋0.5m 防撞护栏）、双向六车道；主线高架桥及匝道部分位于平曲线及竖曲线上、主线桥最大纵坡为 4.0%；主线高架桥设计速度：60km/h；桥下净空：车行道范围内净空不小于 5.0m。

图 1 遵义市凤新快线建设工程三标段整体钢桥梁概况

主线高架桥全长 681.5m，安装量 2.2 万吨，划分为八联，跨径组成为：50m 简支钢箱梁＋（80.75m＋85＋80.75m＋85m＋85m＋85m）钢桁架＋45m 钢箱梁＋2×40 钢箱梁，每联之间设置 160 型、200 型伸缩缝。东联线平行匝道 H 匝道桥 3×41.64m 连续钢箱梁、桥长 128.920m，I 匝道桥 3×43.36m 连续钢箱梁、桥长 134.080m。K 匝道桥 2×30m 连续钢箱梁、桥长 65m；掉头回转匝道框架、框架长 47.7m。为完善人行过街系统，在川黔铁路处及东联线交叉口处共计设置 6 处梯道及垂直升降电梯。如图 1 所示。

第三联钢桁架主桥包括 2 跨，其中 3L1 跨跨径为 85m，3L2 跨跨径为 80.75m。桥面宽 49m，3L1、3L2 跨纵向均布置 11 榀主钢桁架，其中 3L1 跨每榀主桁架分为 7 个节段，3L2 跨每榀主桁架分为 6 个节段。3L1、3L2 每跨在桥墩位置横向布置各 1 榀端横梁桁架，共 4 榀端横梁桁架。桁架上弦布置桥面板单元，每块桥面板由纵向 U 肋和横向 H 型钢梁、顶板单元组成；下平联在桁架之间布置水平和斜向 H 型钢系杆。主桁构件在工厂制造时全部为焊接；在工地拼装时除上弦杆顶板之间、上弦杆顶板和上层钢桥面板之间采用现场焊接外，其余全部构件的现场连接均采用高强度螺栓连接。

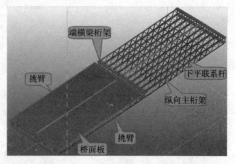

图 2 第三联钢桁架主桥示意图

2 安装思路

根据本工程结构特点，采用"厂内分段制作＋高空分段散装"的总体施工思路。第三联钢桁架主桥施工划分为 3L1 和 3L2 两个分区，3L1 和 3L2 同时安装。总体安装顺序是先行安装两侧端横梁桁架，再安装纵向主桁架和下平联及桥面板。其中 3L1 从 16♯桥墩往 15♯桥墩方向安装，3L2 从 16♯桥墩往 17♯桥墩方向安装。

主桥桥墩施工完成后，桥墩附近基坑回填，主桥正下方区域场地平整碾压后，在纵向主桁架起点、终点和节段分段处沿横桥向布置高空安装胎架，安装胎架采用 1.5m×1.5m 格构式支撑，支撑立杆使用 P180×8；安装胎架搭设完毕后，先行安装纵向主桁架下弦杆，再安装下平联系杆，然后安装桁架内斜腹杆和上弦杆，最后安装桥面板。

3 栓接钢桁架桥施工关键技术

3.1 施工流程

第一节段中间下弦构件安装——第一节段中间下弦与腹杆、上弦构件栓接安装，桥面板安装——第二节段中间下弦构件安装——第二节段中间下弦与腹杆、上弦构件栓接安装，桥面板安装；第一节段两侧下弦构件安装——第一节段两侧下弦与腹杆、上弦构件栓接安装，桥面板安装——同理，单跨所有节段构件安装完成。

3.2 施工工艺要点

（1）高强度螺栓及连接板检查

在进行钢桁架梁栓接前，对大六角高强螺栓连接处的螺母、螺栓、垫圈清点进行检查，螺纹有碰伤的以锉刀修整，损伤有缺陷的慎用。有油污或生锈的清理干净，对连接板表面检查，其是否平整、清洁无油，若有油污，务必擦净，螺栓孔壁是否洁净，若有油污用纱布擦净。

（2）高强度螺栓栓接顺序

按从跨中往两端逐段栓接的顺序进行。

（3）高强度螺栓施工程序

高强螺栓安装→高强度螺栓初拧→高强度螺栓终拧→高强度螺栓终拧抽查。

（4）高强度螺栓安装

钢结构安装前应清除飞边、毛刺、焊接飞溅物。高强度螺栓的垫圈和螺母应该分清紧固面和摩擦面。每个螺栓的一端不得垫 2 个或 2 个以上的垫圈，同时注意垫圈的方向。螺栓使用时要分清螺栓使用部位，保证螺栓终拧后外露螺纹不少于 2～3 个螺距，其中允许 10%螺栓丝扣外露 1 扣或 4 扣。螺栓孔不得采用气割扩孔，孔眼偏差采用钢制绞刀修理。安装高强螺栓时，螺栓应自由穿入孔内，不得强行敲打，穿入方向一致并便于螺栓紧固的操作。

高强螺栓的安装应按一定顺序紧固：

1）有连接板的节点，应从连接板中间向两端紧固，以消除摩擦面间隙，使摩擦面接合紧密（紧固顺序如图3 所示）；

2）大型节点从中央向四周紧固，消除应力；

3）工字截面构件的紧固顺序为：上翼缘、下翼缘、腹板。

高强螺栓的初拧值不得小于终拧值的 30%。

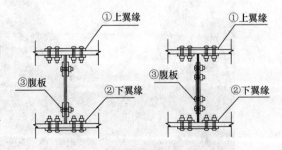

图 3 高强螺栓紧固总体顺序示意图

（5）高强度螺栓终拧

钢结构在完成框架校正，高强螺栓初拧后，进行高强度螺栓的终拧。终拧前应对终拧使用的机具（电动扭矩扳手）的终拧数值进行校正。以保证螺栓终拧值的准确。每完成一区段螺栓终拧紧固后，电动扭矩扳手须进行复测。检测电动扭矩扳手终拧数值工具为扭力检测扳手。高强度螺栓终拧检查使用扭矩检测扳手。高强度螺栓终拧使用的电动扭矩扳手、扭矩检测扳手都应进行计量检查，保证使用时的准确性。

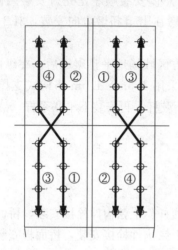

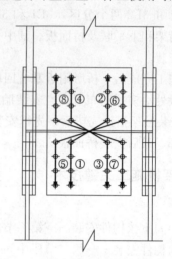

图 4　翼缘板高强螺栓紧固顺序示意图　　　　图 5　腹板高强螺栓紧固顺序示意图

（6）高强度螺栓验收

先用小锤检查有无漏拧，如有，则应按规定紧固，验收时用扭矩扳手随机抽查每种规格 10％数量的高强螺栓，但抽查数量不少于 3 个。检测方法为先将螺母拧松约 60 度，再拧至原位置时读数。检测扭矩为：

$$M_{检} = KPd$$

式中　$M_{检}$——检测扭矩（N·m）；

　　　　P——设计预拉力（kN）。

检测所得的扭矩允许偏差为±10％$M_{检}$。

3.3　吊装工况选择

根据现场道路、场地、安装工期等条件，结合分段吊装重量，选择 SCC1000 履带吊 2 台（主臂 36m）和 QUY80 履带吊 2 台（主臂 37m）。

3.4　吊装施工顺序

第三联钢桁架主桥施工划分为 3L1 和 3L2 两个分区，3L1 和 3L2 同时安装。总体安装顺序是先行安装两侧端横梁桁架，再安装纵向主桁架和下平联及桥面板。其中 3L1 从 16♯桥墩往 15♯桥墩方向安装，3L2 从 16♯桥墩往 17♯桥墩方向安装。如图 6～图 13 所示。

图 6　钢桁架桥下弦分段及下平联吊装　　　　图 7　钢桁架桥斜腹杆吊装

图 8　钢桁架桥栓接节点用橄榄冲和螺栓临时固定

图 9　钢桁架桥上弦分段安装及螺栓固定

图 10　钢桁架桥桥面板分段吊装

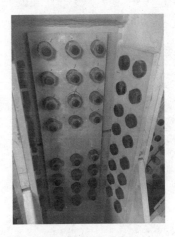

图 11　钢桁架桥栓接节点终拧完成

图 12　钢桁架桥栓接节点终拧后检查扭矩

图 13　遵义市凤新快线建设工程三标段第三联
　　　钢桁架主桥施工完毕后实景图

4　结语

随着钢结构的蓬勃发展，大跨度的桥梁结构会越来越多，超大的栓接钢桁架梁也会经常出现，且多用于城市高架和内河航道上。

本文中提出的栓接钢桁架桥施工技术在实践过程中得到成功应用，高质量高效率地完成了安装任务，取得了良好的社会效益和经济效益。希望本文中的施工技术能在类似工程得到推广。

参考文献

[1] GB 50755—2012. 钢结构工程施工规范[S]. 北京：中国建筑工业出版社，2012.
[2] JTGT F50—2011. 公路桥涵施工技术规范. 北京：人民交通出版社，2011.
[3] TB 10212—2009. 铁路钢桥制造规范. 北京：中国铁道出版社，2009.
[4] 江苏沪宁钢机股份有限公司. 遵义凤新快线三标段第三联钢桁架桥施工组织设计：2015.

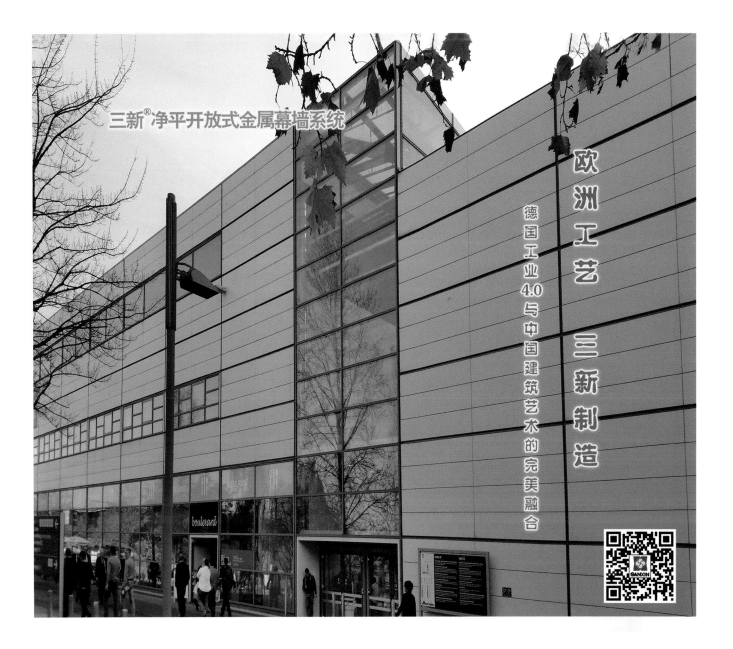

三新®净平开放式金属幕墙系统

欧洲工艺 三新制造

德国工业4.0与中国建筑艺术的完美融合

三新®净平开放式金属幕墙系统

雨幕原理　开放式不打胶　"会呼吸"的幕墙

三新净平开放式幕墙系统的设计引入雨幕系统原理，源于九十年代欧洲的开放式墙面系统，迄今在各大洲许多项目上得到应用，它是建筑师与承建商在选择墙面系统时常用的系统。有钢板、铜板、铝板等材质可供选择，经久耐用，免于保养。

 三新集团 SANXIN GROUP

沈阳三新实业有限公司
电话(Tel)：024-85617099

地址：中国 • 沈阳市铁西区建设东路78号东环国际大厦A座
服务热线：400-024-6981　网址(Web)：www.sanxins.com

以上数据及信息由企业提供。

YABAITE
山东雅百特

股票代码：002323

智能屋面的引领者及开拓者
品味 构筑建筑艺术

中国博览会会展综合体

江苏大剧院

北京新机场

长沙梅溪湖艺术中心

昆明滇池会展中心

白云机场

扫一扫！　　扫一扫！

以上数据及信息由企业提供。

以上数据及信息由企业提供。

HNGJ 江苏沪宁钢机股份有限公司

  30多年的历史，300多项国家重大建设工程，500多万吨用钢量，年产能力55万吨重型钢结构，这就是江苏沪宁钢机股份有限公司，是我国起步最早的知名大型钢结构制造企业之一。

  经过多年的发展，公司已成为我国实力最强、质量最优的品牌企业之一，累计承担了国家大剧院、国家体育场（鸟巢）、国家天文台、中央电视台新台址办公大楼及演播大楼、北京南站、首都国际机场航站楼、昆明长水国际机场、南京禄口国际机场、上海中心大厦、深圳平安中心、贵州天文台、中国尊、南京禄口国际机场、上海中心大厦、江苏大剧院、北京新机场等国家重大建设工程360多个，公司已荣获35项鲁班奖、9项詹天佑土木工程大奖、8项国家优质工程银质奖、130项中国建筑钢结构金奖、8项入选新中国成立60周年百项经典暨精品工程、18项被选入百年百项杰出土木工程。

  "责任、荣誉、质量"是本公司一如既往的企业宗旨。

公司地址：江苏省宜兴市张渚镇百家村 公司邮箱：hngjzhglb@163.com
联系电话：0510-87318092（传真） 公司地址：www.jshngj.com

以上数据及信息由企业提供。

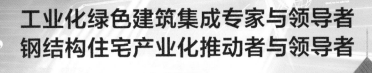

公众微信号：dnwj002135
地址：杭州市萧山区衙前镇新林周村
联系方式：0571-82783318

1. 杭州市奥体中心网球中心项目

2. 郑州新郑国际机场二期扩建工程T2航站楼

3. G20峰会主体育场--杭州国际博览中心

4. 济南西部会展中心项目一期工程

5. 杭州市转塘单位G-R21-22地块公共租赁住房项目

以上数据及信息由企业提供。

富煌钢构
FUHUANG STEEL STRUCTURE

打造中国钢结构行业
一流的综合运营品牌

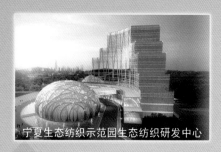
宁夏生态纺织示范园生态纺织研发中心

缅甸坎塔亚

合肥高铁南站

福建海峡国际会展中心

安徽富煌钢构股份有限公司（以下简称"富煌钢构"、"公司"）是国内较早成立的一家集钢结构设计、制作、安装与总承包为一体的A股上市企业，股票代码002743，总部位于安徽合肥市巢湖。经过多年发展，现已形成以重型钢结构为主导，重型建筑钢结构、重型特种钢结构、轻钢结构及高档门窗产品系列化发展、相互促进、相辅相成的特色经营格局。

富煌钢构是我国钢结构行业中以高质量著称的骨干企业之一，是中国建筑金属结构协会副会长单位、中国钢结构协会副会长单位、安徽省钢结构协会会长单位。旗下的富煌木业公司是中国木材与木制品流通协会木门窗委员会常务副会长单位。

公司拥有完善的资质体系和强大的技术支撑。现有建筑工程施工总承包特级、建筑行业（建筑工程）甲级、轻型钢结构工程设计专项甲级、钢结构工程专业承包一级、建筑幕墙工程专业承包一级等资质。公司现拥有国家认定企业技术中心，是高新技术企业、安徽省创新型企业，通过自主研发和创新，先后取得了177项专利和几十项创新型技术成果，并与同济大学、西安建筑科技大学、合肥工业大学等知名院校建立了长期、密切的"产学研"合作关系，成立了"同济富煌多高层建筑钢结构技术研究中心"等校企合作科研机构。

依靠长期不懈的管理和技术创新，近年来，公司深入推进"战略性客户+大客户"的营销战略，顺应国家政策导向，积极探索和实施PPP运用模式，在市场拓展和工程品质上取得了良好的业绩，先后承接了上海世博会上西班牙、希腊、冰岛、阿联酋、委内瑞拉等五个国家的七个展馆，华东四大铁路枢纽站之一的合肥高铁南站，嘉兴火车站，贵阳龙洞堡国际机场，无锡苏宁广场，昆明万达广场，阿里巴巴阿里云大厦，厦门世茂海峡大厦，沈阳龙之梦亚太中心，内蒙古蒙泰不连沟矿井及选煤厂，合肥京东方第六代薄膜晶体管液晶显示器件厂房，铜陵电厂，新疆石河子电厂，宁夏生态纺织产业示范园区中小企业孵化园和生态纺织研发中心项目、海纳新能源汽车项目等一大批难度高、体量大、结构复杂的代表性工程，有三十多项工程先后获得"中国建筑钢结构金奖（国家优质工程）"、"鲁班奖"、"詹天佑奖"等国家级奖项。

富煌钢构致力于打造在钢结构整体方案解决方面独树一帜的钢结构行业一流的综合运营品牌。展望未来，我们将顺应"中国制造2025"的发展趋势，积极向绿色、环保、智能制造战略转型，构建新型制造体系，实现产品的绿色化、智能化，通过智能下料、机器人焊接等途径，加快推进智能制造生产线建设，努力在智能制造领域打造世界一流水准的智能制造能力。同时，公司全面践行"以德国制造为标杆，迎接高质量管理时代"的管理理念，大力弘扬"工匠精神"和"自信文化"，依靠技术进步和管理创新，推动公司向创新和高质量驱动型企业转型。

www.fuhuang.cn

以上数据及信息由企业提供。